工程數學

（精華版）

Advanced Engineering Mathematics

蔡曜光／著

編者序

一、本書內容係精心設計，並參考國內外各大名書綜合編輯而成，適用於大學及大專院校教科書。又本書例題由淺入深，不但收集近年來國內各大學、研究所入學考及機關考題共千題以上，並精闢分析，故亦適用自修者準備各類考試之用。

二、本書共十二章，按其內容主題共可分為六大篇：
- ◆微分方程式：第一章至第五章
- ◆傅立葉分析：第六章
- ◆線性代數：第七章
- ◆向量分析：第八章
- ◆偏微分及邊界值問題：第九章
- ◆複變函數分析：第十章至第十二章

三、本書涵蓋許多工程問題，對理工科同學及現代工程師，在應用問題解決上自有一番參考價值。

四、本書之特色
- ◆內容廣博，由淺入深—囊括各名書之主要內容。
- ◆例題充裕，技巧解題—去除煩雜方法提供訣竅。
- ◆理論推導，精簡扼要—步驟清晰避免死背原理。
- ◆考題收集，應考利器—近年來機關及各校題庫。
- ◆精選習題，皆附答案—便利讀者複習測驗之用。

五、筆者才疏學淺，疏漏之處在所難免。尚祈海內外先進不吝指，俾再版時得以更正，不勝感激。（板橋郵政 13 之 60 號信箱）。

六、誌謝

本書得以順利付梓，感謝揚智文化事業股份有限公司葉總經理忠賢先生，林副總經理新倫先生及賴協理筱彌小姐大力支持。亦感謝家人在筆者寫作期間的支持。謝謝!!

編者蔡曜光謹誌

Yaw-Kaung Tsai

1999年2月

精華版序

感謝各位先進及讀者的支持與愛護，本書在推出初版之後。不到半年光景即銷售一空。此種情景在坊間眾多優良「工程數學」的作品中，實屬可貴。筆者衷心感謝各位的支持。

初版的最大特色，除了在編輯大意中所列的眾多優點之外，更有一項是眾多學者所欣喜的是，它幾乎可當作工具書，因爲內容幾乎包含所有的解題技巧等等。

然在眾多讀者及學校教授的迴響中，普遍希望能再出版精華版，減少篇幅，以利各校引爲授課教材，並希望能出版習題及考題詳解。因此特推出精華版，以符合各校及讀者不同的需求。

謝謝各位先進的支持，也謝謝揚智文化事業股份有限公司將此書作爲公司的優良作品，屢次參加國外書展，並循相關企業既有的外銷管道，向全世界華人區引薦並獲迴響。謝謝再謝謝！

編者蔡曜光謹誌

Yaw-Kuang Tsai

1999 年 2 月

目　　錄

編輯大意

精華版‧序

第1章　一階常微分方程式

第2章　二階常微分方程式

第3章 高階微分方程式

第4章 微分方程式之冪級數解法

第5章 拉普拉氏轉換

第6章 傅立葉分析

第7章 矩陣與行列式

第8章　向量及向量分析

第9章　偏微分方程式

第10章　複變函數與複積分

第11章 複數數列與級數

第12章 賸值積分法

附　錄　習題解答

CONTENTS

CH 6 Analysic of Fourier

CH 7 Matrix and Determinants

CH 8 Vector and Vector Analysis

CH 9 Partial Differential Equation

CH 10 Complex Variable Functions and Complex Integrals

CH 11 Complex Sequence and Series

CH 12 Integration by the Method of Residues

APPENDIXES : Solution of Exercises

第 1 章

一階常微分方程式

1. 基本觀念及定義
2. 可分離方程式
3. 齊次方程式
4. 恰當方程式
5. 積分因子
6. 線性一階微分方程式
7. 可化為線性之微分方程式
8. 一階高次微分方程式
9. 歷屆插大、研究所、公家題庫

The First Order Ordinary Differential Equations

〔基本觀念〕

◉ 何謂「微分方程式」?「階」、「次」?

◉ 何謂「線性」、「非線性」?「準線性」?

◉ 微分方程式的解有何類別?

〔解一階常微分的步驟〕

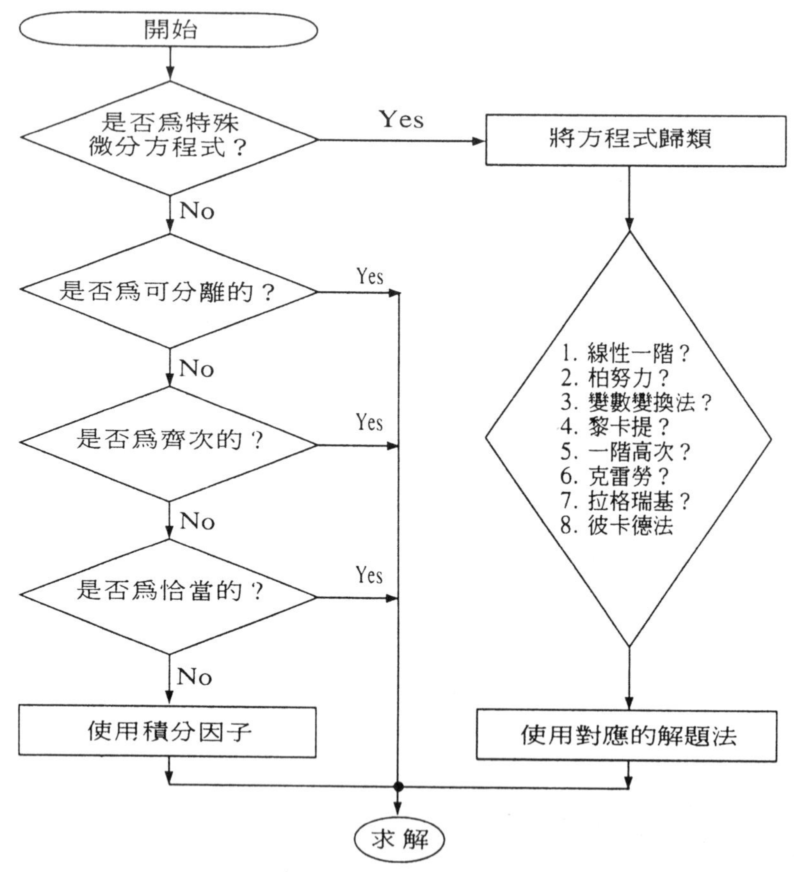

〔工程應用的方法〕

1 基本觀念及定義

Basic Concepts and Definitions

微分方程式：若方程式中含有未知函數的導函數或微分，則此方程式稱為「微分方程式」(differential equation)。

例 1－1

分辨下列方程式何者是微分方程式？

① $4x^2+5y^2=60$

② $y^2(x)+4y(x)=6x^2$

③ $y''(x)+4y'(x)=60$

解：

第③式因含有 $y''(x)$ 及 $y'(x)$ 此種微分函數的形態，故爲微分方程式。而第①及②式則不是。

一、微分方程式，依變數形態可分為四大類：

1. 常微分方程式(O.D.E)：(Ordinary Differential Equation)

其義爲微分方程式中，僅包含一個自變數者，稱之。

例 1－2

下列方程式何者爲常微分方程式？

① $x\dfrac{dy}{dx}+3y=\cos(x)$

② $(xy-y)dx+xdy=5$

③ $y''+4xy'+xy=0$

解：

以上三式皆爲常微分方程式(O.D.E)。在此三式中 x 皆爲自變數, y 爲因變數。而自變數只有一個, 因此此三式皆爲常微分方程式。

2. 偏微分方程式(P.D.E)：(Partial Differential Equation)

微分方程式中, 至少包含兩個自變數者, 而其中的導函數均爲偏導函數形態, 稱之。

例 1－3

下列①、②式皆爲偏微分方程式(P.D.E)

① $\frac{\partial^2 u}{\partial x^2}+\frac{\partial^2 u}{\partial y^2}=x$

② $\frac{\partial^2 u}{\partial t^2}=c^2\frac{\partial^2 u}{\partial x^2}$

其中 x, y, t 均爲自變數, 而 u 爲因變數。

3. 聯立微分方程式(S.D.E)(Simultaneous Differential Equation)

微分方程式中, 自變數僅有一個, 而因變數有兩個或兩個以上者, 稱之。

例 1－4

① $3\frac{dx}{dt}+\frac{dy}{dt}=5x$

② $4\frac{dx}{dt}+5y+\frac{dy}{dt}=8$

解：

①、②式皆爲聯立微分方程式, 其中 t 爲自變數。x, y 爲因變數。

4. 全微分方程式(T.D.E)(Total Differential Equation)

微分方程式中, 含有兩個或多個變數及其全微分, 則稱之。

例 1－5

下列①、②、③式皆爲全微分方程式。

① $ydx + xdy = 5$

② $xydz + yzdx + zxdy = 0$

③ $x^2dx^2 + zxydxdy + y^2dy^2 - z^2dz = 0$

二、微分方程式的「階」與「次」

1. 階(Order)：

微分方程式中最高階數，稱爲該微分方程式的階數。

例 $xy' + 5xy = 0$ 爲一階微分方程式。

2. 次(Degree)：

微分方程式中最高階導數之冪數，稱爲該微分方程式的次。

例 $x^2(y'')^3 + 4xy' + 5 = 0$ 爲三次微分方程式。

例 1－6

說明下列微分方程式的類型及階與次。

① $x\left(\frac{dy}{dx}\right)^2 + 2xy\frac{dy}{dx} + 5x = 0$

② $(xy - y^3)dx + x^2dy = 0$

③ $\left(\frac{d^2y}{dx^2}\right)^3 - (y''')^2 + x = 0$

④ $\sqrt{y'} = 5x + 2$

⑤ $x^2\left(\frac{\partial u}{\partial x}\right)^2 + \frac{\partial u}{\partial y} = 3x + y$

⑥ $\frac{\partial^2 u}{\partial x^2} + \frac{\partial^2 u}{\partial y^2} = 5$

解：

①式爲一階二次常微分方程式。

②式爲一階一次常微分方程式。

③式為三階二次常微分方程式。

④式為一階一次常微分方程式。

【註】將④式的等號兩端平方，則原式變為：

$y' = (5x+2)^2$，故為一階一次常微分方程式。

⑤式為一階二次偏微分方程式。

⑥式為二階一次偏微分方程式。

三、微分方程式的「線性」、「非線性」及「準線性」

微分方程式中的所有因變數及其導數均為一次者，且無因變數及導數相乘積項，則該方程式稱為「**線性微分方程式**」(Linear Differential Equation)，否則即為「**非線性微分方程式**」(Nonlinear Differential Equation)。

例 1－7

說明下列微分方程式是線性或非線性

① $4y'' + 20y' + 3y = 20$

② $x^3y'' + (x^2+4x)y' + 5y = 0$

③ $x^2\dfrac{\partial u}{\partial x} + y^2\dfrac{\partial u}{\partial y} = 0,\quad u = u(x,y)$

④ $3y'' + (y')^2 = 0$

⑤ $yy'' + 3y' = 0$

⑥ $\dfrac{\partial^2 u}{\partial x^2}\cdot\dfrac{\partial^2 u}{\partial y^2} - \left(\dfrac{\partial^2 u}{\partial x\partial y}\right)^2 = 5$

解：

①式為線性常微分方程式。

②式為線性常微分方程式。

③式為線性偏微分方程式。

④式為非線性常微分方程式。

⑤式為非線性常微分方程式。

⑥式為非線性偏微分方程式。

另一種形式本身並不是線性方程式，但經過變數轉換後卻可成爲線性方程式者，則稱爲「**準線性微分方程式**」(Quasi-linear Differential Equation)。

例 1－8

$y' + g(x)y = f(x)y^k$

解：

將原式的等號兩端各除以 y^k，

則成爲 $y^{-k}y' + g(x)y^{-k+1} = f(x)$ (1)

再令 $y^{-k+1} = u$ (2)

得 $u' = (1-k)y^{-k}y'$ (3)

將(2)、(3)式代入(1)式，

得 $u' + (1-k)g(x)u = (1-k)f(x)$ (4)

(4)式爲線性微分方程式。

四、微分方程式解答的型式

微分方程式，依型態或意義可分下列幾種型式

1. 依型態可分為
   - 顯解 (Explicit Solution)
   - 隱解 (Implicit Solution)
2. 依意義可分為
   - 通解 (General Solution)
   - 特解 (Particular Solution)
   - 奇異解 (Singular Solution)

❶ **顯解**：解答的形式是以顯函數 $y = g(x)$ 表示，則此解稱爲顯解。

例 $y = e^{2x}$ 爲 $y' = 2y$ 的解答。

❷ **隱解**：解答的形式是以隱函數 $F(x, y) = 0$ 表示，則此解稱爲隱解。

例 $x^2 + y^2 = 1$ 爲 $yy' = -x$ 在 $-1 < x < 1$ 區間內的解答。

❸ **通解**：解答的形式含有任意的常數時稱之。

例 $y=C_1\sin(2x)+C_2\cos(2x)$ 爲 $y''+4y=0$ 的通解，其中 C_1 及 C_2 爲任意的常數。通常此任意常數項與微分方程式的階之數目相等。

❹ **特解**：在通解中若再加上初值條件(initial condition)，則可求出任意常數項的特定值，此種解答的形式稱爲特解。

例 $y''+4y=0$，初值條件爲 $y'(0)=2$ 及 $y(0)=1$ 時，其解爲 $y=\sin(2x)+\cos(2x)$。

❺ **奇異解**：在通解及特解之外另存一種解，而此種解不能由初值條件的通解中來確定，如此則稱爲奇異解。

例 1－9

$(y')^2-xy'+y=0$

解：

其中通解爲 $y=Cx-x^2$ 表示一直線族。若由通解中加上特定條件而求出 C 值，則稱爲特解。然其中之拋物線 $y=x^2/4$ 雖爲一解，卻未包含在通解中，如此的解稱爲奇異解。(圖 1－1)

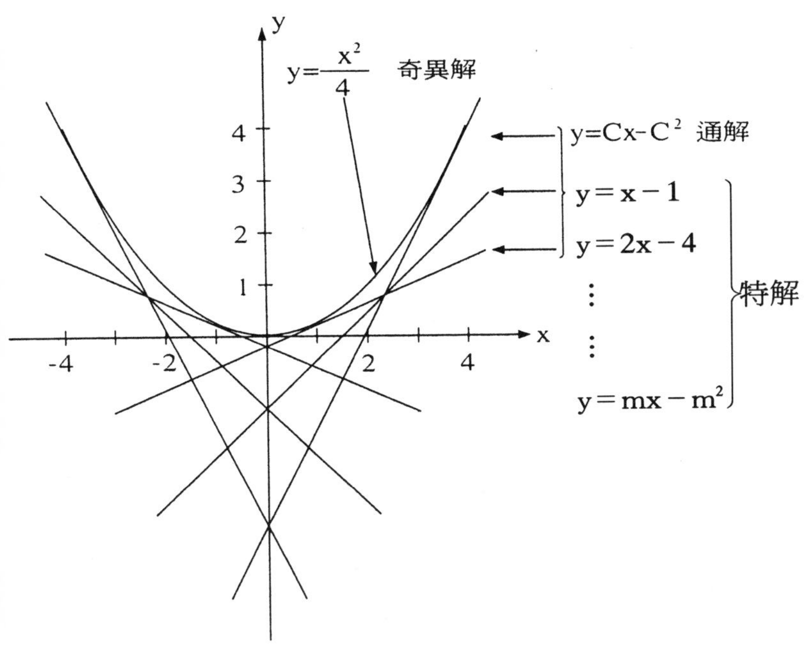

圖 1－1　$(y')^2-xy'+y=0$ 的三種解答

習 1-1 題

指出下列微分方程式的階、次、線性或非線性

① $y''+5y'+6y=9x^3$

② $y''+yy'+(x-5)^2=\sin(3x)$

③ $(x+5y)dy=(x-y)dx$

④ $(1+y^2)y''+4xy'+6y=e^x$

⑤ $\frac{\partial^2 u}{\partial x^2}=u\frac{\partial u}{\partial u}$

⑥ $(y'')^2+xy'+y^2=0$

⑦ $y''+5xy+(x-5)^2=10$

⑧ $xy''+4xy'+5=0$

⑨ $x''+4xx'+5yx^2=3$

⑩ $\frac{\partial^2 u}{\partial x^2}+\frac{\partial^2 u}{\partial y^2}$

2 可分離方程式

Separable Equations

由上節可知一階微分方程式的形式爲：$F(x,y,y')=0$

即
$$A(x,y)y' + B(x,y)y = R(x,y) \tag{5}$$

而解一階微分方程式有許多種方法。這些方法有些可以互用，有些則針對不同的方程式形式而有特定的解法。本章針對一般常用的解法，將於第 2 節至第 8 節逐一介紹。

在(5)式中，若將 y' 以 dy/dx 表示，並整理成

$$A(x,y)dy = [R(x,y) - B(x,y)]dx \tag{6}$$

若(6)式經轉換後符合

$$g(x)dy = f(x)dx \tag{7}$$

則此方程式稱爲「**可分離方程式**」(Separable Equation)，而其解法只需將(7)式的等號兩端各別積分即可。

如
$$\int g(y)dy = \int f(x)dx + C \tag{8}$$

因此可知，可分離方程式的條件及解法如下：

型式	$F(x,y,y')=0$
條件	$g(y)dy = f(x)dx$
通解	$\int g(y)dy = \int f(x)dx + C$　C爲任意常數

例 1－10

解微分方程式 $xy' = 5y$

解：

將 y′以 dy/dx 表示，則 $x\dfrac{dy}{dx} = 5y$

經轉換後，原式變爲 $\dfrac{dy}{y} = 5\dfrac{dx}{x}$

符合可分離的條件 $g(y)dy = f(x)dx$

所以解法如下 $\int \dfrac{dy}{y} = \int 5\dfrac{dx}{x} + C$

即 $\ell n(y) = 5\ell n(x) + C$ $\forall x, \forall y > 0$

所以，解爲 $y = Cx^5$ C 爲常數

例 1－11

解微分方程式 $y' = 3x^2y$

解：

將 y′以 dy/dx 表示，

則原式成爲 $\dfrac{dy}{dx} = 3x^2y$

即 $\dfrac{dy}{y} = 3x^2dx$

符合條件

故 $\int \dfrac{dy}{y} = \int 3x^2dx + C$

得 $\ell n(y) = x^3 + C$

兩端各乘 e，則 $y = Ce^{x^3}$

此解的型式爲顯解

例 1－12

解微分方程式 $y(1+x^2)dy - (3x+xy^2)dx = 0$， $y(1) = 3$

解：

原式可化爲 $y(1+x^2)dy = x(3+y^2)dx$

即 $\dfrac{ydy}{3+y^2} = \dfrac{xdx}{1+x^2}$

兩端積分 $\int \frac{ydy}{3+y^2} = \int \frac{xdx}{1+x^2} + C$

得 $\frac{1}{2}\ell n(y^2+3) = \frac{1}{2}\ell n(x^2+1) + C$

通乘 2 得 $\ell n(y^2+3) = \ell n(x^2+1) + C$

即 $\ell n\left(\frac{y^2+3}{x^2+1}\right) = C$

故 $y^2+3 = C(x^2+1)$

所以 $y^2 = C(x^2+1) - 3$

此爲通解

本例題因有特定條件 $y(1)=3$，所以必須將此條件代入通解中，求出特解。

因爲 $y(1)=3$

其意爲當 $x=1$ 時 $y=3$

代入通解得 $3^2 = C(1^2+1) - 3$

得 $C=6$

故，特解爲 $y^2 = 6(x^2+1) - 3$

通常微分方程式若需求出特解，則需具有特定條件方能求出特解，否則皆以通解型式表示。 在工程應用上特解相當重要，而爲求出特解，則必須先分析工程應用上的種種實際條件或限制，將此條件及限制化爲特定條件代入方程式，方能求出特解。

例 1－13

解微分方程式 $\frac{dy}{dx} = \frac{x^3+y^3}{3xy^2}$

解：

將原式轉化爲 $(3xy^2)dy = (x^3+y^3)dx$

不符合可分離的條件 $g(y)dy = f(x)dx$

所以此題無法用可分離方式求解。

因此可知，微分方程式並不是皆爲可分離的，此時求解必須尋求另法。本例題的解法將於第 3 節介紹。

習 1-2 題

請以可分離方式求解下列微分方程式

① $y' = ay$ a爲常數

② $y' + ay + b = 0$ $(a \neq 0)$

③ $y' + y^2 = 1$

④ $y'\sin(2x) = y\cos(2x)$

⑤ $[x\ell n(x)]y' = y$

⑥ $e^{x+y}\dfrac{dy}{dx} = 2x$

⑦ $\dfrac{y^2 dy}{x\,dx} = 1 + x^2$

⑧ $\ell n(y^x)\dfrac{dy}{dx} = 3x^2y$

⑨ $x\sin(y)\dfrac{dy}{dx} = \sec(y)$

⑩ $(1-x^2)\dfrac{dy}{dx} = y - 1$

⑪ $dx - 2dy = 0$

⑫ $axy' + by = xyy'$

⑬ $(1+y^2)dx + (1+x^2)dy = 0$

⑭ $2y(x^2 - x - 1) + (x^3 - x)y' = 0$

⑮ $(y^2 + 2y + 5)dx - dy = 0$

⑯ $x\sqrt{1-y^2}\,dx + y\sqrt{1-x^2}\,dy = 0$

⑰ $e^{2x-y} + e^{x+y}y' = 0$

⑱ $x^2y' + y = 0$

⑲ $1 - xy' = x^2y'$

⑳ $yy' + x = 0$

解下列始值問題

㉑ $xy' + y = 0$, $y(1) = 1$

㉒ $yy' = \sin^2(x)$, $y(0) = \sqrt{3}$

㉓ $y^3y' + x^3 = 0$, $y(2) = 0$

㉔ $y' = x/y$, $y(2) = 0$

㉕ $d[r\sin(\theta)] = 2r\cos(\theta)d\theta$, $r(\frac{\pi}{4}) = -2$

3 齊次方程式

Homogeneous Equations

齊次方程式的定義如下：

$$f(\lambda x, \lambda y) = \lambda^m f(x, y) \tag{9}$$

則稱此 $f(x,y)$為 m 次齊次。

例 1－14

證明函數 $f(x,y) = x^3 + 10x^2y - 3xy^2 + y^3$ 爲三次齊次函數

證明

因爲 $f(\lambda x,\lambda y) = (\lambda x)^3 + 10(\lambda x)^2(\lambda y) - 3(\lambda x)(\lambda y)^2 + (\lambda y)^3$

$= \lambda^3(x^3 + 10x^2y - 3xy^2 + y^3)$

$= \lambda^3 f(x,y)$

所以 $f(x,y)$爲三次齊次函數。

一階微分方程式若以下式表示：

$$M(x,y)dx + N(x,y)dy = 0 \tag{10}$$

且 $M(x,y)$與 $N(x,y)$爲同次齊次函數，則此微分方程式稱爲「齊次微分方程式」(Homogeneous Differential Equations)。

若微分方程式不能以可分離方式求解，但其本身為齊次微分方程式，則經變數轉換後能成為可分離的。其作法如下：

1. dy 前的函數若較 dx 前的函數簡單時：

   則令　$y = ux$，$dy = udx + xdu$　代入原式即可。

2 dx 前的函數若較 dy 前的函數簡單時：

則令　$\boldsymbol{y = \upsilon y}$，$\boldsymbol{dx = \upsilon dy + y d\upsilon}$　代入原式即可。

例 1－15

解 $\frac{dy}{dx} = \frac{x^3 + y^3}{3xy^2}$

解：

將原式化為 $M(x,y)dx + N(x,y)dy = 0$　的形式，

則為　$(x^3 + y^3)dx - 3xy^2dy = 0$　(11)

其中 $M(x,y)$與 $N(x,y)$項皆為三次齊次，

故原式為齊次微分方程式。

令 $y = ux$　$dy = udx + xdu$

代入(11)式得　$x^3[(1 + u^3)dx - 3u^2(udx + xdu)] = 0$

即　$(1 - 2u^3)dx - 3u^2xdu = 0$

$$\frac{dx}{x} = \frac{3u^2du}{1 - 2u^3}$$

此為可分離的，

故兩端積分得　$\ell n(x) + \frac{1}{2}\ell n(1 - 2u^3) = C$

即　$x^2(1 - 2u^3) = C$

將 $u = \frac{y}{x}$ 代入，

得　$x^2(1 - 2\frac{y^3}{x^3}) = C$

等號兩端同乘 x，

則　$x^3 - 2y^3 = Cx$　此為通解

例 1－16

求解 $ydx = (2x + y)dy$

解：

原式同除 y　$dx = \left(2\frac{x}{y} + 1\right)dy$　(12)

令 $x = \upsilon y$　$dx = \upsilon dy + yd\upsilon$

代入(12)式得 $\upsilon dy + yd\upsilon = (2\upsilon + 1)dy$

即 $yd\upsilon = (\upsilon + 1)dy$

將其分離，得 $\dfrac{d\upsilon}{1+\upsilon} = \dfrac{dy}{y}$

兩端積分 $\ell n(1+\upsilon) = \ell n(y) + C$

即 $1 + \upsilon = Cy$

代入 $\upsilon = \dfrac{x}{y}$，得 $1 + \dfrac{x}{y} = Cy$

同乘 y 得通解 $y + x = Cy^2$

例 1－17

解始值問題 $y' = \dfrac{y}{x} + \dfrac{2x^3\cos(x^2)}{y}$， $y(\sqrt{\pi}) = 0$

解：

令 $y = xu$ $y' = xu' + u$

代入原式，得 $xu' + u = u + \dfrac{2x^3\cos(x^2)}{xu}$

簡化後 $udu = 2x\cos(x^2)dx$

兩端積分，得 $\dfrac{1}{2}u^2 = \sin(x^2) + C$

代入 $u = \dfrac{y}{x}$，得 $\dfrac{1}{2}\left(\dfrac{y}{x}\right)^2 = \sin(x^2) + C$

故 $y = x\sqrt{2\sin(x^2) + 2C}$

因為 $y(\sqrt{\pi}) = 0$

故 $C = 0$

所以得特解 $y = x\sqrt{2\sin(x^2)}$

有時候微分方程式本身特殊的形式，亦暗示著有其他簡單的代換法。請看下例：

例 1－18

求解 $(2x - 4y + 5)y' + x - 2y + 3 = 0$

解：

原式可整理為 $[2(x - 2y) + 5]y' + (x - 2y) + 3 = 0$ (13)

令 $\upsilon = x - 2y$

則 $y' = \frac{1}{2}(1 - \upsilon')$

代入(13)式，得 $(2\upsilon + 5)\upsilon' = 4\upsilon + 11$

將其分離 $\left(1 - \frac{1}{4\upsilon + 11}\right) d\upsilon = 2dx$

兩端積分，得 $\upsilon - \frac{1}{4} \ell n |4\upsilon + 11| = 2x + C$

代入 $\upsilon = x - 2y$

得隱解 $4x + 8y + \ell n |4x - 8y + 11| = C$

例 1－19

求解 $xy' + y + 4 = 0$

討論

❀ 此題不可分離。

❀ 亦不是齊次微分方程式。

❀ 如何求解？

習 1-3 題

求下列各微分方程式之解

① $(xe^{y/x} + y)dx - xdy = 0$

② $(x^2 + 3y^2)dx - 2xydy = 0$

③ $(x^2 + y^2)dx - xydy = 0$

④ $2xyy' - y^2 + x^2 = 0$

⑤ $x\frac{dy}{dx} = \frac{y^2}{x} + y$

⑥ $x^3\frac{dy}{dx} = x^2y - 2y^3$

⑦ $xy' = x + y$

⑧ $x^2y' = x^2 - xy + y^2$

⑨ $xy' = y + x^5\frac{e^x}{4y^3}$

⑩ $\frac{dy}{dx} = \frac{y^2}{x^2} + \frac{y}{x}$

⑪ $xy' = x - 3y$

⑫ $xy' = y^2 + y$

求下列始值問題

⑬ $xy' = 2x + 2y,\ y(0.5) = 0$

⑭ $yy' = x^3 + \dfrac{y^2}{x},\ y(2) = 6$

⑮ $y' = \dfrac{y+x}{y-x},\ y(0) = 2$

⑯ $xyy' = 2y^2 + 4x^2,\ y(2) = 4$

⑰ $\dfrac{dy}{dx} = \dfrac{x-y}{x+2},\ y(2) = 7$

⑱ $-y\dfrac{dy}{dx} = x,\ y(2) = 3$

⑲ $y' = \dfrac{y-x}{y+x},\ y(1) = 1$

⑳ $xy' = x + y,\ y(1) = -7.4$

㉑ $y^2\dfrac{dy}{dx} = x^2 + \dfrac{y^3}{x},\ y(3) = 4$

㉒ $xy' - 2y = 3x,\ y(1) = 4$

4 恰當方程式

Exact Equations

若一階微分方程式以下式表示

$$M(x,y)dx+N(x,y)dy=0 \tag{14}$$

且有一函數 F(x,y)存在,

使 $$dF=\frac{\partial F}{\partial x}dx+\frac{\partial F}{\partial y}dy=M(x,y)dx+N(x,y)dy \tag{15}$$

即(14)式恰等於 F(x,y)的全微分,則(14)式稱爲「恰當」(exact);而 F(x,y) 稱爲(14)式的**位勢函數**(Potential Function)。由解題的角度而言,F(x,y) 即爲(14)式的隱解。綜合上述可整理出下列定理:

一、恰當微分方程式

型式:$M(x,y)dx+N(x,y)dy=0$

條件:$$\frac{\partial M(x,y)}{\partial y}=\frac{\partial N(x,y)}{\partial x} \tag{16}$$

二、位勢函數

條件:$$\frac{\partial F(x,y)}{\partial x}=M(x,y),\quad \frac{\partial F(x,y)}{\partial y}=N(x,y) \tag{17}$$

意義:位勢函數 $F(x,y)=C$ 即爲(14)式之隱解。

三、位勢函數之求法(即隱解之求法)

1. 若微分方程式是恰當的,則必然有位勢函數 $F(x,y)$ 存在。

2. 求 $F(x,y)$ 之法有二:

❶ $F(x,y)=\int M(x,y)dx+k(y)$	(18)

因爲 $\dfrac{\partial F(x,y)}{\partial y}=N(x,y)=\dfrac{\partial}{\partial y}\left[\int M(x,y)dx+k(y)\right]$

得出 $k(y)$ 即能求解。

❷ $F(x,y)=\int N(x,y)dy+k(x)$	(19)

因爲 $\dfrac{\partial F(x,y)}{\partial x}=M(x,y)=\dfrac{\partial}{\partial x}\left[\int N(x,y)dy+k(x)\right]$

得出 $k(x)$ 即能求解。

例 1－20

解 $xy'+y+4=0$

解:

原式可寫成 $M(x,y)dx+N(x,y)dy=0$ 之形式,

即 $(y+4)dx+xdy=0$

因爲 $\dfrac{\partial M}{\partial y}=1$ 且 $\dfrac{\partial N}{\partial x}=1$

所以爲恰當的

解法 1

$$F(x,y)=\int(y+4)dx+k(y)=x(y+4)+k(y)$$

又 $\dfrac{\partial F}{\partial y}=N$

即 $\dfrac{\partial F}{\partial y}=\dfrac{\partial}{\partial y}[x(y+4)+k(y)]=x+k'(y)=x$

所以　$k'(y)=0$

即　$k(y)=\int k'(y)dy=C$

故　$F(x,y)=C$

即　$x(y+4)=C$

此即爲隱解

解法 2

$$F(x,y)=\int xdy+k(x)=xy+k(x)$$

又　$\frac{\partial F}{\partial x}=M$

即　$\frac{\partial F}{\partial x}=\frac{\partial}{\partial x}[\int xy+k(x)]=y+k'(x)=y+4$

所以　$k'(x)=4$

即　$k(x)=\int k'(x)dx=\int 4dx=4x+C$

故　$F(x,y)=C$

即　$xy+4x=C$

即　$x(y+4)=C$

與解法 1 同

驗證

因爲　$\frac{\partial F}{\partial x}=M$

即　$\frac{\partial}{\partial x}(xy+4x)=y+4=M$　　符合

又　$\frac{\partial F}{\partial y}=N$

即　$\frac{\partial}{\partial y}(xy+4x)=x=N$　　符合

由(17)式位勢函數之特性可推導出求解位勢函數的二種方式：(18)式及(19)式。但是從(17)式之特性亦可推導出另一較方便的公式法。茲介紹於下例。

例 1－21

推導 $M(x,y)dx+N(x,y)dy=0$ 的隱解公式（即位勢函數）

解：

由(18)式知 $F(x,y)=\int_a^x M(x,y)dx+k(y)$ a爲任意常數

由 $\frac{\partial F}{\partial y}=N$ $\frac{\partial F}{\partial y}=\frac{\partial}{\partial y}\left[\int_a^x M(x,y)dx\right]+k'(y)$

$$=\int_a^x \frac{\partial M(x,y)}{\partial y}dx+k'(y)$$

$$=\int_a^x \frac{\partial N(x,y)}{\partial x}dx+k'(y)$$ 因爲$\frac{\partial M}{\partial y}=\frac{\partial N}{\partial x}$

$$=N(x,y)\Big|_a^x+k'(y)$$

$$=N(x,y)-N(a,y)+k'(y)$$

$$=N(x,y)$$

所以 $k'(y)=N(a,y)$

$k(y)=\int k'(y)dy=\int_b^y N(a,y)dy$ b爲任意常數

代入(18)式得 $F(x,y)=\int_a^x M(x,y)dx+\int_b^y N(a,y)dy$

隱解公式 $F(x,y)=C$

即 $$\int_a^x \boldsymbol{M(x,y)dx}+\int_b^y \boldsymbol{N(a,y)dy=C} \quad (20)$$

本文在此建議，使用(20)式解恰當微分方程式較爲方便，本節往後例題均採用(20)式方法。

例 1－22

解 $(2x^3+3y)dx+(3x+y-1)dy=0$

解：

令原式爲 $Mdx+Ndy=0$ 之形式

因爲 $\frac{\partial M}{\partial y}=\frac{\partial}{\partial y}(2x^3+3y)=3$

且 $\frac{\partial N}{\partial x}=\frac{\partial}{\partial x}(3x+y-1)=3$

$$\frac{\partial M}{\partial y}=\frac{\partial N}{\partial x}$$ 恰當的

使用(20)式 $$\int_a^x (2x^3+3y)dx+\int_b^y (3a+y-1)dy=C$$

$$\left(\frac{1}{2}x^4+3xy\right)\Big|_a^x+\left(3ay+\frac{1}{2}y^2-y\right)\Big|_b^y=C$$

代入積分值得 $$\frac{1}{2}x^4+3xy+\frac{1}{2}y^2-y=C,C=\frac{1}{2}a^4+3ab+\frac{1}{2}b^2-b$$

同乘 2 得 $$x^4+6xy+y^2-2y=C$$

此爲隱解亦爲通解

例 1－23

解 $(2x+3y-2)dx+(3x-4y+1)dy=0$

解：

令原式爲 $Mdx+Ndy=0$ 之形式

因爲 $$\frac{\partial M}{\partial y}=\frac{\partial}{\partial y}(2x+3y-2)=3$$

$$\frac{\partial N}{\partial x}=\frac{\partial}{\partial x}(3x-4y+1)=3$$

$$\frac{\partial M}{\partial y}=\frac{\partial N}{\partial x}$$ 恰當的

由(20)式知 $$\int_a^x (2x+3y-2)dx+\int_b^y (3a-4y+1)dy=C$$

$$(x^2+3xy-2x)\Big|_a^x+(3ay-2y^2+y)\Big|_b^y=C$$

即 $$x^2+3xy-2x-2y^2+y=C$$

例 1－24

始值問題,求解 $(y-1)dx+(x-3)dy=0,\quad y(0)=\frac{2}{3}$

解：

令原式爲 $Mdx+Ndy=0$

因爲 $$\frac{\partial M}{\partial y}=\frac{\partial}{\partial y}(y-1)=1$$

又 $$\frac{\partial N}{\partial x}=\frac{\partial}{\partial x}(x-3)=1$$

$$\frac{\partial M}{\partial y}=\frac{\partial N}{\partial x}$$ 恰當的

由(20)式知 $\int_a^x (y-1)dx + \int_b^y (a-3)dy = C$

$$(xy-x)\Big|_a^x + (ay-3y)\Big|_b^y = C$$

即 $xy - x - 3y = C$

此為通解

代入始值條件 $y(0) = \dfrac{2}{3}$

得 $0 - 0 - 3\left(\dfrac{2}{3}\right) = C$

即 $C = -2$

故 $xy - x - 3y = -2$

此為特解

【註】此題也可用分離方程式法，讀者不妨試試。

例 1-25

解 $(x^2 + y^2 + x)dx + xydy = 0$

討論

❀ 此題不是可分離方程式。

❀ 亦不是齊次微分方程式。

❀ 也不是恰當微分方程式。

❀ 如何求解？下節討論。

習 1-4 題

判斷下列微分方程式是否為恰當的？若是則求解

① $[\sin(y) + y]dx + [x\cos(y) + (x)]dy = 0$

② $xy' + y + 4 = 0$

③ $2x\sin(3y)dx+[3x^2\cos(3y)+2y]dy=0$

④ $(ye^{xy^2}+4x^3)dx+(2xye^{xy^2}-3y^2)dy=0$

⑤ $x^3-y\sin(x)+[\cos(x)+2y]y'=0$

⑥ $y'+\dfrac{2x+y}{2y+x}=0$

⑦ $\dfrac{dy}{dx}=\dfrac{-2xy^3-2}{3x^2y^2+e^y}$

⑧ $\dfrac{dy}{dx}=\dfrac{-\cos(xy)+xy\sin(xy)}{-x^2\sin(xy)+2y}$

⑨ $\dfrac{x}{x^2+y^2}dx+\dfrac{y}{x^2+y^2}dy=0$

⑩ $\left(\dfrac{1}{x}+y\right)dx+(3y^2+x)dy=0$

⑪ $[y\cos(x)+2xe^y]dx+[\sin(x)+x^2e^y+2]dy=0$

⑫ $xy(xdy+ydx)=(1+y)dy$

⑬ $[y^3-y^2\sin(x)-x]dx+[3xy^2+2y\cos(x)]dy=0$

⑭ $(7x-3y+2)dx+(4y-3x-5)dy=0$

⑮ $(5xy^4+x)dx-(2+3y^2-10x^2y^3)dy=0$

⑯ $e^{-\theta}dr-re^{-\theta}d\theta=0$

⑰ $\dfrac{dy}{dx}=\dfrac{1-3y^4}{12xy^3}$

⑱ $\dfrac{dy}{dx}=\dfrac{e^y}{1-xe^y}$

⑲ $\dfrac{x}{y^2}dx-\dfrac{x^2}{y^3}dy=0$

⑳ $-y^2\sin(x)dx+[2y\cos(x)+2]dy=0$

解下列始值問題

㉑ $4xdx+9ydy=0$, $y(3)=0$

㉒ $\sin(x)\cosh(y)-y'\cos(x)\sinh(y)=0$, $y(0)=0$

㉓ $(2xydx+dy)e^{x^2}=0$, $y(0)=2$

㉔ $\cos(\pi x)\cos(2\pi y)dx=2\sin(\pi x)\sin(2\pi y)dy$, $y\left(\dfrac{3}{2}\right)=\dfrac{1}{2}$

㉕ $-3x^{-4}y^2dx+2x^{-3}ydy=0$, $y(4)=8$

5 積分因子

Integrating Factors

誠如例題 1－25 所示，並不是所有的微分方程式均爲恰當的。倘若 $Mdx+Ndy=0$ 並不是恰當微分方程式，而有一非零值的函數 $\mu(x,y)$，使 $(\mu M)dx+(\mu N)dy=0$ 變爲恰當的，此 $\mu(x,y)$ 稱爲「積分因子」(Integrating Factors)。利用積分因子而將微分方程式化成恰當微分方程式而求得解，稱為尤拉(Euler)氏解法。積分因子 $\mu(x,y)$ 簡稱(I.F.)。

例 1－26

解 $(x^2+y^2+x)dx+xydy=0$

解：

令原式爲 $Mdx+Ndy=0$ 之形式

如例 1－25 所述，此微分方程式並不是恰當微分方程式。

因爲 $\frac{\partial M}{\partial y}=\frac{\partial}{\partial y}(x^2+y^2+x)=2y$

$\frac{\partial N}{\partial x}=\frac{\partial}{\partial x}(xy)=y$

$\frac{\partial M}{\partial y}\neq\frac{\partial N}{\partial x}$ 非恰當的

將原式同乘 x，

則原式變爲 $(x^3+xy^2+x^2)dx+x^2ydy=0$

此時 $\frac{\partial M}{\partial y}=\frac{\partial}{\partial y}(x^3+xy^2+x^2)=2xy$

$$\frac{\partial N}{\partial x}=\frac{\partial}{\partial x}(x^2y)=2xy$$

$$\frac{\partial M}{\partial y}=\frac{\partial N}{\partial x}$$ 恰當的

所以其隱解為 $$\int_a^x (x^3+xy^2+x^2)dx+\int_b^y (a^2y)dy=C$$

$$\left(\frac{1}{4}x^4+\frac{1}{2}x^2y^2+\frac{1}{3}x^3\right)\bigg|_a^x+\left(\frac{1}{2}a^2y^2\right)\bigg|_b^y=C$$

即 $$\frac{1}{4}x^4+\frac{1}{2}x^2y^2+\frac{1}{3}x^3=C$$

整理得 $$3x^4+4x^3+6x^2y^2=C$$

此為通解

討論

❀ x 為例 1－26 的積分因子。

❀ 非恰當微分方程式乘上積分因子後,確能化成恰當的,進而得解。

❀ 但積分因子 $\mu(x,y)$ 如何求得?

求積分因子的方法,隨著非恰當微分方程式的不同,而有衆多不同的方式,本文歸納可分為六大方法。但礙於篇幅僅著重介紹最常見的方法一,而其餘方法則以例題簡介。

首先令微分方程式以 $M(x,y)dx+N(x,y)dy=0$ 表示。

方法一

若 $\frac{1}{N}\left(\frac{\partial M}{\partial y}-\frac{\partial N}{\partial x}\right)$ 之結果只含 x 變數,

則 $$\mu(x)=e^{\int \frac{1}{N}\left(\frac{\partial M}{\partial y}-\frac{\partial N}{\partial x}\right)dx} \tag{21}$$

若 $\frac{1}{M}\left(\frac{\partial N}{\partial x}-\frac{\partial M}{\partial y}\right)$ 之結果只含 y 變數,

則 $$\mu(y)=e^{\int \frac{1}{M}\left(\frac{\partial N}{\partial x}-\frac{\partial M}{\partial y}\right)dy} \tag{22}$$

【證明】

假設 $\mu(x,y)$ 為積分因子，則 $\mu M dx+\mu N dy=0$ 必為恰當的。

依恰當的條件知：

此時 $\frac{\partial}{\partial y}[\mu(x)M(x,y)]=\frac{\partial}{\partial x}[\mu(x)N(x,y)]$

即 $\mu(x)\frac{\partial M(x,y)}{\partial y}=\mu(x)\frac{\partial N(x,y)}{\partial x}+N(x,y)\frac{\partial \mu(x)}{\partial x}$

可整理為 $$\frac{d\mu(x)}{\mu(x)}=\frac{1}{N(x,y)}\left[\frac{\partial M(x,y)}{\partial y}-\frac{\partial N(x,y)}{\partial x}\right] \tag{23}$$

如果 $\frac{1}{N}\left(\frac{\partial M}{\partial y}-\frac{\partial N}{\partial x}\right)$ 只含變數 x，

則(23)式兩端積分後再整理

可得證 $\mu(x)=e^{\int\frac{1}{N}\left(\frac{\partial M}{\partial y}-\frac{\partial N}{\partial x}\right)dx}$

同理可證 $\mu(y)=e^{\int\frac{1}{M}\left(\frac{\partial N}{\partial x}-\frac{\partial M}{\partial y}\right)dy}$

例 1－27

求 $(x^2+y^2+x)dx+xydy=0$ 的積分因子

解：

此例題為**例 1－26** 的延續

如上例知 $\frac{\partial M}{\partial y}=\frac{\partial}{\partial y}(x^2+y^2+x)=2y$

$\frac{\partial N}{\partial x}=\frac{\partial}{\partial x}(xy)=y$

因為 $\frac{1}{N}\left(\frac{\partial M}{\partial y}-\frac{\partial N}{\partial x}\right)=\frac{1}{xy}(2y-y)=\frac{1}{x}$

只含 x 變數

故 $\mu(x)=e^{\int\frac{1}{N}\left(\frac{\partial M}{\partial y}-\frac{\partial N}{\partial x}\right)dx}=e^{\int\frac{1}{x}dx}=e^{\ell n|x|}=x$

所以積分因子 $\mu(x)=x$

例 1－28

求解 $(y^2-6xy)dx+(3xy-6x^2)dy=0$

解：

令原式為 $Mdx+Ndy=0$ 之型式

則 $$\frac{\partial M}{\partial y}=\frac{\partial}{\partial y}(y^2-6xy)=2y-6x$$

$$\frac{\partial N}{\partial x}=\frac{\partial}{\partial x}(3xy-6x^2)=3y-12x$$

因爲 $$\frac{\partial M}{\partial y}\neq\frac{\partial N}{\partial x}$$ **非恰當的**

然而 $$\frac{1}{M}\left(\frac{\partial N}{\partial x}-\frac{\partial M}{\partial y}\right)=\frac{3y-12x-2y+6x}{y^2-6xy}=\frac{1}{y}$$

只含 y 變數,

故 $$\mu(y)=e^{\int\frac{1}{M}\left(\frac{\partial N}{\partial x}-\frac{\partial M}{\partial y}\right)dy}=e^{\int\frac{1}{y}dy}=e^{\ln|y|}=y$$

將 y 乘回原式

得 $$(y^3-6xy^2)dx+(3xy^2-6x^2y)dy=0 \tag{24}$$

再驗證(24)式是否爲恰當的

$$\frac{\partial M}{\partial y}=\frac{\partial}{\partial y}(y^3-6xy^2)=3y^2-12xy$$

$$\frac{\partial N}{\partial x}=\frac{\partial}{\partial x}(3xy^2-6x^2y)=3y^2-12xy$$

$$\frac{\partial M}{\partial y}=\frac{\partial N}{\partial x}$$ **恰當的**

故隱解爲 $$\int_a^x(y^3-6xy^2)dx+\int_b^y(3ay^2-6a^2y)dy=C$$

$$(xy^3-3x^2y^2)\Big|_a^x+(ay^3-3a^2y^2)\Big|_b^y=C$$

整理後得 $$xy^3-3x^2y^2=C$$

方法二

若 $M(x,y)dx+N(x,y)dy=0$ 爲齊次方程式。

當 $xM+yN\neq0$，則 $\mu=\frac{1}{xM+yN}$ (25)

當 $xM+yN=0$，則 $\mu=\frac{1}{xy}$ (26)

例 1－29

求 $y^2dx+(x^2-xy-y^2)dy=0$ 的積分因子

解：

原式爲齊次方程式

且 $$xM+yN=xy^2+x^2y-xy^2-y^3$$
$$=x^2y-y^3\neq 0$$

由(25)式知 $$\mu=\frac{1}{xM+yN}=\frac{1}{x^2y-y^3}=\frac{1}{y(x^2-y^2)}$$

驗證 μ 是否眞爲積分因子，將 μ 乘回原式

得 $$\frac{y}{x^2-y^2}dx+\left(\frac{1}{y}-\frac{x}{x^2-y^2}\right)dy=0$$

因爲 $$\frac{\partial M}{\partial y}=\frac{\partial}{\partial y}\left(\frac{y}{x^2-y^2}\right)=\frac{x^2+y^2}{(x^2-y^2)^2}$$
$$\frac{\partial N}{\partial x}=\frac{\partial}{\partial x}\left(\frac{1}{y}-\frac{x}{x^2-y^2}\right)=\frac{x^2+y^2}{(x^2-y^2)^2}$$
$$\frac{\partial M}{\partial y}=\frac{\partial N}{\partial x}$$

故積分因子確爲 $$\frac{1}{y(x^2-y^2)}$$

方法三

若 $$\frac{\partial M}{\partial y}-\frac{\partial N}{\partial x}=f(xy)(Mx-Ny)，\text{則 } \mu=e^{-\int f(xy)d(xy)} \qquad (27)$$

例 1－30

求 $(x^2y^3+2y)dx+(2x-2x^3y^2)dy=0$ 的積分因子

解：

因爲 $$\frac{\partial M}{\partial y}=\frac{\partial}{\partial y}(x^2y^3+2y)=3x^2y^2+2$$
$$\frac{\partial N}{\partial x}=\frac{\partial}{\partial x}(2x-2x^3y^2)=2-6x^2y^2$$

又 $$Mx-Ny=x^3y^3+2xy-2xy+2x^3y^3=3x^3y^3$$

且 $$\frac{\partial M}{\partial y}-\frac{\partial N}{\partial x}=(3x^2y^2+2)-(2-6x^2y^2)=9x^2y^2$$

$$=\frac{3}{xy}(3x^3y^3)$$

即 $f(xy)(Mx-Ny)$

所以 $$\mu=e^{-\int f(xy)d(xy)}=e^{-\int \frac{3}{xy}d(xy)}=e^{-3\ell n|xy|}=\frac{1}{x^3y^3}$$

方法四

若 $M(x,y)dx+N(x,y)dy=0$,

可寫爲 $y\cdot f(xy)dx+x\cdot g(xy)dy=0$ 的型式,

其中 $f(xy)\neq g(xy)$,

則 $$\mu=\frac{1}{Mx-Ny} \tag{28}$$

例 1－31

求 $(2xy^2+y)dx+(x+2x^2y-x^4y^3)dy=0$

解：

原式可整理爲 $y(2xy+1)dx+x(1+2xy-x^3y^3)dy=0$

所以 $$\mu=\frac{1}{Mx-Ny}=\frac{1}{(2x^2y^2+xy)-(xy+2x^2y^2-x^4y^4)}$$

$$=\frac{1}{x^4y^4}$$

方法五

若微分方程式的型式可寫成

$$x^ay^b(C_1ydx+C_2xdy)+x^cy^d(C_3ydx+C_4xdy)=0 \tag{29}$$

其中 $a、b、c、d、C_1、C_2、C_3、C_4$ 均爲常數，且 $C_1C_4\neq C_2C_3$,

則 $\mu=x^my^n$ 的型式 (30)

例 1－32

求 $(2y^2-9xy)dx+(3xy-6x^2)dy=0$ 的積分因子

解：

原式符合**方法五**的條件

所以設 $\mu=x^m y^n$

將 μ 乘回原式

$$(2x^m y^{n+2}-9x^{m+1}y^{n+1})dx+(3x^{m+1}y^{n+1}-6x^{m+2}y^n)dy=0$$

因爲 $\frac{\partial M}{\partial y}=2(n+2)x^m y^{n+1}-9(n+1)x^{m+1}y^n$

$\frac{\partial N}{\partial x}=3(m+1)x^m y^{n+1}-6(m+2)x^{m+1}y^n$

又因 $\frac{\partial M}{\partial y}=\frac{\partial N}{\partial x}$

所以 $2(n+2)=3(m+1)$

即 $3m-2n=1$

且 $9(n+1)=6(m+2)$

即 $6m-9n=-3$

解之得 $m=1,\ n=1$

故 $\mu=x^m y^n=xy$

方法六　觀察法（Inspection）

利用基本的微分公式觀察已知微分方程式，以選擇適當的積分因子。茲將常用且較簡單的微分公式列於**表 1－1**，以供參考。

型號	微分方程型式	積分因子	恰當微分
1	$ydx-xdy+f(x)dx$	$\frac{1}{x^2}$	$\frac{ydx-xdy}{x^2}=-d\left(\frac{y}{x}\right)$
2	$ydx-xdy+f(y)dy$	$\frac{1}{y^2}$	$\frac{ydx-xdy}{y^2}=d\left(\frac{x}{y}\right)$
3	$ydx-xdy$ $+f(xy)(ydx+xdy)$	$\frac{1}{xy}$	$\frac{ydx-xdy}{xy}=d\left[\ell n\left(\frac{x}{y}\right)\right]$
4	$ydx-xdy$ $+f(x^2+y^2)(xdx\pm ydy)$	$\frac{1}{x^2+y^2}$	$\frac{ydx-xdy}{x^2+y^2}=d\left[\tan^{-1}\left(\frac{x}{y}\right)\right]$ $=-d\tan^{-1}\left(\frac{y}{x}\right)$
5	$ydx-xdy$ $+f(x^2-y^2)(xdx\pm ydy)$	$\frac{1}{x^2-y^2}$	$\frac{ydx-xdy}{x^2-y^2}=\frac{1}{2}d\left[\ell n\left(\frac{x-y}{x+y}\right)\right]$
6	$ydx+xdy$ $+f(xy)(xdx\pm ydy)$	$\frac{1}{(xy)^n}$	(1)若 $n=1$：$\frac{ydx+xdy}{xy}$ $=d[\ell n(xy)]$ (2)若 $n\neq 1$：$\frac{ydx+xdy}{(xy)^n}$ $=d\left[\frac{-1}{(n-1)(xy)^{n-1}}\right]$
7	$xdx+ydy$ $+f(x^2+y^2)(xdx\pm ydy)$	$\frac{1}{(x^2+y^2)^n}$	(1)若 $n=1$：$\frac{xdx+ydy}{x^2+y^2}$ $=d\left[\frac{1}{2}\ell n(x^2+y^2)\right]$ (2)若 $n\neq 1$：$\frac{xdx+ydy}{x^2+y^2}$ $=d\left[\frac{-1}{2(n-1)(x^2+y^2)^{n-1}}\right]$

表 1－1　簡易觀察法求積分因子

例 1－33

求 $xdy-ydx-(1-x^2)dx=0$

解：

此爲**型 1**，故 $\mu=\frac{1}{x^2}$

習 1-5 題

求出下列微分方程式之解

① $2ydx + xdy = 0$

② $3ydx + 2xdy = 0$

③ $\cos(x)dx + \sin(x)dy = 0$

④ $2dx - e^{y-x}dy = 0$

⑤ $\sin(y)dx + \cos(y)dy = 0$

⑥ $3(y+1)dx = 2xdy$

⑦ $(3xe^{y} + 2y)dx + (x^{2}e^{y} + x)dy = 0$

⑧ $y^{2}dx + (1 + xy)dy = 0$

⑨ $(y+1)dx - (x+1)dy = 0$

⑩ $3x^{2}ydx + 2x^{3}dy = 0$

⑪ $2\cosh(x)\cos(y)dx = \sinh(x)\sin(y)dy$

⑫ $2ydx + 3xdy = 0$

⑬ $2\cos(x)\cos(y)dx - \sin(x)\sin(y)dy = 0$

⑭ $(3xy + y + 4)dx + \frac{1}{2}xdy = 0$

⑮ $(6xy + 5y^{4})dx + (4x^{2} + 7xy^{3})dy = 0$

⑯ $3x^{2}ydx + (2x^{3} - 2)dy = 0$

⑰ $(1 + x + y^{2})dx + 2ydy = 0$

⑱ $[2\cos(y) + 4x^{2}]dx = x\sin(y)dy$

⑲ $2x\tan(y)dx + \sec^{2}(y)dy = 0$

⑳ $3y^{2}dx + 2xydy = 0$

㉑ $2xydx + 3x^{2}dy = 0$

㉒ $2\cos(y)dx = \sin(y)dy$

㉓ $x\cosh(y)dy - \sinh(y)dx = 0$

㉔ $xdy - ydx = 0$

㉕ $[7x^{5}y^{5} + 2y\sin(x) + xy\cos(x)]dx + [6x^{6}y^{4} + 2x\sin(x)]dy = 0$

㉖ $(2x - 2y - x^{2} + 2xy)dx + (2x^{2} - 4yx - 2x)dy = 0$

㉗ $(a+1)ydx + (b+1)xdy = 0$

㉘ $2\sinh(x)dx + \cosh(x)dy = 0$

㉙ $\sin(y)dx + \cos(y)dy = 0$

㉚ $x\csc(y)dx + \cos(y)dy = 0$

6 線性一階微分方程式

Linear First－Order Differential Equations

一階微分方程式之型式如下

$$y' + P(x)y = Q(x) \tag{31}$$

倘若 $Q(x)=0$ 即 $y'+P(x)y=0$ 稱爲齊次(Homogenous)

$Q(x)\neq 0$ 即 $y'+P(x)y=Q(x)$ 稱爲非齊次(Nonhomogenous)

若 $P(x)$, $Q(x)$ 在區間 I 中是連續的，則(31)式所含之齊次與非齊次的兩種情形，皆能推導成通式：

一、當 Q(x)＝0

即 $y'+P(x)y=0$

此式採用可分離的方式，

轉換成 $\dfrac{dy}{y}=-P(x)dx$

積分後 $\ell n\,|y| = -\int P(x)dx + C$

故 $$y(x) = Ce^{-\int P(x)dx} \tag{32}$$

例 1－34

求 ① $y'+xy=0$ ② $y'-(3x^2+1)y=0$ ③ $y'+4y=0$

解：

① $y(x)=Ce^{-\int xdx}=Ce^{-\frac{1}{2}x^2}$

② $y(x)=Ce^{\int(3x^2+1)dx}=Ce^{(x^3+x)}=Ce^{x(x^2+1)}$

③ $y(x)=Ce^{-\int 4dx}=Ce^{-4x}$

二、當 $Q(x) \neq 0$

即 $$y' + P(x)y = Q(x)$$

此式可寫成 $$dy + P(x)ydx = Q(x)dx \tag{33}$$

即 $$[P(x)y - Q(x)]dx + dy = 0$$

求上式的積分因子

因為 $$\frac{\partial M}{\partial y} = P(x),\quad \frac{\partial N}{\partial x} = 0$$

所以 $$\mu(x) = e^{\int \frac{1}{N}\left(\frac{\partial M}{\partial y} - \frac{\partial N}{\partial x}\right)dx} = e^{\int P(x)dx}$$

代入(33)式成為恰當微分方程式

$$e^{\int P(x)dx}[P(x)y - Q(x)]dx + e^{\int P(x)dx}dy = 0$$

求出位勢函數 $$F = \int Mdx + k(y)$$
$$= \int e^{\int P(x)dx}[P(x)y - Q(x)]dx + k(y)$$

此外 $$F = \int Ndy + k(x) = \int e^{\int P(x)dx}dy + k(x)$$
$$= ye^{\int P(x)dx} + k(x) + C$$

比較上二式得 $$k(x) = -\int Q(x)e^{\int P(x)dx}dx + C$$

所以 $$ye^{\int P(x)dx} - \int Q(x)e^{\int P(x)dx}dx + C$$

故 $$\boldsymbol{y = e^{-\int P(x)dx}\left[\int Q(x)e^{\int P(x)dx}dx + C\right]} \tag{34}$$

例 1－35

解 $y' + xy = x$

解：

$$y = e^{-\int xdx}\left[\int xe^{\int xdx}dx + C\right] = e^{-\frac{1}{2}x^2}\left[\int xe^{\frac{1}{2}x^2}dx + C\right]$$
$$= e^{-\frac{1}{2}x^2}\left[e^{\frac{1}{2}x^2} + C\right] = 1 + Ce^{-\frac{1}{2}x^2}$$

例 1－36

解 $xy' + (1 + x)y = e^x$

解：

將原式同除 x　　$y' + \left(\frac{1}{x} + 1\right)y = \frac{1}{x}e^x$

代入(34)式　　$y = e^{-\int\left(\frac{1}{x}+1\right)dx}\left[\int \frac{1}{x}e^x \cdot e^{\int\left(\frac{1}{x}+1\right)dx}dx + C\right]$

$= e^{-[\ln(x)+x]}\left[\int \frac{1}{x}e^x \cdot e^{[\ln(x)+x]}dx + C\right]$

$= \frac{1}{x}e^{-x}\left[\int \frac{1}{x}e^x \cdot xe^x dx + C\right]$

$= \frac{1}{x}e^{-x}\left[\frac{1}{2}e^{2x} + C\right]$

$= \frac{1}{2x}e^x + C\frac{e^{-x}}{x}$

例 1－37

解 $y' + y\tan(x) = \sin(2x)$，$y(0) = 1$

解：

代入(34)式　　$y = e^{-\int\tan(x)dx}\left[\int \sin(2x)e^{\int\tan(x)dx}dx + C\right]$

$= e^{-\ln|\sec(x)|}\left[\int \sin(2x)e^{\ln|\sec(x)|}dx + C\right]$

$= \frac{1}{\sec(x)}\left[\int 2\sin(x)\cos(x)\sec(x)dx + C\right]$

$= \cos(x)[-2\cos(x) + C]$

$= C\cos(x) - 2\cos^2(x)$

代始値條件　　$y(0) = 1$

即　　$1 = C - 2$

所以　　$C = 3$

故特解爲　　$y = 3\cos(x) - 2\cos^2(x)$

例 1－38

解 $x^3y' + (2 - 3x^2)y = x^3$

解：

同除 x^3, 得　　$y' + \left(\frac{2}{x^3} - \frac{3}{x}\right)y = 1$

代入(34)式

$$
\begin{aligned}
y &= e^{-\int\left(\frac{2}{x^3}-\frac{3}{x}\right)dx}\left[\int e^{\int\left(\frac{2}{x^3}-\frac{3}{x}\right)dx}dx + C\right] \\
&= e^{-\left(-\frac{1}{x^2}-3\ell n|x|\right)}\left[\int e^{\left[\frac{-1}{x^2}-3\ell n(x)\right]}dx + C\right] \\
&= x^3e^{\frac{1}{x^2}}\left[\int \frac{1}{x^3}e^{-x^{-2}}dx + C\right] \\
&= x^3e^{x^{-2}}\left[\frac{1}{2}e^{-x^{-2}} + C\right] \\
&= \frac{1}{2}x^3 + Cx^3e^{x^{-2}}
\end{aligned}
$$

習 1-6 題

求下列線性微分方程式之通解

① $y' + 2xy = 4x$

② $(x-2)y' = y + 2(x-2)^3$

③ $y' - 2y\cot(2x) = 1 - 2x\cot(2x) - 2\csc(2x)$

④ $y' = 2\dfrac{y}{x} + x^2e^x$

⑤ $y' - 2y = 1 - 2x$

⑥ $y' + 2y = \cos(x)$

⑦ $y' + \dfrac{1}{x}y = 3x^2$

⑧ $y' + y = \sin(x)$

⑨ $xy' + 2y = 2e^{x^2}$

⑩ $y\ell n(y)dx + [x - \ell n(y)]dy = 0$

求下列線性微分方程式之特解

⑪ $xy' = (1+x)y,\ y(2) = 6e^2$

⑫ $y' - 5y = e^{5x}\sin(x),\ y(0) = 4$

⑬ $y' - y = 2e^{4x},\ y(0) = -3$

⑭ $y' - y = e^x,\ y(1) = 0$

⑮ $y' + y\cot(x) = 5e^{\cos(x)},\ y\left(\dfrac{\pi}{2}\right) = -4$

⑯ $y' - x^3y = -4x^3,\ y(0) = 6$

7 可化為線性之微分方程式

Linearity of Differential Equations

本節將介紹二種可轉換成線性的微分方程式形式：

◎ 柏努力微分方程式(Bernoulli Differential Equation)

◎ 變數變換法

一、柏努力方程式

若微分方程式的形式如下，則稱「柏努力微分方程式」。

$$y' + P(x)y = Q(x)y^{\alpha} \tag{35}$$

【討論】

☆ 當 $\alpha = 0$,

則 $y' + P(x)y = Q(x)$

此式爲非齊次的線性一階微分方程式。

其解可用(34)式 $y = e^{-\int P(x)dx}\left[\int Q(x)e^{\int P(x)dx}dx + C\right]$

☆ 當 $\alpha = 1$,

則 $y' + P(x)y = Q(x)y$

可改寫成 $y' + [P(x) - Q(x)]y = 0$

此爲齊次的線性一階微分方程式,

其解可用(32)式 $y = Ce^{-\int [P(x) - Q(x)]dx}$

☆ 當 $\alpha = 2, 3 \cdots\cdots$

則 $y' + P(x)y = Q(x)y^{\alpha} \tag{36}$

上式爲非線性的一階一次微分方程式，其解法可由以下的推導表示。

首先將(36)式同除 y^{α},

則(36)式變為 $$y^{-\alpha}\frac{dy}{dx}+P(x)y^{1-\alpha}=Q(x) \tag{37}$$

令 $$z(x)=y^{1-\alpha} \tag{38}$$

則 $$z'(x)=(1-\alpha)y^{-\alpha}\frac{dy}{dx}$$

即 $$y^{-\alpha}\frac{dy}{dx}=\frac{1}{1-\alpha}\ \frac{dz}{dx} \tag{39}$$

將(38)、(39)式代入(37)式得

$$\frac{1}{1-\alpha}\ \frac{dz}{dx}+P(x)z=Q(x)$$

即 $$z'+(1-\alpha)P(x)z=(1-\alpha)Q(x) \tag{40}$$

因此可知,遇柏努力微分方程式(如(35)式所示)時,只需

令 $$\boldsymbol{z(x)=y^{1-\alpha}}$$

則可化為 $$\boldsymbol{z'+(1-\alpha)P(x)z=(1-\alpha)Q(x)}$$

的非齊次線性微分方程式,

而其解則可由第 6 節所述的方法求出:

$$\boldsymbol{z(x)=e^{-\int(1-\alpha)P(x)dx}\left[\int(1-\alpha)Q(x)e^{\int(1-\alpha)P(x)dx}dx+C\right]}$$

然後再將 $z(x)$ 代入式(38)即可求出 y

例 1－39

解 $y'+y=y^4$

解:

令 $z(x)=y^{-3}$

則 $z'(x)=-3y^{-4}y'$

即 $y^{-4}y'=\frac{-1}{3}z'$

將之代入原式,

得　　$z' - 3z = -3$

所以　　$z = e^{\int 3dx}\left(\int -3e^{\int -3dx}dx + C\right) = e^{3x}\left(\int -3e^{-3x}dx + C\right)$

$= e^{3x}(e^{-3x} + C) = 1 + Ce^{3x}$

因為　　$z = y^{-3}$

所以　　$y^{-3} = 1 + Ce^{3x}$

或　　$y^{-3}e^{-3x} - e^{-3x} = C$

例 1－40

解 $y' - y = xy^5$

解：

令　　$z = y^{-4}$

則　　$z' = -4y^{-5}y'$

即　　$y' = \dfrac{-1}{4}y^5z'$

代入原式,

得　　$z' + 4z = -4x$

所以　　$z = e^{-\int 4dx}\left[\int -4xe^{\int 4dx}dx + C\right] = e^{-4x}\left[\int -4xe^{4x}dx + C\right]$

$= e^{-4x}\left[-xe^{4x} + \dfrac{1}{4}e^{4x} + C\right] = -x + \dfrac{1}{4} + Ce^{-4x}$

因為　　$z = y^{-4}$

故　　$y^{-4} = -x + \dfrac{1}{4} + Ce^{-4x}$

即　　$e^{4x}y^{-4} + xe^{4x} - \dfrac{1}{4}e^{4x} = C$

二、變數變換法

微分方程式若能寫成以下形式,則可經由變數變換法將之轉換成線性微分方程式。

$$R'(y)y' + R(y)P(x) = Q(x) \tag{41}$$

變數變換法：

令 $\upsilon = R(y)$ $$\frac{d\upsilon}{dx} = \upsilon' = \frac{dR}{dy}\frac{dy}{dx} = R'(y)y' \tag{42}$$

將式(42)代入式(41)

則式(41)成為 $$\upsilon' + P(x)\upsilon = Q(x) \tag{43}$$

式(43)為非齊次的線性一階微分方程式

故 $$\upsilon = e^{-\int P(x)dx}\left[\int Q(x)e^{\int P(x)dx}dx + C\right] \tag{44}$$

將式(44)之結果代入式(42),則可解出 y

例 1－41

解 $y' + 1 = 4e^{-y}\sin(x)$

解：

將原式改寫成 $e^y y' + e^y = 4\sin(x)$

此式為 $R'(y)y' + R(y)P(x) = Q(x)$ 之形式

令 $\upsilon = e^y$,則 $\upsilon' = e^y y'$

故原式成為 $\upsilon' + \upsilon = 4\sin(x)$

$$\begin{aligned}\upsilon &= e^{-\int dx}\left[\int 4\sin(x)e^{\int dx}dx + C\right] \\ &= e^{-x}\left[\int 4\sin(x)e^{x}dx + C\right] \\ &= e^{-x}\{2e^{x}[\sin(x) - \cos(x)] + C\} \\ &= 2[\sin(x) - \cos(x)] + Ce^{-x}\end{aligned}$$

因為 $\upsilon = e^y$

所以 $e^y = 2[\sin(x) - \cos(x)] + Ce^{-x}$

習 1-7 題

解下列微分方程式

① $y' + y = y^2$

② $y' = \frac{1}{x^2}y^2 - \frac{1}{x}y + 1$，$y(1) = 3$（試 $y_1 = x$）

③ $y' + \frac{1}{x}y = 3x^2y^3$

④ $y' + \frac{4}{x}y = xy^4$

⑤ $\sin(y) \cdot y' = \cos(x)[2\cos(y) - \sin^2(x)]$

⑥ $xdy - \{y + xy^3[1 + \ell n(x)]\}dx = 0$

⑦ $y' = -\frac{1}{x}y^2 + \frac{2}{x}y$，$y(1) = 4$

⑧ $y' = \cot(y)[1 + x\cos(y)]$

⑨ $y' - y + e^{-x}y^2 - e^x = 0$

⑩ $y' + \frac{3}{x}y = -2xy^{\frac{5}{2}}$

⑪ $y' + \frac{1}{x}y = 3x^2$

⑫ $y' = y^2 - 2xy + x^2 + 1$

⑬ $xy' - y\ell n(y) = x^2y$

⑭ $3(1 + x^2)y' = 2xy(y^3 - 1)$

⑮ $y^2dx + (2yx - x^4)dy = 0$

⑯ $y' + y = \sin(x)$

⑰ $y' = \frac{1}{x}y^2 + xy + 2x(1 - x^2)$

⑱ $y' = xy^2 + \left(-8x^2 + \frac{1}{x}\right)y + 16x^3$，$y(2) = 6$

⑲ $(x + 1)y' = y + 1 + (x + 1)\sqrt{y + 1}$

8 一階高次微分方程式

High Degree First Order Differential Equations

一階常微分方程式之通式爲

$$F(x,y,y')=F\left(x,y,\frac{dy}{dx}\right)=F(x,y,P)=0 \tag{45}$$

式(45)$P=y'=\frac{dy}{dx}$，若 P 之次數（Degree）大於 1，則稱「一階高次微分方程式」。

例 $(y')^2+xy=P^2+xy=0$　此爲一階二次微分方程式

$(y')^3+xy=P^3+xy=0$　此爲一階三次微分方程式

通常，一階高次微分方程式之通式如下：

$$P^n+a_1(x,y)P^{n-1}+a_2(x,y)P^{n-2}+\cdots\cdots+a_n(x,y)=0 \tag{46}$$

在本節中將介紹以下幾種解一階高次微分方程式的型式：

◎ 以 P 的型式解微分方程式。

◎ 以 y 的型式解微分方程式。

◎ 以 x 的型式解微分方程式。

一、以 P 的型式解微分方程式

我們可將式(46)視爲 P 之多項式，而將其因式分解，

即

$$(P-F_1)(P-F_2)(P-F_3)\cdots\cdots(P-F_n)=0 \tag{47}$$

其中 F 爲 x，y 的函數。

令每一因式爲零而解出 P，再解出 P 對 x，y 之間的關係。而式(46)之解

即為式(47)各解的乘積。

例 1－42

解 $(y')^2+(x+y)y'+xy=0$

解：

原式可寫成 $P^2+(x+y)P+xy=0$

$(P+x)(P+y)=0$

令 $P+x=0$ $P+y=0$

即 $$\frac{dy}{dx}+x=0 \tag{48}$$

$$\frac{dy}{dx}+y=0 \tag{49}$$

解式(48) $\int dy=-\int xdx$

即 $2y+x^2-C_1=0$

解式(49) $y=C_2e^{-\int dx}=C_2e^{-x}$

即 $y-C_2e^{-x}=0$

故原式之通解為 $(2y+x^2-C_1)(y-C_2e^{-x})=0$

例 1－43

解 $(y'-y)^2-(x-y)^2=0$

解：

原式可寫成 $(P-y)^2-(x-y)^2=0$

$(P-y-x+y)(P-y+x-y)=0$

$(P-x)(P+x-2y)=0$

令 $P-x=0$ $P+x-2y=0$

即 $$y'-x \tag{50}$$

$$y'-2y=-x \tag{51}$$

解式(50)得 $\int dy=\int xdx$

即 $2y-x^2-C_1=0$

解式(51)得 $y=e^{\int 2dx}\left(\int -xe^{-\int 2dx}dx+C\right)=\frac{1}{4}-\frac{1}{2}x+C_2e^{2x}$

即 $y-\frac{1}{4}+\frac{1}{2}x-C_2e^{2x}=0$

故原式之通解為 $(2y-x^2-C_1)(y-\frac{1}{4}+\frac{1}{2}x-C_2e^{2x})=0$

二、以 y 的型式解微分方程式

若能將式(46)之型式提出 y，

即
$$\boldsymbol{y=f(x,P)} \tag{52}$$

將式(52)對 x 微分，

則得
$$\frac{dy}{dx}=P=\frac{\partial f}{\partial x}+\frac{\partial f}{\partial P}\frac{dP}{dx}=F(x,P,P') \tag{53}$$

此為一階一次微分方程式，故可解出 P，再解出 P 與 x，y 的關係。

例 1－44

解 $16x^2+2P^2y-P^3x=0$

解：

原式可寫成 $2y=Px-16\frac{x^2}{P^2}$

對 x 微分 $2P=P+x\frac{dP}{dx}-\frac{32x}{P^2}+\frac{32x^2}{P^3}\frac{dP}{dx}$

整理可得 $P+\frac{32x}{P^2}-\left(x+\frac{32x^2}{P^3}\right)\frac{dP}{dx}=0$

即 $P(P^3+32x)-x(P^3+32x)\frac{dP}{dx}=0$

$(P^3+32x)(P-x\frac{dP}{dx})=0$

令
$$P-x\frac{dP}{dx}=0 \tag{54}$$

因為 (P^3+32x) 不含 $\frac{dP}{dx}$，故不予考慮

式(54)可寫成 $P'-\frac{1}{x}P=0$

故 $P=C_1e^{\int\frac{1}{x}dx}=C_1e^{\ell n(x)}=C_1x$

代入原式得 $16x^2+2C_1^2x^2y-C_1^3x^4=0$

上式爲通解

例 1－45

解 $x(y')^2-2yy'-x=0$

解：

原式可寫成 $2y=x(P-\frac{1}{P})$

兩邊對 x 微分, 得 $2P=(P-\frac{1}{P})+x(1+\frac{1}{P^2})P'$

$$(1+\frac{1}{P^2})(xP'-P)=0$$

令 $xP'-P=0$ (55)

因為 $1+\frac{1}{P^2}\neq 0$

解式(55)得 $\int\frac{dP}{P}=\int\frac{dx}{x}$

即 $P=Cx$

代入原式, 通解爲 $C^2x^2-2Cy-1=0$

三、以 x 的型式解微分方程式

若能將式(46)提出 x,

即 $$x=f(y,P)$$

則對 y 微分,

得 $$\frac{dx}{dy}=\frac{1}{P}=\frac{\partial f}{\partial y}+\frac{\partial f}{\partial P}\frac{dP}{dy}=F\left(y,P,\frac{dP}{dy}\right) \tag{56}$$

此爲一階一次微分方程式, 故可解出 P, 再解出 P 與 x, y 的關係。

例 1－46

解 $y=3Px+6P^2y^2$

解：

原式可寫成 $3x=\frac{y}{P}-6Py^2$

對 y 微分，得　$\frac{3}{P}=\frac{1}{P}-\frac{y}{P^2}\frac{dP}{dy}-6y^2\frac{dP}{dy}-12Py$

因式分解，得　$(2P+y\frac{dP}{dy})(1+6P^2y)=0$

令　$2P+y\frac{dP}{dy}=0$　(57)

因為 $1+6P^2y$ 不含$\frac{dP}{dy}$，故不予考慮

解式(57)　$\frac{dP}{dy}+\frac{2}{y}dP=0$

即　$P=Ce^{-\int\frac{2}{y}dy}=\frac{C}{y^2}$

代入原式，通解爲　$y^3=3Cx+6C^2$

習 1-8 題

解下列一階高次微分方程式

① $x^2(y')^2+4xyy'+3y^2=0$

② $ay'=x\sqrt{1+(y')^2}$

③ $xy(y')^2+(x+y)y'+1=0$

④ $[1+(y')^2]y=2xy'$

⑤ $x(y')^2-2yy'+4x=0$

⑥ $P^4-(x+2y+1)P^3+(x+2y+2xy)P^2-2xyP=0$

⑦ $y=2Px+P^4x^2$

⑧ $y=x(1+y')+(y')^2$

⑨ $[1+(y')^2]y=2xy'$

⑩ $(x^2+x)P^2+(x^+x-2xy-y)P+y^2-xy=0$

9 歷屆插大、研究所、公家題庫

Qualification Examination

① $x\frac{dy}{dx}-ky=x^4$

② $\frac{dy}{dx}=1+\cos(x)-y\cot(x)$, $y\left(\frac{\pi}{6}\right)=\frac{1}{4}$

③ $(6x^2y+12xy+y^2)dx+(6x^2+2y)dy=0$

④ $\frac{dy}{dx}+\frac{1}{x}y=x^3y^3$

⑤ $(2+2x^2y^{1/2})ydx+(x^2y^{1/2}+2)xdy=0$

⑥ $\frac{dy}{dx}=\frac{y\sin(x)}{2\cos(x)+4y^2}$

⑦ $\left(\frac{dy}{dt}\right)^3-\frac{dy}{dt}=0$

⑧ $(3x^2-y^2)dy-2xydx=0$

⑨ $\frac{dy}{dx}+2xy=2x\cos(x^2)$, $y(0)=1$

⑩ $\frac{dx}{dt}=I-\frac{x}{\tau}$，其中 I、τ 爲正值常數

⑪ $(x-y^3)dy=ydx$

⑫ $y'+y=y^2$

⑬ $2xydx+(4y+3x^2)dy=0$, $y(1)=1$

⑭ $y'\sin(y)+\sin(x)\cos(y)=\sin(x)$

⑮ $xy'+y=y^2$

⑯ $(xe^y-1)dy+e^ydx=0$

⑰ $dy+2xydx=xe^{-x^2}y^3dx$

⑱ 1證明 $\frac{dy}{dx}+P(x)y=Q(x)y^\alpha$ 可化爲線性微分方程式

⑱ $x^3\frac{dy}{dx}+x^2y=2y^{-\frac{4}{3}}$

⑲ $xdy-\{y+xy^3[1+\ell n(x)]\}dx=0$

⑳ $(y^4+2y)dx+(xy^3+2y^4-4x)dy=0$

㉑ $xy^2dx+x^2ydy=0$

㉒ $(-3x+y+6)dx+(x+y+2)dy=0$

㉓ $\frac{dx}{dt}=ax-bx^2$，$x(0)=x_0>0$，$a>0$，$b>0$

㉔ $xy'+y=4x+10\sin(x)$

㉕ $(1+x^2)y'+(2xy)\ell n(y)=0$

㉖ $(3x+y-2)y'-(2x+2y+1)=0$

㉗ 證明 $\frac{dy}{dx}+P(x)y=Q(x)$的解為

$y=\exp(-\int Pdx)[\int Q\exp(\int Pdx)dx+C_1]$

㉘ $(3xy+y^2)+(x^2+xy)\frac{dy}{dx}=0$

㉙ $xy'+2y=2e^{x^2}$

㉚ $dx+xydy=y^2dx+ydy$

㉛ $(2x^2y+3y^3)dx-(x^3+2xy^2)dy=0$

㉜ $(x-\sqrt{xy})y'=y$

㉝ $y^2+x^2\frac{dy}{dx}=xy\frac{dy}{dx}$，其初值為$(1,1)$

㉞ $(2xy+e^y)dx+(x^2+xe^y)dy=0$

㉟ $(3x^2-6xy)dx-(3x^2+2y)dy=0$

㊱ $(3xe^y+2y)dx+(x^2e^y+x)dy=0$

㊲ $y^2dx+(1+xy)dy=0$

㊳ $y'+[\tan(x)]y=\sin(2x)$，$y(0)=1$

㊴ $y'+\frac{2}{x}y=\frac{1}{x}e^{x^2}$

㊵ $y'+y\cot(x)=\sec^2(x)$

第 2 章

二階常微分方程式

1. 基本觀念及定義
2. 二階常係數齊次線性微分方程式
3. 二階非齊次方程式：未定係數法
4. 二階非齊次方程式：參數變換法
5. 二階變係數方程式：降階法
6. 二階變係數方程式：柯西—尤拉方程式
7. 歷屆插大、研究所、公家題庫

The Second Order Ordinary Differential Equations

〔基本觀念〕

◉ 二階微分方程式之類別

◉ 「線性獨立」、「線性組合」之判斷

〔解二階常微分的步驟〕

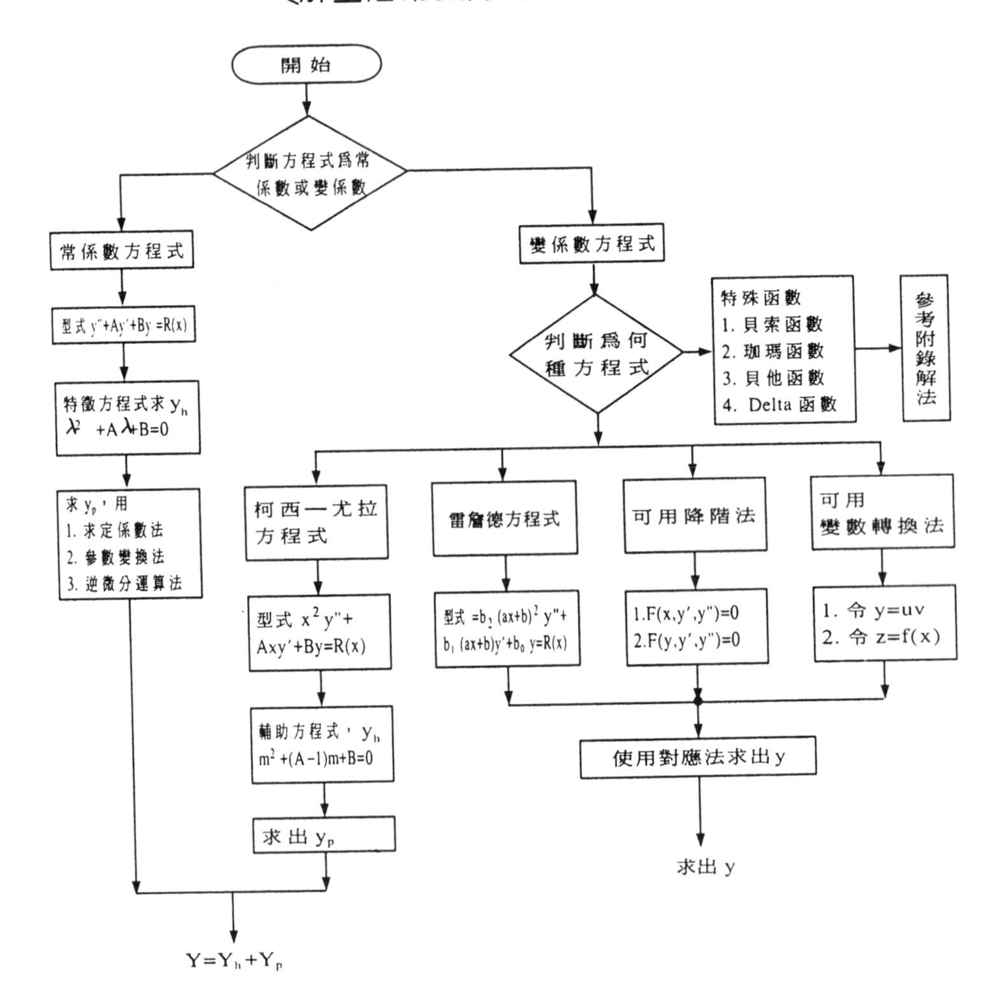

〔工程應用的方法〕

1 基本觀念及定義

Basic Concepts and Definitions

二階微分方程式(Second Order Differential Equation)的形式如下：

$$F(x, y, y', y'') = 0 \tag{1}$$

例如
$$y''(x) + P(x)y'(x) + Q(x)y(x) = R(x) \tag{2}$$

微分方程式大致可分類爲齊次(Homogeneous)、非齊次(Nonhomogeneous)、常係數(Constant Coefficients)、變係數(Variable Coefficients)及線性(Linear)、非線性(Nonlinear)的種類。

關於齊次、非齊次、線性及非線性之定義在第一章已詳細介紹,在式(2)中,若 P(x)及 Q(x)若均爲常數,則爲「常係數」;若 P(x)或 Q(x)爲變數,則稱爲「變係數」。因此二階常微分方程式,可分類如表 2－1。

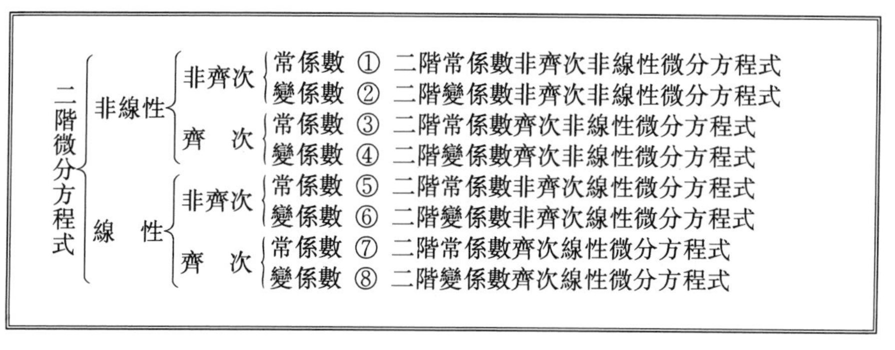

二階微分方程式	非線性	非齊次	常係數	① 二階常係數非齊次非線性微分方程式
			變係數	② 二階變係數非齊次非線性微分方程式
		齊　次	常係數	③ 二階常係數齊次非線性微分方程式
			變係數	④ 二階變係數齊次非線性微分方程式
	線　性	非齊次	常係數	⑤ 二階常係數非齊次線性微分方程式
			變係數	⑥ 二階變係數非齊次線性微分方程式
		齊　次	常係數	⑦ 二階常係數齊次線性微分方程式
			變係數	⑧ 二階變係數齊次線性微分方程式

表 2－1　二階微分方程式的型式

例 2－1

分辨下列二階微分方程式的型式

① $y'' + 5y' + 4y = 0$

② $y'' + 8y' + 9y = 10$

③ $y'' + 10y' + 10y^2 = x^3$

④ $y'' + xy' + xy = x$

⑤ $y'' + (x^2 + 1)y' + x^2y^2 = 0$

⑥ $y'' + xy' + 5y = 0$

⑦ $y'' + (x^2 + 1)yy' + (x^2 + 1)y = x^3$

⑧ $y'' + 5y' + y^2 = 0$

解：

① 二階常係數齊次線性微分方程式。

② 二階常係數非齊次線性微分方程式。

③ 二階常係數非齊次非線性微分方程式。

④ 二階變係數非齊次線性微分方程式。

⑤ 二階變係數齊次非線性微分方程式。

⑥ 二階變係數齊次線性微分方程式。

⑦ 二階變係數非齊次非線性微分方程式。

⑧ 二階常係數齊次非線性微分方程式。

以下將介紹幾個有關二階微分方程式的基本定理。

定理一

若 y_1 與 y_2 均為二階齊次線性微分方程式
$y'' + P(x)y' + Q(x)y = 0$ 的解，則

1. $y_1(x) + y_2(x)$ 亦為該二階齊次線性微分方程式之解。
2. $C_1y_1(x) + C_2y_2(x)$ 亦是該二階齊次線性微分方程之解。C_1 及 C_2 為常數。

【證明】

☆ 若 y_1 與 y_2 皆爲 $y''+P(x)y'+Q(x)y=0$ 的解

則　$y_1''+P(x)y_1'+Q(x)y_1=0$

　　$y_2''+P(x)y_2'+Q(x)y_2=0$

而　$[y_1+y_2]''+P(x)[y_1+y_2]'+Q(x)[y_1+y_2]=0$

　　$[y_1''+P(x)y_1'+Q(x)y_1]+[y_2''+P(x)y_2'+Q(x)y_2]=0$

故　$y_1(x)+y_2(x)$的確爲 $y''+P(x)y'+Q(x)y=0$ 的解

☆ 若 $C_1y_1+C_2y_2$ 爲 $y''+P(x)y'+Q(x)y=0$ 的解

則　$[C_1y_1+C_2y_2]''+P(x)[C_1y_1+C_2y_2]'+$

　　$Q(x)[C_1y_1+C_2y_2]=0$

　　$C_1[y_1''+P(x)y_1'+Q(x)y_1]+$

　　$C_2[y_2''+P(x)y_2'+Q(x)y_2]$

即　$C_1[0]+C_2[0]=0$

故　$C_1y_1+C_2y_2$ 爲 $y''+P(x)y'+Q(x)y=0$ 的解

定理一只適用二階齊次線性微分方程式，而不適用於二階非齊次線性微分方程。

例 2－2

已知 $y_1(x)=e^x+x$ 和 $y_2(x)=-e^x+x$ 爲 $y''-y=-x$ 的解，

試問 $y_1(x)+y_2(x)$是否爲 $y''-y=-x$ 的解？

解：

$$y_1(x)+y_2(x)=e^x+x-e^x+x=2x$$

$$[y_1(x)+y_2(x)]'=2$$

$$[y_1(x)+y_2(x)]''=0$$

則　$[y_1(x)+y_2(x)]''-[y_1(x)+y_2(x)]=0-2=2$

故知　$y_1(x)+y_2(x)$不爲 $y''-y=-x$ 的解

因此可知，**定理一**並不適用於非齊次微分方程式。

定理二

若 $y_1(x)$爲 $y''+P(x)y'+Q(x)y=R_1(x)$的解,
而 $y_2(x)$爲 $y''+P(x)y'+Q(x)y=R_2(x)$的解。
則 $C_1y_1+C_2y_2$ 爲 $y''+P(x)y'+Q(x)y=C_1R_1(x)+C_2R_2(x)$ 的解。

【證明】

若　$y_1(x)$爲 $y''+P(x)y'+Q(x)y=R_1(x)$的解

則　$y_1''+P(x)y_1'+Q(x)y_1=R_1(x)$

同理　$y_2(x)$爲 $y''+P(x)y'+Q(x)y=R_2(x)$的解

則　$y_2''+P(x)y_2'+Q(x)y_2R_2(x)$

因爲　$[C_1y_1+C_2y_2]''+P(x)[C_1y_1+C_2y_2]'+Q(x)[C_1y_1+C_2y_2]$

$$=C_1[y_1''+P(x)y_1'+Q(x)y_1]+C_2[y_2''+P(x)y_2'+Q(x)y_2]$$

$$=C_1R_1(x)+C_2R_2(x)$$

故得證之

定理二只適用二階線性微分方程式,而不適用二階非線性微分方程式。

定理三

若 $C_1y_1+C_2y_2$ 爲 $y''+P(x)y'+Q(x)y=0$ 之通解,
而 y_3 爲 $y''+P(x)y'+Q(x)y=R(x)$的特解,
則 $y''+P(x)y'+Q(x)y=R(x)$的全解爲 $y=C_1y_1+C_2y_2+y_3$

由上述可知 $y''+P(x)y'+Q(x)y=0$ 的解似乎有許多(例如 y_1, y_2

爲解，則 $C_1y_1 + C_2y_2$ 亦爲解），但任一微分方程式若加上初值條件，即

$$y(x_0) = A \quad 和 \quad y'(x_0) = B$$

則其解僅有一個，此爲解的唯一性。

一般來說，任何形如 $C_1y_1(x) + C_2y_2(x)$ 的函數，其中 C_1 和 C_2 爲實數，均稱爲 $y_1(x)$ 和 $y_2(x)$ 的線性組合（Linear Combination）。換句話說，對一線性齊次微分方程式而言，任何解的線性組合仍爲一解。談到線性組合，則必須論及「線性獨立」及「線性相依」的定義。

定義一 線性組合 （Linear Combination）

n 個非零函數 $f_1(x), f_2(x), f_3(x)\cdots\cdots, f_n(x)$ 若組合成爲：

$$C_1f_1(x) + C_2f_2(x) + C_3f_3(x) + \cdots\cdots C_nf_n(x) \tag{3}$$

的型式，而其中 $C_1, C_2\cdots\cdots C_n$ 爲常數，則式(3)爲線性組合。

定義二 線性相依 （Linear dependence）

在某區間 I 內，若有一組不全爲零的常數 $C_1, C_2, \cdots\cdots C_n$，可使式(3)之線性組合等於零，則稱此 n 個非零函數在此區間 I 間互爲線性相依。如

$$C_1f_1(x) + C_2f_2(x) + \cdots\cdots + C_nf_n(x) = 0 \tag{4}$$

定義三 線性獨立 （Linear independence）

在某區間 I 內，要使式(3)等於零，只有在 $C_1 = C_2 = \cdots\cdots = C_n = 0$ 才成立時，則稱此 n 個非零函數在此區間 I 內互爲線性獨立。

即 $\quad C_1f(x) + C_2f_2(x) + \cdots\cdots + C_nf_n(x) = 0$ 之條件

爲 $\quad C_1 = C_2 = \cdots\cdots = C_n = 0$

定理四

設 $y_1(x)$和 $y_2(x)$爲微分方程式

$y''(x)+P(x)y'(x)+Q(x)y=0$ 的兩個解。

若 y_1, y_2 爲線性獨立，則 y_1, y_2 叫做方程式解的基本系統，

而其通解爲 $C_1y_1(x)+C_2y_2(x)$

由**定理四**知，線性獨立對解微分方程式具有相當重要的意義，然而如何去判斷何者爲線性相依？何者爲線性獨立？其判斷的方法有二：

1. 若只有兩個函數 $y_1(x), y_2(x)$時，依線性相依的定義可知，唯有一個函數爲另一函數的某種倍數關係時，方爲線性相依。即

   ① $\frac{y_1}{y_2}=$常數　此爲線性相依

   ② $\frac{y_1}{y_2}\neq$常數　此爲線性獨立

例 2－3

已知 e^{2x}及 e^{-2x}爲 $y''-4y=0$ 之解。試問 e^{2x}及 e^{-2x}是否爲線性獨立？

解：

因爲 $e^{2x}/e^{-2x}=e^{4x}\neq$常數，故爲線性獨立

因此 $y''-4y=0$ 之通解爲 $y=C_1e^{2x}+C_2e^{-2x}$

2. 設 n 個函數 $y_1, y_2\cdots\cdots y_n$ 在區間 I 中各具有限的各階導數，則判斷是否爲線性相依或線性獨立可由下述的方法判斷

$$\begin{vmatrix} y_1 & y_2 & \cdots\cdots & y_n \\ y_1' & y_2' & \cdots\cdots & y_n' \\ \cdots & \cdots & \cdots\cdots & \\ y_1^{(n-1)} & y_2^{(n-1)} & \cdots\cdots & y_n^{(n-1)} \end{vmatrix}=W(y_1, y_2\cdots\cdots y_n)$$

① 若 $W=0$, 則 $y_1, y_2\cdots\cdots y_n$ 互爲線性相依。

② 若 $W\neq 0$, 則 $y_1, y_2\cdots\cdots$ 互爲線性獨立。

上述行列式稱爲朗斯基(Wronski)行列式, 簡稱爲函數的朗斯基式。

例 2－4

判斷 e^x, xe^x, x^2e^x 是否爲線性獨立?

解:

$$W=\begin{vmatrix} e^x & xe^x & x^2e^x \\ e^x & xe^x+e^x & 2xe^x+x^2e^x \\ e^x & xe^x+2e^x & 2e^x+4xe^x+x^2e^x \end{vmatrix}=2e^{3x}\neq 0$$

故 e^x, xe^x, x^2e^x 爲線性獨立。

例 2－5

試證明: 若 y_1 及 y_2 爲齊次微分方程式 $y''+P(x)y'+Q(x)y=0$ 的兩個解, 且

$$W(y_1,y_2)=\begin{vmatrix} y_1(x) & y_2(x) \\ y_1'(x) & y_2'(x) \end{vmatrix}=y_1y_2'-y_1'y_2$$

在某開區間(a,b)內均不爲零,

則該齊次方程式的任何解 $y(x)=C_1y_1+C_2y_2$

證明

因爲 y_1, y_2 均爲解, 則必然

$$y_1''+P(x)y_1'+Q(x)y_1=0$$

$$y_2''+P(x)y_2'+Q(x)y_2=0$$

消去 $Q(x)y_1$ 及 $Q(x)y_2$ 兩項

得 $$(y_1y_2''-y_2y_1'')+P(x)(y_1y_2'-y_2y_1')=0 \quad (5)$$

因爲 $$W(y_1,y_2)=y_1y_2'-y_1'y_2$$

所以 $$\frac{dW(y_1,y_2)}{dx}=\frac{d}{dx}(y_1y_2'-y_2'y_1)$$

$$=(y_1y_2''+y_1'y_2')-(y_2'y_1'+y_2y_1'')$$
$$=y_1y_2''-y_2y_1'$$

故式(5)可寫成

$$W'+P(x)W=0$$

上式爲一階線性微分方程式，故得解爲

$$W(y_1,y_2)=C_3e^{-\int P(x)dx}$$

在題目中，若 y_3 在任何解中亦是其中之一的解，則由同理可知

$$W(y_3,y_1)=C_4e^{-\int P(x)dx}=y_3y_1'-y_1y_3'$$
$$W(y_3,y_2)=C_5e^{-\int P(x)dx}=y_3y_2'-y_2y_3'$$

解出 y_3，得

$$y_3=\frac{y_1C_5e^{-\int P(x)dx}-y_2C_4e^{-\int P(x)dx}}{y_1y_2'-y_2y_1'}$$
$$=\frac{(C_5y_1-C_4y_2)e^{-\int P(x)dx}}{C_3e^{-\int P(x)dx}}$$
$$=\frac{C_5}{C_3}y_1-\frac{C_4}{C_3}y_2$$
$$=C_1y_1+C_2y_2$$

因此只要 $W(y_1,y_2)=y_1y_2'-y_2y_1'$ 不爲零，

則其任何解爲 $y=C_1y_1+C_2y_2$

習 2-1 題

判斷下列函數是否為線性獨立？或線性相依？

① $\{x,\ 5x,\ 1,\ \sin(x)\}$ 在 $[-1,1]$ 中

② e^{5x}， xe^{5x}

③ $\cosh(kx)$， $\sin(kx)$ $(k\neq 0)$　　④ x^4， $x^4\ell n(x)$　$x>0$

⑤ e^{2x}, e^{-6x}

⑥ $\{e^{x},\ e^{-x}\}$ 在$[-\infty,\infty]$中。

⑦ $\frac{1}{x}, \frac{1}{x}\ell n(x)$, $x>0$

⑧ e^{3x}, e^{-14x}

⑨ $\frac{1}{x}\cos[\ell n(x)], \frac{1}{x}\sin[\ell n(x)]$ $1\leq x\leq 4$

⑩ $\{1-x,\ 1+x,\ 1-3x\}$ 在$[-\infty,\infty]$中

⑪ $\cos(2x)$, $\sin^2 x$, 1

⑫ x^2, x, 1

⑬ $\sin(x)$及$\cos(x)$

⑭ x, $x+1$, $x+2$

⑮ $\sqrt{\frac{2}{\pi x}}\sin(x), \sqrt{\frac{2}{\pi x}}\cos(x)$, $x>0$

⑯ x^2, x, e^x

⑰ 函數e^x, e^x, e^x, e^{-2x}

⑱ 1, x, e^x, xe^x

⑲ $\cos^2(2x)$, $\sin^2(x)$, $\cos(2x)$

⑳ 函數x^2, x^3, x^{-2}

2 二階常係數齊次線性微分方程式

Homogeneous Second Order Linear Equations with Constant Coefficients

在一般工程應用上二階常係數微分方程式經常出現,尤其在機械振動及電路問題上更是常見。本節先討論齊次解的求法。

二階常係數齊次線性微分方程式的型式如下

$$y''(x)+Ay'(x)+By(x)=0 \tag{6}$$

A, B 爲常數。在一階微分方程式中, $y'+ky=0$ 的解爲 $y=Ce^{-kx}$,比較式(6)可知其微分方程式的性質很類似。因此,我們假設式(6)的解

爲 $\quad y=e^{\lambda x}$

則 $\quad y'=\lambda e^{\lambda x},\quad y''=\lambda^2 e^{\lambda x}$

代入式(6)得 $\quad \lambda^2 e^{\lambda x}+A\lambda e^{\lambda x}+Be^{\lambda x}=0$

$$(\lambda^2+A\lambda+B)e^{\lambda x}=0$$

令 $$(\lambda^2+A\lambda+B)=0 \tag{7}$$

解之得 $$\lambda_{1,2}=\frac{-A\pm\sqrt{A^2-4B}}{2} \tag{8}$$

故得式(6)有二解 $\quad y_1=e^{\lambda_1 x},\quad y_2=e^{\lambda_2 x}$

且式(6)之齊次解爲 $\quad y_h=C_1e^{\lambda_1 x}+C_2e^{\lambda_2 x}$

其中式(7)稱爲特徵方程式(Characteristic equation)

然由 $$\lambda_{1,2}=\frac{-A\pm\sqrt{A^2-4B}}{2}$$

之中的計算結果知有下列三種情形:

1. 特徵方程式的根爲相異實根。($\lambda_{1,2}=\lambda_1,\lambda_2$)
2. 特徵方程式的根爲相等實根。($\lambda_{1,2}=\lambda_1=\lambda_2=\lambda$)
3. 特徵方程式的根爲共軛複數根。($\lambda_{1,2}=P\pm iq$)

以下將討論特徵方程式根的上述三種情形。

一、特徵方程式根為相異實根 $(\lambda_{1,2}=\lambda_1,\lambda_2)$

設特徵方程式有兩個不同的實根，這是發生在式(8)中 $A^2-4B>0$ 時，此時根爲

$$\lambda_1=\frac{-A+\sqrt{A^2-4B}}{2},\quad \lambda_2=\frac{-A-\sqrt{A^2-4B}}{2}$$

則我們得到對應的兩個解

$$y_1(x)=e^{\lambda_1 x},\quad y_2(x)=e^{\lambda_2 x}$$

因爲 $$\frac{y_1}{y_2}=\frac{e^{\lambda_1 x}}{e^{\lambda_2 x}}=e^{(\lambda_1-\lambda_2)x}\neq \text{常數}$$

故知 $y_1(x)$，及 $y_2(x)$ 爲線性獨立。

由**定理四**知，其通解(或稱齊次解)爲

$$\boldsymbol{y_h=C_1e^{\lambda_1 x}+C_2e^{\lambda_2 x}}$$

其中 C_1，C_2 爲常數。 (9)

例 2－6

解 $y''+4y'+2y=0$；$y(0)=0$，$y'(0)=4\sqrt{2}$

解：

特徵方程式爲 $\lambda^2+4\lambda+2=0$

$$\lambda_{1,2}=\frac{-4\pm\sqrt{16-8}}{2}=-2\pm\sqrt{2}$$

故其通解爲 $y=C_1e^{(-2+\sqrt{2})x}+C_2e^{(-2-\sqrt{2})x}$

$$y'=(-2+\sqrt{2})C_1e^{(-2+\sqrt{2})x}+(-2-\sqrt{2})C_2e^{(-2-\sqrt{2})x}$$

因爲 $y(0)=0$ 即 $C_1+C_2=0$

又 $y'(0)=4\sqrt{2}$ 即 $(-2+\sqrt{2})C_1+(-2-\sqrt{2})C_2=4\sqrt{2}$

解之得 $C_1=2$，$C_2=-2$

故其特解爲 $y=2e^{(-2+\sqrt{2})x}-2e^{(-2-\sqrt{2})x}$

例 2－7

解 $y''-12y'+6y=0$；$y(0)=1$，$y'(0)=4$

解：

特徵方程式爲 $\lambda^2-12\lambda+6=0$

解之得 $\lambda_{1,2}=\dfrac{12\pm\sqrt{144-24}}{2}=6\pm\sqrt{30}$

故其通解爲 $y=C_1e^{(6+\sqrt{30})x}+C_2e^{(6-\sqrt{30})x}$

將通解微分得 $y'=(6+\sqrt{30})C_1e^{(6+\sqrt{30})x}+(6-\sqrt{30})C_2e^{(6-\sqrt{30})x}$

代入初值條件，

$y(0)=1$ 即 $1=C_1+C_2$

$y'(0)=4$ 即 $4=(6+\sqrt{30})C_1+(6-\sqrt{30})C_2$

解 C_1, C_2

其中

$$C_1=\frac{\begin{vmatrix}1 & 1\\ 4 & 6-\sqrt{30}\end{vmatrix}}{\begin{vmatrix}1 & 1\\ 6+\sqrt{30} & 6-\sqrt{30}\end{vmatrix}}=\frac{6-\sqrt{30}-4}{6-\sqrt{30}-6-\sqrt{30}}=\frac{2-\sqrt{30}}{-2\sqrt{30}}=\frac{\sqrt{30}-2}{2\sqrt{30}}$$

而

$$C_2=\frac{\begin{vmatrix}1 & 1\\ 6+\sqrt{30} & 4\end{vmatrix}}{\begin{vmatrix}1 & 1\\ 6+\sqrt{30} & 6-\sqrt{30}\end{vmatrix}}=\frac{4-6-\sqrt{30}}{6-\sqrt{30}-6-\sqrt{30}}=\frac{-2-\sqrt{30}}{-2\sqrt{30}}$$

$$=\frac{\sqrt{30}+2}{2\sqrt{30}}$$

故其特解為 $y=\frac{\sqrt{30}-2}{2\sqrt{30}}e^{(6+\sqrt{30})x}+\frac{\sqrt{30}+2}{2\sqrt{30}}e^{(6-\sqrt{30})x}$

例 2－8

解 $y''+y'-6y=0$

解：

特徵方程式為 $\lambda^2+\lambda-6=0$

解之得 $\lambda_1=2,\ \lambda_2=-3$

故其通解為 $y=C_1e^{2x}+C_2e^{-3x}$

二、特徵方程式根為相等實根（$\lambda_{1,2}=\lambda_1=\lambda_2=\lambda$）

二階常係數齊次線性微分方程式：$y''(x)+Ay'(x)+By(x)=0$ 的特徵方程式若為重根，即

$$\lambda_{1,2}=\frac{-A\pm\sqrt{A^2-4B}}{2}=-\frac{A}{2},\ -\frac{A}{2}$$

由**定理四**知其解為

$$y=C_1y_1+C_2y_2=C_1e^{-\frac{A}{2}x}+C_2e^{-\frac{A}{2}x}=Ce^{-\frac{A}{2}x}=Ce^{\lambda x}$$

此時僅得一解

$$y_1(x)=Ce^{\lambda x}$$

設 $y_2(x)=u(x)y_1(x)$

則 $y_2'(x)=u'(x)y_1(x)+u(x)y_1'(x)$ (10)

$$y_2''(x)=u''(x)y_1(x)+2u'(x)y_1'(x)+u(x)y''(x) \quad (11)$$

將式(10)、式(11)代入原式得

$$[u''y_1+2u'y_1'+uy_1'']+A[u'y_1+uy_1']+Buy_1=0$$

$$u''y_1+u'[2y_1'+Ay_1]+u[y_1''+Ay_1'+By_1]=0 \quad (12)$$

令式(12)中的每一項為零。

其中 $u''y_1=0,$

故　　$u' = C_3$, $u = C_3 x$

因爲　　$y_2(x) = u(x) y_1(x)$

所以　　$y_2(x) = (C_3 x) \cdot (C e^{\lambda x}) = C_4 x e^{\lambda x}$

故在特徵方程式的根為重根時，二階常係數齊次線性方程式的解為

$$\boldsymbol{y = e^{\lambda x}[C_1 + C_2 x]} \tag{13}$$

例 2－9

解 $y'' - 8y' + 16y = 0$；$y(1) = 3$, $y'(1) = -2$

解：

特徵方程式爲　　$\lambda^2 - 8\lambda + 16 = 0$　　$\lambda = 4, 4$

故其通解爲　　$y = e^{4x}(C_1 + C_2 x)$

將 y 微分得　　$y' = 4e^{4x}(C_1 + C_2 x) + C_2 e^{4x} = e^{4x}(4C_1 + C_2 + 4C_2 x)$

代入初值條件

$y(1) = 3$　　即　　$3 = e^4(C_1 + C_2)$

$y'(1) = -2$　　即　　$-2 = e^4(4C_1 + 5C_2)$

解之得　　$C_1 = 17e^{-4}$, $C_2 = -14e^{-4}$

故其特解爲　　$y = e^{4x}[17e^{-4} - 14e^{-4}x] = e^{4(x-1)}(17 - 14x)$

例 2－10

解 $y'' + 20y' + 100y = 0$；$y(0.1) = \dfrac{3.2}{e}$, $y'(0.1) = \dfrac{-30}{e}$

解：

特徵方程式爲　　$\lambda^2 + 20\lambda + 100 = 0$

所以　　$\lambda_{1,2} = \dfrac{-20 \pm \sqrt{400 - 400}}{2} = -10$　　重根

故其通解爲　　$y = e^{-10x}(C_1 + C_2 x)$

將 y 微分得　　$y' = -10e^{-10x}(C_1 + C_2 x) + C_2 e^{-10x}$

$= e^{-10x}(-10C_1 + C_2 - 10C_2 x)$

代入初值條件

$y(0.1)=\frac{3.2}{e}$

即 $\frac{3.2}{e}=e^{-1}(C_1+0.1C_2)$

$y'(0.1)=\frac{-30}{e}$

即 $\frac{-30}{e}=e^{-1}(-10C_1)$

所以 $C_1=3,\ C_2=2$

故其特解爲 $y=e^{-10x}(3+2x)$

例 2－11

解 $y''=6y'+9y=0$；$y(1)=1$，$y'(1)=0$

解：

特徵方程式爲 $\lambda^2-6\lambda+9=0=(\lambda-3)^2$

所以 $\lambda=3$ **重根**

故其通解爲 $y=e^{3x}(C_1+C_2x)$

將 y 微分 $y'=3e^{3x}(C_1+C_2x)+C_2e^{3x}=e^{3x}(3C_1+C_2+3C_2x)$

代入初值條件

$y(1)=1$ 即 $1=e^3(C_1+C_2)$

$y'(1)=0$ 即 $0=e^3(3C_1+4C_2)$

$\Rightarrow \begin{cases} C_1=4e^{-3} \\ C_2=-3e^{-3} \end{cases}$

故其特解爲 $y=e^{3(x-1)}(4-3x)$

三、特徵方程式根為共軛複數根（$\lambda_{1,2}=P\pm iq$）

設二階常係數齊次線性微分方程式的特徵方程式的根爲共軛複數,即

$$\lambda_1=P+iq$$

$$\lambda_2+P-iq$$

故其解 $y_1(x)=e^{(P+iq)x}=e^{Px}[\cos(qx)+i\ \sin(qx)]$

$$y_2(x)=e^{(P-iq)x}=e^{Px}[\cos(qx)-i\ \sin(qx)]$$

令 $$y_3 = \frac{1}{2}(y_1 + y_2) = e^{Px}\cos(qx)$$

$$y_4 = \frac{1}{2i}(y_1 - y_2) = e^{Px}\sin(qx)$$

由**定理一**知，$y_1(x)$、$y_2(x)$為其解；而 $y_3(x)$、$y_4(x)$亦為其解。

因為 $$\frac{y_3}{y_4} = \frac{e^{Px}\cos(qx)}{e^{Px}\sin(qx)} = \frac{\cos(qx)}{\sin(qx)} \neq \text{常數}$$

故 y_3, y_4 為線性獨立。

所以由**定理四**知，原式之通解為

$$y = C_1y_3 + C_2y_4 = C_1e^{Px}\cos(qx) + C_2e^{Px}\sin(qx)$$

即 $$\boldsymbol{y = e^{Px}[C_1\cos(qx) + C_2\sin(qx)]} \tag{14}$$

例 2－12

解 $16y'' + y = 0$；$y(0) = -2$，$y'(0) = -1$

解：

特徵方程式為 $16\lambda^2 + 1 = 0$

解之得 $\lambda_1 = \frac{1}{4}i$；$\lambda_2 = -\frac{1}{4}i$

所以通解為 $y = C_1\cos(\frac{1}{4}x) + C_2\sin(\frac{1}{4}x)$

解 y 微分得 $y' = -\frac{1}{4}C_1\sin(\frac{1}{4}x) + \frac{1}{4}C_2\cos(\frac{1}{4}x)$

代入初值條件得

$y(0) = -2$ $\quad -2 = C_1$

$y'(0) = -1$ $\quad -1 = \frac{1}{4}C_2$

$\Rightarrow C_1 = -2$，$C_2 = -4$

故其特解為 $y = -2\cos(\frac{1}{4}x) - 4\sin(\frac{1}{4}x)$

例 2－13

解 $y'' + 2y' + 3y = 0$；$y(0) = 2$，$y'(0) = -3$

解：

特徵方程式為 $\lambda^2 + 2\lambda + 3 = 0$

$$\lambda_{1,2}=\frac{-2\pm\sqrt{4-12}}{2}=-1\pm\sqrt{2}i$$

故其通解爲 $y=e^{-x}[C_1\cos(\sqrt{2}x)+C_2\sin(\sqrt{2}x)]$

將 y 微分得 $y'=-e^{-x}[C_1\cos(\sqrt{2}x)+C_2\sin(\sqrt{2}x)]$

$+e^{-x}[-\sqrt{2}\,C_1\sin(\sqrt{2}x)+\sqrt{2}\,C_2\cos(\sqrt{2}x)]$

代入初值條件

$y(0)=-2$ 即 $2=C_1$

$y'(0)=-3$ 即 $-3=-C+\sqrt{2}\,C_2$

$$\left.\right\} \quad C_1=2, \quad C_2=-\frac{1}{\sqrt{2}}=-\frac{\sqrt{2}}{2}$$

故其特解爲 $y=e^{-x}[2\cos(\sqrt{2}x)-2\frac{\sqrt{2}}{2}\sin(\sqrt{2}x)]$

例 2－14

解 $y''+2y'+4y=0$；$y(0)=1$，$y'(0)=2$

解：

特徵方程式爲 $\lambda^2+2\lambda+4=0$

$$\lambda=\frac{-2\pm\sqrt{4-16}}{2}=\frac{-2\pm i\,2\sqrt{3}}{2}=-1\pm i\sqrt{3}$$

故其通解爲 $y=e^{-x}[C_1\cos(\sqrt{3}x)+C_2\sin(\sqrt{3}x)]$

將 y 微分得 $y'=-e^{-x}[C_1\cos(\sqrt{3}x)+C_2\sin(\sqrt{3}x)]$

$+e^{-x}[-\sqrt{3}\,C_1\sin(\sqrt{3}x)+\sqrt{3}\,C_2\cos(\sqrt{3}x)]$

代入初值條件

$y(0)=1$ 即 $1=C_1$ $\quad C_1=1$

$y'(0)=2$ 即 $2=-C_1+\sqrt{3}\,C_2$ $\quad C_2=\frac{3}{\sqrt{3}}=\sqrt{3}$

故其特解爲 $y=e^{-x}[\cos(\sqrt{3}x)+\sqrt{3}\sin(\sqrt{3}x)]$

綜合以上特徵方程式三種不同型態的根，所對應出來不同的三種不同齊次解，可整理成下列表 2－2。

微分方程式：$y''(x)+Ay'(x)+By(x)=0$		
特徵方程式：$\lambda^2+A\lambda+B=0$		
型　式	根	對應的 y_h
相異實數	$\lambda_{1,2}=\lambda_1,\lambda_2$	$y_h=C_1e^{\lambda_1 x}+C_2e^{\lambda_2 x}$
重　根	$\lambda_{1,2}=\lambda_1=\lambda_2=\lambda$	$y_h=e^{\lambda x}[C_1+C_2x]$
共軛複數	$\lambda_{1,2}=P\pm iq$	$y_h=e^{Px}[C_1\cos(qx)+C_2\sin(qx)]$

表 2－2　特徵方程式根所對應的 y_h

習　2-2　題

解下列微分方程式

① $y''-4y'=0$

② $y''+11y'+2y=0$

③ $y''-16y'+64y=0$

④ $y''-3y=0$

⑤ $y''+10y'-y=0$

⑥ $y''-4y'+2y=0$

⑦ $y''+10y'+25y=0$

⑧ $y''-14y'+49y=0$

⑨ $y''+12y'+36y=0$

⑩ $y''+22y'+121y=0$

⑪ $y''-4y'+8y=0$

⑫ $y''+7y'-5y=0$

⑬ $y''+2y'+6y=0$

⑭ $y''-14y'+49y=0$

⑮ $y''-14y'+2y=0$

⑯ $y''+18y'+81y=0$

⑰ $y''+14y'-2y=0$

⑱ $y''+2y'-16=0$

⑲ $y''+y'+y=0$

⑳ $y''-3y'+8y=0$

解下列微分方程式的初值問題

㉑ $y''+y'+y=0$；$y(0)=2$，$y'(0)=2$

㉒ $y''+y'-2y=0$；$y(0)=3$，$y'(0)=0$

㉓ $y''-2y'-3y=0$；$y(0)=1$，$y'(0)=7$

㉔ $y''-2y'+10y=0$；$y(0)=4$，$y'(0)=1$

㉕ $y''+2y'+4y=0$；$y(0)=1$，$y'(0)=0$

㉖ $y''+12y'+36y=0$；$y(0)=-2$，$y'(0)=-3$

㉗ $y''+2y'-3y=0$；$y(0)=1$，$y'(0)=1$

㉘ $y''+2y'+2y=0$；$y\left(\frac{\pi}{2}\right)=0$，$y'\left(\frac{\pi}{2}\right)=-2e^{-\frac{\pi}{2}}$

㉙ $4y''+\pi^2y=0$；$y(0)=2$，$y'(0)=0$

㉚ $y''-12y'+6y=0$；$y(0)=1$，$y'(0)=4$

㉛ $y''-4y'+7y=0$；$y(0)=1$，$y'(0)=5$

㉜ $5y''+16y'+12.8y=0$；$y(0)=0$，$y'(0)=-2.3$

㉝ $y''-4y'+4y=0$；$y(0)=3$，$y'(0)=1$

㉞ $y''+2y'-3y=0$；$y(0)=0$，$y'(0)=-2$

㉟ $y''-4y'+5y=0$；$y(0)=2$，$y'(0)=1$

㊱ $16y''-8y'+y=0$；$y(1)=0$，$y'(1)=-\sqrt[4]{e}$

㊲ $16y''+y=0$；$y(0)=-2$，$y'(0)=-1$

㊳ $y''-4y=0$；$y(0)=1$，$y'(0)=6$

㊴ $y''-2y'+(\pi^2+1)y=0$；$y\left(\frac{1}{4}\right)=0$，$y'\left(\frac{1}{4}\right)=-\pi\sqrt[4]{4e}$

㊵ $y''+3y'-2y=0$；$y(0)=2$，$y'(0)=-3$

解下列微分方程式的邊界值問題

㊶ $4y''+4y'+y=0$；$y(0)=-2$，$y(2)=e^{-1}$

㊷ $y''-5y'+6y=0$；$y(0)=2$，$y(1)=0$

㊸ $y''-2y'+y=0$；$y(1)=1$，$y'(1)=-3$

㊹ $y''-16y=0$；$y(0)=3$，$y\left(\frac{1}{4}\right)=3e$

㊺ $3y''-8y'-3y=0$；$y(-3)=e$，$y(3)=\frac{1}{e}$

3 二階非齊次方程式：未定係數法

Second Order Nonhomogeneous Equations：Method of Undermined Coefficient

二階常係數非齊次線性微分方程式的型式如下

$$y''(x)+Ay'(x)+By(x)=R(x) \tag{15}$$

A, B 爲常數, R(x)爲 x 函數。在工程應用上, 自然物理現象往往都會有外力施加於一物體上, 例如電路上的輸入電壓、彈簧上物體的外加施力、建築物外的風力等。而式(15)的 R(x)所描述的就是這些外力現象。

解這類非齊次微分方程式可經由三個步驟即可完成：

1. 令式(15)中的 R(x) = 0, 先求出其齊次解 y_h
2. 再依 R(x)的性質求出其特定解 y_p
3. 將 y_h 加上 y_p, 即爲式(15)的全解。

定理五

設 $y_1(x)$和 $y_2(x)$在一區間 I 內形成
$y''+P(x)y'+Q(x)y=0$ 的基本系統。
設 $y_P(x)$爲 $y''+P(x)y'+Q(x)=R(x)$在 I 的任一解。
則 $y''+P(x)y'+Q(x)y=R(x)$的全解的形式如下

$$y(x)=y_h+y_p=C_1y_1+C_2y_2+y_p$$

其中 C_1 和 C_2 爲所選的常數。而 y_h 爲齊次解; y_p 爲特定解。

【證明】

設 $y(x)$ 及 $y_p(x)$ 爲 $y''+P(x)y'+Q(x)y=0$ 的解。

則 $\left[y''+P(x)y'+Q(x)y\right]-\left[y_p''+P(x)y_p'+Q(x)y_p\right]=0$

即 $\left[y-y_p\right]''+P(x)\left[y-y_p\right]'+Q(x)\left[y-y_p\right]=0$

故可知 $y-y_p$ 亦爲解

因爲 $y_1(x)$ 及 $y_2(x)$ 爲解的基本系統。故 $C_1y_1+C_2y_2$ 亦爲解。

所以 $y-y_p=C_1y_1+C_2y_2$

故得證 $y=C_1y_1+C_2y_2+y_p$

以下將介紹三種求特定解的常用方法：

◎未定係數法（Method of Undetermined Coefficient）

◎參數變換法（Method of Variation Parameters）

◎逆微分運算子法（Method of Inverse Differential Operator）

未定係數法的使用時機

1. 僅適用於常係數微分方程式。
2. $y''(x)+Ay'(x)+By(x)=R(x)$，
   其中 $R(x)$ 必須是基本函數：C，Cx^n，e^{Px}，$\cos(qx)$，$\sin(qx)$ 方可使用此法。

未定係數法是用來求二階常係數非齊次微分方程式中的特定解 y_p 。而此微分方程式的全解爲 $y=y_h+y_p$。

使用未定係數法的步驟如下

1. 先求出特徵方程式的根。
2. 觀察 $R(x)$ 的型態。
3. 依照上述兩點，找出對應的 y_p 假設。
4. 將假設的 y_p 代入原式，求出 y_p 來。

現在，我們將未定係數法中的解題列於表 2－3 中。

微分方程式的型式				$y''(x)+Ay'(x)+By(x)=R(x)$
特徵方程式				$\lambda^2+A\lambda+B=0$
型號	R(x)的型式	特徵方程式根的型式		對應的 y_p 假設
1.	$R(x)=x^n$	1	$\lambda_1\neq 0,\ \lambda_2\neq 0$	$y_p=k_nx^n+k_{n-1}x^{n-1}+\cdots\cdots+k_1x+k$
		2	$\lambda_1=0,\ \lambda_2\neq 0$	$y_p=x[k_nx^n+k_{n-1}x^{n-1}+\cdots\cdots+k_1x+k]$
		3	$\lambda_1=0,\ \lambda_2=0$	$y_p=x^2[k_nx^n+k_{n-1}x^{n-1}+\cdots\cdots+k_1x+k]$
2.	$R(x)=e^{Px}$	1	$\lambda_1\neq P,\ \lambda_2\neq P$	$y_p=Ce^{Px}$
		2	$\lambda_1=P,\ \lambda_2\neq P$	$y_p=Cxe^{Px}$
		3	$\lambda_1=P,\ \lambda_2=P$	$y_p=Cx^2e^{Px}$
3.	$R(x)=\begin{cases}\cos(qx)\\ \sin(qx)\end{cases}$	1	$\lambda_1\neq iq,\ \lambda_2\neq -iq$	$y_p=k\cos(qx)+M\sin(qx)$
		2	$\lambda_1=iq,\ \lambda_2=-iq$	$y_p=x[k\cos(qx)+M\sin(qx)]$
4.	$R(x)=\begin{cases}e^{Px}\cos(qx)\\ e^{Px}\sin(qx)\end{cases}$	1	$\lambda_{1,2}\neq P\pm iq$	$y_p=e^{Px}[k\cos(qx)+M\sin(qx)]$
		2	$\lambda_{1,2}=P\pm iq$	$y_p=xe^{Px}[k\cos(qx)+M\sin(qx)]$
5.	$R(x)=x^ne^{Px}$			$y_p=e^{Px}[k_nx^n+k_{n-1}x^{n-1}+\cdots\cdots+k_1x+k]$
6.	$R(x)=\begin{cases}x^n\cos(qx)\\ x^n\sin(qx)\end{cases}$			$y_p=[k_nx^n+k_{n-1}x^{n-1}+\cdots\cdots+k_1x+k]\cos(qx)+[M_nx^n+m_{n-1}x^{n-1}+\cdots\cdots+M_1x+M]\sin(qx)$

表 2－3　未定係數法，y_p 對應表

以下我們將介紹各種型式的例題

例 2－15 <型號 1－1>

解 $y''-5y'+6y=x^3$

解：

①解 y_h

特徵方程式 $\lambda^2-5\lambda+6=0$

得 $\lambda_1=2,\ \lambda_2=3$

故 $y_h=C_1e^{2x}+C_2e^{3x}$

②解 y_p

因爲 $R(x)=x^3$；$\lambda_1\neq0,\ \lambda_2\neq0$

所以設 $y_p=k_3x^3+k_2x^2+k_1x+k$

$y_p'=3k_3x^2+2k_2x+k_1$

$y_p''=6k_3x+2k_2$

代入原式

$(6k_3x+2k_2)-5(3k_3x^2+2k_2x+k_1)+6(k_3x^3+k_2x^2+k_1x+k)=x^3$

整理上式得 $6k_3x^3=x^3$

$(-15k_3+6k_2)x^2=0$

$(6k_3-10k_2+6k_1)x=0$

$(2k_2-5k_1+6k)=0$

其中 $k_3=\dfrac{1}{6},\ k_2=\dfrac{5}{12},\ k_1=\dfrac{19}{36},k=\dfrac{65}{216}$

所以 $y_p=\dfrac{1}{6}x^3+\dfrac{5}{12}x^2+\dfrac{19}{36}x+\dfrac{65}{216}$

③解 y

$$\begin{aligned} y &= y_h+y_p \\ &= C_1e^{2x}+C_2e^{3x}+\frac{1}{6}x^3+\frac{5}{12}x^2+\frac{19}{36}x+\frac{65}{216} \end{aligned}$$

例 2－16 <型號 1－2>

解 $y''-2y'=3x$

解：

①解 y_h

特徵方程式 $\lambda^2-2\lambda=0$

得 $\lambda_1=0,\ \lambda_2=2$

故 $y_h=C_1+C_2e^{2x}$

②解 y_p

因爲 $R(x)=3x,\ \lambda_1=0,\ \lambda_2=2$

所以設 $y_p=x[k_1x+k_2]=k_1x^2+k_2x$

$y_p'=2k_1x+k_2$

$y_p''=2k_1$

代入原式 $(2k_1)-2(2k_1x+k_2)=3x$

解得 $-4k_1x=3x$

$2k_1-2k_2=0$

其中 $k_1=-\dfrac{3}{4},\ k_2=-\dfrac{3}{4}$

所以 $y_p=-\dfrac{3}{4}x^2-\dfrac{3}{4}x$

③解 y

$$y=y_h+y_p=C_1+C_2e^{2x}-\frac{3}{4}x^2-\frac{3}{4}x$$

例 2－17 ＜型號 1－3＞

解 $y''=4x^2$；$y(0)=1,\ y'(0)=2$

解：

①解 y_h

特徵方程式 $\lambda^2=0$

得 $\lambda_1=0,\ \lambda_2=0$

故 $y_h=C_1+C_2x$

②解 y_p

因爲 $R(x)=4x^2,\ \lambda_1=\lambda_2=0$

所以設 $y_p=x^2[k_2x^2+k_1x+k]=k_2x^4+k_1x^3+kx^2$

$y_p' = 4k_2x^3 + 3k_1x^2 + 2kx$

$y_p'' = 12k_2x^2 + 6k_1x + 2k$

代入原式　$(12k_2x^2 + 6k_1x + 2k) = 4x^2$

解得　$12k_2x^2 = 4x^2$

$6k_1x = 0$

$2kx = 0$

其中　$k_2 = \frac{1}{3}$，$k_1 = 0$，$k = 0$

所以　$y_p = \frac{1}{3}x^4$

③解 y

$$y = y_h + y_p = C_1 + C_2x + \frac{1}{3}x^4$$

④解始值問題

$$y' = C_2 + \frac{4}{3}x^3$$

因爲　$y(0) = 1$　即　$1 = C_1$

$y'(0) = 2$　即　$2 = C_2$

故　$y = 1 + 2x + \frac{1}{3}x^4$

例 2－18＜型號 2－1＞

解 $y'' + 2y' - 3y = 4e^{2x}$

解：

①解 y_h

特徵方程式　$\lambda^2 + 2\lambda - 3 = 0$

得　$\lambda_1 = 1$，$\lambda_2 = -3$

故　$y_h = C_1e^x + C_2e^{-3x}$

②解 y_p

因爲　$R(x) = 4e^{2x}$，$\lambda_1 \neq 2$，$\lambda_2 \neq 2$

所以設　$y_p = ke^{2x}$

$y_p' = 2ke^{2x}$

$y_p'' = 4ke^{2x}$

代入原式　$(4ke^{2x}) + 2(2ke^{2x}) - 3(ke^{2x}) = 4e^{2x}$

解得　$5ke^{2x} = 4e^{2x}$，得 $k = \dfrac{4}{5}$

所以　$y_p = \dfrac{4}{5}e^{2x}$

③解 y

$$y = y_h + y_p = C_1e^x + C_2e^{-3x} + \frac{4}{5}e^{2x}$$

例 2－19 ＜型號 2－2＞

解 $y'' + 2y' - 3y = 4e^x$

解：

①解 y_h

特徵方程式　$\lambda^2 + 2\lambda - 3 = 0$

得　$\lambda_1 = 1$，$\lambda_2 = -3$

故　$y_h = C_1e^x + C_2e^{-3x}$

②解 y_p

因爲　$R(x) = 4e^x$，$\lambda_1 = 1$，$\lambda_2 \neq 1$

所以設　$y_p = kxe^x$

$y_p' = ke^x + kxe^x$

$y_p'' = 2ke^x + kxe^x$

代入原式　$(2ke^x + kxe^x) + 2(ke^x + kxe^x) - 3kxe^x = 4e^x$

解得　$4ke^x = 4e^k$，$k = 1$

所以　$y_p = xe^x$

③解 y

$$y = y_h + y_p = C_1e^x + C_2e^{-3x} + xe^x$$

例 2－20 ＜型號 2－3＞

解 $y'' - 6y' + 9y = 8e^{3x}$

解：

①解 y_h

特徵方程式　　$\lambda^2-6\lambda+9=0$

得　　$\lambda_1=\lambda_2=3$

故　　$y_h=e^{3x}[C_1+C_2x]$

②解 y_p

因爲　　$R(x)=8e^{3x}$ ，$\lambda_1=\lambda_2=3$

所以設　　$y_p=kx^2e^{3x}$

$$y_p'=2kxe^{3x}+3kx^2e^{3x}$$

$$y_p''=9kx^2e^{3x}+12kxe^{3x}+2ke^{3x}$$

代入原式

$$(9kx^2e^{3x}+12kxe^{3x}+2ke^{3x})-6(2kxe^{3x}+3kx^2e^{3x})+9(kx^2e^{3x})=8e^{3x}$$

解得　　$k=4$

故　　$y_p=4x^2e^{3x}$

③解 y

$$y=y_h+y_p=C_1e^{3x}+C_2xe^{3x}+4x^2e^{3x}$$

例 2－21 ＜型號 3－[1]＞

解 $y''-3y'+7y=-4\cos(2x)$

解：

①解 y_h

特徵方程式　　$\lambda^2-3\lambda+7=0$

得　　$\lambda_{1,2}=\dfrac{3}{2}\pm\dfrac{\sqrt{19}}{2}i$

所以　　$y_h=e^{\frac{3}{2}x}[C_1\cos(\dfrac{\sqrt{19}}{2}x)+C_2\sin(\dfrac{\sqrt{19}}{2}x)]$

②解 y_p

因爲　　$R(x)=-4\cos(2x)$，$\lambda_1\neq2$，$\lambda_2\neq2$

所以設　　$y_p=k\sin(2x)+M\sin(2x)$

$$y_p'=-2k\sin(2x)+2M\cos(2x)$$

$$y_p'' = -4k\sin(2x) - 4M\cos(2x)$$

代入原式得 $(3k-6M)\cos(2x) = -4\cos(2x)$

$$(6k+3M)\sin(2x) = 0$$

其中 $k = -\frac{4}{15},\ M = \frac{8}{15}$

所以 $y_p = -\frac{4}{15}\cos(2x) + \frac{8}{15}\sin(2x)$

③解 y

$$y = y_h + y_p$$

$$= e^{\frac{3}{2}x}\left[C_1\cos\left(\frac{\sqrt{19}}{2}x\right) + C_2\sin\left(\frac{\sqrt{19}}{2}x\right)\right]$$

$$-\frac{4}{15}\cos(2x) + \frac{8}{15}\sin(2x)$$

例 2－22＜型號 3－2＞

解 $y'' + 4y = \sin(2x)$

解：

①解 y_h

特徵方程式 $\lambda^2 + 4 = 0$

得 $\lambda_1 = 2i,\ \lambda_2 = -2i$

所以 $y_h = C_1\cos(2x) + C_2\sin(2x)$

②解 y_p

因爲 $R(x) = \sin(2x),\ \lambda_1 = 2i,\ \lambda_2 = -2i$

且 $\lambda_1 \fallingdotseq 0,\ \lambda_2 \fallingdotseq 0$

所以設 $y_p = x[k\cos(2x) + M\sin(2x)]$

$$y_p' = (k+2Mx)\cos(2x) + (M-2kx)\sin(2x)$$

$$y_p'' = (4M-4kx)\cos(2x) - (4k+4Mx)\sin(2x)$$

代入原式 $4M\cos(2x) = 0$

$$-4k\sin(2x) = \sin(2x)$$

解得 $M = 0, k = -\frac{1}{4}$

所以 $y_p = -\frac{1}{4}x\cos(2x)$

③解 y

$$y = y_h + y_p$$
$$= C_1\cos(2x) + C_2\sin(2x) - \frac{1}{4}x\cos(2x)$$

例 2-23 <型號 4-1>

解 $y'' + 3y' - y = 7e^{2x}\cos(4x)$

解：

①解 y_h

特徵方程式 $\lambda^2 + 3\lambda - 1 = 0$

得 $\lambda_1 = \frac{-3+\sqrt{13}}{2}$，$\lambda_2 = \frac{-3-\sqrt{13}}{2}$

故 $y_h = C_1 e^{\left(\frac{-3+\sqrt{13}}{2}\right)x} + C_2 e^{\left(\frac{-3-\sqrt{13}}{2}\right)x}$

②解 y_p

因爲 $R(x) = 7e^{2x}\cos(4x)$，$\lambda_1 \neq 2+4i$，$\lambda_2 \neq 2-4i$

所以設 $y_p = e^{2x}[k\cos(4x) + M\sin(4x)]$

$$y_p' = e^{2x}[(2k+4M)\cos(4x) + (2M-4k)\sin(4x)]$$

$$y_p'' = e^{2x}[(-12k+16M)\cos(4x) - (16k+12M)\sin(4x)]$$

代入原式 $(-7k+28M)e^{2x}\cos(4x) = 7e^{2x}\cos(4x)$

$(-28k-7M)e^{2x}\sin(4x) = 0$

其中 $k = -\frac{49}{833}$，$M = \frac{196}{833}$

所以 $y_p = \frac{e^{2x}}{833}[-49\cos(4x) + 196\sin(4x)]$

③解 y

$$y = y_h + y_p = C_1 e^{\left(\frac{-3+\sqrt{13}}{2}\right)x} + C_2 e^{\left(\frac{-3-\sqrt{13}}{2}\right)x} + \frac{e^{2x}}{833}[-49\cos(4x) + 196\sin(4x)]$$

例 2－24 ＜型號 4－2＞

解 $y'' - 2y' + 2y = 2e^x \sin(x)$

解：

①解 y_h

特徵方程式 $\lambda^2 - 2\lambda + 2 = 0$

得 $\lambda_1 = 1 + i$，$\lambda_2 = 1 - i$

所以 $y_h = e^x[C_1 \cos(x) + C_2 \sin(x)]$

②解 y_p

因為 $R(x) = 2e^x \sin(x)$，$\lambda_1 = 1 + i$，$\lambda_2 = 1 - i$

所以設 $y_p = xe^x[k \cos(x) + M \sin(x)]$

$$y_p' = e^x[(k + kx + Mx)\cos(x) + (M + Mx - kx)\sin(x)]$$

$$y_p'' = e^x[(2k + 2M + 2Mx)\cos(x) + (2M - 2k - 2kx)\sin(x)]$$

代入原式 $2Me^x \cos(x) = 0$

$2ke^x \sin(x) = 2e^x \sin(x)$

解得 $M = 0$，$k = 1$

所以 $y_p = xe^x \cos(x)$

③解 y

$$\begin{aligned} y &= y_h + y_p \\ &= e^x[C_1 \cos(x) + C_2 \sin(x)] + xe^x \cos(x) \\ &= e^x[(C_1 + x)\cos(x) + C_2 \sin(x)] \end{aligned}$$

例 2－25 ＜型號 5＞

解 $y'' + 2y' + y = xe^{2x}$

解：

①解 y_h

特徵方程式 $\lambda^2 + 2\lambda + 1 = 0$

得　　$\lambda_1=-1$，$\lambda_2=-1$

故　　$y_h=e^{-x}(C_1+C_2x)$

②解 y_p

因為　　$R(x)=xe^{2x}$

所以設　　$y_p=e^{2x}[k_1x+k]$

$y_p'=e^{2x}[k_1+2k+2k_1x]$

$y_p''=e^{2x}[4k_1+4k+4k_1x]$

代入原式　　$9k_1xe^{2x}=xe^{2x}$

$(6k_1+2k)e^{2x}=0$

解得　　$k_1=\dfrac{1}{9}$，$k=-\dfrac{2}{27}$

所以　　$y_p=e^{2x}\left(\dfrac{1}{9}x-\dfrac{2}{27}\right)$

③解 y

$$y=y_h+y_p=e^{-x}(C_1+C_2x)+e^{2x}\left(\frac{1}{9}x-\frac{2}{27}\right)$$

例 2－26 <型號 6>

解 $y''-y=x\cos(x)$

解：

①解 y_h

特徵方程式　　$\lambda^2-1=0$

得　　$\lambda_1=1$，$\lambda_2=-1$

所以　　$y_h=C_1e^x+C_2e^{-x}$

②解 y_p

因為　　$R(x)=x\cos(x)$

所以設　　$y_p=[R_1x+k]\cos(x)+[M_1x+M]\sin(x)$

$y_p'=[k_1+M+M_1x]\cos(x)+$

$[M_1-k-k_1x]\sin(x)$

$y_p''=[2M_1-k-k_1x]\cos(x)-$

$$[2k_1 + M + M_1 x]\sin(x)$$

代入原式 $-2k_1 x\cos(x) = x\cos(x)$

$-2M_1 x\sin(x) = 0$

$(2M_1 - 2k)\cos(x) = 0$

$(-2k_1 - 2M)\sin(x) = 0$

解得 $k_1 = -\frac{1}{2}$，$M_1 = 0$，$k = 0$，$M = \frac{1}{2}$

故 $y_p = -\frac{1}{2}x\cos(x) + \frac{1}{2}\sin(x)$

③解 y

$$y = y_h + y_p = C_1 e^x + C_2 e^{-x} - \frac{1}{2}x\cos(x) + \frac{1}{2}\sin(x)$$

例 2－27＜混合題目＞

解 $y'' - 3y' + 2y = x + e^{3x}$

解：

①解 y_h

特徵方程式 $\lambda^2 - 3\lambda + 2 = 0$

得 $\lambda_1 = 1$，$\lambda_2 = 2$

所以 $y_h = C_1 e^x + C_2 e^{2x}$

②解 y_p

此爲 $R(x) = x^n$ 及 e^{Px} 的混合型式

所以設 $y_p = k_1 x + k + Ce^{3x}$

$y_p' = k_1 + 3Ce^{3x}$

$y_p'' = 9Ce^{3x}$

代入原式 $2Ce^{3x} = e^{3x}$

$2k_1 x = x$

$2k - 3k_1 = 0$

解得 $C = \frac{1}{2}$，$k_1 = \frac{1}{2}$，$k = \frac{3}{4}$

故 $$y_p=\frac{1}{2}x+\frac{3}{4}+\frac{1}{2}e^{3x}$$

③解 y

$$y=y_h+y_p=C_1e^x+C_2e^{2x}+\frac{1}{2}e^{3x}+\frac{1}{2}x+\frac{3}{4}$$

由例 2－27 可知，R(x)若為混合型式，如 $\boldsymbol{R(x)=R_1(x)+R_2(x)}$，則 $\boldsymbol{y_p}$ 的設定可由對應的 $\boldsymbol{y_{p1}}$ 及 $\boldsymbol{y_{p2}}$ 求之，即 $\boldsymbol{y_p=y_{p1}+y_{p2}}$ 讀者不妨回憶**定理二**。

未定係數法並不是任何型式的二階常係數非齊次微分方程式都可用來求解。例如 $y''(x)+Ay'(x)+By(x)=R(x)$，若 $R(x)=\tan(x)$則無法使用未定係數法。此時我們可採用參數變換法來解題。而參數變換法將於下一節討論。

習 2-3 題

用未定係數法求下列微分方程式的全解

① $y''+5y'+6y=3e^{-2x}+e^{3x}$

② $y''-2y'-3y=2x$

③ $y''-4y=3\cos(x)$

④ $y''-4y'+3y=10e^{-2x}$

⑤ $y''+y=3\sin(x)$

⑥ $y''+2y'-3y=4e^x$

⑦ $y''-2y'=e^x\sin(x)$

⑧ $y''-2y'+3y=x^3+\sin(x)$

⑨ $y''-4y'+4y=x^3e^{2x}+xe^x$

⑩ $y''+4y'+5y=37.7\sin(4x)$

⑪ $y''+y=2\cos(x)$

⑫ $y''+4y=8x^2$

⑬ $y''-2y'+1=e^x+x$

⑭ $y''+y'-2y=3e^x$

⑮ $y''+3y'+2y=10e^{3x}+4x^2$

⑯ $y''-4y'+4y=x^3e^{2x}+xe^{2x}$

⑰ $y''+4y=x^2\sin(2x)$

⑱ $y''+2y'-12y=x^2-x+2e^{-3x}$

⑲ $y''-y'+14y=x-2\sin(3x)$

⑳ $y''+4y'+4y=4x^2+6e^x$

㉑ $y''-4y'+6y=e^{2x}-3e^{4x}$

㉒ $y''+2y'+y=-3e^{-x}+8xe^{-x}+1$

4 二階非齊次方程式：參數變換法

Second Order Nonhomogeneou Equations：Method of Variation Parameter

二階微分方程式 $y''(x)+P(x)y'(x)+Q(x)y(x)=R(x)$ 若其中 $P(x)$ 及 $Q(x)$ 為常數，稱為「常係數微分方程式」，其解法可用前節所述的未定係數法，但未定係數法是有限制的。本節參數變換法則無限制，只要能先求出微分方程式的齊次解，就可解任何型式的微分方程式，包括 $P(x)$ 及 $Q(x)$ 雖不爲常數亦能求解。但參數變換法最大的困難在於它時常會遇到難解的積分問題。

參數變換法的使用時機

1. 解非齊次微分方程式的特定解 y_p
2. 只要能先知其齊次解，則不論常係數或變係數的微分方程式皆能求解。
3. $R(x)$ 不限定任何型式。

二階非齊次微分方程式：

$$y''(x)+P(x)y'(x)+Q(x)y(x)=R(x) \tag{16}$$

設已知其齊次解

$$y_h=C_1y_1(x)+C_2y_2(x)$$

令特定解

$$y_p=u(x)y_1(x)+\upsilon(x)y_2(x) \tag{17}$$

則 $$y_p' = (uy_1' + \upsilon y_2') + (u'y_1 + \upsilon' y_2)$$

$$y_p'' = (uy_1'' + \upsilon y_2'') + (u'y_1' + \upsilon' y_2') + (u'y_1 + \upsilon' y_2)'$$

將 y_p , y_p', y_p''代入式(16)得

$$(uy_1''\upsilon y_2'') + (u'y_1' + \upsilon' y_2') + (u'y_1 + \upsilon' y_2)' +$$

$$P(x)uy' + P(x)\upsilon y_2' + P(x)u'y_1 + P(x)\upsilon' y_2 +$$

$$Q(x)uy_1 + Q(x)\upsilon y_2 = R(x)$$

將上式整理可得

$$u[y_1'' + P(x)y_1' + Q(x)y_1] + \upsilon[y_2'' + P(x)y_2' +$$

$$Q(x)y_2] + [u'y_1 + \upsilon' y_2]' + [u'y_1' + \upsilon' y_2'] +$$

$$P(x)[u'y_1 + \upsilon' y_2] = R(x) \tag{18}$$

因爲 y_1 及 y_2 爲齊次解，故式(18)之前兩項應爲零。

令 $$[u'y_1 + \upsilon' y_2]' = 0$$

$$\left.\begin{aligned} u'y_1 + \upsilon' y_2 &= 0 \\ u'y_1' + \upsilon' y_2' &= R(x) \end{aligned}\right\} \tag{19}$$

取式(19)來解得 u'及 υ'，利用 Cramer's rule 解法

$$u' = \frac{\begin{vmatrix} 0 & y_2 \\ R & y_2' \end{vmatrix}}{\begin{vmatrix} y_1 & y_2 \\ y_1' & y_2' \end{vmatrix}} = \frac{-Ry_2}{W}$$

$$\upsilon' = \frac{\begin{vmatrix} y_1 & 0 \\ y_1' & R \end{vmatrix}}{\begin{vmatrix} y_1 & y_2 \\ y_1' & y_2 \end{vmatrix}} = \frac{y_1 R}{W}$$

其中 W 爲朗斯基行列式。故可求出 $u(x)$及 $\upsilon(x)$。

$$u(x) = \int u'dx = \int \frac{-Ry_2}{W}dx$$

$$\upsilon(x) = \int \upsilon' dx = \int \frac{Ry_1}{W}dx$$

所以特定解 y_p 爲

$$y_p = uy_1 + \upsilon y_2 = y_1 \int \frac{-Ry_2}{W}dx + y_2 \int \frac{Ry_1}{W}dx$$

而式(16)之全解爲

$$y = y_h + y_p$$

$$= C_1y_1 + C_2y_2 - y_1 \int \frac{Ry_2}{W}dx + y_2 \int \frac{Ry_1}{W}dx \tag{20}$$

參數變換法的推導公式如下

二階微分方程式 $y''(x) + P(x)y'(x) + Q(x)y(x) = R(x)$

先求得齊次解 $y_h = C_1y_1 + C_2y_2$

令 $y_p = uy_1 + \upsilon y_2 = -y_1 \int \frac{Ry_2}{W}dx + y_2 \int \frac{Ry_1}{W}dx$

其中朗斯基行列式爲

$$W = \begin{vmatrix} y_1 & y_2 \\ y_1' & y_2' \end{vmatrix} = y_1y_2' - y_1'y_2$$

故得全解 $y = y_h + y_p$

$$= C_1y_1 + C_2y_2 - y_1 \int \frac{Ry_2}{W}dx + y_2 \int \frac{Ry_1}{W}dx$$

例 2－28

解 $y'' - 4y = 8x^2 - 2x$

解：

①解 y_h

特徵方程式 $\lambda^2 - 4 = 0$

得 $\lambda_1 = 2,\ \lambda_2 = -2$

所以 $y_h = C_1e^{2x} + C_2e^{-2x}$

②解 y_p

由 y_h 知 $y_1 = e^{2x},\ y_2 = e^{-2x}$

所以 $y_1' = 2e^{2x},\ y_2' = -2e^{-2x}$

而 $R(x) = 8x^2 - 2x$

計算 W　　$W = y_1y_2' - y_1'y_2$

$$= (e^{2x})\cdot(-2e^{-2x}) - (2e^{2x})\cdot(e^{-2x}) = -4$$

$$u = -\int \frac{Ry_2}{W}dx = -\int \frac{(8x^2-2x)\cdot e^{-2x}}{-4}dx$$

$$= \frac{1}{4}\int (8x^2-2x)e^{-2x}dx$$

$$= (-x^2 - \frac{3}{4}x - \frac{3}{8})e^{-2x}$$

$$\upsilon = \int \frac{Ry_1}{W}dx = \int \frac{(8x^2-2x)\cdot e^{2x}}{-4}dx$$

$$= -\frac{1}{4}\int (8x^2-2x)e^{2x}dx$$

$$= (-x^2 + \frac{5}{4}x - \frac{5}{8})e^{2x}$$

故知 y_p　　$y_p = uy_1 + \upsilon y_2 = e^{2x}\cdot(-x^2 - \frac{3}{4}x - \frac{3}{8})e^{-2x}$

$$+ e^{-2x}\cdot(-x^2 + \frac{5}{4}x - \frac{5}{8})e^{2x}$$

$$= -2x^2 + \frac{1}{2}x - 1$$

③解 y

$$y = y_h + y_p = C_1e^{2x} + C_2e^{-2x} - 2x^2 + \frac{1}{2}x - 1$$

例 2－29

解　$y'' + 4y = \tan(2x)$

解：

此問題無法用未定係數法來解題

①解 y_h

特徵方程式　　$\lambda^2 + 4 = 0$

得　　$\lambda_1 = 2i$,　$\lambda_2 = -2i$

故　　$y_h = C_1\cos(2x) + C_2\sin(2x)$

②解 y_p

由 y_h 知　　$y_1 = \cos(2x)$,　$y_2 = \sin(2x)$

$y_1' = -2\sin(2x)$,　$y_2' = 2\cos(2x)$

而 $R(x)=\tan(2x)$

計算 W $W=y_1y_2'-y_1'y_2$

$=[\cos(2x)][2\cos(2x)]-$

$[\sin(2x)][-2\sin(2x)]$

$=2$

$$u=-\int\frac{Ry_2}{W}dx=-\int\frac{[\tan(2x)][\sin(2x)]}{2}dx$$

$$=-\frac{1}{2}\int\frac{\sin(2x)}{\cos(2x)}\cdot\sin(2x)dx$$

$$=-\frac{1}{2}\int\frac{1-\cos^2(2x)}{\cos(2x)}dx$$

$$=-\frac{1}{2}\int\left[\frac{1}{\cos(2x)}-\cos(2x)\right]dx$$

$$=\frac{1}{2}\int[\cos(2x)-\sec(2x)]dx$$

$$=\frac{1}{2}+\left[\frac{1}{2}\sin(2x)-\frac{1}{2}\ell n\left|\tan\left(\frac{\pi}{4}+x\right)\right|\right]$$

$$\upsilon=\int\frac{Ry_1}{W}dx=\int\frac{[\tan(2x)][\cos(2x)]}{2}dx$$

$$=\frac{1}{2}\int\frac{\sin(2x)}{\cos(2x)}\cdot\cos(2x)dx$$

$$=\frac{1}{2}\int\sin(2x)dx=-\frac{1}{4}\cos(2x)$$

故知 $y_p=uy_1+\upsilon y_2=-\frac{1}{4}\cos(2x)\ell n\left|\tan\left(\frac{\pi}{4}+x\right)\right|$

③解 y

$$y=y_h+y_p=C_1\cos(2x)+C_2\sin(2x)-\frac{1}{4}\cos(2x)\ell n\left|\tan\left(\frac{\pi}{4}+x\right)\right|$$

例 2－30

解 $y''-6y+9y=x^{-2}e^{3x}$

解：

此題無法使用未定係數法

①解 y_h

特徵方程式　　$\lambda^2-6\lambda+9=0$

得　　$\lambda_1=3,\ \lambda_2=3$

所以　　$y_h=e^{3x}(C_1+C_2x)=C_1e^{3x}+C_2xe^{3x}$

②解 y_p

由 y_h 知　　$y_1=e^{3x},\ y_2=xe^{3x}$

$y_1'=3e^{3x},\ y_2'=e^{3x}+3xe^{3x}$

而　　$R(x)=x^{-2}e^{3x}$

計算 W　　$W=y_1y_2'-y_1'y_2=e^{3x}(e^{3x}+3xe^{3x})-3e^{3x}(xe^{3x})$

$=e^{6x}$

$$u=-\int\frac{Ry_2}{W}dx=-\int\frac{(x^{-2}e^{3x})(xe^{3x})}{e^{6x}}dx$$

$$=-\int x^{-1}dx=-\ell n\,|x|$$

$$\upsilon=\int\frac{Ry_1}{W}dx=\int\frac{(x^{-2}e^{3x})e^{3x}}{e^{6x}}dx$$

$$=\int x^{-2}dx=-x^{-1}$$

故知　　$y_p=uy_1+\upsilon y_2=-e^{3x}\ell n\,|x|-e^{3x}$

$=-e^{3x}(1+\ell n\,|x|)$

③解 y

$$y=y_h+y_p=e^{3x}[C_1+C_2-C_1+\ell n\,|x|]$$

$$=e^{3x}[C+C_2x-\ell n\,|x|]$$

快速積分法

$$\int f(x)g(x)dx \text{ 的型式}$$

在 f(x)或 g(x)之中選擇一個可微分至零的函數，將之置於左端並且逐一微分至零，而將 g(x)置於右端並且逐一積分。若 f(x)經 n 次微分後爲零，則 g(x)也需積分 n 次。然後再由左端函數乘上右下函數，並且加上(＋，－，＋，－……)符號。

例如：

$$
\begin{array}{lcr}
f(x) & & g(x) \\
 & + & \\
\frac{d}{dx}f(x) = f_1(x) & & g_1(x) = \int g(x)dx \\
 & - & \\
\frac{d}{dx}f_1(x) = f_2(x) & & g_2(x) = \int g_1(x)dx \\
 & + & \\
\vdots & \vdots & \vdots \\
\frac{d}{dx}f_{n-2}(x) = f_{n-1}(x) & & g_{n-1}(x) = \int g_{n-2}(x)dx \\
 & \vdots & \\
\frac{d}{dx}f_{n-1}(x) = f_n(x) = 0 & & g_n(x) = \int g_{n-1}(x)dx
\end{array}
$$

而

$$\int f(x)g(x)dx = f(x)g_1(x) - f_1(x)g_2(x) + \cdots\cdots + f_{n-1}(x)g(x)$$

例 $\int (8x^2-2x)e^{-2x}dx$

$$
\begin{array}{rcc}
8x^2-2x & & e^{-2x} \\
 & + & \\
16x-2 & & -\frac{1}{2}e^{-2x} \\
 & - & \\
16 & & \frac{1}{4}e^{-2x} \\
 & + & \\
0 & & -\frac{1}{8}e^{-2x}
\end{array}
$$

所以 $\int (8x^2-2x)e^{-2x}dx$

$$= -\frac{1}{2}e^{-2x}(8x^2-2x) - \frac{1}{4}e^{-2x}(16x-2) - \frac{16}{8}e^{-2x}$$

$$= (-4x^2-3x-\frac{3}{2})e^{-2x}$$

例 2－31

已知 $y_1 = x$，$y_2 = x^4$ 是變係數微分方程式：$y'' - \frac{4}{x}y' + \frac{4}{x^2}y = x^2 +$

的解,求出全解。

解：

此問題是變係數微分方程式,用未定係數法不能解。而參數變換法若能知其齊次解,則能解所有的微分方程式。

已知其齊次解爲 $y_h = C_1y_1 + C_2y_2 = C_1x + C_2x^4$

而 $R(x) = x^2 + 1$

故令 $y_p = uy_1 + \upsilon y_2$

①解 y_p

已知 $y_1 = x,\quad y_2 = x^4$

$y_1' = 1,\quad y_2' = 4x^3$

計算 W $W = y_1y_2' - y_1'y_2 = 4x^4 - x^4 = 3x^4$

$$u = -\int \frac{Ry_2}{W}dx = -\int \frac{(x^2+1)x^4}{3x^4}dx$$

$$= -\frac{1}{3}\left(\frac{1}{3}x^3 + x\right) = -\frac{1}{9}x^3 - \frac{1}{3}x$$

$$\upsilon = \int \frac{Ry_1}{W}dx = \int \frac{(x^2+1)x}{3x^4}dx$$

$$= \frac{1}{3}\left(\ell n\,|x| - \frac{1}{2}x^{-2}\right)$$

故 $y_p = uy_1 + \upsilon y_2$

$$= -\frac{1}{9}x^4 - \frac{1}{3}x^2 + \frac{x^4}{3}\left(\ell n\,|x| - \frac{1}{2}x^{-2}\right)$$

$$= -\frac{1}{9}x^4 - \frac{1}{2}x^2 + \frac{1}{3}x^4\ell n\,|x|$$

③解 y

$$y = y_h + y_p$$

$$= C_1x + C_2x^4 - \frac{1}{9}x^4 - \frac{1}{2}x^2 + \frac{1}{3}x^4\ell n\,|x|$$

習 2-4 題

用參數變換法解下列微分方程式的全解

① $y''-y'-12y=2\sinh^2(x)$

② $y''+y'-6y=x$

③ $y''-3y'+2y=-\dfrac{e^{2x}}{e^x+1}$

④ $y''+2y'-8y=e^{4x}-1$

⑤ $y''+y'-2y=x$

⑥ $y''-6y'+9y=\dfrac{1}{x}e^{-3x}$

⑦ $y''-4y'+4y=(x+1)e^{2x}$

⑧ $y''+y=\csc(x)$

⑨ $y''-9y'+18y=e^{e^{-3x}}$

⑩ $y''-2y'+y=e^x x^{\frac{3}{2}}$

⑪ $y''-2y'=e^x\sin(x)$

⑫ $y''+2y'+2y=\dfrac{2e^{-x}}{\cos^3(x)}$

⑬ $y''+2y'+y=e^{-x}\cos(x)$

⑭ $y''-6y'+9y=\dfrac{1}{x^2}e^{3x}$

⑮ $y''+4y'+4y=3xe^{-2x}$

⑯ $y''+9y=3\sec(x)$

⑰ $y''+y=\sec(x)$

⑱ $y''+y=\csc(x)+x$

⑲ $y''-3y'+2y=\sin(e^{-x})$

⑳ $x^2y''+xy'-y=x^3e^x$ $(y_1=x,\ y_2=x^{-1})$

5 二階變係數方程式：降階法

Second Order Variable Coefficients Equations：Reducation of Order

第二章討論至此，都是相關於常係數方程式的問題。以下四節將討論二階變係數微分方程式，其型式如下：

$$A(x)y''(x)+P(x)y'(x)+Q(x)y(x)=R(x) \tag{21}$$

其中 A(x), P(x), Q(x)皆非常數，而是變數。

本文將提供解此型方程式的二種方法：

◎降階法(Reduction of Order)

◎柯西—尤拉方程式(Cauchy－Euler Equation)

一、降階法(Reduction of Order)

降階法的概念，是將二階微分方程式的問題簡化成一階微分方程式。使用這種方法有下列三種情況。

1. 缺因變數(Absent Dependent Variable)

一般來說，二階微分方程式的型式為 $F(x,y,y',y'')=0$

例 $y''+P(x)y'+Q(x)y=R(x)$

其中 x 為**自變數**，而 y 是隨 x 而變的，稱為**因變數**。

若一微分方程式缺少因變數時

例 $F(x,y',y'')=0$

則令 $u=y',\ u'=y''$

將此關係代入原式，則 $F(x,y',y'')=0$ 將變成 $F(x,u,u')=0$

例 2－32

$xy''+2y'=x$

解：

此式爲缺因變數的微分方程式

令 $u=y'$

則 $u'=y''$

故原式變爲 $xu'+2u=x$

即 $u'+\frac{2}{x}u=1$

此時可用一階線性微分方程式的公式解得

$$u=e^{-\int\frac{2}{x}dx}\left(\int e^{\int\frac{2}{x}dx}dx+C\right)$$
$$=e^{-2\ell n|x|}\left(\int e^{2\ell n|x|}dx+C\right)$$
$$=x^{-2}\left[\int x^{2}dx+C\right]=x^{-2}\left(\frac{1}{3}x^{3}+C\right)$$
$$=\frac{1}{3}x+Cx^{-2}$$

因 $u=y'$，故 $y=\int udx=\int\left(\frac{1}{3}x+Cx^{-2}\right)dx$

$$=\frac{1}{6}x^{2}-Cx^{-1}+C_{1}$$

例 2－33

解 $xy''+2y'=4x^{3}$

解：

此爲缺因變數的微分方程式

令 $u=y'$

則 $u'=y''$

故原式代換爲 $xu'+2u=4x^{3}$

即 $u'+\frac{2}{x}u=4x^{2}$

$$u = e^{-\int \frac{2}{x}dx}\left[\int 4x^2 \cdot e^{\int \frac{2}{x}dx}dx + C\right]$$

$$= x^{-2}\left[\int 4x^4 dx + C\right] = x^{-2}\left[\frac{4}{5}x^5 + C\right]$$

$$= \frac{4}{5}x^3 + Cx^{-2}$$

故

$$y = \int u dx = \int \left(\frac{4}{5}x^3 + Cx^{-2}dx\right)$$

$$= \frac{1}{5}x^4 - \frac{C}{x} + C_1$$

2.缺自變數(Absent Independent Variable)

在二階微分方程式 $F(x, y, y', y'') = 0$ 中,若缺自變數 x,

即 $F(y, y', y'') = 0$ 時,則可

令 $\boldsymbol{u = y' = \frac{dy}{dx}}$

而 $y'' = \frac{d}{dx}\left(\frac{dy}{dx}\right) = \frac{d}{dx}(y') = \frac{dy'}{dy}\frac{dy}{dx} = \left(\frac{du}{dy}\right)u$

將上式代入原式,則原式將成爲 $\boldsymbol{F(y, u, u\frac{du}{dy}) = 0}$

例 2－34

解 $y'' - 2yy' = 0$

解:

此式爲缺自變數

令 $u = y'$

則 $y'' = u\frac{du}{dy}$

代入原式得 $u\frac{du}{dy} - 2yu = 0$

即 $\frac{du}{dy} = 2y$, $\int du = \int 2y dy$, $u = y^2 + C$

即 $\frac{dy}{dx} = y^2 + C$

分離變數得 $\int \frac{dy}{y^2 + C} = dx$

故 $$\frac{1}{\sqrt{C}}\tan^{-1}\left(\frac{y}{\sqrt{C}}\right)=x+C_1$$

例 2－35

解 $y''=3y'$

解：

此式爲缺自變數

令 $$u=y'$$

則 $$y''=u\frac{du}{dy}$$

代入原式得 $$u\frac{du}{dy}=3u$$

分離變數，並積分得 $$\int du=\int 3dy$$

$$u=3y+C$$

即 $$\frac{dy}{dx}=3y+C$$

分離變數，並積分得 $$\int\frac{dy}{3y+C}=\int dx$$

故 $$\frac{1}{3}\ell n\,|3y+C|=x+C_1$$

或 $$ke^x=(3y+C)^{\frac{1}{3}}$$

3. 代入法

設二階變係數微分方程式的型式如下：

$$\boldsymbol{y''(x)+P(x)y'(x)+Q(x)y(x)=0} \tag{22}$$

若已知其中一解為 $y_1(x)$， 則我們可利用 $y_1(x)$ 而求得第二解

令 $$\boldsymbol{y_2(x)=u(x)y_1(x)}$$

則 $$y_2'=u'y_1+uy_1'$$

$$y_2''=uy_1''+2u'y_1'+u''y_1$$

代入式(22)得 $$uy_1''+2u'y_1'+u''y_1+P(u'y_1+uy_1')+Quy_1=0$$

整理得 $$u''y_1+u'[2y_1'+Py_1]+u[y_1''+Py_1'+Qy_1]=0$$

因爲 $$y_1''+Py_1'+Qy_1=0$$

所以 $$u''y_1+u'[2y_1'+Py_1]=0 \tag{23}$$

式(23)對 $u(x)$ 而言是 $F(x,\ u',u'')=0$ 時缺因變數的型式。因此

令 $$\upsilon=u',\upsilon'=u''$$

代入式(23)得 $$\upsilon'y_1+\upsilon[2y_1'+Py_1]=0$$

若 $y_1 \neq 0$,則可整理成爲

$$\upsilon'+\upsilon\left(\frac{2y_1'}{y_1}+p\right)=0$$

此爲一階線性微分方程式,代入相關公式則可求出 $\upsilon(x)$ 來。

而 $$u=\int \upsilon dx$$

所以 $$y_2=y_1\int \upsilon dx$$

整理上述可得二階變係數微分方程式：

$$y''+P(x)y'+Q(x)=0$$

若已知其中一解為 $y_1(x)$,且 $y_1 \neq 0$

則令 $$y_2=uy_1$$

又令 $$\upsilon=u'$$

則原式變為 $$\upsilon'+\upsilon\left(\frac{2y_1'}{y_1}+P\right)=0$$

解得 υ 後 $$y_2=y_1\int \upsilon dx$$

習 2-5 題

用降階方式解下列方程式

① $xy''-2y'=1$　　② $xy''+2y'=x$

③ $xy''=2+y'$

④ $x^2y''+xy'+\left(x^2-\frac{1}{4}\right)y=0$, 已知 $y_1=\frac{\cos(x)}{\sqrt{x}}$

⑤ $x^2y''+(x^2-2x)y'-(x-2)y=0$, 已知 $y_1=x$

⑥ $2y''=1+y$

⑦ $y''-\frac{2x}{1-x^2}y'+\frac{6}{1-x^2}y=0$, 已知 $y_1=\frac{3}{2}x^2-\frac{1}{2}$

⑧ $-3y''-2y'=8x+2$

⑨ $x^2y''-xy'-6y=0$, 已知 $y_1=x^4$

6 二階變係數方程式：柯西—尤拉方程式

Second Order Variable Coefficients Equations：Cauchy－Euler Equations

變係數微分方程式的型式如下：

$$x^n\frac{d^ny}{dx^n}+a_1x^{n-1}\frac{d^{n-1}y}{dx^{n-1}}+\cdots\cdots+a_{n-1}x\frac{dy}{dx}+a_ny=R(x) \tag{24}$$

其中 $a_1, a_2\cdots\cdots a_n$ 爲常數，此種型式稱爲「柯西方程式」(Cauchy equation)，或「尤拉方程式」(Euler equation)。式(24)是 n 階微分方程式，但在此節暫時只討論二階的型式，即

$$x^2y''+Axy'+By=R(x) \tag{25}$$

解齊次柯西方程式　$x^2y''+Axy'+By=0$

令　$y=x^m$

代入式(25)得　$x^2m(m-1)x^{m-2}+Axmx^{m-1}+Bx^m=0$

即　$(m^2-m)x^m+Amx^m+Bx^m=0$

$[m^2+(A-1)m+B]x^m=0$

故　$$m^2+(A-1)m+B=0 \tag{26}$$

式(26)稱爲輔助方程式，若解得式(26)的根爲 m_1 及 m_2，則其齊次解爲

$$y=C_1x^{m1}+C_2x^{m2} \tag{27}$$

而式(26)中，m 的根亦有三種情形，即相異實根、共軛複數和重根。

以下本文將討論這三種情形所對應的齊次解。

情況一 輔助方程式的根爲相異實根

由上述可證明，若輔助方程式的根爲相異實根 m_1、m_2，則

$$y = C_1x^{m1} + C_2x^{m2}$$

情況二 輔助方程式的根爲重根

$$x^2y'' + Axy' + By = 0$$

其輔助方程式爲

$$m^2 + (A-1)m + B = 0$$

所以 $m_{1,2} = \dfrac{-(A-1) \pm \sqrt{(A-1)^2 - 4B}}{2} = \dfrac{1-A}{2}$ 重根

故可得一解

$$y_1 = C_1x^m,\quad m = \frac{1-A}{2}$$

令 $y_2 = u(x)y_1(x)$

$$y_2' = u'y_1 + uy_1'$$

$$y_2'' = u''y_1 + 2u'y_1' + uy_1''$$

代入原式得

$$x^2[u''y_1 + 2u'y_1' + uy_1''] + Ax[u'y_1 + uy_1'] + Buy_1 = 0$$

$$u''[x^2y_1] + u'[2x^2y_1' + Axy_1] + u[x^2y_1'' + Axy_1' + By_1] = 0$$

上式第三項因 y_1 爲其解故爲零

所以 $u''[x^2y_1] + u'[2x^2y_1' + Axy_1] = 0$

即 $u'' + \dfrac{C}{x}u' = 0$

此爲缺因變數

故令 $\upsilon = u',\quad \upsilon' = u''$

所以 $\upsilon' + \dfrac{1}{x}\upsilon = 0$

得 $\upsilon = \frac{C}{x}$

故 $u = \int \upsilon dx = \int \frac{C}{x} dx = C\ell n(x)$

所以知 $y_2 = uy_1 = x^m \ell n(x)$

因此得 $\boldsymbol{y = [C_1 + C_2 \ell n(x)] x^m}$

情況三 輔助方程式的根爲共軛複數

設 $m_1 = p + iq,\ \ m_2 = p - iq$

所以 $y_1 = x^{p+iq} = x^p \cdot x^{iq} = x^p e^{iq\ell n(x)}$

$= x^p \{\cos[q\ell n(x)] + i\sin[q\ell n(x)]\}$

$y_2 = x^{p-iq} = x^p \cdot x^{-iq} = x^p e^{-iq\ell n(x)}$

$= x^p \{\cos[q\ell n(x)] - i\sin[q\ell n(x)]\}$

令 $y_3 = \frac{y_1 + y_2}{2} = x^p \cos[q\ell n(x)]$

$y_4 = \frac{y_1 - y_2}{2i} = x^p \sin[q\ell n(x)]$

故 $y = C_1 y_3 + C_2 y_4$

即 $\boldsymbol{y = x^p \{C_1 \cos[q\ell n(x)] + C_2 \sin[q\ell n(x)]\}}$

整理上述三種情況，可得柯西方程式對應之齊次解，如表 2－4

型式	$x^2y'' + Axy' + By = 0$
輔助方程式	$m^2 + (A-1)m + B = 0$
根的型式	對應之齊次解
相異實根 $m_1 \neq m_2$	$y = C_1 x^{m1} + C_2 x^{m2}$
重根 $m = m_1 = m_2$	$y = x^m [C_1 + C_2 \ell n(x)]$
共軛複數 $m_{1,2} = p \pm iq$	$y = x^p \{C_1 \cos[q\ell n(x)] + C_2 \sin[q\ell n(x)]\}$

表 2－4　柯西方程式對應之齊次解

例 2－36

解 $x^2y'' - 4xy' + 4y = 0$

解：

輔助方程式爲 $m^2 - 5m + 4 = 0$

所以 $m_1 = 1$, $m_2 = 4$

故得 $y = C_1x + C_2x^4$

例 2－37

解 $ty'' - 3y' + \frac{9}{t}y = 0$

解：

將原式兩端各乘上 t,

得 $t^2y'' - 3ty' + 9y = 0$

此爲柯西方程式,而其輔助方程式爲

$$m^2 - 4m + 9 = 0$$

解之,得 $m_1 = 2 + \sqrt{5}i$, $m_2 = 2 - \sqrt{5}i$

故 $y = t^2\{C_1\cos[\sqrt{5}\ \ell n(t)] + C_2\sin[\sqrt{5}\ \ell n(t)]\}$

例 2－38

解 $x^2y'' - 3xy' + 4y = 0$

解：

輔助方程式爲 $m^2 - 4m + 4 = 0$

解之,得 $m_1 = m_2 = 2$

故 $y = [C_1 + C_2\ell n(x)]x^2$

解非齊次柯西—尤拉方程式 $x^2y'' + Axy' + Bxy = R(x)$ 的方法

先求出齊次解 $y_h = C_1y_1 + C_2y_2$

將方程式 $x^2y'' + Axy' + By = R(x)$

同除 x^2,改成

$$y'' + \frac{A}{x}y' + \frac{B}{x^2}y = \frac{R(x)}{x^2} = R_1(x)$$

此時可用參數變換法

令 $y_p = uy_1 + \upsilon y_2$

而 $u = -\int \frac{R_1 y_2}{W}dx$，$\upsilon = \int \frac{R_1 y_1}{W}dx$

其中 W 爲朗斯基行列式。

例 2－39

解 $x^2y'' - 5xy' + 8y = 2x\ell n(x) + x^3$，$x > 0$

解：

①求 y_h

輔助方程式 $m^2 - 6m + 8 = 0$

解之得 $m_1 = 2$，$m_2 = 4$

故齊次解 $y_h = C_1x^2 + C_2x^4$

②求 y_p

因爲 $y_1 = x^2$，$y_2 = x^4$

且 $R_1 = \frac{R}{x^2} = \frac{2}{x}\ell n(x) + x$

$y_1' = 2x$，$y_2' = 4x^3$

用參數變換法解

令 $y_p = uy_1 + \upsilon y_2$

則朗斯基行列式爲

$$W = \begin{vmatrix} y_1 & y_2 \\ y_1' & y_2' \end{vmatrix} = \begin{vmatrix} x^2 & x^4 \\ 2x & 4x^3 \end{vmatrix} = 2x^5$$

所以
$$u = -\int \frac{R_1 y_2}{W}dx = -\int \frac{\left(\frac{2}{x}\ell n(x) + x\right) \cdot x^4}{2x^5}dx$$

$$= -\int \left(\frac{1}{x^2}\ell n(x) + \frac{1}{2}\right)dx = \frac{\ell n(x)}{x} + \frac{1}{x} - \frac{x}{2}$$

$$\upsilon = \int \frac{R_1 y_1}{W} dx = \int \frac{\left(\frac{2}{x}\ell n(x) + x\right) \cdot x^2}{2x^5} dx$$

$$= \int \left(x^{-4} \ell n(x) + \frac{1}{2} x^{-2}\right) dx$$

$$= -\frac{\ell n(x)}{3x^3} - \frac{1}{9x^3} - \frac{1}{2x}$$

代入　$y_p = uy_1 + \upsilon y_2$

$$y_p = x^2 \left(\frac{\ell n(x)}{x} + \frac{1}{x} - \frac{x}{2}\right) - x^4 \left(\frac{\ell n(x)}{3x^3} + \frac{1}{9x^3} + \frac{1}{2x}\right)$$

$$= \frac{2}{3} x \ell n(x) - x^3 + \frac{8}{9} x$$

③求 y

$$y = y_h + y_p = C_1 x^2 + C_2 x^4 + \frac{2}{3} x \ell n(x) - x^3 + \frac{8}{9} x$$

例 2－40

解 $x^2 y'' - 4xy' + 6y = 6x + 12$

解：

①求 y_h

輔助方程式　$m^2 - 5m + 6 = 0$

解之得　$m_1 = 2,\ m_2 = 3$

故得齊次解　$y_h = C_1 x^2 + C_2 x^3$

②求 y_p

由齊次解知　$y_1 = x^2,\ y_2 = x^3$

且　$R_1 = \frac{R}{x^2} = \frac{6}{x} + \frac{12}{x^2},\ y_1' = 2x,\ y_2' = 3x^2$

計算朗斯基行列式

$$W = \begin{vmatrix} y_1 & y_2 \\ y_1' & y_2' \end{vmatrix} = \begin{vmatrix} x^2 & x^3 \\ 2x & 3x^2 \end{vmatrix} = x^4$$

令　$y_p = uy_1 + \upsilon y_2$

$$\upsilon = \int \frac{R_1 y_1}{W} dx = \int \frac{\left(\frac{6}{x} + \frac{12}{x^2}\right) \cdot x^2}{x^4} dx$$

$$= \int \left(\frac{6}{x^3} + \frac{12}{x^4}\right)dx = -3x^{-2} - 4x^{-3}$$

$$u = -\int \frac{R_1 y_2}{W}dx = -\int \frac{\left(\frac{6}{x} + \frac{12}{x^2}\right)\cdot x^3}{x^4}dx$$

$$= -\int \left(\frac{6}{x^2} + \frac{12}{x^3}\right)dx = \frac{6}{x} + \frac{6}{x^2}$$

代入 $y_p = uy_1 + \upsilon y_2$

$$y_p = \left(\frac{6}{x} + \frac{6}{x^2}\right)\cdot x^2 - \left(\frac{3}{x^2} + \frac{4}{x^3}\right)\cdot x^3$$

$$= 6x + 6 - 3x - 4 = 3x + 2$$

③求 y

$$y = y_h + y_p = C_1x^2 + C_2x^3 + 3x + 2$$

習 2-6 題

解下列柯西方程式

① $x^2y'' + (1 - k - k^{-1})xy' + y = 0$

② $x^2y'' - 2y = 3x^2$

③ $x^2y'' - \frac{3}{2}xy' - \frac{3}{2}y = 0$

④ $x^2y'' + 7xy' + 13y = 0$

⑤ $x^2y'' + 7xy' + 9y = 27\ell n(x)$

⑥ $x^2y'' + 4xy' + 6y = 0$

⑦ $x^2y'' - 3xy' + 5y = 0$

⑧ $x^2y'' + 2xy' - 5y = 0$

⑨ $x^2y'' + 5xy' - 2y = 0$

⑩ $x^2y'' + 2xy' - y = 0$

⑪ $x^2y'' - 7xy' + 16y = 0$

⑫ $x^2y'' - 2xy' + 2y = x\ell n(x)$

⑬ $x^2y'' - 2xy' + 2y = x^3\cos(x)$

⑭ $25x^2y'' + 12.5xy' + y = 0$

⑮ $x^2y'' + 5xy' + 12y = 0$

⑯ $x^2y'' - 2xy' + 2y = 0$

⑰ $x^2y'' - 4xy' + 7y = 0$

⑱ $x^2y'' + xy' - 4y = 0$

⑲ $x^2y'' - 4xy' + 6y = 0$

⑳ $4x^2y'' + 12xy' + 3y = 0$

㉑ $x^2y'' + 3xy' + 5y = 0$

㉒ $x^2y'' - 4xy' + 6y = 0$

㉓ $x^2y'' - 2xy + 2y = x^3\cos(x)$

㉔ $x^2y'' - 20y = 0$

㉕ $x^2y'' + 6.2xy' + 6.76y = 0$

㉖ $x^2y'' - xy' + 4y = \cos[\ell n(x)] + x\sin[\ell n(x)]$

㉗ $x^2y'' + 5xy' + 4y = 0$

㉘ $10x^2y'' + 46xy' + 32.4y = 0$

㉙ $x^2y'' - 6xy' + 11y = 0$

㉚ $xy'' - y' = 2x^2e^x$

解下列初值問題

㉛ $x^2y'' - xy' + y = x\ell n(x)$; $y(1) = y'(1) = 0$

㉜ $x^2y'' - xy' - 3y = 0$; $y(2) = -1$, $y'(2) = \frac{1}{2}$

㉝ $x^2y'' - 3xy' - 5y = 0$; $y(1) = 8$, $y'(1) = 4$

㉞ $x^2y'' + 5xy' + 20y = 0$; $y(1) = 0, y'(1) = 2$

㉟ $x^2y'' + xy' + 9y = 0$; $y(1) = 2$, $y'(1) = 0$

㊱ $xy'' - y' = 2x^2e^x$; $y(1) = 2$, $y'(1) = 2e$

㊲ $x^2y'' + 25xy' + 144y = 0$; $y(1) = -3$, $y'(1) = 0$

㊳ $x^2y'' + xy' - 0.01y = 0$; $y(1) = 1, y'(1) = 0.1$

㊴ $x^2y'' + 3xy' + 37y = 0$; $y(1) = 1$, $y'(1) = 0$

㊵ $x^2y'' - xy' + 2y = 0$, $y(1) = -1$, $y'(1) = -1$

7 歷屆插大、研究所、公家題庫

Qualification Examination

① $my''+Cy'+ky=r(t)$，$y(0)=0$，$y'(0)=-2$
其中 $m=1$，$C=2$，$k=2$，$r(t)=10\cos 2t$

② $x^2y''-2y=\ell n\,x\,(x>0), y(1)=\frac{1}{2}, y'(1)=0$

③ $(3x+2)^2y''+3(3x+2)y'-36y=3x^2+4x+1$

④ $y''+2ty'-4y=1$，$y(0)=y'(0)=0$

⑤ $y''+y=(x-1)\cos(x)$

⑥ $y''-2y'+y=12e^x$

⑦ $(D^3-3D^2+3D-1)y=e^x\sqrt{x}$，其中 $D=\frac{d}{dx}$

⑧ $x^2y''-2xy'+2y=6\ell n\,|x|, x>0$

⑨ $x^2y''-2xy'+2y=0$

⑩ $y''+2y'-3y=4\sin(2t)$

⑪ $y''+2y'+y=e^{-x}\ell n\,|x|$

⑫ $y''-6y'+9y=e^{3t}$，$y(0)=1$，$y(1)=2e^3$

⑬ $y''+y=\csc(x)$

⑭ $y''-y'-2y=e^{3x}$

⑮ $y''-2y'+2y=\cos(x)$

⑯ $y''+4y'+4y=\frac{1}{x}e^{-2x}$

⑰ $y''+y'-2y=-4x+3e^x$

⑱ $(x+2)y''-(2x+5)y'+2y=0$，已知一解為 $y=e^{2x}$

⑲ $y''-xy'+y=0$

⑳ $y'' - 2y' + y = e^x + x$

㉑ $(x^2 + 6x + 9)\frac{d^2y}{dx^2} + (3x + 9)\frac{dy}{dx} + 2y = 0$，$y(0) = 0$，$\frac{dy(0)}{dx} = 1$

㉒ $(x^2D^2 + 3xD + 1)y = 0$，$y(1) = 3$，$y'(1) = 4$

㉓ $8y'' + 2y' - y = 0$

㉔ $xy'' + xy' - y = 26$，$y(0.8) = 0$，$y'(0.8) = -7.5$

㉕ $(2x + 1)^2y'' - (12x + 6)y' + 16y = 2$

㉖ $y'' - 2y' + y = e^x x^{-3}$

㉗ $\frac{d^2y(t)}{dt^2} + 7\frac{dy(t)}{dt} + 6y(t) = 6\sin(2t)$，$y(0) = 0$，$y'(0) = 0$

㉘ $(4D^2 + 16D + 17)y = 0$，$y(0) = 1$，$y(\pi) = 0$

㉙ $y'' - 2y' + y = xe^x$

㉚ $xy'' + (x + 2)y' + y = 0$

㉛ $yy'' + (3y')^2 = 0$

㉜ $y'' + y = \sec(x)$

㉝ $2xy'' + (1 - 4x)y' + (2x - 1)y = e^x$

㉞ $x^2y'' - 5xy' + 8y = 2x\ell n|x| + x^3$，$x > 0$

㉟ $xy'' + y' + \frac{1}{4}y = 0$　$(\sqrt{x} = Z)$

㊱ $x^2\frac{d^2y}{dx^2} - 2\frac{y}{x} = x^3$

㊲ $y\frac{d^2y}{dx^2} - \left(\frac{dy}{dx}\right)^2 - 2xy^2 = 0$，$y(0) = y'(0) = 1$

㊳ $(x^2 - x)y'' - xy' + y = 0$

㊴ $y'' + 6y' + 9y = 18\cos(3x)$

㊵ $y'' + y = \sec(x)$

㊶ $x^2y'' - 5xy' + 9y = x^3$

㊷ $\frac{d^2y}{dx^2} + 2\frac{dy}{dx} + y = xe^{-x}$

㊸ $x^2y'' - xy' + 2y = 0$

㊹ $y'' - 2y' + 2y = 2e^x \cos(x)$

㊺ $y'' - 2y + 2y = 2\cos(2x) - 4\sin(2x)$

㊻ $xy'' + 2y' = x$

㊼ $2y'' - 5y' + 2y = 2e^{2x}$, $y(0) = 0$, $y'(0) = 1$

㊽ $x^2y'' - 2xy' + 2y = \dfrac{24}{x^2}$

㊾ $(D^2 + 4)y = \cos(x) + \cos(2x)$

㊿ $x^2y'' - 2xy' + 2y = x^2 + 4\ell n|x|$

(51) $y'' - 2y' + y = e^x$

(52) $xy'' + xy' - y = 10$

(53) $y'' + 2y' + y = 4e^{-x}\ell n(x)$

(54) $x^2y'' - xy' + y = \ell n(x)$

(55) $y'' + y = 4x + 10\sin(x)$

(56) $\dfrac{d^2y}{dx^2} - 4\dfrac{dy}{dx} + 4y = 4x + 8x^3$

(57) $y'' + 2y' + y = te^{-t}$, $y(0) = 1$, $y'(0) = 2$

(58) $x^2y'' - 3xy' + 4y = 0, x > 0$

(59) $y'' - 2y' + y = e^x$

(60) $y'' + 3y' + 2y = e^x$

(61) $y'' - 6y' + 9y = 2te^{3t}$

(62) $y'' - 3y' + 2y = e^{2x} + 4$

(63) $x^2y'' - 3xy' - 5y = 6x^5$

(64) 有一 RC 電路串聯，外加電壓為 $E_0\sin(\omega t)$。

[1]寫出電路電壓之微分方程式。

[2]求該方程式之全解。

[3]分別指出全解中之暫態及穩態部分。

第 3 章

高階微分方程式

1. 基本觀念及定義
2. 高階常係數齊次線性微分方程式
3. 高階常係數非齊次線性微分方程式
4. 高階變係數微分方程式
5. 歷屆插大、研究所、公家題庫

The Higher Order Ordinary Differential Equations

〔基本觀念〕

〔解高階常微分方程式的步驟〕

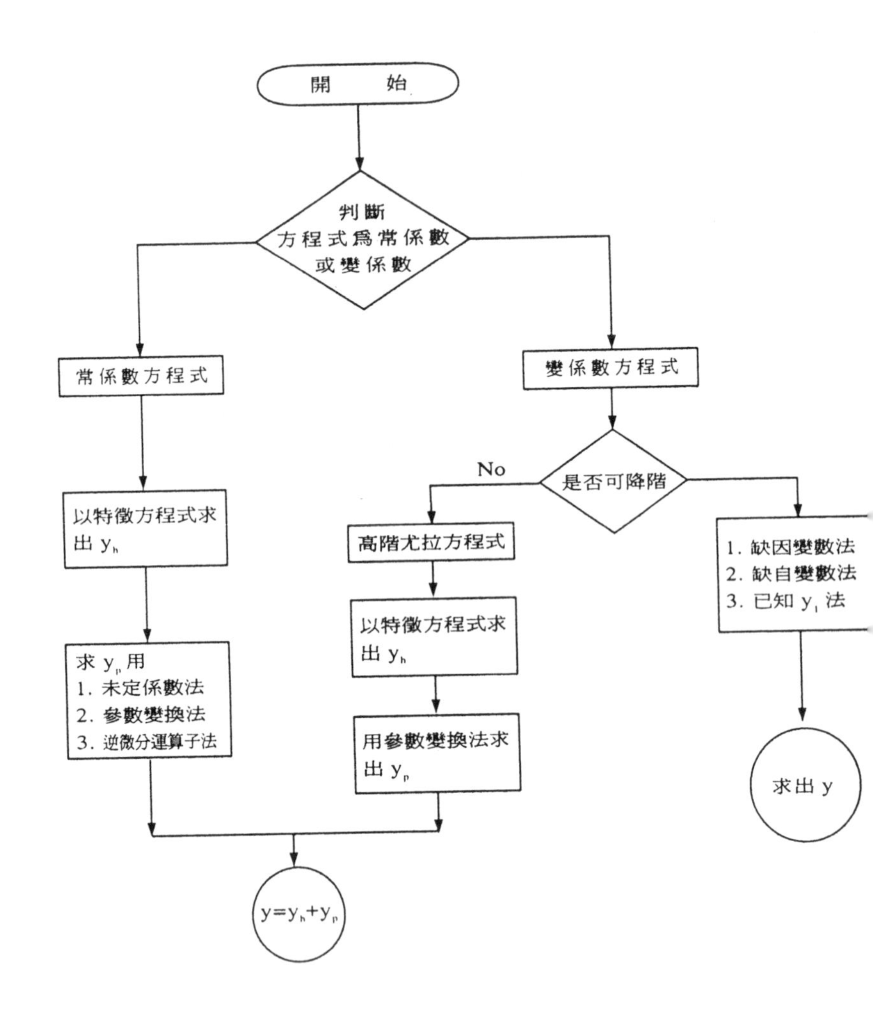

1 基本觀念及定義

Basic Concepts and Definitions

高階微分方程式(Higher Order Differential Equation)的形式如下：

$$F(x, y, y', y'', \cdots\cdots y^{(n)})=0 \tag{1}$$

一般而言，所謂「高階」指的是「**3 階**」以上，即 $n \geq 3$。如第二章所述，高階微分方程式的型式亦如表 2－1 所示，有許多不同的種類。本章將針對高階微分方程式，歸納成「**常係數**」與「**變係數**」兩大類方程式，而提出各式的解法。

在高階常係數方程式中，其解法的型式如下所述：

1. 齊　次：使用特徵方程式，求出 y_h(類似表 2－2)。
2. 非齊次：求 y_P 時，有三種解法：
   1. 未定係數法。
   2. 參數變換法。
   3. 逆微分運算子法。

高階變係數方程式的解法較為複雜，本章僅介紹二種方法：

1. 降階法。
2. 高階尤拉方程式。

敏銳的讀者或者已發現：高階方程式的解法與二階方程式的解法名稱上似乎都是相同的，沒錯!! 高階方程式的解法都可由二階方程式的解法推論而得，甚至第二章所提的定理及定義，都適用於高階方程式。因此本章不再重覆提定理或證明的解法，而只提供各式的解法及例題的說明,盼讀者能更簡便的明瞭此類的解題方法。

另高階微分方程式其中「階」的表示法,通常若大於三階以上時,則用弧號寫上數字來表示。

例　4 階→$y^{(4)}$表示。

6 階→$y^{(6)}$表示。

2 高階常係數齊次線性微分方程式

Homogeneous Higher Order Linear Equations with Constant Coefficients

型式

$$A_n y^{(n)} + A_{(n-1)} y^{(n-1)} + \cdots\cdots + A_1 y^1 + A_0 y = 0,\ A_n \neq 0 \tag{2}$$

解此高階方程式的齊次解 y_h，可使用特徵方程式解出根，依根的不同型式而求出不同對應的解。如表 3－1。

微分方程式：$A_n y^{(n)} + A_{(n-1)} y^{(n-1)} + \cdots\cdots + A_1 y^1 + A_0 y = 0,\ A_n \neq 0$		
特徵方程式：$A_n\lambda^n + A_{n-1}\lambda^{(n-1)} + \cdots\cdots + A_1\lambda + A_0 = 0$		
型　　式	根	對　應　的　y_h　解
m 個相異實根	$\lambda_{1\cdots n} \Rightarrow \lambda_1 \neq \lambda_2 \neq \cdots\cdots \neq \lambda_m$	$y_h = C_1 e^{\lambda 1x} + C_2 e^{\lambda 2x} + \cdots\cdots + C_m e^{\lambda mx}$
m 個相等實根	$\lambda_{1\cdots n} \Rightarrow \lambda_1 = \lambda_2 = \cdots\cdots = \lambda_m = \lambda$	$y_h = e^{\lambda x}(C_1 + C_2 x + \cdots\cdots + C_m x^{m-1})$
m 對相等共軛複數	$\lambda_{1,2} = P \pm iq$(有 m 對)	$y_h = e^{px}(C_1 + C_2 x + \cdots\cdots + C_m x^{m-1})\cos(qx) + e^{px}(B_1 + B_2 x + \cdots\cdots + B_m x^{m-1})\sin(qx)$

表 3－1　高階方程式的 y_h 解

例 3－1〈m 個相異實根〉

解 $y''' - 2y'' - 5y' + 6y = 0$

解：

特徵方程式　$\lambda^3 - 2\lambda^2 - 5\lambda + 6 = 0$

因式分解　$(\lambda - 1)(\lambda + 2)(\lambda - 3) = 0$

特徵根　$\lambda = 1,\ -2, 3$

所以　　　　$y_h = C_1e^x + C_2e^{-2x} + C_3e^{3x}$

例 3－2〈m 個相等實根〉

解　$y''' - 3y'' + 3y' - y = 0$

解：

特徵方程式　　$\lambda^3 - 3\lambda^2 + 3\lambda - 1 = 0$

因式分解　　$(\lambda - 1)^3 = 0$

特徵根　　$\lambda = 1, 1, 1$

所以　　$y_h = C^x [C_1 + C_2x + C_3x^2]$

例 3－3〈m 對共軛複數〉

解　$y^{(4)} + k^4y = 0$，k 爲正數

解：

特徵方程式　　$\lambda^4 + k^4 = 0$

因式分解　　$(\lambda^2 + k^2)^2 - 2\lambda^2k^2 = 0$

$$(\lambda^2 + \sqrt{2}k\lambda + k^2)(\lambda^2 - \sqrt{2}k\lambda + k^2) = 0$$

特徵根　　$\lambda_{1,2} = -\frac{\sqrt{2}}{2}k \pm i\frac{\sqrt{2}}{2}k$

$$\lambda_{3,4} = \frac{\sqrt{2}}{2}k \pm i\frac{\sqrt{2}}{2}k$$

所以

$$y_h = e^{-\frac{\sqrt{2}}{2}kx}\left[C_1\cos\left(\frac{\sqrt{2}}{2}kx\right) + C_2\sin\left(\frac{\sqrt{2}}{2}kx\right)\right] + e^{\frac{\sqrt{2}}{2}kx}\left[C_3\cos\left(\frac{\sqrt{2}}{2}kx\right) + C_4\sin\left(\frac{\sqrt{2}}{2}kx\right)\right]$$

例 3－4〈混合題目〉

解　$y''' - y'' - y' + 1 = 0$

解：

特徵方程式　　$\lambda^3 - \lambda^2 - \lambda + 1 = 0$

因式分解　　$(\lambda - 1)^2(\lambda + 1) = 0$

特徵根　　$\lambda_{1,2,3} = 1, 1, -1$

所以　　$y_h = e^x(C_1 + C_2x) + C_3e^{-x}$

例 3－5〈混合題目〉

解 $y''' - y'' + y' - 1 = 0$

解：

特徵方程式 $\lambda^3 - \lambda^2 + \lambda - 1 = 0$

因式分解 $(\lambda^2 + 1)(\lambda - 1) = 0$

特徵根 $\lambda_{1,2,3} = i\ ,\ -i\ ,1$

所以 $y_h = C_1\ \cos(x) + C_2\ \sin(x) + C_3e^x$

例 3－6〈混合題目〉

解 $y^{(4)} - 2y''' + 2y'' - 2y' + 1 = 0$

解：

特徵方程式 $\lambda^4 - 2\lambda^3 + 2\lambda^2 - 2\lambda + 1 = 0$

因式分解 $(\lambda^2 + 1)(\lambda - 1)^2 = 0$

特徵根 $\lambda = i\ ,\ -i\ ,1,1$

所以 $y_h = C_1\ \cos(x) + C_2\ \sin(x) + e^x(C_1 + C_2x)$

習 3-2 題

解下列高階微分方程式

① $y^{(5)} - 2y^{(4)} - 8y''' + 16y'' + 16y - 32 = 0$

② $y^{(6)} + 8y^{(4)} + 16y'' = 0$

③ $y^{(4)} + 2y'' + y = 0$

④ $y^{(4)} - 5y''' + 3y'' + 19y' - 30y = 0$

⑤ $y''' - 2y'' - 5y' + 6y = 0$

⑥ $y^{(5)} - 3y^{(4)} + 3y''' - y'' = 0$

⑦ $y^{(4)} - 5y'' + 4y = 0$

⑧ $y^{(4)} + 3y'' - 4y = 0$

⑨ $y^{(4)} + 6y''' + 5y'' - 24y' - 36y = 0$

⑩ $y''' - y' = 0$

⑪ $y^{(4)} - 13y'' + 36y = 0$

⑫ $y''' - 3y'' + 3y' - y = 0$

3 高階常係數非齊次線性微分方程式

Nonhomogeneous Higher Order Linear Equations with Constant Coefficients

型式

$$A_n y^{(n)} + A_{(n-1)} y^{(n-1)} + \cdots\cdots + A_1 y' + A_0 y = R(x),\ A_n > 0 \quad (3)$$

如第二章所論，求非齊次方程式時，必須先求出齊次解 y_h，再求出特定解 y_p，而其全解 $y = y_h + y_p$。然求特定解 y_p 則爲本節的重點。本節提供二個求解 y_p 的方法：

◎未定係數法。

◎參數變換法。

一、未定係數法

本法只適用 $R(x) = C_1$、x^n、e^{px}、$\cos(qx)$、$\sin(qx)$時。

解未定係數法的步驟

1. 解出特徵方程式的根。
2. 觀察 R(x)的型態。
3. 在表 3－2 中找出適當的 y_p 假設。
4. 將假設的 y_p 代入原式，求出眞正的 y_p

微分方程式的型式		$A_n y^{(n)} + A_{n-1} y^{(n-1)} + \cdots\cdots + A_1 y' + A_0 y = R(x)$	
特徵方程式		$A_n \lambda^n + A_{n-1} \lambda^{(n-1)} + \cdots\cdots + A_1 \lambda + A_0 = 0$	
型號	$R(x)$的型式	特徵方程式根的型式	對應 y_p 的假設
1	$R(x) = x^n$	有 m 個 $\lambda = 0$	$y_p = x^m [k_n x^n + k_{n-1} x^{n-1} + \cdots\cdots + k_1 x + k]$
2	$R(x) = e^{px}$	有 m 個 $\lambda = p$	$y_p = k_1 x^m e^{px}$
3	$R(x) = \begin{cases} \cos(qx) \\ \sin(qx) \end{cases}$	有 m 組 $\lambda = \pm iq$	$y_p = x^m [k\cos(qx) + M\sin(qx)]$

表 3－2　未定係數法之 y_p 對應表

例 3－7

解 $y''' - y'' - 4y' + 4y = 6e^{-x}$

解：

特徵方程式　$\lambda^3 - \lambda^2 - 4\lambda + 4 = 0$

因式分解　$(\lambda - 1)(\lambda + 2)(\lambda - 2) = 0$

所以　$\lambda = 1,\ -2,\ 2$

故得 y_h 解　$y_h = C_1 e^x + C_2 e^{-2x} + C_3 e^{2x}$

此爲表 3－2 型 2

令　$y_p = k_1 e^{-x}$

則　$y_p' = -k_1 e^{-x}$，$y_p'' = k_1 e^{-x}$，$y_p''' = -k_1 e^{-x}$

將上式代入原式

得　$e^{-x}[-k_1 - k_1 + 4k_1 + 4k_1] = 6e^{-x}$

所以　$k = 1$

故　$y_p = e^{-x}$

全解爲　$y = y_h + y_p = C_1 e^x + C_2 e^{-2x} + C_3 e^{2x} + e^{-x}$

例 3－8

解 $y''' + 2y'' - y' - 2y = -4x^3$

解：

特徵方程式 $\lambda^3+2\lambda^2-\lambda-2=0$

因式分解 $(\lambda+2)(\lambda+1)(\lambda-1)=0$

所以 $\lambda=-2,\ -1,\ 1$

故得 y_h 解 $y_h=C_1e^{-2x}+C_2e^{-x}+C_3e^x$

此爲表 3－2 型 1

令
$$y_p=k_3x^3+k_2x^2+k_1x+k$$
$$y_p'=3k_3x^2+2k_2x+k_1$$
$$y_p''=6k_3x+2k_2$$
$$y_p'''=6k_3$$

代入原式, 得
$$6k_3+12k_3x+4k_2-3k_3x^2-2k_2x-k_1-2k_3x^3-2k_2x^2$$
$$-2k_1x-2k=-4x^3$$

整理關係式
$$-2K_3x^3=-4x^3$$
$$(-3k_3-2k_2)x^2=0$$
$$(12k_3-2k_2-2k_1)x=0$$
$$(6k_3+4k_2-k_1-2k)=0$$

得 $k=\dfrac{15}{2},\ k_1=15,\ k_2=-3,\ k_3=2$

所以 $y_p=2x^3-3x^2+15x+\dfrac{15}{2}$

故全解
$$y=y_h+y_p$$
$$=C_1e^{-2x}+C_2e^{-x}+C_3e^x+2x^3-3x^2+15x+\frac{15}{2}$$

例 3－9

解 $y^{(4)}-5y''+4y=20\cos(x)$, $y(0)=1$, $y'(0)=14$, $y''(0)=-6, y'''(0)=56$

解：

微分方程式 $\lambda^4-5\lambda^2+4=0$

因式分解 $(\lambda^2-1)(\lambda^2-4)=0$

所以　$\lambda = \pm 1, \pm 2$

故得 y_h 解　$y_h = C_1e^{x} + C_2e^{-x} + C_3e^{2x} + C_4e^{-2x}$

此爲表 3－2 型 3

令　$y_p = k_1\cos(x) + k_2\sin(x)$,

$y_p' = -k_1\sin(x) + k_2\cos(x)$

$y_p'' = -k_1\cos(x) - k_2\sin(x)$,

$y_p''' = k_1\sin(x) - k_2\cos(x)$

$y_p^{(4)} = k_1\cos(x) + k_2\sin(x)$

代入原式得　$[k_1\cos(x) + k_2\sin(x)] - 5[-k_1\cos(x) - k_2\sin(x)]$

$+ 4[k_1\cos(x) + k_2\sin(x)] = 20\cos(x)$

整理得　$k_1 = 2, \ k_2 = 0$

故得 y_p　$y_p = 2\cos(x)$

全解 y　$y = y_h + y_p = C_1e^{x} + C_2e^{-x} + C_3e^{2x} + C_4e^{-2x} + 2\cos(x)$

$y' = C_1e^{x} - C_2e^{-x} + 2C_3e^{2x} - 2C_4e^{-2x} - 2\sin(x)$

$y'' = C_1e^{x} + C_2e^{-x} + 4C_3e^{2x} + 4C_4e^{-2x} - 2\cos(x)$

$y''' = C_1e^{x} - C_2e^{-x} + 8C_3e^{2x} - 8C_4e^{-2x} + 2\sin(x)$

代入始値條件　$y(0) = 1$　所以 $C_1 + C_2 + C_3 + C_4 + 2 = 1$

$y'(0) = 14$　所以 $C_1 - C_2 + 2C_3 - 2C_4 = 14$

$y''(0) = -6$　所以 $C_1 + C_2 + 4C_3 + 4C_4 - 2 = -6$

$y'''(0) = 56$　所以 $C_1 - C_2 + 8C_3 - 8C_4 = 56$

整理得　$C_1 = C_2 = 0, \ C_3 = 3, \ C_4 = -4$

故全解　$y = 3e^{2x} - 4e^{-2x} + 2\cos(x)$

例 3－10

解 $y''' - y'' = x$

解：

特徵方程式　$\lambda^3 - \lambda = 0$

因式分解　$\lambda(\lambda - 1)(\lambda + 1) = 0$

所以　$\lambda=0, 1, -1$

故得 y_h　$y_h=C_1+C_2e^x+C_3e^{-x}$

此爲表 3－2 型 1

令　$y_p=x(k_1x+k)$

$y_p'=2k_1x+k$，$y_p''=2k_1$，$y_p'''=0$

代入原式　$-2k_1x-k=x$

所以　$k=0$，$k_1=-\frac{1}{2}$

故得 y_p　$y_p=-\frac{1}{2}x^2$

全解 y　$y=y_h+y_p=C_1+C_2e^x+C_3e^{-x}-\frac{1}{2}x^2$

例 3－11〈混合題目〉

解 $y'''+y''-4y'+6y=7e^{3x}-2x+4$

解：

特徵方程式　$\lambda^3+\lambda^2-4\lambda+6=0$

因式分解　$(\lambda+3)(\lambda^2-2\lambda+2)=0$

所以　$\lambda=-3$，$1\pm i$

故得 y_h　$y_h=C_1e^{-3x}+e^x[C_2\cos(x)+C_3\sin(x)]$

此爲型 1 ＋型 2

令　$y_p=k_1e^{3x}+k_2x+k_3$

$y_p'=3k_1e^{3x}+k_2$，$y_p''=9k_1e^{3x}$

$y_p'''=27k_1e^{3x}$

代入原式　$27k_1e^{3x}+9k_1e^{3x}-12k_1e^{3x}-4k_2+6k_1e^{3x}+6k_2x+6k_3$

$=7e^{3x}-2x+4$

整理得　$30k_1=7$

$6k_2=-2$

$-4k_2+6k_3=4$

即 $k_1=\frac{7}{30}, k_2=-\frac{1}{3}, k_3=\frac{4}{9}$

故 $y_p=\frac{7}{30}e^{3x}-\frac{1}{3}x+\frac{4}{9}$

得全解 $y=y_h+y_p$

$$=C_1e^{3x}+e^x[C_2\cos(x)+C_3\sin(x)]+\frac{7}{30}e^{3x}-\frac{1}{3}x+\frac{4}{9}$$

【註】$R(x)$若為混合型,則 y_p 假設的方式亦為混合型。

二、參數變換法

解參數變換法的步驟

1. 先求出 $y_h=C_1y_1+C_2y_2+\cdots\cdots+C_ny_n$
2. 令 $y_p=u_1(x)y_1+u_2(x)y_2+\cdots\cdots+u_n(x)y_n$ (4)
3. 解 $u_1(x), u_2(x), \cdots\cdots, u_n(x)$ 之聯立方程式

$$\begin{cases} u_1'y_1+u_2'y_2+\cdots\cdots+u_n'y_n=0 \\ u_1'y_1'+u_2'y_2'+\cdots\cdots+u_n'y_n'=0 \\ u_1'y_1''+u_2'y_2''+\cdots\cdots+u_n'y_n''=0 \\ \vdots \\ u_1'y_1^{(n-1)}+u_2'y_2^{n-1}+\cdots\cdots+u_n'y_n^{(n-1)}=\frac{R(x)}{A_n} \end{cases} \quad (5)$$

4. 使用 *Cramer´s rule* 解 $u_1', u_2'\cdots\cdots u_n'$。
5. 將 u_1'等積分則得 $u_1, u_2, \cdots\cdots, u_n$。
6. 代入式(4)則得 y_p
7. $y=y_h+y_p$

例 3－12

使用參數變換法解 $y'''-y'=x$

解:

如例 3－10 $y_h=C_1+C_2e^x+C_3e^{-x}=C_1y_1+C_2y_2+C_3y_3$

令 y_p $\qquad y_p = u_1y_1 + u_2y_2 + u_3y_3$

$$= u_1 + e^x u_2 + e^{-x} u_3 \tag{6}$$

u_1', u_2', u_3'聯立方程式

$$u_1' + e^x u_2' + e^{-x} u_3' = 0$$

$$0 + e^x u_2' - e^{-x} u_3' = 0$$

$$0 + e^x u_2' + e^{-x} u_2' = x$$

用 Cramer's rule 求解

$$W = \begin{vmatrix} 1 & e^x & e^{-x} \\ 0 & e^x & -e^{-x} \\ 0 & e^x & e^{-x} \end{vmatrix} = 2 \qquad \text{朗斯基行列式}$$

$$u'_1 = \frac{\begin{vmatrix} 0 & e^x & e^{-x} \\ 0 & e^x & -e^{-x} \\ x & e^x & e^{-x} \end{vmatrix}}{W} = \frac{-2x}{2} = -x$$

$$u'_2 = \frac{\begin{vmatrix} 1 & 0 & e^{-x} \\ 0 & 0 & -e^{-x} \\ 0 & x & e^{-x} \end{vmatrix}}{W} = \frac{xe^{-x}}{2}$$

$$u'_3 = \frac{\begin{vmatrix} 1 & e^x & 0 \\ 0 & e^x & 0 \\ 0 & e^x & x \end{vmatrix}}{W} = \frac{xe^x}{2}$$

積分解 u_1, u_2, u_3

得 $\qquad u_1 = \int -x\,dx = -\frac{1}{2}x^2$

$$u_2 = \int \frac{1}{2}xe^{-x}dx = -\frac{1}{2}xe^{-x} - \frac{1}{2}e^{-x}$$

$$u_3 = \int \frac{1}{2}xe^x dx = \frac{1}{2}xe^x - \frac{1}{2}e^x$$

代入式(6) $\qquad y_p = -\frac{1}{2}x^2 - e^x\left(\frac{1}{2}xe^{-x} + \frac{1}{2}e^{-x}\right) + e^{-x}\left(\frac{1}{2}xe^x - \frac{1}{2}e^x\right)$

$$= -\frac{1}{2}(x^2+1)$$

所以 y $\quad y = y_h + y_p$

$$= C_1 + C_2e^x + C_3e^{-x} - \frac{1}{2}(x^2+1)$$

$$= C_0 + C_2e^x + C_3e^{-x} - \frac{1}{2}x^2 \quad C_0 = C_1 - \frac{1}{2}$$

所得的答案與例 3－10 使用未定係數法相同。

例 3－13

解 $y''' + y' = \csc(x)$

解：

此題因 $R(x) = \csc(x)$，所以不能使用未定係數法求得 y_p。

特徵方程式 $\quad \lambda^3 + \lambda = \lambda(\lambda - i)(\lambda + i) = 0$

故 $\quad \lambda = 0, \pm i$

所以 y_h $\quad y_h = C_1 + C_2\cos(x) + C_3\sin(x) = C_1y_1 + C_2y_2 + C_3y_3$

令 y_p $\quad y_p = u_1y_1 + u_2y_2 + u_3y_3$

u_1', u_2', u_3'聯立方程式

$$u_1' + \cos(x)u_2' + \sin(x)u_3' = 0$$

$$0 - \sin(x)u_2' + \cos(x)u_3' = 0$$

$$0 - \cos(x)u_2' - \sin(x)u_3' = \csc(x)$$

用 Cramer's rule

得 $\quad u_1' = \csc(x),\ \ u_2' = -\cot(x),\ \ u_3' = -1$

積分得 $\quad u_1 = \int u_1'dx = \int \csc(x)dx = -\ell n\,[\csc(x) + \cot(x)]$

$$u_2 = \int u_2'dx = \int -\cot(x)dx = -\ell n \sin(x)$$

$$u_3 = \int u_3'dx = \int -1dx = -x$$

故 y_p 爲 $\quad y_p = u_1y_1 + u_2y_2 + u_3y_3$

$$= -\ell n\,[\csc(x) + \cot(x)] - \cos(x)\,\ell n \sin(x) - x\sin(x)$$

y 解得 $y = y_h + y_p$

$$= C_1 + C_2\cos(x) + C_3\sin(x) - \ell n\left[\csc(x) + \cot(x)\right]$$

$$- \cos(x)\,\ell n\left[\sin(x) - x\sin(x)\right]$$

習 3-3 題

解下列微分方程式(使用未定係數法)

① $y''' - 5y'' + 8y' - 4y = e^{2x} + 2e^{x} + 3e^{-x}$

② $y''' - 2y'' - 5y' + 6y = e^{4x}$

③ $y''' + 5y'' + 9y' + 5y = 3e^{2x}$

④ $y''' + 6y'' + 11y' + 6y = x$

⑤ $y''' - y'' - 2y' = e^{-x}$

⑥ $y''' - 2y' + 4y = x^4 + 3x^2 - 5x + 2$

⑦ $y''' - y'' - 8y' + 12y = 7e^{2x}$

⑧ $y''' - 5y'' - y' + 5y = e^{x}$

⑨ $y''' - 6y'' + 11y' - 6y = e^{x}$

⑩ $y''' + y_1' = \sec(x)$ (使用參數變換法)

⑪ $y''' - 2y'' - 5y' + 6y = (e^{2x} + 3)^2$

⑫ $y^{(4)} = 5x$

⑬ $y^{(4)} + 8y'' + 16y = -\sin(x)$

⑭ $y^{(4)} + 10y'' + 9y = \cos(2x + 3)$

⑮ $y''' + 3y'' + 3y' + 1 = x^2$

⑯ $y^{(4)} - 5y'' + 4y = 20\cos(x)$

⑰ $y''' - 4y'' + 3y' = x^2$

⑱ $y''' + 2y'' + y' = 2x + 4$, $y(0) = 5$, $y'(0) = -3$, $y''(0) = 6$

⑲ $y^{(4)} - 3y'' - 4y = 0$, $y(0) = -1$, $y'(0) = 0$, $y''(0) = 6$, $y'''(0) = 0$

⑳ $y''' - 2y'' - y' + 2y = 2x^2 - 6x + 4$, $y(0) = 5$, $y'(0) = -5$, $y''(0) = 1$

㉑ 使用參數法重解①～⑳題。

㉒ 使用逆微分運算子法重解①～⑳題。

4 高階變係數微分方程式

Higher Order Variable Coefficients Equations

高階變係數微分方程式的型式如下

$$F(y^{(n)}, y^{(n-1)}, \cdots\cdots, y', y, x) = 0$$

其各項係數不是常數，而可能是變數，解此類型題目的方法，本節提供以下二種方法：

◎降階法。

◎高階尤拉方程式。

一、降階法

降階法依微分方程式的不同型態，可提出三類方法：

1. 缺因變數

型式　$F(y^{(n)}, y^{(n-1)}, \cdots\cdots, y', x) = 0$

例如　$x^2y''' + 4y''y' - 4xy' + x^3 = 0$　少 y 因變數

解法　令 $y' = u, y'' = u'$ 代入原式即可。

例 3－14

解 $3y'' - 4y' = 6$

解：

令 $y' = u,\ y'' = u'$

代入原式得 $3u' - 4u = 6$

同除 3 得 $u' - \frac{4}{3}u = 2$

此爲線性方程式

$$u = e^{\int \frac{4}{3}dx}\left[\int 2e^{-\int \frac{4}{3}dx}dx + C\right]$$

$$= e^{\frac{4}{3}x}\left[\int 2e^{-\frac{4}{3}x}dx + C\right]$$

$$= e^{\frac{4}{3}x}\left[-\frac{3}{2}e^{-\frac{4}{3}x} + C\right]$$

$$= -\frac{3}{2} + Ce^{\frac{4}{3}x}$$

所以 y 爲

$$y = \int u dx$$

$$= \int \left(-\frac{3}{2} + Ce^{\frac{4}{3}x}\right)dx$$

$$= -\frac{3}{2}x + C_1e^{\frac{4}{3}x} + C_2$$

例 3－15

解 $x^2y''' - 2xy'' + 2y' = 0$

解：

令 $y' = u,\ y'' = u',\ y''' = u''$

代入原式得 $x^2u'' - 2xu' + 2u = 0$

此爲柯西方程式

故輔助方程式爲 $m^2 - 3m + 2 = 0$

解得 m 根 $m_{1,2} = 1, 2$

故 u 爲 $u = C_1x + C_2x^2$

所以 y 爲

$$y = \int u dx = \int (C_1x + C_2x^2)dx$$

$$= \frac{C_1}{2}x^2 + \frac{C_2}{3}x^3 + C_3$$

2.缺自變數

型式 $F(y^{(n)}, y^{n-1}, \cdots\cdots, y', y)=0$

例如 $y'''+y''+y'+y=0$，少 x 自變數

解法 令 $y'=u$，$y''=\frac{du}{dy}y'=u\frac{du}{dy}$，$y'''=u^2\frac{d^2u}{dy^2}+u\left(\frac{du}{dy}\right)^2$ 等

例 3－16

解 $y''=(y')^3+y'$

解：

令　$y'=u$，$y''=u\frac{du}{dy}$

代入原式得　$u\frac{du}{dy}=u^3+u$

即　$\frac{du}{dy}=u^2+1$

此爲可分離　$\frac{du}{u^2+1}=dy$，$\tan^{-1}(u)=y+C_1$

$u=y'=\tan(y+C_1)$

則　$\int dx=\int \cot(y+C_1)dy$

得　$\sin(y+C_1)=C_2e^x$

故　$y=\sin^{-1}(C_2e^x)-C_1$

3.已知其中之一的特解

型式 已知高階微分方程式其中之解爲 $y'=u(x)$

解法 令 $y=uv$，代入原式解出 v 即可。

例 3－17

解 $x^3\sin(x)y''' + [3x^2\sin(x) + x^3\cos(x)]y'' + [6x\sin(x) + 2x^2\cos(x)]y' - [6\sin(x) + 2x\cos(x)]y = 0$，設已知其中一解 $y_1 = x$

解：

令 $y = x\upsilon$

則 $y' = \upsilon + x\upsilon'$

$y'' = 2\upsilon' + x\upsilon''$

$y''' = 3\upsilon'' + x\upsilon'''$

代入原式得 $[\sin(x)]\upsilon''' - [\cos(x)]\upsilon'' = 0$

令 $\upsilon'' = u$

$[\sin(x)]u' - [\cos(x)]u = 0$

所以 $u = C_1e^{-\int\frac{-\cos(x)}{\sin(x)}dx} = C_1\sin(x)$

故 $\upsilon' = \int udx = \int C_1\sin(x)dx = -C_1\cos(x) + C_2$

$\upsilon = \int \upsilon'dx = \int(-C_1\cos(x) + C_2)dx$

$= -C_1\sin(x) + C_2(x) + C_3$

因此得 $y = x\upsilon$

$= -C_1x\sin(x) + C_2x^2 + C_3x$

倘若未能得知微分方程式其中之一解，則上例無法用此解法。然我們可觀察微分方程式的型態，利用試解法可求得其中一解，再代入原式運用本法求解。

表 3－3 是試解法的重要觀察法。

型式

$$f_n(x)y^{(n)}+f_{n-1}(x)y^{(n-1)}+\cdots\cdots+f_1(x)y'+f_0(x)y=R(x)$$

型式	試解
1 $f_1+xf_0=0$	$y_1=x$
2 $2f_2+2xf_1+x^2f_0=0$	$y_1=x^2$
3 $f_1+(x+a)f_0=0$	$y_1=x+a$
41 $2f_2+2(x+a)f_1+(x+a)^2f_0=0$	$y_1=(x+a)^2$
5 $2f_2+2xf_1+(x^2+a)f_0=0$	$y_1=x^2+a$
6 $f_0-\frac{1}{x}f_1+\frac{2!}{x^2}f_1-\cdots\cdots=0$	$y_1=\frac{1}{x}$
7 $f_0-\frac{2!}{x}f_1+\frac{3!}{x^2}f_2-\cdots\cdots=0$	$y_1=\frac{1}{x^2}$
8 $f_0-\frac{1}{x+a}f_1+\frac{2!}{(x+a)^2}f_2-\cdots\cdots=0$	$y_1=\frac{1}{x+a}$
9 $f_0-\frac{2!}{x+a}f_1+\frac{3!}{(x+a)^2}f_2-\cdots\cdots=0$	$y_1=\frac{1}{(x+a)^2}$
10 $f_n+f_{n-1}+\cdots\cdots+f_1+f_0=0$	$y_1=e^x$
11 $a^nf_n+a^{n-1}f_{n-1}+\cdots\cdots+af_1+f_0=0$	$y_1=e^{ax}$
12 $f_0-f_2+f_4-f_6+\cdots\cdots=0$ 且 $f_1-f_3+f_5-f_7+\cdots\cdots=0$	$y_1=\cos(x)$ $y_2=\sin(x)$
13 $f_0-a^2f_2+a^4f_4-a^6f_6+\cdots\cdots=0$ 且 $f_1-a^2f_3+a^4f_5-a^6f_7+\cdots\cdots=0$	$y_1=\cos(ax)$ $y_2=\sin(ax)$

表 3－3　試解法的重要觀察法

例 3－18

解 $x^3y'''-3xy'+3y=0$

解：

如型 1　　$f_1+xf_0=-3x+3x=0$

故　　$y_1=x$

令　　$y=x\upsilon$

代入原式得 $x^4\upsilon''' + 3x^3\upsilon'' - 3x^2\upsilon' = 0$ (7)

缺因變數故令 $\upsilon^1 = w$

代入式(7)則 $x^4w'' + 3x^3w^1 - 3x^2w = 0$ (8)

如型 1 $f_1 + xf_0 = 3x^3 - 3x^3 = 0$

故知 $w_1 = x$

令 $w = xu$

代入式(8)則 $x^5u'' + 5x^4u' = 0$

所以 $u' = C_1e^{-\int \frac{5x^4}{x^5}dx} = \frac{C_1}{x^5}$

得 $u = \int u'dx = \int \frac{C_1}{x^5}dx = \frac{C_2}{x^4} + C_3$

又 $w = xu = \frac{C_2}{x^3} + C_3x$

所以 $\upsilon = \int \upsilon'dx = \int wdx = \int \left(\frac{C_2}{x^3} + C_3x\right)dx$

$$= \frac{C_4}{x^2} + C_5x^2 + C_6$$

故知通解 $y = x\upsilon = C_4x^{-1} + C_5x^3 + C_6x$

例 3－19

解 $xy'' - (2x+1)y' + (x+1)y = (x^2 + x - 1)e^{2x}$

解：

因爲 $f_2 + f_1 + f_0 = (x) - (2x+1) + (x+1) = 0$

如式(8), 所以 $y_1 = e^x$

令 $y = e^x\upsilon,\quad y' = e^x(\upsilon' + \upsilon),\quad y'' = e^x(\upsilon'' + 2\upsilon' + \upsilon)$

代入原式得 $\upsilon'' - \frac{1}{x}\upsilon' = (x + 1 - \frac{1}{x})e^x$ (9)

缺因變數, 令 $u = \upsilon',\quad u' = \upsilon''$

代入式(9)得 $u' - \frac{1}{x}u = (x + 1 - \frac{1}{x})e^x$

所以 $u = e^{\int \frac{1}{x}dx}\left[\int \left(x + 1 - \frac{1}{x}\right)e^x \cdot e^{-\int \frac{1}{x}dx} + C_1\right]$

$$= x\left[\int \left(x + 1 - \frac{1}{x}\right)e^x \cdot \frac{1}{x}dx + C_1\right]$$

$$= x\left(e^x + \frac{e^x}{x}\right) + C_1x$$

$$= xe^x + e^x + C_1x$$

故 $\upsilon = \int \upsilon' dx = \int u dx$

$$= \int (xe^x + e^x + C_1x)dx$$

$$= xe^x + \frac{1}{2}C_1x^2 + C_2$$

所以通解 $y = e^x\upsilon$

$$= xe^{2x} + \frac{1}{2}C_1xe^x + C_2e^x$$

$$= xe^{2x} + C_2e^x + C_3xe^x$$

二、高階尤拉方程式

型式 $x^ny^{(n)} + A_{n-1}x^{(n-1)}y^{(n-1)} + \cdots\cdots + A_1xy' + A_0y = 0$ (10)

解法 將 $y = x^r$ 代入式(10),整理後即可到輔助方程式並求出根,而根的型式如同第二章第 7 節所述會有三種型態,如表 3－4 求出對應的通解即可。

相異實根 $r_1, r_2, r_3\cdots\cdots$	$y = C_1x^{r_1} + C_2x^{r_2} + C_3x^{r_3} + \cdots\cdots$
重　根 $r = r_1 = r_2 = \cdots\cdots$	$y = x^r[C_1 + C_2\ell n\|x\| + C_3(\ell n\|x\|)^2 + \cdots\cdots + C_{k-1}(\ell n\|x\|)^{k-1}]$
共軛複數 $P \pm iq$	$y = x^p[C_1\cos(q\ell n\|x\|) + C_2\sin(q\ell n\|x\|)]$

表 3－4　高階尤拉方程式之解法

例 3－20

解 $x^3y^{(3)} - 3xy' + 3y = 0$

解：

將 $y=x^r$ 代入原式得

$$r(r-1)(r-2)x^r-3rx^r+3x^r=0$$

即 $[r(r-1)(r-2)-3r+3]x^r=0$

解得輔助方程式

$$r(r-1)(r-2)-3r+3=0$$

其根爲 $r=-1, 1, 3$

故 $y=C_1x^{-1}+C_2x+C_3x^3$

例 3－21

解 $x^3y^{(3)}-9x^2y''+37xy'-64y=0$

解：

輔助方程式 $r(r-1)(r-2)-9r(r-1)+37r-64=0$

整理得 $r^3-12r^2+48r-64=0$

故根爲 $r=4, 4, 4$

由表 3－4 知 $y=x^4[C_1+C_2\ell n|x|+C_3(\ell n|x|)^2]$

例 3－22

解 $x^3y^{(3)}-2x^2y''-8xy'+60y=0$

解：

輔助方程式 $r(r-1)(r-2)-2r(r-1)-8r+60=0$

整理得 $r^3-5r^2-4r+60=0$

即 $(r+3)(r^2-8r+20)=0$

故 $r=-3, 4\pm 2i$

由表 3－4 知 $y=C_1x^{-3}+x^4[C_2\cos(2\ell n|x|)+C_3\sin(2\ell n|x|)]$

例 3－23

解 $x^3y^{(3)}+2x^2y''-xy'+y=0$, $y(2)=y'(2)=0$, $y''(2)=4$

解：

輔助方程式 $r(r-1)(r-2)+2r(r-1)-r+1=0$

整理得　$(r-1)^2(r+1)=0$

故　$r=-1, 1, 1$

所以通解　$y=C_1x^{-1}+C_2x+C_3x\ell n(x)$

因爲　$y(2)=y'(2)=0,\quad y''(2)=4$

代入得　$y(2)=\frac{1}{2}C_1+2C_2+2\ell n2C_3=0$

$y'(2)=-\frac{1}{4}C_1+C_2+(\ell n2+1)C_3=0$

$y''(2)=\frac{1}{4}C_1+\frac{1}{2}C_3=4$

解得　$C_1=8, C_2=-4\ell n2-2, C_3=4$

故特解　$y=8x^{-1}-(4\ell n2-2)x+4x\ell n(x)$

若高階尤拉方程式爲非齊次,即型式如下：

型式　$x^ny^{(n)}+A_{(n-1)}x^{n-1}y^{(n-1)}+\cdots\cdots+A_1xy'+A_0y=R(x)$

解法
1. 先求得齊次解 $y_h=C_1y_1+C_2y_2+\cdots\cdots+C_ny_n$
2. 令特解 $y_p=u_1y_1+u_2y_2+\cdots\cdots+u_ny_n$
3. 用參數變換法解 $u_1, \cdots\cdots, u_n$(如第三章第 3 節所述)
4. 代入(2)求得 y_p
5. 全解 $y=y_h+y_p$

例 3－24

解 $x^3y^{(3)}+9x^2y''+18xy'+6y=x^{-1}$

解：

特徵方程式　$r(r-1)(r-2)+9r(r-1)+18r+6=0$

整理得　$(r+1)(r+2)(r+3)=0$

所以　$r=-1,\ -2,\ -3$

故齊次解　$y_h=C_1x^{-1}+C_2x^{-2}+C_3x^{-3}$

令特徵解　$y_p=u_1x^{-1}+u_2x^{-2}+u_3x^{-3}$

關係式 $x^{-1}u_1' + x^{-2}u_2' + x^{-3}u_3' = 0$

$$-x^{-2}u_1' - 2x^{-3}u_2' - 3x^{-4}u_3' = 0$$

$$2x^{-3}u_1' + 6x^{-4}u_2' + 12x^{-5}u_3' = x^{-4}$$

解 u_1', u_2', u_3'

$$W = \begin{vmatrix} x^{-1} & x^{-2} & x^{-3} \\ -x^{-2} & -2x^{-3} & -3x^{-4} \\ 2x^{-3} & 6x^{-4} & 12x^{-5} \end{vmatrix} = -2x^{-9}$$

$$u'_1 = \frac{\begin{vmatrix} 0 & x^{-2} & x^{-3} \\ 0 & -2x^{-3} & -3x^{-4} \\ x^{-4} & 6x^{-4} & 12x^{-5} \end{vmatrix}}{W} = \frac{-x^{-10}}{-2x^{-9}} = \frac{1}{2}x^{-1}$$

$$u'_2 = \frac{\begin{vmatrix} x^{-1} & 0 & x^{-3} \\ -x^{-2} & 0 & -3x^{-4} \\ 2x^{-3} & x^{-4} & 12x^{-5} \end{vmatrix}}{W} = \frac{2x^{-9}}{-2x^{-9}} = -1$$

$$u'_3 = \frac{\begin{vmatrix} x^{-1} & x^{-2} & 0 \\ -x^{-2} & -2x^{-3} & 0 \\ 2x^{-3} & 6x^{-4} & x^{-4} \end{vmatrix}}{W} = \frac{-x^{-8}}{-2x^{-9}} = \frac{1}{2}x$$

積分得 u_1, u_2, u_3

$$u_1 = \int u_1'dx = \int \frac{1}{2}x^{-1}dx = \frac{1}{2}\ell n\,|x|$$

$$u_2 = \int u_2'dx = \int -1dx = -x$$

$$u_3 = \int u_3'dx = \int \frac{1}{2}xdx = \frac{1}{4}x^2$$

故特徵解 $y_p = u_1x^{-1} + u_2x^{-2} + u_3x^{-3}$

$$= \frac{1}{2}x^{-1}\ell n\,|x| - x^{-1} + \frac{1}{4}x^{-1}$$

$$= \frac{1}{2}x^{-1}\ell n\,|x| - \frac{3}{4}x^{-1}$$

所以 $y = y_h + y_p$

$$= C_1x^{-1} + C_2x^{-2} + C_3x^{-3} + \frac{1}{2}x^{-1}\ell n\,|x| - \frac{3}{4}x^{-1}$$

$$= C_4x^{-1} + C_2x^{-2} + C_3x^{-3} + \frac{1}{2}x^{-1}\ell n\,|x|$$

習 3-4 題

試用降階法解下列微分方程式

① $y^{(3)} = \sin(x)$

② $x^2y^{(3)} = 1$

③ $2y^{(4)} + 5y^{(3)} = 0$

④ $(y''')^2 + x(y''') - y'' = 0$

⑤ $(1+2x)y''' + 4xy'' - (1-2x)y' = e^{-x}$

⑥ $(x^3 - 3x^2 + 6x - 6)y^{(4)} - x^3y''' + 3x^2y'' - 6xy' + 6y = 0$

⑦ $(x^2 + x)y''' - (x^2 + 3x + 1)y'' + (x + 4 + \frac{2}{x})y' - (1 + \frac{4}{x} + \frac{2}{x^2})y = 3x^2(x+1)^2$

用表 3－3 試判斷下列微分方程式其中之一的特解 y_1

⑧ $x^3y^{(3)} + 4x^2y'' - x^3y' - 2x^2y = 0$

⑨ $y''' + xy'' + y' + xy = 0$

⑩ $x^2y''' + y'' + 4x^2y' + 4y = 0$

解下列高階尤拉方程式

⑪ $x^3y^{(3)} + 4x^2y'' - 5xy' - 15y = x^4$

⑫ $x^3y^{(3)} + xy' - y = x\ell n\,x$

⑬ $x^3y^{(3)} + x^2y'' - 4xy' = 0$

⑭ $x^3y^{(3)} - 4x^2y'' + 8xy' - 8y = 4\ell n\,(x)$

⑮ $x^3y^{(3)} + x^2y'' - 4xy' = 3x^2$

⑯ $x^3y^{(3)} + 2x^2y'' - xy' + y = 0$

⑰ $x^3y^{(3)} + 4x^2y'' - 6xy' - 12y = 0$

⑱ $x^3y^{(3)} + \frac{1}{2}x^2y'' - \frac{7}{2}xy' + 6y = 0$

⑲ $x^3y^{(3)} + 2x^2y'' + 17xy' + 87y = 0$

⑳ $x^4y^{(4)} - 2x^3y^{(3)} + 7x^2y'' - 15xy' + 16y = 0$

㉑ $x^3y^{(3)} + 5x^2y'' + xy' - 4y = 6x\ell n\,(x)$

㉒ $x^4y^{(4)} + 4x^3y^{(3)} + x^2y'' + xy' - y = 3\ell n\,(x)$

5 歷屆插大、研究所、公家題庫

Qualification Examination

① $y^{(6)} + 625y'' = 0$

② $(D^2 + 1)(D - 1)y = e^x + \cos(x), D = \frac{d}{dx}$

③ $y''' - 4y' = x + 3\cos(x) + e^{-2x}$

④ $y^{(4)} + 11y^{(3)} + 36y'' + 16y' - 64y = -3e^{-4x} + 2\cos(2x)$

⑤ $y''' + 4y' = x^2 + \sin(x)$

⑥ $(D^3 - 3D^2 + 3D - 1)y = e^x\sqrt{x}$, $D = \frac{d}{dx}$

⑦ $x^3y''' - 3x^2y'' + (6 - x^2)xy' - (6 - x^2)y = 0$

⑧ $y''' - 2y'' - y' + 2y = 0$, $y(0) = 3$, $y'(0) = 0$, $y''(0) = 3$

⑨ $y''' + y' = \sin(x)$

⑩ $x^3y''' + xy' - y = x\ell n(x)$

⑪ $y''' - y'' + y' - y = x\cos(x)$

⑫ $4x^3y''' + 3xy' - 3y = 4x^{5.5}$

⑬ $\frac{d^3y}{dx^3} + 4\frac{d^2y}{dx^2} - 3\frac{dy}{dx} - 18y = 0$

⑭ $y^{(4)} + k^2y'' = 0$, $0 \le x \le t$, $y(0) = y(\ell) = 0$, $y'(0) = y''(\ell) = 0$

⑮ $\frac{d^4y}{dx^4} - 4\frac{dy}{dx} = x + 3\cos(x) + e^{-2x}$

⑯ $y''' - y'' + y' - y = 0$

⑰ $(D - 5)^2y = x^2e^{2x}$, $D = \frac{d}{dx}$

第 4 章

微分方程式之冪級數解法

1. 基本觀念及定義
2. 泰勒級數解法
3. 丹洛畢尼斯級數解法(指標方程式)
4. 歷屆插大、研究所、公家題庫

Mehtods of Power Series in Differential Equations

1 基本觀念及定義

Basic Concepts and Definitions

第三章所述的高階微分方程式解法非常好用，然而遇到一些特殊方程式，例如雷詹德(Legendre)方程式、貝索(Bessel)方程式等，則需使用冪級數(Power Series)解法。冪級數解法在工程應用上，佔有相當重要的地位。

冪級數的形式爲：

$$\sum_{n=0}^{\infty} C_n(x-a)^n = C_0 + C_1(x-a) + C_2(x-a)^2 + \cdots\cdots \quad (1)$$

其中 $C_0, C_1, C_2, \cdots\cdots C_n$ 爲係數，a 爲常數(通常稱爲「中心」)。

若令 $Z = x - a$，則(1)式變爲簡單的形式

$$\sum_{n=0}^{\infty} C_n Z^n \quad (2)$$

一個函數若能展開成(1)式或(2)式的形態，都稱之為冪級數。

常見的冪級數型態

1. 泰勒(Taylor)級數：$f(x) = \sum_{n=0}^{\infty} C_n(x-a)^n = \sum_{n=0}^{\infty} \frac{f^{(n)}(a)}{n!}(x-a)^n$ (3)
2. 馬克勞林(Maclaurin)級數：$f(x) = \sum_{n=0}^{\infty} \frac{f^{(n)}(0)}{n!} x^n$ (4)
3. 弗洛畢尼斯(Frobenius)級數：$f(x) = (x-a)^r \sum_{n=0}^{\infty} a_n(x-a)^n$ (5)

任何冪級數均有可能是發散(divergence)或收斂(Convergence)，而收斂對工程應用有使用價值。一般而言正負交錯級數較具收斂的可能性以泰勒級數：$\sum_{n=0}^{\infty} C_n Z^n$ 而言，其判斷收斂性質具有下列方法：

$$\sum |C_n| \Rightarrow \begin{cases} \text{收斂}\text{———絕對收斂} \\ \text{發散}\begin{cases} \text{收斂—條件收斂} \\ \text{發散—發散} \end{cases} \end{cases}$$

定義一　絕對收斂

若一級數$\sum_{n=1}^{\infty}|Z_n| = |Z_1| + |Z_2| + |Z_3| + \cdots\cdots$爲收斂，則稱爲絕對收斂。

定義二　條件收斂

若一級數不符合絕對收斂的條件，但具有下式收斂的條件，則稱爲條件收斂。

$$\sum_{n=1}^{\infty} Z_n = Z_1 + Z_2 + \cdots\cdots$$

定義三　收斂與發散定理

若級數 Z_n 符合下列條件，則稱爲收斂，否則爲發散。

$$\lim_{n\to\infty} Z_n = 0 \tag{6}$$

【注意】此條件爲必要條件，而非充要條件。

例　$\sum_{n=1}^{\infty}\frac{1}{n} = 1 + \frac{1}{2} + \frac{1}{3} + \cdots\cdots$　爲發散，但卻符合(6)式。

定義四　收斂半徑與收斂開區間

在$\sum_{n=0}^{\infty}C_n x^n$中，若$|x| < R$，則級數爲收斂；而若$|x| > R$，卻爲發散。則 R 爲$\sum_{n=0}^{\infty}C_n x^n$的收斂半徑(Radius of convergence)，而$(-R, R)$稱爲收斂開區間(Open interval of convergence)，如圖 4－1 所示。

←發散	←收斂→	發散→
−R	0	R

圖 4−1　冪級數的收斂區間

收斂的判斷方法

1. 萊布尼茲法

若 $a_1, a_2, a_3 \cdots\cdots$ 爲實數數列，且符合下列條件：

❶ $a_1 \geq a_2 \geq a_3 \geq \cdots\cdots$

❷ $\lim_{n\to\infty} a_n = 0$

則交錯級數 $a_1 - a_2 + a_3 - a_4 + \cdots\cdots$　爲收斂。

2. 檢比法（Ratiotest）

若級數 $Z_1 + Z_2 + \cdots\cdots$，而$\lim_{n\to\infty}\left|\frac{a_{n+1}}{a_n}\right| = \frac{1}{R}$，$a_n \neq 0$

❶ 若 $R>1$，則級數爲收斂。

❷ 若 $R<1$，則級數爲發散。

❸ 若 $R=1$，則此法無效。

R 爲收斂半徑。

3. 檢根法（Root test）

若級數 $Z_1 + Z_2 + Z_3 + \cdots\cdots$，而$\lim_{n\to\infty}\sqrt[n]{|a_n|} = \frac{1}{R}$

❶ $R>1$，則級數爲絕對收斂。

❷ $R<1$，則級數爲發散。

❸ $R=1$，則此法無效。

例 4−1

判斷 $\sum_{n=0}^{\infty}\frac{5^n}{n!}$ 是否爲收斂

解：

利用檢比法 $\lim\limits_{n\to\infty}\left|\dfrac{a_{n+1}}{a_n}\right|=\lim\limits_{n\to\infty}\left|\dfrac{5^{n+1}}{(n+1)!}\cdot\dfrac{n!}{5^n}\right|$

$$=\lim_{n\to\infty}\frac{5}{n+1}=0=\frac{1}{R}$$

所以 $R=\infty, R>1$

因此爲收斂。

例 4－2

求冪級數 $\sum\limits_{n=0}^{\infty}\dfrac{n+1}{5^n}(Z+2i)^n$

解：

用檢比法 $\dfrac{1}{R}=\lim\limits_{n\to\infty}\left|\dfrac{a_{n+1}}{a_n}\right|=\lim\limits_{n\to\infty}\left|\dfrac{n+2}{5^{n+1}}\cdot\dfrac{5^n}{n+1}\right|$

$$=\lim_{n\to\infty}\left|\frac{n+2}{5(n+1)}\right|\frac{1}{5}$$

即 $R=5$

所以收斂半徑爲 5, 而中心爲 $-2i$。

例 4－3

試求 $\sum\limits_{n=1}^{\infty}(-1)^{m-1}\dfrac{(x-2)^m}{m}$ 之收斂區間

解：

用檢比法知 $\dfrac{1}{R}=\lim\limits_{n\to\infty}\left|\dfrac{a_{n+1}}{a_n}\right|$

$$=\lim_{n\to\infty}\left|\frac{(-1)^n}{n+1}\cdot\frac{n}{(-1)^{n-1}}\right|=\lim_{n\to\infty}\frac{n}{n+1}=1$$

所以 $R=1$

因此 $|x-2|<1$

即 $-1<x-2<1 \quad\Rightarrow\quad 1<x<3$

在 $x=3$ 時, 此級數乃爲交錯級數, 仍爲收斂。

因爲 $1-\dfrac{1}{2}+\dfrac{1}{3}\cdots\cdots+(-1)^{n-1}\dfrac{1}{n}+\cdots\cdots$

$$\lim_{n\to\infty}(-1)^{n-1}\frac{1}{n}=0$$

故此級數之收斂區間爲 $1<x\leq 3$

級數之運算

若 $f(x)=\sum_{n=0}^{\infty}a_n(x-x_0)^n,\ \ g(x)=\sum_{n=0}^{\infty}b_n(x-x_0)^n$

則

1. 級數之加減法：$[f(x)\pm g(x)]=\sum_{n=0}^{\infty}(a_n\pm b_n)(x-x_0)^n$

2. 級數之乘積：$f(x)\cdot g(x)=[\sum_{n=0}^{\infty}a_n(x-x_0)^n]\cdot[\sum_{n=0}^{\infty}b_n(x-x_0)^n]$

$$=\sum_{n=0}^{\infty}(a_0b_n+a_1b_{n-1}+\cdots\cdots+a_nb_0)(x-x_0)^n$$

3. 級數之代數：

   ❶ 若 $f(x)=g(x)$，則 $a_n=b_n$

   ❷ 若 $\sum_{n=0}^{\infty}a_n(x-x_0)^n=0$，則 $a_0=a_1=a_2=\cdots\cdots=0$

4. 級數之微分：$f'(x)=\sum_{n=1}^{\infty}\ na_n(x-x_0)^{n-1}$

$$f''(x)=\sum_{n=2}^{\infty}\ n(n-1)a_n(x-x_0)^{n-2}$$

5. 級數之積分：$\int f(x)dx=\sum_{n=0}^{\infty}\frac{a_n}{n+1}(x-x_0)^{n+1}+C$

6. 指標之移位：$\sum_{n=2}^{\infty}\ a_nx^n=\sum_{n=0}^{\infty}\ a_{n+2}x^{n+2}$

解析、常點、奇異點：

❶ 若 $f(x)$於 $x=a$ 處，任何 n 階導數均存在，則稱 $f(x)$於 $x=a$ 爲「解析」(analytic)。並稱 $x=a$ 爲 $f(x)$之「常點」(Ordinary point)。

❷ 若 $f(x)$於 $x=a$ 處爲非解析，則稱 $x=a$ 爲 $f(x)$之「奇異點」(Singular point)

❸ 奇異點又分成二種：「正則奇異點」(Regular Singular)及「非正則奇異點」(Irregular singular point)。

❹ 對二階微分方程式而言：$P(x)y''+Q(x)y'+R(x)y=0$

[1] $P\ (x_0)\neq 0$，則稱 x_0 爲微分方程式的「常數」。

[2] $P\ (x_0)=0$，則稱 x_0 爲微分方程式的「奇異點」。

③ 若$(x-x_0)\frac{Q(x)}{P(x)}$與$(x-x_0)^2\frac{R(x)}{P(x)}$於 $x=x_0$ 處均爲解析，則稱 $x=x_0$爲「**正則奇異點**」，否則爲「**非正則奇異點**」。

④ 若$\lim\limits_{x\to x_0}(x-x_0)\frac{Q(x)}{P(x)}$及$\lim\limits_{x\to x_0}(x-x_0)^2\frac{R(x)}{P(x)}$均爲有限值，則稱「**正則奇異點**」，否則稱爲「**非正則奇異點**」。

例 4－4

試問$(1-x^2)y''-2xy'+\alpha(\alpha+1)y=0$是否有奇異點？若有的話，屬於哪一類？

解：

因爲在 $x=\pm1$ 時爲非解析，故 $x=\pm1$ 之點爲奇異點。

又 $$\lim_{x\to1}(x-1)\cdot\frac{-2x}{1-x^2}=\lim_{x\to1}\frac{2x}{1+x}=1$$

$$\lim_{x\to1}(x-1)^2\cdot\frac{\alpha(\alpha+1)}{1-x^2}=\alpha(\alpha+1)$$

以上二式均爲有限值，且 $x=-1$ 時亦同。

故知 $x=\pm1$ 時爲正則奇異點。

例 4－5

試判斷下列方程式之奇異點種類

① $xy''+3x^2y'+2xy=0$

② $(x-3)^2y''+2y'-4xy=0$

③ $x^2(x-2)y''+2x^2y'+3xy=0$

解：

① 原式可寫成 $y''+3xy'+2y=0$

即 $Q(x)=3x,\ \ R(x)=2$

因 $Q(x),R(x)$皆爲解析，故無奇異點。

② 在 $x=3$ 時爲非解析，故 $x=3$ 爲奇異點。

且 $$\lim_{x\to3}(x-3)\cdot\frac{2}{(x-3)^2}=\lim_{x\to3}\frac{2}{x-3}$$

$$\lim_{x\to3}(x-3)\cdot\frac{-4x}{(x-3)^2}=\lim_{x\to3}\frac{-4x}{x-3}$$

兩式均為非解析，故 $x=3$ 時為非正則奇異點。

③ 在 $x=0$ 及 $x=2$ 時為非解析，故 $x=0$ 及 $x=2$ 為奇異點。

且 $x=0$ 時
$$\lim_{x\to0}x\cdot\frac{2x^2}{x^2(x-2)}=\lim_{x\to0}\frac{2x}{x-2}=0$$
$$\lim_{x\to0}x\cdot\frac{3x}{x^2(x-2)}=\lim_{x\to0}\frac{3}{x-2}=-\frac{3}{2}$$

為有限值

又 $x=2$ 時
$$\lim_{x\to2}(x-2)\cdot\frac{2x^2}{x^2(x-2)}=2$$
$$\lim_{x\to2}(x-2)\cdot\frac{3x}{x^2(x-2)}=\frac{3}{2}$$

也為有限值

故 $x=0$ 及 $x=2$ 時為正則奇異點。

常見函數的冪級數及收斂區：

1. $e^x=\sum_{n=0}^{\infty}\frac{x^n}{n!}$ 對所有 x (7)
2. $e^{-x}=\sum_{n=0}^{\infty}\frac{(-1)^n x^n}{n!}$ 對所有 x (8)
3. $\sin(x)=\sum_{n=0}^{\infty}\frac{(-1)^n x^{2n+1}}{(2n+1)!}$ 對所有 x (9)
4. $\cos(x)=\sum_{n=0}^{\infty}\frac{(-1)^n x^{2n}}{(2n)!}$ 對所有 x (10)
5. $\frac{1}{1-x}=\sum_{n=0}^{\infty}x^n$ 對 $-1<x<1$ (11)
6. $\frac{1}{1+x}=\sum_{n=0}^{\infty}(-1)^n x^n$ 對 $-1<x<1$ (12)

習 4-1 題

求下列級數的收斂半徑

① $\sum_{n=0}^{\infty} \frac{x^n}{3^n}$

② $\sum_{n=0}^{\infty} n^n x^n$

③ $\sum_{n=1}^{\infty} \frac{\ell n(n)}{n} x^n$

④ $\sum_{n=1}^{\infty} \frac{x^n}{n}$

⑤ $\sum_{n=0}^{\infty} \frac{2^n}{n!} x^n$

⑥ $\sum_{n=0}^{\infty} \frac{1}{2^n} (x-3)^{2n}$

⑦ $\sum_{n=0}^{\infty} \frac{(-1)^n}{k^n} x^{2n}$

⑧ $\sum_{n=0}^{\infty} \frac{(-1)^n}{n+1} (x-4)^n$

⑨ $\sum_{n=1}^{\infty} \frac{e^n}{n!} x^{n+2}$

⑩ $\sum_{n=0}^{\infty} \left(\frac{2n+1}{2n-1}\right) x^n$

⑪ $\sum_{n=0}^{\infty} \left(\frac{7}{5}\right)^n x^{2n}$

⑫ $\sum_{n=0}^{\infty} \frac{x^{2n+1}}{(2n+1)n!}$

⑬ $\sum_{n=0}^{\infty} \frac{(-1)^n}{(n+2)^n} (x+4)^{2n+1}$

⑭ $\sum_{n=0}^{\infty} \frac{(-1)^n x^{2n+1}}{(2n+1)!}$

⑮ $\sum_{n=0}^{\infty} \frac{(-1)^n x^n}{n!}$

⑯ $\sum_{n=1}^{\infty} \left(\frac{n+1}{n}\right)^n x^n$

⑰ $\sum_{n=1}^{\infty} \frac{(-1)^n}{n^2 3^n} (x-2)^n$

⑱ $\sum_{n=2}^{\infty} \frac{n(n-1)}{3^n} x^n$

⑲ $\sum_{n=2}^{\infty} \frac{n(n-1)}{4^n} x^n$

⑳ $\sum_{n=0}^{\infty} \left(-\frac{3}{2}\right)^n \left(x-\frac{5}{2}\right)^n$

2 泰勒級數解法

Methods of Taylor Series

冪級數法適用於前三章所述的方法無法求解時，其問題是在運算過程中遇到較爲複雜的遞回關係(Recurrence relation)，甚至所求得的解無法歸納出基本的型式。因此遇此問題時，通常只求前幾項的解。

微分方程式以冪級數求解，簡單的說就是把函數化成冪級數的形式代入，再分別解出所有的係數 C_n

以冪級數法求解微分方程式，可依方程式之特性爲「常點」或「奇異點」之性質，而對應不同的解法。**一般而言，若方程式是具「常點」的特性，通常可用泰勒級數得解；但若方程式具有「正則奇異點」的特性，則需用別法解之。**本節將先介紹具有「常點」方程式的泰勒級數解法。

定理一 泰勒級數解

若 $x=a$，爲二階線性齊性微分方程式 $y''+P(x)y'+Q(x)y=0$ 之常點，則其解爲

$$\boldsymbol{y=\sum_{n=0}^{\infty} C_n(x-a)^n=\sum_{n=0}^{\infty}\frac{y^{(n)}(a)}{n!}(x-a)^n} \tag{13}$$

例 4-6

解 $y'-y=0$

解：

令 $$y(x)=\sum_{n=0}^{\infty}C_n x^n$$

則 $y'(x)=\sum_{n=1}^{\infty} nC_nx^{n-1}$

代入原式得 $\sum_{n=1}^{\infty} nC_nx^{n-1}-\sum_{n=0}^{\infty}C_nx^n=0$

用指標移位 $\sum_{n=0}^{\infty}(n+1)C_{n+1}x^n-\sum_{n=0}^{\infty}C_nx^n=0$

即 $\sum_{n=0}^{\infty}[(n+1)C_{n+1}-C_n]x^n=0$

故可知 $(n+1)C_{n+1}-C_n=0$

整理成遞回關係式,

得 $C_{n+1}=\dfrac{C_n}{n+1}$

其中 $n=0, 1, 2, \cdots\cdots$

代入 n 值得

$n=0$ $C_1=C_0$

$n=1$ $C_2=\dfrac{C_1}{2}=\dfrac{1}{2!}C_0$

$n=2$ $C_3=\dfrac{C_2}{3}=\dfrac{1}{3!}C_0$

$\vdots$ $\vdots$

$n=n$ $C_n=\dfrac{1}{n!}C_0$

所以得
$$y(x)=\sum_{n=0}^{\infty}C_nx^n=\sum_{n=0}^{\infty}C_0\frac{x^n}{n!}=C_0e^x$$

例 4－7

解 $y''+y=0$

解：

令 $y(x)=\sum_{n=0}^{\infty}C_nx^n$

則 $y''=\sum_{n=2}^{\infty} n(n-1)C_nx^{n-2}$

代入原式得 $\sum_{n=2}^{\infty} n(n-1)C_nx^{n-2}+\sum_{n=0}^{\infty}C_nx^n=0$

指標移位 $\sum_{n=0}^{\infty}(n+2)(n+1)C_{n+2}x^n+\sum_{n=0}^{\infty}C_nx^n=0$

即　$\sum_{n=0}^{\infty}[(n+1)(n+2)C_{n+2}+C_n]x^n=0$

故可知　$(n+1)(n+2)C_{n+2}+C_n=0$

其中　$n=0,1,2,\cdots\cdots$

整理得　$C_{n+2}=\dfrac{-C_n}{(n+1)(n+2)}$

代入 n 值得

$n=0$　$C_2=\dfrac{-C_0}{2}=-\dfrac{1}{2!}C_0$,　C_0 爲任意常數

$n=1$　$C_3=\dfrac{-C_1}{6}=\dfrac{-1}{3!}C_1$,　C_1 爲任意常數

$n=2$　$C_4=\dfrac{-C_2}{12}=\dfrac{1}{4!}C_0$

$n=3$　$C_5=\dfrac{-C_3}{20}=\dfrac{1}{5!}C_1$

⋮

所以

$$\begin{aligned} y(x) &= \sum_{n=0}^{\infty}C_nx^n \\ &= C_0\left(1-\frac{1}{2!}x^2+\frac{1}{4!}x^4-+\cdots\cdots\right) \\ &\quad +C_1\left(x-\frac{1}{3!}x^3+\frac{1}{5!}x^5-+\cdots\cdots\right) \\ &= C_0\cos(x)+C_1\sin(x) \end{aligned}$$

例 4－8

試求 $y''-xy'+y=0$

解：

令　$y=\sum_{n=0}^{\infty}C_nx^n$

則　$y'=\sum_{n=1}^{\infty}nC_nx^{n-1}$,　$y''=\sum_{n=2}^{\infty}n(n-1)C_nx^{n-2}$

代入原式得　$\sum_{n=2}^{\infty}n(n-1)C_nx^{n-2}-\sum_{n=1}^{\infty}nC_nx^n+\sum_{n=0}^{\infty}C_nx^n=0$

指標移位　$\sum_{n=0}^{\infty}(n+2)(n+1)C_{n+2}x^n-\sum_{n=1}^{\infty}nC_nx^n+\sum_{n=0}^{\infty}C_nx^n=0$　⒁

注意上式第二項 $\sum_{n=1}^{\infty}nC_nx^n$, 其 n 值由 1 開始

當 $n=0$, ⒁式爲

$$2C_2 + C_0 = 0 \quad \Rightarrow C_2 = -\frac{1}{2}C_0$$

當 $n=1,2,3\cdots\cdots$ ⒁式為

$$\sum_{n=1}^{\infty}[(n+2)(n+1)C_{n+2} - nC_n + C_n]x^n = 0$$

即 $$\sum_{n=1}^{\infty}[(n+1)(n+2)C_{n+2} - C_n(n-1)]x^n = 0$$

所以 $$(n+1)(n+2)C_{n+2} = C_n(n-1)$$

整理得 $$C_{n+2} = \frac{n-1}{(n+1)(n+2)}C_n$$

其中 $n=1,2,3\cdots\cdots$

代入 n 值

$n=1$ $\quad C_3 = 0 \cdot C_1$ $\quad$ C_1 為任意值

$n=2$ $\quad C_4 = \frac{1}{12}C_2 = -\frac{1}{4\,!}C_0$

$n=3$ $\quad C_5 = \frac{2}{20}C_3 = 0$

$n=4$ $\quad C_6 = \frac{3}{30}C_4 = \frac{-3}{6\,!}C_0$

⋮ $\quad$ ⋮

所以得 $$y(x) = \sum_{n=0}^{\infty}C_n x^n$$
$$= C_0\left(1 - \frac{1}{2\,!}x^2 - \frac{1}{4\,!}x^4 - \frac{3}{6\,!}x^6\cdots\cdots\right) + C_1 x$$

例 4－9

解 $y'' - (x+1)y' + x^2y = x$, $y(0)=1$, $y'(0)=1$

解：

令 $$y = \sum_{n=0}^{\infty}C_n x^n$$
$$= C_0 + C_1x + C_2x^2 + C_3x^3 + C_4x^4 + \cdots\cdots \tag{15}$$

則 $$y' = \sum_{n=1}^{\infty}nC_n x^{n-1}$$
$$= C_1 + 2C_2x + 3C_3x^2 + 4C_4x^3 + \cdots\cdots \tag{16}$$

$$y'' = \sum_{n=2}^{\infty}n(n-1)C_n x^{n-2}$$
$$= 2C_2 + 6C_3x + 12C_4x^2 + \cdots\cdots \tag{17}$$

代入始值條件 $y(0)=1 \quad \Rightarrow C_0=1$

$y'(0)=1 \quad \Rightarrow C_1=1$

將⒂、⒃、⒄式代入原式得

$$(2C_2+6C_3x+12C_4x^2+\cdots\cdots)-(x+1)(C_1+2C_2x+3C_3x^2+4C_4x^3+\cdots\cdots)+x^2(C_0+C_1x+C_2x^2+C_3x^3+C_4x^4+\cdots\cdots)=x$$

整理得

$$(2C_2+6C_3x+12C_4x^2+\cdots\cdots)-(C_1x+2C_2x^2+3C_3x^3+4C_4x^4+\cdots\cdots)-(C_1+2C_2x+3C_3x^2+4C_4x^3+\cdots\cdots)+(C_0x^2+C_1x^3+C_2x^4+C_3x^5+C_4x^6+\cdots\cdots)=x$$

逐項比較得

x^0 項 $\quad 2C_2-C_1=0$

x 項 $\quad 6C_3-C_1-2C_2=1$

x^2 項 $\quad 12C_4-2C_2-3C_3+C_0=0$

$\vdots$

得 $\quad C_2=\frac{1}{2}, C_3=\frac{1}{2}, C_4=\frac{1}{8}$

故得

$$\begin{aligned} y &= \sum_{n=0}^{\infty} C_n x^n \\ &= C_0+C_1x+C_2x^2+C_3x^3+C_4x^4+\cdots\cdots \\ &= 1+x+\frac{1}{2}x^2+\frac{1}{2}x^3+\frac{1}{8}x^4 \end{aligned}$$

例 4－10

解 $y''+3xy'+e^xy=2x,\ \ y(0)=1,\ \ y'(0)=-1$, 取前 4 項

解：

令

$$\begin{aligned} y(x) &= \sum_{n=0}^{\infty} C_n x^n \\ &= C_0+C_1x+C_2x^2+C_3x^3+C_4x^4+\cdots\cdots \end{aligned}$$

$$y'(x)=\sum_{n=1}^{\infty} nC_n x^{n-1}$$

$$= C_1 + 2C_2x + 3C_3x^2 + 4C_4x^3 + \cdots\cdots$$

$$y''(x) = \sum_{n=2}^{\infty} n(n-1)C_nx^{n-2}$$

$$= 2C_2 + 6C_3x + 12C_4x^2 + \cdots\cdots$$

代入始值條件 $y(0) = 1 \quad \Rightarrow \quad C_0 = 1$

$y'(0) = -1 \quad \Rightarrow \quad C_1 = -1$

將 e^x 以冪級數代入原式

$$e^x = \sum_{n=0}^{\infty} \frac{1}{n!}x^n$$

$$= 1 - x + \frac{1}{2}x^2 - \frac{1}{6}x^3 + \frac{1}{24}x^4 - + \cdots\cdots$$

$$(2C_2 + 6C_3x + 12C_4x^2 + \cdots\cdots) + 3x(C_1 + 2C_2x + 3C_3x^2 + 4C_4x^3) + (1 + x + \frac{1}{2}x^2 + \frac{1}{6}x^3 + \frac{1}{24}x^4 + \cdots\cdots)(C_0 + C_1x + C_2x^2 + C_3x^3 + C_4x^4 + \cdots\cdots) = 2x$$

整理得

$$(2C_2 + 6C_3x + 12C_4x^2 + \cdots\cdots) + (3C_1x + 6C_2x^2 + 9C_3x^3 + 12C_4x^4 + \cdots\cdots) + (C_0 + C_1x + C_2x^2 + C_3x^3 + C_4x^4 + \cdots\cdots) + (C_0x + C_1x^2 + C_2x^3 + C_3x^4 + \cdots\cdots) + (\frac{1}{2}C_0x^2 + \frac{1}{2}C_1x^3 + \frac{1}{2}C_2x^4 + \cdots\cdots) + (\frac{1}{6}C_0x^3 + \frac{1}{6}C_1x^4 + \cdots\cdots) + (\frac{1}{24}C_0x^4 + \frac{1}{24}C_1x^5 + \cdots\cdots) = 2x$$

逐項比較得

x^0 項 $2C_2 + C_0 = 0$

x^1 項 $6C_3 + 3C_1 + C_1 + C_0 = 2$

x^2 項 $12C_4 + 6C_2 + C_2 - C_1 + \frac{1}{2}C_0 = 0$

$\vdots$

即 $C_2 = -\frac{1}{2}, C_3 = \frac{5}{6}, C_4 = \frac{1}{6}$

故得 $y = \sum_{n=0}^{\infty} C_nx^n$

$$= C_0 + C_1 x + C_2 x^2 + C_3 x^3 + C_4 x^4 + \cdots\cdots$$

$$= 1 - x - \frac{1}{2}x^2 + \frac{5}{6}x^3 + \frac{1}{6}x^4 + \cdots\cdots$$

【註】方程式若具有 e^{ax}, $\sin(ax)$, $\cos(ax)$ 等均可化為冪級數運算。

例 4－11

解 $3xy'' + 2y' + y = 0$

解：

此題若用前述方法令 $y = \sum_{n=0}^{\infty} C_n x^n$, 則無法求解。(自行試之)。

原因為此方程式在 $x = 0$ 處具有「正則奇異點」, 故無法用泰勒級數求解, 適用的解法將在下節詳述。

習 4-2 題

用冪級數法解下列微分方程式(至少解出前三項)

① $y'' + y \sin x = x$

② $y' - y = 0$

③ $x^2 y'' + (x^2 + x)y' - y = 0$

④ $y'' + xy' + y = 0$

⑤ $y'' + xy' + 2y = 0$

⑥ $y'' + 2y' - 4x^2 y = 0$

⑦ $y' = 2xy$

⑧ $y'' - 4y' + xy = 6x - 4$

⑨ $y'' - y' + x^2 y = 0$

⑩ $(x-3)y' - xy = 0$

⑪ $xy' - y - x - 1 = 0$

⑫ $y' = \frac{y}{x} + 1$

⑬ $y'' + xy' + 2xy = 0$

⑭ $y'' - xy' + y = 0$

⑮ $y'' + y' - x^3 y = 0$

⑯ $y'' + y' + (x-4)y = 0$

⑰ $y'' - x^2 y' + 2y = 0$

⑱ $y'' - 8xy = 2x + 1$

⑲ $y'' + 2x^2 y' - 3x^2 y = 0$

⑳ $y'' - 4y' + xy = 6x - 4$

㉑ $y'' - xy' + y = 0$, $y(0) = 1$, $y'(0) = 0$

㉒ $y' = y + x^2$, $y(0) = 1$

3 弗洛畢尼斯級數解法(指標方程式)

Methods of Frobenius Series (Indicial Equations)

如例 4－11 所陳述，當方程式具有奇異點時，則無法以泰勒級數解之。本節將討論弗洛畢尼斯(Frobenius)級數解法。

定理二 **弗洛畢尼斯級數**

微分方程式：

$$y'' + \frac{Q(x)}{x}y' + \frac{R(x)}{x^2}y = 0 \tag{18}$$

若函數 Q(x)及 R(x)在 x＝0 處均有解析性，則至少有一解為：

$$\boldsymbol{y(x) = \sum_{n=0}^{\infty} C_n x^{n+r} = x^r(C_0 + C_1x + C_2x^2 + \cdots\cdots)} \tag{19}$$

式中指數 r 可為任意數。(經過適當選擇，以使 $C_0 \neq 0$)

【討論】

(18)式可化為 $y'' + xQ(x)y' + R(x)y = 0$ (20)

其中 Q(x)及 R(x)可用冪級數展開

$$Q(x) = Q_0 + Q_1x + Q_2x^2 + \cdots\cdots$$

$$R(x) = R_0 + R_1x + R_2x^2 + \cdots\cdots$$

將(19)式逐項微分：

$$y'(x) = \sum_{n=0}^{\infty}(n+r)C_nx^{n+r-1}$$

$$y''(x) = \sum_{n=0}^{\infty}(n+r)(n+r-1)C_nx^{n+r-2}$$

代入(18)式得 $x^r[r(r-1)C_0 + \cdots\cdots] +$

$$(Q_0 + Q_1x + \cdots\cdots)x^r(rC_0 + \cdots\cdots)$$

$$(R_0 + R_1x + \cdots\cdots)x^r(C_0 + C_1x + \cdots\cdots) = 0 \quad (21)$$

整理得 $[r(r-1) + Q_0r + R_0]C_0 = 0$

其中指標方程式(indicial equations)爲：

$$\boldsymbol{r^2 + (Q_0 - 1)r + R_0 = 0} \quad (22)$$

指標方程式的根有三種可能的情形，而對應的解則不同。本節在此略去繁雜的推導式，而直接討論結果，盼能更清楚的加深理解。

指標方程式根的討論(r_1, r_2)：

1. 根為差值且不為整數的相異根

即 $r = r_1, r_2$

則 $$y_1(x) = x^{r_1}(C_0 + C_1x + C_2x^2 + \cdots\cdots) \quad (23)$$

$$y_2(x) = x^{r_2}(C_0^* + C_1^*x + C_2^*x^2 + \cdots\cdots) \quad (23)$$

其中 $C_0^*, C_1^*\cdots\cdots$之值，只要將 $r = r_2$ 代入(21)式，並依序求解係數 C_0^*，C_1^*，……即可。

2. 根為重根

即 $r = r_1 = r_2$ $$y_1(x) = x^r(C_0 + C_1x + C_2x^2 + \cdots\cdots) \quad (24)$$

則 $$y_2(x) = y_1(x)\ell n\,x + x^r\sum_{n=1}^{\infty}Anx^n \quad (24)$$

3. 根相差為整數

即 $r = r_1, r_2 = r - P$, P 爲整數

則 $$y_1(x) = x^{r_1}(C_0 + C_1x + C_2x^2 + \cdots\cdots) \quad (25)$$

$$y_2(x) = k_py_1(x)\ell n\,x + x^{r_2}\sum_{n=0}^{\infty}C_nx^n \quad (25)$$

例 4－12〈情況一〉

解 $3xy'' + 2y' + y = 0$

解：

原式可化為 $y'' + \frac{2}{3x}y' + \frac{1}{3x}y = 0$

此方程式於 $x=0$ 時，具有正則奇異點

令 $y = \sum_{n=0}^{\infty} C_n x^{n+r}$

$$y' = \sum_{n=0}^{\infty}(n+r)C_n x^{n+r-1}$$

$$y'' = \sum_{n=0}^{\infty}(n+r)(n+r-1)x^{n+r-2}$$

代入原式得 $3\sum_{n=0}^{\infty}(n+r)(n+r-1)C_n x^{n+r-1} +$

$$2\sum_{n=0}^{\infty}(n+r)C_n x^{n+r-1} + \sum_{n=0}^{\infty} C_n x^{n+r} = 0$$

代指標方程式

$$r^2 + (\frac{2}{3} - 1)r + 0 = 0$$

$$\Rightarrow r = \frac{1}{3}, 0$$

此為情況一

令 $n + r - 1 = r + s$

$$\Rightarrow n = s + 1$$

故冪級數變為

$$3(s+r+1)(s+r)C_{s+1} + 2(s+r+1)C_{s+1} + C_s = 0$$

遞回關係 $C_{s+1}\frac{-C_s}{(s+r+1)(3s+3r+2)}$ (26)

① 在 $r_1 = \frac{1}{3}$ 時

$$C_{s+1} = \frac{-C_s}{(s+\frac{4}{3})(3s+3)}$$

即 $C_1 = -\frac{C_0}{4},\ C_2 = \frac{C_0}{56},\ C_3 = -\frac{C_0}{1680}, \cdots\cdots$

故 $y_1 = C_0 x^{\frac{1}{3}}(1 - \frac{1}{4}x + \frac{1}{56}x^2 - \frac{1}{1680}x^3 + \cdots\cdots)$

② 在 $r_2 = 0$ 時，將(26)式代入 $r = 0$，

得　　$C_{s+1}^* = \dfrac{-C_s^*}{(s+1)(3s+2)}$

即　　$C_1^* = \dfrac{-C_0^*}{2}$, $C_2^* = \dfrac{C_0^*}{20}$, $C_3^* = -\dfrac{C_0^*}{480}$, ……

故　　$y_2 = C_0^*(1 - \dfrac{1}{2}x + \dfrac{1}{20}x^2 - \dfrac{1}{480}x^3 + - \cdots\cdots)$

所以通解爲　　$y = C_0 x^{\frac{1}{3}}(1 - \dfrac{1}{4}x + \dfrac{1}{56}x^2 - \dfrac{1}{1680}x^3 + \cdots\cdots)$

$$+ C_0^*(1 - \frac{x}{2} + \frac{x^2}{20} - + \cdots\cdots)$$

例 4－13〈情況一〉

解 $4xy'' + 2y' + y = 0$

解：

此題於 $x = 0$ 時爲正則奇異點

所以令　　$y = \sum_{n=0}^{\infty} C_n x^{n+r}$

$$y' = \sum_{n=0}^{\infty}(n+r)C_n x^{n+r-1}$$

$$y'' = \sum_{n=0}^{\infty}(n+r)(n+r-1)C_n x^{n+r-2}$$

代入原式　　$4\sum_{n=0}^{\infty}(n+r)(n+r-1)C_n x^{n+r-1}$

$$+ 2\sum_{n=0}^{\infty}(n+r)Cnx^{n+r-1} + \sum_{n=0}^{\infty}C_n x^{n+r} = 0$$

取 x^{r-1}項, 得　　$4r(r-1) + 2r = 0$

所以得根爲　　$r = 0, \ \dfrac{1}{2}$

或用指標方程式：$r^2 + (\dfrac{1}{2} - 1)r + 0 = 0$

即　　$r = 0, \dfrac{1}{2}$

此爲情況一

令　　$n + r - 1 = r + s, \quad \therefore n = s + 1$

故冪級數變爲　　$4(s+r+1)(s+r)C_{s+1} + 2(s+r+1)C_{s+1} + C_s = 0$

遞回關係　　$C_{s+1} = \dfrac{-C_s}{(2s+2r+2)(2s+2r+1)}$

① 在 $r_1 = \dfrac{1}{2}$時　　$C_{s+1} = \dfrac{-C_s}{(2s+3)(2s+2)}$

即 $C_1=-\frac{C_0}{3!}$, $C_2=\frac{C_0}{5!}$, $C_3=\frac{-C_0}{7!}$, ……

若 $C_0=1$ 則 $C_n=\frac{(-1)^n}{(2n+1)!}$

故得 y_1 解 $y_1=x^{\frac{1}{2}}\sum_{n=0}^{\infty}\frac{(-1)^n}{(2n+1)!}x^n$

② 在 $r_2=0$ 時 $C_{s+1}^*=\frac{-C_s^*}{(2s+2)(2s+1)}$

即 $C_1^*=\frac{-C_0^*}{2!}$, $C_2^*=\frac{C_0^*}{4!}$, $C_3=\frac{-C_0^*}{6!}$, ……

若 $C_0=1$, 則 $C_n^*=\frac{(-1)^n}{2n!}$

故得 y_2 解 $y_2=\sum_{n=0}^{\infty}\frac{(-1)^n}{2n!}x^n$

例 4－14〈情況二〉

解 $xy''+(1-2x)y'+(x-1)y=0$

解：

令 $y=\sum_{n=0}^{\infty} C_n x^{n+r}$,

則 $y'=\sum_{n=0}^{\infty} C_n(n+r)x^{n+r-1}$

$y''=\sum_{n=0}^{\infty} C_n(n+r)(n+r-1)x^{n+r-2}$

代入原式得

$$\sum_{n=0}^{\infty}C_n(n+r)(n+r-1)x^{n+r-1}$$
$$+\sum_{n=0}^{\infty}C_n(n+r)x^{n+r-1}-2\sum_{n=0}^{\infty}C_n(n+r)x^{n+r}$$
$$+\sum_{n=0}^{\infty}C_nx^{n+r+1}-\sum_{n=0}^{\infty}C_nx^{n+r}=0 \tag{27}$$

取 x^{r-1} 項 $C_0[r(r-1)+r]=0$

所以 $r=0, 0$

將 $r=0$ 代入(27)式, 並取 x^s 項,

得 $C_{s+1}[s(s+1)+(s+1)]-C_s[2s+1]+C_{s-1}=0$

故得遞回關係 $C_{s+1}=\frac{C_2(2s+1)-C_{s-1}}{(s+1)^2}$

所以 $C_1=C_0-C_{-1}=C_0$ 令 $C_{-1}=0$

$$C_2=\frac{C_0}{2!},\quad C_3=\frac{C_0}{3!},\cdots\cdots$$

故 $$C_n=\sum_{n=0}^{\infty}\frac{C_0}{n!}$$

得 y_1 解為 $$y_1=\sum_{n=0}^{\infty}C_nx^n=\sum_{n=0}^{\infty}\frac{C_0x^n}{n!}=C_0e^x$$

令 $$y_2(x)=u(x)y_1(x)$$

$$y_2'=u'y_1+uy_1'$$

$$y_2''=u''y_1+2u'y_1'+uy_1''$$

代入原式得 $$x(u''y_1+2u'y_1'+uy_1'')+(1-2x)(u'y_1+uy_1')+(x-1)uy_1=0$$

簡化得 $$x(u''y_1+2u'y_1')+(1-2x)u'y_1=0$$

將 $y_1=C_0e^x$ 代入 $$xu''+u'=0$$

即 $u''+\frac{1}{x}u'=0$

令 $$\upsilon(x)=u'(x),\quad \upsilon'(x)=u''(x)$$

則 $$\upsilon'+\frac{1}{x}\upsilon=0,\quad \upsilon=ae^{-\int\frac{1}{x}dx}=\frac{a}{x}$$ a 為常數

故 $$u=\int\upsilon dx=\int\frac{a}{x}dx=a\ell n|x|$$

得 y_2 解為 $$y_2=uy_1=a_1e^x\ell n|x|$$

故全解 $$y=C_1y_1+C_2y_2=C_1e^x+C_2e^x\ell n|x|$$
$$=e^x[C_1+C_2\ell n|x|]$$

例 4－15〈情況二〉

解 $x(x-1)y''+(3x-1)y'+y=0$

解：

令 $$y=\sum_{n=0}^{\infty}C_nx^{n+r}$$

則 $$y'=\sum_{n=0}^{\infty}(n+r)C_nx^{n+r-1}$$

$$y''=\sum_{n=0}^{\infty}(n+r)(n+r-1)C_nx^{n+r-2}$$

代入原式得 $$\sum_{n=0}^{\infty}(n+r)(n+r-1)C_nx^{n+r}-$$

$$\sum_{n=0}^{\infty}(n+r)(n+r-1)C_n x^{n+r-1}+3\sum_{n=0}^{\infty}(n+r)C_n x^{n+r}$$

$$-\sum_{n=0}^{\infty}(n+r)C_n x^{n+r-1}+\sum_{n=0}^{\infty} C_n x^{n+r}=0 \qquad (28)$$

取 x^{r-1} 項,得 $\quad -r^2=0$

即 $\quad r=0, 0$ 　　重根

將 $r=0$ 代入(28)式,並取 x^s 項,

則 $\quad s(s-1)C_s-s(s+1)C_{s+1}+3sC_s-(s+1)C_{s+1}+C_s$

$=0$

遞回關係 $\quad [s(s-1)+3s+1]C_s=[s(s+1)+(s+1)]C_{s+1}$

所以 $\quad C_s=C_{s+1}$

即 $\quad C_0=C_1=C_2=\cdots\cdots$

取 $\quad C_0=1$

則得 y_1 解 $\quad y_1=\sum_{n=0}^{\infty} x^n=\dfrac{1}{1-x}$

求 y_2 解時令 $\quad y_2=u(x)y_1(x)$

代入原式

則 $\quad x(x-1)(u''y_1+2u'y_1'+uy_1'')+$

$(3x-1)(u'y_1+uy_1')+uy_1=0$

因 y_1 爲解,故上式可簡化爲

$$x(x-1)(u''y_1+2u'y_1')+(3x-1)u'y_1=0$$

將 $y_1=\dfrac{1}{1-x}$ 及 $y_1'=\dfrac{1}{(1-x)^2}$ 代入上式

得 $\quad xu''+u'=0$

用降階法,令 $\quad u'(x)=\upsilon(x)$

則 $\quad u''(x)=\upsilon'(x)$ 代入上式

得 $\quad x\upsilon'+\upsilon=0$

所以 $\quad \upsilon=Ce^{-\int\frac{1}{x}dx}=\dfrac{C}{x}$

即 $\quad u=\int\upsilon dx=\int\dfrac{C}{x}dx=C\ell n(x)$

故 $y_2 = uy_1 = C\dfrac{\ell n(x)}{1-x}$

所以解為 $y = C_1y_1 + C_2y_2 = \dfrac{C_1}{1-x} + C_2\dfrac{\ell n(x)}{1-x}$

$= \dfrac{1}{1-x}[C_1 + C_2\ell n(x)]$

例 4－16〈情況三〉

解 $xy'' + 2y' + 4xy = 0$

解：

令 $y = \sum_{n=0}^{\infty} C_n x^{n+r}$

則 $y' = \sum_{n=0}^{\infty} C_n(n+r)x^{n+r-1}$

$y'' = \sum_{n=0}^{\infty} C_n(n+r)(n+r-1)x^{n+r-2}$

代入原式得 $\sum_{n=0}^{\infty} C_n(n+r)(n+r-1)x^{n+r-1} + 2\sum_{n=0}^{\infty} C_n(n+r)$

$x^{n+r-1} + 4\sum_{n=0}^{\infty} C_n x^{n+r+1} = 0$

取 x^{r-1}項，得 $r(r-1) + 2r = 0$

即 $r = 0,\ -1$

其根 r_1 及 r_2 之差為整數，故為情況三。

且 $C_1 = 0$，取 x^{s+r+1}項，

則 $C_{s+2}(s+r+2)(s+r+1) + 2C_{s+2}(s+r+2) + 4C_s$

$= 0$

故遞回關係 $C_{s+2} = \dfrac{-4C_s}{(s+r+2)(s+r+3)}$ (29)

求 y_1 解時，將 $r_1 = 0$ 代入(29)式，

得 $C_{s+2} = \dfrac{-4C_s}{(s+2)(s+3)}$

所以 $C_2 = \dfrac{-4C_0}{3\cdot 2} = \dfrac{-2^2C_0}{3!}$,

$C_4 = \dfrac{2^4C_0}{5!}, \cdots\cdots$

奇次項為零 $C_3 = C_5 = \cdots\cdots = C_1 = 0$

即 $C_1 = 0$

故得 y_1 解為 $y_1=\sum_{n=0}^{\infty}C_nx^{n+r}=\sum_{n=0}^{\infty}C_nx^n$

$$=C_0\left[1-\frac{(2x)^2}{3\,!}+\frac{(2x)^4}{5\,!}-+\cdots\cdots\right]$$

$$=\frac{C_0}{2x}\left[2x-\frac{(2x)^3}{3!}+\frac{(2x)^5}{5\,!}-+\cdots\cdots\right]$$

$$=\frac{C_0}{2x}\sin(2x)$$

求 y_2 解時, 令 $y_2(x)=u(x)y_1(x)$

則 $y_2'=u'y_1+\mu y_1'$, $y_2''=u''y_1+2u'y_1'+uy_1''$

代入原式, 並簡化之

得 $xu''y_1+2u'y_1'+2u'y_1=0$

將 y_1 及 y_2 代入 $y_1=\frac{C_0}{2x}\sin(2x)$, $y_1'=\frac{-C_0}{2x^2}\sin(2x)+\frac{C_0}{x}\cos(2x)$

得 $u''\frac{C_0}{2}\sin(2x)+2u'C_0\cos(2x)=0$

即 $u''+4\tan(2x)u'=0$

令 $\upsilon(x)=u'(x)$, $\upsilon'(x)=u''(x)$

故 $\upsilon'+4\tan(2x)\upsilon=0$

所以 $\upsilon=e^{-4\int\tan(2x)dx}=e^{-2\ell n|\sin(2x)|+C}=\frac{A}{\sin(2x)^2}$

A 為常數 $u=\int\upsilon dx=\int\frac{A}{[\sin(2x)]^2}dx=-B\cot(2x)+D$

得 y_2 解為 $y_2=uy_1=\frac{E}{2x}\cos(2x)+\frac{F}{2x}\sin(2x)$

其中 A、B、D、E、F 均為常數。

故知通解為 $y=b_1y_1+b_2y_2$

$$=a_1x^{-1}\sin(2x)+a_2x^{-1}\cos(2x)$$

其中 a_1、a_2、b_1、b_2 均為常數

例 4－17

解 $(x-1)xy''+(4x-2)y'+2y=0$

解：

令 $y=\sum_{n=0}^{\infty}C_nx^{n+r}$

則 $y' = \sum_{n=0}^{\infty} C_n(n+r)x^{n+r-1}$

$y'' = \sum_{n=0}^{\infty} C_n(n+r)(n+r-1)x^{n+r-2}$

代入原式得 $\sum_{n=0}^{\infty} C_n(n+r)(n+r-1)x^{n+r} -$

$\sum_{n=0}^{\infty} C_n(n+r)(n+r-1)x^{n+r-1} +$

$4\sum_{n=0}^{\infty} C_n(n+r)x^{n+r} - 2\sum_{n=0}^{\infty} C_n(n+r)x^{n+r-1} +$

$2\sum_{n=0}^{\infty} C_n x^{n+r} = 0$

取 x^{r-1}項，得 $-C_0[r(r-1)+2r]=0$

即 $r=0,\ -1$

將 $r=0$ 代入，並取 x^s 項，

則 $C_s[s(s-1)] - C_{s+1}(s+1)s + 4sC_s - 2C_{s+1}(s+1)$

$+2C_s = 0$

整理得 $C_{s+1} = C_s$

故 $C_0 = C_1 = C_2 = \cdots\cdots$

因此得 y_1 解 $y_1 = C_0(1+x+x^2+\cdots\cdots) = \dfrac{C_0}{1-x}$

將 y_2 時先令 $y_2(x) = u(x)y_1(x)$

$y_2' = u'y_1 + uy_1'$

$y_2'' = u''y_1 + 2u'y_1' + uy_1''$

代入原式並簡化，

且 $y_1 = C_0(1-x)^{-1},\quad y_1' = C_0(1-x)^{-2}$

$y_1'' = 2C_0(1-x)^{-3}$

得 $u'' + \dfrac{1}{x}u' = 0$

令 $\upsilon(x) = u'(x)$

即 $\upsilon'(x) = u''(x)$

則 $\upsilon' + \dfrac{1}{x}\upsilon = 0$

所以 $\upsilon = b_1 e^{-\int \frac{1}{x}dx} = b_1 e^{-\ell n|x|} = \dfrac{b_1}{x}$

故得 u 解 $u=\int \upsilon dx=\int \frac{b_1}{x}dx=b_1\ell n|x|+b_2$

得 y_2 解爲 $y_2=uy_1=b_3(1-x)^{-1}\ell n|x|+b_4(1-x)^{-1}$

$=(1-x)^{-1}(a_1+a_2\ell n|x|)$

其中 $a_1,\cdots\cdots,a_4;b_1,\cdots\cdots,b_4$ 爲常數

習 4-3 題

用冪級數法解下列微分方程式

① $x^2y''+xy'-4y=0$

② $xy''+(x-1)y'-y=0$

③ $x^2y''+x\left(\frac{1}{2}+2x\right)y'+\left(x-\frac{1}{2}\right)y=0$

④ $xy''+y'+xy=0$

⑤ $2x(1-x)y''+(1+x)y'-y=0$

⑥ $6x^2y''+xy'+(1+x^2)y=0$

⑦ $x^2y''+(x^2+x)y'-y=0$

⑧ $xy''+3y'+4x^3y=0$

⑨ $(x^2-1)x^2y''-(x^2+1)xy'+(x^2+1)y=0$

⑩ $x(1-x)y''+(2-5x)y'-4y=0$

⑪ $xy''+y'-y=0$

⑫ $x^2y''+x^2y'-2y=0$

⑬ $xy''+(x-6)y'-3y=0$

⑭ $x^2y''+\left(x^2+\frac{5}{36}\right)y=0$

⑮ $y''+\frac{1}{4x}y'+\frac{1}{8x^2}y=0,\ \ x>0$

⑯ $x(1-x)y''+2(1-2x)y'-2y=0$

⑰ $x^2y''+5xy'+(x+4)y=0$

⑱ $x^2y''-xy'+y=0$

⑲ $xy''-y=0$

⑳ $x(x-1)y''+(3x-1)y'+y=0$

㉑ $x^2y''+xy'+\left(x^2-\frac{1}{4}\right)y=0$

㉒ $y''+y'+\frac{1}{4x^2}y=0,\ \ x>0$

4 歷屆插大、研究所、公家題庫

Qualification Examination

① 已知 $y''+yy'+y^3=x^2$, $y(0)=1$, $y'(0)=2$, 求 $y(0,1)=$?

② 試以級數法解 $xy''+y'+xy=0$, $y(0)=1$ 至前三項

③ 解 $x^2y''+6xy'+(6-4x^2)y=0$

④ 試展開 $J_{\frac{3}{2}}(x)$

⑤ 試根據 Legendre 多項式的母函數 $\frac{1}{\sqrt{1-2xt+t^2}}=\sum_{n=0}^{\infty}P_n(x)t^n$,

推算 1 $P_n(0)$

2 $\int_0^1 P_n(x)dx$

⑥ $(x+1)y''-(x+2)y'+y=0$, 1 求奇異點及常點

2 求解

⑦ 試求下列積分：$\int_0^1 x^{p-1}(1-x)^{q-1}dx$, p、q>0

⑧ 試求下列積分：$\int_0^1 \frac{1}{\sqrt{1-z^4}}dz$

⑨ 求級數 $\sum_{n=1}^{\infty}(-1)^n\frac{(x-2)^n}{4^n\cdot\sqrt{n}}$ 之收斂區間

⑩ 求下列級數之收斂區間 1 $\sum_{n=1}^{\infty}\frac{(x-3)^{3k-1}}{k^2}$

2 $\sum_{n=1}^{\infty}\frac{(k!)^2}{(2k)!}x^k$

⑪ 試以級數法解 $2x^2y''+3xy'+(1-x)y=0$

⑫ 試以級數法解 $4x^2y''+2xy'-xy=0$

⑬ 試以級數法解 $x^2y''+x(2-x)y'-2y=0$

⑭ 試以級數法解 $x(1-x)y''+2(1-2x)y'-2y=0$

⑮ 解 $xy''+y'+\frac{1}{4}y=0$, 令 $t=\sqrt{x}$

⑯ ①證明 $J_{-n}(x)=(-1)^n J_n(x)$, 其中 $J_n(x)=x^n\sum_{n=0}^{\infty}\frac{(-1)^m x^{2m}}{2^{2m+n}m!(n+m)!}$

②解 $y''+e^{2x}y=0$, 答案用貝索函數表示, 令 $t=e^x$

⑰ 若 $f(t)=J_0(2\sqrt{at})$, 求 $\pounds[f(t)]$

⑱ 試證 $\int_0^{\infty} e^{-x^2}dx=\frac{\sqrt{\pi}}{2}$

⑲ 定義 $\Gamma(x)=\int_0^{\infty} t^{x-1}e^{-t}dt$, $Re(x)>0$, 試求當 $0<x<1$ 時,

求下列積分之值：① $\int_0^{\infty} t^{x-1}\cos(t)dt$ ② $\int_0^{\infty} t^{x-1}\sin(t)dt$

⑳ 試以冪級數法解 $y''+\alpha x^2 y=0$

㉑ 求 $x(x-1)y''+(3x-1)y'+y=0$ 的指標方程式？若已知其一解爲

$y_1=\frac{1}{1-x}$, 求另一解？

㉒ 解 $xy''+y'+\frac{1}{4}y=0$, $\sqrt{x}=Z$

㉓ 用冪級數法解 $\frac{d^2y}{dx^2}=xy$

㉔ 求 $\int_{-0.2}^{0.2}\frac{dx}{1+\sin^2(\sqrt{\pi^2+x})}=$?(提示：級數展開法)

㉕ 解 $(1-x^2)y''-2xy'+n(n+1)y=0$, (用級數法)

㉖ $f(x)=\frac{x}{\sin(x)}$

①求 $x\to0$ 時, $f(x)$的冪級數(至少三項)

②求 $\int_0^1 f(x)dx=$?(求三項)

㉗ 雷建德方程式：$(1-x^2)y''-2xy'+n(n+1)y=0$

假設 $|x|<1$, 並令 $x=\cos(\phi)$, 試證明上式方程式

可轉換成 $\frac{d^2y}{d\phi^2}+\cos(\phi)\frac{dx}{d\phi}+n(n+1)y=0$

㉘ 求 $erf(Z)=\frac{2}{\sqrt{\pi}}\int_0^{Z} e^{-t^2}dt$ 的 Madaurin 級數

第 5 章

拉普拉氏轉換

1. 基本觀念及定義
2. 基本函數的拉氏轉換
3. 拉普拉氏轉換的法則
4. 拉普拉氏逆轉換
5. 海維塞展開公式
6. 摺積定理與特殊函數的拉氏轉換
7. 用拉普拉氏轉換解微分方程式
8. 歷屆插大、研究所、公家題庫

Laplace Transform

〔基本觀念〕

◉ 拉普拉氏轉換的意義。

◉ 拉普拉氏轉換的基本法則。

◉ 拉普拉氏逆轉換的技巧。

◉ 拉氏轉換解微分方程式。

〔用拉氏轉換解微分方程式的步驟〕

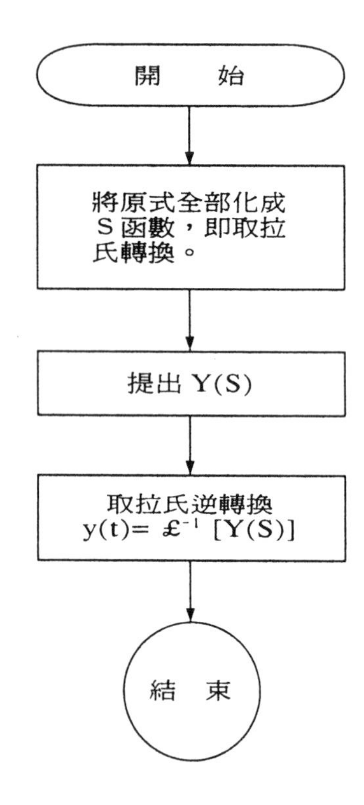

1 基本觀念及定義

Basic Concepts and Definitions

拉普拉氏轉換(Laplace Transform)又簡稱拉氏轉換。拉氏轉換的意義若不以物理方向考慮，而純粹以數學模式探討，則拉氏轉換只是一種數學運算，或稱是一種積分的運算。但若更深一層研究拉氏轉換，則可知拉氏轉換是一種將時間函數 f(t)轉換成 s 函數 F(s)的方法。

從前面三章的微分方程式中，我們時常會碰到難以推解的情況，而此時若以拉氏轉換來做推算，則可以很容易推導出解答。

用拉氏轉換來解微分方程式則必須要有前提條件：

1. 在某空間中，函數本身必須是收斂的。
2. 它必須已知其邊界條件或初值條件。

定義一　拉氏轉換的定義及符號

若函數 f(t)是定義於 $t \geq 0$ 的函數，則拉氏轉換之符號及運算如下：

$$\mathcal{L}[f(t)] = \int_0^{\infty} f(t)e^{-st}dt = F(s) \tag{1}$$

(1)式的解釋爲：f(t)經拉氏轉換($\mathcal{L}[f(t)]$)後變爲 s 函數 F(s)，其運算的方法是將 f(t)乘上 e^{-st}(Kernel 函數)，應對 t 作零到無窮大的積分。

定義二　拉氏逆轉換的符號及運算

將 F(s)函數轉換成原函數 f(t)，此種運算方法稱爲拉氏逆轉換

(Laplace inverse transform)。其符號及運算方法如下：

$$\boldsymbol{f(t)=\pounds^{-1}[F(s)]=\frac{1}{2\pi i}\int_{a-i\infty}^{a+i\infty}F(s)e^{-st}ds} \tag{2}$$

定義三 存在定理

若 f(t)在任意有限區間〔0, N〕內，是爲分段連續的，其中 N＞0，且又假設式(3)的常數 M、r 與 t_0 而言，具有

$$|\boldsymbol{f(t)}|<\boldsymbol{M\cdot e^{rt}} \quad \text{在 } t\geq t_0 \tag{3}$$

對所有 s 只要 s＞r，則 £〔f(t)〕一定存在。

【證明】

因爲 f(t)爲分段連續的，則 $f(t)e^{-st}$在 t 軸上之任一有限區間上可積分。

若 s＞r，則

$$|\pounds[f(t)]|=\left|\int_0^\infty f(t)e^{-st}dt\right|\leq\int_0^\infty|f(t)|e^{-st}dt$$

$$\leq\int_0^\infty Me^{rt}e^{-st}dt=\frac{M}{s-r}$$

例 5－1

試問函數 $f(t)=e^{t^2}$，是否可拉氏轉換？

解：

因爲 $\lim\limits_{t\to\infty}\frac{e^{t^2}}{e^{rt}}=\lim\limits_{t\to\infty}e^{t^2-rt}=\infty$

所以 $f(t)=e^{t^2}$，其拉氏轉換不存在

2 基本函數的拉氏轉換

Laplace Transform of Basic Functions

在數學的運算過程中，我們時常用到的函數大致上可歸納下列五種。本節將針對這五種基本函數推導出其拉氏轉換，並於本節後附列一些常用的拉氏轉換表。

基本函數

1. 單位梯階函數：$u(t)$
2. 多項式函數：t^n
3. 指數函數：e^{at}
4. 三角函數：$\cos(at)$及 $\sin(at)$
5. 雙曲函數：$\cosh(at)$及 $\sinh(at)$

一、單位梯階函數：u(t)

$$u(t)=\begin{cases}0, & t<0\\ 1, & t\geq 0\end{cases}$$

$$\mathcal{L}[u(t)]=\int_0^{\infty}u(t)e^{-st}dt=-\frac{1}{s}e^{-st}\Big|_0^{\infty}=\frac{1}{s},\ \ s>0$$

例 5－2

① 求 $f(t)=10$ 的拉氏轉換。

② 求 $f(t)=a$ 的拉氏轉換，a 爲任意常數。

解：

① $f(t)=10$

$$£[10]=\int_0^\infty 10e^{-st}dt=-\frac{10}{s}e^{-st}\Big|_0^\infty=\frac{10}{s}$$

② $f(t)=a$

$$£[a]=\int_0^\infty ae^{-st}dt=-\frac{a}{s}e^{-st}\Big|_0^\infty=\frac{a}{s} \tag{4}$$

二、多項式函數：t^n

$$£[t^n]=\int_0^\infty t^n e^{-st}dt \tag{5}$$

(5)式可化為 Gamma 函數來表示

令　　$u=st,$

則　　$t=\dfrac{u}{s}, dt=\dfrac{1}{s}du$

代入(5)式得

$$£[t^n]=\int_0^\infty \left(\frac{u}{s}\right)^n e^{-u}\frac{du}{s}$$

$$=\frac{1}{s^{n+1}}\int_0^\infty u^n e^{-u}du$$

依 Gamma 函數之定義，及其特性知

$$£[t^n]=\frac{\Gamma(n+1)}{s^{n+1}}$$

其中 n 為正整數。

故　　$$£[t^n]=\frac{n!}{s^{n+1}} \tag{6}$$

例 5－3

① 求 $f(t)=t$ 的拉氏轉換。

② 求 $f(t)=t^3$ 的拉氏轉換。

解：

① $$£[t]=\int_0^\infty te^{-st}dt=\left(-\frac{t}{s}-\frac{1}{s^2}\right)e^{-st}\Big|_0^\infty=\frac{1}{s^2} \tag{7}$$

② $$£[t^3]=\int_0^\infty t^3e^{-st}dt=\left(-\frac{t^3}{s}-\frac{3t^2}{s^2}-\frac{6t}{s^3}-\frac{6}{s4}\right)e^{-st}\Big|_0^\infty=\frac{6}{s^4}$$

觀察法

t^3 與式(6)的 t^n 比較，此時 $n=3$。

代入結果　　$\mathcal{L}\{t^n\}=\dfrac{n!}{s^{n+1}}$

即　　$\mathcal{L}\{t^3\}=\dfrac{3!}{s^{3+1}}=\dfrac{6}{s^4}$

三、指數函數：e^{at}，a 為常數

$$\mathcal{L}\{e^{at}\}=\int_0^\infty e^{at}\cdot e^{-st}dt=\int_0^\infty e^{-(s-a)t}dt$$

$$=-\frac{1}{s-a}\cdot e^{-(s-a)t}\Big|_0^\infty$$

$$=\frac{1}{s-a},\quad s>a \qquad (8)$$

例 5－4

① 求 $f(t)=e^{2t}$的拉氏轉換。

② 求 $f(t)=5e^{3t}$ 的拉氏轉換。

解：

① $\mathcal{L}\{e^{2t}\}=\int_0^\infty e^{2t}\cdot e^{-st}dt=\int_0^\infty e^{-(s-2)t}dt$

$$=-\frac{1}{s-2}e^{-(s-2)t}\Big|_0^\infty$$

$$=\frac{1}{s-2}$$

② $\mathcal{L}\{5e^{3t}\}=\int_0^\infty 5e^{3t}\cdot e^{-st}dt=5\int_0^\infty e^{-(s-3)t}dt$

$$=-\frac{5}{s-3}\cdot e^{-(s-3)t}\Big|_0^\infty$$

$$=\frac{5}{s-3}$$

觀察法

e^{2t} 與(8)式中的 e^{at} 比較，可知 $a=2$

代入結果　　$\mathcal{L}\{e^{at}\}=\dfrac{1}{s-a}$

即 $\mathcal{L}[e^{2t}]=\dfrac{1}{s-2}$

四、三角函數：cos(at)及 sin(at)，a 為常數

$$\mathcal{L}[\cos(at)]=\int_0^\infty \cos(at)e^{-st}dt=\frac{e^{-st}}{s^2+a^2}[-s\cos(at)+a\sin(at)]\Big|_0^\infty$$

$$=\frac{s}{s^2+a^2} \tag{9}$$

$$\mathcal{L}[\sin(at)]=\int_0^\infty \sin(at)e^{-st}dt=\frac{e^{-st}}{s^2+a^2}[-s\sin(at)-a\cos(at)]\Big|_0^\infty$$

$$=\frac{a}{s^2+a^2} \tag{10}$$

例 5－5

① 求 $f(t)=\cos(3t)$的拉氏轉換

② 求 $f(t)=2\sin(4t)$的拉氏轉換

解：

① $\mathcal{L}[\cos(3t)]=\int_0^\infty \cos(3t)e^{-st}dt$

$$=\frac{e^{-st}}{s^2+9}[-s\cos(3t)+3\sin(3t)]\Big|_0^\infty=\frac{s}{s^2+9}$$

② $\mathcal{L}[2\sin(4t)]=2\int_0^\infty \sin(4t)e^{-st}dt$

$$=\frac{2e^{-st}}{s^2+16}[-s\sin(4t)-4\cos(4t)]\Big|_0^\infty$$

$$=\frac{2\times 4}{s^2+16}=\frac{8}{s^2+16}$$

觀察法

$\cos(3t)$與式(9)比較可知，$a=3$

代入結果 $\mathcal{L}[\cos(at)]=\dfrac{s}{s^2+a^2}$

即 $\mathcal{L}[\cos(3t)]=\dfrac{s}{s^2+9}$

$2\sin(4t)$與式(10)比較可知 $a=4$

代入結果 $\mathcal{L}[\sin(at)]=\dfrac{a}{s^2+a^2}$

即 $\mathcal{L}[2\sin(4t)] = 2\mathcal{L}[\sin(4t)]$

$$= \frac{2\times 4}{x^2+16} = \frac{8}{s^2+16}$$

五、雙曲函數：cosh(at)及 sinh(at)，a 為常數

$$\mathcal{L}[\cosh(at)] = \mathcal{L}\left[\frac{e^{at}+e^{-at}}{2}\right] = \mathcal{L}\left[\frac{1}{2}e^{at}\right] + \mathcal{L}\left[\frac{1}{2}e^{-at}\right]$$

$$= \frac{1}{2}\int_0^\infty e^{at}\cdot e^{-st}dt + \frac{1}{2}\int_0^\infty e^{-at}\cdot e^{-st}dt$$

$$= \frac{1}{2}\left[\int_0^\infty e^{-(s-a)t}dt + \int_0^\infty e^{-(s+a)t}dt\right]$$

$$= \frac{1}{2}\left[-\frac{1}{s-a}e^{-(s-a)t} - \frac{1}{s+a}e^{-(s+a)t}\right]\Bigg|_0^\infty$$

$$= \frac{1}{2}\left[\frac{1}{s-a} + \frac{1}{s+a}\right]$$

$$= \frac{s}{s^2-a^2} \tag{11}$$

$$\mathcal{L}[\sinh(at)] = \mathcal{L}\left[\frac{e^{at}-e^{-at}}{2}\right] = \mathcal{L}\left[\frac{1}{2}e^{at}\right] - \mathcal{L}\left[\frac{1}{2}e^{-at}\right]$$

$$= \frac{1}{2}\int_0^\infty e^{at}\cdot e^{-st}dt - \frac{1}{2}\int_0^\infty e^{-at}\cdot e^{-st}dt$$

$$= \frac{1}{2}\left[\int_0^\infty e^{-(s-a)t}dt - \int_0^\infty e^{-(s+a)t}dt\right]$$

$$= \frac{1}{2}\left[-\frac{1}{s-a}e^{-(s-a)t} + \frac{1}{s+a}e^{-(s+a)t}\right]\Bigg|_0^\infty$$

$$= \frac{1}{2}\left[\frac{1}{s-a} - \frac{1}{s+a}\right]$$

$$= \frac{a}{s^2-a^2} \tag{12}$$

例 5－6

① 求 $f(t)=\cosh(3t)$的拉氏轉換。

② 求 $f(t)=2\sinh(4t)$的拉氏轉換。

解：

觀察法

因為 $\mathcal{L}[\cosh(at)]=\dfrac{s}{s^2-a^2}$, $\mathcal{L}[\sinh(at)]=\dfrac{a}{s^2-a^2}$

所以 $\mathcal{L}[\cosh(3t)]=\dfrac{s}{s^2-9}$

$\mathcal{L}[2\sinh(4t)]=\dfrac{2\times4}{s^2-16}=\dfrac{8}{s^2-16}$

> **定理**
>
> 1. $\mathcal{L}[f(t)+g(t)]=\mathcal{L}[f(t)]+\mathcal{L}[g(t)]$
> 2. $\mathcal{L}[af(t)]=a\mathcal{L}[f(t)]$

例 5－7

$f(t)=4t^3+t^2$ 則 $\mathcal{L}[f(t)]=?$

解：

$$\begin{aligned}\mathcal{L}[f(t)]&=\mathcal{L}[4t^3+t^2]\\&=\mathcal{L}[4t^3]+\mathcal{L}[t^2]\\&=\frac{(3!)\times4}{s^4}+\frac{2!}{s^3}\\&=\frac{24}{s^4}+\frac{2}{s^3}\\&=\frac{24+2s}{s^4}\end{aligned}$$

例 5－8

$f(t)=\cos(\omega t+\theta)$ 則 $\mathcal{L}[f(t)]=?$

解：

$$\begin{aligned}\mathcal{L}[f(t)]&=\mathcal{L}[\cos(\omega t+\theta)]\\&=\mathcal{L}[\cos(\omega t)\cos(\theta)-\sin(\omega t)\sin(\theta)]\\&=\cos(\theta)\frac{s}{s^2+\omega^2}-\sin(\theta)\frac{\omega}{s^2+\omega^2}\end{aligned}$$

$$=\frac{s\cos(\theta)-\omega\sin(\theta)}{s^2+\omega^2}$$

【註】 $\cos(\omega t+\theta)=\cos(\omega t)\cos(\theta)-\sin(\omega t)\sin(\theta)$

$\sin(\omega t+\theta)=\sin(\omega t)\cos(\theta)+\cos(\omega t)\sin(\theta)$

例 5－9

$f(t)=Ce^{-at+b}+\cos^2(\omega t)+\sinh^2(2t)+t$，則 $\mathcal{L}[f(t)]=$ ？

解：

$$\begin{aligned}\mathcal{L}[f(t)]&=\mathcal{L}[Ce^{-at+b}+\cos^2(\omega t)+\sinh^2(2t)+t]\\&=\mathcal{L}[Ce^{-at+b}]+\mathcal{L}[\cos^2(\omega t)]+\\&\quad\mathcal{L}[\sinh^2(2t)]+\mathcal{L}[t]\end{aligned}$$

因為 $\mathcal{L}[Ce^{-at+b}]=Ce^b\mathcal{L}[e^{-at}]=\dfrac{Ce^b}{s+a}$

$$\begin{aligned}\mathcal{L}[\cos^2(\omega t)]&=\mathcal{L}\left[\frac{1+\cos(2\omega t)}{2}\right]\\&=\mathcal{L}\left[\frac{1}{2}\right]+\mathcal{L}\left[\frac{1}{2}\cos(2\omega t)\right]\\&=\frac{1}{2s}+\frac{1}{2}\times\frac{s}{s^2+4\omega^2}\end{aligned}$$

$$\begin{aligned}\mathcal{L}[\sinh^2(2t)]&=\mathcal{L}\left[\frac{e^{2t}-e^{-2t}}{2}\right]^2=\mathcal{L}\left[\frac{e^{4t}-2+e^{-4t}}{4}\right]\\&=\frac{1}{4}\ \frac{1}{s-4}-\frac{1}{2s}+\frac{1}{4}\ \frac{1}{s+4}\end{aligned}$$

$$\mathcal{L}[t]=\frac{1}{s^2}$$

所以 $\mathcal{L}[f(t)]=\dfrac{Ce^b}{s+a}+\dfrac{s}{2s^2+8\omega^2}+\dfrac{1}{4s-16}+\dfrac{1}{4s+16}+\dfrac{1}{s^2}$

從**定義三**知，若 f(t)在[a，b]內為逐段連續(Piece wise Continuous)，則 $\mathcal{L}[f(t)]$ 為逐段作拉氏轉換。

即 $\mathcal{L}[f(t)]=\mathcal{L}[f(t_1)]+\mathcal{L}[f(t_2)]+\cdots\cdots$

例 5－10

$$f(t)=\begin{cases}0 & 0\le t<1\\ k & 1\le t\le 2,\\ 0 & t>2\end{cases}\quad \mathcal{L}[f(t)]=?$$

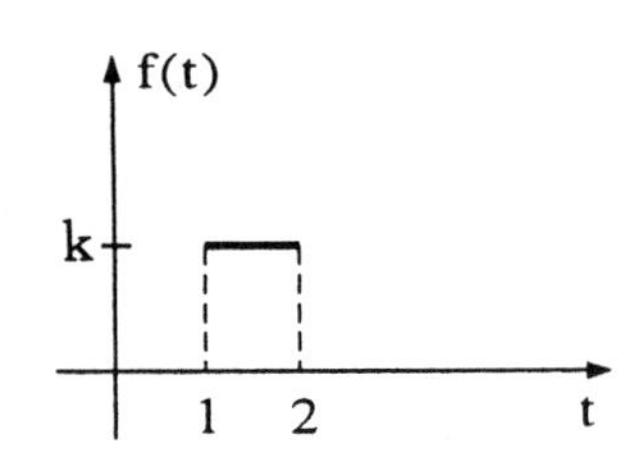

解：

$$\begin{aligned}\mathcal{L}[f(t)]&=\int_0^\infty f(t)e^{-st}dt\\&=\int_1^2 ke^{-st}dt\\&=-\frac{k}{s}e^{-st}\Big|_1^2\\&=\frac{k}{s}(e^{-s}-e^{-2s})\end{aligned}$$

拉　普　拉　氏　轉　換　表

序號	$f(t)=\mathcal{L}^{-1}[F(s)]$	$F(s)=\mathcal{L}[f(t)]$
1	1	$\frac{1}{s}$
2	t	$\frac{1}{s^2}$
3	t^n	$\frac{n!}{s^{n+1}}$
4	$\frac{1}{\sqrt{t}}$	$\sqrt{\frac{\pi}{s}}$
5	e^{at}	$\frac{1}{s-a}$
6	te^{at}	$\frac{1}{(s-a)^2}$
7	t^ne^{at}	$\frac{n!}{(s-a)^{(n+1)}}$
8	$\frac{1}{a-b}(e^{at}-e^{bt})$	$\frac{1}{(s-a)(s-b)}$

9	$\frac{1}{a-b}(ae^{at}-be^{bt})$	$\frac{s}{(s-a)(s-b)}$
10	$\frac{(c-b)e^{at}+(a-c)e^{bt}+(b-a)e^{ct}}{(a-b)(b-c)(c-a)}$	$\frac{1}{(s-a)(s-b)(s-c)}$
11	$\sin(at)$	$\frac{a}{s^2+a^2}$
12	$\cos(at)$	$\frac{s}{s^2+a^2}$
13	$1-\cos(at)$	$\frac{a^2}{s(s^2+a^2)}$
14	$at-\sin(at)$	$\frac{a^3}{s^2(s^2+a^2)^2}$
15	$\sin(at)-at\cos(at)$	$\frac{2a^3}{(s^2+a^2)^2}$
16	$t\sin(at)$	$\frac{2as}{(s^2+a^2)^2}$
17	$t\cos(at)$	$\frac{(s-a)(s+a)}{(s^2+a^2)^2}$
18	$\frac{\cos(at)-\cos(bt)}{(b-a)(b+a)}$	$\frac{s}{(s^2+a^2)(s^2+b^2)}$
19	$e^{at}\sin(bt)$	$\frac{b}{(s-a)^2+b^2}$
20	$e^{at}\cos(bt)$	$\frac{s-a}{(s-a)^2+b^2}$
21	$\sinh(at)$	$\frac{a}{s^2-a^2}$
22	$\cosh(at)$	$\frac{s}{s^2-a^2}$
23	$\sin(at)\cosh(at)-\cos(at)\sinh(at)$	$\frac{4a^3}{s^4+4a^4}$
24	$\sin(at)\sinh(at)$	$\frac{2a^2s}{s^4+4a^4}$

25	$\sinh(at)-\sin(at)$	$\dfrac{2a^3}{s^4-a^4}$
26	$\cosh(at)-\cos(at)$	$\dfrac{2a^2s}{s^4-a^4}$
27	$\dfrac{e^{at}(1+2at)}{\sqrt{\pi t}}$	$\dfrac{s}{(s-a)^{\frac{3}{2}}}$
28	$J_0(at)^*$	$\dfrac{1}{\sqrt{s^2+a^2}}$
29	$a^nJ_n(at)^*$	$\dfrac{(\sqrt{s^2+a^2}-s)^n}{\sqrt{s^2+a^2}}$
30	$J_0(2\sqrt{at})$	$\dfrac{e^{-a/s}}{s}$
31	$\dfrac{1}{t}\sin(at)$	$\tan^{-1}\left(\dfrac{a}{s}\right)$
32	$\dfrac{2}{t}[1-\cos(at)]$	$\ell n\left(\dfrac{s^2+a^2}{s^2}\right)$
33	$\dfrac{2}{t}[1-\cosh(at)]$	$\ell n\left(\dfrac{s^2-a^2}{s^2}\right)$
34	$\dfrac{1}{\sqrt{\pi t}}-ae^{a^2t}\text{erfc}(a\sqrt{t})$	$\dfrac{1}{\sqrt{s}+a}$
35	$\dfrac{1}{\sqrt{\pi t}}+ae^{a^2t}\text{erf}(a\sqrt{t})$	$\dfrac{\sqrt{s}}{s-a^2}$
36	$e^{a^2t}\text{erf}(a\sqrt{t})$	$\dfrac{a}{\sqrt{s}(s-a^2)}$
37	$e^{a^2t}\text{erfc}(a\sqrt{t})$	$\dfrac{1}{\sqrt{s}(\sqrt{s}+a)}$
38	$\text{erfc}\left(\dfrac{a}{2\sqrt{t}}\right)$	$\dfrac{1}{s}e^{-a\sqrt{s}}$
39	$\dfrac{1}{\sqrt{\pi t}}e^{-a^2/4t}$	$\dfrac{1}{\sqrt{s}}e^{-a\sqrt{s}}$
40	$\dfrac{1}{\sqrt{\pi(t+a)}}$	$\dfrac{1}{\sqrt{s}}e^{as}\text{erfc}(\sqrt{as})$

41	$\frac{1}{\pi t}\sin(2a\sqrt{t})$	$\text{erf}\left(\frac{a}{\sqrt{s}}\right)$
42	$f\left(\frac{t}{a}\right)$	$aF(as)$
43	$e^{bt/a}f\left(\frac{t}{a}\right)$	$aF(as-b)$
44	$f^{(n)}(t)$	$s^nF(s)-s^{n-1}f(0)-s^{n-2}f'(0)$ $\cdots\cdots sf^{(n-2)}(0)-f^{(n-1)}(0)$
45	$\delta_a(t)$	$\frac{e^{-as}(1-e^{-\varepsilon s})}{\varepsilon s}$
46	$\delta(t-a)$	e^{-as}

習 5-2 題

求下列函數的拉氏轉換

① $f(t)=4t^2-3\cos(2t)+5e^{-t}$

② $f(t)=4e^{5t}+6t^3-3\sin(4t)+2\cos(2t)$

③ $f(t)=4\sinh(3t)-18e^{-5t}$

④ $f(t)=t^3-8t^2+1$

⑤ $f(t)=3t-t^8+4-5e^{2t}+6\cos(3t)$

⑥ $f(t)=e^{2t}\cos(3t)$

⑦ $f(t)=2t-3e^t$

⑧ $f(t)=\frac{1}{2}e^t-\frac{1}{2}e^{-t}$

⑨ $f(t)=3\sin(t)+e^{2t}+\frac{1}{24}t^4$

⑩ $f(t)=\cos(bt+c)$

⑪ $f(t)=2\sinh(t)-4$

⑫ $f(t)=\cos(t)-\sin(t)$

⑬ $f(t)=4t\sin(2t)$

⑭ $f(t)=t^2-3t+5$

⑮ $f(t)=t-\cos(5t)$

⑯ $f(t)=2t^2e^{-3t}-4t+1$

3 拉普拉氏轉換的法則

The Theorem of Laplace Transform

上節所附的拉氏轉換表，並無法包含所有的拉氏轉換，倘若我們能瞭解拉氏轉換的法則，則可自行推導任何一種情形的拉氏轉換。本節將介紹九大基本法則。

$$F(s)=\pounds[f(t)]=\int_0^\infty f(t)e^{-st}dt$$

此式是拉氏轉換的基本積分式，在此必須註明，本章所提的 $f(t)$ 是指 $t\geq 0$ 時的函數。而在 $t<0$ 時，$f(t)=0$。

法則一　一階導數的拉氏轉換

在 $t\geq t_0$ 時，若 $|f(t)|\leq Me^{rt}$；$t\geq 0$ 時，若 $f(t)$ 是連續的，

且對每一 $k>0$ 則 $f'(t)$ 在 $[0,k]$ 內均為逐段連續，

則 $\pounds[f'(t)]=s\pounds[f(t)]-f(0),\quad s>r$　　(13)

例 5－11

試求 $\pounds[\cos(t)]$

解：

因為若　$f(t)=\sin(t)$

則知　$f'(t)=\cos(t)$

且　$f(0)=0$

代入法則一 $\mathcal{L}[f'(t)] = s\mathcal{L}[f(t)] - f(0)$

$$= s\mathcal{L}[\sin(t)] - 0$$

$$= s\cdot\frac{1}{s^2+1}$$

$$= \frac{s}{s^2+1}$$

例 5－12

若 $f(t)=3t^2+1$, 且 $f(0)=1$, 試求 $\mathcal{L}[f'(t)]=$?

解：

由法則一知 $\mathcal{L}[f'(t)] = s\mathcal{L}[f(t)] - f(0)$

$$= s\mathcal{L}[3t^2+1] - 1$$

$$= s\left(\frac{3\times 2!}{s^3} + \frac{1}{s}\right) - 1$$

$$= \frac{6}{s^2} + 1 - 1$$

$$= \frac{6}{s^2}$$

驗證

因爲 $f'(t) = 6t$

所以 $\mathcal{L}[f'(t)] = \mathcal{L}[6t] = \frac{6}{s^2}$

法則二 N 階導數的拉氏轉換

$$\mathcal{L}[f^{(n)}] = s^n\mathcal{L}[f] - s^{n-1}f(0) - s^{n-2}f'(0) - \cdots\cdots - f^{(n-1)}(0) \quad (14)$$

例 5－13

若 $f(t)=t^3$ 且 $f(0)=f'(0)=0$ 則 $\mathcal{L}[f''(t)]=$?

解：

由法則二知 $\mathcal{L}[f''(t)] = s^2\mathcal{L}[f] - sf(0) - f'(0)$

$$= s^2\mathcal{L}[t^3]$$

$$= s^2 \cdot \frac{3!}{s^4}$$

$$= \frac{6}{s^2}$$

驗證

$$f''(t) = 6t$$

所以 $$\mathcal{L}[f''(t)] = \mathcal{L}[6t] = \frac{6}{s^2}$$

法則三　週期函數的拉氏轉換

若 $f(t+\omega)=f(t)$, 意即 $f(t)$爲週期函數, 且週期爲 ω,

則 $$\mathcal{L}[f(t)] = \frac{1}{1-e^{-s\omega}}\int_0^\infty e^{-st} f(t)dt \tag{15}$$

例 5－14

試求 $\mathcal{L}[f(t)]$

$$f(t)=\begin{cases} 0, & t<0 \\ 1, & 2na \leq t \leq (2n+1)a \\ -1, & (2n+1)a<t<(2n+2)a \end{cases}$$

其中 $n=0, 1, 2, \cdots\cdots a$ 爲常數

解：

$f(t)$的週期爲 $2a$, 且波形如圖 5－1

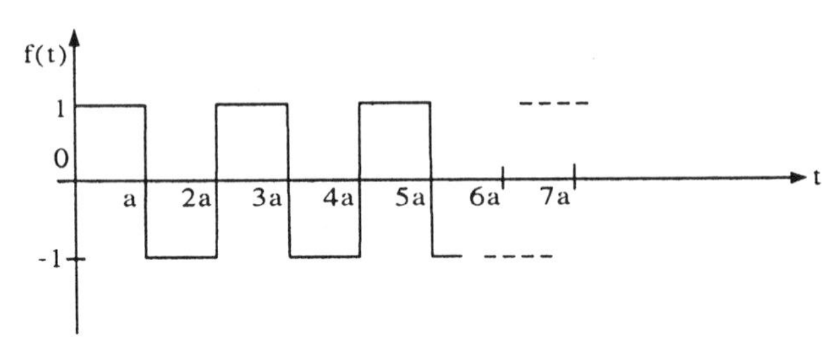

圖 5－1　方波

代入法則三　　$\mathcal{L}[f(t)]=\dfrac{1}{1-e^{-2as}}\int_0^{2a}f(t)e^{-st}dt$

$$=\frac{1}{1-e^{-2as}}\left[\int_0^a 1\cdot e^{-st}dt+\int_a^{2a}(-1)\cdot e^{-st}dt\right]$$

$$=\frac{1}{1-e^{-2as}}\left[-\frac{1}{s}e^{-st}\Big|_0^a+\frac{1}{s}e^{-st}\Big|_a^{2a}\right]$$

$$=\frac{1}{1-e^{-2as}}\left[-\frac{1}{s}e^{-as}+\frac{1}{s}+\frac{1}{s}e^{-2as}-\frac{1}{s}e^{-as}\right]$$

$$=\frac{1-2e^{-as}+e^{-2as}}{s(1-e^{-2as})}$$

$$=\frac{(1-e^{-as})^2}{s(1-e^{-as})(1+e^{-as})}$$

$$=\frac{1-e^{-as}}{s(1+e^{-as})}$$

例 5－15

$f(t)=E\sin(\omega t)$的半波整流，求 $\mathcal{L}[f(t)]=?$

$$f(t)=\begin{cases}E\sin(\omega t), & 若\ t\in\left[0,\dfrac{\pi}{\omega}\right]\\ 0, & 若\ t\in\left[\dfrac{\pi}{\omega},\dfrac{2\pi}{\omega}\right]\end{cases}$$

解：

$f(t)$的週期為$\dfrac{2\pi}{\omega}$，且波形如圖 5－2

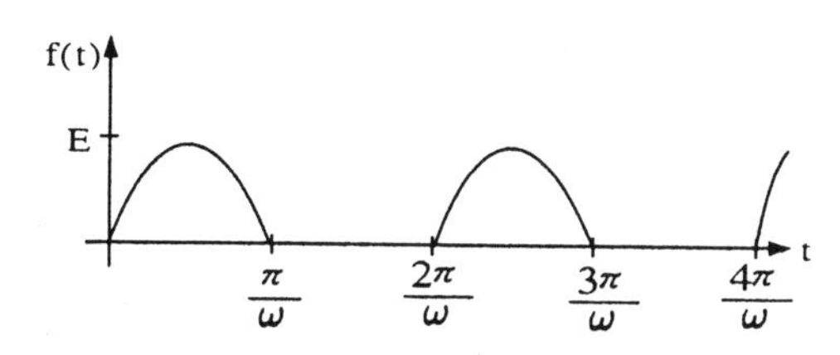

圖 5－2　E sin(ωt)的半波整流

代入法則三　　$\mathcal{L}[f(t)]=\dfrac{1}{1-e^{\frac{-2\pi s}{\omega}}}\left[\int_0^{\frac{2\pi}{\omega}}f(t)e^{-st}dt\right]$

$$=\frac{1}{1-e^{\frac{-2\pi s}{\omega}}}\left[\int_0^{\frac{\pi}{\omega}}E\sin(\omega t)e^{-st}dt\right]$$

$$=\frac{E}{1-e^{\frac{-2\pi s}{\omega}}}\left\{\frac{e^{-st}}{s^2+\omega^2}[-s\sin(\omega t)-\omega\cos(\omega t)]\right\}\Big|_0^{\frac{\pi}{\omega}}$$

$$=\frac{E}{1-e^{\frac{-2\pi s}{\omega}}}\left(\frac{\omega e^{\frac{-s\pi}{\omega}}}{s^2+\omega^2}+\frac{\omega}{s^2+\omega^2}\right)$$

$$=\frac{\omega E(1+e^{\frac{-s\pi}{\omega}})}{(s^2+\omega^2)(1+e^{\frac{-s\pi}{\omega}})(1-e^{\frac{-s\pi}{\omega}})}$$

$$=\frac{\omega E}{(s^2+\omega^2)(1-e^{\frac{-s\pi}{\omega}})}$$

【註】 $\int e^{at}\sin(bt)dt=\frac{e^{at}}{a^2+b^2}[a\sin(bt)-b\cos(bt)]$

$\int e^{at}\cos(bt)dt=\frac{e^{at}}{a^2+b^2}[a\cos(bt)+b\sin(bt)]$

例 5－16

求下圖所示鋸齒波的拉氏轉換

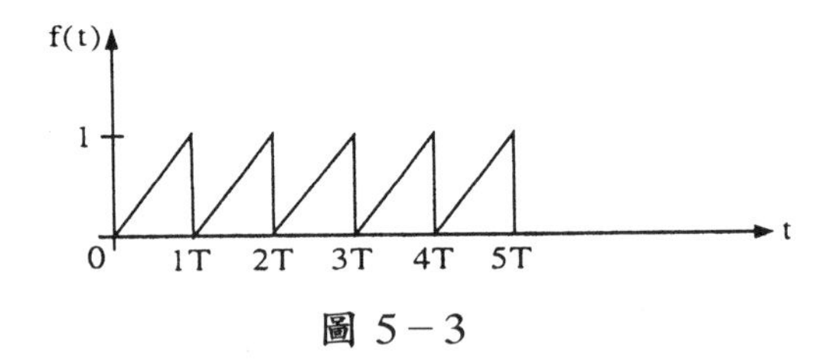

圖 5－3

解：

f(t)的週期爲 T, 且 $f(t)=\frac{t}{T}$

由法則三知 $\mathcal{L}[f(t)]=\frac{1}{1-e^{-Ts}}\int_0^T\frac{t}{T}e^{-st}dt$

$$=\frac{1}{T(1-e^{-Ts})}\left[-\frac{T}{s}e^{-st}-\frac{1}{s^2}(e^{-sT}-1)\right]$$

$$=\frac{1}{T(1-e^{-Ts})}\left[\frac{1-e^{-Ts}-Ts}{s^2}e^{-sT}\right]$$

$$=\frac{1}{Ts^2}-\frac{e^{-Ts}}{s(1-e^{-Ts})}$$

例 5－17

$f(t)=|\sin(t)|$, 求 $\mathcal{L}[f(t)]$

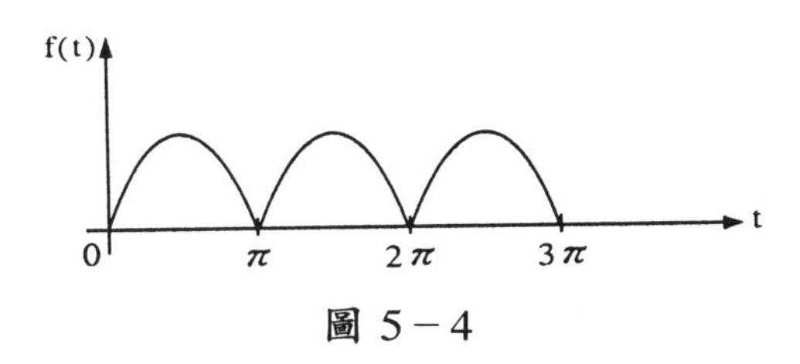

圖 5－4

解：

f(t)的週期為 π

由**法則**三知 $\mathcal{L}[f(t)]=\dfrac{1}{1-e^{-\pi s}}\int_0^{\pi}\sin(t)e^{-st}dt$

$$=\frac{1}{1-e^{-\pi s}}\left\{\frac{e^{-st}}{s^2+1}[-s\sin(t)-\cos(t)]\right\}\Bigg|_0^{\pi}$$

$$=\frac{1+e^{-\pi s}}{(s^2+1)(1-e^{-\pi s})}$$

法則四　s 變數上的移位

若 $\mathcal{L}[f(t)]=F(s)$，則對 $s>a$

$$\mathcal{L}[e^{at}f(t)]=F(s-a) \tag{16}$$

例 5－18

若 $f(t)=t$，求 $\mathcal{L}[e^{-2t}f(t)]=$ ？

解：

由**法則四**知 $\mathcal{L}[f(t)]=\mathcal{L}[t]=\dfrac{1}{s^2}$

故 $\mathcal{L}[e^{-2t}f(t)]=\mathcal{L}[e^{-2t}\cdot t]=\dfrac{1}{(s+2)^2}$

驗證

$$\mathcal{L}[te^{-2t}]=\int_0^{\infty}te^{-2t}\cdot e^{-st}dt$$

$$= \int_0^\infty te^{-t(s+2)}dt$$

$$= e^{-t(s+2)}\left(-\frac{t}{s+2}-\frac{1}{(s+2)^2}\right)\Big|_0^\infty$$

$$= \frac{1}{(s+2)^2}$$

例 5－19

試求　$\mathcal{L}\{e^{4t}[t-\cos(t)]\}$

解：

因為　$\mathcal{L}[t-\cos(t)] = \frac{1}{s^2} - \frac{s}{s^2+1}$

代入**法則四**　$\mathcal{L}\{e^{4t}[t-\cos(t)]\} = \frac{1}{(s-4)^2} - \frac{s-4}{(s-4)^2+1}$

$$= \frac{1}{(s-4)^2} - \frac{s-4}{s^2-8s+17}$$

法則五　T 變數上的移位

設 a 為正值常數，且 f(t) 為已知的函數。

若 $t<0$ 時，則 $f(t)=0$。

設若有一函數 g(t)，且 $g(t)=f(t-a)u(t-a)$

$$\left.\begin{aligned} &\text{則} \quad \mathcal{L}[g(t)] = e^{-as}\mathcal{L}[f(t)] \\ &\text{或} \quad \mathcal{L}[u(t-a)f(t-a)] = e^{-as}\mathcal{L}[f(t)] \end{aligned}\right\} \quad (17)$$

u(t) 為單位梯階函數。

例 5－20

已知 $f(t)=\begin{cases}0, & t<0 \\ t, & t\geq 0\end{cases}$，求 ① $g(t)=f(t-5)u(t-5)$ ② $g(t)=f(t+5)u(t+5)$

解：

f(t) 的圖形如圖 5－5

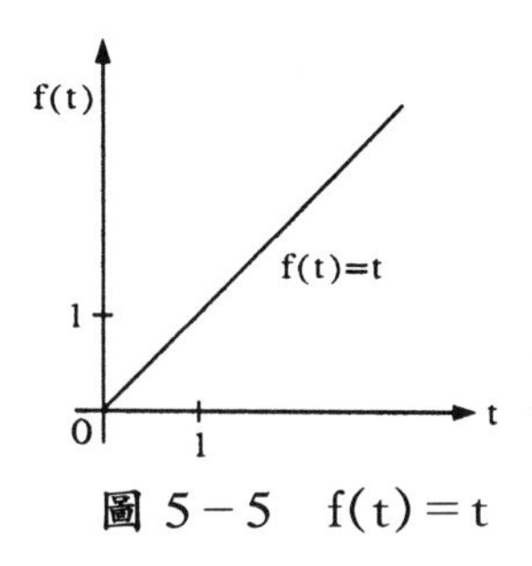

圖 5－5　$f(t)=t$

① $g(t)=f(t-5)u(t-5)$的圖形如圖 5－6

② $g(t)=f(t+5)u(t+5)$的圖形如圖 5－7

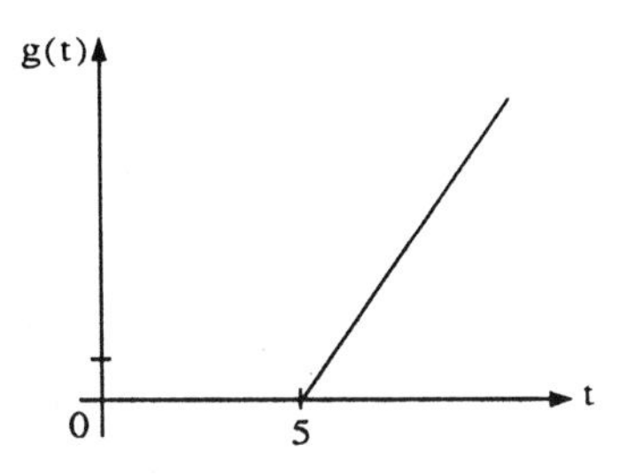

圖 5－6　$g(t)=f(t-5)u(t-5)$

表示法　$g(t)=\begin{cases}0, & t<5\\ t-5, & t\geq 5\end{cases}$

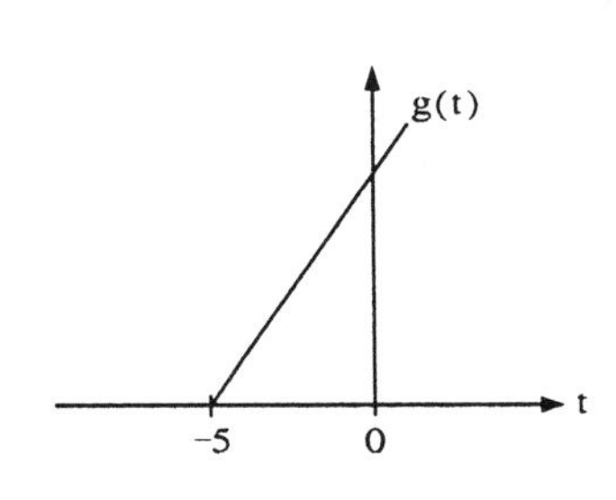

圖 5－7　$g(t)=f(t+5)u(t+5)$

表示法　$g(t)=\begin{cases}0, & t<-5\\ t+5, & t\geq -5\end{cases}$

【註】例 5－20 是說明 T 變數上移位的情形。

例 5－21

設 $f(t)=\begin{cases}0, & t<4\\ \sin[3(t-4)], & t\geq 4\end{cases}$ 求 $\mathcal{L}[f(t)]$

解：

因爲　　$\mathcal{L}[\sin(3t)]=\dfrac{3}{s^2+9}$

由**法則五**知　　$\pounds[\sin 3(t-4)u(t-4)] = e^{-4s}\left(\dfrac{3}{s^2+9}\right)$

例 5－22

求　$\pounds[t^2u(t-1)]$

解：

因爲　　$t^2 = (t-1)^2 + 2(t-1) + 1$

所以　　$\pounds[t^2u(t-1)] = \pounds[(t-1)^2 + 2(t-1) + 1]u(t-1)$

$$= e^{-s}[\pounds(t^2) + \pounds(2t) + \pounds(1)]$$

$$= e^{-s}\left(\frac{2}{s^3} + \frac{2}{s^2} + \frac{1}{s}\right)$$

由**例 5－22** 知，在 $f(t)u(t-a)$式子中，$u(t-a)$可代表 T 變數上移位的情形，此時必須將 $f(t)$代換成 $f(t-a)$的情況，方能滿足**法則五**的條件。我們可使用**泰勒級數**(Taylor's series)輕易地將 $f(t)$化成 $f(t-a)$的形式：

$$\boldsymbol{f(t) = \sum_{n=0}^{\infty} \frac{f^{(n)}(a)}{n!}(t-a)^n} \tag{18}$$

例 5－23

將 $f(t) = t^2$ 化成 $f(t-1)$的形式

解：

因爲　　$f(t) = t^2$　　　$f(1) = 1$

　　　　$f'(t) = 2t$　　　$f'(1) = 2$

　　　　$f''(t) = 2$　　　$f''(1) = 2$

所以　　$f(t) = \sum_{n=0}^{\infty} \dfrac{f^{(n)}(a)}{n!}(t-a)^n = 1 + 2(t-1) + \dfrac{2}{2}(t-1)^2$

$$= (t-1)^2 + 2(t-1) + 1$$

例 5－24

$$f(t) = \begin{cases} 0, & t<5 \\ t^2+1, & t>5 \end{cases}$$　求 $\pounds[f(t)]$

解：

因為 $f(t)=(t^2+1)u(t-5)$

設 $g(t)=t^2+1$

則 $g(t)=t^2+1 \qquad g(5)=26$

$g'(t)=2t \qquad g'(5)=10$

$g''(t)=2 \qquad g''(5)=2$

由泰勒級數知 $t^2+1=2b+10(t-5)+(t-5)^2$

故 $\mathcal{L}[f(t)]=\mathcal{L}[(t^2+1)u(t-5)]$

$$=\mathcal{L}\{[(t-5)^2+10(t-5)+26]u(t-5)\}$$

$$=e^{-5s}\cdot\mathcal{L}[t^2+10t+26]$$

$$=e^{-5s}\left(\frac{2}{s^3}+\frac{10}{s^2}+\frac{26}{s}\right)$$

例 5－25

$$f(t)=\begin{cases}2 & 0\le t<2\\ 2t & 2\le t<4\\ \frac{1}{4}t^2 & t>4\end{cases} \quad 求\ \mathcal{L}[f(t)]$$

解：

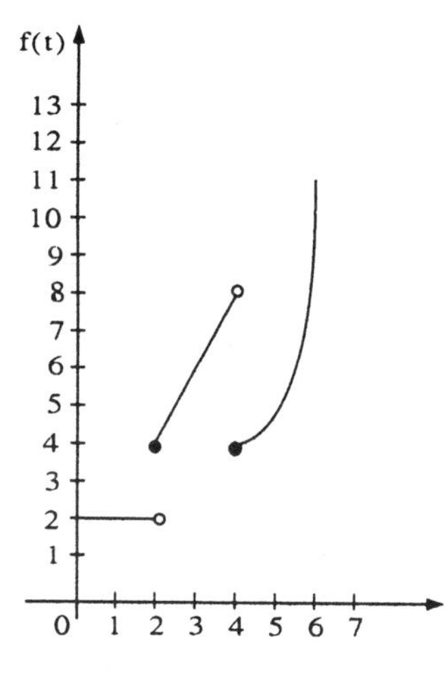

圖 5－8

此題即為分段連續的類型，因此求拉氏轉換，必須分為三段考慮

$$f_1(t) = [2 - 2u(t-2)]$$

$$f_2(t) = 2t[u(t-2) - u(t-4)]$$

$$f_3(t) = \frac{1}{4}t^2u(t-4)$$

所以 $f(t) = f_1(t) + f_2(t) + f_3(t)$

$$= 2 + [2t-2]u(t-2) + [\frac{1}{4}t^2 - 2t]u(t-4)$$

$$= 2 + [2 + 2(t-2)]u(t-2) +$$

$$[-4 + \frac{1}{4}(t-4)^2]u(t-4)$$

故 $\mathcal{L}[f(t)] = \mathcal{L}\{2 + [2 + 2(t-2)]u(t-2) + [-4 + \frac{1}{4}(t-4)^2]u(t-4)\}$

$$= \mathcal{L}[2] + e^{-2s} \cdot \mathcal{L}[2 + 2t] + e^{-4s} \cdot \mathcal{L}[-4 + \frac{1}{4}t^2]$$

$$= \frac{2}{s} + e^{-2s}\left(\frac{2}{s} + \frac{2}{s^2}\right) + e^{-4s}\left(\frac{-4}{s} + \frac{1}{2s^3}\right)$$

法則六　積分定理

$$\mathcal{L}\left[\int_0^t f(z)dz\right] = \frac{1}{s}\mathcal{L}[f(t)] \tag{19}$$

例 5－26

求 $\mathcal{L}\left[\int_0^t \sin(3z)dz\right]$

解：

因為 $\mathcal{L}[\sin(3t)] = \dfrac{3}{s^2+9}$

由**法則六**知 $\mathcal{L}\left[\int_0^t \sin(3z)dz\right] = \dfrac{3}{s(s^2+9)}$

法則七　拉氏轉換之微分

若　　$\mathcal{L}[f(t)] = F(s)$

則　　$\mathcal{L}[t^n f(t)] = (-1)^n \dfrac{d^n F(s)}{ds^n}$　　(20)

例 5－27

求　$\mathcal{L}[t^2 \ e^{3t}] = ?$

解：

因爲　　$\mathcal{L}[e^{3t}] = \dfrac{1}{s-3}$

由法則七知　　
$$\begin{aligned}\mathcal{L}[t^2 e^{3t}] &= \frac{d^2}{ds^2}\left(\frac{1}{s-3}\right) \\ &= \frac{d}{ds}\left[\frac{-1}{(s-3)^2}\right] \\ &= \frac{2(s-3)}{(s-3)^4} \\ &= \frac{2}{(s-3)^3}\end{aligned}$$

例 5－28

求　$\mathcal{L}\{t^2[\cos(t) + \sin(t)]\} = ?$

解：

因爲　　$\mathcal{L}[\cos(t) + \sin(t)] = \dfrac{s+1}{s^2+1}$

由法則七知　　
$$\begin{aligned}\mathcal{L}\{t^2[\cos(t) + \sin(t)]\} &= \frac{d^2}{ds^2}\left(\frac{s+1}{s^2+1}\right) \\ &= \frac{d}{ds}\left[\frac{(s^2+1) - 2s(s+1)}{(s^2+1)^2}\right] \\ &= \frac{d}{ds}\left[\frac{1-2s-s^2}{(s^2+1)^2}\right] \\ &= \frac{2s^3+6s^2-6s-2}{(s^2+1)^3}\end{aligned}$$

【註】 $\dfrac{d}{dx}\left[\dfrac{A(x)}{B(x)}\right] = \dfrac{BA' - AB'}{B^2}$

例 5－29

求 $\mathcal{L}\{[2+\cos(t)+\sinh(2t)]e^{-t}\}$

解：

因為 $\mathcal{L}[2+\cos(t)+\sinh(2t)]=\dfrac{2}{s}+\dfrac{s}{s^2+1}+\dfrac{2}{s^2-4}$

由法則四知 $\mathcal{L}\{[2+\cos(t)+\sinh(2t)]e^{-t}\}$

$$=\frac{2}{s+1}+\frac{s+1}{(s+1)^2+1}+\frac{2}{(s+1)^2-4}$$

例 5－30

$$f(t)=\begin{cases} t, & 1<t<4 \\ 0, & \text{其他} \end{cases} \quad \text{求 } \mathcal{L}[f(t)]$$

解：

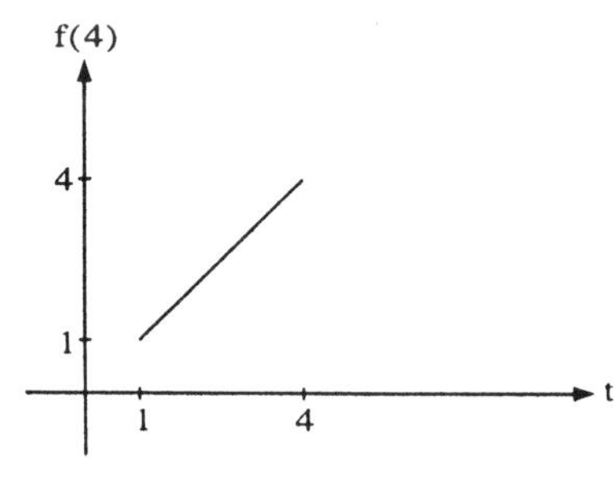

圖 5－9

$$f(t)=t[u(t-1)-u(t-4)]$$
$$=[1+(t-1)u(t-1)-[4+(t-4)u(t-4)$$

由法則五知 $\mathcal{L}[f(t)]=\mathcal{L}\{[1+(t-1)]u(t-1)-$

$[4+(t-4)]u(t-4)\}$

$$=e^{-s}\mathcal{L}[1+t]-e^{-4s}\mathcal{L}[4+t]$$
$$=e^{-s}\left(\frac{1}{s}+\frac{1}{s^2}\right)-e^{-4s}\left(\frac{4}{s}+\frac{1}{s^2}\right)$$

例 5－31

$$f(t)=\begin{cases} \frac{3}{2}t, & t\in[0,2] \\ 0, & t\in[2,8] \end{cases} \quad \text{且 } f(t)=f(t+T)\text{，求 } \mathcal{L}[f(t)]$$

解：

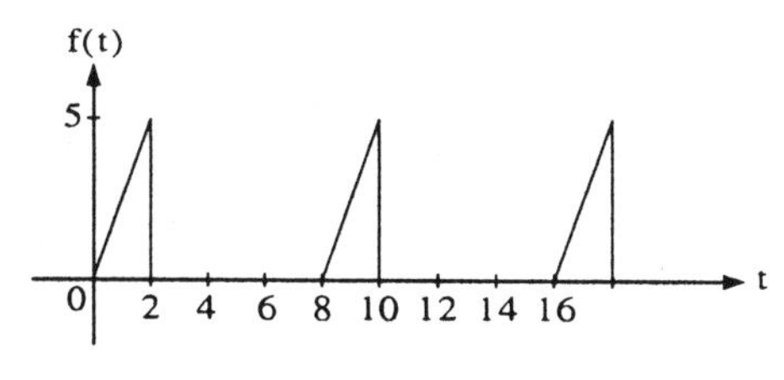

圖 5－10

f(t)爲週期函數，T＝8

由**法則三**知　　$\pounds[f(t)]=\dfrac{1}{1-e^{-8s}}\displaystyle\int_0^8 f(t)e^{-st}dt$

$$=\frac{1}{1-e^{-8s}}\int_0^2 \frac{3}{2}te^{-st}dt$$

$$=\frac{1}{1-e^{-8s}}\left[\frac{3}{2}e^{-st}\left(-\frac{t}{s}-\frac{1}{s^2}\right)\Bigg|_0^2\right]$$

$$=\frac{1}{1-e^{-8s}}\left[\frac{3}{2}e^{-2s}\left(-\frac{2}{s}-\frac{1}{s^2}\right)+\frac{3}{2s^2}\right]$$

$$=\frac{3[1-e^{-2s}(2s+1)]}{2s^2(1-e^{-8s})}$$

例 5－32

求　$\pounds\{t[3+\cos(t)]\}=$?

解：

因爲　　$\pounds[3+\cos(t)]=\dfrac{3}{s}+\dfrac{s}{s^2+1}$

由**法則七**知　　$\pounds\{t[3+\cos(t)]\}=-\dfrac{d}{ds}\left(\dfrac{3}{s}+\dfrac{s}{s^2+1}\right)$

$$=-\left(\frac{-3}{s^2}+\frac{1-s^2}{(s^2+1)^2}\right)$$

$$=\frac{3}{s^2}-\frac{1-s^2}{(s^2+1)^2}$$

例 5－33

求　$\pounds[e^{-2t}\displaystyle\int_0^t e^{2\tau}\cos(3\tau)d\tau]$

解：

因爲　　$\pounds[\cos(3t)]=\dfrac{s}{s^2+9}$

由法則四知　$\pounds\left[e^{2t}\cos(3t)\right]=\dfrac{s-2}{(s-2)^2+9}$

由法則六知　$\pounds\left[\int_0^t e^{2\tau}\cos(3\tau)d\tau\right]=\dfrac{1}{s}\cdot\dfrac{s-2}{(s-2)^2+9}$

由法則四知　$\pounds\left[e^{-2t}\int_0^t e^{2\tau}\cos(3\tau)d\tau\right]=\dfrac{1}{s+2}\cdot\dfrac{s}{s^2+9}$

法則八　初值定理

若　$\pounds\left[f(t)\right]=F(s)$

則　$f(0)=\lim\limits_{t\to 0} f(t)=\lim\limits_{s\to\infty} sF(s)$　(21)

【證明】

因為　$\pounds\left[f'(t)\right]=\int_0^\infty f'(t)e^{-st}dt=sF(s)-f(0)$

$$\lim_{s\to\infty}\int_0^\infty f'(t)e^{-st}dt=\lim_{s\to\infty}\left[sF(s)-f(0)\right]=0$$

所以得證　$\lim\limits_{s\to\infty} sF(s)=f(0)$

法則九　終值定理

若　$\pounds\left[f(t)\right]=F(s)$

則　$f(\infty)=\lim\limits_{t\to\infty} f(t)=\lim\limits_{s\to 0} sF(s)$　(22)

【證明】

因為　$\pounds\left[f'(t)\right]=\int_0^\infty f'(t)e^{-st}dt=sF(s)-f(0)$

$$\lim_{s\to 0}\int_0^\infty f'(t)e^{-st}dt=\lim_{s\to 0}\left[sF(s)-f(0)\right]$$

$$\int_0^\infty f'(t)dt=f(t)\Big|_0^\infty=f(\infty)-f(0)$$

$$=\lim_{s\to 0}[sF(s)-f(0)]$$

所以得證 $\lim\limits_{s\to 0} sF(s)=f(\infty)$

例 5－34

$F(s)=\dfrac{s^2+s+1}{s^3-s^2+2}$，求 $f(0)$及$\lim\limits_{x\to\infty} f(t)$之值

解：

$$f(0)=\lim_{s\to\infty} sF(s)=\lim_{s\to\infty}\frac{s(s^2+s+1)}{s^3-s^2+2}=1$$

$$f(\infty)=\lim_{s\to 0} sF(s)=\lim_{s\to 0}\frac{s(s^2+s+1)}{s^3-s^2+2}=0$$

例 5－35

$F(s)=\dfrac{s+3}{2s^3-3s^2-2s}$，求 $f(0)$及 $\lim\limits_{x\to\infty} f(t)$之值

解：

$$f(0)=\lim_{s\to\infty} sF(s)=\lim_{s\to\infty}\frac{s(s+3)}{2s^3-3s^2-2s}=0$$

$$f(\infty)=\lim_{s\to 0} sF(s)=\lim_{s\to 0}\frac{s(s+3)}{2s^3-3s^2-2s}=-\frac{3}{2}$$

例 5－36

$F(s)=\dfrac{s^2+1}{s^3+6s^2+11s+6}$，求 $f(0)$及 $\lim\limits_{t\to 0} f(t)$ 之值

解：

$$f(0)=\lim_{s\to\infty} sF(s)=\lim_{s\to\infty}\frac{s(s^2+1)}{s^3+6s^2+11s+6}=1$$

$$f(\infty)=\lim_{s\to 0} sF(s)=\lim_{s\to 0}\frac{s(s^2+1)}{s^3+6s^2+11s+6}=0$$

例 5－37

求下圖所示鋸齒函數的拉氏轉換

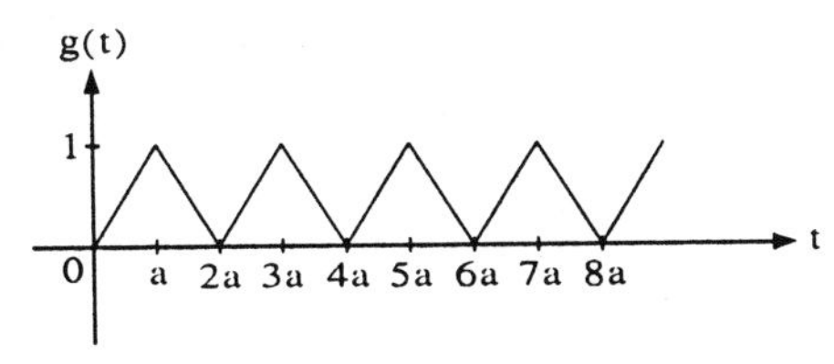

圖 5－11

解：

g(t)的週期爲 2a, 且在 $0\leq a\leq 2a$ 的 $g(t)=\begin{cases}\dfrac{t}{a}, & 0\leq t\leq a\\ 2-\dfrac{t}{a}, & a\leq t\leq 2a\end{cases}$

由法則三知 $$\pounds\left[g(t)\right]=\frac{1}{1-e^{-2as}}\left(\int_0^a\frac{t}{a}e^{-st}dt+\int_a^{2a}\left(2-\frac{t}{a}\right)e^{-st}dt\right)$$

$$=\frac{1}{1-e^{-2as}}\left\{\begin{aligned}&\frac{1}{a}\left(\frac{e^{-st}}{-s}\left(t+\frac{1}{s}\right)\right)\Bigg|_0^a+\\&\frac{1}{a}\left(\frac{e^{-st}}{-s}\left(2a-t-\frac{1}{s}\right)\right)\Bigg|_a^{2a}\end{aligned}\right\}$$

$$=\frac{1}{1-e^{-2as}}\left(\frac{1}{as^2}(1-2e^{-as}+e^{-2as})\right)$$

$$=\frac{(1-e^{-as})^2}{as^2(1-e^{-2as})}$$

$$=\frac{1-e^{-as}}{as^2(1+e^{-as})}$$

另法

g′(t)的圖形如下

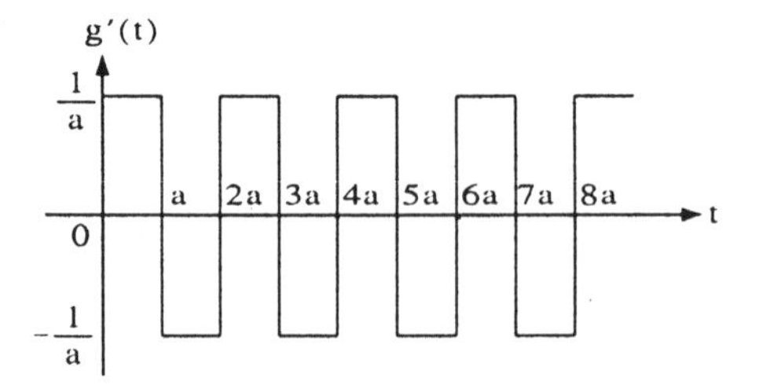

圖 5－12

由法則三知 $$\pounds\left[g'(t)\right]=\frac{1}{1-e^{-2as}}\left(\int_0^a\frac{1}{a}e^{-st}dt+\int_a^{2a}\left(-\frac{1}{a}\right)e^{-st}dt\right)$$

$$=\frac{1}{1-e^{-2as}}\left(\frac{-1}{as}e^{-st}\Bigg|_0^a+\frac{1}{as}e^{-st}\Bigg|_a^{2a}\right)$$

$$=\frac{(1-e^{-as})^2}{as(1-e^{-2as})}=\frac{1-e^{-as}}{as(1+e^{-as})}$$

由法則六知 $$\pounds\left[g(t)\right]=\pounds\left(\int_0^t g'(t)dt\right)=\frac{1}{s}G'(s)$$

$$=\frac{1-e^{-as}}{as^2(1+e^{-as})}$$

習 5-3 題

求下列式子的拉普拉氏轉換

① $e^{-3t}(t-2)$

② $\int_0^t \int_0^\tau \cos(3x)\,dx\,d\tau$

③ $e^{-t}\sin(\omega t+\theta)$

④ $e^{-3t}\left[\cos(2t)-\frac{3}{2}\sin(2t)\right]$

⑤ $\cosh(at)\cos(at)$

⑥ $\cosh(at)\sin(at)$

⑦ $f(t)=\begin{cases} t^2, & 0<t<1 \\ 0, & \text{其他} \end{cases}$

⑧ $f(t)=\begin{cases} 1-e^{-t}, & 0<t<T \\ 0, & \text{其他} \end{cases}$

⑨ $f(t)=\begin{cases} 0, & 0\leq t<4 \\ -3e^{-2t}, & t\geq 4 \end{cases}$

⑩ $f(t)=\begin{cases} 0, & 0\leq t<4 \\ e^{-3t}, & 4\leq t<6 \\ 1+t, & t\geq 6 \end{cases}$

⑪ $f(t)=\begin{cases} 0, & 0\leq t<2 \\ 1, & 2\leq t<5 \\ -1, & t\geq 5 \end{cases}$

⑫ $f(t)=\begin{cases} 0, & 0\leq t<5 \\ 1+t^2, & t\geq 5 \end{cases}$

⑬

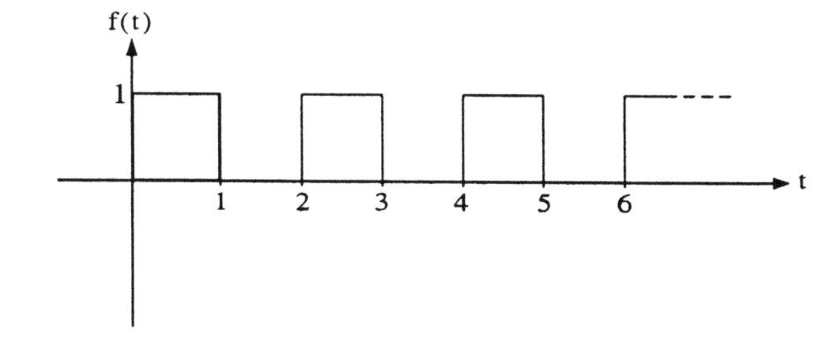

4 拉普拉氏逆轉換

The Inversion of Laplace Transform

誠如第 1 節所言，拉普拉氏轉換能將時間函數轉換成 s 函數，使之於計算方面較易處理，但計算後的結果仍是 s 函數的形式，此時再經**拉普拉氏逆轉換**(the inversion of Laplace transform)，則可將 ***s* 函數又轉換成時間函數**。因此可知，拉普拉氏逆轉換的重要性。在前面幾節當中，所介紹的皆是如何用拉普拉氏轉換，而將時間函數轉換成 s 函數，其中事實上已暗示 s 函數轉換成時間函數的對等關係。如同拉普拉氏轉換表所述：$\mathcal{L}[1]=\frac{1}{s}$，然由此亦可知 $\mathcal{L}^{-1}\left(\frac{1}{s}\right)=1$。本節將介紹拉普拉氏逆轉換的基本技巧。

拉普拉氏逆轉換的符號：

$$\mathcal{L}^{-1}[F(s)]=f(t) \tag{23}$$

例 5－38

求① $\mathcal{L}^{-1}\left(\frac{1}{s-1}\right)=?$

② $\mathcal{L}^{-1}\left(\frac{1}{s^2}+\frac{2}{s^2+4}+\frac{2}{s}\right)=?$

③ $\mathcal{L}^{-1}\left(\frac{1}{s(s+1)}\right)$

解：

① $\mathcal{L}^{-1}\left(\frac{1}{s-1}\right)=e^t$

② $\mathcal{L}^{-1}\left(\frac{1}{s^2}+\frac{2}{s^2+4}+\frac{2}{s}\right)=t+\sin(2t)+2$

③ $\mathcal{L}^{-1}\left[\frac{1}{s(s+1)}\right]=\mathcal{L}^{-1}\left[\frac{1}{s}-\frac{1}{s+1}\right]$

$=1-e^{-t}$

討論

$\frac{1}{s(s+1)}=\frac{1}{s}-\frac{1}{s+1}$，要如何化解？以下將介紹部分分式(partial fractions)的方法。

部分分式的方法：

$$\frac{F(s)}{G(s)}=\frac{a_0+a_1s+\cdots\cdots a_ms^m}{b_0+b_1s+\cdots\cdots+b_ns^n} \tag{24}$$

假設

1. $n>m$
2. $a_0,\cdots\cdots,a_m$ 及 $b_0,\cdots\cdots b_n$ 皆為實數。

討論

※ 若 $G(s)=(s-r)^p$，則

$$\frac{F(s)}{G(s)}=\frac{A_1}{(s-r)}+\frac{A_2}{(s-r)^2}+\cdots\cdots+\frac{A_p}{(s-r)^p} \tag{25}$$

※ 若 $G(s)=(s^2+ps+q)^n$，則

$$\frac{F(s)}{G(s)}=\frac{B_1s+C_1}{(s^2+ps+q)}+\frac{B_2s+C_2}{(s^2+ps+q)^2}+\cdots\cdots+\frac{B_ns+C_n}{(s^2+ps+q)^n} \tag{26}$$

※ 解此 $A_1,\cdots\cdots,B_1\cdots\cdots C_1,\cdots\cdots$，即可展開成部分分式。

例 5－39

$\mathcal{L}^{-1}\left[\frac{1}{(s+1)(s+2)}\right]=?$

解：

設 $\frac{1}{(s+1)(s+2)}=\frac{A}{s+1}+\frac{B}{s+2}$

通分，得 $=\frac{A(s+2)+B(s+1)}{(s+1)(s+2)}$

$=\frac{s(A+B)+(2A+B)}{(s+1)(s+2)}$

與原式比較知 $A+B=0,\ 2A+B=1$

解之得　$A=1,\ B=-1$

所以　$\mathcal{L}^{-1}\left[\frac{1}{(s+1)(s+2)}\right]=\mathcal{L}^{-1}\left[\frac{1}{s+1}-\frac{1}{s+2}\right]$

$$=e^{-t}-e^{-2t}$$

例 5－40

$$\mathcal{L}^{-1}\left[\frac{3s+2}{s^2+6s+8}\right]=?$$

解：

令　$F(s)=\frac{3s+2}{s^2+6s+8}=\frac{3s+2}{(s+2)(s+4)}=\frac{A}{s+2}+\frac{B}{s+4}$

通分則　$F(s)=\frac{A(s+4)+B(s+2)}{(s+2)(s+4)}$

$$=\frac{s(A+B)+(4A+2B)}{(s+2)(S+4)}$$

與 F(s)比較得　$A+B=3,\ 4A+2B=2$

解之得　$A=-2,\ B=5$

所以　$\mathcal{L}^{-1}[F(s)]=\mathcal{L}^{-1}\left[\frac{-2}{s+2}+\frac{5}{s+4}\right]$

$$=-2e^{-2t}+5e^{-4t}$$

例 5－41

$$\mathcal{L}^{-1}\left[\frac{-2s^2-12s+16}{s^3+4s^2+16s+64}\right]=?$$

解：

令　$F(s)=\frac{-2s^2-12s+16}{s^3+4s^2+16s+64}$

$$=\frac{-2s^2-12s+16}{(s^2+16)(s+4)}$$

$$=\frac{As+B}{s^2+16}+\frac{C}{s+4}$$

通分,分子爲　$(As+B)(s+4)+C(s^2+16)$

$$=(A+C)s^2+(4A+B)s+(4B+16C)$$

與 F(s)比較得　$A+C=-2$

$$4A+B=-12$$

$$4B+16C=16$$

即　　　　　　$A=-3,\ B=0,\ C=1$

所以　　　　　$$\pounds^{-1}[F(s)]=\pounds^{-1}\left(\frac{-3s}{s^2+16}+\frac{1}{s+4}\right)$$

$$=-3\cos(4t)+e^{-4t}$$

例 5－42

$$\pounds^{-1}\left(\frac{2s^2+12s-46}{(s-1)^2(s-5)^2}\right)=?$$

解：

令　　　　　$$F(s)=\frac{2s^2+12s-46}{(s-1)^2(s-5)^2}$$

$$=\frac{A}{(s-1)}+\frac{B}{(s-1)^2}+\frac{C}{(s-5)}+\frac{D}{(s-5)^2}$$

通分後分子得　$A(s-1)(s-5)^2+B(s-5)^2+$

$C(s-1)^2(s-5)+D(s-1)^2$

$=s^3(A+C)+s^2(-11A+B-7C+D)+$

$s(35A-10B+11C-2D)+$

$(-25A+25B-5C+D)$

與 F(s)分子比較得

$$A+C=0$$

$$-11A+B-7C+D=2$$

$$35A-10B+11C-2D=12$$

$$-25A+25B-5C+D=-46$$

即　　　　　　$A=0, B=-2, C=0, D=4$

所以　　　　　$$\pounds^{-1}[F(s)]=\pounds^{-1}\left(\frac{-2}{(s-1)^2}+\frac{4}{(s-5)^2}\right)$$

$$=-2te^{t}+4te^{5t}$$

法則 4　法則四的逆敘述

若　$\pounds^{-1}[F(s)]=f(t)$

則　$\pounds^{-1}[F(s-a)]=e^{at}f(t)$　(27)

例 5－43

$$\pounds^{-1}\left(\frac{4}{s^2+2s+5}\right)=?$$

解：

令　$F(s)=\frac{4}{s^2+2s+5}=\frac{4}{(s+1)^2+2^2}$

由法則 4 知　$\pounds^{-1}\left(\frac{4}{(s+1)^2+2^2}\right)=e^{-t}\pounds^{-1}\left(\frac{4}{s^2+2^2}\right)$

$=2e^{-t}\sin(2t)$

例 5－44

$$\pounds^{-1}\left(\frac{s+8}{s^2+4s+20}\right)$$

解：

令　$F(s)=\frac{s+8}{s^2+4s+20}$

$=\frac{(s+2)+6}{(s+2)^2+4^2}=\frac{s+2}{(s+2)^2+4^2}+\frac{\left(\frac{3}{2}\right)(4)}{(s+2)^2+4^2}$

由法則四知　$\pounds^{-1}\left(\frac{s+8}{s^2+4s+20}\right)=\pounds^{-1}\left[\frac{s+2}{(s+2)^2+4^2}+\frac{\left(\frac{3}{2}\right)(4)}{(s+2)^2+4^2}\right]$

$=e^{-2t}\cdot\pounds^{-1}\left[\frac{s}{s^2+4^2}+\frac{\left(\frac{3}{2}\right)(4)}{s^2+4^2}\right]$

$=e^{-2t}\left(\cos(4t)+\frac{3}{2}\sin(4t)\right)$

法則 5　法則五的逆敘述

若　　$\mathcal{L}^{-1}[F(s)] = f(t)$

則　　$\mathcal{L}^{-1}[e^{-as}F(s)] = u(t-a)f(t-a)$　　(28)

例 5－45

$$\mathcal{L}^{-1}\left(\frac{2e^{-3s}}{s^2+4}\right)$$

解：

因爲　　$\mathcal{L}^{-1}\left(\frac{2}{s^2+4}\right) = \sin(2t)$

由法則 5 知　　$\mathcal{L}^{-1}\left(\frac{2e^{-3s}}{s^2+4}\right) = \sin[2(t-3)u(t-3)]$

例 5－46

$$\mathcal{L}^{-1}\left[e^{-2s}\left(\frac{1}{s+1}+\frac{1}{s-4}\right)\right] = \ ?$$

解：

因爲　　$\mathcal{L}^{-1}\left[\frac{1}{s+1}+\frac{1}{s-4}\right] = e^{-t}+e^{4t}$

由法則 5 知　　$\mathcal{L}^{-1}\left[e^{-2s}\left(\frac{1}{s+1}+\frac{1}{s-4}\right)\right] = e^{-(t-2)}+e^{4(t-2)}$

法則 6　法則六的逆敘述

若　　$\mathcal{L}^{-1}[F(s)] = f(t)$

則　　$\mathcal{L}^{-1}\left[\frac{1}{s}F(s)\right] = \int_0^t f(t)dt$　　(29)

例 5－47

$$\mathcal{L}^{-1}\left[\frac{1}{s(s-1)}\right] = \ ?$$

解：

因爲 $\pounds^{-1}\left[\dfrac{1}{s-1}\right]=e^{t}$

由法則 6 知 $\pounds^{-1}\left[\dfrac{1}{s(s-1)}\right]=\int_0^t e^{t}dt=e^{t}\Big|_0^t=e^{t}-1$

例 5－48

$$\pounds^{-1}\left[\frac{s+1}{s^2(s^2+16)}\right]$$

解：

因爲 $\pounds^{-1}\left[\dfrac{s+1}{s^2+16}\right]=\pounds^{-1}\left[\dfrac{s}{s^2+4^2}+\dfrac{1}{s^2+4^2}\right]$

$$=\cos(4t)+\frac{1}{4}\sin(4t)$$

由法則 6 知 $\pounds^{-1}\left[\dfrac{s+1}{s^2(s^2+16)}\right]=\int_0^t\int_0^t\left[\cos(4t)+\dfrac{1}{4}\sin(4t)\right]dt$

$$=\int_0^t\left\{\left[\frac{1}{4}\sin(4t)-\frac{1}{16}\cos(4t)\right]\Big|_0^t\right.$$

$$=\int_0^t\left[\frac{1}{4}\sin(4t)-\frac{1}{16}\cos(4t)+\frac{1}{16}\right.$$

$$=\left[-\frac{1}{16}\cos(4t)-\frac{1}{64}\sin(4t)+\frac{t}{16}\right.$$

$$=-\frac{1}{16}\cos(4t)-\frac{1}{64}\sin(4t)+\frac{t}{16}+$$

法則 7　法則七的逆敘述

若 $\pounds^{-1}[F(s)]=f(t)$

則 $\pounds^{-1}[F^{(n)}(s)]=(-1)^n t^n f(t)$ (30)

例 5－49

$$\pounds^{-1}\left[\frac{s}{(s^2+a^2)^2}\right]=?$$

解：

因爲 $\frac{d}{ds}\left(\frac{1}{s^2+a^2}\right)=\frac{-2s}{(s^2+a^2)^2}$

令 $F(s)=\frac{1}{s^2+a^2}$

則 $\pounds^{-1}[F(s)]=\frac{1}{a}\sin(at)$

由**法則** 7 知 $\pounds^{-1}\left[\frac{s}{(s^2+a^2)^2}\right]=-\frac{1}{2}\pounds^{-1}\left[\frac{d}{ds}\ \frac{1}{(s^2+a^2)}\right]$

$$=-\frac{1}{2}[F'(s)]$$

$$=\left(-\frac{1}{2}\right)(-1)(t)\left[\frac{1}{a}\sin(at)\right]$$

$$=\frac{t}{2a}\sin(at)$$

例 5－50

$\pounds^{-1}\left[\ell n\left(1+\frac{1}{s^2}\right)\right]=?$

解：

令 $F(s)=\ell n\left(1+\frac{1}{s^2}\right)=\ell n\left(\frac{s^2+1}{s^2}\right)$

所以 $\frac{d}{ds}F(s)=\frac{s^2}{s^2+1}\cdot\frac{d}{ds}\left(\frac{s^2+1}{s^2}\right)=\frac{-2}{s(s^2+1)}$

因爲 $\pounds^{-1}[F'(s)]=\pounds^{-1}\left[\frac{-2}{s(s^2+1)}\right]$

由**法則** 6 知 $=\int_0^t\left[\pounds^{-1}\left(\frac{-2}{s^2+1}\right)\right]dt$

$$=\int_0^t[-2\sin(t)]dt$$

$$=[2\cos(t)]\Big|_0^t$$

$$=2\cos(t)-2$$

由**法則** 7 知 $=(-1)(t)f(t)$

故 $f(t)=\frac{2\cos(t)-2}{-t}=\frac{2}{t}[1-\cos(t)]$

例 5－51

$\pounds^{-1}\left[\tan^{-1}\left(\frac{1}{s}\right)\right]$

解：

令 $F(s)=\tan^{-1}\left(\frac{1}{s}\right)$

因爲 $F'(s)=\frac{1}{1+\left(\frac{1}{s}\right)^2}\cdot\frac{d}{ds}\left(\frac{1}{s}\right)=\frac{-1}{s^2+1}$

$£^{-1}[F'(s)]=-\sin(t)$

由法則 7 知 $=(-1)(t)f(t)$

故 $f(t)=\frac{-\sin(t)}{-t}=\frac{\sin(t)}{t}$

【註】 $\frac{d}{dx}[\tan^{-1}u]=\frac{1}{1+u^2}\cdot\frac{d}{dx}[u]$

$\frac{d}{dx}[\cot^{-1}u]=\frac{-1}{1+u^2}\cdot\frac{d}{dx}[u]$

例 5－52

$£^{-1}[\cot^{-1}(s+1)]$

解：

令 $F(s)=\cot^{-1}(s+1)$

因爲 $F'(s)=\frac{-1}{1+(s+1)^2}\cdot\frac{d}{ds}(s+1)=\frac{-1}{(s+1)^2+1}$

$£^{-1}[F'(s)]=-e^{-t}\sin(t)$

由法則 7 知 $=(-1)(t)f(t)$

故 $f(t)=\frac{-e^{-t}\sin(t)}{-t}$

$=\frac{e^{-t}\sin(t)}{t}$

【註】本節作業併在第四章第 5 節中

5 海維塞展開公式

Heaviside Expansion Formulas

海維塞展開公式(Heaviside expansion formula),可彌補本章第 4 節所述部分分式法的龐大代數運算。海維塞展開公式共有四種情況,前三種情況較為常用,最後一種情況因公式太繁雜所以較少使用,但若能熟記公式其實也是一種很方便的方法。

假設 $$F(s)=\frac{Q(s)}{G(s)}$$

1. $Q(s)$及 $G(s)$均為 s 的多項式。
2. $Q(s)$及 $G(s)$具有實係數,同時亦無公因式存在。
3. $Q(s)$的次數小於 $G(s)$的次數。

情況一

若 G(s)包含一個不重覆的線性因子(s－a),

則 f(t)含有一項 $H(a)e^{at}$

其中 $$H(s)=\frac{Q(s)(s-a)}{G(s)} \tag{31}$$

或 $$H(a)=\frac{Q(s)}{G'(a)} \tag{32}$$

例 5－53

求 $\mathcal{L}^{-1}\left[\frac{1}{(s-3)(s+3)}\right]=?$

解:

$$\frac{1}{(s-3)(s+3)}=\frac{A}{s-3}+\frac{B}{s+3}$$

因(31)式知 $A=\left.\frac{(1)(s-3)}{(s-3)(s+3)}\right|_{s=3}=\frac{1}{6}$

$B=\left.\frac{(1)(s+3)}{(s-3)(s+3)}\right|_{s=-3}=-\frac{1}{6}$

所以 $\mathcal{L}^{-1}\left[\frac{1}{(s-3)(s+3)}\right]=\mathcal{L}^{-1}\left[\frac{\frac{1}{6}}{s-3}-\frac{\frac{1}{6}}{s+3}\right]$

$=\frac{1}{6}e^{3t}-\frac{1}{6}e^{-3t}$

例 5－54

求 $\mathcal{L}^{-1}\left[\frac{3s^2+2}{(s+1)(s+2)(s+3)}\right]$

解：

令 $F(s)=\frac{3s^2+2}{(s+1)(s+2)(s+3)}=\frac{A}{s+1}+\frac{B}{s+2}+\frac{C}{s+3}$

由(31)式知 $A=\left.\frac{3s^2+2}{(s+2)(s+3)}\right|_{s=-1}=\frac{5}{2}$

$B=\left.\frac{3s^2+2}{(s+1)(s+3)}\right|_{s=-2}=-14$

$C=\left.\frac{3s^2+2}{(s+1)(s+2)}\right|_{s=-3}=\frac{29}{2}$

所以 $\mathcal{L}^{-1}[F(s)]=\mathcal{L}^{-1}\left[\frac{\frac{5}{2}}{s+1}-\frac{14}{s+2}+\frac{\frac{29}{2}}{s+3}\right]$

$=\frac{5}{2}e^{-t}-14e^{-2t}+\frac{29}{2}e^{-3t}$

例 5－55

求 $\mathcal{L}^{-1}\left[\frac{1+e^{-2s}}{(s+2)(s+3)}\right]$

解：

令 $F(s)=\frac{1+e^{-2s}}{(s+2)(s+3)}$

$=\frac{1}{(s+2)(s+3)}+\frac{e^{-2s}}{(s+2)(s+3)}$

$=\frac{A}{s+2}+\frac{B}{s+3}+\left(\frac{C}{s+2}+\frac{D}{s+3}\right)e^{-2s}$

由(31)式知 $A=C=\left.\frac{1}{s+3}\right|_{s=-2}=1$

$B=D=\left.\frac{1}{s+2}\right|_{s=-3}=-1$

所以 $\mathcal{L}^{-1}[F(s)]$

$$= \mathcal{L}^{-1}\left[\frac{1}{s+2}-\frac{1}{s+3}\right] + \mathcal{L}^{-1}\left[\left(\frac{1}{s+2}-\frac{1}{s+3}\right)e^{-2s}\right]$$

$$= e^{-2t}-e^{-3t}+\left[e^{-2(t-2)}-e^{-3(t-2)}\right]u(t-2)$$

情況二

若 $k\geq 2$ 且 $G(s)$ 含線性因子 $(s-a)^k$，但無 $(s-a)^{k+1}$，

則 $f(t)$ 中的對應項為

$$\left[\frac{H^{k-1}(a)}{(k-1)!}+\frac{H^{k-2}(a)}{(k-2)!}\frac{t}{1!}+\cdots\cdots+\frac{H'(a)}{1!}\frac{t^{k-2}}{(k-2)!}+H(a)\frac{t^{k-1}}{(k-1)!}\right]e^{at} \tag{33}$$

其中
$$H(s)=\frac{Q(s)(s-a)^k}{G(s)} \tag{34}$$

例 5－56

求 $\mathcal{L}^{-1}\left[\dfrac{2s^2+s+1}{s^3-3s^2+3s-1}\right]$

解：

令
$$F(s)=\frac{2s^2+s+1}{s^3-3s^2+3s-1}=\frac{2s^2+s+1}{(s-1)^3}=\frac{A}{(s-1)^3}+\frac{B}{(s-1)^2}+\frac{C}{s-1}$$

由情況二知 $A=(2s^2+s+1)\big|_{s=1}=4$

$$B=\frac{1}{1!}\ \frac{d}{ds}(2s^2+s+1)\Big|_{s=1}=(4s+1)\Big|_{s=1}=5$$

$$C=\frac{1}{2!}\ \frac{d^2}{ds^2}(2s^2+s+1)\Big|_{s=1}=\frac{1}{2}\ \frac{d}{ds}(4s+1)\Big|_{s=1}=2$$

所以
$$\mathcal{L}^{-1}[F(s)]=\mathcal{L}^{-1}\left[\frac{4}{(s-1)^3}+\frac{5}{(s-1)^2}+\frac{2}{(s-1)}\right]$$
$$=2t^2e^t+5te^t+2e^t$$
$$=e^t(2t^2+5t+2)$$

展開式的另法 用綜合除法

設
$$F(s)=\frac{Q(s)}{G(s)}=\frac{b_2s^2+b_1s+b_0}{(s-a)^3}$$
$$=\frac{A}{s-a}+\frac{B}{(s-a)^2}+\frac{C}{(s-a)^3}$$

除法：

b_2	b_1	b_0	a
	ab_2	$a(b_1+ab_2)$	
b_2	b_1+ab_2	$b_0+a(b_1+ab_2)$	
	ab_2		
b_2	$(b_1+ab_2)+ab_2$		
A_1	B_1	C_1	

直除至剩下二項

例〈同上題〉

$$F(s)=\frac{2s^2+s+1}{(s-1)^3}$$
$$=\frac{A_1}{(s-1)}+\frac{B_1}{(s-1)^2}+\frac{C_1}{(s-1)^3}$$
$$=\frac{2}{s-1}+\frac{5}{(s-1)^2}+\frac{4}{(s-1)^3}$$

2	1	1	1
	2	3	
2	3	4	
	2		
2	5		
↑	↑	↑	
A_1	B_1	C_1	

例 5－57

求 $\mathcal{L}^{-1}\left[\dfrac{s^3+6s^2+14s}{(s+2)^4}\right]=?$

解：

令 $$F(s)=\frac{A}{(s+2)^4}+\frac{B}{(s+2)^3}+\frac{C}{(s+2)^2}+\frac{D}{(s+2)}$$

由情況二知 $$A=(s^3+6s^2+14s)\big|_{s=-2}=-12$$

$$B=\frac{1}{1\,!}\ \frac{d}{ds}(s^3+6s^2+14s)\bigg|_{s=-2}$$
$$=(3s^2+12s+14)\big|_{s=-2}=2$$

$$C=\frac{1}{2\,!}\ \frac{d}{ds}(3s^2+12s+14)\big|_{s=-2}$$
$$=\frac{1}{2}(6s+12)\bigg|_{s=-2}=0$$

$$D=\frac{1}{3\,!}\ \frac{d}{ds}(6s+12)\big|_{s=-2}=\frac{6}{6}=1$$

所以 $$\mathcal{L}^{-1}[F(s)]=\mathcal{L}^{-1}\left[\frac{-12}{(s+2)^4}+\frac{2}{(s+2)^3}+\frac{1}{s+2}\right]$$
$$=-2t^3e^{-2t}+t^2e^{-2t}+e^{-2t}$$
$$=e^{-2t}[1+t^2-2t^3]$$

綜合除法

$$F(s)=\frac{s^3+6s^2+14s}{(s+2)^4}$$
$$=\frac{A_1}{s+2}+\frac{B_1}{(s+2)^2}+\frac{C_1}{(s+2)^3}+\frac{D_1}{(s+2)^4}$$

1	6	14	0	−2
	−2	−8	−12	
1	4	6	−12	
	−2	−4		
1	2	2		
	−2			
1	0			
↑	↑	↑	↑	
A_1	B_1	C_1	D_1	

所以 $$F(s)=\frac{1}{s+2}+\frac{2}{(s+3)^3}-\frac{12}{(s+2)^4}$$

例 5－58

$$\mathcal{L}^{-1}\left\{\frac{s^2+6}{s(s+3)^2}\right\}$$

解：

令 $$F(s)=\frac{s^2+6}{s(s+3)^2}=\frac{A}{s}+\frac{B}{(s+3)^2}+\frac{C}{s+3}$$

由情况一知 $$A=\left.\frac{s^2+6}{(s+3)^2}\right|_{s=0}=\frac{6}{9}=\frac{2}{3}$$

由情况二知 $$B=\left.\frac{s^2+6}{s}\right|_{s=-3}=\frac{15}{-3}=-5$$

$$C=\frac{1}{1!}\left.\frac{d}{ds}\left(\frac{s^2+6}{s}\right)\right|_{s=-3}=\left.\frac{2s^2-s^2-6}{s^2}\right|=-3=\frac{1}{3}$$

所以 $$\mathcal{L}^{-1}[F(s)]=\mathcal{L}^{-1}\left[\frac{\frac{2}{3}}{s}-\frac{5}{(s+3)^2}+\frac{\frac{1}{3}}{s+3}\right]$$

$$=\frac{2}{3}-5te^{-3t}+\frac{1}{3}e^{-3t}$$

情況三

若 $G(s)$ 含不重覆的二次因子 $(s-a)^2+b^2$，

則 $f(t)$ 爲

$$\frac{1}{b}[\alpha_i\cos(bt)+\alpha_r\sin(bt)]e^{at} \tag{35}$$

其中 $$H(s)=\frac{Q(s)[(s-a)^2+b^2]}{G(s)}$$

$$H(a+ib)=\alpha_r+i\alpha_i \tag{36}$$

例 5－59

求 $\mathcal{L}^{-1}\left\{\frac{4s+6}{s^2-2s+5}\right\}$

解：

令 $$F(s)=\frac{4s+6}{s^2-2s+5}=\frac{4s+6}{(s-1)^2+2^2}$$

由情況三知　　$a=1,\ b=2$

$$H(a+ib)=(4s+6)\big|_{1+i2}=10+i8=\alpha_r+i\alpha_i$$

所以

$$\pounds^{-1}\left(\frac{4s+6}{s^2-2s+5}\right)=\frac{1}{b}[\alpha_i\cos(bt)+\alpha_r\sin(bt)]e^{at}$$

$$=\frac{1}{2}[8\cos(2t)+10\sin(2t)]e^{t}$$

$$=[4\cos(2t)+5\sin(2t)]e^{t}$$

例 5－60

求 $\pounds^{-1}\left(\frac{3s}{(s^2-2s+5)(s+1)(s-5)}\right)$

解：

令

$$F(s)=\frac{3s}{(s^2-2s+5)(s+1)(s-5)}$$

$$=\frac{A}{s+1}+\frac{B}{s-5}+G(s)$$

由情況一知

$$A=\frac{3s}{(s^2-2s+5)(s-5)}\Bigg|_{s=-1}=\frac{-3}{-48}=\frac{1}{16}$$

$$B=\frac{3s}{(s^2-2s+5)(s+1)}\Bigg|_{s=5}=\frac{15}{120}=\frac{1}{8}$$

所以

$$\pounds^{-1}[F(s)]=\pounds^{-1}\left[\frac{\frac{1}{16}}{s+1}+\frac{\frac{1}{8}}{s-5}+G(s)\right]$$

$$=\frac{1}{16}e^{-t}+\frac{1}{8}e^{5t}+g(t)$$

由情況三知　　$s^2-2s+5=(s-1)^2+2^2$

所以　　$a=1,\ b=2$

$$G(a+ib)=\frac{3s}{(s+1)(s-5)}\Bigg|_{s=1+i2}$$

$$=\frac{3(1+i2)}{(1+i2+1)(1+i2-5)}=\frac{3+i6}{-12-i4}$$

$$=\frac{(3+i6)(-12+i4)}{144+16}=\frac{-60-i60}{160}$$

$$=\frac{-3}{8}-i\,\frac{3}{8}=\alpha_r+i\alpha_i$$

代入式(35)

$$g(t)=\frac{1}{2}\left(-\frac{3}{8}\cos(2t)-\frac{3}{8}\sin(2t)\right)e^{t}$$

$$= -\frac{3}{16}[\cos(2t)+\sin(2t)]e^{t}$$

所以 $$\pounds^{-1}[F(s)] = \frac{1}{16}e^{-t} + \frac{1}{8}e^{5t} - \frac{3}{16}[\cos(2t)+\sin(2t)]e^{t}$$

情況四

若 $G(s)$ 含二次因子 $[(s-a)^2+b^2]^2$，則 $f(t)$ 為

$$f(t) = \frac{1}{2b^3}e^{at}[(\alpha_i - b\beta_r)\cos(bt) + (b\beta_i + \alpha_r)\sin(bt)] + \frac{te^{at}}{2b^2}[\alpha_i\sin(bt) - \alpha_r\cos(bt)] \quad (37)$$

其中 $$H(a+ib) = \alpha_r + i\alpha_i \quad (38)$$

$$H'(a+ib) = \beta_r + i\beta_i \quad (39)$$

例 5－61

求 $\pounds^{-1}\left\{\frac{3s^3-15s^2+s-81}{(s+1)(s^2+4)^2}\right\}$

解：

令 $$F(s) = \frac{3s^3-15s^2+s-81}{(s+1)(s^2+4)^2} = \frac{A}{s+1} + G(s)$$

由情況一知 $$A = \left.\frac{3s^3-15s^2+s-81}{(s^2+4)^2}\right|_{s=-1} = \frac{-3-15-1-81}{25} = -4$$

由情況四知 $a=0$，$b=2$

由式(38)知 $$G(i2) = \left.\frac{3s^3-15s^2+s-81}{s+1}\right|_{s=i2}$$

$$= \frac{-i24+60+i2-81}{1+i2}$$

$$= \frac{-21-i22}{1+i2}$$

$$= \frac{(-21-i22)(1-i2)}{5}$$

$$= \frac{-65+i20}{5}$$

$$= -13+i4 = \alpha_r + i\alpha_i$$

$$G'(i2) = \left.\frac{(s+1)(9s^2-30s+1)}{(s+1)^2}\right|_{s=i2} -$$

$$\left.\frac{(3s^3-15s^2+s-81)}{(s+1)^2}\right|_{s=i2}$$

$$=\left.\frac{6s^3-6s^2-30s+82}{(s+1)^2}\right|_{s=i2}$$

$$=-30-i4=\beta_r+i\beta_i$$

由式(39)知 $g(t)=\frac{1}{16}[(4+60)\cos(2t)+(-8-13)\sin(2t)]+$

$$\frac{t}{8}[4\sin(2t)+13\cos(2t)]$$

$$=4\cos(2t)-\frac{21}{16}\sin(2t)+$$

$$\frac{1}{2}t\sin(2t)+\frac{13}{8}\cos(2t)$$

所以 $f(t)=\mathcal{L}^{-1}[F(s)]=\mathcal{L}^{-1}\left(\frac{-4}{s+1}\right)+g(t)$

$$=-4e^{-t}+4\cos(2t)-\frac{21}{16}\sin(2t)+$$

$$\frac{1}{2}t\sin(2t)+\frac{13}{8}t\cos(2t)$$

另法

$$F(s)=\frac{3s^3-15s^2+s-81}{(s+1)(s^2+4)^2}=\frac{A}{s+1}+\frac{Bs+C}{s^2+4}+\frac{Ds+E}{(s^2+4)^2}$$

解之得 $A=-4$，$B=4$，$C=-1$，$D=2$，$E=-13$

所以 $F(s)=\frac{-4}{s+1}+\frac{4s-1}{s^2+4}+\frac{2s-13}{(s^2+4)^2}$

$$=\frac{-4}{s+1}+\frac{4s}{s^2+4}-\frac{1}{s^2+4}+\frac{2s}{(s^2+4)^2}-\frac{13}{(s^2+4)^2}$$

故由轉換表知 $\mathcal{L}^{-1}[F(s)]=-4e^{-t}+4\cos(2t)-\frac{1}{2}\sin(2t)+$

$$\frac{1}{2}t\sin(2t)-\frac{13}{16}[\sin(2t)-2t\cos(2t)]$$

$$=-4e^{-t}+4\cos(2t)-\frac{21}{16}\sin(2t)+$$

$$\frac{1}{2}t\sin(2t)+\frac{13}{8}t\cos(2t)$$

本節討論至此可知，海維塞展開公式的情況一及情況二，在使用上相當便捷，但**情況三**和**情況四**因公式較爲繁雜不易牢記，若能配合活用拉普拉氏轉換表，亦是一種很方便的方法。

習 5-5 題

求下列各式的拉普拉氏逆轉換

① $\dfrac{4}{s^2+22}$

② $\dfrac{2s+4}{s^3}+\dfrac{2s+8}{s^2+4}$

③ $\dfrac{s+9}{s^2+6s+13}$

④ $\tan^{-1}\left(\dfrac{1}{s}\right)$

⑤ $\dfrac{e^{-3s}}{(s-5)^4}$

⑥ $\dfrac{2s}{s^2+9}$

⑦ $\dfrac{s^2+2s-4}{s^3-5s^2+2s+8}$

⑧ $\dfrac{-3s}{s^2+94}+\dfrac{12}{s-5}$

⑨ $\dfrac{4}{s^2-4s}$

⑩ $\dfrac{1}{s(s^2+1)}$

⑪ $\dfrac{1}{s^2(s^2+1)}$

⑫ $\dfrac{2s+1}{(s^2+4)(s-3)}$

⑬ $\dfrac{1}{s^2+4s+12}$

⑭ $\dfrac{s+3}{s^2+2s+5}$

⑮ $\dfrac{s+1}{s^2+s-6}$

⑯ $\cot^{-1}(s+1)$

⑰ $\dfrac{s+1}{s^3+s^2-6s}$

⑱ $\dfrac{s^2+2}{s(s+1)(s+2)}$

⑲ $\ell n\left(\dfrac{s+a}{s+b}\right)$

⑳ $\dfrac{s+6}{s^2+4s+12}$

㉑ $\dfrac{2s^2+2s+1}{s(s-1)(s-2)}$

㉒ $\dfrac{s^2+2}{s^4-6s^3+32s}$

6 摺積定理與特殊函數的拉氏轉換

Convolution Theorem and Laplace Transform of Spectial Functions

摺積定理(Convolution Therorem)

若 $\mathcal{L}^{-1}[F(s)]=f(t)$ 且 $\mathcal{L}^{-1}[G(s)]=g(t)$

則 $$\mathcal{L}^{-1}[F(s)G(s)]=\int_0^t f(t-\alpha)g(\alpha)d\alpha=f(t)*g(t) \qquad (40)$$

其中 α 為虛擬變數,且 $f(t)*g(t)=g(t)*f(t)$

「$*$」代表摺積。

【證明】 $f(t)*g(t)=g(t)*f(t)$

證:

設 $Z=t-\alpha$

所以 $\alpha=t-Z$

由(40)知 $$f(t)*g(t)=\int_0^t f(t-\alpha)g(\alpha)d\alpha$$
$$=\int_t^0 f(Z)g(t-Z)(-dZ)$$
$$=\int_0^t g(t-Z)f(Z)dZ$$

得證之 $=g(t)*f(t)$

【證明】 $\mathcal{L}^{-1}[F(s)G(s)]=\int_0^t f(t-\alpha)g(\alpha)d\alpha$

證:

設 $$F(s)=\int_0^\infty f(u)e^{-su}du$$
$$G(s)=\int_0^\infty g(\alpha)e^{-s\alpha}d\alpha$$

所以 $F(s)G(s)=\left[\int_0^\infty f(u)e^{-su}du\right]\left[\int_0^\infty g(\alpha)e^{-s\alpha}d\alpha\right]$

$$=\int_0^\infty\int_0^\infty f(u)g(u)e^{-(u+\alpha)s}dud\alpha$$

令 $t=u+\alpha,\ dt=du$

故 $F(s)G(s)=\int_0^\infty\int_u^\infty f(t-\alpha)g(\alpha)e^{-st}dtd\alpha$

$$=\int_0^\infty\left[\int_0^t f(t-\alpha)g(\alpha)d\alpha\right]e^{-st}dt$$

$$=\mathcal{L}\left[\int_0^t f(t-\alpha)g(\alpha)d\alpha\right]$$

因此得證 $\mathcal{L}^{-1}[F(s)G(s)]=\int_0^t f(t-\alpha)g(\alpha)d\alpha$

例 5－62

求 $\mathcal{L}^{-1}\left[\dfrac{a}{s^2(s^2+a^2)}\right]$

解：

$$\frac{a}{s^2(s^2+a^2)}=\frac{1}{s^2}\cdot\frac{a}{s^2+a^2}=F(s)G(s)$$

因爲 $\mathcal{L}^{-1}[F(s)]=\mathcal{L}^{-1}\left[\dfrac{1}{s^2}\right]=t$

$$\mathcal{L}^{-1}[G(s)]=\mathcal{L}^{-1}\left[\frac{a}{s^2+a^2}\right]=\sin(at)$$

由摺積定理知 $\mathcal{L}^{-1}[F(s)G(s)]=\int_0^t(t-\alpha)g(\alpha)d\alpha$

$$=\int_0^t(t-\alpha)\sin(a\alpha)d\alpha$$

$$=\left[-\frac{(t-\alpha)}{a}\cos(a\alpha)-\frac{1}{a^2}\ \sin(a\alpha)\right.$$

$$=\frac{1}{a^2}[at-\sin(at)]$$

例 5－63

$\upsilon(t)+2\int_0^t\upsilon(x)\cos(t-x)dx=9e^{2t}$ 求 $\upsilon(t)=$?

解：

取拉氏轉換 $V(s)+2V(s)\cdot\dfrac{s}{s^2+1}=\dfrac{9}{s-2}$

$$V(s)\left[1+\frac{2s}{s^2+1}\right]=\frac{9}{s-2}$$

所以 $V(s)=\dfrac{9(s^2+1)}{(s-2)(s+1)^2}=\dfrac{A}{s-2}+\dfrac{B}{(s+1)^2}+\dfrac{C}{(s+1)}$

其中 $A=\left.\dfrac{9(s^2+1)}{(s+1)^2}\right|_{s=2}=\dfrac{45}{9}=5$

$B=\left.\dfrac{9(s^2+1)}{s-2}\right|_{s=-1}=\dfrac{18}{-3}=-6$

$C=\left.\dfrac{d}{ds}\left(\dfrac{9(s^2+1)}{s-2}\right)\right|_{s=-1}$

$=\left.\dfrac{(s-2)\cdot(18s)-9(s^2+1)}{(s-2)^2}\right|_{s=-1}=\dfrac{36}{9}=4$

故 $\upsilon(t)=\mathcal{L}^{-1}[V(s)]=\mathcal{L}^{-1}\left(\dfrac{5}{s-2}-\dfrac{6}{(s+1)^2}+\dfrac{4}{s+1}\right)$

$=5e^{2t}-6te^{-t}+4e^{-t}$

例 5－64

求 $\mathcal{L}^{-1}\left(\dfrac{s^2}{(s^2+1)^2}\right)$

解：

$$\frac{s^2}{(s^2+1)^2}=\frac{s}{(s^2+1)}\cdot\frac{s}{(s^2+1)}=F(s)G(s)$$

因爲 $\mathcal{L}^{-1}[F(s)]=\mathcal{L}^{-1}\left(\dfrac{s}{s^2+1}\right)=\cos(t)=\mathcal{L}^{-1}[G(s)]$

由摺積定理知 $\mathcal{L}^{-1}[F(s)G(s)]=f(t)*g(t)$

$=\int_0^t[\cos(t-\alpha)\cdot\cos(\alpha)]d\alpha$

$=\dfrac{1}{2}\int_0^t[\cos(t)+\cos(2\alpha-t)]d\alpha$

$=$

$\dfrac{1}{2}\left.\left(\alpha\cos(t)+\dfrac{1}{2}\sin(2\alpha-t)\right)\right|_0^t$

$=\dfrac{1}{2}t\cos(t)+\dfrac{1}{2}\sin(t)$

$=\dfrac{1}{2}[\sin(t)+t\cos(t)]$

例 5－65

求 $\mathcal{L}^{-1}\left(\dfrac{F(s-1)}{s^2-2s+2}\right)$

解：

$$\frac{F(s-1)}{s^2-2s+2}=[F(s-1)]\left[\frac{1}{s^2-2s+2}\right]$$

$$=[F(s-1)]\left[\frac{1}{(s-1)^2+1}\right]$$

由法則四知　$\mathcal{L}^{-1}[F(s-1)]=e^t f(t)$

$$\mathcal{L}^{-1}\left[\frac{1}{(s-1)^2+1}\right]=e^t\sin(t)$$

故知　$$\mathcal{L}^{-1}\left[\frac{F(s-1)}{s^2-2s+2}\right]=\int_0^t[e^{t-\alpha}f(t-\alpha)]\cdot[e^{\alpha}\sin(\alpha)]d\alpha$$

$$=e^t\int_0^t f(t-\alpha)\sin(\alpha)d\alpha$$

若 $f(t)=t$ 則　$$\mathcal{L}^{-1}\left[\frac{F(s-1)}{s^2-2s+2}\right]=e^t\int_0^t(t-\alpha)\sin(\alpha)d\alpha$$

$$=e^t[-(t-\alpha)\cos(\alpha)-\sin(\alpha)]\Big|_0^t$$

$$=e^t[-\sin(t)+t]$$

$$=e^t[t-\sin(t)]$$

特殊函數的拉氏轉換

1. 單位脈衝 $\delta_a(t)$：Unit Impulse

$$\delta_a=\begin{cases}\dfrac{1}{\varepsilon}, & a\le t\le a+\varepsilon\\ 0, & t<a \text{ 或 } t>a+\varepsilon\end{cases} \tag{41}$$

δ_a 稱為單位脈衝，單位脈衝的面積被定義為等於 1。ε 是代表一個極小極小的值(趨近於零)，因此 δ_a 的值是一個極大的值。此種現象可以閃電的物理現象解釋，閃電在「瞬間」($t=\varepsilon$)完成，而其所釋放的電磁場能量極大。如圖 5－13 所示，δ_a 脈衝是發生在 $a\le t\le a+\varepsilon$，所費的時間爲極小值 ε，故高度爲 $1/\varepsilon$。

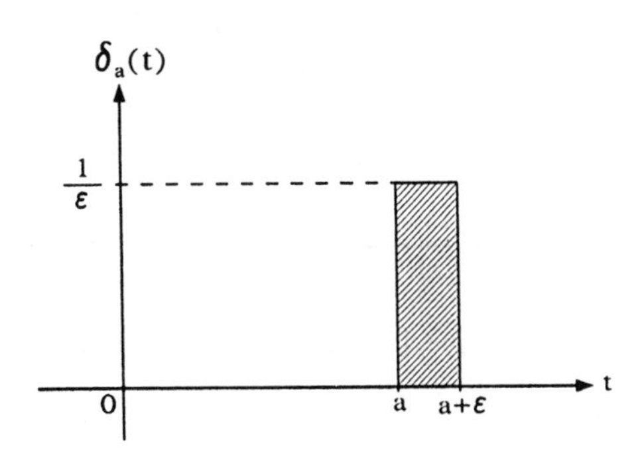

圖 5－13　δ_a 單位脈衝

若以數學式表示，

則　$$\delta_a(t)=\frac{1}{\varepsilon}[u(t-a)-u(t-a-\varepsilon)]$$

故　$$\mathcal{L}[\delta_a(t)]=\frac{1}{\varepsilon}\left(\frac{e^{-as}}{s}-\frac{e^{-(a+\varepsilon)s}}{s}\right)=\frac{e^{-as}(1-e^{-\varepsilon s})}{s}$$

因　$$s\rightarrow 0$$

則　$$\frac{1-e^{-\varepsilon s}}{\varepsilon}\rightarrow s$$

故　$$\mathcal{L}[\delta(t-a)]=e^{-as} \tag{42}$$

若 a 為原點

則　$$\mathcal{L}[\delta(t)]=1 \tag{43}$$

$\delta(t-a)$通常稱為狄雷克 ***delta*** 函數(Dirac delta function)。大體而言，當 $t\neq a$ 時，$\delta(t-a)=0$。$t=a$ 時，則為無窮大。

狄雷克 delta 函數具有過濾性質(Filtering property)：

$$\int_0^\infty f(t)\delta(t-a)=f(a) \tag{44}$$

且　$$f(t)*\delta(t)=f(t) \tag{45}$$

2. 單位梯階函數 u(t)：(Unit step Function)

$$u(t-a)=\begin{cases}0, & t<a\\ 1, & t>a\end{cases} \tag{46}$$

如圖 5－14

$$\mathcal{L}[u(t-a)]=\frac{1}{s}e^{-as} \tag{47}$$

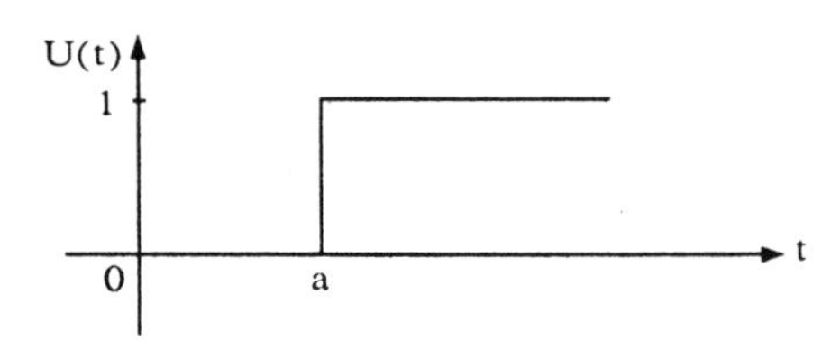

圖 5－14　u(t)單位梯階函數

單位梯階函數 u(t)與單位脈衝函數 δ(t)具有下列關係

$$\int_0^{\infty}\delta(t-a)dt=u(t-a) \tag{48}$$

或

$$u'(t-a)=\delta(t-a) \tag{49}$$

如圖 5－15 所示

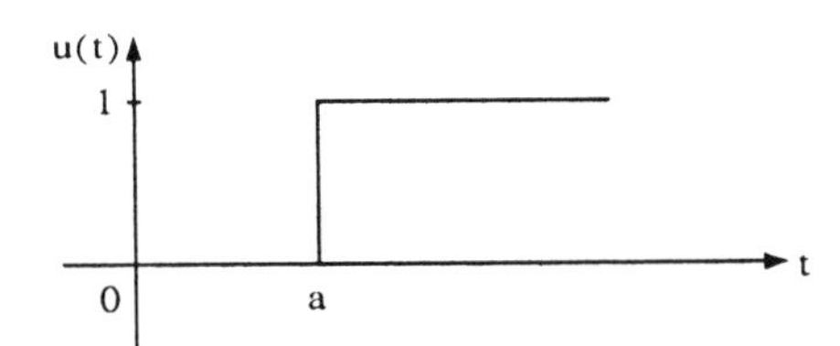

⇓

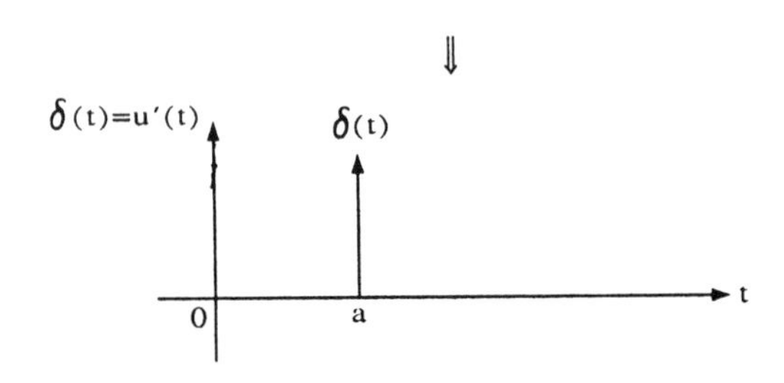

圖 5－15　u′(t)＝δ(t)

習 5-6 題

求下列 F(s) 的拉普拉氏逆轉換

① $\dfrac{1}{s(s-4)^2}$

② $\dfrac{1}{(s^2+1)^3}$

③ $\dfrac{1}{s^2(s-a)}$

④ $\dfrac{1}{s^2(s+1)^2}$

⑤ $\dfrac{1}{(s^2+k^2)^2}$

⑥ $\dfrac{1}{(s^2+1)^2}$

⑦ $\dfrac{k}{s(s^2+k^2)}$

⑧ $\dfrac{2}{(s+1)(s^2+4)}$

⑨ $\dfrac{k}{s^2(s^2+k^2)}$

⑩ $\dfrac{s}{(s^2+a^2)^2}$

解下列積分方程式

⑪ $y(t)=\sin(t)+\int_0^t y(\tau)\sin(t-\tau)d\tau$

⑫ $f(x)=e^{-2x}+\dfrac{1}{2}\int_0^x e^{-\tau}f(x-\tau)d\tau,\ \ f(x)0$

7 用拉普拉氏轉換解微分方程式

Solution to ODE Via Laplace Transform

誠如第 1 節所言，拉普拉氏轉換可以較輕易的求解微分方程式，只要微分方程式具有邊界條件或初值條件，且函數本身是收斂的。而用拉氏轉換所求得的解，是一種特解的型態。

使用拉氏轉換解微分方程式的步驟

1. 將微分方程式轉換成 s 函數的型式。
2. 提出 y(s)的等式。
3. 求 $\mathcal{L}^{-1}[y(s)]$，即爲欲求的 y(t)。

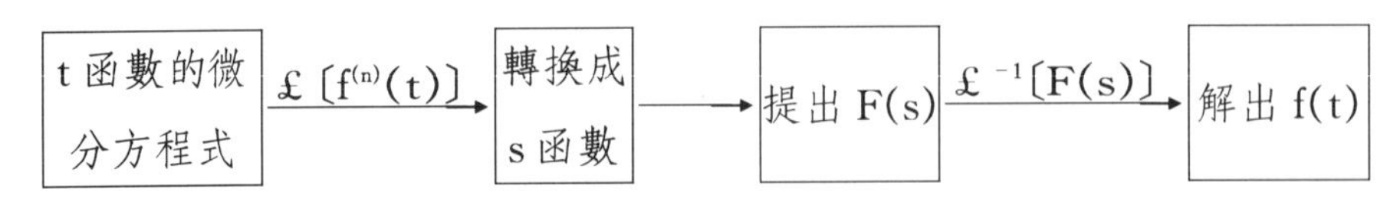

圖 5－16　拉氏轉換解微分方程式的步驟

一、解常係數微分方程式

例 5－66〈非齊次微分方程式〉

解 $y''-4y'+4y=1,\ \ y(0)=1,\ \ y'(0)=4$

解：

將原式轉換成 s 函數

$$\mathcal{L}[y''-4y'+4y]=\mathcal{L}[1]$$

$$\mathcal{L}[y'']-4\mathcal{L}[y']+4\mathcal{L}[y]=\frac{1}{s} \tag{50}$$

令 $\pounds[y(t)] = Y(s)$,則

由**法則二**知 $\pounds[y''] = s^2Y - sy(0) - y'(0) = s^2Y - s - 4$

由**法則一**知 $\pounds[y'] = sY - y(0) = sY - 1$

代入(50)式得 $Y(s^2 - 4s + 4) - s = \dfrac{1}{s}$

提出 Y $$Y = \frac{\frac{1}{s} + s}{s^2 - 4s + 4} = \frac{1 + s^2}{s(s-2)^2} = \frac{A}{s} + \frac{B}{(s-2)^2} + \frac{C}{s-2}$$

由海維塞展開式知

$$A = \left.\frac{1 + s^2}{(s-2)^2}\right|_{s=0} = \frac{1}{4}$$

$$B = \left.\frac{1 + s^2}{s}\right|_{s=2} = \frac{5}{2}$$

$$C = \left.\frac{d}{ds}\left(\frac{1 + s^2}{s}\right)\right|_{s=2} = \left.\frac{s^2 - 1}{s^2}\right|_{s=2} = \frac{3}{4}$$

所以得解 $$y(t) = \pounds^{-1}[Y(s)] = \pounds^{-1}\left[\frac{\frac{1}{4}}{s} + \frac{\frac{5}{2}}{(s-2)^2} + \frac{\frac{3}{4}}{s-2}\right]$$

$$= \frac{1}{4} + \frac{5}{2}te^{2t} + \frac{3}{4}e^{2t}$$

例 5－67

解 $y'' + 16y = 1 + t$, $y(0) = y'(0) = 0$

解:

$$\pounds[y'' + 16y] = \pounds[1 + t]$$

令 $\pounds[y(t)] = Y(s)$

則 $$s^2Y + 16Y = \frac{1}{s} + \frac{1}{s^2} = \frac{s+1}{s^2}$$

提出 Y $$Y = \frac{s+1}{s^2(s^2+16)} = \frac{A}{s^2} + \frac{B}{s} + G(s) \tag{51}$$

以海維塞展開式解 A, B 及 $g(t)$

$$A = \left.\frac{s+1}{s^2+16}\right|_{s=0} = \frac{1}{16}$$

$$B = \left.\frac{d}{ds}\left(\frac{s+1}{s^2+16}\right)\right|_{s=0} = \left.\frac{(s^2+16) - 2s(s+1)}{(s^2+16)^2}\right|_{s=0}$$

$$= \frac{1}{16}$$

以海維塞情況三知

$$s^2+16=(s+0)^2+4^2=(s-a)^2+b^2$$

所以 $a=0,\ b=4$

$$G(a+ib)=\left.\frac{s+1}{s^2}\right|_{s=i4}=\frac{1+i4}{-16}=-\frac{1}{16}-i\frac{1}{4}=\alpha_r+i\alpha_i$$

代入(35)式得 $g(t)=\frac{1}{4}\left[-\frac{1}{4}\cos(4t)-\frac{1}{16}\sin(4t)\right]$

所以

$$y(t)=\mathcal{L}^{-1}[Y(s)]=\mathcal{L}^{-1}\left[\frac{\frac{1}{16}}{s^2}+\frac{\frac{1}{16}}{s}\right]+g(t)$$

$$=\frac{1}{16}t+\frac{1}{16}-\frac{1}{16}\left[\cos(4t)+\frac{1}{4}\sin(4t)\right]$$

例 5－68〈f(t)為 t 之移位函數〉

解 $y''+9y=f(t),\ y(0)=y'(0)=1,\ f(t)=\begin{cases}0, & \text{若 } 0\leq t<\pi\\ \cos(t), & \text{若 } t\geq\pi\end{cases}$

解：

由法則五知 $f(t)=\cos(t)u(t-\pi)=[\cos(t-\pi)+\pi]u(t-\pi)$

$$=[\cos(t+\pi)]u(t-\pi)$$

$$=-\cos(t-\pi)u(t-\pi)$$

取拉氏轉換 $\mathcal{L}[y''+9y]=\mathcal{L}[f(t)]$

令 $\mathcal{L}[y']=Y(s)$

則 $s^2Y-s-1+9Y=-e^{-\pi s}\cdot\frac{s}{s^2+1}$

提出 Y(s) $Y(s^2+9)=-e^{-\pi s}\cdot\frac{s}{s^2+1}+s+1$

所以

$$Y=\frac{-se^{-\pi s}}{(s^2+3^2)(s^2+1)}+\frac{s+1}{s^2+3^2}$$

$$=-e^{\pi s}\left(\frac{1}{8}\frac{s}{s^2+1}-\frac{1}{8}\frac{s}{s^2+3^2}\right)+\frac{s}{s^2+3^2}+\frac{1}{s^2+1}$$

故 $y(t)=\mathcal{L}^{-1}[Y(s)]$

$$=\left[\frac{1}{8}\cos 3(t-\pi)-\frac{1}{8}\cos(t-\pi)\right]u(t-\pi)+$$

$$\left[\cos(3t)+\frac{1}{3}\sin(3t)\right]u(t)$$

例 5－69〈高階微分方程式〉

解 $y^{(3)}-3y''+3y'-y=1-e^{-t}$, $y(0)=y'(0)=y''(0)=0$

解：

取拉氏轉換 $\mathcal{L}[y^{(3)}-3y''+3y'-y]=\mathcal{L}[1-e^{-t}]$

令 $\mathcal{L}[y']=Y(s)$

則 $s^3Y-3s^2Y+3sY-Y=\dfrac{1}{s}-\dfrac{1}{s+1}=\dfrac{1}{s(s+1)}$

提出 Y(s) $Y(s^3-3s^2+3s-1)=\dfrac{1}{s(s+1)}$

所以
$$Y=\frac{1}{s(s+1)(s-1)^3}$$
$$=\frac{-1}{s}+\frac{\frac{1}{8}}{s+1}+\frac{\frac{7}{8}}{s-1}-\frac{\frac{3}{4}}{(s-1)^2}+\frac{\frac{1}{2}}{(s-1)^3}$$

故 $y(t)=\mathcal{L}^{-1}[Y]=-1+\dfrac{1}{8}e^{-t}+\dfrac{7}{8}e^{t}-\dfrac{3}{4}te^{t}+\dfrac{1}{4}t^2e^{t}$

例 5－70〈利用摺積定理〉

解 $y''-4y'-5y=f(t)$, $y(0)=2$, $y'(0)=1$

解：

取拉氏轉換 $\mathcal{L}[y''-4y'-5y]=F(s)$

令 $\mathcal{L}[y]=Y(s)$

則 $s^2Y-2s-1-4sY+8-5Y=F(s)$

$Y(s^2-4s-5)-2s+7=F(s)$

提出 Y(s)
$$Y=\frac{2s-7}{(s-5)(s+1)}+\frac{F(s)}{(s-5)(s+1)}$$
$$=\frac{\frac{1}{2}}{s-5}+\frac{\frac{3}{2}}{s+1}+\left[\frac{\frac{1}{6}}{s-5}-\frac{\frac{1}{6}}{s+1}\right]F(s)$$

所以
$$y(t)=\mathcal{L}^{-1}[Y(s)]$$
$$=\frac{1}{2}e^{5t}+\frac{3}{2}e^{-t}+\frac{1}{6}e^{5t}*f(t)-\frac{1}{6}e^{-t}*f(t)$$

二、解變係數微分方程式

例 5－71

解 $ty''+(4t-2)y'-4y=0,\ \ y(0)=1,\ \ y'(0)=0$

解：

取拉氏轉換　$\mathcal{L}[ty''+(4t-2)y'-4y]=0$　(52)

令　$\mathcal{L}[y]=Y(s)$

且由**法則七**知

$$\mathcal{L}[ty'']=-\frac{d}{ds}\mathcal{L}[y'']$$
$$=-\frac{d}{ds}[s^2Y-s]$$
$$=1-2sY-s^2Y'$$

$$\mathcal{L}[(4t-2)y']=4\mathcal{L}[ty']-2\mathcal{L}[y']$$
$$=-4\frac{d}{ds}[sY-1]-2sY+2$$
$$=-4Y-4sY'-2sY+2$$

代入(52)式得　$1-2sY-s^2Y'-4Y-4sY'-2sY+2-4Y=0$

即　$Y'(s^2+4s)+(4s+8)Y=3$

整理得　$Y'+\dfrac{4s+8}{s^2+4s}Y=\dfrac{3}{s^2+4s}$

此爲線性微分方程式,

所以　$Y=e^{-\int\frac{4s+8}{s^2+4s}ds}\left[\int\dfrac{3}{s^2+4s}\cdot e^{\int\frac{4s+8}{s^2+4s}ds}ds+C\right]$

$$=e^{-[2\ell n(s)+2\ell n(s+4)}\left[\int\frac{3}{s^2+4s}\cdot e^{[2\ell n(s)+2\ell n(s+4)]}ds+C\right]$$
$$=\frac{1}{s^2(s+4)^2}\left[\int\frac{3}{s^2+4s}\cdot s^2(s+4)^2ds+C\right]$$
$$=\frac{1}{s^2(s+4)^2}\left[\int 3s(s+4)ds+C\right]$$
$$=\frac{s}{(s+4)^2}+\frac{6}{(s+4)^2}+\frac{C}{s^2(s+4)^2}$$
$$=\frac{s}{(s+4)^2}+\frac{6}{(s+4)^2}+$$

$$C\left[\frac{-\frac{1}{32}}{s}+\frac{\frac{1}{16}}{s^2}+\frac{\frac{1}{16}}{(s+4)^2}+\frac{\frac{1}{32}}{s+4}\right]$$

所以 $y(t)=\mathcal{L}^{-1}[Y(s)]$

$$=e^{-4t}+2te^{-4t}+C\left(-\frac{1}{32}+\frac{1}{16}t+\frac{1}{16}te^{-4t}+\frac{1}{32}e^{-4t}\right)$$

例 5－72

解 $y''-4ty'+4y=0,\ y(0)=0,\ y'(0)=10$

解：

取拉氏轉換 $\mathcal{L}[y''-4ty'+4y]=0$

令 $\mathcal{L}[y]=Y(s)$

則 $s^2Y-10+4\dfrac{d}{ds}[sY]+4Y=0$

$$s^2Y-10+4Y+4sY'+4Y=0$$

$$Y'+\left(\frac{s}{4}+\frac{2}{s}\right)Y=\frac{10}{4s}$$

此爲線性微分方程式,

所以 $Y=e^{-\int\left(\frac{s}{4}+\frac{2}{s}\right)ds}\left[\int\dfrac{10}{4s}\cdot e^{\int\left(\frac{s}{4}+\frac{2}{s}\right)ds}ds+C\right]$

$$=e^{-\left[\frac{1}{8}s^2+2\ell n(s)\right]}\left[\int\frac{10}{4s}\cdot e^{\left[\frac{1}{8}s^2+2\ell n(s)\right]}ds+C\right]$$

$$=\frac{1}{s^2}e^{-\frac{1}{8}s^2}\left[\int\frac{10}{4s}\cdot s^2e^{\frac{1}{8}s^2}ds+C\right]$$

$$=\frac{1}{s^2}e^{-\frac{1}{8}s^2}\left[10e^{\frac{1}{8}s^2}+C\right]$$

$$=\frac{10}{s^2}+\frac{C}{s^2}e^{-\frac{1}{8}s^2}$$

因爲 $\lim\limits_{t\to 0}y(t)=\lim\limits_{s\to\infty}sY(s)$

即 $0=\lim\limits_{s\to\infty}\left(\dfrac{10}{s^2}\right)+\dfrac{C}{s^2}e^{-\frac{1}{8}s^2}$

所以 $C=0$

故 $y(t)=\mathcal{L}^{-1}[Y(s)]=\mathcal{L}^{-1}\left(\dfrac{10}{s^2}\right)=10t$

例 5－73〈72 台大材研〉

解 $y''+ty'-y=0,\ y(0)=0,\ y'(0)=1$

解：

取拉氏轉換 $\mathcal{L}\left[y''+ty'-y\right]=0$

令 $\mathcal{L}\left[y\right]=Y(s)$

則 $s^2Y-1-\dfrac{d}{ds}(sY)-Y=0$

$$sY'+(2-s^2)Y=-1$$

$$Y'+\left(\frac{2-s^2}{s}\right)Y=\frac{-1}{s}$$

此爲線性微分方程式

$$Y=e^{-\int\left(\frac{2-s^2}{s}\right)ds}\left[\int\frac{-1}{s}\cdot e^{\int\left(\frac{2-s^2}{s}\right)ds}ds+C\right]$$

$$=e^{-2\ell n(s)+\frac{1}{2}s^2}\left[\int\frac{-1}{s}\cdot e^{2\ell n(s)-\frac{1}{2}s^2}ds+C\right]$$

$$=\frac{1}{s^2}e^{\frac{1}{2}s^2}\left[\int\frac{-1}{s}\cdot s^2e^{-\frac{1}{2}s^2}ds+C\right]$$

$$=\frac{1}{s^2}e^{\frac{1}{2}s^2}\left[e^{-\frac{1}{2}s^2}+C\right]$$

$$=\frac{1}{s^2}+\frac{C}{s^2}e^{\frac{1}{2}s^2}$$

因爲 $\lim\limits_{t\to0}y(t)=\lim\limits_{s\to\infty}sY(s)$

即 $0=\lim\limits_{s\to\infty}\left(\dfrac{1}{s^2}+\dfrac{C}{s^2}e^{\frac{1}{2}s^2}\right)$

所以 $C=0$

故 $Y=\dfrac{1}{s^2}$

因此得解 $y(t)=\mathcal{L}^{-1}\left[Y(s)\right]=t$

三、解聯立微分方程式

例 5－74〈78 中山電機〉

解聯立聯分方程式

$$\begin{cases}x'+2y'=1,\quad x(0)=y(0)=0\\ x''-y=e^{-t},\quad x'(0)=-2\end{cases}$$ 求 $x(t),y(t)$

解：

取拉氏轉換，並令 $\mathcal{L}[x]=X(s)$，$\mathcal{L}[y]=Y(s)$，

則
$$\begin{cases} sX+2sY=\dfrac{1}{s} \\ s^2X+2-Y=\dfrac{1}{s+1} \end{cases}$$

整理得
$$\begin{cases} sX+2sY=\dfrac{1}{s} \\ s^2X-Y=\dfrac{1}{s+1}-2=\dfrac{-2s-1}{s+1} \end{cases}$$

利用朗斯基行列式求解 $X(s)$ 及 $Y(s)$

$$W=\begin{vmatrix} s & 2s \\ s^2 & -1 \end{vmatrix}=-s-2s^3=-s(1+2s^2)$$

所以
$$X(s)=\frac{\begin{vmatrix} \dfrac{1}{s} & 2s \\ \dfrac{-2s-1}{s+1} & -1 \end{vmatrix}}{-s(1+2s^2)}=\frac{-4s^3-2s^2+s+1}{s^2(s+1)(2s^2+1)}$$

$$=\frac{1}{s^2}-\frac{\dfrac{2}{3}s+\dfrac{7}{3}}{s^2+\left(\dfrac{1}{\sqrt{2}}\right)^2}+\frac{\dfrac{2}{3}}{s+1}$$

$$Y(s)=\frac{\begin{vmatrix} s & \dfrac{1}{s} \\ s^2 & \dfrac{-2s+1}{s+1} \end{vmatrix}}{-s(1+2s^2)}=\frac{3s+2}{(s+1)(2s^2+1)}$$

$$=\frac{\dfrac{-1}{3}}{s+1}+\frac{\dfrac{1}{3}s+\dfrac{7}{6}}{s^2+\left(\dfrac{1}{\sqrt{2}}\right)^2}$$

故
$$x(t)=\mathcal{L}^{-1}[X(s)]$$

$$=t-\frac{2}{3}\cos(\frac{1}{\sqrt{2}})t+\frac{7\sqrt{2}}{3}\sin(\frac{1}{\sqrt{2}})t+\frac{2}{3}e^{-t}$$

$$y(t)=\mathcal{L}^{-1}[Y(s)]$$

$$= -\frac{1}{3}e^{-t} + \frac{1}{3}\cos(\frac{1}{\sqrt{2}})t + \frac{7\sqrt{2}}{6}\sin(\frac{1}{\sqrt{2}})t$$

例 5－75

解 $\begin{cases} x' + y' + x - y = 0 \\ x' + 2y' + x = 1 \end{cases}$， $x(0) = y(0) = 0$， 求 $x(t)$及 $y(t)$

解：

取拉氏轉換, 並令 $\mathcal{L}[x] = X(s)$, $\mathcal{L}[y] = Y(s)$,

則 $$\begin{cases} sX + sY + X - Y = 0 \\ sX + 2sY + X = \frac{1}{s} \end{cases}$$

整理得 $$\begin{cases} X(s+1) + Y(s-1) = 0 \\ X(s+1) + 2sY = \frac{1}{s} \end{cases}$$

利用朗斯基行列式可解得 $X(s)$及 $Y(s)$,

得 $$X(s) = \frac{1}{s} - \frac{1}{s+1} - \frac{2}{(s+1)^2}$$

$$Y(s) = \frac{1}{s} - \frac{1}{s+1}$$

故可得 $$\begin{cases} x(t) = \mathcal{L}^{-1}[X(s)] = 1 - e^{-t} + 2te^{-t} \\ y(t) = \mathcal{L}^{-1}[Y(s)] = 1 - e^{-t} \end{cases}$$

例 5－76

解 $\begin{cases} x' - 2y' + 3z = 0 \\ x - 4y' + 3z' = t \\ x - 2y' + 3z' = -1 \end{cases}$， $x(0) = y(0) = z(0) = 0$， 求 $x(t)$， $y(t)$， $z(t)$

解：

取拉氏轉換, 並令 $\mathcal{L}[x] = X(s)$, $\mathcal{L}[y] = Y(s)$, $\mathcal{L}[z] = Z(s)$,

則 $$\begin{cases} sX - 2sY + 3Z = 0 \\ X - 4sY + 3sZ = \frac{1}{s^2} \\ X - 2sY + 3sZ = \frac{-1}{s} \end{cases}$$

利用朗斯基行列式可解得 $X(s)$, $Y(s)$及 $Z(s)$

$$\begin{cases} X(s)=\dfrac{-1}{s}+\dfrac{\frac{1}{2}}{s+1}+\dfrac{\frac{1}{2}}{s-1}-\dfrac{1}{s^2} \\ Y(s)=-\dfrac{1}{2s^2}-\dfrac{1}{2s^3} \\ Z(s)=\dfrac{-\frac{1}{3}}{s^2}+\dfrac{\frac{1}{6}}{s+1}-\dfrac{\frac{1}{6}}{s-1} \end{cases}$$

故可得 $$\begin{cases} x(t)=\mathcal{L}^{-1}[X(s)]=-1+\dfrac{1}{2}e^{-t}+\dfrac{1}{2}e^{t}-t \\ y(t)=\mathcal{L}^{-1}[Y(s)]=-\dfrac{1}{2}t-\dfrac{1}{4}t^2 \\ z(t)=\mathcal{L}^{-1}[Z(s)]=-\dfrac{1}{3}t+\dfrac{1}{6}e^{-t}-\dfrac{1}{6}e^{t} \end{cases}$$

習 5-7 題

解下列常係數微分方程式

① $y''+4y'+3y=0$，$y(0)=3$，$y'(0)=1$

② $y''+2y'+5y=0$，$y(0)=2$，$y'(0)=-4$

③ $y''-3y'+2y=4t+e^{3t}$，$y(0)=1$，$y'(0)=-1$

④ $y''+y=t$，$y(0)=0$，$y'(0)=0$

⑤ $y''+2y=r(t)$，$y(0)=0$，$y'(0)=0$，$r(t)=\begin{cases}1 & 0<t<1 \\ 0 & \text{其他}\end{cases}$

⑥ $y''-4y=t$，$y(0)=1$，$y'(0)=-2$

⑦ $y''-2y'+5y=8\sin(t)-4\cos(t)$，$y(0)=1$，$y'(0)=3$

⑧ $y''-2y'-3y=f(t)$，$y(0)=1$，$y'(0)=0$，$f(t)=\begin{cases}0 & t<4 \\ 3 & t\geq 4\end{cases}$

⑨ $y'' + 3y' + 2y = \delta(t-a)$, $y(0) = 0$, $y'(0) = 0$

⑩ $y'' - 2y' - 8y = f(t)$, $y(0) = 1$, $y'(0) = 0$

⑪ $y'' + 2y' + 2y = u(t)$, $y(0) = 0$, $y'(0) = 1$

⑫ $y'' - 2y' + 2y = 2e^t \cos(t)$, $y(0) = 1.5$, $y'(0) = 1.5$

⑬ $y'' - 4y' + 4y = 0$, $y(0) = 3$, $y'(0) = 1$

⑭ $y'' + y = 2t$, $y\left(\frac{\pi}{4}\right) = \frac{\pi}{2}$, $y'\left(\frac{\pi}{4}\right) = 2 - \sqrt{2}$

⑮ $y'' - 4y' + 4y = (3t^2 + 2)e^t$, $y(0) = 20$, $y'(0) = 34$

⑯ $y'' + 3y' + 2y = r(t)$, $y(0) = y'(0) = 0$, $r(t) = \begin{cases} 1 & 0 < t < 1 \\ 0 & \text{其他} \end{cases}$

⑰ $y'' + 4y' + 4y = 4\cos(t) + 3\sin(t)$, $y(0) = 1$, $y'(0) = 0$

⑱ $y'' - 3y' + 2y = 4t$, $y(0) = 1$, $y'(0) = -1$

⑲ $y'' + 2y' + 5y = e^{-t}\sin(t)$, $y(0) = 0$, $y'(0) = 1$

⑳ $y'' + 4y = 0$, $y(0) = 1$, $y'(0) = 2$

解下列變係數微分方程式

㉑ $t^2y'' - 2y = 2$, $y(0) = y'(0) = 0$

㉒ $y'' + 2ty' - 4y = 6$, $y(0) = y'(0) = 0$

㉓ $y'' + 8ty' = 0$, $y(0) = 4$, $y'(0) = 0$

㉔ $y'' - 16ty' + 32y = 14$, $y(0) = y'(0) = 0$

㉕ $y'' - 4ty' + 4y = 0$, $y(0) = 0$, $y'(0) = 10$

㉖ $y'' + 8ty' - 8y = 0$, $y(0) = 0$, $y'(0) = -4$

㉗ $ty'' + (t-1)y' + y = 0$, $y(0) = 0$

㉘ $y'' + 4ty' - 4y = 0$, $y(0) = 0$, $y'(0) = -7$

㉙ $y'' - 8ty' + 16y + 3$, $y(0) = y'(0) = 0$

㉚ $t(1-t)y'' + 2y' + 2y = 6t$, $y(0) = 0$, $y(2) = 0$

解下列高階微分方程式

㉛ $y^{(3)} - 4y'' - 2y' + 8y = 1$, $y(0) = y'(0) = y''(0) = 0$

㉜ $y^{(3)} - y'' - 4y' + 4y = f(t)$, $y(0) = y'(0) = 1$, $y''(0) = 0$

8 歷屆插大、研究所、公家題庫

Qualification Examination

① $2y''-5y'+2y=2e^{2x}$, $y(0)=0, y'(0)=1$

② 1 $\mathcal{L}^{-1}\left\{\frac{1}{s^2}[1-\exp(-s)^2]\right\}=?$

2 函數 $f(t)$ 可做拉氏轉換的條件是什麼？

3 $\mathcal{L}[f'(t)]=s\mathcal{L}[f(t)]-f(0^+)$ 能成立時，

$f(t)$、$f'(t)$ 需具備什麼條件？

③ $\mathcal{L}[\delta(t-a)]$

④ $\mathcal{L}[e^{at}f(t)]$

⑤ $\mathcal{L}[f(t-a)u(t-a)]$

⑥ $y''+2y'+2y=\delta(t-1)$, $y(0)=1$, $y'(0)=-1$

⑦ $ty''-ty'-y=0$, $y(0)=0$, $y'(0)=3$

⑧ $g(t)=\begin{cases}0, & 0\le t<3\\ (t-3)^2, & t>3\end{cases}$ $\mathcal{L}[g(t)]=?$

⑨ $\mathcal{L}^{-1}\left[\frac{11s^3-47s^2+56s+4}{(s-2)^3(s+2)}\right]$

⑩ $y''+4y'+3y=e^t$, $y(0)=0$, $y'(0)=2$

⑪ $f(t)=t, -1<t<1$, 且 $f(t+2)=f(t)$

1 畫 $f(t)$ 的波形 2 $F(s)=?$

⑫ $mx''(t)+kx(t)=0$, 其中 $m, k>0$

$x(0)=x_0$, $x'(0)=0$

⑬ $y(t)=t+\int_0^t y(\tau)\sin(t-\tau)d\tau$

⑭ $y''(x)+2y'(x)+2y=2$, $y(0)=0$, $y'(0)=1$

⑮ $\mathcal{L}^{-1}\left(\dfrac{s+1}{s^3+s^2-6s}\right)$

⑯ $y''+y=f(t)$, $y(0)=y'(0)=0$

$$f(t)=\begin{cases}1, & 0\le t\le 1\\ 0, & t>1\end{cases}$$

⑰ $y''+3y'+2y=g(t)$, $y(0)=0$, $y'(0)=1$

$g(t)=1-u(t-1)+t^2\delta(t-2)+\sin(t)$

⑱ 若 $y''+3y'+2y=4$, $y(0)=y'(0)=0$

試求$\lim\limits_{t\to\infty} y(t)=$?

⑲ $\mathcal{L}^{-1}\left(\ell n\left|1+\dfrac{a}{s^2}\right|\right)$

⑳ $\mathcal{L}^{-1}\left(\ell n\left|\dfrac{s+1}{s-1}\right|\right)$

㉑ $F(s)=\dfrac{1}{s+2}e^{-4s}$, $\mathcal{L}^{-1}[F(s)]$

㉒ $F(s)=\dfrac{1}{s^2-3s+2}$, $\mathcal{L}^{-1}[F(s)]$

㉓ $F(s)=\dfrac{2s-1}{s^2+2s+8}$, $\mathcal{L}^{-1}[F(s)]$

第 6 章

傅立葉分析

1. 基本觀念及定義
2. 傅立葉級數與收斂
3. 任意週期之傅立葉級數
4. 函數之半幅展開
5. 傅立葉積分
6. 傅立葉轉換
7. 歷屆插大、研究所、公家題庫

Analysic of Fourier

1 基本觀念及定義

Basic Concepts and Definition

傅立葉級數在解工程問題上非常重要。一般而言在工程系統中，任一輸入訊號的形式均能分解成一組正弦波與餘弦波的成份。而傅立葉級數(Fourier Series)是由一串正弦函數與餘弦函數所組合。探討傅立葉級數、傅立葉積分、傅立葉轉換，對工程應用上有相當大的實用性。在某方面而言，傅立葉級比泰勒級數更加實用，因為不連續的週期函數在傅立葉級數仍然適用，而泰勒級數卻並不如此。

本節先介紹週期函數(Period function)、偶函數(even function)、奇函數(odd function)及函數的正交性(orthogonality)觀念及定義。

一、週期函數(Period Function)：

若函數 $f(x)$ 對所有實數 X 均有定義，且 T 對於任何的 X 均為

$$f(X+T)=f(x) \tag{1}$$

則 $f(x)$ 具有「週期性」，而 T 稱為 $f(x)$ 的「週期」，其中 T 為某正數。此種函數並無區間的限制，它可於任何區間以 T 週期作重覆的變化。如圖 6－1 所示

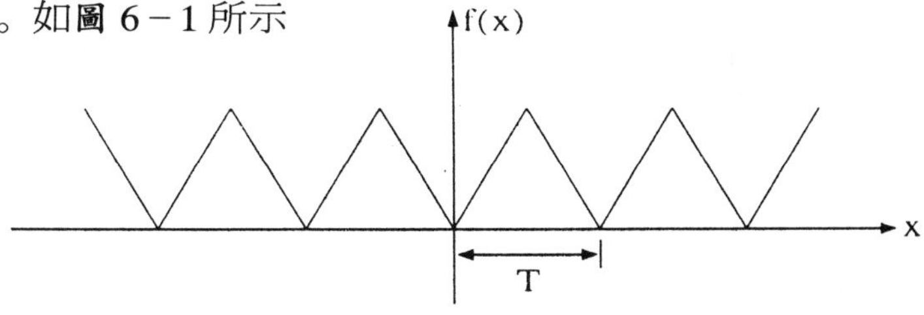

圖 6－1　f(X+T)=f(x)的週期函數

性質

1. 若 f(x)與 g(x)均爲相同週期 T 的週期函數，則
   $h(x)=af(x)+bg(x)$亦爲週期 T 的週期函數。
2. 若 f(x)之週期爲 T，則 f(nx)的週期爲 T/n

二、偶函數(Even Function)

若 $f(x)=f(-x)$ 則稱 $f(x)$為偶函數。其圖形如圖 6－2。

性質

1. 若 f(x)與 g(x)均爲偶函數，則
   [1] f(x)＋g(x)及 f(x)·g(x)均爲偶函數。
   [2] $\int_{-T}^{T} f(x)dx=2\int_{0}^{T} f(x)dx$

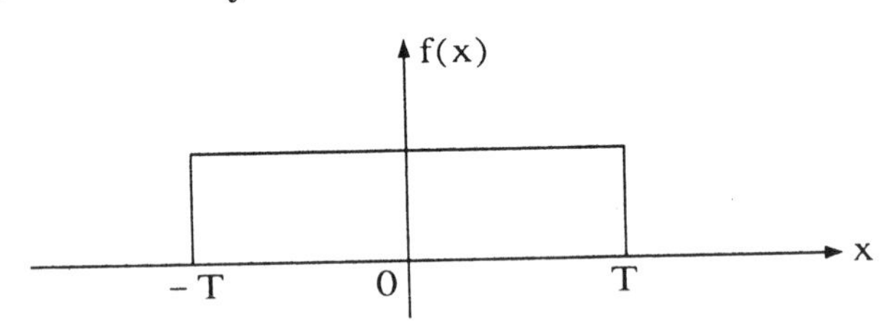

圖 6－2　f(x)＝f(－x)偶函數之例

三、奇函數(Odd Function)

若 $-f(x)=f(-x)$ 則稱 $f(x)$為奇函數。其圖形如圖 6－3。

性質

1. 若 h(x)爲偶函數，而 f(x)與 g(x) 均奇函數，則
   [1] f(x)＋g(x)爲奇函數，而 f(x)·g(x)爲偶函數。
   [2] f(x)·h(x)爲奇函數，而 f(x)＋h(x)非偶函數亦非奇函數。
   [3] $\int_{-T}^{T} f(x)dx=0$

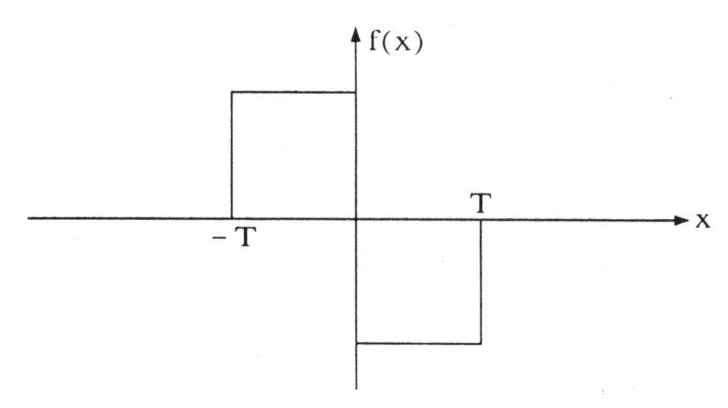

圖 6－3　$-f(x)=f(-x)$奇函數之例

四、正交性(Orthogonality)

1. 若 $g_m(x)$在區間〔a, b〕中，其積分值均存在，且模根(Norm)均不爲零，若滿足下式，則此種集合稱爲在區間〔a, b〕內之「正交性函數集合」(Orthogonal set of function)

$$(g_m, g_n)=\int_a^b g_m(x)g_n(x)dx=\begin{cases}0 & m\neq n\\ \|g_m\|^2 & m=n\end{cases} \quad (2)$$

其中 $\|g_m\|=\sqrt{(g_m, g_m)}=\sqrt{\int_a^b g_m^2(x)dx}$，稱為模根(Norm)。

2. 正交集合中的每一函數，若除以區間內之模根，則可得正交性集合。

例 6－1

試問 $g_m(x)=\sin(mx)$, $m=1, 2, 3\cdots$, 在區間〔$-\pi, \pi$〕內是否具有正交性？

解：

因爲

$$(g_m, g_n)=\int_{-\pi}^{\pi}\sin(mx)\sin(nx)dx$$

$$=\frac{1}{2}\int_{-\pi}^{\pi}[\cos(m-n)x-\cos(m+n)x]dx$$

①若 $m=n$，則

$$(g_m, g_n)=\frac{1}{2}\int_{-\pi}^{\pi}[1-\cos(2mx)]dx=\pi=\|g_m\|^2$$

其中 $$\|g_m\|^2=\int_{-\pi}^{\pi}\sin^2(mx)dx=\pi$$

②若 m≠n 則 $$(g_m, g_n)=\frac{1}{2}\left[\frac{1}{m-n}\sin(m-n)x-\frac{1}{m+n}\sin(m+n)x\right]\Big|_{-\pi}^{\pi}=0$$

由①、②知符合(2)式，故具有正交性。且對應之正交性集合是由下列函數所組成：

$$\frac{\sin(x)}{\sqrt{\pi}},\ \frac{\sin(2x)}{\sqrt{\pi}},\ \frac{\sin(3x)}{\sqrt{\pi}},\cdots\cdots$$

2 傅立葉級數與收斂

Fourier Series and Converge

任一週期函數若符合收斂條件，則均可以傅立葉級數表示，本節先推導函數在〔$-\pi,\pi$〕區間內，傅立葉級數展開式的尤拉公式（Euler），然後再探討傅立葉級數的收斂性。

一、〔$-\pi,\pi$〕區間的傅立葉級數

假設 f(x)為週期 2π 的週期函數，且展開式如下：

$$f(x)=\frac{a_0}{2}+\sum_{n=1}^{\infty}[a_n \cos(nx)+b_n \sin(nx)] \tag{3}$$

若 f(x)以(3)式的級數表示，則稱為傅立葉級數（Fourier Series）。

其中係數 a_0，a_n，b_n 的推導如下：

1. 求 a_0

將(3)式兩邊由 $-\pi$ 積分至 π，則得

$$\int_{-\pi}^{\pi} f(x)dx=\int_{-\pi}^{\pi}\frac{a_0}{2}dx+\sum_{n=1}^{\infty} a_n \int_{-\pi}^{\pi}\cos(nx)dx+\sum_{n=1}^{\infty} b_n \int_{-\pi}^{\pi}\sin(nx)dx$$
$$=\pi a_0+0+0$$

所以

$$a_0=\frac{1}{\pi}\int_{-\pi}^{\pi} f(x)dx \tag{4}$$

2. 求 a_n

將(3)式兩邊各乘以 cos(mx)，其中 m 為任一正整數。並且兩邊由 $-\pi$ 積分至 π，則得

$$\int_{-\pi}^{\pi} f(x)\cos(mx)dx$$

$$= \int_{-\pi}^{\pi} \left[\frac{a_0}{2} + \sum_{n=1}^{\infty}(a_n \cos(nx) + b_n \sin(nx)\right]\cos(mx)dx$$

$$= 0 + \sum_{n=1}^{\infty} a_n \int_{-\pi}^{\pi} \cos(nx)\cdot\cos(mx)dx + 0$$

$$= \sum_{n=1}^{\infty} \frac{a_n}{2} \int_{-\pi}^{\pi} [\cos(n-m)x + \cos(n+m)x]dx$$

①若 $n \neq m$ 則 $\int_{-\pi}^{\pi} f(x)\cos(mx)dx = 0$

②若 $n = m$ 則 $\int_{-\pi}^{\pi} f(x)\cos(mx)dx = \frac{a_n}{2}\int_{-\pi}^{\pi} 1\cdot dx = a_n\pi$

所以得 $a_n = \frac{1}{\pi}\int_{-\pi}^{\pi} f(x)\cos(mx)dx,\ \ m = 1, 2, 3\cdots\cdots$ (5)

3. 求 b_n

將(3)式兩邊各乘以 $\sin(mx)$，其中 m 爲任一正整數。且兩邊由 $-\pi$ 積分至 π，則得

$$\int_{-\pi}^{\pi} f(x)\sin(mx)dx$$

$$= \int_{-\pi}^{\pi} \left[\frac{a_0}{2} + \sum_{n=1}^{\infty}[a_n \cos(nx)] + b_n \sin(nx)\right]\sin(mx)d$$

$$= 0 + 0 + \sum_{n=1}^{\infty} b_n \int_{-\pi}^{\pi} \sin(nx)\sin(mx)dx$$

$$= \sum_{n=1}^{\infty} \frac{b_n}{2} \int_{-\pi}^{\pi} [\cos(n-m)x - \cos(n+m)x]dx$$

①若 $n \neq m$ 則 $\int_{-\pi}^{\pi} f(x)\sin(mx)dx = 0$

②若 $n = m$ 則 $\int_{-\pi}^{\pi} f(x)\sin(mx)dx = \frac{b_n}{2}\int_{-\pi}^{\pi} 1\cdot dx = b_n\pi$

所以得 $b_n = \frac{1}{\pi}\int_{-\pi}^{\pi} f(x)\sin(mx)dx,\ \ m = 1, 2, 3\cdots\cdots$ (6)

將(4)、(5)、(6)式整理，並令 $n = m$，則即爲尤拉公式(Euler)

$$\boldsymbol{a_0 = \frac{1}{\pi}\int_{-\pi}^{\pi} f(x)dx}$$

$$\boldsymbol{a_n = \frac{1}{\pi}\int_{-\pi}^{\pi} f(x)\cos(nx)dx}$$

$$b_n=\frac{1}{\pi}\int_{-\pi}^{\pi}f(x)\sin(nx)dx$$

其中 $n=1,2,3,\cdots\cdots$

由以上推導得知 $f(x)$ 在〔$-\pi,\pi$〕區間的傅立葉級數為

$$f(x)=\frac{a_0}{2}+\sum_{n=1}^{\infty}[a_n\cos(nx)+b_n\sin(nx)]$$

$$=\frac{a_0}{2}+[a_1\cos(x)+a_2\cos(2x)+\cdots\cdots]+$$

$$[b_1\sin(x)+b_2\sin(2x)+\cdots]$$

其中 $a_1\cos(x)$ 及 $b_1\sin(x)$ 爲一次諧波，$a_2\cos(2x)$ 及 $b_2\sin(2x)$ 爲二次諧波，依此類推，則 $a_n\cos(nx)$ 及 $b_n\sin(nx)$ 爲 n 次諧波。而第一項的 $\frac{a_0}{2}$ 爲 $f(x)$ 的平均值。

例 6－2

試求圖 6－4 所示的週期函數 $f(x)$ 之傅立葉級數。$f(x)$ 爲方波：

$$f(x)=\begin{cases}-a, & -\pi<x<0\\ a, & 0<x<\pi\end{cases} \quad 且\ f(x+2\pi)=f(x)$$

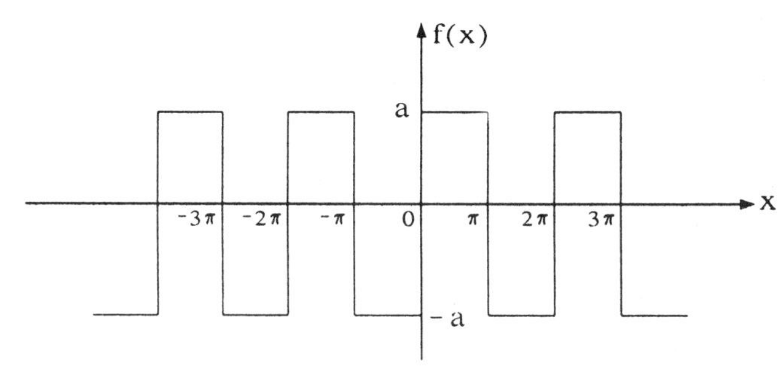

圖 6－4 f(x)爲週期性方波函數

解：

$$f(x)=\frac{a_0}{2}+\sum_{n=1}^{\infty}[a_n\cos(nx)+b_n\sin(nx)]$$

先以尤拉公式求出 a_o，a_n，b_n

$$a_0=\frac{1}{\pi}\int_{-\pi}^{\pi}f(x)dx=\frac{1}{\pi}\left(\int_{-\pi}^{0}(-a)dx+\int_{0}^{\pi}adx\right)=0$$

a_0 爲 0，亦可由觀察波形得知，因爲 $-\pi$ 至 π 間的面積爲零。

$$a_n=\frac{1}{\pi}\int_{-\pi}^{\pi}f(x)\cos(nx)dx$$

$$=\frac{1}{\pi}\left[\int_{-\pi}^{0}(-a)\cos(nx)dx+\int_{0}^{\pi}a\ \cos(nx)dx\right]=0$$

$$b_n=\frac{1}{\pi}\int_{-\pi}^{\pi}f(x)\sin(mx)dx$$

$$=\frac{1}{\pi}\left[\int_{-\pi}^{0}(-a)\sin(mx)dx+\int_{0}^{\pi}a\ \sin(nx)dx\right]$$

$$=\frac{1}{\pi}\left[\frac{a\ \cos(nx)}{n}\bigg|_{-\pi}^{0}-\frac{a\ \cos(nx)}{n}\bigg|_{0}^{\pi}\right]$$

$$=\frac{a}{n\pi}[\cos(0)-\cos(-n\pi)-\cos(n\pi)+\cos(0)]$$

$$=\frac{2a}{n\pi}[1-\cos(n\pi)]$$

所以 f(x)的傅立葉級數爲

$$f(x)=\sum_{n=1}^{\infty}\frac{2a}{n\pi}[1-\cos(n\pi)]\sin(nx)$$

$$=\sum_{n=1}^{\infty}\frac{2a}{n\pi}[1-(-1)^n]\sin(nx)$$

討論

❀ 當 n 爲偶數

$$f(x)=0$$

❀ 當 n 爲奇數

$$f(x)=\sum_{n=1,3,5\cdots}^{\infty}\frac{4a}{n\pi}\sin(nx)$$

$$=\frac{4a}{\pi}\left[\sin(x)+\frac{1}{3}\sin(3x)+\frac{1}{5}\sin(5x)+\cdots\cdots\right]$$

❀ 討論其收斂性

若 $x=\frac{\pi}{2}$，則 $f(x)=\frac{4a}{\pi}\left[1-\frac{1}{3}+\frac{1}{5}+\cdots\cdots\right]$

此結果已由第四章所述之萊布尼茲法得知爲收斂。

❀ f(x)的傅立葉級數前幾項和的圖形，如圖 6－5 所示。

其中

1 為第一項級數和之波形。

2 為前二項級數和之波形。

3 為前三項級數和之波形。

4 為前 m 項級數和之波形。

由此可知當 $n \to \infty$ 時, $f(x)$ 的傅立葉級數雖以正弦波形表示,但所呈現和的波形卻是方波。

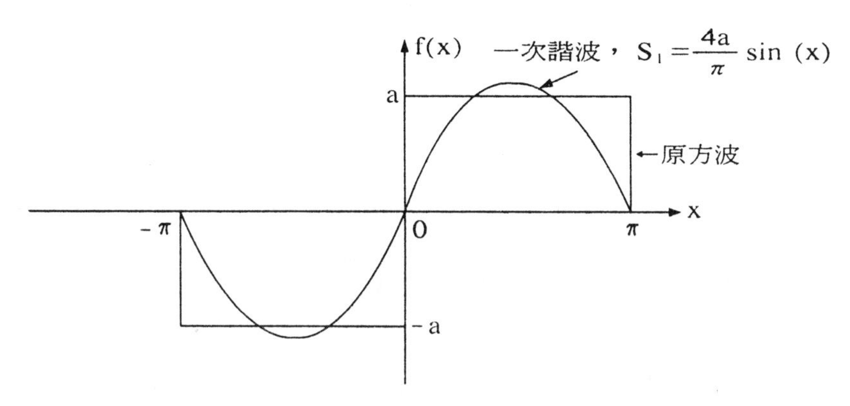

1 第一項級數和之對應波形

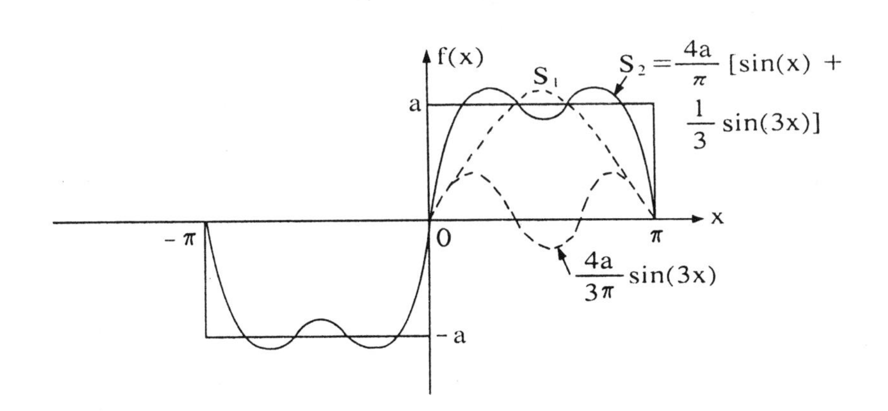

2 前二項級數和之對應波形

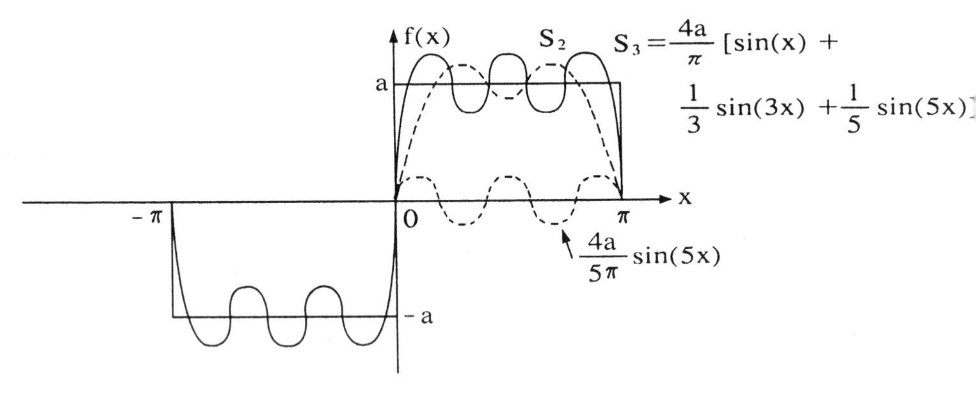

③ 前三項級數和之對應波形

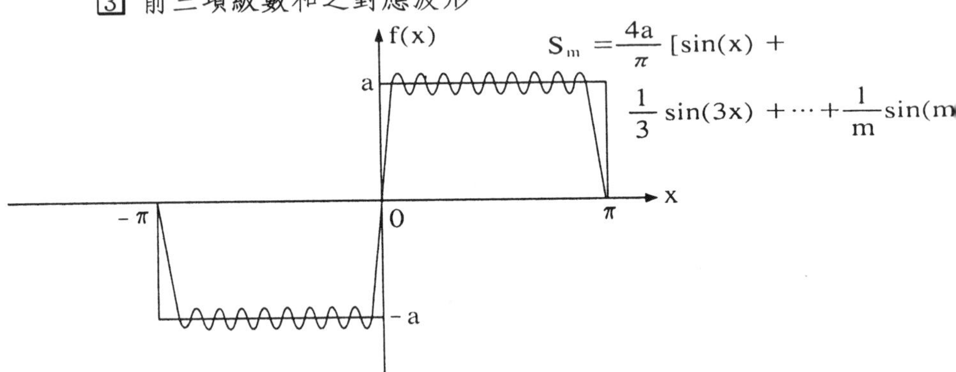

④ 前 m 項級數和之對應波形

圖 6－5　f(x)傳立葉級數前幾項和之對應波形

例 6－3

已知 f(x)為週期性函數，求其傳立葉級數。

$$f(x)=x,\ (c-\pi<x<\pi)\quad 且\ f(x)=f(x+2)$$

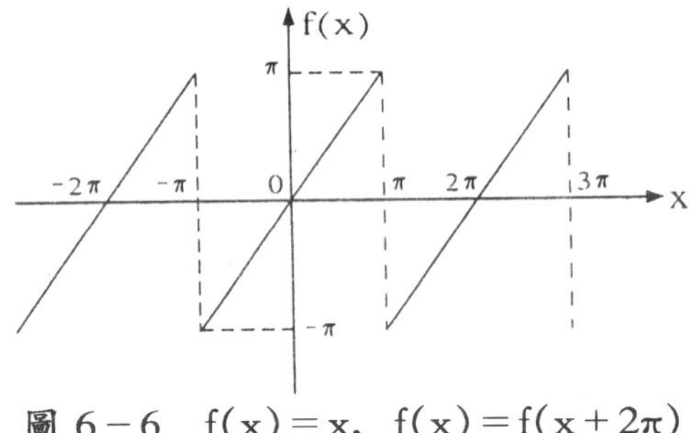

圖 6－6　$f(x)=x,\ f(x)=f(x+2\pi)$

解：

$$f(x)=\frac{a_0}{2}+\sum_{n=1}^{\infty}[a_n\cos(nx)+b_n\sin(nx)]$$

先以尤拉公式，求 a_0、a_n、b_n

$$a_0=\frac{1}{\pi}\int_{-\pi}^{\pi}f(x)dx$$
$$=\frac{1}{\pi}\int_{-\pi}^{\pi}xdx=0$$
$$a_n=\frac{1}{\pi}\int_{-\pi}^{\pi}f(x)\cos(nx)dx$$
$$=\frac{1}{\pi}\int_{-\pi}^{\pi}x\cos(nx)dx=0$$
$$b_n=\frac{1}{\pi}\int_{-\pi}^{\pi}f(x)\sin(nx)dx$$
$$=\frac{1}{\pi}\int_{-\pi}^{\pi}x\sin(nx)dx$$
$$=\frac{1}{\pi}\left(-\frac{x}{n}\cos(nx)+\frac{1}{n^2}\sin(nx)\right)\Big|_0^{\pi}$$
$$=\frac{-2}{n}\cos(n\pi)=\frac{-2}{n}(-1)^n=\frac{2}{n}(-1)^{n+1}$$

故得傅立葉級數爲

$$f(x)=\sum_{n=1}^{\infty}\frac{2}{n}(-1)^{n+1}\sin(nx)$$
$$=2\left(\sin(x)-\frac{1}{2}\sin(2x)+\frac{1}{3}\sin(3x)-+\cdots\cdots\right)$$

例 6－4

已知 $f(x)$ 爲週期函數，求其傅立葉級數

$$f(x)=\begin{cases}0, & -\pi\leq x\leq\frac{\pi}{2}\\ 1, & \frac{\pi}{2}\leq x\leq\pi\end{cases}\qquad f(x)=f(x+2\pi)$$

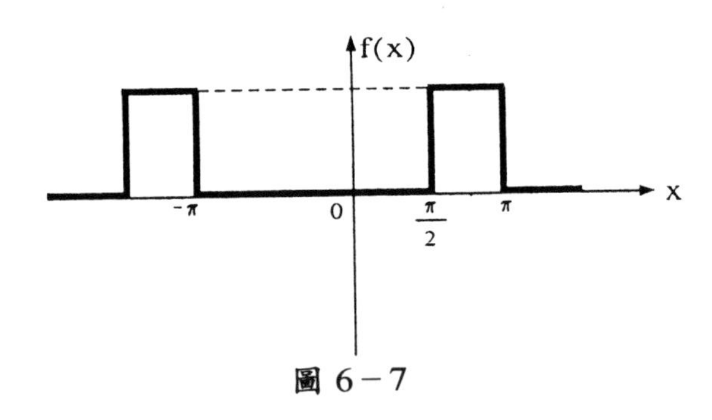

圖 6－7

解：

以尤拉公式，求 a_0、a_n、b_n

因 $\left[0,\frac{\pi}{2}\right]$，$f(x)=0$

故 $$a_0=\frac{1}{\pi}\int_{-\pi}^{\pi}f(x)dx$$

$$=\frac{1}{\pi}\int_{\frac{\pi}{2}}^{\pi}1\cdot dx=\frac{1}{\pi}(x)\Big|_{\frac{\pi}{2}}^{\pi}=\frac{1}{\pi}\left(\pi-\frac{\pi}{2}\right)=\frac{1}{2}$$

$$a_n=\frac{1}{\pi}\int_{-\pi}^{\pi}f(x)\cos(nx)dx$$

$$=\frac{1}{\pi}\int_{\frac{\pi}{2}}^{\pi}\cos(nx)dx=\frac{1}{\pi}\left(\frac{1}{n}\sin(nx)\right)\Big|_{\frac{\pi}{2}}^{\pi}$$

$$=\frac{1}{n\pi}\left[\sin(n\pi)-\sin\left(\frac{n\pi}{2}\right)\right]=\frac{-1}{n\pi}\sin\left(\frac{n\pi}{2}\right)$$

由 a_n 知，n 若爲偶數，則 $a_n=0$

$$b_n=\frac{1}{\pi}\int_{-\pi}^{\pi}f(x)\sin(nx)dx$$

$$=\frac{1}{\pi}\int_{\frac{\pi}{2}}^{\pi}\sin(nx)dx=\frac{1}{\pi}\left(\frac{-1}{n}\cos(nx)\right)\Big|_{\frac{\pi}{2}}^{\pi}$$

$$=\frac{-1}{n\pi}\left[\cos(n\pi)-\cos\left(\frac{n\pi}{2}\right)\right]$$

故知 $$f(x)=\frac{a_0}{2}+\sum_{n=1}^{\infty}[a_n\cos(nx)+b_n\sin(nx)]$$

$$=\frac{1}{4}+\sum_{n=1}^{\infty}\left\{\frac{-1}{n\pi}\sin\left(\frac{n\pi}{2}\right)\cdot\cos(nx)-\right.$$

$$\frac{1}{n\pi}\left[\cos(n\pi)-\cos\left(\frac{n\pi}{2}\right)\right]\sin(nx)\Big\}$$

$$=\frac{1}{4}-\sum_{n=1}^{\infty}\frac{1}{n\pi}\Big\{\sin\left(\frac{n\pi}{2}\right)\cdot\cos(nx)+$$

$$\left[\cos(n\pi)-\cos\left(\frac{n\pi}{2}\right)\right]\sin(nx)\Big\}$$

二、傅立葉級數的收斂性

設 $f(x)$在$[-L,L]$上為片段連續。則

1. 若$-T<x_0<T$，且 $f'_R(x_0)$和 $f'_L(x_0)$二者都存在，
   則在 X_0 處，$f(x)$在$[-T,T]$上的傅立葉級數收斂至

$$\frac{1}{2}\left[f(x_{0+})+f(x_{0-})\right] \tag{7}$$

2. 若$-T$和T處，且 $f_R'(-T)$和 $f_L'(T)$均存在，
   則其傅立葉級數收斂至

$$\frac{1}{2}\left[f(-T_+)+f(T_-)\right] \tag{8}$$

上述之意即為：在 $-T$ 與 T 之間的任一點，其左右導數均存在，且傅立葉級數收斂至該點左右極限的平均值。而在 $-T$ 與 T 處，其級數收斂至 $-T$ 處之右極限與在 T 處之左極限的平均值。

例 6－5

已知 $f(x)$是片段連續的函數。試求 $f(x)$在$[-\pi,\pi]$上收斂至何值。

$$f(x)=\begin{cases}x^2, & -\pi\le x<0\\ 2, & 0\le x\le\pi\end{cases}$$

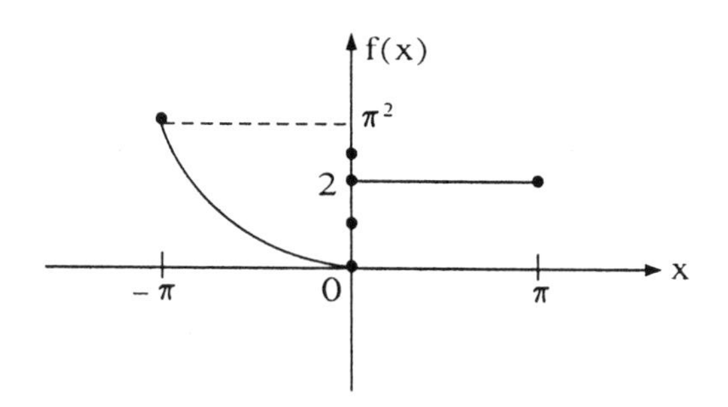

圖 6－8

解：

因爲 $f'_R(x_0)$和 $f'_L(x_0)$均存在，且 $f'_R(-T)$和 $f'_L(T)$亦存在：

在 $x=0$ 處 $\begin{cases} f(0_+)=2 \\ f(0_-)=x^2|_{x=0}=0 \end{cases}$

$\begin{cases} f'_L(0)=0 \\ f'_R(0)=2x|_{x=0}=0 \end{cases}$ 存在

在 $x=-\pi$ 處 $f(-\pi_+)=x^2|_{x=-\pi}=\pi^2$

即 $f_R'(-\pi)=2x|_{x=-\pi}=-2\pi$ 存在

在 $x=\pi$ 處 $f(\pi_-)=2 \Rightarrow f'_L(\pi)=0$ 存在

所以在 $x=-\pi$ 及 π 處，收斂至

$$\frac{1}{2}[f(-T_+)+f(T_-)]=\frac{1}{2}(2+\pi^2)=1+\frac{\pi^2}{2}$$

在 $x=0$ 處，收斂至

$$\frac{1}{2}[f(x_{0+})+f(x_{0-})]=\frac{1}{2}(2+0)=1$$

其餘皆收斂至 $f(x)$

例 6－6

試求圖 6－9，$f(x)$在$[-3,3]$上各點收斂至何値

$$f(x)=\begin{cases} 2-x, & -3\le x<-2 \\ 1, & -2<x\le 0 \\ -1, & 0<x<1 \\ x^2+1, & 1\le x\le 3 \end{cases}$$

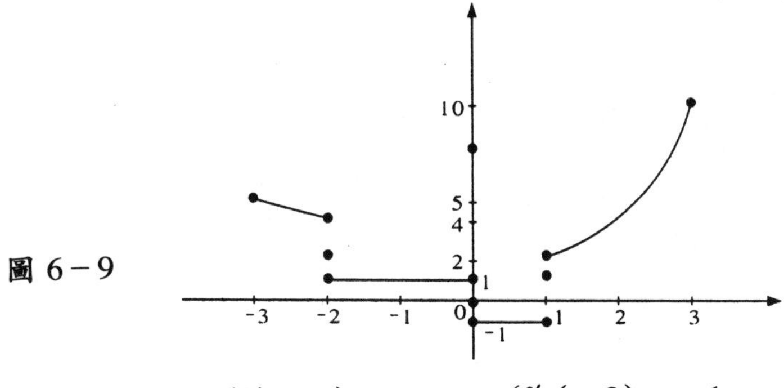

圖 6－9

解：

在 -2 處 $\begin{cases} f(-2_-)=4 \\ f(-2_+)=1 \end{cases}$ 即 $\begin{cases} f'_L(-2)=-1 \\ f'_K(-2)=0 \end{cases}$

收斂至 $\frac{1}{2}〔4+1〕=\frac{5}{2}$

在 $x=0$ 處 $\begin{cases} f(0_-)=1 \\ f(0_+)=-1 \end{cases}$ 即 $\begin{cases} f'_L(0)=0 \\ f'_R(0)=0 \end{cases}$

收斂至 $\frac{1}{2}〔0+0〕=0$

在 $x=1$ 處 $\begin{cases} f(1_-)=-1 \\ f(1_+)=2 \end{cases}$ 即 $\begin{cases} f'_L(1)=0 \\ f'_K(1)=2 \end{cases}$

收斂至 $\frac{1}{2}〔-1+2〕=\frac{1}{2}$

在 $x=\pm 3$ 處 $\begin{cases} f(-3_+)=5 \\ f(3_-)=10 \end{cases}$ 即 $\begin{cases} f'_R(-3)=-1 \\ f'_L(3)=6 \end{cases}$

收斂至 $\frac{1}{2}(5+10)=\frac{15}{2}$

其餘則收斂至 $f(x)$

習 6-2 題

求下列週期為 2π 的週期函數之傅立葉級數

① $f(x)=|x|,\ -\pi\leq x\leq\pi,\ f(x)=f(x+2\pi)$

② $f(x)=\begin{cases} 1, & -\dfrac{\pi}{2}<x<\dfrac{\pi}{2} \\ -1, & \dfrac{\pi}{2}<x<\dfrac{3\pi}{2} \end{cases}$ $f(x)=f(x+2\pi)$

③ $f(x)=\begin{cases} 1, & -\pi<x<-\dfrac{\pi}{2} \\ -1, & -\dfrac{\pi}{2}<x<0 \\ 0, & 0<x<\pi \end{cases}$ $f(x)=f(x+2\pi)$

④ $f(x)=\begin{cases} x, & -\dfrac{\pi}{2}<x<\dfrac{\pi}{2} \\ \pi-x, & \dfrac{\pi}{2}<x<\dfrac{3\pi}{2} \end{cases}$ $f(x)=f(x+2\pi)$

⑤ $f(x)=\begin{cases} x^2, & -\dfrac{\pi}{2}<x<\dfrac{\pi}{2} \\ \dfrac{\pi^2}{4}, & \dfrac{\pi}{2}<x<\dfrac{3\pi}{2} \end{cases}$ $f(x)=f(x+2\pi)$

⑥ $f(x)=\begin{cases} 0, & -\pi<x<0 \\ 2, & 0<x<\pi \end{cases}$ $f(x)=f(x+2\pi)$

⑦ $f(x)=\begin{cases} -x^2, & -\pi<x<0 \\ x^2, & 0<x<\pi \end{cases}$ $f(x)=f(x+2\pi)$

⑧ $f(x)=\begin{cases} 0, & -\pi\leq x<0 \\ \sin(x), & 0\leq x<\pi \end{cases}$ $f(x)=f(x+2\pi)$

⑨ $f(x)=\begin{cases} 2x, & -\pi\leq x<0 \\ \cos(x), & 0<x<\pi \end{cases}$ $f(x)=f(x+2\pi)$

⑩ $f(x)=x^2,\ -\pi\leq x\leq\pi$

3 任意週期之傅立葉級數

General Period of Fourier Series

若週期函數的週期爲 2L 而不爲 2π, 則前節的傅立葉級數展開式就不適用。本節將推導出任意週期函數的傅立葉級數展開式。

令 $f(t)$的週期爲 2L, 而 $f(x)$的週期爲 2π,

則 $$\frac{t}{x}=\frac{2L}{2\pi}=\frac{L}{\pi}$$

即 $$x=\frac{\pi}{L}t,\quad dx=\frac{\pi}{L}dt$$

由前節知週爲 2π 的傅立葉級數爲

$$f(x)=\frac{a_0}{2}+\sum_{n=1}^{\infty}[a_n\cos(nx)+b_n\sin(nx)]$$

將 $x=\frac{\pi}{L}t$ 代入,

則得 $$f\left(\frac{\pi}{L}t\right)=\frac{a_0}{2}+\sum_{n=1}^{\infty}\left[a_n\ \cos\left(\frac{n\pi}{L}t\right)+b_n\ \sin\left(\frac{n\pi}{L}t\right)\right]$$

因 $f(x)$的週期爲 2π, 而 $f(t)$的週期爲 2L, 故知其 $\pm\pi$ 對應 $\pm L$,

所以 $$a_0=\frac{1}{\pi}\int_{-\pi}^{\pi}f(x)dx=\frac{1}{\pi}\int_{-L}^{L}f\left(\frac{\pi}{L}t\right)\cdot\frac{\pi}{L}dt$$

$$=\frac{1}{L}\int_{-L}^{L}f(t)dt$$

$$a_n=\frac{1}{\pi}\int_{-\pi}^{\pi}f(x)\cos(nx)dx=\frac{1}{\pi}\int_{-\pi}^{\pi}f\left(\frac{\pi}{L}t\right)\cos\left(\frac{n\pi}{L}t\right)\cdot\frac{\pi}{L}dt$$

$$=\frac{1}{L}\int_{-L}^{L}f(t)\cos\left(\frac{n\pi}{L}t\right)dt$$

$$b_n=\frac{1}{\pi}\int_{-\pi}^{\pi}f(x)\sin(nx)dx=\frac{1}{\pi}\int_{-\pi}^{\pi}f\left(\frac{\pi}{L}t\right)\sin\left(\frac{n\pi}{L}t\right)\cdot\frac{\pi}{L}dt$$

$$=\frac{1}{L}\int_{-L}^{L}f(t)\sin\left(\frac{n\pi}{L}t\right)dt$$

因此得知, **週期為 *2L* 的週期函數, 其傅立葉級數展開式為：**

$$f(t)=\frac{a_0}{2}x\sum_{n=1}^{\infty}\left[a_n\cos\left(\frac{n\pi}{L}t\right)+b_n\sin\left(\frac{n\pi}{L}t\right)\right] \tag{9}$$

$$a_0=\frac{1}{L}\int_{-L}^{L}f(t)dt \tag{10}$$

$$a_n=\frac{1}{L}\int_{-L}^{L}f(t)\cos\left(\frac{n\pi}{L}t\right)dt \tag{11}$$

$$b_n=\frac{1}{L}\int_{-L}^{L}f(t)\sin\left(\frac{n\pi}{L}t\right)dt \tag{12}$$

例 6－7

函數 f(x)週期爲 2L, 試求其傅立葉級數

$$f(x)=2+x^2,\ -4\leq x\leq 4$$

解：

週期爲任意週期的傅立葉級數爲

$$f(x)=\frac{a_0}{2}+\sum_{n=1}^{\infty}\left[a_n\cos\left(\frac{n\pi}{L}x\right)+b_n\sin\left(\frac{n\pi}{L}x\right)\right]$$

其係數 a_0， a_n， b_n 求法如下

$$a_0=\frac{1}{L}\int_{-L}^{L}f(x)dx$$

$$=\frac{1}{4}\int_{-4}^{4}(2+x^2)dx=\frac{1}{4}\left(2x+\frac{1}{3}x^3\right)\Big|_{-4}^{4}=\frac{44}{3}$$

$$a_n=\frac{1}{L}\int_{-L}^{L}f(x)\cos\left(\frac{n\pi}{L}x\right)dx$$

$$=\frac{1}{4}\int_{-4}^{4}(2+x^2)\cos\left(\frac{n\pi}{4}x\right)dx$$

$$=\frac{1}{4}\left[(2+x^2)\cdot\frac{4}{n\pi}\sin\left(\frac{n\pi}{4}x\right)+\frac{32x}{n^2\pi^2}\cos\left(\frac{x\pi}{4}x\right)-\right.$$

$$\left.\frac{128}{n^3\pi^3}\sin\left(\frac{n\pi}{4}x\right)\right]\Big|_{-4}^{4}$$

$$=\frac{1}{4}\left[\frac{128}{n^2\pi^2}\cos(n\pi+\frac{128}{n^2\pi^2}\cos(-n\pi)\right]$$

$$=\frac{64}{n^2\pi^2}\cos(n\pi)=\frac{64}{n^2\pi^2}(-1)^n$$

$$b_n=\frac{1}{4}\int_{-L}^{L}f(x)\sin\left(\frac{n\pi}{L}x\right)dx$$

$$=\frac{1}{4}\int_{-4}^{4}(2+x^2)\sin\left(\frac{n\pi}{4}x\right)dx$$

$$=\frac{1}{4}\left[-(2+x^2)\cdot\frac{4}{3\pi}\cos\left(\frac{n\pi}{4}x\right)+\frac{32x}{3^2\pi^2}\sin\left(\frac{n\pi}{4}x\right)+\frac{128}{n^2\pi^2}\cos\left(\frac{n\pi}{4}x\right)\right]\Bigg|_{-4}^{4}$$

$$=0$$

所以 $$f(x)=\frac{22}{3}+\sum_{n=1}^{\infty}(-1)^n\frac{64}{n^2\pi^2}\cos\left(\frac{n\pi}{4}x\right)$$

例 6－8

$$f(x)=\begin{cases}4, & -2\le x<0\\ -4, & 0\le x\le 2\end{cases}$$ 求傅立葉級數

解：

$$f(x)=\frac{a_0}{2}+\sum_{n=1}^{\infty}\left[a_n\cos\left(\frac{n\pi}{L}x\right)+b_n\sin\left(\frac{n\pi}{L}x\right)\right]$$

求係數,需分段積分

$$a_0=\frac{1}{L}\int_{-L}^{L}f(x)dx=\frac{1}{4}\left[\int_{-2}^{0}4dx+\int_{0}^{2}(-4)dx\right]$$

$$=\frac{1}{2}\left[4x\Big|_{-2}^{0}-4x\Big|_{0}^{2}\right]=0$$

$$a_n=\frac{1}{L}\int_{-L}^{L}f(x)\cos\left(\frac{n\pi}{L}x\right)dx$$

$$=\frac{1}{2}\left[\int_{-2}^{0}4\cos\left(\frac{n\pi}{2}x\right)dx+\int_{0}^{2}(-4)\cos\left(\frac{n\pi}{2}x\right)dx\right]$$

$$=\frac{1}{2}\left[\frac{8}{n\pi}\sin\left(\frac{n\pi}{2}x\right)\Big|_{-2}^{0}-\frac{8}{n\pi}\sin\left(\frac{n\pi}{2}x\right)\Big|_{0}^{2}\right]$$

$$=0$$

$$b_n=\frac{1}{L}\int_{-L}^{L}f(x)\sin\left(\frac{n\pi}{L}x\right)dx$$

$$=\frac{1}{2}\left[\int_{-2}^{0}4\sin\left(\frac{n\pi}{2}x\right)dx+\int_{0}^{2}(-4)\sin\left(\frac{n\pi}{2}x\right)dx\right]$$

$$=2\left[\frac{-2}{n\pi}\cos\left(\frac{n\pi}{2}x\right)\Big|_{-2}^{0}+\frac{2}{n\pi}\cos\left(\frac{n\pi}{2}x\right)\Big|_{0}^{2}\right]$$

$$=\frac{8}{n\pi}[\cos(n\pi)-1]=\frac{8}{n\pi}[(-1)^n-1]$$

所以 $$f(x)=\sum_{n=1}^{\infty}\frac{8}{n\pi}[(-1)^n-1]\sin\left(\frac{n\pi}{2}x\right)$$

在此，不妨回顧第一節所述的偶函數及奇函數的定義：

偶函數 $f(-x)=f(x)$

奇函數 $f(-x)=-f(x)$

從第2節至此，我們不難發現：當函數為偶函數時(如例題6－7)，其傅立葉級數的 b_n 係數為零；而函數為奇函數時，(如例題6－8)，其傅立葉級數的 a_0 與 a_n 係數為零。其理由可從各項係數的積分式得知下列性質：

f(x)為偶函數時

$$f(x)=\frac{a_0}{2}+\sum_{n=1}^{\infty} a_n\cos\left(\frac{n\pi}{L}x\right) \tag{13}$$

$$a_0=\frac{2}{L}\int_0^L f(x)\,dx \tag{14}$$

$$a_n=\frac{2}{L}\int_0^L f(x)\cos\left(\frac{n\pi}{L}x\right)dx \tag{15}$$

$$b_n=0 \tag{16}$$

f(x)為奇函數時

$$f(x)=\sum_{n=1}^{\infty} b_n\sin\left(\frac{n\pi}{L}x\right) \tag{17}$$

$$a_0=a_n=0 \tag{18}$$

$$b_n=\frac{2}{L}\int_0^L f(x)\sin\left(\frac{n\pi}{L}x\right)dx \tag{19}$$

其實當 f(x)爲偶函數時，傅立葉級數僅見有餘弦諧波，而當 f(x)爲奇函數時，傅立葉級數僅見有正弦諧波。因此偶函數的傅立葉數，稱之為「傅立葉餘弦級數」，而奇函數的傅立葉級數，稱為為「傅立葉正弦級數」。

例 6－9

求週期函數 f(x)的傅立葉級數

$$f(x)=\begin{cases}1, & -1<x<0\\ -1, & 0<x<1\end{cases}$$

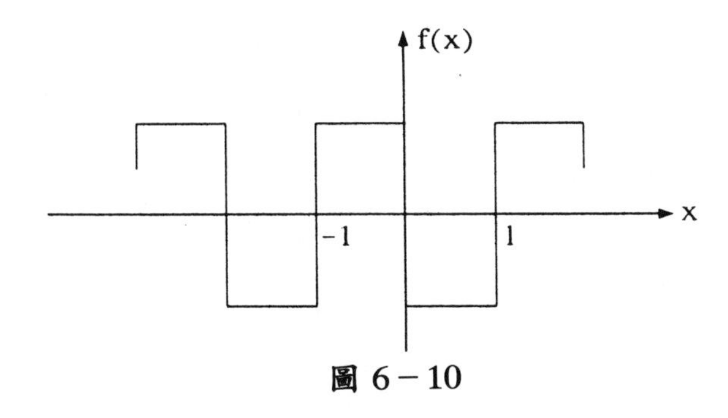

圖 6－10

解：

此函數爲奇函數，

故 $$f(x)=\sum_{n=1}^{\infty} b_n \sin\left(\frac{n\pi}{L}x\right)$$

由⒆式知 $$b_n=\frac{2}{L}\int_0^L f(x)\sin\left(\frac{n\pi}{L}x\right)dx$$

$$=2\int_0^1(-1)\sin(n\pi x)dx$$

$$=\frac{2}{n\pi}\cos(n\pi x)\Big|_0^1$$

$$=\frac{2}{n\pi}(\cos n\pi-1)$$

$$=\frac{2}{n\pi}[(-1)^n-1]$$

所以 $$f(x)=\sum_{n=1}^{\infty}\frac{2}{n\pi}[(-1)^n-1]\sin(n\pi x)$$

例 6－10

$f(x)=|x|$，$-2<x<2$，求傅立葉級數

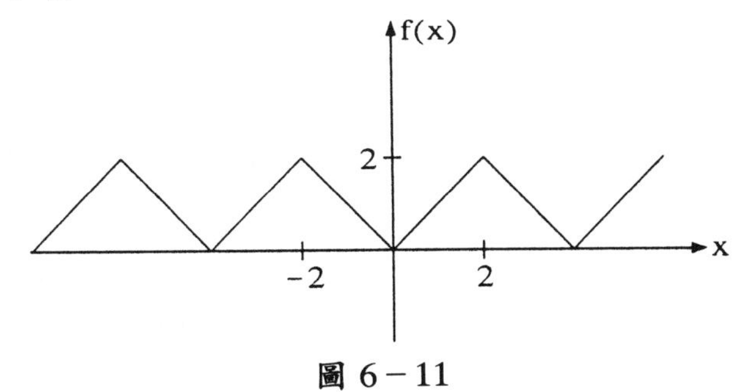

圖 6－11

解：

f(x)爲偶函數，　$f(x)=a_0+\sum_{n=1}^{\infty} a_n\cos\left(\frac{n\pi}{L}x\right)$

$$a_0=\frac{2}{L}\int_0^L f(x)dx$$

$$=\int_0^2 xdx=\frac{1}{2}x^2\Big|_0^2=2$$

$$a_n=\frac{2}{L}\int_0^L f(x)\cos\left(\frac{n\pi}{L}x\right)dx$$

$$=\int_0^2 x\ \cos\left(\frac{n\pi}{2}x\right)dx$$

$$=\left[\frac{2x}{n\pi}\sin\left(\frac{n\pi}{2}x\right)+\frac{4}{n^2\pi^2}\cos\left(\frac{n\pi}{2}x\right)\right]\Big|_0^2$$

$$=\frac{4}{n^2\pi^2}[\cos(n\pi)-1]=\frac{4}{n^2\pi^2}[(-1)^n-1]$$

其中 $b_n=0$

所以　$f(x)=1+\sum_{n=1}^{\infty}\frac{4}{n^2\pi^2}[(-1)^n-1]\cos\left(\frac{n\pi}{2}x\right)$

習　6-3　題

求下列週期函數的傅立葉級數

① $f(t)=\begin{cases}1+t^2, & 0\leq t\leq 1\\ 3-t, & 1\leq t\leq 2\end{cases}$

② $u(t)=\begin{cases}0, & -\frac{T}{2}<t<0\\ E\ \sin(wt), & 0<t<\frac{T}{2}\end{cases}$

③ $f(x)=x+\pi,\ -\pi<x<\pi$

④ $f(x)=\begin{cases}x+1, & -1\leq x\leq 0\\ -x+1, & 0\leq x\leq 1\end{cases}$

⑤ $f(t)=\begin{cases}0, & -2<t<-1\\ k, & -1<t<1\\ 0, & 1<t<2\end{cases}$

⑥ $f(x)=\begin{cases}1, & 1<x<4\\ -1, & 4<x<7\end{cases}$

⑦ $f(t)=\begin{cases}t, & 0<t\leq 4\\ 4, & 4<t\leq 8\end{cases}$

⑧ $f(x)=\frac{1}{4}x^2,\ -\pi<x<\pi$

⑨ $f(t)=\begin{cases}t, & -\frac{\pi}{8}<t<\frac{\pi}{8}\\ \frac{\pi}{4}-t, & \frac{\pi}{8}<t<\frac{3}{8}\pi\end{cases}$

⑩ $f(x)=\begin{cases}x+2, & -2<x<0\\ 1, & 0<x<2\end{cases}$

判斷下列函數為奇函數或偶函數,並求其傅立葉級數

⑪ $f(x)=x^3,\ -\pi<x<\pi$

⑫ $f(x)=\begin{cases}x^2, & -\frac{\pi}{2}<x<\frac{\pi}{2}\\ \frac{\pi^2}{4}, & \frac{\pi}{2}<x<\frac{3}{2}\pi\end{cases}$

⑬ $f(x)=\begin{cases}-x^2, & -\pi<x<0\\ x^2, & 0<x<\pi\end{cases}$

⑭ $f(x)=x(\pi^2-x^2),\ -\pi<x<\pi$

⑮ $f(x)=|\sin(x)|,\ -\pi<x<\pi$

4 函數之半幅展開

Half－Range Expansions of Function

在工程問題應用中，函數 f(x)僅在某一有限區間內有定義，此時有時需作「偶性週期延伸」(Even periodic extension)或稱「傅立葉餘弦級數」；有時需作「奇性週期延伸」(Odd periodic extension)，或稱「傅立葉正弦級數」。此種在有限區間擴伸至全幅展開，稱之爲「半幅展開」(half-range expansions)。

一、偶性週期延伸：如圖 6－12

$$f(x)=\frac{a_0}{2}+\sum_{n=1}^{\infty}a_n\cos\left(\frac{n\pi}{L}x\right)$$

$$a_0=\frac{2}{L}\int_0^L f(x)dx$$

$$a_n=\frac{2}{L}\int_0^L f(x)\cos\left(\frac{n\pi}{L}x\right)dx$$

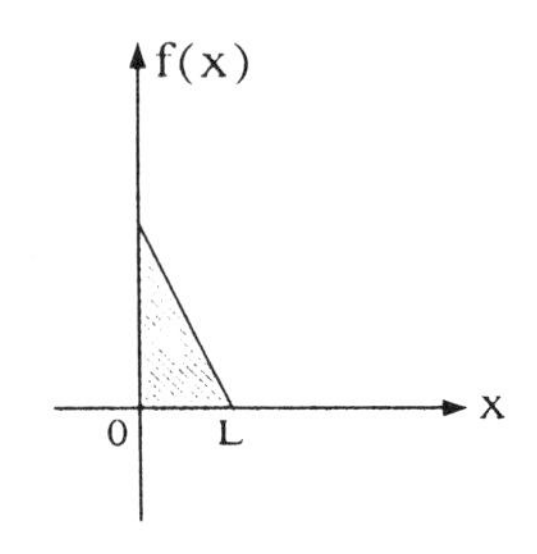

偶 性 延 伸

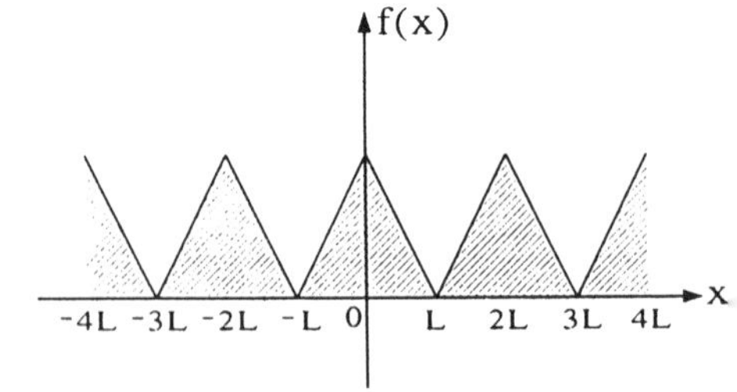

圖 6－12　函數的偶性週期延伸

二、奇性週期延伸：如圖 6－13

$$f(x)=\sum_{n=1}^{\infty}b_n\sin\left(\frac{n\pi}{L}x\right)$$

$$b_n=\frac{2}{L}\int_0^L f(x)\sin\left(\frac{n\pi}{L}x\right)dx$$

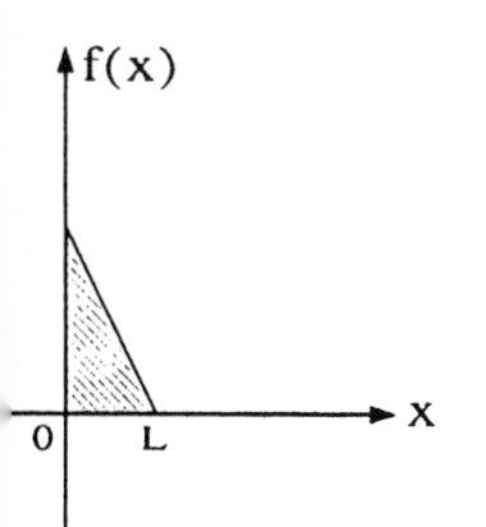

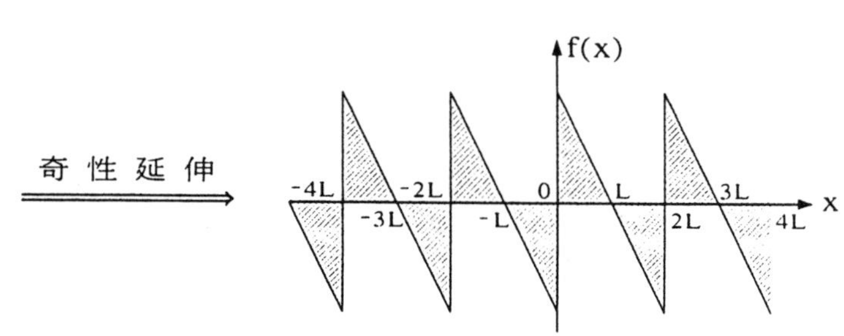

圖 6－13　函數的奇性週期延伸

例 6－11

求 $f(x)=x^2, 0\le x\le 3$ 的傅立葉正弦級數及餘弦級數。

解：

傅立葉正弦級數即為奇性週期延伸，

故 $$b_n=\frac{2}{L}\int_0^L f(x)\sin\left(\frac{n\pi}{L}x\right)dx$$

$$=\frac{2}{3}\int_0^3 x^2\sin\left(\frac{n\pi}{3}x\right)dx$$

$$=\frac{2}{3}\left\{-\frac{3x^2}{n\pi}\cos\left(\frac{n\pi}{3}x\right)+\frac{18x}{n^2\pi^2}\sin\left(\frac{n\pi}{3}x\right)+\frac{54}{n^3\pi^3}\cos\left(\frac{n\pi}{3}x\right)\right\}\Bigg|_0^3$$

$$=\frac{2}{3}\left\{-\frac{27}{n\pi}\cos(n\pi)+\frac{54}{n^2\pi^2}\cos(n\pi)-\frac{54}{n^3\pi^3}\right\}$$

$$=\frac{18}{n\pi}\left[(-1)^n\left(\frac{2}{n\pi}-1\right)-\frac{2}{n^2\pi^2}\right]$$

所以傅立葉正弦級數為

$$f(x)=\sum_{n=1}^{\infty} b_n\sin\left(\frac{n\pi}{L}x\right)$$

$$=\sum_{n=1}^{\infty}\frac{18}{n\pi}\left[(-1)^{n}\left(\frac{2}{n\pi}-1\right)-\frac{2}{n^{2}\pi^{2}}\right]\sin\left(\frac{n\pi}{3}x\right)$$

傳立葉餘弦級數即爲偶性週期延伸,

故

$$a_0=\frac{2}{L}\int_0^L f(x)dx$$

$$=\frac{2}{3}\int_0^3 x^2dx=6$$

$$a_n=\frac{2}{3}\int_0^3 x^2\cos\left(\frac{n\pi}{3}x\right)dx$$

$$=\frac{2}{3}\left[\frac{3x^2}{n\pi}\sin\left(\frac{n\pi}{3}x\right)+\frac{18x}{n^2\pi^2}\cos\left(\frac{n\pi}{3}x\right)-\frac{54}{n^3\pi^3}\sin\left(\frac{n\pi}{3}x\right)\right]\Bigg|_0^3$$

$$=\frac{2}{3}\left[\frac{54}{n^2\pi^2}\cos(n\pi)\right]$$

$$=(-1)^n\frac{36}{n^2\pi^2}$$

所以傳立葉餘弦級數爲

$$f(x)=\frac{a_0}{2}+\sum_{n=1}^{\infty}a_n\cos\left(\frac{n\pi}{L}x\right)$$

$$=3+\sum_{n=1}^{\infty}(-1)^n\frac{36}{n^2\pi^2}$$

例 6－12

試求 $f(x)=\begin{cases}1, & 0\leq x\leq \\ 2, & 1<x\leq 2\end{cases}$ 的傳立葉正弦及餘弦級數。

解：

傳立葉正弦級數

$$b_n=\frac{2}{L}\int_0^L f(x)\sin\left(\frac{n\pi}{L}x\right)dx$$

$$=\int_0^1\sin\left(\frac{n\pi}{2}x\right)dx+\int_1^2 2\ \sin\left(\frac{n\pi}{2}x\right)dx$$

$$=-\frac{2}{n\pi}\cos\left(\frac{n\pi}{2}x\right)\Bigg|_0^1-\frac{4}{n\pi}\cos\left(\frac{n\pi}{2}x\right)\Bigg|_1^2$$

$$=\left[-\frac{2}{n\pi}\cos\left(\frac{n\pi}{2}\right)+\frac{2}{n\pi}\right]-$$

$$\left[\frac{4}{n\pi}\cos(n\pi)-\frac{4}{n\pi}\cos\left(\frac{n\pi}{2}\right)\right]$$

$$=\frac{2}{n\pi}\cos\left(\frac{n\pi}{2}\right)+\frac{2}{n\pi}-(-1)^n\left(\frac{4}{n\pi}\right)$$

$$=\frac{2}{n\pi}\left[1-2(-1)^{n}+\cos\left(\frac{n\pi}{2}\right)\right]$$

所以 $$f(x)=\sum_{n=1}^{\infty} b_n \sin\left(\frac{n\pi}{L}x\right)$$

$$=\sum_{n=1}^{\infty}\frac{2}{n\pi}\left[1-2(-1)^{n}+\cos\left(\frac{n\pi}{2}\right)\right]\sin\left(\frac{n\pi}{2}x\right)$$

傅立葉餘弦級數

$$a_0=\frac{2}{L}\int_0^L f(x)dx$$

$$=\int_0^1 dx+\int_1^2 2dx=3$$

$$a_n=\frac{2}{L}\int_0^L f(x)\cos\left(\frac{n\pi}{L}x\right)dx$$

$$=\int_0^1 \cos\left(\frac{n\pi}{2}x\right)dx+\int_1^2 2\ \cos\left(\frac{n\pi}{2}x\right)dx$$

$$=\frac{2}{n\pi}\sin\left(\frac{n\pi}{2}x\right)\Bigg|_0^1+\frac{4}{n\pi}\sin\left(\frac{n\pi}{2}x\right)\Bigg|_1^2$$

$$=\frac{2}{n\pi}\sin\left(\frac{n\pi}{2}\right)-\frac{4}{n\pi}\sin\left(\frac{n\pi}{2}\right)$$

$$=-\frac{2}{n\pi}\sin\left(\frac{n\pi}{2}\right)$$

所以 $$f(x)=\frac{a_0}{2}+\sum_{n=1}^{\infty} a_n \cos\left(\frac{n\pi}{L}x\right)$$

$$=\frac{3}{2}-\sum_{n=1}^{\infty}\frac{2}{n\pi}\sin\left(\frac{n\pi}{2}\right)\cos\left(\frac{n\pi}{2}x\right)$$

習 6-4 題

以半幅展開方法,求下列函數的傅立葉正弦及餘弦級數

① $f(x)=\begin{cases}\frac{2k}{L}x, & 0<x<\frac{L}{2}\\ \frac{2k}{L}(L-x), & \frac{L}{2}<x<L\end{cases}$

② $f(x)=x^3+1,\ 0\le x\le 1$

③ $f(x)=\begin{cases}-2, & 0\le x\le 1\\ x, & 1<x\le 2\end{cases}$

④ $f(x)=x,\ 0<x<2$

⑤ $f(x)=k,\ 0<x<L$

⑥ $f(t)=t-t^2,\ 0<t<1$

⑦ $f(x)=\cosh(x),\ 0\le x\le \pi$

⑧ $f(x)=\begin{cases}1, & 0<x<\frac{L}{2}\\ 0, & \frac{L}{2}<x<L\end{cases}$

⑨ $f(x)=x^2,\ 0<x<L$

⑩ $f(x)=1-2x,\ 0\le x\le 4$

5 傅立葉積分

Fourier Integral

如前幾節所述,週期函數 f(x)定義於〔−L, L 〕,則可展開成傅立葉級數。然而若函數 f(t)是定義於〔−∞, ∞〕的非週期函數,又如何展開成傅立葉級數?本節將推導傅立葉積分(Fourier Integral),以求被定義於〔−L, L 〕的非週期函數 f(t),對應於傅立葉級數展開式。另外再介紹傅立葉正弦積分及傅立葉餘弦積分,與利用傅立葉積分式作積分試算法。

一、傅立葉積分

已知週期函數 f(x)在〔−L, L 〕的傅立葉級數為

$$f(x)=\frac{a_0}{2}+\sum_{n=1}^{\infty} a_n \cos\left(\frac{n\pi x}{L}\right)+b_n \sin\left(\frac{n\pi x}{L}\right)$$

其中

$$a_0=\frac{1}{L}\int_{-L}^{L} f(t)dt$$

$$a_n=\frac{1}{L}\int_{-L}^{L} f(x)\cos\left(\frac{n\pi t}{L}dt\right)$$

$$b_n=\frac{1}{L}\int_{-L}^{L} f(t)\sin\left(\frac{n\pi t}{L}\right)dt$$

此處以 t 當作積分變數,是避免與傅立葉級數中的 x 混淆。

設 $\lambda_n=\frac{n\pi}{L}$, 並定義

$$A(\lambda_n)=\frac{1}{\pi}\int_{-L}^{L} f(t)\cos(\lambda_n t)dt$$

$$B(\lambda_n)=\frac{1}{\pi}\int_{-L}^{L} f(t)\sin(\lambda_n t)dt$$

因此在 n=1, 2, 3……時

$$a_n = \frac{\pi}{L} A(\lambda_n), \quad b_n = \frac{\pi}{L} B(\lambda_n)$$

此時傅立葉級數變為

$$a_0 + \sum_{n=1}^{\infty} \left[\frac{\pi}{L} A(\lambda_n)\cos(\lambda_n x) + \frac{\pi}{L} B(\lambda_n)\sin(\lambda_n x) \right]$$

$$= a_0 + \sum_{n=1}^{\infty} [A(\lambda_n)\cos(\lambda_n x) + B(\lambda_n)\sin(\lambda_n x)] \triangle\lambda$$

其中 $$\triangle\lambda = \lambda_{n+1} - \lambda_n = \frac{(n+1)\pi}{L} - \frac{n\pi}{L} = \frac{\pi}{L} \qquad (20)$$

若令 $L \to \infty$，則由(20)式知 $\triangle\lambda \to 0$，

假設 $\int_{-\infty}^{\infty} |f(t)| dt$ 為有限值

則 $$a_0 = \frac{1}{L} \int_{-L}^{L} f(t) dt \to 0$$

因此，當 $\triangle\lambda \to 0$ 時(即 $a_0 \to 0$)，傅立葉級數變為

$$\sum_{n=1}^{\infty} [A(\lambda_n)\cos(\lambda_n x) + B(\lambda_n)\sin(\lambda_n x)] \triangle\lambda$$

$$\to \int_{0}^{\infty} [A(\lambda) \cos(\lambda x) + B(\lambda)\sin(\lambda x)] d\lambda \qquad (21)$$

其中 $$A(\lambda) = \lim_{L \to \infty} \frac{1}{\pi} \int_{-L}^{L} f(t)\cos(\lambda_n t) dt$$

$$= \frac{1}{\pi} \int_{-\infty}^{\infty} f(t)\cos(\lambda t) dt \qquad (22)$$

$$B(\lambda) = \lim_{L \to \infty} \frac{1}{\pi} \int_{-L}^{L} f(t)\sin(\lambda_n t) dt$$

$$= \frac{1}{\pi} \int_{-\infty}^{\infty} f(t)\sin(\lambda t) dt \qquad (23)$$

由上式的推導可知，函數 $f(x)$ 若不能以傅立葉級數表示時，則可以傅立葉積分式表示，然此前提必須是 $\int_{-\infty}^{\infty} |f(t)| dt$ 是有限值。在此將傅立葉積分式整理如下：

傅立葉積分式

$$f(x)=\int_0^{\infty}[A(\lambda)\cos(\lambda x)+B(\lambda)\sin(\lambda x)]d\lambda$$

$$A(\lambda)=\frac{1}{\pi}\int_{-\infty}^{\infty}f(t)\cos(\lambda t)dt$$

$$B(\lambda)=\frac{1}{\pi}\int_{-\infty}^{\infty}f(t)\sin(\lambda t)dt$$

其中 $\lambda\geq 0$

其必要條件為 $\int_{-\infty}^{\infty}|f(t)|dt$ 為有限值

例 6－13

求 $f(x)=\begin{cases}x, & -\pi\leq x\leq\pi\\ 0, & |x|>\pi\end{cases}$ 的傅立葉積分式

解：

因為 $\int_{-\infty}^{\infty}|f(x)|dx=\int_{-\pi}^{\pi}|x|dx=\frac{1}{2}x^2\Big|_{-\pi}^{\pi}=0$

其值為有限值，故滿足先決條件，所以有傅立葉積分式存在。

$$A(\lambda)=\frac{1}{\pi}\int_{\infty}^{\infty}f(t)\cos(\lambda t)dt$$

$$=\frac{1}{\pi}\int_{-\pi}^{\pi}t\ \cos(\lambda t)dt$$

$$=\frac{1}{\pi}\left[\frac{t}{\lambda}\sin(\lambda t)+\frac{1}{\lambda^2}\cos(\lambda t)\right]\Bigg|_{-\pi}^{\pi}=0$$

$$B(\lambda)=\frac{1}{\pi}\int_{-\infty}^{\infty}f(t)\sin(\lambda t)dt$$

$$=\frac{1}{\pi}\int_{-\pi}^{\pi}t\ \sin(\lambda t)dt$$

$$=\frac{1}{\pi}\left[-\frac{t}{\pi}\cos(\lambda t)+\frac{1}{\lambda^2}\sin(\lambda t)\right]\Bigg|_{-\pi}^{\pi}$$

$$=\frac{-2}{\lambda\pi}\left[\pi\ \cos(\lambda\pi)-\frac{1}{\lambda}\sin(\lambda\pi)\right]$$

$$=\frac{2}{\lambda\pi}\left[\frac{1}{\lambda}\sin(\lambda\pi)-\pi\ \cos(\lambda\pi)\right]$$

所以 f(x)的傅立葉積分式為

$$f(x)=\int_0^\infty [A(\lambda)\cos(\lambda x)+B(\lambda)\sin(\lambda x)]d\lambda$$

$$=\int_0^\infty \frac{2}{\lambda\pi}\left[\frac{1}{\lambda}\sin(\lambda\pi)-\pi\cos(\lambda\pi)\right]\sin(\lambda x)d\lambda$$

傅立葉積分式的收斂

1. 只要在 $f(x)$為連續之處，便收斂至 $f(x)$
2. 在 $f(x)$具有不連續點，且左右導數均存在的任何地方，$f(x)$便收斂在該處的左右極限平均值。

例 6－14

如上例，求 f(x)在各處的收斂值

解：

當 $x=\pi$ 時，　收斂至 $\frac{1}{2}(\pi+0)=\frac{\pi}{2}$

當 $x=-\pi$ 時，　收斂至 $\frac{1}{2}(-\pi+0)=-\frac{\pi}{2}$

當 $|x|>\pi$ 時，　收斂至 $f(x)=0$

當 $-\pi<x<\pi$ 時，　收斂至 $f(x)=x$

例 6－15

求 $f(x)=\begin{cases}-1, & -\pi\leq x\leq 0\\ 1, & 0\leq x\leq\pi\\ 0, & |x|>\pi\end{cases}$ 的傅立葉積分式，並求各處的收斂值。

解：

因為 $\int_{-\infty}^{\infty}|f(x)|dx=\int_{\pi}^{0}(1)dx+\int_0^\pi(1)dx=2\pi$ 為有限值

所以　$A(\lambda)=\frac{1}{\pi}\int_{-\infty}^{\infty}f(t)\cos(\lambda t)dt$

$$=\frac{1}{\pi}\left[\int_{-\pi}^{0}(-1)\cos(\lambda t)dt+\int_{0}^{\pi}(1)\cos(\lambda t)dt\right]$$

$$=\frac{1}{\pi}\left[-\frac{1}{\lambda}\sin(\lambda t)\Big|_{-\pi}^{0}+\frac{1}{\lambda}\sin(\lambda t)\Big|_{0}^{\pi}\right]=0$$

$$B(\lambda)=\frac{1}{\pi}\int_{-\infty}^{\infty}f(t)\sin(\lambda t)dt$$

$$=\frac{1}{\pi}\left[\int_{-\pi}^{0}(-1)\sin(\lambda t)dt+\int_{0}^{\pi}(1)\sin(\lambda t)dt\right]$$

$$=\frac{1}{\pi}\left[\frac{1}{\lambda}\cos(\lambda t)\Big|_{-\pi}^{0}-\frac{1}{\lambda}\sin(\lambda t)\Big|_{0}^{\pi}\right]$$

$$=\frac{2}{\pi\lambda}[1-\cos(\lambda\pi)]$$

所以傅立葉積分爲

$$f(x)=\int_{0}^{\infty}\frac{2}{\pi\lambda}[1-\cos(\lambda\pi)]\sin(\lambda x)d\lambda$$

收斂至
$$\begin{cases}-1, & -\pi<x<0\\ 1, & 0<x<\pi\\ 0, & |x|>\pi \text{ 或 } x=0\\ -\frac{1}{2}, & x=-\pi\\ \frac{1}{2}, & x=\pi\end{cases}$$

二、傅立葉正弦與餘弦積分

如同傅立葉正弦與餘弦級數，我們也可發展某種定義於$0\leq x\leq\infty$上的函數之正弦與餘弦積分。其發展可反映出級數的延伸。

1. 傅立葉正弦積分(Fourier sine integral)

若 f(x)爲奇函數，即 $\boldsymbol{f(x)=f(-x)}$，則具有傅立葉正弦積分的性質

$$f(x)=\int_{0}^{\infty}B(\lambda)\sin(\lambda x)d\lambda,\quad x\geq0 \tag{24}$$

其中 $$B(\lambda)=\frac{2}{\pi}\int_{0}^{\infty}f(t)\sin(\lambda t)dt \tag{25}$$

2. 傅立葉餘弦積分(Fourier cosine integral)

若 f(x)爲偶函數，即 $\boldsymbol{f(-x)=-f(x)}$，則具有傅立葉餘弦積分的性質

$$f(x)=\int_0^\infty A(\lambda)\cos(\lambda x)\,d\lambda,\quad x\geq 0 \tag{26}$$

其中
$$A(\lambda)=\frac{2}{\pi}\int_0^\infty f(t)\cos(\lambda t)\,dt \tag{27}$$

例 6－16

試求 $f(x)=\begin{cases} x^2, & 0\leq x\leq 10 \\ 0, & x>10 \end{cases}$ 的傅立葉餘弦積分

解：

$$\begin{aligned} A(\lambda) &= \frac{2}{\pi}\int_0^{10} t^2\cos(\lambda t)dt \\ &= \frac{2}{\pi}\left[\frac{t^2}{\lambda}\sin(\lambda t)+\frac{2t}{\lambda^2}\cos(\lambda t)-\frac{2}{\lambda^3}\sin(\lambda t)\right]\Bigg|_0^{10} \\ &= \frac{4}{\pi\lambda}\left[\left(50-\frac{1}{\lambda^2}\right)\sin(10\lambda)+\frac{10}{\lambda}\cos(10\lambda)\right] \end{aligned}$$

所以傅立葉餘弦積分爲

$$\int_0^\infty \frac{4}{\pi\lambda}\left[\left(50-\frac{1}{\lambda^2}\right)\sin(10\lambda)+\frac{10}{\lambda}\cos(10\lambda)\right]\cos(\lambda x)d\lambda$$

例 6－17

求 $f(x)=\begin{cases} x, & 0\leq x\leq 1 \\ x+1, & 1<x\leq 2 \\ 0, & x>2 \end{cases}$ 的傅立葉正弦與餘弦積分

解：

$$\begin{aligned} A(\lambda) &= \frac{2}{\pi}\int_0^\infty f(t)\cos(\lambda t)dt \\ &= \frac{2}{\pi}\left[\int_0^1 t\ \cos(\lambda t)dt+\int_1^2(t+1)\cos(\lambda t)dt\right] \\ &= \frac{2}{\pi}\left[\left(\frac{t}{\lambda}\sin(\lambda t)+\frac{1}{\lambda^2}\cos(\lambda t)\right)\Bigg|_0^1+\right. \\ &\quad \left.\left(\frac{t+1}{\lambda}\sin(\lambda t)+\frac{1}{\lambda^2}\cos(\lambda t)\right)\Bigg|_1^2\right] \\ &= \frac{2}{\pi\lambda}\left[3\ \sin(2\lambda)+\cos(2\lambda)-\sin(\lambda)-\frac{1}{\lambda}\right] \end{aligned}$$

$$\begin{aligned} B(\lambda) &= \frac{2}{\pi}\int_0^\infty f(t)\sin(\lambda t)dt \\ &= \frac{2}{\pi}\left[\int_0^1 t\ \sin(\lambda t)dt+\int_1^2(t+1)\sin(\lambda t)dt\right] \end{aligned}$$

$$=\frac{2}{\pi}\left[\left(-\frac{t}{\lambda}\cos(\lambda t)+\frac{1}{\lambda^2}\sin(\lambda t)\right)\Big|_0^1+\right.$$
$$\left.\left(-\frac{t+1}{\lambda}\cos(\lambda t)+\frac{1}{\lambda^2}\sin(\lambda t)\right)\Big|_1^2\right]$$
$$=\frac{2}{\pi\lambda}\left[\cos(\lambda)-3\cos(2\lambda)+\frac{1}{\lambda}\sin(2\lambda)\right]$$

所以傅立葉的正弦積分式為

$$f(x)=\int_0^\infty B(\lambda)\sin(\lambda x)d\lambda$$
$$=\int_0^\infty \frac{2}{\pi\lambda}\left[\cos(\lambda)-3\cos(2\lambda)+\frac{1}{\lambda}\sin(2\lambda)\right]\sin(\lambda x)d\lambda$$

而傅立葉的餘弦積分式為

$$f(x)=\int_0^\infty A(\lambda)\cos(\lambda x)d\lambda$$
$$=\int_0^\infty \frac{2}{\pi\lambda}\left[3\sin(2\lambda)+\cos(2\lambda)-\sin(\lambda)-\frac{1}{\lambda}\right]\cos(\lambda x)d\lambda$$

三、積分演算

傅立葉積分式亦可用來作積分演算，現以下列作一說明

例 6－18

試証明 $\int_0^\infty \frac{1-\cos(\pi\lambda)}{\lambda}\sin(\lambda x)d\lambda=\begin{cases}\frac{\pi}{2}, & 0<x<\pi\\ 0, & x>\pi\end{cases}$

證明

觀察原式知，此為 $f(x)=\int_0^\infty B(\lambda)\sin(\lambda x)d\lambda$的形式，且 $f(x)$為常數。

故知 $-f(x)=f(-x)$

即 $f(x)$為奇函數

且令 $f(x)=\begin{cases}1, & 0<x<\pi\\ 0, & x>\pi\end{cases}$ (28)

因為 $B(\lambda)=\frac{2}{\pi}\int_0^\infty f(t)\sin(\lambda t)dt$

$$=\frac{2}{\pi}\int_0^1 \sin(\lambda t)dt=\frac{2}{\pi}\left[\frac{1-\cos(\pi\lambda)}{\lambda}\right]$$

所以 $$f(x)=\frac{2}{\pi}\int_0^\infty \left[\frac{1-\cos(\pi\lambda)}{\lambda}\right]\sin(\lambda x)d\lambda$$

與原式比較知 $$\int_0^\infty \frac{1-\cos(\pi\lambda)}{\lambda}\sin(\lambda x)d\lambda=\frac{\pi}{2}f(x)$$

因此由(28)式知 $$\int_0^\infty \frac{1-\cos(\pi\lambda)}{\lambda}\sin(\lambda x)d\lambda$$

$$=\begin{cases}\frac{\pi}{2}\times 1, & 0<x<\pi \\ \frac{\pi}{2}\times 0, & x>\pi\end{cases}=\begin{cases}\frac{\pi}{2}, & 0<x<\pi \\ 0, & x>\pi\end{cases}$$

例 6－19

試証明 $\int_0^\infty \frac{\cos(x\lambda)}{1+\lambda^2}d\lambda=\frac{\pi}{2}e^{-x}$，$x>0$

證明

觀察原式知, 此爲 $f(x)=\int_0^\infty A(\lambda)\cos(x\lambda)d\lambda$ 的形式,

且 $f(x)$ 爲 e^{-x} 形式。

故知 $$f(x)=f(-x)$$

即 $f(x)$ 爲偶函數

且令 $$f(x)-e^{-x},\quad x>0$$

因爲 $$A(\lambda)=\frac{2}{\pi}\int_0^\infty f(t)\cos(\lambda t)dt$$

$$=\frac{2}{\pi}\int_0^\infty e^{-t}\cos(\lambda t)dt$$

$$=\frac{2}{\pi}\left\{\frac{e^{-t}}{1+\lambda^2}\left[-\cos(\lambda t)+\lambda\sin(\lambda t)\right]\right\}\Bigg|_0^\infty$$

$$=\frac{2}{\pi}\left(\frac{1}{1+\lambda^2}\right)$$

所以 $$f(x)=\int_0^\infty A(\lambda)\cos(x\lambda)d\lambda$$

$$=\frac{2}{\pi}\int_0^\infty \frac{\cos(x\lambda)}{1+\lambda^2}d\lambda$$

與原式比較知 $$\int_0^\infty \frac{\cos(x\lambda)}{1+\lambda^2}d\lambda=\frac{\pi}{2}f(x)=\frac{\pi}{2}e^{-x},\quad x>0$$

習 6-5 題

求下列函數 f(x)的傅立葉積分

① $f(x)=\begin{cases}1, & |x|<1\\ 0, & |x|>1\end{cases}$

② $f(x)=\begin{cases}0, & -\infty<x<-\pi\\ -1, & -\pi<x<0\\ 1, & 0<x<\pi\\ 0, & \pi<x<\infty\end{cases}$

③ $f(x)=\begin{cases}-2, & -1\leq x\leq 0\\ 1, & 0<x\leq 1\\ 0, & x<-1 \text{ 或 } x>1\end{cases}$

④ $f(x)=e^{-x}+e^{-2x},\ \ x>0$

⑤ $f(x)=\begin{cases}x^3, & -1\leq x\leq 1\\ 0, & |x|>1\end{cases}$

⑥ $f(x)=\begin{cases}\sin(\pi x), & 0\leq x\leq 1\\ 0, & x>1 \text{ 或 } x<0\end{cases}$

⑦ $f(x)=\begin{cases}x, & 0<x<1\\ 2-x, & 1<x<2\\ 0, & x>2\end{cases}$

⑧ $f(x)=\begin{cases}e^{-x}, & x\geq 0\\ e^{x}, & x<0\end{cases}$

⑨ $f(x)=\begin{cases}\sin(x), & -4\leq x<0\\ \cos(x), & 0\leq x\leq 6\\ 0, & x<-4, x>6\end{cases}$

⑩ $f(x)=\begin{cases}0, & -\infty<x\leq 1\\ 1+x, & -1<x\leq 0\\ 1-x, & 0<x\leq 1\\ 0, & 1<x<\infty\end{cases}$

求下列函數 f(x)的傅立葉正弦與餘弦積分

⑪ $f(x)=\begin{cases}1, & 0<x<a\\ 0, & x>a\end{cases}$

⑫ $f(x)=\begin{cases}2x+1, & 0\le x\le\pi\\ 2, & \pi<x\le 3\pi\\ 1, & 3\pi<x\le 10\pi\\ 0, & x>10\pi\end{cases}$

⑬ $f(x)=e^{-x},\ x\ge 0$

⑭ $f(x)=\begin{cases}1, & 0\le x\le 1\\ 2, & 1<x\le 4\\ 0, & x>4\end{cases}$

⑮ $f(x)=e^{-x}\cos(x),\ x\ge 0$

⑯ $f(x)=\begin{cases}1, & 0\le x\le 10\\ 0, & x>10\end{cases}$

⑰ $f(x)=\begin{cases}\cosh(x), & 0\le x\le 5\\ 0, & x>5\end{cases}$

⑱ $f(x)=xe^{-x},\ x\ge 0$

⑲ $f(x)=\begin{cases}\sin(x), & 0\le x\le 2\pi\\ 0, & x>2\pi\end{cases}$

⑳ $f(x)=\begin{cases}\sin(\pi x), & 0\le x\le 1\\ 0, & x>1\end{cases}$

利用傅立葉積分式,証明下列式子

㉑ $$\int_0^\infty \frac{\cos(\lambda x)+\sin(\lambda x)}{1+\lambda^2}d\lambda=\begin{cases}0, & x<0\\ \frac{\pi}{2}, & x=0\\ \pi e^{-x}, & x>0\end{cases}$$

㉒ $$\int_0^\infty \frac{\cos\left(\frac{\pi\lambda}{2}\right)\cos(x\lambda)}{1-\lambda^2}d\lambda=\begin{cases}\frac{\pi}{2}, & |x|<\frac{\pi}{2}\\ 0, & |x|>\frac{\pi}{2}\end{cases}$$

6 傅立葉轉換

Fourier Transform

在工程應用上，傅立葉轉換與拉普拉氏轉換，均是將微分方程式，依轉換的結果變爲代數方程式，以簡化運算的繁難度。

本節將討論六個重點：

◎有限傅立葉正弦轉換。

◎有限傅立葉餘弦轉換。

◎傅立葉正弦轉換。

◎傅立葉餘弦轉換。

◎傅立葉轉換。

◎摺積定理。

一、有限傅立葉正弦轉換(Finite Fourier sine transform)

有限傅立葉正弦及餘弦轉換，均從傅立葉級數推導而來。其共同的特性均是在有限的區間。

符號及定義

$$S_n[f(x)] = f_s(n) = \int_0^\pi f(x)\sin(nx)\,dx,\ 其中\ n = 1, 2, 3\cdots \qquad (29)$$

性質

1. $S_n[f(x)+g(x)] = S_n[f(x)] + S_n[g(x)]$ (30)
2. $S_n[af(x)] = aS_n[f(x)]$，a 爲常數 (31)
3. $S_n''[f''(x)] = -n^2 f_s(n) + nf(0) - n(-1)^n f(\pi)$,

其中 $n=1,2,3\cdots$ (32)

設 $f(x)$ 和 $f'(x)$ 在 $[0,\pi]$ 上爲連續，並設 $f'(x)$ 在該處爲片段連續。

4 $S_n^{-1}\left[\dfrac{f_s(n)}{n^2}\right]=\dfrac{x}{\pi}\int_0^{\pi}(\pi-t)f(t)dt-\int_0^{x}(x-t)f(t)dt$ (33)

$S_n^{-1}[f_s(n)]$ 爲反有限傅立葉正弦轉換。

5 **傅立葉正弦級數為：** $\dfrac{2}{\pi}\sum_{n=1}^{\infty}f_s(n)\sin(nx)$ (34)

例 6－20

試求 $f(x)=\begin{cases}1, & 0\leq x\leq \dfrac{1}{2}\\ -1, & \dfrac{1}{2}<x\leq\pi\end{cases}$ 的有限傅立葉正弦轉換

解：

$$\begin{aligned}S_n[f(x)]=f_s(n)&=\int_0^{\pi}f(x)\sin(nx)dx\\&=\int_0^{\frac{1}{2}}\sin(nx)dx+\int_{\frac{1}{2}}^{\pi}(-1)\sin(nx)dx\\&=\left(-\frac{1}{n}\cos(nx)\right)\Bigg|_0^{\frac{1}{2}}+\left(\frac{1}{n}\cos(nx)\right)\Bigg|_{\frac{1}{2}}^{\pi}\\&=\frac{1}{n}\left[1+(-1)^n-2\cos\left(\frac{n}{2}\right)\right]\end{aligned}$$

例 6－21

試求 $f(x)=x^3$ 的有限傅立葉正弦轉換

解：

此題可直接由定義求出，或運用(32)式求得，本解採用後者。

由(32)式知 $S_n[f''(x)]=n^2f_s(n)+nf(0)-n(-1)^nf(\pi)$

因爲 $f''(x)=6x,\ \ f(0)=0,\ \ f(\pi)=\pi^3$

故 $S_n[6x]=-n^2S_n(x^3)+n\cdot 0-n(-1)^n\pi^3$

整理可得 $S_n[x^3]=\dfrac{-S_n(6x)}{n^2}-\dfrac{(-1)^n}{n}\pi^3$

$$=\frac{-1}{n^2}\int_0^{\pi}6x\ \sin(nx)dx-\frac{(-1)^n}{n}\pi^3$$

$$= \frac{6\pi}{n^3}(-1)^n - \frac{(-1)^n}{n}\pi^3$$

$$= (-1)^n\pi\left(\frac{6}{n^3} - \frac{\pi^2}{n}\right)$$

二、有限傅立葉餘弦轉換(Finite Fourier cosine transform)

定義及符號

$$\boldsymbol{C_n[f(x)] = f_c(n) = \int_0^\pi f(x)\cos(nx)dx}\text{，其中 } \boldsymbol{n = 0, 1, 2, \cdots\cdots} \quad (35)$$

性質

1. $C_n[f(x)+g(x)] = C_n[f(x)] + C_n[g(x)]$ (36)
2. $C_n[af(x)] = aC_n[f(x)]$，a 為常數。 (37)
3. $C_n[f''(x)] = -n^2f_c(n) - f'(0) + (-1)^n f'(\pi)$，
   其中 $n=1, 2\cdots$ (38)
   若 $f(x)$和 $f'(x)$在$[0,\pi]$上為連續，且 $f''(x)$在$[0,\pi]$上為片段連續。
4. $C_n^{-1}\left[\frac{f_c(n)}{n^2}\right] = \int_0^x \int_t^\pi f(p)dpdt + \frac{f_c(0)}{2\pi}(x-\pi)^2$ (39)
   $C_n^{-1}[f_c(n)]$為反有限傅立葉餘弦轉換。
5. **傅立葉餘弦級數為：$\boldsymbol{\frac{2}{\pi}\left[\frac{1}{2}f_c(0) + \sum_{n=1}^{\infty} f_c(n)\cos(nx)\right]}$** (40)

例 6－22

試求 $f(x) = \begin{cases} 1, & 0 \le x \le \frac{1}{2} \\ -1, & \frac{1}{2} < x \le \pi \end{cases}$ 的有限傅立葉餘弦轉換

解：

$$C_n[f(x)] = f_c(n) = \int_0^\pi f(x)\cos(nx)dx$$

$$= \int_0^{\frac{1}{2}} \cos(nx)dx + \int_{\frac{1}{2}}^{\pi} (-1)\cos(nx)dx$$

$$= \left(\frac{1}{n}\sin(nx)\right)\Bigg|_0^{\frac{1}{2}} - \left(\frac{1}{n}\sin(nx)\right)\Bigg|_{\frac{1}{2}}^{\pi}$$

$$= \frac{2}{n} \sin\left(\frac{n}{2}\right)$$

而當 n=0 時 $C_0[f(x)] = \int_0^{\frac{1}{2}} dx - \int_{\frac{1}{2}}^{\pi} dx$

$$= (x)\Big|_0^{\frac{1}{2}} - (x)\Big|_{\frac{1}{2}}^{\pi}$$

$$= 1 - \pi$$

例 6－23

試求 $f(x)=x^3$ 的有限傅立葉餘弦轉換

解：

由(38)式知 $C_n[f''(x)] = -n^2 f_c(n) - f'(0) + (-1)^n f'(\pi)$

因爲 $f''(x)=6x,\ f'(0)=0,\ f'(\pi)=3\pi^2$

故 $C_n(6x) = -n^2 C_n(x^3) - 0 + (-1)^n(3\pi^2)$

整理可得 $C_n(x^3) = \frac{1}{n^2}[(-)^n(3\pi^2) - C_n(6x)]$

$$= \frac{1}{n^2}\left\{(-1)^n(3\pi^2) - \int_0^{\pi} 6x\ \cos(nx)dx\right\}$$

$$= \frac{1}{n^2}\left[(-1)^n(3\pi^2) + \frac{6}{n^2} - \frac{6}{n^2}(-1)^n\right]$$

$$= \frac{1}{n^2}\left\{3\pi^2(-1)^n + \frac{6}{n^2}[1-(-1)^n]\right\}$$

三、傅立葉正弦轉換(Fourier sine transform)

傅立葉轉換可由傅立葉積分推導，其共同的特性爲在「整個」區間。而傅立葉正弦及餘弦轉換，正如傅立葉正弦及餘弦積分一樣，其考慮的區間爲$[0, \infty]$。

符號及定義

$$\mathscr{F}_s[f(x)] = \hat{f}_s(\lambda) = \int_0^{\infty} f(x)\sin(\lambda x)dx \tag{41}$$

(41)式的 $f(x)$ 定義在$[0, \infty]$，且此積分必須收斂方能成立。

性質

1. $\mathscr{F}_s[f(x)+g(x)]=\mathscr{F}_s[f(x)]+\mathscr{F}_s[g(x)]$ (42)
2. $\mathscr{F}_s[af(x)]=a\mathscr{F}_s[f(x)]$，a 爲常數 (43)
3. $\mathscr{F}_s[f''(x)]=-\lambda^2\hat{f}_s(\lambda)+\lambda f(0)$ (44)

   設 f(x)和 f′(x)在〔0, ∞〕上爲片段連續，且 $\lim_{x\to\infty} f(x)=\lim_{x\to\infty} f'(x)=0$ (45)
4. 傅立葉正弦積分為：$\frac{2}{\pi}\int_0^\infty \hat{f}_s(\lambda)\sin(\lambda x)\,d\lambda$ (46)

例 6－24

試求 e^{-x} 的傅立葉正弦轉換

解：

因爲
$$\mathscr{F}_s[f(x)]=\hat{f}_s(\lambda)=\int_0^\infty e^{-x}\sin(\lambda x)dx$$
$$=\frac{e^{-x}}{1+\lambda^2}[-\sin(\lambda x)-\lambda\cos(\lambda x)]\Big|_0^\infty$$
$$=\frac{1}{1+\lambda^2}(\lambda)=\frac{\lambda}{1+\lambda^2}$$

四、傅立葉餘弦轉換(Fourier cosine transform)

定義及符號

$$\mathscr{F}_c[f(x)]=\hat{f}_c(\lambda)=\int_0^\infty f(x)\cos(\lambda x)dx \qquad (47)$$

性質

1. $\mathscr{F}_c[f(x)+g(x)]=\mathscr{F}_c[f(x)]+\mathscr{F}_c[g(x)]$ (48)
2. $\mathscr{F}_c[af(x)]=a\mathscr{F}_c[f(x)]$，a 爲常數。 (49)
3. $\mathscr{F}_c[f''(x)]=-\lambda^2\hat{f}_c(\lambda)-f'(0)$ (50)

   設 f(x)和 f′(x)在〔0, ∞〕上爲片段連續，且 $\lim_{x\to\infty} f'(x)=0$
4. 傅立葉餘弦積分為：$\frac{2}{\pi}\int_0^\infty \hat{f}_c(\lambda)\cos(\lambda x)\,d\lambda$ (51)

例 6－25

試求 $f(x)=e^{-x}$ 的傅立葉餘弦轉換

解：

因爲 $$\mathscr{F}_c[f(x)]=\hat{f}_c(\lambda)=\int_0^\infty e^{-x}\cos(\lambda x)dx$$
$$=\frac{e^{-x}}{1+\lambda^2}[-\cos(\lambda x)+\lambda\ \sin(\lambda x)]\Big|_0^\infty$$
$$=\frac{1}{1+\lambda^2}$$

五、傅立葉轉換(Fourier transform)

定義及符號

$$\mathscr{F}[f(x)]=\hat{f}(\lambda)=\int_{-\infty}^{\infty}f(x)e^{-i\lambda x}dx \tag{52}$$

性質

1. $\mathscr{F}[f(x)+g(x)]=\mathscr{F}[f(x)]+\mathscr{F}[g(x)]$ (53)
2. $\mathscr{F}[af(x)]=a\mathscr{F}[f(x)]$，a 爲常數 (54)
3. $\mathscr{F}[f^{(n)}(x)]=(i\lambda)^n\hat{f}(\lambda)$ (55)

   若 $\lim_{x\to\pm\infty}f(x)=\lim_{x\to\pm\infty}f'(x)=\cdots\cdots=\lim_{x\to\pm\infty}f^{n-1}(x)=0$,

   且 $f(x),\cdots\cdots,f^{n-1}(x)$在$[-\infty,\infty]$上爲片段連續。
4. 傅立葉積分為：$\frac{1}{2\pi}\int_{-\infty}^{\infty}\hat{f}(\lambda)e^{i\lambda x}d\lambda$ (56)

例 6－26

試求 $f(x)=e^{-a|x|}$的傅立葉轉換，a 爲常數。

解：

因爲 $$\mathscr{F}[f(x)]=\hat{f}(\lambda)=\int_{-\infty}^{\infty}f(x)e^{-i\lambda x}dx=\int_{-\infty}^{\infty}e^{-a|x|}e^{-i\lambda x}dx$$
$$=\int_{-\infty}^{0}e^{ax}e^{-i\lambda x}dx+\int_0^\infty e^{-ax}e^{-i\lambda x}dx=\frac{2a}{a^2+\lambda^2}$$

六、摺積定理(Convolution)

由第五章知，函數 f(t)與 g(t)，其摺疊定理爲

$$f(t)*g(t)=\int_{-\infty}^{\infty}f(t-\tau)g(\tau)d\tau \tag{57}$$

現設 $\mathscr{F}[f(t)]=F(\lambda)$， $\mathscr{F}[g(t)]=G(\lambda)$，則

1. $F[f(t)*g(t)]=F(\lambda)G(\lambda)$ (58)

   此稱之為時間的摺積定理。

2. $\mathscr{F}^{-1}[F(\lambda)*G(\lambda)]=2\pi f(t)g(t)$ (59)

   此稱之為頻率的摺積定理。

3. $\int_{-\infty}^{\infty}f(t)g(t)dt=\frac{1}{2\pi}\int_{-\infty}^{\infty}F(\lambda)G(-\lambda)d\lambda$ (60)

4. $\int_{-\infty}^{\infty}|f(t)|^2dt=\frac{1}{2\pi}\int_{-\infty}^{\infty}|F(\lambda)|^2d\lambda$ (61)

例 6－27

若 $f(x)=e^{\frac{-|x|}{2}}$，求 $\int_{-\infty}^{\infty}|F(\lambda)|^2d\lambda$，其中 $\mathscr{F}[f(x)]=F(\lambda)$

解：

由(61)式知 $\int_{-\infty}^{\infty}|f(x)|^2dx=\frac{1}{2\pi}\int_{-\infty}^{\infty}|F(\lambda)|^2d\lambda$

因爲 $\int_{-\infty}^{\infty}|f(x)|^2dx=\int_{-\infty}^{\infty}|e^{-\frac{|x|}{2}}|^2dx=\int_{-\infty}^{\infty}e^{-|x|}dx$

$=2\int_{0}^{\infty}e^{-x}dx=2$

所以 $\int_{-\infty}^{\infty}|F(\lambda)|^2d\lambda=2\pi\int_{-\infty}^{\infty}|f(x)|^2dx$

$=2\pi\times2=4\pi$

習　6-6　題

求下列函數的有限傅立葉正弦轉換

① $f(x)=k$，k 爲常數

② $f(x)=x^2$

③ $f(x)=x^4$

④ $f(x)=e^x$

求下列函數的有限傅立葉餘弦轉換

⑤ $f(x)=x^4$

⑥ $f(x)=x^2$

⑦ $f(x)=e^x$

⑧ $f(x)=\sin(ax)$

求下列函數的傅立葉正弦轉換

⑨ $f(x)=\begin{cases}1, & 0\leq x\leq k\\ 0, & x>k\end{cases}$

⑩ $f(x)=\begin{cases}2, & 0\leq x\leq k\\ -2, & k<x\leq 2k\\ 0, & x>2k\end{cases}$

⑪ $f(x)=\begin{cases}2, & 0\leq x\leq k\\ -2, & k<x\leq 2k\\ 0, & x>2k\end{cases}$

⑫ $f(x)=e^{-x}\sin(x)$

求下列函數的傅立葉餘弦轉換

⑬ $f(x)=\begin{cases}\cos(x), & 0\leq x\leq k\\ 0, & x>k\end{cases}$

⑭ $f(x)=\dfrac{1}{1+x^2}$

⑮ $f(x)=\begin{cases}2x, & 0\leq x\leq 5\\ 0, & x>5\end{cases}$

⑯ $f(x)=\begin{cases}1, & 0\leq x\leq k\\ -1, & k<x\leq 2k\\ 0, & x>2k\end{cases}$

7 歷屆插大、研究所、公家題庫

Qualification Examination

① 已知 $f(x)=a,\ 0\leq x\leq 1,\ a=$常數。試求出 $f(x)$的傅立葉正弦級數之展開式,並說明此級數在 $x=0,\ 0<x<1$ 及 $x=1$ 處會收斂到何值。

② 1將下列函數分類成偶函數、奇函數、或者皆非$\frac{\pi}{2},\ x^2,\ \log\left(\frac{1+x}{1-x}\right)$

2求 $f(x)=\begin{cases}\frac{\pi}{2}, & -\pi<x<\frac{\pi}{2}\\ 0, & \frac{\pi}{2}<x<\pi\end{cases}$ 的傅立葉級數

③ 1求 $f(x)=\begin{cases}0, & -1<x<0\\ 1, & 0<x<1\end{cases}$ 的傅立葉級數

2求 x 在-0.5、0 及 0.5 時的收斂值

④ 求 $f(x)$的傅立葉正弦半幅展開函數。

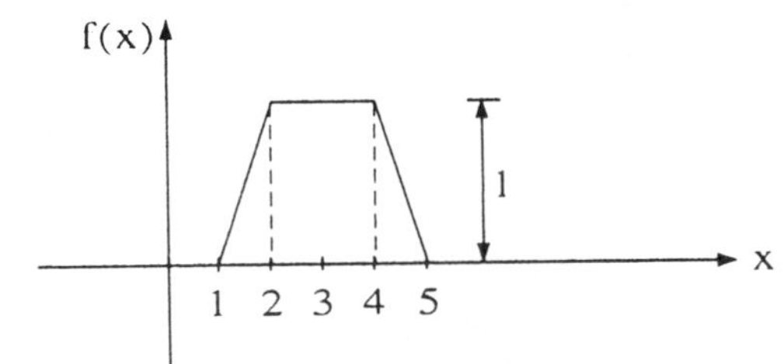

⑤ 求下列式子的傅立葉級數

1$f(x)=e^x,\ (-\pi,\pi)$

2$f(x)=e^x,\ (0,2\pi)$

⑥ 求下列之積分值：$\int_{-0.2}^{0.2}\frac{dx}{1+\sin^2(\sqrt{\pi^2+x})}$,(提示：級數展開法)

⑦ 求 $f(x)$的傅立葉級數。

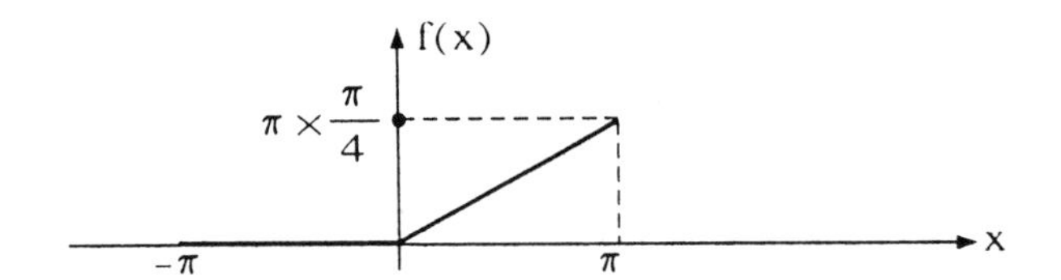

⑧ $f(x)=\begin{cases}0, & -3\leq x<0\\ x, & 0\leq x\leq 3\end{cases}$ 試求 $f(x)$於〔$-3, 3$〕之傅立葉級數。

⑨ 設 $f(x)=x+|x|, -\pi<x<\pi$, 試求 $f(x)$於〔$-\pi, \pi$〕之傅立葉級數。

⑩ 一正弦電壓 $E\sin(\omega t)$經一半波整流電路後，產生如圖所示之波形。試以傅立葉級數表示此函數。

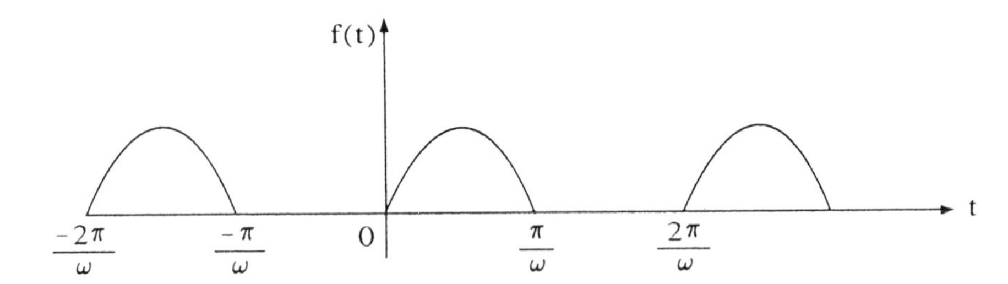

⑪ 試求函數 $f(x)=x, |x|\leq\pi$ 之傅立葉級數。

⑫ 若 $f(x)=|\sin(x)|, -\pi<x<\pi$, 試求

1傅立葉級數　2$\sum_{n=1}^{\infty}\frac{1}{4n^2-1}$　3$\sum_{n=1}^{\infty}\frac{(-1)^n}{4n^2-1}$

⑬ 試求 $f(x)=\pi-2|x|, -\pi<x<\pi$, 傅立葉級數。

⑭ 試以傅立葉積分式表示函數：$f(x)=\begin{cases}x^2, & 0<x<a\\ 0, & a<x\end{cases}$

第 7 章

矩陣與行列式

Matrix and Determinants

1 基本觀念及定義

Basic Concepts and Definitions

任何 $m \times n$ 個數目，規則排列成一長方形陣列方式，稱之為矩陣(matrix)。其符號及定義如下：

$$\mathbf{A} = [a_{ij}]_{m \times n} = \begin{bmatrix} a_{11} & a_{12} & \cdots & a_{1n} \\ a_{21} & a_{22} & \cdots & a_{2n} \\ \vdots & \vdots & & \vdots \\ \vdots & \vdots & & \vdots \\ a_{m1} & a_{m2} & \cdots & a_{mn} \end{bmatrix} \tag{1}$$

其中 A 通常以大寫黑體字表示。而 m 代表列數(row)，n 代表行數(Column)，a_{ij}代表第 i 列、第 j 行之元素。而此 A 矩陣具有 m 列 n 行，則稱 m×n 矩陣，或 m×n 階(Order)。

基本矩陣的定義：

1. 方矩陣(Square matrix)

矩陣的行數與列數相等，即 m＝n 則稱之。

例

$$\begin{bmatrix} 1 & 2 \\ 3 & 4 \end{bmatrix}, \begin{bmatrix} 1 & 2 & 3 \\ 4 & 5 & 6 \\ 7 & 8 & 9 \end{bmatrix}$$

2. 行矩陣(column matrix)

矩陣若僅由一行元素所組成，即 n＝1 則稱之。

例 $\begin{bmatrix}1\\2\\3\\4\end{bmatrix}$

3. 列矩陣(row matrix)

矩陣若僅由一列元素組成，即 $m=1$ 則稱之。

例 $[1,2,3,4]$

4. 實數矩陣(real matrix)

矩陣內之所有元素皆爲實數，則稱之。

5. 零矩陣(zero matrix)

矩陣內之所有元素皆爲零，則稱之。

6. 單位矩陣(Identity matrix)

若方矩陣之對角線元素皆爲 1 而其餘爲 0，則稱之。

例 $\begin{bmatrix}1&0&0\\0&1&0\\0&0&1\end{bmatrix}$ 通常以 I_n 表示$(n\times n)$單位矩陣。

7. 三角矩陣(triangular matrix)

A. 一方矩陣中其主對角線以下之元素皆爲零，則稱爲上三角矩陣(upper triangular matrix)。

B. 一方矩陣中其主對角線以上之元素皆爲零，則稱爲下三角矩陣(lower triangular matrix)。

例 上三角矩陣：$\begin{bmatrix}1&1&1&1&1\\0&2&2&2&2\\0&0&3&3&3\\0&0&0&4&4\\0&0&0&0&5\end{bmatrix}$ 下三角矩陣：$\begin{bmatrix}1&0&0&0&0\\1&2&0&0&0\\1&2&3&0&0\\1&2&3&4&0\\1&2&3&4&5\end{bmatrix}$

8. 對角矩陣(diagonal matrix)

方矩陣中 $a_{11}, a_{12}, \cdots, a_{nn}$ 稱為主對角線(principal diagonal)。而方矩陣若除主對角線元素之外,其餘皆為零者稱之。

例

$$\begin{bmatrix} 1 & 0 & 0 & 0 & 0 \\ 0 & 2 & 0 & 0 & 0 \\ 0 & 0 & 3 & 0 & 0 \\ 0 & 0 & 0 & 4 & 0 \\ 0 & 0 & 0 & 0 & 5 \end{bmatrix}$$

9. 轉置矩陣(transposition of matrix)

將 A 矩陣之行列互換所形成之新矩陣稱之。其符號記為 A^T 或 A'

例

$$A = \begin{bmatrix} 1 & 4 \\ 2 & 5 \\ 3 & 6 \end{bmatrix} \quad A^T = \begin{bmatrix} 1 & 2 & 3 \\ 4 & 5 & 6 \end{bmatrix}$$

10. 對稱矩陣(symmetric matrix)

若方矩陣 $A = A^T$, 即 $a_{ij} = a_{ji}$ 則 A 稱之。

例

$$\begin{bmatrix} 3 & 2 & 1 \\ 2 & 5 & 4 \\ 1 & 4 & 3 \end{bmatrix}$$

11. 反對稱矩陣(skew-symmetric matrix)

若方矩陣 $-A = A^T$, 即 $a_{ij} = -a_{ij}$ 則 A 稱之。此種矩陣之對角線元素必均為 0。

例

$$\begin{bmatrix} 0 & -3 & -1 \\ 3 & 0 & -2 \\ 1 & 2 & 0 \end{bmatrix}$$

2 矩陣的運算

Arithmetic of Matrix

一、矩陣的加法

設 A、B 及 C 都是 $m \times n$ 的矩陣，則 $A + B = C$ (2)

其中元素 $a_{jk} + b_{jk} = c_{jk}$ $\quad j = 1, \cdots, m$ (3)

$\quad k = 1, \cdots, n$

性質

1. $A + B = B + A$ (4)
2. $(A + B) + C = A + (B + C)$ (5)
3. $A + 0 = A$，其中 0 為零矩陣 (6)
4. $A + (-A) = 0$ (7)

例 7－1

設 $A = \begin{bmatrix} 1 & 2 & 3 \\ 4 & 5 & 6 \end{bmatrix}$，$B = \begin{bmatrix} 4 & 5 & 6 \\ 3 & 2 & 1 \end{bmatrix}$ 求 A＋B

解：

$$A + B = \begin{bmatrix} 1 & 2 & 3 \\ 4 & 5 & 6 \end{bmatrix} + \begin{bmatrix} 4 & 5 & 6 \\ 3 & 2 & 1 \end{bmatrix} = \begin{bmatrix} 5 & 7 & 9 \\ 7 & 7 & 7 \end{bmatrix}$$

二、矩陣與純量的乘法

設 q 為純量，A 為矩陣，則

$$qA = \begin{bmatrix} qa_{11} & qa_{12} & \cdots & qa_{1n} \\ qa_{21} & qa_{22} & \cdots & qa_{2n} \\ \vdots & \vdots & & \vdots \\ qa_{m1} & qa_{m2} & \cdots & qa_{mn} \end{bmatrix} \tag{8}$$

性質

1. $q(A+B) = qA + qB$ (9)
2. $(C+k)A = CA + kA$ (10)
3. $2C(kA) = (Ck)A$ (11)
4. $1A = A$ (12)

例 7－2

$A = \begin{bmatrix} 1 & 2 \\ 3 & 4 \end{bmatrix}, q = 2$　則 $qA =$?

解：

$$qA = 2\begin{bmatrix} 1 & 2 \\ 3 & 4 \end{bmatrix} = \begin{bmatrix} 2 & 4 \\ 6 & 8 \end{bmatrix}$$

三、矩陣乘法

若 A 爲 $m \times n$ 矩陣，而 B 爲 $u \times v$ 矩陣，則乘積 AB 只能在 $n = u$ 時才能成立，且 $AB = C$，C 則爲 $m \times v$ 矩陣，

其中 C 之元素爲：

$$C_{ij} = \sum_{k=1}^{\infty} a_{ik} b_{kj} = a_{i1}b_{1j} + a_{i2}b_{2j} + \cdots + a_{in}b_{nj}$$

且 $i = 1, 2, \cdots m$

$j = 1, 2, \cdots v$ (13)

性質

1. $(AB)C = A(BC)$ (14)

2. $A(B+C)=AB+AC$ (15)

3. $(A+B)C=AC+BC$ (16)

4. $k(AB)=(kA)B=A(kB)$　　k 為純量 (17)

5. $AB \neq BA$ (18)

然 $AB \neq BA$ 在兩種特殊情況是例外，即 $AI=IA$ 和 $AO=OA$

例 7－3

已知 $A=\begin{bmatrix} 2 & 3 & 1 \\ 3 & 2 & 1 \end{bmatrix}$, $B=\begin{bmatrix} 1 & 3 \\ 2 & 2 \\ 3 & 1 \end{bmatrix}$　求 AB 及 BA

解：

$$AB=\begin{bmatrix} 2 & 3 & 1 \\ 3 & 2 & 1 \end{bmatrix}\begin{bmatrix} 1 & 3 \\ 2 & 2 \\ 3 & 1 \end{bmatrix}$$

$$=\begin{bmatrix} 2\times1+3\times2+1\times3 & 2\times3+3\times2+1\times1 \\ 3\times1+2\times2+1\times3 & 3\times3+2\times2+1\times1 \end{bmatrix}$$

$$=\begin{bmatrix} 11 & 13 \\ 10 & 14 \end{bmatrix}$$

此即證明 $A_{2\times3}B_{3\times2}=C_{2\times2}$

$$BA=\begin{bmatrix} 1 & 3 \\ 2 & 2 \\ 3 & 1 \end{bmatrix}\begin{bmatrix} 2 & 3 & 1 \\ 3 & 2 & 1 \end{bmatrix}$$

$$=\begin{bmatrix} 1\times2+3\times3 & 1\times3+3\times2 & 1\times1+3\times1 \\ 2\times2+2\times3 & 2\times3+2\times2 & 2\times1+2\times1 \\ 3\times2+1\times3 & 3\times3+1\times2 & 3\times1+1\times1 \end{bmatrix}$$

$$=\begin{bmatrix} 11 & 9 & 4 \\ 10 & 10 & 4 \\ 9 & 11 & 4 \end{bmatrix}$$

此即證明 $B_{3\times2}A_{2\times3}=C_{3\times3}$ 且 $AB \neq BA$

例 7－4

已知 $A=\begin{bmatrix}2 & 2\\4 & 4\end{bmatrix}$, $B=\begin{bmatrix}-1 & 1\\1 & -1\end{bmatrix}$ 求 AB

解：

$$AB=\begin{bmatrix}2 & 2\\4 & 4\end{bmatrix}\begin{bmatrix}-1 & 1\\1 & -1\end{bmatrix}$$

$$=\begin{bmatrix}2\times(-1)+2\times1 & 2\times1+2\times(-1)\\4\times1+4\times(-1) & 4\times1+4\times(-1)\end{bmatrix}$$

$$=\begin{bmatrix}0 & 0\\0 & 0\end{bmatrix}=0$$

此即證明：若 AB＝0 並不代表 A＝0 或 B＝0

習 7-2 題

已知 $A=\begin{bmatrix}1 & 3 & -1\\2 & 4 & 0\\3 & 2 & 1\end{bmatrix}$, $B=\begin{bmatrix}2 & 1 & 3\\0 & 2 & 3\\1 & 4 & 1\end{bmatrix}$, $C=\begin{bmatrix}2 & 0 & 2\\1 & 1 & 1\\0 & 2 & 1\end{bmatrix}$, $q=2$

試求下列運算：

① A＋B　　② A－B
③ AB　　④ AC
⑤ AB＋AC　　⑥ A(B＋C)
⑦ qA　　⑧ qB
⑨ q(A＋B)　　⑩ qA＋qB
⑪ 由第⑤題及第⑥題,您是否發現 A(B＋C)＝AB＋AC ？
⑫ 由第⑨題及第⑩題,您是否發現 q(A＋B)＝qA＋qB ？

3 轉置矩陣與行列式

Transposition of Matrix and Determinant

轉置矩陣(transposition of matrix)

若 A 爲 $n \times m$ 的矩陣,將 A 的行與列互換即變成 $m \times n$ 的矩陣,此矩陣即稱爲**轉置矩陣**(transposition of matrix),符號記爲 A^T。又若一實數方矩陣 A 等於其轉置矩陣 A^T,則此矩陣稱之爲**對稱矩陣**(symmetrix matrix)。若 $A = -A^T$,則稱**反對稱矩陣**(skew-symmetric matrix)。

對稱矩陣 R 及反對稱矩陣 S 之求法如下:

對稱矩陣 $$R = \frac{1}{2}(A + A^T) \tag{19}$$

反對稱矩陣 $$S = \frac{1}{2}(A - A^T) \tag{20}$$

然應注意的是,**對稱矩陣及反對稱矩陣只存在於實數方矩陣中**。

性質

1. $(A+B)^T = A^T + B^T$ (21)
2. $(A^T)^T = A$ (22)
3. $(kA)^T = kA^T$　　k 爲純量 (23)
4. $(AB)^T = B^T A^T$ (24)

例 7－5

已知 $A = \begin{bmatrix} 3 & 4 & 7 \\ 2 & 5 & 8 \\ 1 & 6 & 9 \end{bmatrix}$ 試求其轉置矩陣,並由 A 計算出對稱矩陣 R 及反對稱矩陣 S

解：

$$A^T=\begin{bmatrix}3&2&1\\4&5&6\\7&8&9\end{bmatrix}$$

$$R=\frac{1}{2}(A+A^T)$$

$$=\frac{1}{2}\left\{\begin{bmatrix}3&4&7\\2&5&8\\1&6&9\end{bmatrix}+\begin{bmatrix}3&2&1\\4&5&6\\7&8&9\end{bmatrix}\right\}$$

$$=\begin{bmatrix}3&3&4\\3&5&7\\4&7&9\end{bmatrix}$$

$$S=\frac{1}{2}(A-A^T)$$

$$=\frac{1}{2}\left\{\begin{bmatrix}3&4&7\\2&5&8\\1&6&9\end{bmatrix}-\begin{bmatrix}3&2&1\\4&5&6\\7&8&9\end{bmatrix}\right\}$$

$$=\begin{bmatrix}0&1&3\\-1&0&1\\-3&-1&0\end{bmatrix}$$

行列式(Determinant)

若 A 為 $n\times n$ 階方矩陣，則其行列式以 $|A|$ 或 $\det(A)$ 表示。其値爲純量。

$$\det A=|A|=\begin{vmatrix}a_{11}&a_{12}&\cdots\cdots&a_{1n}\\a_{21}&a_{22}&\cdots\cdots&a_{2n}\\\vdots&\vdots&&\vdots\\a_{n1}&a_{n2}&\cdots\cdots&a_{nn}\end{vmatrix}\tag{25}$$

行列式的計算

二階行列式的求法

若 $A=\begin{bmatrix} a_{11} & a_{12} \\ a_{21} & a_{22} \end{bmatrix}$

則 $\det(A)=|A|=\begin{vmatrix} a_{11} & a_{12} \\ a_{21} & a_{22} \end{vmatrix}=a_{11}a_{22}-a_{12}a_{21}$ (26)

三階行列式的求法

若 $A=\begin{bmatrix} a_{11} & a_{12} & a_{13} \\ a_{21} & a_{22} & a_{23} \\ a_{31} & a_{32} & a_{33} \end{bmatrix}$

則 $\det(A)=|A|=\begin{vmatrix} a_{11} & a_{12} & a_{13} \\ a_{21} & a_{22} & a_{23} \\ a_{31} & a_{32} & a_{33} \end{vmatrix}$ (27)

$=a_{11}a_{22}a_{33}+a_{12}a_{23}a_{31}+a_{13}a_{32}a_{21}-$

$a_{13}a_{22}a_{31}-a_{12}a_{21}a_{33}-a_{11}a_{32}a_{23}$

【註】(27)式之實線代表正乘積，虛線代表負乘積。

高階行列式之計算法

將高階行列式展開成低階行列式。

設 $\det(A)=|A|=\begin{vmatrix} a_{11} & a_{12} & \cdots & a_{1n} \\ a_{21} & a_{22} & \cdots & a_{2n} \\ \vdots & \vdots & & \vdots \\ a_{n1} & a_{n2} & \cdots & a_{nn} \end{vmatrix}$

則 $E=a_{i1}C_{i1}+a_{i2}C_{i2}+\cdots+a_{in}C_{in}$ (28)

或 $E=a_{ij}C_{ij}+a_{2j}C_{2j}+\cdots+a_{nj}C_{nj}$ (29)

其中 $C_{ij}=(-1)^{i+j}D_{ij}$ D_{ij} 爲子行列式 (30)

例 7－6

已知 $|A| = \begin{vmatrix} a_{11} & a_{12} & a_{13} \\ a_{21} & a_{22} & a_{23} \\ a_{31} & a_{32} & a_{33} \end{vmatrix}$ 將 $|A|$ 化成低階的行列式展開

解：

若由第一列展開，

則 $|A| = a_{11} \times \begin{vmatrix} a_{22} & a_{23} \\ a_{32} & a_{33} \end{vmatrix} - a_{12} \times \begin{vmatrix} a_{21} & a_{23} \\ a_{31} & a_{33} \end{vmatrix} + a_{13} \times \begin{vmatrix} a_{21} & a_{22} \\ a_{31} & a_{32} \end{vmatrix}$

若由第一行展開，

則 $|A| = a_{11} \times \begin{vmatrix} a_{22} & a_{23} \\ a_{32} & a_{33} \end{vmatrix} - a_{21} \times \begin{vmatrix} a_{12} & a_{13} \\ a_{32} & a_{33} \end{vmatrix} + a_{31} \times \begin{vmatrix} a_{12} & a_{13} \\ a_{22} & a_{23} \end{vmatrix}$

例 7－7

求 $|A| = \begin{vmatrix} 1 & 0 & 3 & 0 \\ 2 & 4 & 1 & 1 \\ 3 & 2 & 2 & 3 \\ 1 & 4 & 3 & 2 \end{vmatrix}$ 之值

解：

以下展開式皆採第一列展開，

則 $|A| = \begin{vmatrix} 1 & 0 & 3 & 0 \\ 2 & 4 & 1 & 1 \\ 3 & 2 & 2 & 3 \\ 1 & 4 & 3 & 2 \end{vmatrix}$

$$= 1 \times \begin{vmatrix} 4 & 1 & 1 \\ 2 & 2 & 3 \\ 4 & 3 & 2 \end{vmatrix} - 0 \times \begin{vmatrix} 2 & 1 & 1 \\ 3 & 2 & 3 \\ 1 & 3 & 2 \end{vmatrix} +$$

$$3 \times \begin{vmatrix} 2 & 4 & 1 \\ 3 & 2 & 3 \\ 1 & 4 & 2 \end{vmatrix} - 0 \times \begin{vmatrix} 2 & 4 & 1 \\ 3 & 2 & 2 \\ 1 & 4 & 3 \end{vmatrix}$$

$$=1\times\begin{vmatrix}4&1&1\\2&2&3\\4&3&2\end{vmatrix}+3\times\begin{vmatrix}2&4&1\\3&2&3\\1&4&2\end{vmatrix}$$

$$=1\times\left(4\times\begin{vmatrix}2&3\\3&2\end{vmatrix}-1\times\begin{vmatrix}2&3\\4&2\end{vmatrix}+1\times\begin{vmatrix}2&2\\4&3\end{vmatrix}\right)+$$

$$3\times\left(2\times\begin{vmatrix}2&3\\4&2\end{vmatrix}-4\begin{vmatrix}3&3\\1&2\end{vmatrix}+1\times\begin{vmatrix}3&2\\1&4\end{vmatrix}\right)$$

$$=1\times[4\times(-5)-1\times(-8)+1\times(-2)]+$$

$$3\times[2\times(-8)-4\times3+1\times10]$$

$$=-14-54=-68$$

性質

1. A 爲方矩陣,若其中有一列或一行全爲零,則 $\det(A)=0$
2. 若 A 爲 B 中某兩行或兩列互相對調所成的矩陣,則 $\det(A)=-\det(B)$
3. 若 A 中的某兩行互成比例,則 $\det(A)=0$
4. 若 B 某一行提出常數 k 後,而與 A 相等,則 $\det(B)=k\det(A)$
5. 若 A 與 B 爲同階方矩陣,則 $\det(AB)=\det(A)\det(B)$
6. 若 A 爲三角矩陣,則 $\det(A)$之值爲其主對角線元素之乘積。

例 7－8

求 $|A|=\begin{vmatrix}1&2&1\\0&0&0\\3&2&1\end{vmatrix}$, $|B|=\begin{vmatrix}1&0&1\\2&0&2\\3&0&3\end{vmatrix}$ 之值

解：

$$|A|=(1)(0)(1)+(2)(0)(3)+(1)(2)(0)-(1)(0)(3)-(2)(0)(1)-(1)(2)(0)=0$$

同理　$|B|=0$

如性質1所述

習　7-3　題

已知 $A=\begin{bmatrix}2 & -1\\4 & 3\end{bmatrix}$ 及 $B=\begin{bmatrix}-1 & 1\\2 & -4\end{bmatrix}$ 求下列問題：

① AB

② $(AB)^T$

③ B^T

④ A^T

⑤ B^TA^T

⑥ 試問 B^TA^T 是否等於 $(AB)^T$

⑦ 若 $A=\begin{bmatrix}1 & 5 & 1\\3 & -2 & 5\\4 & 0 & 6\end{bmatrix}$ 試將其化成對稱矩陣 R 及反對稱矩陣 S

求下列矩陣之 det(A)之值

⑧ $A=\begin{bmatrix}1 & -1 & 2 & 3\\2 & 2 & 0 & 2\\4 & 1 & -1 & -1\\1 & 2 & 3 & 0\end{bmatrix}$

⑨ $A=\begin{bmatrix}1 & 0 & 0 & 0 & 0\\2 & 2 & 0 & 0 & 0\\3 & 1 & 3 & 0 & 0\\1 & 2 & 1 & 4 & 0\\2 & 1 & 1 & 1 & 1\end{bmatrix}$

⑩ $A=\begin{bmatrix}1 & 2 & 1 & 2 & 1\\0 & 2 & 3 & 3 & 2\\0 & 0 & 3 & 1 & 2\\0 & 0 & 0 & 1 & 3\\0 & 0 & 0 & 0 & 4\end{bmatrix}$

⑪ $A=\begin{bmatrix}-3 & 1 & 16 & -8\\0 & 1 & 14 & 0\\0 & 3 & 0 & 1\\0 & 14 & 6 & 0\end{bmatrix}$

4 線性方程式系統：高斯消去法

Linear Equation System ：Gauss Reduction Method

本節將介紹使用矩陣法解聯立線性方程式組。此法是一種於矩陣中利用列與列消去而簡化的方法，稱之為「高斯消去法」(Gauss reduction method)。然聯立方程式的解或有三種可能性：通解(無窮多的解)、唯一解及無解，又該如何判斷呢？本節在結論時會稍加作一整理。在下一節，矩陣的「秩」(rank)將會詳細介紹。

本節的重點有：

◎ 聯立方程式組以矩陣型式表示法。

◎ 解聯立方程式矩陣的高斯消去法。

一、聯立方程式以矩陣表示

設有聯立方程式如下

$$\begin{aligned} a_{11}x_1 + a_{12}x_2 + \cdots + a_{1m}x_m &= b_1 \\ a_{21}x_1 + a_{22}x_2 + \cdots + a_{2m}x_m &= b_2 \\ \vdots \qquad \vdots \qquad \vdots \qquad \vdots \quad &\quad \vdots \\ a_{n1}x_1 + a_{n2}x_2 + \cdots + a_{nm}x_m &= b_n \end{aligned} \tag{31}$$

化成矩陣表示，則為

$$AX = B \tag{32}$$

其中

$$A = \begin{bmatrix} a_{11} & a_{12} & \cdots & a_{1m} \\ a_{21} & a_{22} & \cdots & a_{2m} \\ \vdots & \vdots & & \vdots \\ a_{n1} & a_{n2} & \cdots & a_{nm} \end{bmatrix}, X = \begin{bmatrix} x_1 \\ x_2 \\ \vdots \\ x_m \end{bmatrix}, B = \begin{bmatrix} b_1 \\ b_2 \\ \vdots \\ b_n \end{bmatrix} \tag{33}$$

(31)式中若 $b_1=b_2=\cdots=b_n=0$，則 $AX=B$，稱爲**齊次的**；若某個 $b_j\neq 0$，則此系統爲**非齊次的**。然無論是齊次系統或非齊次系統，皆可擴張 A 矩陣成 A_R 矩陣，而此 A_R 矩陣是由 A 矩陣及 B 矩陣所合併而成。

$$A_R=\begin{bmatrix} a_{11} & a_{12} & \cdots & a_{1m} & b_1 \\ a_{21} & a_{22} & \cdots & a_{2m} & b_2 \\ \vdots & \vdots & & \vdots & \vdots \\ a_{n1} & a_{n2} & \cdots & a_{nm} & b_n \end{bmatrix} \tag{34}$$

此 A_R 稱爲系統的**擴張矩陣**(augmented matrix)。

例 7－9

下列二組聯立方程式，試以矩陣方式 $AX=0$ 或 $AX=B$ 表示，並個別指出擴張矩陣 A_R

① $\begin{cases} 3x_1+2x_2+4x_3=0 \\ 6x_1+3x_2=0 \\ 4x_1+3x_2+3x_3=0 \end{cases}$　② $\begin{cases} 4x_1+5x_2+6x_3=2 \\ 3x_1+9x_2+7x_3=3 \\ 2x_2+6x_3=0 \end{cases}$

解：

① $AX=0$　$\begin{bmatrix} 3 & 2 & 4 \\ 6 & 3 & 0 \\ 4 & 3 & 3 \end{bmatrix}\begin{bmatrix} x_1 \\ x_2 \\ x_3 \end{bmatrix}=\begin{bmatrix} 0 \\ 0 \\ 0 \end{bmatrix}$　$A_R=\begin{bmatrix} 3 & 2 & 4 & 0 \\ 6 & 3 & 0 & 0 \\ 4 & 3 & 3 & 0 \end{bmatrix}$

② $AX=B$　$\begin{bmatrix} 4 & 5 & 6 \\ 3 & 9 & 7 \\ 0 & 2 & 6 \end{bmatrix}\begin{bmatrix} x_1 \\ x_2 \\ x_3 \end{bmatrix}=\begin{bmatrix} 2 \\ 3 \\ 0 \end{bmatrix}$　$A_R=\begin{bmatrix} 4 & 5 & 6 & 2 \\ 3 & 9 & 7 & 3 \\ 0 & 2 & 6 & 0 \end{bmatrix}$

例 7－10

寫出下列二組聯立方程式的擴張矩陣 A_R

① $\begin{cases} x_1+3x_2+4x_3=0 \\ 2x_1+6x_2+5x_3=1 \\ 4x_1+7x_2+2x_3=3 \end{cases}$　② $\begin{cases} x_1+x_2+x_3=3 \\ 3x_1+2x_2+4x_3=2 \\ 3x_1+3x_2+9x_3=0 \end{cases}$

解：

將 AX＝B 其中的 AB 和併則成 A_R

所以

① $A_R=\begin{bmatrix}1 & 3 & 4 & 0\\ 2 & 6 & 5 & 1\\ 4 & 7 & 2 & 3\end{bmatrix}$

② $A_R=\begin{bmatrix}1 & 1 & 1 & 3\\ 3 & 2 & 4 & 2\\ 3 & 3 & 9 & 0\end{bmatrix}$

二、高斯消去法(Gauss reduction method)

步驟

1. 寫出聯立方程式的擴張矩陣 A_R
2. 將 A_R 矩張，使用列與列互相消抵，使 A_R 經過運算後，變成上三角矩陣形式。
3. 將所化成的上三角矩陣，回復成 AX＝B 的類似形式，即可求解。
4. 若遇唯一解的形式，則可化成主對角矩陣，即可求個別解。

例 7－11〈唯一解〉

使用高斯消去法，解下列聯立方程式：

$$\begin{cases}-2x_1+3x_2=-1\\ -4x_2+x_3=0\\ x_1+3x_2=0\end{cases}$$

解：

寫出擴張矩陣 A_R, 其中 L_1、L_2、L_3 是列數編號。

$$A_R=\left[\begin{array}{ccc|c}-2 & 3 & 0 & -1\\ 0 & -4 & 1 & 0\\ 1 & 3 & 0 & 0\end{array}\right]\begin{array}{l}\cdots\cdots L_1\\ \cdots\cdots L_2\\ \cdots\cdots L_3\end{array}$$

使用下列運算：

①將 L_2 與 L_3 互換 $\quad A_R=\left[\begin{array}{ccc|c}-2 & 3 & 0 & -1\\ 1 & 3 & 0 & 0\\ 0 & -4 & 1 & 0\end{array}\right]$

②上式 L_1+2L_2 $\quad A_R=\left[\begin{array}{ccc|c}-2 & 3 & 0 & -1\\ 0 & 9 & 0 & -1\\ 0 & -4 & 1 & 0\end{array}\right]$

③上式 L_2-3L_1 $\quad A_R=\left[\begin{array}{ccc|c}6 & 0 & 0 & 2\\ 0 & 9 & 0 & -1\\ 0 & -4 & 1 & 0\end{array}\right]$

④上式 $\frac{4}{9}L_2+L_3$ $\quad A_R=\left[\begin{array}{ccc|c}6 & 0 & 0 & 2\\ 0 & 9 & 0 & -1\\ 0 & 0 & 1 & -\frac{4}{9}\end{array}\right]\Rightarrow$

$$A_R=\left[\begin{array}{ccc|c}1 & 0 & 0 & \frac{1}{3}\\ 0 & 1 & 0 & -\frac{1}{9}\\ 0 & 0 & 1 & -\frac{4}{9}\end{array}\right]$$

即 $\quad \begin{bmatrix}1 & 0 & 0\\ 0 & 1 & 0\\ 0 & 0 & 1\end{bmatrix}\begin{bmatrix}x_1\\ x_2\\ x_3\end{bmatrix}=\begin{bmatrix}\frac{1}{3}\\ -\frac{1}{9}\\ -\frac{4}{9}\end{bmatrix}$

所以 $\begin{cases} x_1 = \dfrac{1}{3} \\ x_2 = -\dfrac{1}{9} \\ x_3 = -\dfrac{4}{9} \end{cases}$

例 7－12〈唯一解〉

用高斯消去法解下列聯立方程式。

$$\begin{cases} 2x_2 - 3x_3 = 0 \\ 2x_1 - 3x_3 = 0 \\ x_1 - x_2 + x_3 = 1 \end{cases}$$

解：

$$A_R = \left[\begin{array}{ccc|c} 0 & 2 & -3 & 0 \\ 2 & 0 & -3 & 0 \\ 1 & -1 & 1 & 1 \end{array}\right] \begin{array}{l} \cdots\cdots L_1 \\ \cdots\cdots L_2 \\ \cdots\cdots L_3 \end{array}$$

①將 L_2 與 L_3 互換 $A_R = \left[\begin{array}{ccc|c} 2 & 0 & -3 & 0 \\ 0 & 2 & -3 & 0 \\ 1 & -1 & 1 & 1 \end{array}\right]$

②上式 $L_2 + 2L_3$ $A_R = \left[\begin{array}{ccc|c} 2 & 0 & -3 & 0 \\ 0 & 2 & -3 & 0 \\ 2 & 0 & -1 & 2 \end{array}\right]$

③上式 $L_1 - L_3$ $A_R = \left[\begin{array}{ccc|c} 2 & 0 & -3 & 0 \\ 0 & 2 & -3 & 0 \\ 0 & 0 & -2 & -2 \end{array}\right]$

④上式 $\begin{array}{l} \frac{3}{2}L_3 - L_1 \\ \frac{3}{2}L_3 - L_2 \end{array}$ $A_R = \left[\begin{array}{ccc|c} -2 & 0 & 0 & -3 \\ 0 & -2 & 0 & -3 \\ 0 & 0 & -2 & -2 \end{array}\right] \Rightarrow$

$$A_R=\left[\begin{array}{ccc|c}1 & 0 & 0 & \frac{3}{2}\\ 0 & 1 & 0 & \frac{3}{2}\\ 0 & 0 & 1 & 1\end{array}\right]$$

所以 $\begin{cases}x_1=\frac{3}{2}\\ x_2=\frac{3}{2}\\ x_3=1\end{cases}$

例 7－13〈無窮多解〉

用高斯消去法解下列聯立方程式。

$$\begin{cases}-2x_2+4x_3+8x_4=0\\ -x_3+3x_4=0\\ 2x_1+x_2+3x_3+7x_4=0\\ 6x_1+2x_2+10x_3+28x_4=0\end{cases}$$

解：

此聯立方程式爲齊次系統，因此 $A_R=A$

$$A_R=\left[\begin{array}{ccc|c}0 & -2 & 4 & 8\\ 0 & 0 & -1 & 3\\ 2 & 1 & 3 & 7\\ 2 & 1 & 3 & 7\\ 6 & 2 & 10 & 28\end{array}\right]$$

使用高斯消去法最後可得

$$A_R=\left[\begin{array}{ccc|c}1 & 0 & 0 & 13\\ 0 & 1 & 0 & -10\\ 0 & 0 & 1 & -3\\ 0 & 0 & 0 & 0\end{array}\right]$$

因此得
$$\begin{cases} x_1 = -13x_4 \\ x_2 = 10x_4 \\ x_3 = 3x_4 \end{cases}$$

$$\begin{cases} x_1 = -13a \\ x_2 = 10a \\ x_3 = 3a \\ x_4 = a \end{cases}$$

令 $x_4 = a$

若令 $x_4 = a$ 且 a 爲任意常數，則此系統有無窮多解。

誠如微方分程式所論，**齊性系統若無特殊條件(如始值條件)**，則所**求得的解為通解(General solution)的形式**，即如**例 7－13** 所示，即**其解為無窮多解**。換句話說，系統若無指定特殊條件，而要求得唯一解的形式，則此系統必然是非齊次系統，如**例 7－11，7－12** 所示。然非齊次系統的解果眞都是唯一性嗎？請看下例。

例 7－14〈無窮多解〉

用高斯消去法解下列聯立方程式。

$$\begin{cases} -x_1 + x_2 + 3x_3 = -2 \\ 2x_2 + 4x_3 = 8 \end{cases}$$

解：

$$A_R = \left[\begin{array}{ccc|c} -1 & 1 & 3 & -2 \\ 0 & 2 & 4 & 8 \end{array}\right]$$

用高斯消去法求得

$$A_R = \left[\begin{array}{ccc|c} 1 & 0 & -1 & 6 \\ 0 & 1 & 2 & 4 \end{array}\right]$$

可化成 $\begin{bmatrix} 1 & 0 \\ 0 & 1 \end{bmatrix} \begin{bmatrix} x_1 \\ x_2 \end{bmatrix} = \begin{bmatrix} 6 \\ 4 \end{bmatrix} + \begin{bmatrix} 1 \\ -2 \end{bmatrix} [x_3] = \begin{bmatrix} 6 \\ 4 \end{bmatrix} + \begin{bmatrix} 1 \\ 2 \end{bmatrix} [a]$

令 $x_3 = a$

故 $\begin{cases} x_1 = 6 + a \\ x_2 = 4 - 2a \\ x_3 = a \end{cases}$ a爲任意常數

故知此系統的解爲無窮多解。

由例 7－14 可知，聯立方程式變數數目若大於方程式的式子數目，則所求得的解可能為無窮多解，或可能為無解。何時爲無解？請看例 7－15 。

例 7－15〈無解〉

用高斯消去法解聯立方程式。

$$\begin{cases} 2x_1 + 2x_2 + 4x_3 + 2x_4 = 10 \\ 2x_1 + 3x_2 - x_3 - 2x_4 = 2 \\ 4x_1 + 5x_2 + 3x_3 = 7 \end{cases}$$

解：

$$A_R = \left[\begin{array}{cccc:c} 2 & 2 & 4 & 2 & 10 \\ 2 & 3 & -1 & 2 & 2 \\ 4 & 5 & 3 & 0 & 7 \end{array}\right]$$

用高斯消去法可得

$$A_R = \left[\begin{array}{cccc:c} 1 & 1 & 2 & 1 & 5 \\ 0 & 1 & -5 & -4 & -8 \\ 0 & 0 & 0 & 0 & 5 \end{array}\right]$$

由上式第三列可知矛盾，故無解。

三、聯立方程式解形式的判斷法

用高斯消去法求解的方法，是將擴張矩陣 A_R 化成上三角矩陣。

例

$$\begin{bmatrix} a_{11} & a_{12} & \cdots & a_{1m} & \vdots & b_1 \\ 0 & a_{22} & \cdots & a_{2m} & \vdots & b_2 \\ \vdots & \vdots & \vdots & \vdots & \vdots & \vdots \\ 0 & 0 & \cdots & a_{nm} & \vdots & b_n \end{bmatrix} \tag{35}$$

判斷法

1. 若 $n=m$，且方程式皆爲獨立方程式，則
   1 $b_1, b_2, \cdots, b_n$ 皆爲零，其解爲通解形式(如例 7－13)。
   2 $b_1, b_2, \cdots, b_n$ 其中至少有一不爲零，其爲唯一解(如例 7－12)。
2. 若 $n<m$，則解可能爲無解或無窮多解(如例 7－14 、7－15)。

習 7-4 題

將下列聯立方程式寫出其擴張矩陣 A_R

① $\begin{cases} x_1+3x_2+x_3=1 \\ 2x_1+2x_2+3x_3=2 \\ x_1-2x_2-x_3=0 \end{cases}$

② $\begin{cases} x_1+x_2+x_3=0 \\ x_1-2x_2+x_3=0 \\ 2x_1+3x_2-x_3=0 \end{cases}$

③ $\begin{cases} x_1+x_3=0 \\ x_1+x_2-x_3=1 \end{cases}$

④ $\begin{cases} x_2+x_3=1 \\ x_1+x_2+x_3=4 \\ x_1+x_3=2 \end{cases}$

⑤ $\begin{cases} x_1+x_2=0 \\ x_2-x_1=4 \end{cases}$

⑥ $\begin{cases} x_2+x_3-x_1=2 \\ x_1+2x_2+x_3=0 \\ x_1+x_3-2x_2=1 \end{cases}$

用高斯消去法解下列聯立方程式

⑦ $\begin{cases} -x_1+x_2+2x_3=2 \\ 3x_1-x_2+x_3=6 \\ -x_1+3x_2+4x_3=4 \end{cases}$

⑧ $\begin{cases} 2x_1+4x_2+6x_3=18 \\ 4x_1+5x_2+6x_3=24 \\ 2x_1+7x_2+12x_3=30 \end{cases}$

⑨ $\begin{cases} 4x_1-x_2+x_3=0 \\ x_1-2x_2-x_3=0 \\ 3x_1+x_2+5x_3=0 \end{cases}$

⑩ $\begin{cases} x_1-5x_2+4x_3=-2 \\ -2x_1-3x_2+x_3=5 \\ 3x_1+4x_2-5x_3=-19 \end{cases}$

⑪ $\begin{cases} 3x_1+x_2-x_3=2 \\ 2x_1+3x_2+x_3=0 \\ x_1+5x_2+2x_3=6 \end{cases}$

⑫ $\begin{cases} 2x_1+4x_2+6x_3=18 \\ 4x_1+5x_2+6x_3=24 \\ 2x_1+7x_2+12x_3=40 \end{cases}$

⑬ $\begin{cases} 2x_2-x_3=1 \\ 4x_1-10x_2+3x_3=5 \\ 3x_1-3x_2=6 \end{cases}$

⑭ $\begin{cases} 2x_1-3x_2=1 \\ -x_1+3x_2=0 \\ x_1-4x_2=3 \end{cases}$

⑮ $\begin{cases} 2x_1-3x_2+x_4=1 \\ 3x_2+x_3-x_4=0 \\ 2x_1-3x_2+10x_3=0 \end{cases}$

⑯ $\begin{cases} x_1-x_2+3x_3-3x_4=3 \\ -5x_1+2x_2-5x_3+4x_4=-5 \\ -3x_1-4x_2+7x_3-2x_4=7 \\ 2x_1+3x_2+x_3-11x_4=1 \end{cases}$

5 矩陣的秩與柯拉瑪法則

Rank of Matrix and Cramer's Rule

在第 4 節曾論及聯立方程式的解可能有三種形態：無解、無窮多解及唯一解，而本節所述及矩陣的秩(rank)，則可清楚的判斷解的形式。高斯消去法能解聯立方程式，而行列式的柯拉瑪法則更能輕易地求解。

一、矩陣的秩(Rank of Matrix)

矩陣 A 為一 $n \times m$ 階矩陣，若矩陣 A 有一 r 階的方矩陣，其行列值不為零。而其餘$(r+1)$階以上的方矩陣行列式值中有零，則稱矩陣 A 的秩為 r。

其符號及定義為：

$$\text{rank } A = r \tag{36}$$

換句話說，矩陣 A 中所含的線性獨立方程式之最大數目，即為矩陣 A 的秩。

例 7－16

試求矩陣 A 及矩陣 B 的秩

① $A = \begin{bmatrix} 2 & 1 & 3 & 1 \\ 1 & 0 & 1 & 1 \\ 2 & 1 & 3 & 1 \\ 1 & 0 & -1 & -1 \end{bmatrix}$　② $B = \begin{bmatrix} 3 & 0 & 2 & 2 \\ -6 & 42 & 24 & 54 \\ 21 & -21 & 0 & -15 \end{bmatrix}$

解：

① 由於 A 之三階以上的子行列式值皆爲零。故 rank $A=2$

② 由於 B 之三階子行列式值爲零，故 rank $B=2$

二、用秩來判斷聯立方程式之解的形式

設聯立方程式之矩陣表示爲：$AX=B$，而其擴張矩陣爲 A_R，

若 1. rank $A_R=$ rank A 則解為唯一性。

2. rank $A_R>$ rank A 則解為無解。

3. rank $A_R=$ rank A 但秩的數目小於未知變數的數目，則解無窮多。

例 7－17

試判斷例 7－12 解的形式。

解：

由例 7－12 知 $A=\begin{bmatrix}0 & 2 & -3\\ 2 & 0 & -3\\ 1 & -1 & 1\end{bmatrix}$，$A_R=\begin{bmatrix}0 & 2 & -3 & 0\\ 2 & 0 & 3 & 0\\ 1 & 1 & 1 & 1\end{bmatrix}$

因爲 rank $A=$ rank $A_R=3$

且其未知變數亦等於秩數，故解爲唯一解。

例 7－18

試判斷例 7－14 解的形式

解：

由例 7－14 知 $A=\begin{bmatrix}-1 & 1 & 3\\ 0 & 2 & 4\end{bmatrix}$，$A_R=\begin{bmatrix}-1 & 1 & 3 & -2\\ 0 & 2 & 4 & 8\end{bmatrix}$

因爲 rank $A=$ rank $A_R=2$

但其秩數小於未知變數，故解爲無窮多。

例 7－19

試判斷例 7－15 解的形式

解：

由例 7－15 知

$$A=\begin{bmatrix}2 & 2 & 4 & 2\\ 2 & 3 & -1 & 2\\ 4 & 5 & 3 & 0\end{bmatrix},\ A_R=\begin{bmatrix}2 & 2 & 4 & 2 & 10\\ 2 & 3 & -1 & 2 & 2\\ 4 & 5 & 3 & 0 & 7\end{bmatrix}$$

因爲 $\text{rank } A=2,\ \ \text{rank } A_R=3$

$\text{rank } A_R>\text{rank } A$，故爲無解。

三、柯拉瑪法則(Cramer's rule)

在第 4 節使用高斯消去法解聯立方程式，而柯拉瑪法則更能直接以行列式值的計算方式求解。其定義如下：

設聯立方程式為 $AX=B$，其中 $|A|\neq 0$

則
$$x_i=\frac{|C_i|}{|A|}\quad (i=1,2,3,\cdots,n) \tag{37}$$

其中 C_i 爲 A 中之 i 行由 B 取代之行列式。

例 7－20

求解聯立方程式 $\begin{cases}x_1+2x_2=4\\ 2x_1+x_2=0\end{cases}$

解：

用柯拉瑪法則

$$|A|=\begin{vmatrix}1 & 2\\ 2 & 1\end{vmatrix}=-3\quad |C_1|=\begin{vmatrix}4 & 2\\ 0 & 1\end{vmatrix}=4$$

$$|C_2|=\begin{vmatrix}1 & 4\\ 2 & 0\end{vmatrix}=-8$$

所以 $x_1=\frac{|C_1|}{|A|}=-\frac{4}{3},\ \ x_2=\frac{|C_2|}{|A|}=\frac{8}{3}$

例 7－21

解聯立方程式 $\begin{cases} 3x_1-2x_2+2x_3=10 \\ x_1+2x_2-3x_3=-1 \\ 4x_1+x_2+2x_3=3 \end{cases}$

解：

因爲 $|A|=\begin{vmatrix} 3 & -2 & 2 \\ 1 & 2 & -3 \\ 4 & 1 & 2 \end{vmatrix}=35$

$$|C_1|=\begin{vmatrix} 10 & -2 & 2 \\ -1 & 2 & -3 \\ 3 & 1 & 2 \end{vmatrix}=70$$

$$|C_2|=\begin{vmatrix} 3 & 10 & 2 \\ 1 & -1 & -3 \\ 4 & 3 & 2 \end{vmatrix}=-105$$

$$|C_3|=\begin{vmatrix} 3 & -2 & 10 \\ 1 & 2 & -1 \\ 4 & 1 & 3 \end{vmatrix}=-35$$

所以 $x_1=\dfrac{|C_1|}{|A|}=2,\ \ x_2=\dfrac{|C_2|}{|A|}=-3,\ \ x_3=\dfrac{|C_3|}{|A|}=-1$

習 7-5 題

一、用矩陣的秩判斷習題 7－4 第①～⑯題之解的形式

二、用柯拉瑪法則求出習題 7－4 第⑦、⑨、⑩、⑪、⑯題的解。

【註】本節習題解答，請參見習題 7－4 的附錄解答。

6 反矩陣

Inverse of Matrix

一、反矩陣之定義及符號

一個 A 方矩陣，若存有反矩陣 A^{-1}

則 $$AA^{-1}=I \tag{38}$$

其中 I 爲單位矩陣，A^{-1}代表反矩陣(inverse of matrix)。

性質

1. 若 A 存有反矩陣 A^{-1}，則 A 稱爲非奇異性矩陣(nonsingular matrix)；反之則稱 A 爲奇異性矩陣(singular matrix)。
2. 反矩陣具有唯一性。
3. $(kA)^{-1}=\frac{1}{k}A^{-1}$ k 爲常數 (39)
4. $(AB)^{-1}=B^{-1}A^{-1}$ (40)
5. $(ABC)^{-1}=C^{-1}B^{-1}A^{-1}$ (41)
6. $(A^{-1})^T=(A^T)^{-1}$ (42)
7. $|A^{-1}|=|A|^{-1}$ (43)
8. $(A+B)^{-1}\neq A^{-1}+B^{-1}$ (44)
9. $(A^{-1})^{-1}=A$ (45)
10. $|adj(A)|=|A|^{n-1}$ adj(A)爲 A 之伴隨矩陣 (46)

例 7－22

試問 B 是否爲 A 之反矩陣？

$$B=\begin{bmatrix}\frac{-1}{5} & \frac{2}{5}\\ \frac{2}{5} & \frac{1}{5}\end{bmatrix}, A=\begin{bmatrix}-1 & 2\\ 2 & 1\end{bmatrix}$$

解：

因爲 $$BA=\begin{bmatrix}\frac{-1}{5} & \frac{2}{5}\\ \frac{2}{5} & \frac{1}{5}\end{bmatrix}\begin{bmatrix}-1 & 2\\ 2 & 1\end{bmatrix}=\begin{bmatrix}1 & 0\\ 0 & 1\end{bmatrix}=I$$

故 B 爲 A 之反矩陣

二、求反矩陣的方法

1. 高斯－喬登法(Gauss－Jordan method)

若兩矩陣 AB＝I,（I 爲單位矩陣），則 B 爲 A 之反矩陣。高斯－喬登法是取其擴張矩陣〔A ┊ I〕，再使用高斯消去法將〔A ┊ I〕之 A 部份轉化成 I，則此時的擴張矩陣即轉化成〔I ┊ B〕，其中 B 即爲 A 之反矩陣。

例 7－23

求 A 之反矩陣。 $$A=\begin{bmatrix}-1 & 1 & 2\\ 3 & -1 & 1\\ -1 & 3 & 4\end{bmatrix}$$

解：

取擴張矩陣〔A ┊ I〕，並運算至 A 變爲 I 爲止。

$$\left[\begin{array}{ccc|ccc}-1 & 1 & 2 & 1 & 0 & 0\\ 3 & -1 & 1 & 0 & 1 & 0\\ -1 & 3 & 4 & 0 & 0 & 1\end{array}\right]\xrightarrow[L_1-L_3]{L_2+L_1}$$

$$\left[\begin{array}{ccc:ccc} 2 & 0 & 3 & 1 & 1 & 0 \\ 3 & -1 & 1 & 0 & 1 & 0 \\ 0 & -2 & -2 & 1 & 0 & -1 \end{array}\right] \xrightarrow{\frac{3}{2}L_1 - L_2}$$

$$\left[\begin{array}{ccc:ccc} 2 & 0 & 3 & 1 & 1 & 0 \\ 0 & 1 & \frac{7}{2} & \frac{3}{2} & \frac{1}{2} & 0 \\ 0 & -2 & -2 & 1 & 0 & -1 \end{array}\right] \xrightarrow[2L_2 + L_3]{}$$

$$\left[\begin{array}{ccc:ccc} 2 & 0 & 3 & 1 & 1 & 0 \\ 0 & 1 & \frac{7}{2} & \frac{3}{2} & \frac{1}{2} & 0 \\ 0 & 0 & 5 & 4 & 1 & -1 \end{array}\right] \xrightarrow[\frac{7}{10}L_3 - L_2]{\frac{3}{5}L_3 - L_1}$$

$$\left[\begin{array}{ccc:ccc} -2 & 0 & 0 & \frac{7}{5} & -\frac{2}{5} & -\frac{3}{5} \\ 0 & -1 & 0 & \frac{13}{10} & \frac{2}{10} & -\frac{7}{10} \\ 0 & 0 & 5 & 4 & 1 & -1 \end{array}\right] \xrightarrow[-L_2\ \frac{1}{5}L_3]{-\frac{1}{2}L_1}$$

$$\left[\begin{array}{ccc:ccc} 1 & 0 & 0 & -\frac{7}{10} & \frac{1}{5} & \frac{3}{10} \\ 0 & 1 & 0 & -\frac{13}{10} & -\frac{2}{10} & \frac{7}{10} \\ 0 & 0 & 1 & \frac{4}{5} & \frac{1}{5} & -\frac{1}{5} \end{array}\right]$$

所以 $$A^{-1} = \begin{bmatrix} -\frac{7}{10} & \frac{1}{5} & \frac{3}{10} \\ -\frac{13}{10} & -\frac{2}{10} & \frac{7}{10} \\ \frac{4}{5} & \frac{1}{5} & -\frac{1}{5} \end{bmatrix}$$

例 7－24

求 A 之反矩陣。 $$A = \begin{bmatrix} -2 & 1 & 1 \\ 0 & 1 & 1 \\ -3 & 0 & 6 \end{bmatrix}$$

解：

取擴張矩陣〔A ┆ I〕

$$\left[\begin{array}{ccc|ccc} -2 & 1 & 1 & 1 & 0 & 0 \\ 0 & 1 & 1 & 0 & 1 & 0 \\ -3 & 0 & 6 & 0 & 0 & 1 \end{array}\right] \xrightarrow{L_2 - L_1}$$

$$\left[\begin{array}{ccc|ccc} 2 & 0 & 0 & -1 & 1 & 0 \\ 0 & 1 & 1 & 0 & 1 & 0 \\ -3 & 0 & 6 & 0 & 0 & 1 \end{array}\right] \xrightarrow{\frac{3}{2}L_1 + L_3}$$

$$\left[\begin{array}{ccc|ccc} 2 & 0 & 0 & -1 & 1 & 0 \\ 0 & 1 & 1 & 0 & 1 & 0 \\ 0 & 0 & 6 & -\frac{3}{2} & \frac{3}{2} & 1 \end{array}\right] \xrightarrow{\frac{1}{6}L_3 - L_2}$$

$$\left[\begin{array}{ccc|ccc} 2 & 0 & 0 & -1 & 1 & 0 \\ 0 & -1 & 0 & -\frac{1}{4} & -\frac{3}{4} & \frac{1}{6} \\ 0 & 0 & 6 & -\frac{3}{2} & \frac{3}{2} & 1 \end{array}\right] \xrightarrow[-L_2\ \frac{1}{6}L_3]{\frac{1}{2}L_1}$$

$$\left[\begin{array}{ccc|ccc} 1 & 0 & 0 & -\frac{1}{2} & \frac{1}{2} & 0 \\ 0 & 1 & 0 & \frac{1}{4} & \frac{3}{4} & -\frac{1}{6} \\ 0 & 0 & 1 & -\frac{1}{4} & \frac{1}{4} & \frac{1}{6} \end{array}\right]$$

故 $$A^{-1} = \begin{bmatrix} -\frac{1}{2} & \frac{1}{2} & 0 \\ \frac{1}{4} & \frac{3}{4} & -\frac{1}{6} \\ -\frac{1}{4} & \frac{1}{4} & \frac{1}{6} \end{bmatrix} = \frac{1}{12}\begin{bmatrix} -6 & 6 & 0 \\ 3 & 9 & -2 \\ -3 & 3 & 2 \end{bmatrix}$$

2. 伴隨矩陣法(Adjoint Matrlx)

$$A^{-1}=\frac{\text{adj}A}{|A|}=\frac{[A_{ij}]^{T}}{|A|} \tag{47}$$

其中 $\text{adj}(A)=[A_{ij}]^{T}$ 而 A_{ij} 爲餘因子展開式。

若 M_{ij} 爲 A 中 A_{ij} 的子式,則

$$A_{ij}=(-1)^{i+j}M_{ij} \tag{48}$$

例 7－25

試用伴隨矩陣法求例 7－24 之反矩陣

解：

求 det(A)之值

$$|A|=\begin{vmatrix}-2 & 1 & 1\\ 0 & 1 & 1\\ -3 & 0 & 6\end{vmatrix}=-12$$

取 A_{ij}的餘因子

$$A_{11}=(-1)^{1+1}\begin{vmatrix}1 & 1\\ 0 & 6\end{vmatrix}=6$$

$$A_{12}=(-1)^{1+2}\begin{vmatrix}0 & 1\\ -3 & 6\end{vmatrix}=-3$$

$$A_{13}=(-1)^{1+3}\begin{vmatrix}0 & 1\\ -3 & 0\end{vmatrix}=3$$

$$A_{21}=(-1)^{2+1}\begin{vmatrix}1 & 1\\ 0 & 6\end{vmatrix}=-6$$

$$A_{22}=(-1)^{2+2}\begin{vmatrix}-2 & 1\\ -3 & 6\end{vmatrix}=-9$$

$$A_{23}=(-1)^{2+3}\begin{vmatrix}-2 & 1\\ -3 & 0\end{vmatrix}=-3$$

$$A_{31}=(-1)^{3+1}\begin{vmatrix}1 & 1\\ 1 & 1\end{vmatrix}=0$$

$$A_{32}=(-1)^{3+2}\begin{vmatrix}-2 & 1\\ 0 & 1\end{vmatrix}=2$$

$$A_{33}=(-1)^{3+3}\begin{vmatrix}-2 & 1\\ 0 & 1\end{vmatrix}=-2$$

所以 $A_{ij}=\begin{bmatrix}6 & -3 & 3\\ -6 & -9 & -3\\ 0 & 2 & -2\end{bmatrix}$

因爲 $A^{-1}=\dfrac{\text{adj}(A)}{|A|}=\dfrac{[A]^{T}}{|A|}$

$$=-\frac{1}{12}\begin{bmatrix}6 & -6 & 0\\ -3 & -9 & 2\\ 3 & -3 & -2\end{bmatrix}$$

$$=\frac{1}{12}\begin{bmatrix}-6 & 6 & 0\\ 3 & 9 & -2\\ -3 & 3 & 2\end{bmatrix}$$

三、反矩陣在聯立方程式的應用

若且唯若 A 為非奇異，則非齊次系統 AX＝B 有唯一解，且此唯一解為

$$X=A^{-1}B \tag{49}$$

例 7－26

用反矩陣求聯立方程式之解。

$$\begin{cases}3x_1-4x_2+6x_3=0\\ x_1+x_2-3x_3=4\\ 2x_1-x_2+6x_3=-1\end{cases}$$

解：

將聯立方程式化爲 AX＝B 之形式

$$\begin{bmatrix}3 & -4 & 6\\ 1 & 1 & -3\\ 2 & -1 & 6\end{bmatrix}\begin{bmatrix}x_1\\ x_2\\ x_3\end{bmatrix}=\begin{bmatrix}0\\ 4\\ -1\end{bmatrix}$$

依本節之法求得

$$A^{-1}=\frac{1}{39}\begin{bmatrix} 3 & 18 & 6 \\ -12 & 6 & 15 \\ -3 & -5 & 7 \end{bmatrix}$$

所以 $X=\begin{bmatrix} x_1 \\ x_2 \\ x_3 \end{bmatrix}=A^{-1}B=\frac{1}{39}\begin{bmatrix} 3 & 18 & 6 \\ -12 & 6 & 15 \\ -3 & -5 & 7 \end{bmatrix}\begin{bmatrix} 0 \\ 4 \\ -1 \end{bmatrix}=\begin{bmatrix} \frac{22}{13} \\ \frac{3}{13} \\ -\frac{9}{13} \end{bmatrix}$

習 7-6 題

一、使用高斯－喬登法求下列矩陣之反矩陣

① $A=\begin{bmatrix} -1 & 2 \\ 2 & 1 \end{bmatrix}$

② $A=\begin{bmatrix} 3 & 1 \\ 2 & 4 \end{bmatrix}$

③ $A=\begin{bmatrix} 0 & 1 & 0 \\ 2 & -2 & 5 \\ 0 & 2 & 1 \end{bmatrix}$

④ $A=\begin{bmatrix} 2 & -1 & 3 \\ 1 & 0 & -2 \\ 4 & 0 & 2 \end{bmatrix}$

⑤ $A=\begin{bmatrix} 1 & 0 & 0 \\ \frac{1}{2} & 1 & 0 \\ 1 & 5 & 2 \end{bmatrix}$

⑥ $A=\begin{bmatrix} 1 & 2 & -4 \\ -1 & 1 & 5 \\ 2 & 7 & -3 \end{bmatrix}$

⑦ $A=\begin{bmatrix} -3 & 4 & 1 \\ 1 & 2 & 0 \\ 1 & 1 & 3 \end{bmatrix}$

⑧ $A=\begin{bmatrix} 5 & -1 & 5 \\ 0 & 2 & 0 \\ -5 & 3 & -15 \end{bmatrix}$

7 特徵值與特徵向量

Eigenvalue and Eigenvector

本節主要內容爲介紹特徵值及特徵向量。特徵值在解工程問題時具有相當重要地位，因此本節將另外介紹相關於特徵值的應用問題：相似轉換、對角化和及矩陣函數。

一、特徵值與特徵向量的求法

設有一組聯立方程式爲：

$$
\begin{array}{c}
a_{11}x_1 + a_{12}x_2 + a_{13}x_3 + \cdots + a_{1n}x_n = \lambda x_1 \\
a_{21}x_1 + a_{22}x_2 + a_{23}x_3 + \cdots + a_{2n}x_n = \lambda x_2 \\
\vdots \quad\quad \vdots \quad\quad \vdots \quad\quad\quad \vdots \quad \vdots \\
a_{n1}x_1 + a_{n2}x_2 + a_{n3}x_3 + \cdots + a_{nn}x_n = \lambda x_n
\end{array}
$$

若以矩陣表示，則爲

$$AX = \lambda X \tag{50}$$

經移項則爲

$$(A - \lambda I)X = 0 \tag{51}$$

若欲解得爲非零解，則必須

$$|A - \lambda I| = 0 \tag{52}$$

(52)式稱爲「特徵方程式」(characteristic equation)，而 λ 稱爲特徵值 (eigenvalue)，將各特徵值 λ_i 代入(51)式，所解得的 X_i 稱爲特徵向量 (eigenvetor)。

例 7－27

試求 $A=\begin{bmatrix}5 & 4\\ 1 & 2\end{bmatrix}$ 的特徵值及特徵向量。

解：

由(52)式知 $|A-\lambda I|=\begin{vmatrix}5-\lambda & 4\\ 1 & 2-\lambda\end{vmatrix}$

$$=(5-\lambda)(2-\lambda)-4$$

$$=(\lambda-6)(\lambda-1)$$

$$=0$$

所以特徵值 $\lambda=0$ 或 6

將特徵值代入(51)式，所求得的 X 爲對應的特徵向量。

[1]當 $\lambda=1$ 時 $(A-\lambda I)X=\begin{bmatrix}4 & 4\\ 1 & 1\end{bmatrix}\begin{bmatrix}x_1\\ x_2\end{bmatrix}=\begin{bmatrix}0\\ 0\end{bmatrix}$

即 $\begin{bmatrix}x_1\\ x_2\end{bmatrix}=C_1\begin{bmatrix}1\\ -1\end{bmatrix}$ 令 $x_1=C_1$

[2]當 $\lambda=6$ 時 $(A-\lambda I)X=\begin{bmatrix}-1 & 4\\ 1 & -4\end{bmatrix}\begin{bmatrix}x_1\\ x_2\end{bmatrix}=\begin{bmatrix}0\\ 0\end{bmatrix}$

即 $\begin{bmatrix}x_1\\ x_2\end{bmatrix}=C_2\begin{bmatrix}4\\ 1\end{bmatrix}$ 令 $x_2=C_2$

例 7－28

求矩陣 $A=\begin{bmatrix}0 & 2 & 0\\ 3 & -2 & 3\\ 0 & 3 & 0\end{bmatrix}$ 的特徵值及特徵向量。

解：

由特徵方程式知

$$\begin{vmatrix}-\lambda & 2 & 0\\ 3 & -2-\lambda & 3\\ 0 & 3 & -\lambda\end{vmatrix}=-\lambda^3-2\lambda^2+15\lambda$$

$$=-\lambda(\lambda+5)(\lambda-3)=0$$

所以特徵值爲　$\lambda=0、3、-5$

當 $\lambda=0$ 時，特徵向量爲

$$\begin{bmatrix}0 & 2 & 0\\3 & -2 & 3\\0 & 3 & 0\end{bmatrix}\begin{bmatrix}x_1\\x_2\\x_3\end{bmatrix}=\begin{bmatrix}0\\0\\0\end{bmatrix}\quad 即\begin{bmatrix}x_1\\x_2\\x_3\end{bmatrix}=C_1\begin{bmatrix}1\\0\\-1\end{bmatrix}$$

當 $\lambda=3$ 時，特徵向量爲

$$\begin{bmatrix}-3 & 2 & 0\\3 & -5 & 3\\0 & 3 & -3\end{bmatrix}\begin{bmatrix}x_1\\x_2\\x_3\end{bmatrix}=\begin{bmatrix}0\\0\\0\end{bmatrix}\quad 即\begin{bmatrix}x_1\\x_2\\x_3\end{bmatrix}=C_2\begin{bmatrix}2\\3\\3\end{bmatrix}$$

當 $\lambda=-5$ 時，特徵向量爲

$$\begin{bmatrix}5 & 2 & 0\\3 & 3 & 3\\0 & 3 & 5\end{bmatrix}\begin{bmatrix}x_1\\x_2\\x_3\end{bmatrix}=\begin{bmatrix}0\\0\\0\end{bmatrix}\quad 即\begin{bmatrix}x_1\\x_2\\x_3\end{bmatrix}=C_3\begin{bmatrix}2\\-5\\3\end{bmatrix}$$

性質

1. 設 λ_m 與 λ_n 分別爲矩陣 A 的特徵值，若 $\lambda_m \neq \lambda_n$，則特徵向量 $\mathbf{x}_m$ 與 $\mathbf{x}_n$ 爲線性獨立。
2. 若矩陣爲對稱矩陣，且其相異特徵值爲 λ_1 及 λ_2，則其對應的特徵向量 $\mathbf{x}_1$ 與 $\mathbf{x}_2$ 爲正交。
3. 若矩陣 A 之特徵值爲 λ，則其反矩陣 A^{-1} 的特徵值爲 $\frac{1}{\lambda}$，而轉置矩陣 A^T 的特徵值仍然爲 λ

二、相似轉換及對角化(Similarity transformation and Diagonalization)

方矩陣 A 與 D 若能滿足下式，則 A 與 D 互稱相似(similarity)，而比種形式稱爲相似轉換(similarity transformation)。

$$P^{-1}AP=D \tag{53}$$

其中 P 是以方矩陣 A 之特徵向量爲行向量所組成的方矩陣。而所求

得的 D 爲對角矩陣，且其主對角線之元素恰爲 A 之特徵值。此種經由 $P^{-1}AP$ 之運算而得對角矩陣的行爲，稱爲對角化(Diagonalization)。

例 7－29

試求矩陣 $A=\begin{bmatrix}-3 & 9 & 0\\ 9 & -3 & 0\\ 0 & 0 & 4\end{bmatrix}$ 之特徵值、特徵向量，並將 A 對角化

解：

由特徵方程式知

$$\begin{vmatrix}-3-\lambda & 9 & 0\\ 9 & -3-\lambda & 0\\ 0 & 0 & 4-\lambda\end{vmatrix}$$

$$=(\lambda-4)(\lambda-6)(\lambda+12)=0$$

所以特徵值 $\lambda=4、6、-12$

求特徵向量：

當 $\lambda=4$ 時 $\begin{bmatrix}-7 & 9 & 0\\ 9 & -7 & 0\\ 0 & 0 & 0\end{bmatrix}\begin{bmatrix}x_1\\ x_2\\ x_3\end{bmatrix}=\begin{bmatrix}0\\ 0\\ 0\end{bmatrix}$ 即 $\mathbf{x}_1=\begin{bmatrix}0\\ 0\\ 1\end{bmatrix}$

當 $\lambda=6$ 時 $\begin{bmatrix}-9 & 9 & 0\\ 9 & -9 & 0\\ 0 & 0 & -2\end{bmatrix}\begin{bmatrix}x_1\\ x_2\\ x_3\end{bmatrix}=\begin{bmatrix}0\\ 0\\ 0\end{bmatrix}$ 即 $\mathbf{x}_2=\begin{bmatrix}1\\ 1\\ 0\end{bmatrix}$

當 $\lambda=-12$ 時 $\begin{bmatrix}9 & 9 & 0\\ 9 & 9 & 0\\ 0 & 0 & 16\end{bmatrix}\begin{bmatrix}x_1\\ x_2\\ x_3\end{bmatrix}=\begin{bmatrix}0\\ 0\\ 0\end{bmatrix}$ 即 $\mathbf{x}_3=\begin{bmatrix}1\\ -1\\ 0\end{bmatrix}$

求對角化：

令 $P=[\mathbf{x}_1,\mathbf{x}_2,\mathbf{x}_3]=\begin{bmatrix}0 & 1 & 1\\ 0 & 1 & -1\\ 1 & 0 & 0\end{bmatrix}$

則 $P^{-1}=\begin{bmatrix} 0 & 0 & -1 \\ \frac{1}{2} & \frac{1}{2} & 0 \\ \frac{1}{2} & -\frac{1}{2} & 0 \end{bmatrix}$

故對角矩陣 D 為

$$D=P^{-1}AP$$

$$=\begin{bmatrix} 0 & 0 & -1 \\ \frac{1}{2} & \frac{1}{2} & 0 \\ \frac{1}{2} & -\frac{1}{2} & 0 \end{bmatrix}\begin{bmatrix} -3 & 9 & 0 \\ 9 & -3 & 0 \\ 0 & 0 & 4 \end{bmatrix}\begin{bmatrix} 0 & 0 & -1 \\ \frac{1}{2} & \frac{1}{2} & 0 \\ \frac{1}{2} & -\frac{1}{2} & 0 \end{bmatrix}$$

$$=\begin{bmatrix} 4 & 0 & 0 \\ 0 & 6 & 0 \\ 0 & 0 & 12 \end{bmatrix}$$

【註】此對角線之元素即為特徵值。

例 7－30

已知方矩陣 A 的特徵值為 1、4, 且知其對應的特徵向量分別為

$\begin{bmatrix} 3 \\ 1 \end{bmatrix}$和$\begin{bmatrix} 2 \\ 1 \end{bmatrix}$, 試求 A

解：

由相似轉換知 $D=P^{-1}AP$, 因此 $PDP^{-1}=P(P^{-1}AP)P^{-1}=A$

又知 $P=\begin{bmatrix} 3 & 2 \\ 1 & 1 \end{bmatrix}$ $D=\begin{bmatrix} 1 & 0 \\ 0 & 4 \end{bmatrix}$ $P^{-1}=\begin{bmatrix} 1 & -2 \\ -1 & 3 \end{bmatrix}$

所以 $A=PDP^{-1}=\begin{bmatrix} 3 & 2 \\ 1 & 1 \end{bmatrix}\begin{bmatrix} 1 & 0 \\ 0 & 4 \end{bmatrix}\begin{bmatrix} 1 & -2 \\ -1 & 3 \end{bmatrix}=\begin{bmatrix} -5 & 18 \\ -3 & 10 \end{bmatrix}$

由例 7－30 可知, 方矩陣 A 若已知其特徵值及對應的特徵向量, 設 P 為由特徵向量所組成的方矩陣, 且 D 為 A 之對角化矩陣, 則

$$A = PDP^{-1} \tag{54}$$

三、矩陣函數(Matrix Function)

若一方矩陣 A 與對角矩陣 D 相似,

即
$$P^{-1}AP = D = \begin{bmatrix} \lambda_1 & 0 & 0 & \cdots & 0 \\ 0 & \lambda_2 & 0 & \cdots & 0 \\ \vdots & \vdots & & \ddots & \vdots \\ 0 & 0 & \cdots & \cdots & \lambda_n \end{bmatrix}$$

則
$$f(A) = P\begin{bmatrix} f(\lambda_1) & 0 & 0 & \cdots & 0 \\ 0 & f(\lambda_2) & 0 & \cdots & 0 \\ \vdots & \vdots & & \ddots & \vdots \\ 0 & 0 & \cdots & \cdots & f(\lambda_n) \end{bmatrix}P^{-1} \tag{55}$$

例 7－31

已知 $A = \begin{bmatrix} -3 & 2 \\ 1 & -4 \end{bmatrix}$ 試求 A^{40}＝？

解：

特徵方程式 $\begin{vmatrix} -3-\lambda & 2 \\ 1 & -4-\lambda \end{vmatrix} = (\lambda+2)(\lambda+5) = 0$

所以特徵值爲 $\lambda = -2,\ -5$

求特徵向量

當 $\lambda = -2$ 時 $\begin{bmatrix} -1 & 2 \\ 1 & -2 \end{bmatrix}\begin{bmatrix} x_1 \\ x_2 \end{bmatrix} = \begin{bmatrix} 0 \\ 0 \end{bmatrix}$ 即 $\mathbf{x}_1 = \begin{bmatrix} x_1 \\ x_2 \end{bmatrix} = \begin{bmatrix} 2 \\ 1 \end{bmatrix}$

當 $\lambda = -5$ 時 $\begin{bmatrix} 2 & 2 \\ 1 & 1 \end{bmatrix}\begin{bmatrix} x_1 \\ x_2 \end{bmatrix} = \begin{bmatrix} 0 \\ 0 \end{bmatrix}$ 即 $\mathbf{x}_2 = \begin{bmatrix} x_1 \\ x_2 \end{bmatrix} = \begin{bmatrix} 1 \\ -1 \end{bmatrix}$

令 $P = \begin{bmatrix} 2 & 1 \\ 1 & -1 \end{bmatrix}$ 即 $P^{-1} = \frac{1}{3}\begin{bmatrix} 1 & 1 \\ 1 & -2 \end{bmatrix}$

由(55)式知 $f(A) = A^{40} = \frac{1}{3}\begin{bmatrix} 1 & 1 \\ 1 & -2 \end{bmatrix}\begin{bmatrix} 2^{40} & 0 \\ 0 & 5^{40} \end{bmatrix}\begin{bmatrix} 1 & 1 \\ 1 & -2 \end{bmatrix}$

$$=\frac{1}{3}\begin{bmatrix} 2^{41}+5^{40} & 2^{41}-2\cdot 5^{40} \\ 2^{40}-5^{40} & 2^{40}+2\cdot 5^{40} \end{bmatrix}$$

例 7－32

已知 $A=\begin{bmatrix} 11 & -4 & -7 \\ 7 & -2 & -5 \\ 10 & -4 & -6 \end{bmatrix}$

若 $f(x)=2x+1$，試求 A 及 f(A)之特徵值。

解：

特徵方程式

$$|A-\lambda I|=\begin{vmatrix} 11-\lambda & -4 & -7 \\ 7 & -2-\lambda & -5 \\ 10 & -4 & -6-\lambda \end{vmatrix}=\lambda(\lambda-1)(\lambda-2)=0$$

A 之特徵值為 $\lambda=0、1、2$

f(A)特徵值為 $f(\lambda)$ $f(\lambda)=(2x+1)|_{\lambda}$

所以 f(A)之特徵值為 $f(0)=1,\quad f(1)=3,\quad f(2)=5$

由(55)式及**例 7－32** 的示範可知，已知方矩陣 A，則 f(A)之特徵值為 $f(\lambda)$。

例 7－33

已知 $A^{\frac{1}{2}}=\begin{bmatrix} -1 & 2 \\ -2 & 4 \end{bmatrix}$ 試求 A

解：

令 $B=A^{\frac{1}{2}}$ 所以 $A=B^2$

特徵方程式 $|B-\lambda I|=\begin{vmatrix} -1-\lambda & 2 \\ -2 & 4-\lambda \end{vmatrix}=\lambda(\lambda-3)=0$

故 B 之特徵值 $\lambda=0,\ 3$

當 $\lambda=0$ 時 $\begin{bmatrix} -1 & 2 \\ -2 & 4 \end{bmatrix}\begin{bmatrix} x_1 \\ x_2 \end{bmatrix}=\begin{bmatrix} 0 \\ 0 \end{bmatrix}$ 即 $\mathbf{x}_1=\begin{bmatrix} 2 \\ 1 \end{bmatrix}$

當 $\lambda=3$ 時 $\begin{bmatrix}-4 & 2\\ -2 & 1\end{bmatrix}\begin{bmatrix}x_1\\ x_2\end{bmatrix}=\begin{bmatrix}0\\ 0\end{bmatrix}$ 即 $\mathbf{x}_2=\begin{bmatrix}1\\ 2\end{bmatrix}$

令 $P=\begin{bmatrix}2 & 1\\ 1 & 2\end{bmatrix}$ 即 $P^{-1}=\frac{1}{3}\begin{bmatrix}2 & -1\\ -1 & 2\end{bmatrix}$

所以

$$A=B^2=\frac{1}{3}\begin{bmatrix}2 & 1\\ 1 & 2\end{bmatrix}\begin{bmatrix}0 & 0\\ 0 & 9\end{bmatrix}\begin{bmatrix}2 & -1\\ -1 & 2\end{bmatrix}$$

$$=\begin{bmatrix}-3 & 6\\ -6 & 18\end{bmatrix}$$

習 7-7 題

求下列矩陣的特徵值及特徵向量

① $A=\begin{bmatrix}5 & 4\\ 1 & 2\end{bmatrix}$

② $A=\begin{bmatrix}2 & 1 & 1\\ 2 & 3 & 2\\ 1 & 1 & 2\end{bmatrix}$

③ $A=\begin{bmatrix}-3 & 2\\ -10 & 6\end{bmatrix}$

④ $A=\begin{bmatrix}-2 & 2 & -3\\ 2 & 1 & -6\\ -1 & -2 & 0\end{bmatrix}$

⑤ $A=\begin{bmatrix}11 & -4 & -7\\ 7 & -2 & -5\\ 10 & -4 & -6\end{bmatrix}$

⑥ $A=\begin{bmatrix}3 & -2 & -5\\ 4 & -1 & -5\\ -2 & -1 & -3\end{bmatrix}$

⑦ $A=\begin{bmatrix}2 & 0 & 0\\ 0 & 1 & 1\\ 0 & 1 & 1\end{bmatrix}$

⑧ $A=\begin{bmatrix}1 & -1 & 0\\ 0 & 1 & 1\\ 0 & 0 & -1\end{bmatrix}$

⑨ $A=\begin{bmatrix} 0 & 1 \\ -1 & 0 \end{bmatrix}$　　⑩ $A=\begin{bmatrix} \cos(\theta) & -\sin(\theta) \\ \sin(\theta) & \cos(\theta) \end{bmatrix}$

將下列矩陣依相似轉換的公式 $P^{-1}AP=B$ 計算其結果, 並寫出 P 矩陣

⑪ $A=\begin{bmatrix} 7 & -2 & 1 \\ -2 & 10 & -2 \\ 1 & -2 & 7 \end{bmatrix}$　　⑫ $A=\begin{bmatrix} -1 & 4 \\ 0 & 3 \end{bmatrix}$

⑬ $A=\begin{bmatrix} 2 & 2 & 1 \\ 1 & 3 & 1 \\ 1 & 2 & 2 \end{bmatrix}$　　⑭ $A=\begin{bmatrix} 5 & -4 & 4 \\ 12 & -11 & 12 \\ 4 & -4 & 5 \end{bmatrix}$

⑮ $A=\begin{bmatrix} 5 & 0 & 1 \\ 0 & 1 & 2 \\ 1 & 0 & -3 \end{bmatrix}$　　⑯ $A=\begin{bmatrix} 1 & -1 & -1 \\ 1 & -1 & 0 \\ 1 & 0 & -1 \end{bmatrix}$

⑰ $A=\begin{bmatrix} 2 & 1 & 1 \\ 1 & 2 & 1 \\ 1 & 1 & 2 \end{bmatrix}$　　⑱ $A=\begin{bmatrix} 3 & 0 & 0 \\ 5 & 4 & 0 \\ -6 & 6 & 1 \end{bmatrix}$

⑲ $A=\begin{bmatrix} 5 & 4 \\ 1 & 2 \end{bmatrix}$　　⑳ $A=\begin{bmatrix} 1 & 0 & 0 \\ -1 & 0 & 0 \\ 1 & 1 & 1 \end{bmatrix}$

㉑ 已知 $A=\begin{bmatrix} 5 & 4 \\ 1 & 2 \end{bmatrix}$ 試求 A^{50}

8 常微分方程式系統：對角化的應用

Ordinary Differential Equation System ：Application of Diagonalization

在實用的工程應用暫態或動態的問題中，系統轉換成數學模式往往是聯立常微分方程式，此時若使用矩陣的觀念來求解，則相當便利。本節介紹對角化的應用以解一階齊次微分方程式組、一階非齊次微分方程式組及二階微分方程式組的解法。而二階微分方程式組的解法事實上與一階方程式一樣，故此處只以例題做說明。

一、一階聯立齊次微分方程式：

$$\frac{dx_1}{dt} = a_{11}x_1 + a_{12}x_2 + \cdots + a_{1n}x_n$$

$$\frac{dx_2}{dt} = a_{21}x_1 + a_{22}x_2 + \cdots + a_{2n}x_n$$

$$\vdots \quad \vdots \quad \vdots \quad \vdots$$

$$\frac{dx_n}{dt} = a_{n1}x_1 + a_{n2}x_2 + \cdots + a_{nn}x_n$$

若化成矩陣形式則為

$$\dot{X} = AX \tag{56}$$

令 $X = PZ$

則 $$\dot{X} = P\dot{Z} \tag{57}$$

代入(56)式得 $$P\dot{Z} = APZ \tag{58}$$

兩端各乘 P^{-1} $$\dot{Z} = P^{-1}APZ = DZ \tag{59}$$

D 為 A 的對角化矩陣，由(59)式解得 Z 後，再代入(57)式

即 $X = PZ$ (60)

其中 P 爲特徵向量所組成的向量

例 7－34

使用矩陣法求 $\begin{cases} y_1' = y_1 + 3y_2 \\ y_2' = 4y_1 - 3y_2 \end{cases}$ 設 y 爲 t 的函數。

解：

矩陣化則 $\dot{Y} = AY$

即 $\begin{bmatrix} y_1' \\ y_2' \end{bmatrix} = \begin{bmatrix} 1 & 3 \\ 4 & -3 \end{bmatrix} \begin{bmatrix} y_1 \\ y_2 \end{bmatrix}$

令 $Y = PZ$ 則 $\dot{Y} = P\dot{Z}$

由(59)式知 $\dot{Z} = P^{-1}APZ = DZ$, 故先求特徵向量

由特徵方程式 $|A - \lambda I| = \begin{vmatrix} 1-\lambda & 3 \\ 4 & -3-\lambda \end{vmatrix} = \lambda^2 + 2\lambda - 15 = 0$

所以特徵值爲 $\lambda = 3,\quad -5$

求特徵向量

當 $\lambda = 3$ 爲 $\begin{bmatrix} 3 \\ 2 \end{bmatrix}$

當 $\lambda = -5$ 爲 $\begin{bmatrix} 1 \\ -2 \end{bmatrix}$

故令 $P = \begin{bmatrix} 3 & 1 \\ 2 & -2 \end{bmatrix}$

代入(59)式得 $\dot{Z} = DZ = \begin{bmatrix} 3 & 0 \\ 0 & -5 \end{bmatrix} \begin{bmatrix} z_1 \\ z_2 \end{bmatrix}$

故知 $Z = \begin{bmatrix} C_1e^{3t} \\ C_2e^{-5t} \end{bmatrix}$

再由(60)式得 $Y = PZ = \begin{bmatrix} 3 & 1 \\ 2 & -2 \end{bmatrix} \begin{bmatrix} C_1e^{3t} \\ C_2e^{-5t} \end{bmatrix} = \begin{bmatrix} 3C_1e^{3t} + C_2e^{-5t} \\ 2C_1e^{3t} - 2C_2e^{-5t} \end{bmatrix}$

即得解 $y_1 = 3C_1e^{3t} + C_2e^{-5t}$

$$y_2 = 2C_1e^{3t} - 2C_2e^{-5t}$$

在相似轉換中，若遇到 $n \times n$ 階以上的矩陣，則求 P 矩陣的反矩陣 P^{-1} 將會相當繁雜，但從上例及(59)式和(60)式中可知：**事實上用對角化法求解微分方程組，根本不需求 P^{-1}**，因爲對角矩陣 D 事實上就是由特徵值所組成的，因此更能突顯此法的便利。

例 7－35

試解 $\begin{cases} x_1' = -4x_1 + x_2 + x_3 \\ x_2' = x_1 + 5x_2 - x_3 \\ x_3' = x_2 - 3x_3 \end{cases}$

解：

矩陣化即 $\dot{X} = AX$

令 $X = PZ$

則 $\dot{X} = P\dot{Z}$

即 $\dot{Z} = DZ$

特徵方程式 $|A - \lambda I| = \begin{vmatrix} -4-\lambda & 1 & 1 \\ 1 & 5-\lambda & -1 \\ 0 & 1 & -3-\lambda \end{vmatrix}$

$= (\lambda+3)(\lambda+4)(\lambda-5) = 0$

所以特徵值爲 $\lambda = -3、-4、5$

求特徵向量

當 $\lambda = -3$ 爲 $\begin{bmatrix} 1 \\ 0 \\ 1 \end{bmatrix}$

當 $\lambda = -4$ 爲 $\begin{bmatrix} 10 \\ -1 \\ 1 \end{bmatrix}$

當 $\lambda=5$ 為 $\begin{bmatrix}1\\8\\1\end{bmatrix}$

故令 $P=\begin{bmatrix}1 & 10 & 1\\0 & -1 & 8\\1 & 1 & 1\end{bmatrix}$

所以 $\dot{Z}=DZ=\begin{bmatrix}-3 & 0 & 0\\0 & -4 & 0\\0 & 0 & 5\end{bmatrix}\begin{bmatrix}z_1\\z_2\\z_3\end{bmatrix}$

解得 $Z=\begin{bmatrix}z_1\\z_2\\z_3\end{bmatrix}=\begin{bmatrix}C_1e^{-3t}\\C_2e^{-4t}\\C_3e^{5t}\end{bmatrix}$

故求得 $X=PZ=\begin{bmatrix}1 & 10 & 1\\0 & -1 & 8\\1 & 1 & 1\end{bmatrix}\begin{bmatrix}C_1e^{-3t}\\C_2e^{-4t}\\C_3e^{5t}\end{bmatrix}$

$$=\begin{bmatrix}C_1e^{-3t}+10C_2e^{-4t}+C_3e^{5t}\\-C_2e^{-4t}+8C_3e^{5t}\\C_1e^{-3t}+C_2e^{-4t}+C_3e^{5t}\end{bmatrix}$$

二、一階非齊次微分方程式組

由前述知，在一階齊次微分方程式組，用矩陣表示法為：

$$\dot{X}=AX$$

而非齊次方程式則存有外力，故用矩陣表示則為

$$\dot{X}=AX+f(t) \tag{61}$$

相同的，令 $X=PZ$

則 $\dot{X}=P\dot{Z}$ (62)

代入(61)式得 $\dot{Z}=P^{-1}APZ+P^{-1}f(t)=DZ+P^{-1}f(t)$ (63)

如同前述先解 Z，再代入 $X=PZ$ 即可。

由此可知：解一階非齊次微分方程式組需求出 P^{-1}

例 7－36

試解 $\begin{cases} y_1' = 5y_1 + 8y_2 + 1 \\ y_2' = -6y_1 - 9y_2 + t \end{cases}$ 且 $y_1(0) = 4$, $y_2(0) = -3$

解：

矩陣化 $\dot{Y} = AY + f(t)$

由(63)式知,

令 $Y = PZ$

則 $\dot{Y} = P\dot{Z}$

即 $\dot{Z} = DZ + P^{-1}f(t)$

特徵方程式 $|A - \lambda I| = \begin{vmatrix} 5-\lambda & 8 \\ -6 & -9-\lambda \end{vmatrix} = (\lambda+1)(\lambda+3) = 0$

所以特徵值 $\lambda = -1$、3

求特徵向量

當 $\lambda = -1$ 爲 $\begin{bmatrix} 1 \\ -\frac{3}{4} \end{bmatrix}$

當 $\lambda = -3$ 爲 $\begin{bmatrix} 1 \\ -1 \end{bmatrix}$

故令 $P = \begin{bmatrix} 1 & 1 \\ -\frac{3}{4} & -1 \end{bmatrix}$

則 $P^{-1} = \begin{bmatrix} 4 & 4 \\ -3 & -4 \end{bmatrix}$

由(63)式知 $\dot{Z} = DZ + P^{-1}f(t)$

$$= \begin{bmatrix} -1 & 0 \\ 0 & -3 \end{bmatrix} \begin{bmatrix} z_1 \\ z_2 \end{bmatrix} + \begin{bmatrix} 4 & 4 \\ -3 & -4 \end{bmatrix} \begin{bmatrix} 1 \\ t \end{bmatrix}$$

$$= \begin{bmatrix} -z_1 + 4 + 4t \\ -3z_2 - 3 - 4t \end{bmatrix}$$

解得 $$Z=\begin{bmatrix} z_1 \\ z_2 \end{bmatrix}=\begin{bmatrix} C_1e^{-t}+4t \\ C_2e^{-3t}-\frac{5}{9}-\frac{4}{3}t \end{bmatrix}$$

故知 $$Y=PZ=\begin{bmatrix} 1 & 1 \\ -\frac{3}{4} & -1 \end{bmatrix}\begin{bmatrix} C_1e^{-t}+4t \\ C_2e^{-3t}-\frac{5}{9}-\frac{4}{3}t \end{bmatrix}$$

$$=C_1\begin{bmatrix} 1 \\ -\frac{3}{4} \end{bmatrix}e^{-t}+C_2\begin{bmatrix} 1 \\ -1 \end{bmatrix}e^{-3t}+$$

$$\frac{1}{9}\begin{bmatrix} -5+24t \\ 5-15t \end{bmatrix}$$

因爲初始條件 $y_1(0)=4$，$y_2(0)=-3$ 代入 Y，

得 $$Y(0)=\begin{bmatrix} 4 \\ -3 \end{bmatrix}=C_1\begin{bmatrix} 1 \\ -\frac{3}{4} \end{bmatrix}+C_2\begin{bmatrix} 1 \\ -1 \end{bmatrix}+\begin{bmatrix} -\frac{5}{9} \\ \frac{5}{9} \end{bmatrix}$$

故 $$C_1=4,\quad C_2=\frac{5}{9}$$

所以 $$y_1=4e^{-t}+\frac{5}{9}e^{-3t}-\frac{5}{9}+\frac{8}{3}t$$

$$y_2=-3e^{-t}-\frac{5}{9}e^{-3t}+\frac{5}{9}-\frac{5}{3}t$$

例 7－37〈二階齊次微分方程組〉

試解 $$\begin{cases} y_1''=-5y_1+2y_2 \\ y_2''=2y_1-2y_2 \end{cases}$$

解：

矩陣化 $$Y''=AY \tag{64}$$

令 $$Y=PZ$$

則 $$Y''=PZ'' \tag{65}$$

代入(64)式得 $$PZ''=APZ$$

即 $$P^{-1}PZ''=P^{-1}APZ$$

故 $Z''=DZ$ (66)

解得 Z, 則 $Y=PZ$ (67)

特徵方程式

$$|A-\lambda I|=\begin{vmatrix}-5-\lambda & 2\\ 2 & -2-\lambda\end{vmatrix}$$

$$=(\lambda+1)(\lambda+6)=0$$

所以特徵值 $\lambda=-1,\ -6$

求特徵方程式

當 $\lambda=-1$ 爲 $\begin{bmatrix}1\\2\end{bmatrix}$

當 $\lambda=-6$ 爲 $\begin{bmatrix}2\\-1\end{bmatrix}$

故令 $P=\begin{bmatrix}1 & 2\\ 2 & -1\end{bmatrix}$

由(66)式知 $Z''=DZ=\begin{bmatrix}-1 & 0\\ 0 & -6\end{bmatrix}\begin{bmatrix}z_1\\z_2\end{bmatrix}$

解得 $Z=\begin{bmatrix}z_1\\z_2\end{bmatrix}=\begin{bmatrix}a_1\cos(t)+b_1\sin(t)\\ a_2\cos(\sqrt{6}t)+b_2\sin(\sqrt{6}t)\end{bmatrix}$

代入(67)式得 $Y=\begin{bmatrix}y_1\\y_2\end{bmatrix}=PZ$

$$=\begin{bmatrix}1 & 2\\ 2 & -1\end{bmatrix}\begin{bmatrix}a_1\cos(t)+b_1\sin(t)\\ a_2\cos(\sqrt{6}t)+b_2\sin(\sqrt{6}t)\end{bmatrix}$$

即 $y_1=a_1\cos(t)+b_1\sin(t)+2a_2\cos(\sqrt{6}t)+2b_2\sin(\sqrt{6}t)$

$y_2=2a_1\cos(t)+2b_1\sin(t)-a_2\cos(\sqrt{6}t)-b_2\sin(\sqrt{6}t)$

例 7－38〈二階非齊次微分方程組〉

試解 $\begin{cases}x_1''=x_1+3x_2+t\\ x_2''=4x_1+2x_2+1\end{cases}$

解：

矩陣化 $X''=AX+f(t)$ (68)

令　　$X=PZ$

則　　$X''=PZ''$　　(69)

代入(68)式得　　$PZ''=APZ+f(t)$

即　　$P^{-1}PZ''=P^{-1}APZ+P^{-1}f(t)$

故　　$Z''=DZ+P^{-1}f(t)$　　(70)

解得 Z 後則　　$X=PZ$　　(71)

特徵方程式　　$|A-\lambda I|=\begin{vmatrix}1-\lambda & 3\\ 4 & 2-\lambda\end{vmatrix}=(\lambda+2)(\lambda-5)=0$

故特徵值爲　　$\lambda=-2,5$

求特徵向量

當 $\lambda=-2$　　爲 $\begin{bmatrix}1\\-1\end{bmatrix}$

當 $\lambda=5$　　爲 $\begin{bmatrix}3\\4\end{bmatrix}$

故令　　$P=\begin{bmatrix}1 & 3\\ -1 & 4\end{bmatrix}$

則　　$P^{-1}=\frac{1}{7}\begin{bmatrix}4 & -3\\ 1 & 1\end{bmatrix}$

由(70)式知　　$Z''=DZ+P^{-1}f(t)$

$$=\begin{bmatrix}-2 & 0\\ 0 & 5\end{bmatrix}\begin{bmatrix}z_1\\z_2\end{bmatrix}+\frac{1}{7}\begin{bmatrix}4 & -3\\ 1 & 1\end{bmatrix}\begin{bmatrix}t\\1\end{bmatrix}$$

$$=\begin{bmatrix}-2z_1+\frac{4}{7}t-\frac{3}{7}\\ 5z_2+\frac{1}{7}t+\frac{1}{7}\end{bmatrix}$$

解得　　$Z=\begin{bmatrix}z_1\\z_2\end{bmatrix}=\begin{bmatrix}a_1\cos(\sqrt{2}t)+b_1\sin(\sqrt{2}t)+\frac{1}{14}(4t-3)\\ a_2e^{\sqrt{5}t}+b_2e^{-\sqrt{5}t}-\frac{1}{35}(t+1)\end{bmatrix}$

代入(71)式得　　$X=\begin{bmatrix}x_1\\x_2\end{bmatrix}=PZ$

$$= \begin{bmatrix} 1 & 3 \\ -1 & 4 \end{bmatrix} \begin{bmatrix} a_1 \cos(\sqrt{2}t) + b_1 \sin(\sqrt{2}t) + \frac{1}{14}(4t-3) \\ a_2 e^{\sqrt{5}t} + b_2 e^{-\sqrt{5}t} - \frac{1}{35}(t+1) \end{bmatrix}$$

即 $$x_1 = a_1 \cos(\sqrt{2}t) + b_1 \sin(\sqrt{2}t) + 3a_2 e^{\sqrt{5}t} + 3b_2 e^{-\sqrt{5}t} + \frac{1}{5}t - \frac{3}{10}$$

$$x_2 = -a_1 \cos(\sqrt{2}t) - b_1 \sin(\sqrt{2}t) + 4a_2 e^{\sqrt{5}t} + 4b_2 e^{-\sqrt{5}t} - \frac{2}{5}t + \frac{1}{10}$$

習 7-8 題

解下列微分方程組

① $\begin{cases} y_1' = -4y_1 + 3y_2 \\ y_2' = 2y_1 - 3y_2 \end{cases}$

② $\begin{cases} y_1' = 2y_1 + y_2 + 3y_3 \\ y_2' = y_2 + 3y_3 \\ y_3' = 3y_3 \end{cases}$

③ $\begin{cases} y_1' = 5y_1 + 11y_2 \\ y_2' = -y_1 - 7y_2 \end{cases}$

④ $\begin{cases} y_1' = 3y_1 + 2y_2 \\ y_2' = y_1 + 4y_2 \end{cases}$

⑤ $\begin{cases} y_1' = 5y_1 - y_2 \\ y_2' = -2y_2 \\ y_3' = 8y_1 + 7y_2 \end{cases}$

⑥ $\begin{cases} x_1' = x_2 \\ x_2' = -2x_1 + 3x_2 + x_3 \\ x_3' = -x_3 \end{cases}$ 且 $\begin{cases} x_1(0) = 0 \\ x_2(0) = 1 \\ x_3(0) = 1 \end{cases}$

⑦ $\begin{cases} y_1' = y_2 \\ y_2' = y_1 + 3y_3 \\ y_3' = y_2 \end{cases}$ 且 $\begin{cases} y_1(0) = 2 \\ y_2(0) = 0 \\ y_3(0) = 2 \end{cases}$

9 特殊矩陣

Special Matrix

爲了使本章更加完備，本節將介紹一些較不常見到但又非常重要的一些特殊矩陣，包含：雙線式(bilinear form)、二次式(quadratic form)、赫米遜矩陣(Hemitian matrix)、反赫米遜矩陣(skew－Hemitian matrix)、單式矩陣(unitary matrix)及正交矩陣(orthogonal matrix)。

一、雙線式(Bilinear form)

若方程式含有兩組變數，如：$x_1, x_2, \cdots, x_n$ 及 $y_1, y_2, \cdots, y_n$ 則此方程式稱為雙線式。

例

$$B = \sum_{i=1}^{n} \sum_{j=1}^{n} a_{ij} x_i y_j \tag{72}$$

或以下式表示

$$\begin{aligned} B = {} & a_{11}x_1y_1 + a_{12}x_1y_2 + \cdots + a_{1n}x_1y_n + \\ & a_{2}x_2y_1 + a_{22}x_2y_2 + \cdots + a_{2n}x_2y_n + \\ & \cdots\cdots\cdots\cdots\cdots\cdots + \\ & a_{n1}x_ny_1 + a_{n2}x_ny_2 + \cdots + a_{nn}x_ny_n \end{aligned}$$

若以矩陣表示則爲

$$B = x^T AY \tag{73}$$

$$= [x_1 \cdots x_n] \begin{bmatrix} a_{11} & a_{12} & \cdots & a_{1n} \\ a_{21} & a_{22} & \cdots & a_{2n} \\ \vdots & \vdots & & \vdots \\ a_{n1} & a_{n2} & \cdots & a_{nn} \end{bmatrix} \begin{bmatrix} y_1 \\ \vdots \\ \vdots \\ y_n \end{bmatrix}$$

性質

$B = X^T A Y$

若 A 為單位矩陣 I，則 $B = X^T Y$，稱為 X 向量及 Y 向量的內積。

二、二次式(quadratic form)

若有方程式如下所示

$$
\begin{aligned}
Q = a_{11}x_1^2 &+ a_{12}x_1x_2 + \cdots\cdots + a_{1n}x_1x_n \\
&+ a_{22}x_2^2 \quad + \cdots\cdots + a_{2n}x_2x_n \\
&\qquad\qquad\quad + \cdots\cdots + a_{nn}x_n^2
\end{aligned}
$$

則此式可寫成 $\quad Q = \sum_{i=1}^{n} \sum_{j=1}^{n} a_{ij}\, x_i\, x_j \qquad (74)$

或以矩陣表示 $\quad Q = x^T A X \qquad (75)$

上式稱為二次式(quadratic form)

性質

二次式 $Q = X^T A X$，其中 A 可寫成對稱矩陣，而不會影響其結果。

例 7－39

將二次式 $X^T A X$ 其中的 A 改成對稱矩陣。$A = \begin{bmatrix} 3 & 4 \\ 6 & 2 \end{bmatrix}$

解：

$$X^T A X = [x_1 \quad x_2] \begin{bmatrix} 3 & 4 \\ 6 & 2 \end{bmatrix} \begin{bmatrix} x_1 \\ x_2 \end{bmatrix} = 3x_1^2 + 10x_1x_2 + 2x_2^2$$

其中令 $\quad C_{ij} = \frac{1}{2}(a_{ij} + a_{ji})$

則 $\quad C_{21} = C_{12} = \frac{4+6}{2} = 5$

故 $\quad C = \begin{bmatrix} 3 & 5 \\ 5 & 2 \end{bmatrix}$

而 $\quad X^T C X = [x_1 \quad x_2] \begin{bmatrix} 3 & 5 \\ 5 & 2 \end{bmatrix} \begin{bmatrix} x_1 \\ x_2 \end{bmatrix} = 3x_1^2 + 10x_1x_2 + 2x_2^2$

C 爲對稱矩陣，而其結果一樣

例 7－40

試求一對稱矩陣 A，使 $Q = X^T A X$

且 $Q = x_1^2 + 2x_1x_2 + 3x_2^2 + 6x_2x_3 + 2x_3^2$

解：

以二次式表示 $Q = X^T A X = [x_1 x_2 x_3] \begin{bmatrix} a_{11} & a_{12} & a_{13} \\ a_{21} & a_{22} & a_{23} \\ a_{31} & a_{32} & a_{33} \end{bmatrix} \begin{bmatrix} x_1 \\ x_2 \\ x_3 \end{bmatrix}$

$= a_{11}x_1^2 + a_{22}x_2^2 + a_{33}x_3^2 + (a_{12} + a_{21})x_1x_2 + (a_{23} + a_{32})x_2x_3 + (a_{13} + a_{31})x_1x_3$

與 $Q = x_1^2 + 2x_1x_2 + 3x_2^2 + 6x_2x_3 + 2x_3^2$ 比較，

又知對稱矩陣 $a_{ij} = a_{ji}$

故 $a_{11} = 1$，$a_{22} = 3$，$a_{33} = 2$，$a_{12} = a_{21} = 1$，

$a_{31} = a_{13} = 0$，$a_{23} = a_{32} = 3$

所以 $A = \begin{bmatrix} 1 & 1 & 0 \\ 1 & 3 & 3 \\ 0 & 3 & 2 \end{bmatrix}$

三、赫米遜矩陣(Hemitian matrix)

若方矩陣 A 的轉置矩陣 A^T，等於其共軛複數矩陣 $\overline{A}$，則稱為赫米遜矩陣

即 $$A^T = \overline{A} \tag{76}$$

而若有另一矩陣 $$H = \overline{X}^T A X = \sum_{i=1}^{n} \sum_{j=1}^{n} a_{ij} \overline{x}_i x_j \tag{77}$$

則稱之爲赫米遜式(Hemitian form)。

例 7－41

若矩陣 $A=\begin{bmatrix} 4 & i \\ -i & 1 \end{bmatrix}$ 試問：

① A 是否爲赫米遜矩陣？

② 試求對應的赫米遜式。

③ 並求其特徵值。

解：

① 因爲 $A^T=\begin{bmatrix} 4 & -i \\ i & 1 \end{bmatrix}=\overline{A}$

故 A 爲赫米遜矩陣。

② $$H=\overline{X}^TAX=[\overline{x}_1\ \overline{x}_2]\begin{bmatrix} 4 & i \\ -i & 1 \end{bmatrix}\begin{bmatrix} x_1 \\ x_2 \end{bmatrix}$$
$$=4\overline{x}_1x_1-i\,\overline{x}_2x_1+i\,\overline{x}_1x_2+\overline{x}_2x_2$$
$$=4|x_1|^2+|x_2|^2+2\mathrm{Re}(i\,\overline{x}_1x_2)$$

③ 因爲 $\begin{vmatrix} 4-\lambda & i \\ -i & 1-\lambda \end{vmatrix}=\lambda^2-5\lambda+3=0$

所以 $\lambda=\frac{5}{2}\pm\frac{\sqrt{13}}{2}$

性質

1 赫米遜矩陣的特徵值爲實數。

2 對任意向量 x 而言，赫米遜式 $H=\overline{X}^TAX$ 的值恆爲實數。

四、反赫米遜矩陣(Skew－Hemitian matrix)

若方矩陣 A 的轉置矩陣 A^T，等於其共軛複數矩陣的負值，則稱為反赫米遜矩陣

即 $$A^T=-\overline{A} \tag{78}$$

而若有另一矩陣 $$S=\overline{X}^TAX \tag{79}$$

則稱之爲反赫米遜式(Skew－Hemitian form)

性質

1. 反赫米遜矩陣的特徵值爲純虛數或零。
2. 對任意向量 x 而言，反赫米遜式 $S=\overline{X}^{T}AX$ 的值恆爲純虛數或零。

例 7－42

試求①A 是否爲反赫米遜矩陣。　②求其對應的反赫米遜式

③試求 A 的特徵值　　$A=\begin{bmatrix}0 & 1 & 0\\ -1 & 0 & 1-i\\ 0 & -1-i & 0\end{bmatrix}$

解：

① 因爲　$A^{T}=\begin{bmatrix}0 & -1 & 0\\ 1 & 0 & -1-i\\ 0 & 1-i & 0\end{bmatrix}=-\overline{A}$

所以爲反赫米遜矩陣

② $S=\overline{X}^{T}AX=[\overline{x}_1\ \overline{x}_2\ \overline{x}_3]\begin{bmatrix}0 & 1 & 0\\ -1 & 0 & 1-i\\ 0 & -1-i & 0\end{bmatrix}\begin{bmatrix}x_1\\ x_2\\ x_3\end{bmatrix}$

$=\overline{x}_1x_2-\overline{x}_2x_1+\overline{x}_2x_3-\overline{x}_3x_2-i(\overline{x}_2x_3+\overline{x}_3x_2)$

③ $\begin{vmatrix}-\lambda & 1 & 0\\ -1 & -\lambda & 1-i\\ 0 & -1-i & -\lambda\end{vmatrix}=\lambda^{3}+\lambda=0$

其中　$\lambda=0,\ \ \pm\sqrt{3}i$

五、單式矩陣(Unitary matrix)

1. 若一方矩陣 U 能符合下式，則稱爲單式矩陣

$$U^{T}=\overline{U}^{-1} \tag{80}$$

2 若在一組向量 $x_1, x_2, \cdots, x_n$ 的系統中

$$\overline{X}_i^T X_j = \delta_{ij} = \begin{cases} 0 & i \neq j \\ 1 & i = j \end{cases}$$

其中 $i, j = 1, 2, \cdots, n$ (81)

則此系統稱爲**單式系統**(Unitary system)。

性質

1. 單式矩陣的行列式值的絕對值爲 1
2. 單式系統的行(或列)向量必須形成一單一系統。
3. 單式矩陣特徵值的絕對值爲 1

例 7－43

$$U = \begin{bmatrix} \frac{1}{\sqrt{2}} & \frac{i}{\sqrt{2}} & 0 \\ \frac{-1}{\sqrt{2}} & \frac{i}{\sqrt{2}} & 0 \\ 0 & 0 & i \end{bmatrix}$$

①試問 U 是否爲單式矩陣。

②試求行列式值。

③試求特徵值, 並驗證其絕對值是否爲 1

解：

① 因爲

$$U^T = \begin{bmatrix} \frac{1}{\sqrt{2}} & \frac{-1}{\sqrt{2}} & 0 \\ \frac{i}{\sqrt{2}} & \frac{i}{\sqrt{2}} & 0 \\ 0 & 0 & i \end{bmatrix} = \overline{U}^{-1}$$

故爲單式矩陣

②

$$\begin{vmatrix} \frac{1}{\sqrt{2}} & \frac{i}{\sqrt{2}} & 0 \\ \frac{-1}{\sqrt{2}} & \frac{i}{\sqrt{2}} & 0 \\ 0 & 0 & i \end{vmatrix} = \frac{-1}{2} + \frac{-1}{2} = -1$$

即 $|\det U| = 1$

③ 特徵方程式 $|U-\lambda I|=(\lambda-i)\left[\lambda^2-\left(\frac{1}{\sqrt{2}}+\frac{i}{\sqrt{2}}\right)\lambda+i\right]=0$

所以 $\lambda = i, \quad \frac{(1-\sqrt{3})+i(1+\sqrt{3})}{2\sqrt{2}},$

$\frac{(1+\sqrt{3})+i(1-\sqrt{3})}{2\sqrt{2}}$

其絕對值均爲 1

六、正交矩陣(Orthogonal matrix)

1. 若一方矩陣 A 為實數矩陣,且符合下式則稱為正交矩陣。

$$A^T=A^{-1} \tag{82}$$

2. 若在一組向量 $a_1,\cdots,a_n$ 的系統中,其中

$$a_j^Ta_k=\delta_{jk}=\begin{cases}0, & j\neq k\\ 1, & j=k\end{cases} \tag{83}$$

則此系統稱爲正交系統(orthogonal system)

3. 若 A 爲正交矩陣,而有一線性轉換

$$Y=AX \tag{84}$$

則此轉換稱爲正交轉換(orthogonal transformation)。

並且

$$(X,Y)=x^TY \tag{85}$$

$$\|X\|=\sqrt{x^TX},\quad \|Y\|=\sqrt{Y^TY} \tag{86}$$

性質

1. 正交矩陣的行列式值爲 ±1
2. 在三度空間內的正交轉換,其轉換後的向量長度及角度均不變。

例 7－44

$$A=\begin{bmatrix} \frac{1}{\sqrt{3}} & \frac{-2}{\sqrt{6}} & 0 \\ \frac{1}{\sqrt{3}} & \frac{1}{\sqrt{6}} & \frac{-1}{\sqrt{2}} \\ \frac{1}{\sqrt{3}} & \frac{1}{\sqrt{6}} & \frac{1}{\sqrt{2}} \end{bmatrix}$$

① 試問 A 是否爲正交矩陣。

② 求 A 的行列式值。

解：

① 因爲 $$A^T=\begin{bmatrix} \frac{1}{\sqrt{3}} & \frac{1}{\sqrt{3}} & \frac{1}{\sqrt{3}} \\ \frac{-2}{\sqrt{6}} & \frac{1}{\sqrt{6}} & \frac{1}{\sqrt{6}} \\ 0 & \frac{-1}{\sqrt{2}} & \frac{1}{\sqrt{2}} \end{bmatrix}=A^{-1}$$

故爲正交矩陣

② $$\begin{vmatrix} \frac{1}{\sqrt{3}} & \frac{-2}{\sqrt{6}} & 0 \\ \frac{1}{\sqrt{3}} & \frac{1}{\sqrt{6}} & \frac{-1}{\sqrt{2}} \\ \frac{1}{\sqrt{3}} & \frac{1}{\sqrt{6}} & \frac{1}{\sqrt{2}} \end{vmatrix}=1$$

10 歷屆插大、研究所、公家題庫

Qualification Examination

① 用求 A 對角化矩陣的方法，求解下式

$$\frac{dx}{dt}=Ax,\quad x(t)=\begin{bmatrix}x_1(t)\\x_2(t)\end{bmatrix},\quad A=\begin{bmatrix}3&2\\-3&-4\end{bmatrix}$$

② 用高斯消去法解 $AX=B$ 其中

$$A=\begin{bmatrix}2&3&1&4&-9\\1&1&1&1&-3\\1&1&1&2&-5\\2&2&2&3&-8\end{bmatrix},\quad X=\begin{bmatrix}x_1\\x_2\\x_3\\x_4\\x_5\end{bmatrix},\quad B=\begin{bmatrix}17\\6\\8\\14\end{bmatrix}$$

③ 求 $A=\begin{bmatrix}1&2&6&-2&-1\\-2&-1&0&-5&-1\\3&1&-1&8&1\\-1&0&2&-4&-1\\-1&-2&-7&3&2\\-2&-2&-5&-1&1\end{bmatrix}$ 的秩

④ 已知 $A=\begin{bmatrix}1&-i&0\\i&1&0\\0&0&4\end{bmatrix}$

1 求單式矩陣 U 及 $U^HAU=T$ 的 T

2 用 1 的結果求 $B^UB=A$ 的 B

⑤ 一機械振動系統如下圖，其中質量 $m_1=m_2=m_3=1$ 及 $C_1=C_2=1$，其運動方程式可表爲

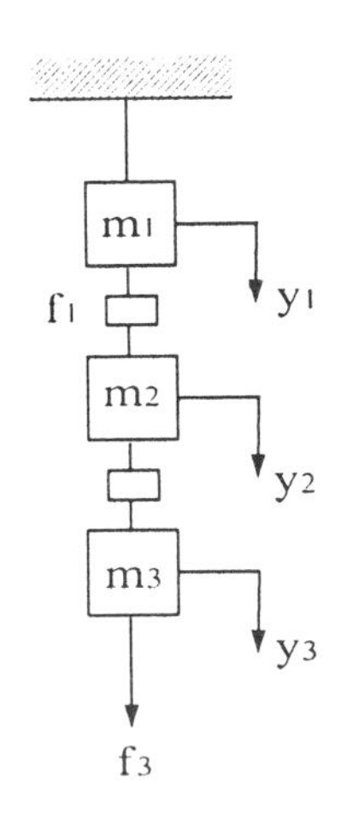

$$\begin{bmatrix} y_1' \\ y_2' \\ y_3' \end{bmatrix} = \begin{bmatrix} -1 & 1 & 0 \\ 1 & -2 & 1 \\ 0 & 1 & -1 \end{bmatrix} \begin{bmatrix} y_1 \\ y_2 \\ y_3 \end{bmatrix} + \begin{bmatrix} f_1 \\ 0 \\ f_2 \end{bmatrix}$$

其中 y_1、y_2、y_3 代表 m_1、m_2、m_3 的速度，而 f_1、f_2 是作用在 m_1、m_3 的外力。

1求此系統的特徵值及特徵向量。

2試解釋特徵值及對應特徵向量在此系統上的物理意義。

⑥ 1已知 $A = \begin{bmatrix} \cos(\theta) & -\sin(\theta) \\ \sin(\theta) & \cos(\theta) \end{bmatrix}$ 及 $B = \begin{bmatrix} 1 & 0 \\ 0 & 2 \end{bmatrix}$

求合成轉換 $x = BAZ$ 及 $y = ABZ$，並證明 $AB \neq BA$，及解釋此種合成轉換在幾何上的意義。

2有一運動系統如下圖所示，其中 $m = k = 1$，求解 x_1、x_2

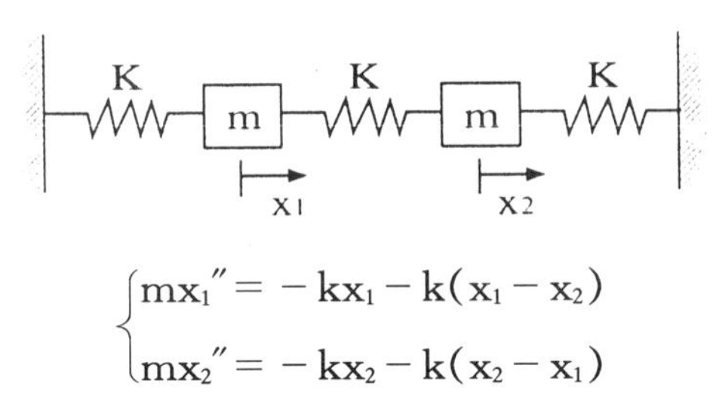

$$\begin{cases} mx_1'' = -kx_1 - k(x_1 - x_2) \\ mx_2'' = -kx_2 - k(x_2 - x_1) \end{cases}$$

⑦ 試求出矩陣〔A〕之特徵值及其對應之特徵向量。

$$A = \begin{bmatrix} 2 & 1 & 1 \\ 1 & 2 & 1 \\ 1 & 1 & 2 \end{bmatrix}$$

第 8 章

向量及向量分析

1. 基本觀念及定義
2. 向量基本運算：點積、叉積及純量三重積
3. 向量函數、曲線與速度
4. 梯度、散度、旋度
5. 線積分
6. 葛林定理
7. 面積分與體積分
8. 史托克與高斯散度定理
9. 歷屆插大、研究所、公家題庫

Vector and Vector Analysis

本章的涵蓋面非常大，若簡略的歸納可分為三大部份：

◉向量的代數

①向量與純量。

②向量的點積。

③向量的叉積。

④純量三重積。

⑤向量空間與基底等。

◉向量的微分

①梯度。

②散度。

③旋度。

④速度與加速度。

◉向量的積分

①線積分。

②面積分。

③體積分。

④高斯定理。

⑤葛林定班。

⑥史托克及散度定理。

我們之所以在此特別強調本章範圍的廣泛，是希望讀者先瞭解本章循序漸進的結構：向量的代數、向量的微分及向量的積分。透過簡明扼要、由淺入深的方法陳述原理，並提供精要的例題做說明，相信這將使讀者更能明瞭空間中一些抽象觀念及應用。

1 基本觀念及定義

Basic Concepts and Definition

向量與純量

向量(Vector)：向量是同時具有方向及大小之量。如速度、加速度及力量等。

純量(Scalar)：純量僅具大小而無方向之量。如時間、溫度及質量等。

向量的表示法

向量具有大小及方向。若某向量表示由 O 點起向 P 點方向進行(如圖 8－1)，則向量表示法記爲$\overrightarrow{OP}$，其中 O 代表出發點，P 代表前進方向。或以 $\overrightarrow{A}$ 代表此線(通常都以黑粗字體代表 **A**)，而其大小通稱爲範數(norm)，記爲 $\|\mathbf{OP}\|$ 、$\|\overrightarrow{A}\|$，或$|\mathbf{A}|$

圖 8－1

座標

爲描述向量的方向，則需以座標來說明。通常我們使用直角座標、極座標及球座標等來描述向量的方向。例如在直角座標上，分別以 **X**、**Y**、**Z** 軸代表三維空間，而以 **i**、**j**、**k** 來代表 **X**、**Y**、**Z** 軸上的分量，如圖 8－2。通常向量 **A** 能以 $a_1\mathbf{i}+a_2\mathbf{j}+a_3\mathbf{k}$ 來形容，其中 $a_1\mathbf{i}$、$a_2\mathbf{j}$、$a_3\mathbf{k}$ 分別代表 **X**、**Y**、**Z** 軸上的分向量，而 a_1、a_2、a_3 則代表各方向的分量。

即 $$\mathbf{A}=a_1\mathbf{i}+a_2\mathbf{j}+a_3\mathbf{k} \tag{1}$$

則 **A** 之大小為 $|\mathbf{A}|=\sqrt{a_1{}^2+a_2{}^2+a_3{}^2}$ (2)

若 $\overrightarrow{A}=\overrightarrow{OP}$，而描述 O 點及 P 點的座標通常記為 $(O_1、O_2、O_3)$ 及 $(R_1、R_2、R_3)$，其中 O_1, O_2, O_3，及 P_1, P_2, P_3，分別代表在 **X**、**Y**、**Z** 軸上的位置，如圖 8－2 所示

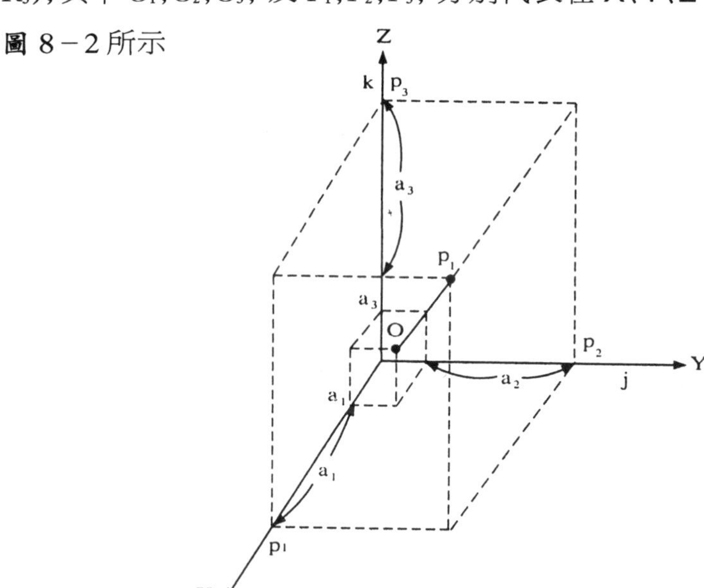

圖 8－2　$O(O_1、O_2、O_3)$ 及 $P(P_1、P_2、P_3)$ 所構成 **A** 的繪圖法

其中 $\mathbf{A}=a_1\mathbf{i}+a_2\mathbf{j}+a_3\mathbf{k}$

單位向量(Unit vector)：

是單位大小為 1 的向量，若 **A** 之大小 $|\mathbf{A}|\neq 0$，則單位向量 $=A/|A|$ (3)

向量相加與相減

設 $\mathbf{A}=a_1\mathbf{i}+a_2\mathbf{j}+a_2\mathbf{j}+a_3\mathbf{k}$

而 $\mathbf{B}=b_1\mathbf{i}+b_2\mathbf{j}+b_3\mathbf{k}$

則 $$\mathbf{A}+\mathbf{B}=[a_1+b_1]\mathbf{i}+(a_2+b_2)\mathbf{j}+(a_3+b_3)\mathbf{k} \tag{4}$$

$$\mathbf{A}-\mathbf{B}=(a_1-b_1)\mathbf{i}+(a_2-b_2)\mathbf{j}+(a_3-b_3)\mathbf{k} \tag{5}$$

幾何繪圖法(加法的平行四邊形定律)

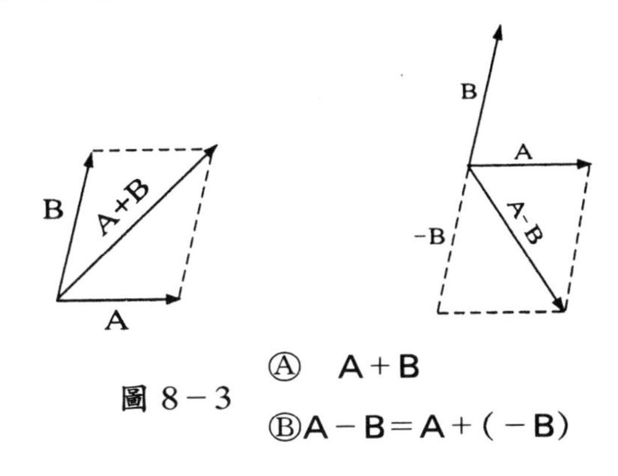

圖 8−3 Ⓐ $\mathbf{A}+\mathbf{B}$
Ⓑ $\mathbf{A}-\mathbf{B}=\mathbf{A}+(-\mathbf{B})$

純量與向量之乘積

設 m 代表純量, 而 $\mathbf{A}$ 代表向量, $\mathbf{A}=a_1\mathbf{i}+a_2\mathbf{j}+a_3\mathbf{k}$,

則 $$m\mathbf{A}=ma_1\mathbf{i}+ma_2\mathbf{j}+ma_3\mathbf{k} \tag{6}$$

其意義隱函「擴伸」或「縮小」A 向量, 如圖 8−4

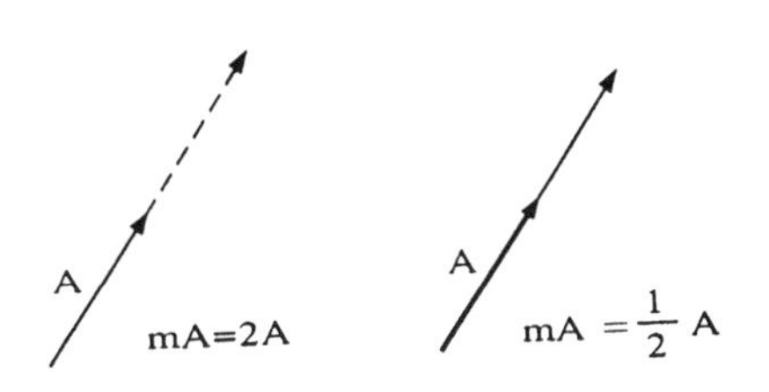

圖 8−4 Ⓐ $m=2$ 之 $m\mathbf{A}$
Ⓑ $m=\frac{1}{2}$之 $m\mathbf{A}$

向量運算的性質

設 $\mathbf{A}$、$\mathbf{B}$、$\mathbf{C}$ 為向量, 且 m、n 為純量

1. $\mathbf{A}+\mathbf{B}=\mathbf{B}+\mathbf{A}$
2. $\mathbf{A}+(\mathbf{B}+\mathbf{C})=(\mathbf{A}+\mathbf{B})+\mathbf{C}$
3. $m\mathbf{A}=\mathbf{A}m$
4. $(m+n)\mathbf{A}=m\mathbf{A}+n\mathbf{A}$
5. $m(n\mathbf{A})=(mn)\mathbf{A}$
6. $m(\mathbf{A}+\mathbf{B})=m\mathbf{A}+m\mathbf{B}$

向量的種類

固定向量：固定不動的向量。如：內力。

滑動向量：可沿方向線移動的向量。如：外力。

自由向量：可沿方向線或平行移動的向量。如：力偶。

相等向量：方向及大小均相同的向量。(不論起點是否相同)。

由兩點決定向量的表示法

設起點 $A(x_1, y_1, z_1)$，而終點 $B(x_2, y_2, z_2)$，則由此二點所構成之向量爲

$$\mathbf{AB}=\mathbf{B}-\mathbf{A}=(x_2-x_1)\mathbf{i}+(y_2-y_1)\mathbf{j}+(z_2-z_1)\mathbf{k} \tag{7}$$

通過一點 $\mathbf{A}(x_1, y_1, z_1)$ 與 $\mathbf{B}=b_1\mathbf{i}+b_2\mathbf{j}+b_3\mathbf{k}$ 平行之直線表示法：

向量表示法：(t 爲純量)

$$\mathbf{C}=\mathbf{A}+t\mathbf{B}=(x_1+tb_1)\mathbf{i}+(x_2+tb_2)\mathbf{j}+(x_3+tb_3)\mathbf{k} \tag{8}$$

參數表示法：

由(8)式,

設　$\mathbf{C}=x\mathbf{i}+y\mathbf{j}+z\mathbf{k}$,

則　$x-x_1=tb_1,\quad y-y_1=tb_2,\quad z-z_1=tb_3$

所以參數表示法為：

$$\frac{x-x_1}{b_1}=\frac{y-y_1}{b_2}=\frac{z-z_1}{b_3} \tag{9}$$

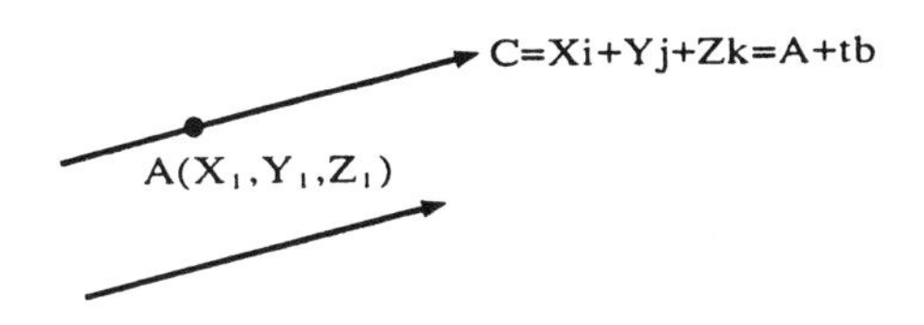

圖 8－5　C 通過 A 點且與 B 平行

XY 平面上向量的分量

設有一向量 R 與 x 軸成 θ 角度，

則

$$R_x = \|R\| \cos(\theta) \tag{10}$$

$$R_y = \|R\| \sin(\theta) \tag{11}$$

$$R = R_x i + R_y j \tag{12}$$

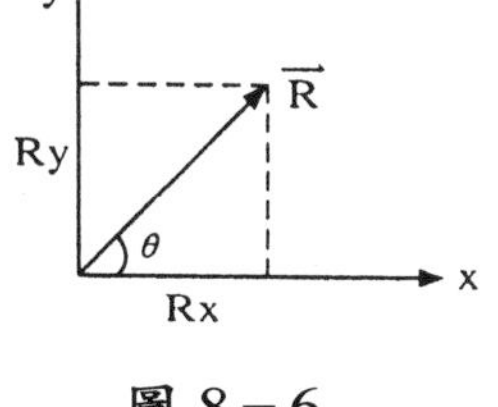

圖 8－6

通過二點之直線方程式

設有一直線 $\overrightarrow{L}$ 通過二點 $A(a_1,a_2,a_3)$，$B(b_1,b_2,b_3)$，則 L 之直線方程式求法如下：

設 L 線上的某一點座標為 (x,y,z)，則 A 點至此點之線可由(7)式得為

$$(x-a_1)i+(y-a_2)j+(z-a_3)k=W$$

此線必然在 L 線上。而 AB 亦在 L 線上，

故

$$AB=B-A=(b_1-a_1)i+(b_2-a_2)j+(b_3-a_3)k$$

W 與 AB 均在 L 線上，而彼此之間必然存在某種純量關係

即

$$(x-a_1)i+(y-a_2)j+(z-a_3)k$$

$$=t(b_1-a_1)i+t(b_2-a_2)j+t(b_3-a_3)k$$

故 L 之直線方程式，可由二種型式表示：

1. 向量表示法：

$$\begin{aligned} L &= xi + yj + zk \\ &= [a_1 + t(b_1 - a_1)]i + [a_2 + t(b_2 - a_2)]j + [a_3 + t(b_3 - a_3)]k \end{aligned} \tag{13}$$

2. 參數表示法：

$$\frac{x - a_1}{b_1 - a_1} = \frac{y - a_2}{b_2 - a_2} = \frac{z - a_3}{b_3 - a_3} \tag{14}$$

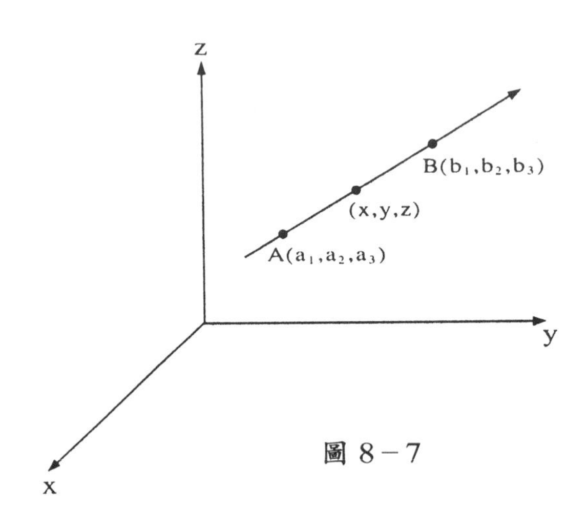

圖 8－7

例 8－1

設一直線是由起點 A 至 B 點爲終點、A 點座標爲(2,3,1)，而 B 點座標爲(3,0,2)試求①AB　②|AB|　③其單位向量

解：

① $AB = B - A = (3-2)i + (0-3)j + (2-1)k = i - 3j + k$

② $|AB| = \sqrt{(1)^2 + (-3)^2 + (1)^2} = \sqrt{1+9+1} = \sqrt{11}$

③ 單位向量 $AB/|AB| = \frac{1}{\sqrt{11}}(i - 3j + k) = \frac{\sqrt{11}}{11}(i - 3j + k)$

例 8－2

設有一直線 C 通過 A(1,2,3)點，且與 $\mathbf{B}=3\mathbf{j}+4\mathbf{j}+2\mathbf{k}$ 平行，試求 C

①以向量表示。　②以參數表示。

解：

① 向量表示法

由(8)式知　$\mathbf{C}=\mathbf{A}+t\mathbf{B}=(1+3t)\mathbf{i}+(2+4t)\mathbf{j}+(3+2t)\mathbf{k}$

② 參數表示法

由(9)式知　$\dfrac{x-1}{3}=\dfrac{y-2}{4}=\dfrac{z-3}{2}$

例 8－3

已知 $\mathbf{A}=2\mathbf{i}+3\mathbf{j}+5\mathbf{k}$、$\mathbf{B}=\mathbf{i}+\mathbf{j}+\mathbf{k}$，而 $m=2$

試求① $\mathbf{A}+\mathbf{B}$　② $\mathbf{A}-\mathbf{B}$　③ $m\mathbf{A}$

解：

① $\mathbf{A}+\mathbf{B}=(2+1)\mathbf{i}+(3+1)\mathbf{j}+(5+1)\mathbf{k}=3\mathbf{i}+4\mathbf{j}+6\mathbf{k}$

② $\mathbf{A}-\mathbf{B}=(2-1)\mathbf{i}+(3-1)\mathbf{j}+(5-1)\mathbf{k}=\mathbf{i}+2\mathbf{j}+4\mathbf{k}$

③ $m\mathbf{A}=2(2\mathbf{i}+3\mathbf{j}+5\mathbf{k})=4\mathbf{i}+6\mathbf{j}+10\mathbf{k}$

例 8－4

在 xy 平面，已知 R 向量之長度爲 10，且與 x 軸成 45°

試求① $\mathbf{R}_x$　② $\mathbf{R}_y$　③ $\mathbf{R}$

解：

① $\mathbf{R}_x=|R|\cos(\theta)=10\cos(45^\circ)=10\times\dfrac{\sqrt{2}}{2}=5\sqrt{2}$

② $\mathbf{R}_y=|R|\sin(\theta)=10\sin(45^\circ)=10\times\dfrac{\sqrt{2}}{2}=5\sqrt{2}$

③ $\mathbf{R}=R_x\mathbf{i}+R_y\mathbf{j}=5\sqrt{2}\mathbf{i}=5\sqrt{2}\mathbf{j}$

例 8－5

試繪出(3,2,1)及(0,0,0)所連成之線段

解：

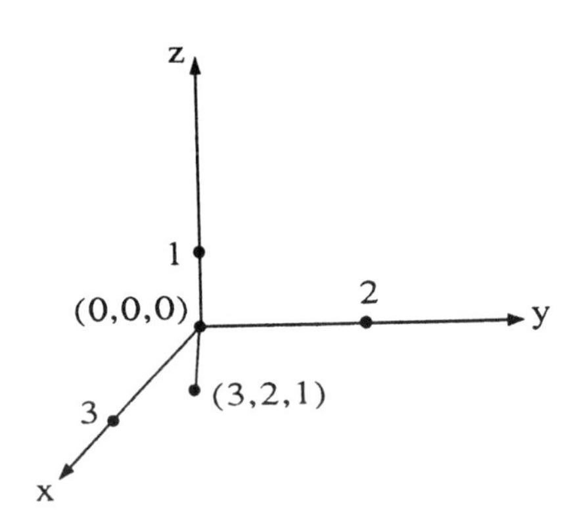

圖 8－8

例 8－6

求一直線 L, 經過二點 A(2,3,1)及 B(3,2,4)之直線方程式, 以①向量表示法表示。 ②以參數表示法表示。

解：

① 向量表示法

由⒀式知 $L = [2+t(3-2)]i+[3+t(2-3)]j+[1+t(4-1)]k$

$= (2+t)i+(3-t)j+(1+3t)k$

② 參數表示法

由⒁式知 $\dfrac{x-2}{3-2}=\dfrac{y-3}{2-3}=\dfrac{z-1}{4-1}$

即 $x-2=-(y-3)=\dfrac{z-1}{3}$

習 8-1 題

計算 $A+B$、$A-B$ 及 mA

① $A=2i+5j+7k$, $B=4i+3j+5k$, $m=2$
② $A=3j+8k$, $B=6i+5j+10k$, $m=3$
③ $A=i+j+k$, $B=4i+5j+6k$, $m=0.5$
④ $A=i+2j+3k$, $B=2i$, $m=0.5$
⑤ $A=2i+j+4k$, $B=3j+2k$, $m=4$

設有一直線 L 經過下列各題的兩點, 求以參數表示法表示 L 的直線方程式

⑥ $A(3,4,5)$, $B(4,0,1)$
⑦ $A(2,1,1)$, $B(0,0,2)$
⑧ $A(2,3,4)$, $B(1,0,5)$
⑨ $A(3,1,1)$, $B(2,0,2)$
⑩ $A(3,0,1)$, $B(2,1,2)$
⑪ $A(2,0,2)$, $B(1,1,1)$
⑫ $A(2,6,5)$, $B(4,3,1)$
⑬ $A(3,1,4)$, $B(4,0,5)$
⑭ $A(3,8,7)$, $B(4,1,1)$
⑮ $A(2,2,2)$, $B(3,3,6)$

設有一線段 L, 起點為 A 終點為 B, 求此線段 L 的大小及單位向量

⑯ $A(3,3,1)$, $B(1,4,5)$
⑰ $A(2,3,1)$, $B(4,6,5)$
⑱ $A(2,6,0)$, $B(0,0,1)$
⑲ $A(3,2,6)$, $B(1,2,3)$
⑳ $A(3,2,1)$, $B(4,5,9)$
㉑ $A(3,8,9)$, $B(4,6,5)$
㉒ $A(3,2,1)$, $B(4,0,2)$
㉓ $A(1,1,1)$, $B(3,3,3)$
㉔ $A(4,6,1)$, $B(0,3,2)$
㉕ $A(2,0,5)$, $B(4,0,1)$

已知 $|F|$ 的大小, 且知與 x 軸所成的夾角為 θ, 求 F_x 及 F_y

㉖ $|F|=6$, $\theta=30°$
㉗ $|F|=20$, $\theta=60°$
㉘ $|F|=10$, $\theta=20°$
㉙ $|F|=20$, $\theta=15°$
㉚ $|F|=8$, $\theta=45°$
㉛ $|F|=25$, $\theta=35°$
㉜ $|F|=12$, $\theta=90°$
㉝ $|F|=12$, $\theta=45°$
㉞ $|F|=18$, $\theta=0°$
㉟ $|F|=16$, $\theta=180°$

2 向量基本運算：點積、叉積及純量三重積

Basic Arithmetic of Vector：
Dot Product、*Cross Product and Scalar Triple Product*

本節我們將介紹一種二度及三度空間的向量乘法：點積(dot product)、叉積(cross product)和純量三重積(scalar triple product)。

一、點積(Dot product)

點積又稱歐幾里得內積(Euclidean inner product)或簡稱為內積(inner product)，因所乘的結果為純量，所以又稱為純量積(scalar product)。

其符號定義如下：

$$\mathbf{A}\cdot\mathbf{B}=|\mathbf{A}|\,|\mathbf{B}|\cos(\theta)=a_1b_1+a_2b_2+a_3b_3 \tag{15}$$

設 $\mathbf{A}=a_1\mathbf{i}+a_2\mathbf{j}+a_3\mathbf{k}$， $\mathbf{B}=b_1\mathbf{i}+b_2\mathbf{j}+b_3\mathbf{k}$

點積的幾何意義為：任一向量之大小(**B**)乘上另一向量在其上的投影長度〔$\mathbf{A}\cos(\theta)$〕。如圖 8－9 所示

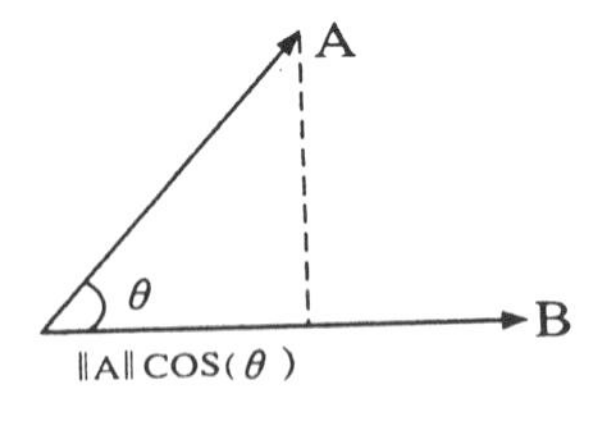

圖 8－9

其中 $\mathbf{A}\cos(\theta)$為 **A** 在 **B** 的垂直投影長度。由(15)式知

$$\theta=\cos^{-1}\left(\frac{\mathbf{A}\cdot\mathbf{B}}{|\mathbf{A}||\mathbf{B}|}\right) \tag{16}$$

由⒃式知，若兩個非零向量的點積爲零，即 $\mathbf{A}\cdot\mathbf{B}=0$，則其兩向量的夾角爲 $\frac{\pi}{2}$，這時就稱兩向量爲正交(orthogonal)，也就是垂直的意思。

性質

1. $\mathbf{A}\cdot\mathbf{B}=\mathbf{B}\cdot\mathbf{A}$
2. $\mathbf{A}\cdot(\mathbf{B}+\mathbf{C})=\mathbf{A}\cdot\mathbf{B}+\mathbf{A}\cdot\mathbf{C}$
3. 若 AB 皆爲非零向量，則 $\mathbf{A}\cdot\mathbf{B}=0$ 代表互爲正交。
4. $\mathbf{A}\cdot\mathbf{A}\geq 0$
5. $|\mathbf{A}|=\sqrt{\mathbf{A}\cdot\mathbf{A}}$
6. $|\mathbf{A}+\mathbf{B}|^2+|\mathbf{A}-\mathbf{B}|^2=2(|\mathbf{A}|^2+|\mathbf{B}|^2)$

例 8－7

已知 $\mathbf{A}=2i+3j+4k$，$\mathbf{B}=6i+9j+10k$

試求①$\mathbf{A}\cdot\mathbf{B}$　②A 與 B 間的夾角 θ

解：

① 由⒂式知　$\mathbf{A}\cdot\mathbf{B}=(2i+3j+4k)\cdot(6i+9j+10k)$

$$=(2\times6+3\times9+4\times10)=79$$

此處可証明點積的結果爲純量

② 由⒃式知　$\theta=\cos^{-1}\left(\frac{\mathbf{A}\cdot\mathbf{B}}{|\mathbf{A}||\mathbf{B}|}\right)$

其中　$|\mathbf{A}|=\sqrt{2^2+3^2+4^2}=\sqrt{29}$

$|\mathbf{B}|=\sqrt{6^2+9^2+10^2}=\sqrt{217}$

所以　$\theta=\cos^{-1}\left(\frac{79}{\sqrt{29}\cdot\sqrt{217}}\right)\approx 5.215^\circ$

例 8－8

求下列兩直線的夾角：

$$\begin{cases} \mathbf{A}: x=1+2t,\quad y=2-2t,\quad z=3+3t \\ \mathbf{B}: x=2-4p,\quad y=5-6p,\quad z=3+p \end{cases}$$ 其中 t、p 為任意參數

解：

在 A 線上取 $t=0$ 及 $t=1$ 則可得二點，藉此二點得出 A 的直線方程式。同理取 $p=0$ 及 $p=1$：

取 $t=0$ 及 $t=1$，則此二點座標為

$(1,2,3)$、$(3,0,6)$

故 $\mathbf{A}=(3-1)\mathbf{i}+(0-2)\mathbf{j}+(6-3)\mathbf{k}=2\mathbf{i}-2\mathbf{j}+3\mathbf{k}$

$|\mathbf{A}|=\sqrt{4+4+9}=\sqrt{17}$

取 $p=0$ 及 $p=1$，則另二點座標為

$(2,5,3)$，$(-2,-1,4)$

故 $\mathbf{B}=(-2-2)\mathbf{i}+(-1-5)\mathbf{j}+(4-3)\mathbf{k}=-4\mathbf{i}-6\mathbf{j}+\mathbf{k}$

$|\mathbf{B}|=\sqrt{16+36+1}=\sqrt{53}$

由 A、B 及(16)式可知

$$\theta=\cos^{-1}\left(\frac{\mathbf{A}\cdot\mathbf{B}}{|\mathbf{A}|\,|\mathbf{B}|}\right)=\cos^{-1}\left(\frac{-8+12+3}{\sqrt{17}\cdot\sqrt{53}}\right)\approx 76.514^\circ$$

例 8－9

已知 $\mathbf{A}=2\mathbf{i}+(a-2)\mathbf{j}+\mathbf{k}$、$\mathbf{B}=\mathbf{i}+2\mathbf{j}+3\mathbf{k}$，且 A 與 B 互為垂直

試求 $a=$？

解：

若 A、B 互為垂直，則 $\mathbf{A}\cdot\mathbf{B}=0$

故 $\mathbf{A}\cdot\mathbf{B}=(2\times1)+[(a-2)\times2]+(1\times3)$

$=2+2a-4+3=2a+1=0$

即 $a=-\frac{1}{2}$

例 8－10

點 A(0,0,1)、B(1,2,1)、C(2,3,3)構成一個三角形。試求線段 AB 與由 A 到 BC 線段中點 P，即 AP，(如圖 8－10 所示)的夾角。

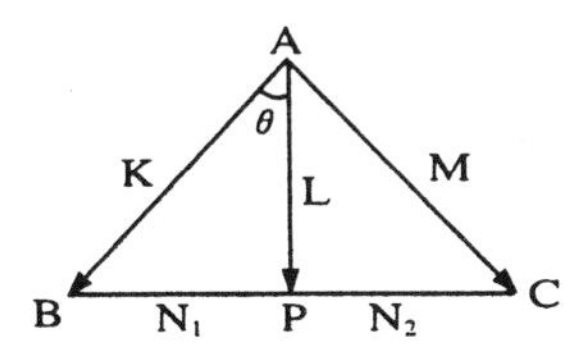

圖 8－10

解：

令線段 AB＝K、AP＝L、BP＝N_1、PC＝N_2、AC＝M

此題之重要觀念爲 AP 線段，如何求？

已知 P 爲 BC 線段之中點，即 $N_1=N_2$，且由平行四邊形定律

知 $\quad K+N_1=L,\ L+N_2=M$

$$N_1=N_2$$

即 $\quad L-K=M-L$

故 $\quad L=\frac{1}{2}(M+K)$

現求 M 及 K $\quad K=(1-0)i+(2-0)j+(1-1)k=i+2j$

$$M=(2-0)i+(3-0)j+(3-1)k=2i+3j+2k$$

所以 $\quad L=\frac{1}{2}[(2+1)i+(3+2)j+(2+0)k]=\frac{3}{2}i+\frac{5}{2}j+k$

計算 |L|、|K|、及 L·K

$$|L|=\sqrt{\frac{9}{4}+\frac{25}{4}+1}=\frac{1}{2}\sqrt{38}$$

$$|K|=\sqrt{1+4}=\sqrt{5}$$

$$L\cdot K=\frac{3}{2}+5=\frac{13}{2}$$

由(16)式知 $\quad \theta=\cos^{-1}\left(\frac{L\cdot K}{|L||K|}\right)=\cos^{-1}\left(\frac{\frac{13}{2}}{\frac{\sqrt{38}}{2}\cdot\sqrt{5}}\right)\approx 61.864°$

二、叉積(Cross product)

叉積又稱爲向量積(vector product)。

其符號及定義如下：

$$\mathbf{A}\times\mathbf{B}=\begin{vmatrix} i & j & k \\ a_1 & a_2 & a_3 \\ b_1 & b_2 & b_3 \end{vmatrix}=\mathbf{C} \tag{17}$$

設 $\mathbf{A}=a_1\mathbf{i}+a_2\mathbf{j}+a_3\mathbf{k}$, $\mathbf{B}=b_1\mathbf{i}+b_2\mathbf{j}+b_3\mathbf{k}$ 則(17)式讀作 A cross B

在(17)式中 C 的方向爲垂直由 AB 所組成平面的方向，如圖 8－11；此方向亦可用右手定則來指示，如圖 8－12

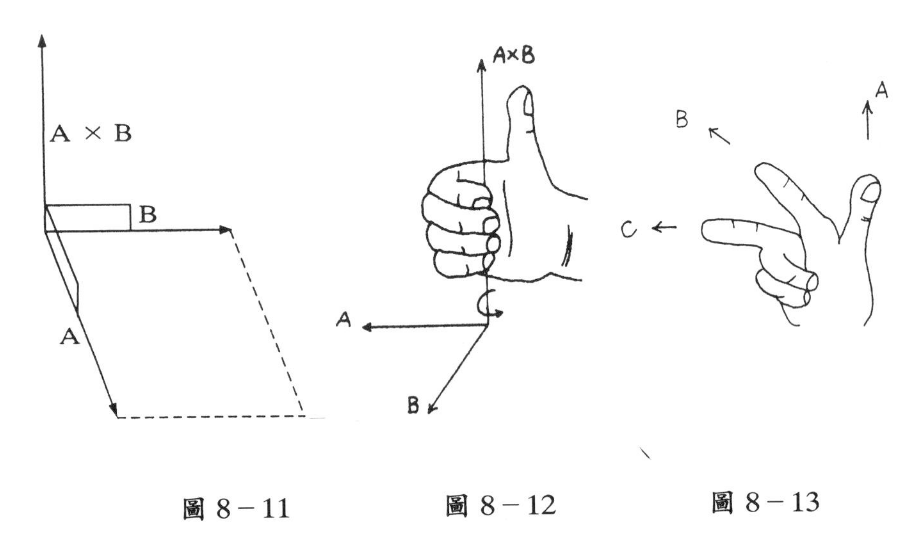

圖 8－11　　圖 8－12　　圖 8－13

圖 8－13 可輕易地說明右手定則的關係。假設大姆指代表的方向爲 A，而食指的方向爲 B，中指的方向爲 C，則

依方向而言：　$\mathbf{A}\times\mathbf{B}\rightarrow\mathbf{C}$　$\mathbf{B}\times\mathbf{C}\rightarrow\mathbf{A}$　$\mathbf{C}\times\mathbf{A}\rightarrow\mathbf{B}$　(18)

若反向則：　$\mathbf{B}\times\mathbf{A}\rightarrow-\mathbf{C}$　$\mathbf{C}\times\mathbf{B}\rightarrow-\mathbf{A}$　$\mathbf{A}\times\mathbf{C}\rightarrow-\mathbf{B}$　(19)

(19)式中的負號代表反方向。

$|\mathbf{A}\times\mathbf{B}|$ 的幾何意義是，由 A 和 B 爲邊所形成平行四邊形的面積。

$$|\mathbf{A}\times\mathbf{B}|=|\mathbf{A}|\,|\mathbf{B}|\sin(\theta) \tag{20}$$

性質

1. $A\times B=-B\times A$
2. $A\times(B+C)=(A\times B)+(A\times C)$
3. $(A+B)\times C=(A\times C)+(B\times C)$
4. $A\times(B\times C)\neq(A\times B)\times C$
5. $\theta=\sin^{-1}\left(\frac{|A\times B|}{|A||B|}\right)=0$，則 $A /\!/ B$

例 8－11

若 $A=2i+5j+7k, B=4i+6j+8k$

試求①$A\times B$　②A 與 B 的夾角。

解：

① 由(17)式知

$$A\times B=\begin{vmatrix} i & j & k \\ 2 & 5 & 7 \\ 4 & 6 & 8 \end{vmatrix}=-2i+12j-8k$$

$$|A|=\sqrt{2^2+5^2+7^2}=\sqrt{78}$$

$$|B|=\sqrt{4^2+6^2+8^2}=\sqrt{116}$$

$$|A\times B|=\sqrt{(-2)^2+(12)^2+(-8)^2}=\sqrt{212}$$

② 由(20)式知

$$\theta=\sin^{-1}\left(\frac{|A\times B|}{|A||B|}\right)$$

$$=\sin^{-1}\left(\frac{\sqrt{212}}{\sqrt{78}\cdot\sqrt{116}}\right)\approx 8.8^\circ$$

例 8－12

試求由 $A=3i+8j+10k$ 及 $B=2i+5j+8k$ 為邊的平行四邊形面積。

解：

因為

$$A\times B=\begin{vmatrix} i & j & k \\ 3 & 8 & 10 \\ 2 & 5 & 8 \end{vmatrix}=14i-4j-k$$

所以平行四邊形面積爲

$$|\mathbf{A}\times\mathbf{B}| = \sqrt{14^2+(-4)^2+(-1)^2} = \sqrt{213}$$

例 8－13

三角形的兩邊分別是 $\mathbf{A}=\mathbf{i}+2\mathbf{j}+3\mathbf{k}$ 及 $\mathbf{B}=2\mathbf{i}+5\mathbf{j}+8\mathbf{k}$ 試求此三角形的面積。

解：

$$\mathbf{A}\times\mathbf{B}=\begin{vmatrix}\mathbf{i} & \mathbf{j} & \mathbf{k}\\ 1 & 2 & 3\\ 2 & 5 & 8\end{vmatrix}=\mathbf{i}-2\mathbf{j}+\mathbf{k}$$

而此三角形面積爲平行四邊形面積的一半，故爲

$$\frac{1}{2}|\mathbf{A}\times\mathbf{B}| = \frac{1}{2}\sqrt{1+4+1} = \frac{\sqrt{6}}{2}$$

例 8－14

某一平面含有三點(0,0,1)、(1,2,1)、(2,5,4)

求此平面的①法向量。 ②平面方程式。

解：

設(0,0,1)爲端點，而兩邊分別延伸至(1,2,1)及(2,5,4)

則此兩邊的直線爲

$$\mathbf{A}=(1-0)\mathbf{i}+(2-0)\mathbf{j}+(1-1)\mathbf{k}=\mathbf{i}+2\mathbf{j}$$

$$\mathbf{B}=(2-0)\mathbf{i}+(5-0)\mathbf{j}+(4-1)\mathbf{k}=2\mathbf{i}+5\mathbf{j}+3\mathbf{k}$$

因此法向量爲 $\mathbf{A}\times\mathbf{B}$(如圖 8－14)

$$\mathbf{C}=\mathbf{A}\times\mathbf{B}=\begin{vmatrix}\mathbf{i} & \mathbf{j} & \mathbf{k}\\ 1 & 2 & 0\\ 2 & 5 & 3\end{vmatrix}=6\mathbf{i}-3\mathbf{j}+\mathbf{k}$$

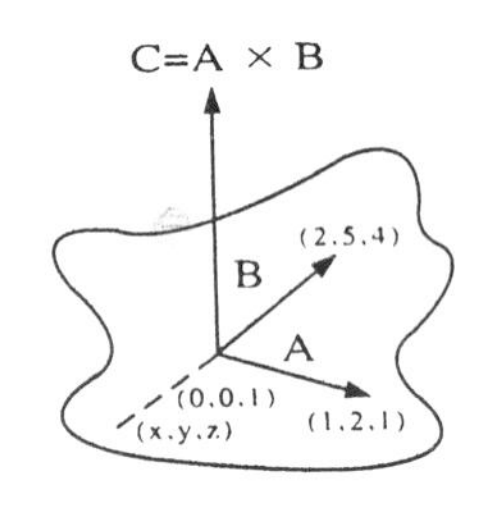

此法向量與所欲求之平面均含有點(0,0,1)，設此平面上有一點(x,y,z)，則法向量必然與此平面垂直，

故　$\mathbf{C}\cdot[(x-0)\mathbf{i}+(y-0)\mathbf{j}+(z-1)\mathbf{k}]=0$

即　$6(x-0)-3(y-0)+(z-1)=0$

整理得平面方程式

$$6x-3y+z=1$$

三、純量三重積(Scalar triple product)

純量三重積在幾何意義上為由三個不同向量為邊的平行六面體之體積，如圖 8－15 所示，因此又稱為盒積(box product)。

其定義及符號如下：

$$[\mathbf{A},\mathbf{B},\mathbf{C}]=\mathbf{A}\cdot(\mathbf{B}\times\mathbf{C})=\begin{vmatrix} a_1 & a_2 & a_3 \\ b_1 & b_2 & b_3 \\ c_1 & c_2 & c_3 \end{vmatrix} \qquad (21)$$

(21)式中，設 $\mathbf{A}=a_1\mathbf{i}+a_2\mathbf{j}+a_3\mathbf{k}$, $\mathbf{B}=b_1\mathbf{i}+b_2\mathbf{j}+b_3\mathbf{k}$ 及 $\mathbf{C}=c_1\mathbf{i}+c_2\mathbf{j}+c_3\mathbf{k}$

性質

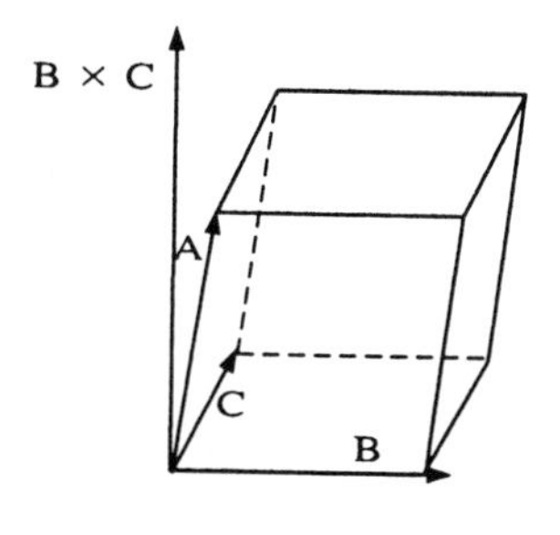

圖 8－15　平行六面體

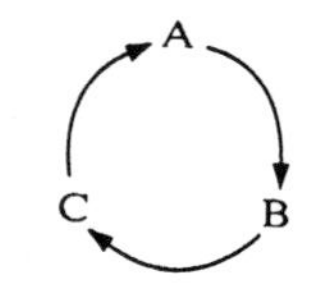

圖 8－16

1. $[\mathbf{A},\mathbf{B},\mathbf{C}]=[\mathbf{B},\mathbf{C},\mathbf{A}]=[\mathbf{C},\mathbf{A},\mathbf{B}]$(如圖 8－16)
2. $[\mathbf{A},\mathbf{B},\mathbf{C}]=-[\mathbf{A},\mathbf{C},\mathbf{B}]$
3. 若 A,B,C 爲平行六面體同端點的邊，則其體積爲 $|[\mathbf{A},\mathbf{B},\mathbf{C}]|$，其中 $|\ |$ 爲絕對值。
4. $|[\mathbf{A},\mathbf{B},\mathbf{C}]|=|[\mathbf{B},\mathbf{C},\mathbf{A}]|=|[\mathbf{A},\mathbf{C},\mathbf{B}]|=\cdots\cdots$

例 8－15

試求以 $A = 2i + 5j + 6k$, $B = 3i + 8j + 10k$, $C = 2i + j + 2k$ 爲邊的平行六面體體積。

解：

$$[A,B,C] = \begin{vmatrix} 2 & 5 & 6 \\ 3 & 8 & 10 \\ 2 & 1 & 2 \end{vmatrix} = 4$$

倘若 $[A,B,C]$ 所求之值爲負數，則需取絕對值才能代表此六面體的體積。

習 8-2 題

求下列兩向量之點積及叉積，並求其夾角(以徑度表示)

① $i + 2j + 3k$, $4i + 5j + 6k$

② $5i - 3j + 2k$, $3i + j$

③ $3i + 4k$, $2i + j + 2k$

④ $5i + 3j - k$, $5i - 4j + 3k$

⑤ $2i + j$, $i + 2j - 4k$

⑥ $2i + j - 2k$, $3i - 8j - 4k$

⑦ $2i + k$, $4i - 8k$

⑧ $4i - 2j$, $6i - 5j + k$

⑨ $i + 2j + 3k$, $7i$

⑩ $5i - j - 5k$, $2j$

求下列三向量的純量三重積 $[A,B,C]$

⑪ $A = 2i - 3j + 4k$, $B = i + j + k$, $C = 2i - 5j + 6k$

⑫ $A = 3i + j$, $B = i + k$, $C = 2i + 3j + 4k$

⑬ $A = 2i + 5j + 6k$, $B = i + j + k$, $C = i + 2j + 3k$

⑭ $A = 2i - 5k$, $B = 2i + 6j - k$, $C = 2i + 3j + 4k$

3 向量函數、曲線與速度

Vector Function and Curve and Velocity

向量函數(vector function)的數學模式為各分量是以函數形式出現。

例
$$R(t)=f(t)i+g(t)i+h(t)k \tag{22}$$

上式各分量皆為函數，因此 $R(t)$ 即為向量函數。

通常，向量函數可用來描述空間曲線(space curve)或質點的運動。本節將介紹有關曲線及質點運動的曲線參數式、曲線長度、弧長、單位切線向量、單位法向量、曲率、曲率半徑、副法線、扭率、速度、加速度等。

空間曲線的表示法

在笛卡兒座標中，空間曲線 C 可用向量函數表示：

$$R(t)=x(t)i+y(t)j+z(t)k \tag{23}$$

此種表示法稱為 C 之參數表示式(parametric representation)，而 t 稱作參數。若依幾何觀點來看，$R(t)$ 可視為以原點為中心的可調方向箭號，當 t 變動時 $R(t)$ 也隨之變動，因此在空間中可描出一條曲線。如圖 8－17

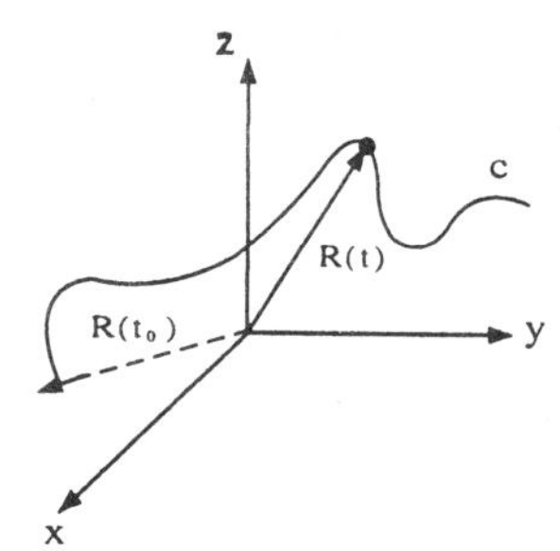

圖 8－17　空間曲線

若(23)式爲可微分，則稱 C 爲連續的。而 $R'(t)$ 則爲 C 在 $x(t)$、$y(t)$、$z(t)$ 點處的**切向量**(tangent vector)。

$$R'(t) = X'(t)\mathbf{i} + Y'(t)\mathbf{j} + Z'(t)\mathbf{k} \tag{24}$$

若曲線為**直線式**，則其參數表示式爲：

$$R(t) = \mathbf{a} + t\mathbf{b} = (a_1 + tb_1)\mathbf{i} + (a_2 + tb_2)\mathbf{j} + (a_3 + tb_3)\mathbf{k} \tag{25}$$

其中 **a**,**b** 爲方向相同的常向量。

若曲線為**圓或橢圓**，則其參數表示式爲：

$$R(t) = a\cos(t)\mathbf{i} + b\sin(t)\mathbf{j} \tag{26}$$

此式在 XY 平面上是以原點爲中心的隨圓，但若 $a = b$ 則此式爲圓的形式。

若曲線為**圓螺線**(circular helix)，則其參數表示式爲：

$$R(t) = a\cos(t)\mathbf{i} + a\sin(t)\mathbf{j} + c\,\mathbf{k} \tag{27}$$

若 $C>0$，則爲右旋圓螺線(如圖 8－18)。若 $C<0$，則爲左旋圓螺線(如圖 8－19)。

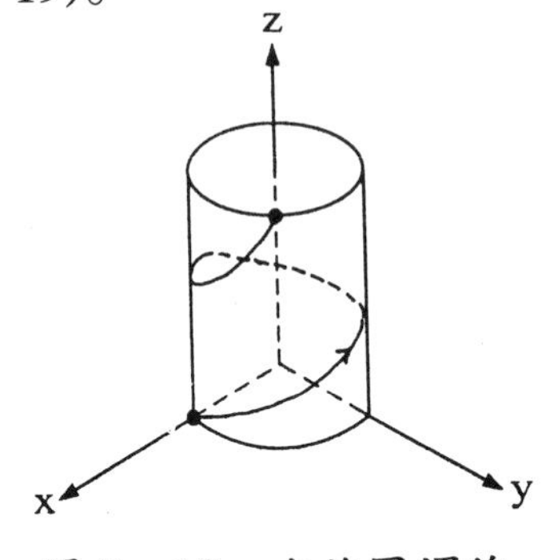

圖 8－18　右旋圓螺線

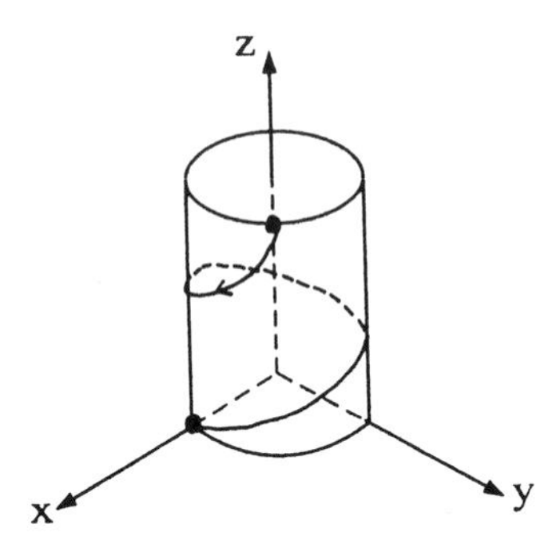

圖 8－19　左旋圓螺線

若曲線為 $y = x^2$ 的拋物線，則其參數表示式爲：

$$R(t) = t\mathbf{i} + t^2\mathbf{j} \tag{28}$$

例 8－16

試求通過(1,2,1)點，而方向爲 $\mathbf{i} + 2\mathbf{j} + 4\mathbf{k}$ 的直線參數式

解：

由(25)式知 $\mathbf{R}(t)=\mathbf{a}+\mathbf{b}t=(1,2,1)+t(1,2,4)$

$$=(1+t)\mathbf{i}+(2+2t)\mathbf{j}+(1+4t)\mathbf{k}$$

例 8－17

試求通過(1,3,2)及(2,5,1)兩點的直線參數式。

解：

先求 b 方向 $\mathbf{b}=(2-1)\mathbf{i}+(5-3)\mathbf{j}+(1-2)\mathbf{k}=\mathbf{i}+2\mathbf{j}-\mathbf{k}$

由(25)式知 $\mathbf{R}(t)=\mathbf{a}+\mathbf{b}t=(1,3,2)+t(1,2,-1)$

$$=(1+t)\mathbf{i}+(3+2t)\mathbf{j}+(2-t)\mathbf{k}$$

例 8－18

求 $x+y+2z=10$ 及 $x+3y+z=6$ 之直線參數式。

解：

令 $x=t$, 則 $\begin{cases} t+y+2z=10 \\ t+3y+z=6 \end{cases}$

即 $\begin{cases} y+2z=10-t \\ 3y+z=6-t \end{cases}$

解此聯立方程式

得 $y=\frac{2}{5}-\frac{1}{5}t,\quad z=\frac{24}{5}-\frac{2}{5}t$

所以 $\mathbf{R}(t)=(x,y,z)=t\mathbf{i}+\frac{1}{5}(2-t)\mathbf{j}+\frac{2}{5}(12-t)\mathbf{k}$

例 8－19

將 $x^2+y^2=16, z=2$ 之曲線以參數式表示

解：

此種形式之曲線爲圓螺線, 爲(27)式的形式

令 $x=4\cos(t), y=4\sin(t)$

且 $z=2$

故參數式爲 $\mathbf{R}(t)=4\cos(t)\mathbf{i}+4\sin(t)\mathbf{j}+2\mathbf{k}$

例 8－20

將$(x-3)^2+(y+2)^2=25, z=0$之曲線以參數式表式

解：

因爲 $z=0$，故此曲線爲圓的形式，且中心點在$(3,-2)$

令　　$x=5\cos(t)+3, y=5\sin(t)-2$

由(26)式知　　$R(t)=[5\cos(t)+3]i+[5\sin(t)-2]j$

曲線的長度

曲線若在某一有限區間內爲連續的，則可求其長度。在圖 8－20，爲求其 a 至 b 點的曲線長度，可將曲線細分無數多點，再將點與點間連線，則此曲線「近乎」多邊形。而求曲線長度只要累加此「多邊形」的邊長即可，如圖 8－21。

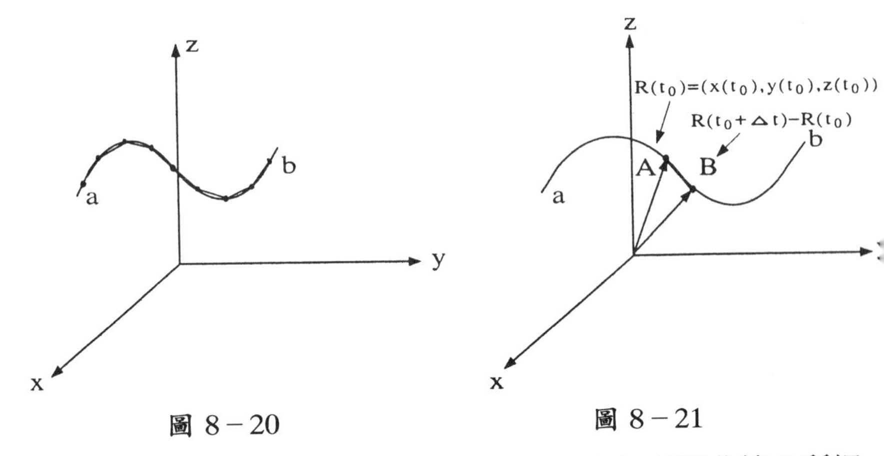

圖 8－20　　圖 8－21

在圖 8－21 中，A 至 B 邊長爲 $R(t_0+\triangle t)-R(t_0)$，若將曲線 C 所細分的多邊邊長累加，則爲 C 的長度：

$$C\text{的長度}\approx\sum_{j=1}^{n}\{[x(t_j)-x(t_{j-1})]^2+[y(t_j)-y(t_{j-1})]^2+[z(t_j)-z(t_{j-1})]^2$$

$$\approx\int_a^b[x'(t)^2+y'(t)^2+z'(t)^2]^{1/2}dt$$

$$= \int_a^b \| \mathbf{R}'(t) \| \, dt \tag{29}$$

其中設　　$\mathbf{R}(t) = x(t)\mathbf{i} + y(t)\mathbf{j} + z(t)\mathbf{k}$

由(29)式知，C 的長度等於 C 切向量長的積分。

例 8－21

設 C 爲 $x = \cos(t)$, $y = \sin(t)$, $z = t$, 且 $0 \le t \le 1$, 試求 C 的長度。

解：

$$\mathbf{R}(t) = x(t)\mathbf{i} + y(t)\mathbf{j} + z(t)\mathbf{k}$$

$$= \cos(t)\mathbf{i} + \sin(t)\mathbf{j} + t\mathbf{k}$$

而其切線爲　　$\mathbf{R}'(t) = -\sin(t)\mathbf{i} + \cos(t)\mathbf{j} + \mathbf{k}$

切線長度爲　　$\| \mathbf{R}'(t) \| = \sqrt{[-\sin(t)]^2 + [\cos(t)]^2 + 1} = \sqrt{2}$

故由(29)式知　　C 的長度 $= \int_a^b \| \mathbf{R}'(t) \| \, dt$

$$= \int_0^1 \sqrt{2} dt = \sqrt{2}$$

弧長

在曲線上直接定出 d 點及 e 點，而 d 至 e 點的長度即爲弧長 (arc length)，如**圖** 8－22。求曲線的長度時，若用(29)式有時很難積分得出 $\| \mathbf{R}'(t) \|$，此時若將 C 化爲以弧長 **S** 爲參數的形式表示則較爲方便。在(29)式求 a 至 b 點 C 的長度，若以弧長求之，則

$$S = \int_a^b ds = \int_0^t \frac{ds}{dt} dt = \int_0^t \| \mathbf{R}'(p) \| \, dp \tag{30}$$

與(29)式比較知

$$\frac{ds}{dt} = \| \mathbf{R}'(t) \| = \sqrt{\left(\frac{dx}{dt}\right)^2 + \left(\frac{dy}{dt}\right)^2 + \left(\frac{dz}{dt}\right)^2}$$

$$= \frac{1}{dt} \sqrt{dx^2 + dy^2 + dz^2}$$

所以得知　　$$ds = \sqrt{dx^2 + dy^2 + dz^2} \tag{31}$$

若將曲線 C 以弧長 S 爲參數表示，則可用 $S = S(t)$ 反推得之，

即　　$x = x[t(s)] = X(s)$

$$y = y[t(s)] = Y(s)$$

$$z = z[t(s)] = Z(s) \tag{32}$$

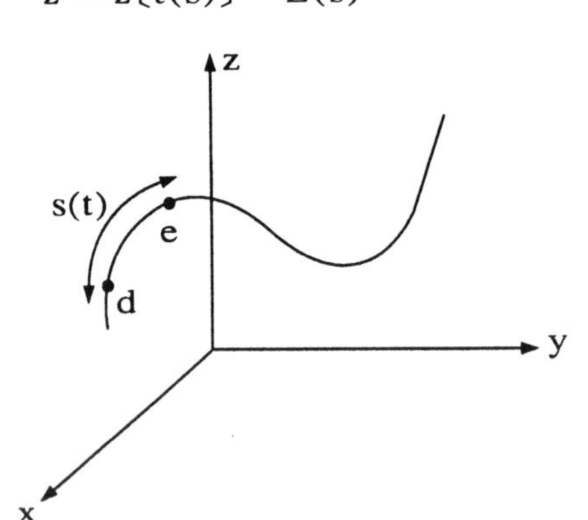

圖 8－22

例 8－22

同上例。設 C 爲 $x=\cos(t), y=\sin(t), z=t$, 且 $0\le t\le 1$, 試將 C 以弧長 S 爲參數表示, 且求 S 的長度及切線的長度。

解：

由(30)式知 $S=\int_0^t \|\mathbf{R}'(p)\|\,dp=\int_0^t \sqrt{2}\,dp=\sqrt{2}t$

所以得 $t=\dfrac{s}{\sqrt{2}}$

故 $x=\cos\left(\dfrac{s}{\sqrt{2}}\right),\quad y=\sin\left(\dfrac{s}{\sqrt{2}}\right),\quad z=\dfrac{s}{\sqrt{2}}$

其中 $0<t<1$, 可化爲 $0<\dfrac{s}{\sqrt{2}}<1$, 即 $0<s<\sqrt{2}$

故 $\mathbf{R}(s)=\cos\left(\dfrac{s}{\sqrt{2}}\right)\mathbf{i}+\sin\left(\dfrac{s}{\sqrt{2}}\right)\mathbf{j}+\left(\dfrac{s}{\sqrt{2}}\right)\mathbf{k}$

S 的長度與上例同

$$S=\int_0^{\sqrt{2}} ds=\sqrt{2}$$

切線爲 $\mathbf{R}'(s)=-\left(\dfrac{1}{2}\right)\sin\left(\dfrac{s}{\sqrt{2}}\right)\mathbf{i}+\left(\dfrac{1}{\sqrt{2}}\right)\cos\left(\dfrac{s}{\sqrt{2}}\right)\mathbf{j}+\left(\dfrac{1}{\sqrt{2}}\right)\mathbf{k}$

切線長度 $\|\mathbf{R}'(s)\|=\sqrt{\left(-\dfrac{1}{\sqrt{2}}\sin\left(\dfrac{s}{\sqrt{2}}\right)\right)^2+\left(\dfrac{1}{\sqrt{2}}\cos\left(\dfrac{s}{\sqrt{2}}\right)\right)^2+\left(\dfrac{1}{\sqrt{2}}\right)^2}=$

若切線是以 S 爲參數，則其長度永遠爲 1（此點即爲計算上的優點），因爲由(31)式知

$$\|\mathbf{R}'(s)\| = \sqrt{\left(\frac{dx}{ds}\right)^2 + \left(\frac{dy}{ds}\right)^2 + \left(\frac{dz}{ds}\right)^2}$$

$$= \sqrt{\left(\frac{dx}{dt}\frac{dt}{ds}\right)^2 + \left(\frac{dy}{dt}\frac{dt}{ds}\right)^2 + \left(\frac{dz}{dt}\frac{dt}{ds}\right)^2}$$

$$= \frac{1}{ds}\sqrt{dx^2 + dy^2 + dz^2} = \frac{ds}{ds} = 1 \tag{33}$$

單位切線向量

曲線 C 若以 R(t)表示，則在 P 點之切線定義爲：在曲線上另一點 Q 沿曲線趨近於 P 點的極限所成的直線，如圖 8－23。此切線爲 R(t) 位置向量的導數 R′(t)。

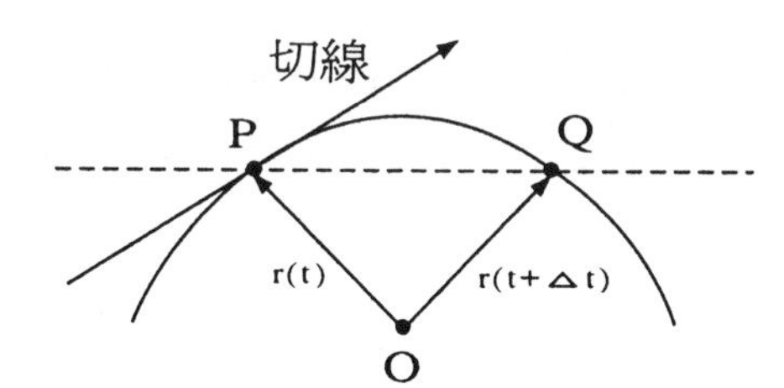

圖 8－23　曲線上 P 點之曲線

$$\mathbf{R}'(t) = \lim_{\triangle t \to 0} \frac{\mathbf{R}(t + \triangle t) - \mathbf{R}(t)}{\triangle t} \tag{34}$$

而在 P 點對應的單位向量 T 稱爲**單位切線向量**(unit tangent vector)

$$\mathbf{T} = \frac{\mathbf{R}'}{\|\mathbf{R}'\|} \tag{35}$$

若切線是以弧長 S 爲參數，

則

$$\mathbf{T} = \frac{d\mathbf{R}(s)}{ds} \tag{36}$$

切線的參數表示法爲

$$\mathbf{q}(w) = \mathbf{R} + w\mathbf{R}' \tag{37}$$

例 8－23

求曲線 $C=R(t)$ 之切線及單位切線向量。並求在(1,1,1)之切線。

其中 $R(t)=t\mathbf{i}+t^2\mathbf{j}+t^3\mathbf{k}$

解：

切線 $R'(t)$ 為　$R'(t)=\mathbf{i}+2t\mathbf{j}+3t^2\mathbf{k}$

單位切線向量　$T=\dfrac{\mathbf{i}+2t\mathbf{j}+3t^2\mathbf{k}}{\sqrt{1+4t^2+9t^4}}$

在(1,1,1)的切線為

$$q(w)=R+wR'$$

在(1,1,1)點時　$R'=\mathbf{i}+2\mathbf{j}+3\mathbf{k}$

所以　$q(w)=(1+w)\mathbf{i}+(1+2w)\mathbf{j}+(1+3w)\mathbf{k}$

曲率

曲率(curvature),我們可想像成其切線在 P 點改變方向的量,因此理論上,直線的曲率應為零,而圓上各點的曲率也應相同。故其定義為：C 在點 P 的單位切向量對弧長改變率的大小。

即
$$k\left\|\frac{dT(S)}{dS}\right\| \tag{38}$$

其中 $T(S)$ 為以弧長 S 為參數的表示式。然若 $R(t)$ 不是以弧長為參數,則曲率 k 有下列二種表示法(略去証明)。

$$k=\frac{\|R'\times R''\|}{\|R'\|^3} \tag{39}$$

或
$$k=\frac{[\|R'\|^2\|R''\|^2-(R'\cdot R'')^2]^{1/2}}{\|R'\|^3} \tag{40}$$

曲率半徑

曲率半徑(radius of curvature)的定義為：

$$\rho=\frac{1}{k} \tag{41}$$

以 ρ 曲率半徑所形成的圓稱為**密切圓**(osculating circle)。在 C 曲線 P

點的密切圓是相切於 P 點，且與 C 曲線最密合的。

單位主法線向量

單位主法線向量(unit principal normal vector)簡稱單位法向量。單位法向量 N 與單位切向量 T 互為正交。

$$N = \rho \frac{dT(S)}{dS} \tag{42}$$

單位副法線向量

單位副法線向量(unit binormal vector)記為 B。在 C 上的任一點都可分出單位切向量 T、單位法向量 N 及單位副法線向量 B，如圖 8－24 所示。其中 T 與 N 互為正交。而

$$B = T \times N \tag{43}$$

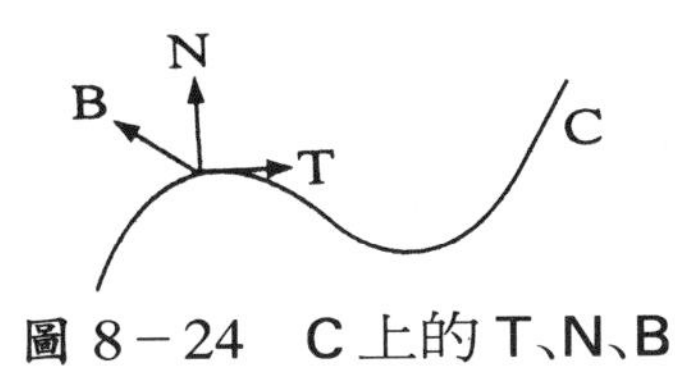

圖 8－24　C 上的 T、N、B

扭率

扭率(torsion)τ，是量度曲線的扭曲程度。τ 與單位法向量 N 及副法向量 B 的關係如下：

$$\frac{dB}{dS} = -\tau N \tag{44}$$

質點運動

向量函數亦可用來描述三維空間中質點的運動。假設於 t 時，質點位於〔x(t)，y(t)，z(t)〕

即 $$\mathbf{R}(t)=x(t)\mathbf{i}+y(t)\mathbf{j}+z(t)\mathbf{k}$$

此時，上式稱爲質點的位置向量(pasition vector)。在描述質點的運動中，可分析距離、速度、加速度。

距離

在任何時間區間 $t_1 \le t \le t_2$ 中，質點的運動距離爲

$$\int_{t_1}^{t_2} \| \mathbf{R}'(t) \| \, dt \tag{45}$$

速度

質點運動於任何時間 t 時的速度(velocity)被定義爲

$$\mathbf{V}(t)=\mathbf{R}'(t)=x'(t)\mathbf{i}+y'(t)\mathbf{j}+z'(t)\mathbf{k} \tag{46}$$

由(46)式及(24)式可知，此速度的方向即爲質點運動軌線的切線方向。速度的大小稱之為速率(speed)，以 υ 表示

$$\upsilon=\| \mathbf{V}(t) \| \tag{47}$$

加速度

加速度(acceleration)爲速度的改變率：

$$\mathbf{a}(t)=\mathbf{V}'(t)=x''(t)\mathbf{i}+y''(t)\mathbf{j}+z''(t)\mathbf{k} \tag{48}$$

質點運動與單位切向量及單位向量的關係由(35)、(46)、(47)式

知 $$\mathbf{T}=\frac{\mathbf{R}'}{\| \mathbf{R}' \|}=\frac{1}{\upsilon}\mathbf{V} \tag{49}$$

即 $$\mathbf{V}=\upsilon\mathbf{T}$$

所以 $$\mathbf{a}=\frac{d\mathbf{V}}{dt}=\frac{d}{dt}(\upsilon\mathbf{T})=\frac{d\upsilon}{dt}\mathbf{T}+\upsilon\frac{d\mathbf{T}}{dt}=\frac{d\upsilon}{dt}\mathbf{T}+\upsilon\left(\frac{ds}{dt}\frac{d\mathbf{T}}{ds}\right)$$

因爲 $\frac{ds}{dt}=\upsilon$

故 $$\mathbf{a}=\frac{d\upsilon}{dt}\mathbf{T}+\upsilon^2\frac{d\mathbf{T}}{ds}$$

由(42)式知 $$\mathbf{N}=\rho\frac{d\mathbf{T}}{ds}$$

所以
$$\mathbf{a}=\frac{d\upsilon}{dt}\mathbf{T}+\frac{\upsilon^2}{\rho}\mathbf{N} \tag{50}$$
$$=a_t\mathbf{T}+a_n\mathbf{N} \tag{51}$$

於是得
$$a_t=\frac{d\upsilon}{dt} \tag{52}$$
$$a_n=\frac{\upsilon^2}{\rho} \tag{53}$$

a_t 為加速度的切線分量;而 a_n 為向心分量。若依幾何觀念分析可得下列關係

$$\|\mathbf{a}\|^2=a_t^2+a_n^2 \tag{54}$$

例 8－24

質點運動中,已知運動軌跡為 $\mathbf{R}=2t\mathrm{i}-2t^2\mathrm{j}+\mathbf{k}$ 試求下列問題

①速度 $\mathbf{V}$　②速率 υ

③加速度 $\mathbf{a}$　④加速度的切線分量 a_t

⑤加速度的向心分量 a_n　⑥曲率半徑 ρ

⑦曲率 k　⑧運動軌跡的單位切向量 $\mathbf{T}$

⑨單位法向量 $\mathbf{N}$　⑩副法線 B

⑪扭率 τ

解:

① 速度　$\mathbf{V}=\mathbf{R}'(t)=2\mathrm{i}-4t\mathrm{j}$

② 速率　$\upsilon=\|\mathbf{V}\|=\sqrt{4+16t^2}=2\sqrt{1+4t^2}$

③ 加速度　$\mathbf{a}=\mathbf{V}'(t)=-4\mathrm{j}$

④ $\mathbf{a}$ 的切線分量　$a_t=\dfrac{d\upsilon}{dt}=\dfrac{8t}{\sqrt{1+4t^2}}$

⑤ $\mathbf{a}$ 的向心分量　$a_n=(\|\mathbf{a}\|^2-a_t^2)^{1/2}=\dfrac{4}{\sqrt{1+4t^2}}$

⑥ 曲率半徑　$\rho=\dfrac{\upsilon^2}{a_n}=(1+4t^2)^{\frac{3}{2}}$

⑦ 曲率　$k=\dfrac{1}{\rho}=(1+4t^2)^{-\frac{3}{2}}$

⑧ 單位切向量　$\mathbf{T}=\dfrac{\mathbf{V}}{\upsilon}=\dfrac{\mathrm{i}-2t\mathrm{j}}{\sqrt{1+4t^2}}$

⑨ 單位法向量 $\mathbf{N}=\frac{\rho}{\upsilon}\frac{d\mathbf{T}}{dt}=\frac{1}{\sqrt{1+4t^2}}(-2t\mathbf{i}-\mathbf{j})$

⑩ 副法線 $\mathbf{B}=\mathbf{T}\times\mathbf{N}=-1$

⑪ 扭率 $\tau=\frac{d\mathbf{B}}{ds}=0$

習 8-3 題

① 求過點 A 而方向爲 B 的直線參數式。A：$(0,-5,3)$，$\mathbf{B}=2\mathbf{i}+\mathbf{j}-\mathbf{k}$

② 求過點 A 而方向爲 B 的直線參數式。A：$(1,2,5)$，$\mathbf{B}=\mathbf{i}-2\mathbf{j}+9\mathbf{k}$

③ 求過點 A 及 B 的直線參數式。A：$(0,1,3)$，B：$(2,1,3)$

④ 求過點 A 及 B 的直線參數式。A：$(1,5,3)$，B：$(0,2,-1)$

⑤ 求 $y=x+1$，$z=2x-3$ 的直線參數式。

⑥ 求 $x+y+z$，$2x-y+3z=4$ 的直線參數式。

⑦ 將曲線 $y=1-x^2$，$z=-2$ 以參數式表示。

⑧ 將曲線 $4(x+2)^2+(y-2)^2=4$，$z=0$ 以參數式表示。

⑨ 設 $\mathbf{r}(t)=a\cos(t)\mathbf{i}+a\sin(t)\mathbf{j}+c(t)\mathbf{k}$，從 $(a,0,0)$ 至 $(a,0,2\pi c)$ 的長度。

⑩ 設 $\mathbf{r}(t)=e^t\cos(t)\mathbf{i}+e^t\sin(t)\mathbf{j}$ 由 $t=0$ 至 $t=\frac{\pi}{2}$

⑪ 將 $x=t$，$y=\cosh(t)$，$z=1$，$0\le t\le\pi$，以弧長 S 爲參數表示。

⑫ 將 $x=y=z=t^3$，$-1\le t\le 1$ 以弧長 S 爲參數表示。

已知 $\mathbf{r}(t)$，試求下列的 V、υ、a、a_t、a_n、ρ、k、T 及 N

⑬ $\mathbf{r}(t)=2\cos(t)\mathbf{i}+2\sin(t)\mathbf{j}-(t^2)\mathbf{k}$

⑭ $\mathbf{r}(t)=e^{-t}(\mathbf{i}+\mathbf{j}-t\mathbf{k})$

⑮ $\mathbf{r}(t)=(1+2t)\mathbf{i}-2(t)\mathbf{j}+(t^2)\mathbf{k}$

⑯ $\mathbf{r}(t)=2(t)\mathbf{i}-\cos(t)\mathbf{j}-\sin(t)\mathbf{k}$

⑰ $\mathbf{r}(t)=e^{-t}(\mathbf{i}+\mathbf{j}-2\mathbf{k})$

⑱ $\mathbf{r}(t)=2\sin(t)\mathbf{i}+(t)\mathbf{j}+2\cos(t)\mathbf{k}$

4 梯度、散度、旋度

Gradient、Divergence、Curl

純量場

在空間中有一組點，如果該組點中每一 P 點皆能對應某一定數 $\phi(P)$，則稱該組點具有一純量場(scale field)。

例 $$\phi(x,y,z)=2x+2y+2z$$

$\phi(x,y,z)$在任一組點皆能對應出固定的值。

如(0,0,0)⇒0、(1,1,1)⇒6，故 $\phi(x,y,z)$具有純量場。

向量場

在空間中有一組點，如果該組點中每一 P 點皆能對應某一向量 $\mathbf{F}(P)$，則稱該組點具有一向量場(vector field)。

例 $$\mathbf{F}=2x\mathbf{i}+2y\mathbf{j}+2z\mathbf{k}$$

$\mathbf{F}$ 在任一組點皆能對應出特定的向量。

如(1,1,1)⇒$2\mathbf{i}+2\mathbf{j}+2\mathbf{k}$，(1,0,1)⇒$2\mathbf{i}+2\mathbf{k}$，故 $\mathbf{F}(x,y,z)$具有向量場。

向量微分運算子

向量微分運算子(vector differential operator)的符號及定義如下：

$$\nabla=\mathbf{i}\frac{\partial}{\partial x}+\mathbf{j}\frac{\partial}{\partial y}+\mathbf{k}\frac{\partial}{\partial z} \tag{55}$$

此處 ∇ 讀為「del」，或稱為「del•運算子」。

梯度及方向導數

若 $\phi(x,y,z)$爲純量場，且 $\phi(x,y,z)$的任意一點皆能微分，則 $\phi(x,y,z)$具有連續性。$\phi(x,y,z)$的梯度(gradient)爲

$$\nabla\phi=\frac{\partial\phi}{\partial x}\mathbf{i}+\frac{\partial\phi}{\partial y}\mathbf{j}+\frac{\partial\phi}{\partial z}\mathbf{k}=\text{grad}\phi \tag{56}$$

$\nabla\phi$ 的物理意義為：ϕ 純量場中之「最大變化率的方向」。其大小 $|\nabla\phi|$ 的物理意義為：在 $\nabla\phi$ 方向中的「最大變化率」。 ∇ 讀作「del」，也稱爲 del 運算子(del operator)。

梯度的性質

1. 梯度是從純量場中產生向量差。
2. $\nabla\phi$ 所指的方向，爲 ϕ 中以最大變化率增加的方向。
3. $\nabla\phi(a_0)$的 大小 $|\nabla\phi(a_0)|$ 爲 ϕ 在 a_0 處每單位距離的最大增加率。
4. 若 $\nabla\phi\neq 0$，則 $\nabla\phi$ 爲 $\phi(x,y,z)=C$ 曲面的法線。
5. $\phi(x,y,z)$於 a_0 處，在單位向量 $\mathbf{U}$ 的方向導數爲

$$\nabla\phi(a_0)\cdot\mathbf{U}=\frac{\partial\phi}{\partial S} \tag{57}$$

例 8－25

求 $\phi(x,y,z)=2xy+e^z x$ 的梯度，及在 $\mathbf{a}=\mathbf{i}+\mathbf{j}+\mathbf{k}$，點$(1,0,1)$處的方向導數。

解：

梯度 $\quad \text{grad}\phi=\nabla\phi=(2y+e^z)\mathbf{i}+2x\mathbf{j}+xz$

$\mathbf{a}$ 方向的單位向量 $\quad \mathbf{U}_a=\dfrac{\mathbf{a}}{|\mathbf{a}|}=\dfrac{1}{\sqrt{3}}(\mathbf{i}+\mathbf{j}+\mathbf{k})$

$\mathbf{a}$ 方向的方向導數 $\quad \dfrac{\partial\phi}{\partial S}=\nabla\phi\cdot\mathbf{U}_a=\dfrac{1}{\sqrt{3}}(2y+e^z+3x)$

在$(1,0,1)$的方向導數

$$\left.\frac{\partial\phi}{\partial S}\right|_{(1,0,1)}=\frac{1}{\sqrt{3}}(e+3)$$

例 8－26

求 $z=x^2+y^2$ 在點(2,3,13)的法線。

解：

設 $\phi(x,y,z)=z-x^2-y^2$

則 $\phi(x,y,z)=13-(2)^2-(3)^2=0$

且 $\phi(x,y,z)$的法線爲

$$\nabla\phi=-2x\mathbf{i}-2y\mathbf{j}+\mathbf{k}$$

故在(2,3,13)點的法線爲

$$\nabla\phi(2,3,13)=-4\mathbf{i}-6\mathbf{j}+\mathbf{k}$$

若已知曲面在點 $\mathbf{a}_0(\mathbf{x}_0,\mathbf{y}_0,\mathbf{z}_0)$的法向量，則不難求出在此點的切平面。設切平面的任一點(x,y,z)，則此切平面必然包含

$$(x-x_0)\mathbf{i}+(y-y_0)\mathbf{j}+(z-z_0)\mathbf{k}$$

因爲 $\mathbf{a}_0$ 點的法向量必然與含 a_0 點的切平面垂直，如圖 8－25，故

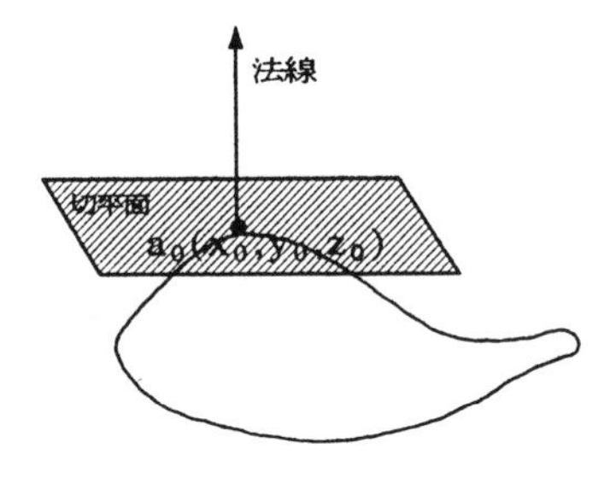

圖 8－25　切平面與法線

$$\nabla\phi(a_0)\cdot[(x-x_0)\mathbf{i}+(y-y_0)\mathbf{j}+(z-z_0)\mathbf{k}]=0$$

即曲面在 $\mathbf{a}_0$ 點的切平面爲

$$\frac{\partial\phi}{\partial x}(x-x_0)+\frac{\partial\phi}{\partial y}(y-y_0)+\frac{\partial\phi}{\partial z}(z-z_0)=0 \tag{58}$$

而在 $\mathbf{a}_0$ 點的法線參數式可表爲

$$\begin{cases} x - x_0 = t\dfrac{\partial\phi(a_0)}{\partial x} \\ y - y_0 = t\dfrac{\partial\phi(a_0)}{\partial y} \\ z - z_0 = t\dfrac{\partial\phi(a_0)}{\partial z} \end{cases} \tag{59}$$

例 8－27

求 $z = x^2 + 3y$ 在(1,1,4)的切平面與法線。

解：

設 $\phi(x,y,z) = z - x^2 - 3y$

而 $\phi = 0$　　　　$\nabla\phi = -2xi - 3j + k$

(1,1,4)法向量爲

$$\nabla\phi(1,1,4) = -2i - 3j + k$$

故在(1,1,4)的切平面可由(58)式知

$$-2(x-1) - 3(y-1) + (z-4) = 0$$

整理得　　　　$-2x - 3y + z = -1$

由(59)式知法線的參數表示式爲

$$x - 1 = -2t$$

$$y - 1 = -3t$$

$$z - 4 = t$$

或可表示爲　　$\dfrac{x-1}{-2} = \dfrac{y-1}{-3} = z - 4$

例 8－28

設 $\phi(x,y,z) = x^2 + y^2 - 2z^2$, 求

①ϕ 於(1,1,1)處在 $2i + 3j + k$ 方向上的改變率。

②求此改變率的大小。

③考慮曲面 $\phi(x,y,z) = 0$, 求此曲面在(1,1,1)處的法向量及切平面。

④以參數表示式表示法線。

解：

① 梯度 $\nabla\phi=2xi+2yj-4zk$

則在(1,1,1)處 $\nabla\phi(1,1,1)=2i+2j-4k$

$2i+3j+k$ 的單位向量為

$$U=\frac{1}{\sqrt{14}}(2i+3j+k)$$

在點(1,1,1)處的方向導數即改變率。

由(57)式知

$$\nabla\phi(1,1,1)\cdot U=\frac{6}{\sqrt{14}}$$

② 改變率的大小,

即 $|\nabla\phi(1,1,1)|=2\sqrt{6}$

③ 在(1,1,1)處的法向量

即 $\nabla\phi(1,1,1)=2i+2j-4k$

其切平面由(58)式知

$$2(x-1)+2(y-1)-4(z-1)=0$$

即 $2x+2y-4z=0$

④ 法線的參數式由(59)式知

$$\begin{cases}x-1=2t\\ y-1=2t\\ z-1=-4t\end{cases}$$

或 $$\frac{x-1}{2}=\frac{y-1}{2}=\frac{z-1}{-4}$$

散度

設 $V(x,y,z)$ 為可微分的向量函數,

則 $$\operatorname{div}V=\nabla\cdot V=\frac{\partial v_1}{\partial x}+\frac{\partial v_2}{\partial y}+\frac{\partial v_3}{\partial z} \tag{60}$$

上式稱為「V 的散度」(divergence)。由此可知,散度是作用於向量場而產生的純量場。

散度的物理意義通常以流體來作解釋較爲方便。設有一流體(例如河川),在空間 中某一點的速度爲

$$\mathbf{V}(x,y,z)=v_1(x,y,z)\mathbf{i}+v_2(x,y,z)\mathbf{j}+v_3(x,y,z)\mathbf{k}$$

假想有一微小體積$\triangle V$ 存在此空間中,則在時間$\triangle t$ 內,通過此微小體積$\triangle V$ 之流體體積約等於垂直該面的流體速度乘上該面積再乘以時間$\triangle t$,而對應的質量流動則爲此體積與密度 ρ 的乘積(如圖 8－26)。

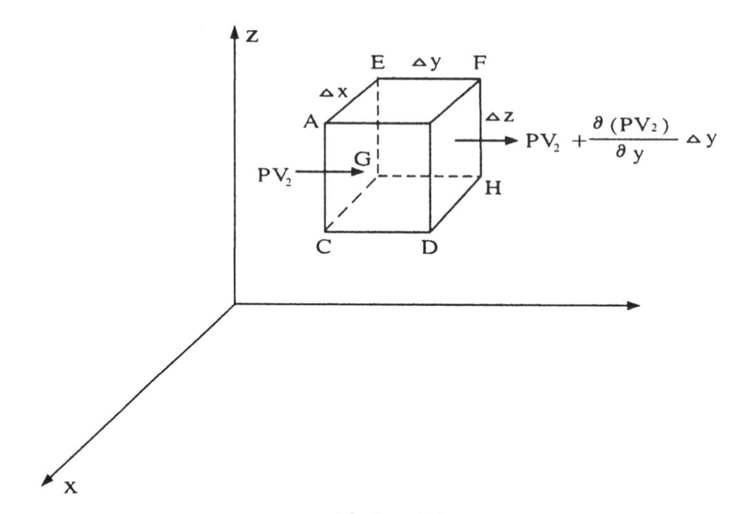

圖 8－26

每一面通過的流體損失量如下：

BDHF 面：$\left[\rho V_2+\dfrac{\partial(\rho V_2)}{\partial y}\triangle y\right]\triangle x\triangle z\triangle t$

ACGE 面：$-\rho V_2\triangle x\triangle z\triangle t$

ACDB 面：$\left[\rho V_1+\dfrac{\partial(\rho V_1)}{\partial x}\triangle x\right]\triangle y\triangle z\triangle t$

EGHF 面：$-\rho V_1\triangle y\triangle z\triangle t$

ABFE 面：$\left[\rho V_3+\dfrac{\partial(\rho V_3)}{\partial z}\triangle z\right]\triangle x\triangle y\triangle t$

CDHG 面：$-\rho V_3\triangle x\triangle y\triangle t$

所以在時間$\triangle t$ 內,$\triangle V$ 體積內流體總損失量爲：

$$\text{總損失量}=\left[\frac{\partial(\rho V_1)}{\partial x}+\frac{\partial(\rho V_2)}{\partial y}+\frac{\partial(\rho V_3)}{\partial z}\right]\triangle x\triangle y\triangle t$$

而單位時間內的單位體積損失量爲：

$$\text{單位體積損失率} = \frac{\partial(\rho V_1)}{\partial x} + \frac{\partial(\rho V_2)}{\partial y} + \frac{\partial(\rho V_3)}{\partial z} = \nabla \cdot (\rho V)$$

【討論】散度的物理意義

☆ 對可壓縮流體而言，散度 $\nabla \cdot (\rho V)$ 代表單位體積內的流體損失率，其損失也代表流出該體積的量較流入者為多。此為流體有淨向外的發散。

☆ 對不可壓縮的流體而言，散度 $\nabla \cdot (\rho V) = 0$。其意義代表流進該體積的量即等於流出。此式稱為「不可壓縮流體的連續方程式」。

例 8－29

設 $V = 3x^2yi + 4y^2zj - 2x^2y^2z^2k$，求在點(1，1，1)的散度。

解：

由(60)式知 $\nabla \cdot V = \frac{\partial V_1}{\partial x} + \frac{\partial V_2}{\partial y} + \frac{\partial V_3}{\partial z} = 6xy + 8yz - 4x^2y^2z$

故 $\nabla \cdot V(1,1,1) = 10$

例 8－30

已知 $V = (2x + y)i + (3x + 3y)j + (2x + az)k$，試求 a 值，使 V 的散度爲零。

解：

因爲 $\nabla \cdot V = \frac{\partial}{\partial x}(2x + y) + \frac{\partial}{\partial y}(3x + 3y) + \frac{\partial}{\partial z}(2x + az)$

$= 2 + 3 + a = 0$

所以 $a = -5$

旋度

若 $\mathbf{V}(x,y,z)$爲可微分的向量函數,

則
$$\text{crul } \mathbf{V}=\nabla\times\mathbf{V}=\begin{vmatrix}\mathbf{i}&\mathbf{j}&\mathbf{k}\\ \frac{\partial}{\partial x}&\frac{\partial}{\partial y}&\frac{\partial}{\partial z}\\ V_1&V_2&V_3\end{vmatrix}\tag{61}$$

上式稱爲「$\mathbf{V}$ 的旋度」(curl)。由此可知,向度是作用於向量場而產生另一向量場。

假設有一個物體以定角速率 ω 繞軸轉動。若 Ω 爲向量角速度,而其大小爲 ω,方向爲物體旋轉的方向。由圖 8－27 可知,P 點的轉動率半徑爲$|\mathbf{r}|\sin(\theta)$,則 P 點的速度爲：

$$|\mathbf{V}|=\omega|\mathbf{r}|\sin(\theta)=|\Omega|\,|\mathbf{r}|\sin(\theta)=|\Omega\times\mathbf{r}|$$

令 0 點爲原點

則 $\mathbf{r}=x\mathbf{i}+y\mathbf{j}+z\mathbf{k},\quad \Omega=\omega_1\mathbf{i}+\omega_2\mathbf{j}+\omega_3\mathbf{k}$

因爲
$$\mathbf{V}=\Omega\times\mathbf{r}=\begin{vmatrix}\mathbf{i}&\mathbf{j}&\mathbf{k}\\ \omega_1&\omega_2&\omega_3\\ x&y&z\end{vmatrix}$$
$$=(\omega_2 z-\omega_3 y)\mathbf{i}+(\omega_3 x-\omega_1 z)\mathbf{j}+(\omega_1 y-\omega_2 x)\mathbf{k}$$

所以
$$\nabla\times\mathbf{V}=2\omega_1\mathbf{i}+2\omega_2\mathbf{j}+2\omega_3\mathbf{k}=2\Omega\tag{62}$$

即
$$\Omega=\frac{1}{2}\nabla\times\mathbf{V}\tag{63}$$

故知旋度的物理意義代表物體在旋轉時,其旋度為角速度的 2 倍。

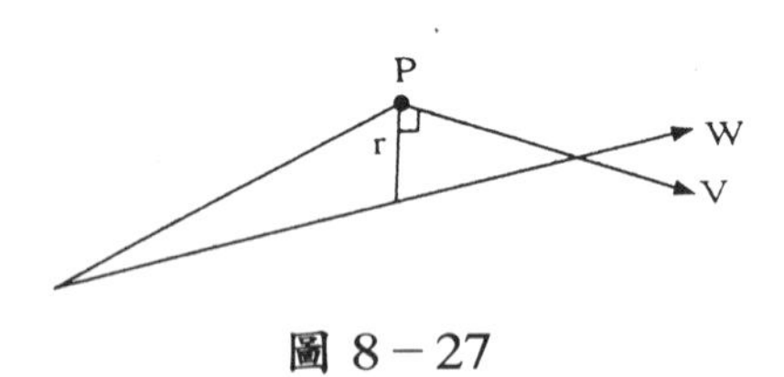

圖 8－27

例 8－31

設向量函數 $\mathbf{V}=2x^2y\mathbf{i}+4xz\mathbf{j}+3xy^2\mathbf{k}$, 求在點(1,0,1)之旋度。

解：

由(61)式知

$$\text{curl}\mathbf{V}=\nabla\times\mathbf{V}=\begin{vmatrix}\mathbf{i} & \mathbf{j} & \mathbf{k}\\ \frac{\partial}{\partial x} & \frac{\partial}{\partial y} & \frac{\partial}{\partial z}\\ 2x^2y & 4xz & 3xy^2\end{vmatrix}$$

$$=(6xy-4x)\mathbf{i}-3y^2\mathbf{j}+(4z-2x^2)\mathbf{k}$$

代入(1,0,1) $\nabla\times\mathbf{V}(1,0,1)=-4\mathbf{i}+2\mathbf{k}$

梯度、散度、旋度的性質

1. 若 ϕ 是具有連續一階與二階偏導數的連續函數,則 $\nabla\times(\nabla\phi)=0$
2. 若 $\mathbf{V}$ 是具有連續一階與二階偏導數的連續向量函數,則 $\nabla\cdot(\nabla\times\mathbf{V})=0$
3. 若散度 $\nabla\cdot\mathbf{V}=0$, 代表流體為不可壓縮。
4. 若旋度 $\nabla\times\mathbf{V}=0$, 代表物體無旋轉。
5. $\nabla\times(\nabla\phi)=0$
6. $\nabla\cdot(\nabla\times\mathbf{V})=0$
7. $\nabla(\phi_1+\phi_2)=\nabla\phi_1+\nabla\phi_2$
8. $\nabla\cdot(\mathbf{A}+\mathbf{B})=\nabla\cdot\mathbf{A}+\nabla\cdot\mathbf{B}$
9. $\nabla\times(\mathbf{A}+\mathbf{B})=\nabla\times\mathbf{A}+\nabla\times\mathbf{B}$
10. $\nabla\cdot(\phi\mathbf{A})=\nabla\phi\cdot\mathbf{A}+\phi(\nabla\cdot\mathbf{A})$
11. $\nabla\times(\phi\mathbf{A})=\nabla\phi\times\mathbf{A}+\phi(\nabla\times\mathbf{A})$

例 8－32

試証 $\nabla\cdot(\nabla\times\mathbf{V})=0$

證明

$$\nabla\cdot(\nabla\times V)=\nabla\cdot\begin{vmatrix} i & j & k \\ \frac{\partial}{\partial x} & \frac{\partial}{\partial y} & \frac{\partial}{\partial z} \\ v_1 & v_2 & v_3 \end{vmatrix}$$

$$=\nabla\cdot\left[\left(\frac{\partial v_3}{\partial y}-\frac{\partial v_2}{\partial z}\right)i+\left(\frac{\partial v_1}{\partial z}-\frac{\partial v_3}{\partial x}\right)j+\left(\frac{\partial v_2}{\partial x}-\frac{\partial v_1}{\partial y}\right)k\right]$$

$$=\frac{\partial^2 v_3}{\partial x\partial y}-\frac{\partial^2 v_2}{\partial x\partial z}+\frac{\partial^2 v_1}{\partial y\partial z}-\frac{\partial^2 v_3}{\partial y\partial x}+\frac{\partial^2 v_2}{\partial z\partial x}-\frac{\partial^2 v_1}{\partial z\partial y}$$

$$=0$$

例 8－33 ＜70 淡大機研＞

設一流體的流動速度向量爲 $V=2xi-4yj+2zk$

①求 $\nabla\cdot V$ 及 $\nabla\times V$

②此流場是否爲可壓縮？是否爲旋轉？

③若 $V=\nabla\phi$, 求 $\phi(x,y,z)$

解：

① $$\nabla\cdot V=\frac{\partial V_1}{\partial x}+\frac{\partial V_2}{\partial y}+\frac{\partial V_3}{\partial z}=0$$

$$\nabla\times V=\begin{vmatrix} i & j & k \\ \frac{\partial}{\partial x} & \frac{\partial}{\partial y} & \frac{\partial}{\partial z} \\ 2x & -4y & 2z \end{vmatrix}=0$$

② 因爲 $\nabla\cdot V=0$ 所以爲不可壓縮

因爲 $\nabla\times V=0$ 所以爲無旋轉

③ $V=\nabla\phi$

即 $$\nabla\phi=\frac{\partial\phi}{\partial x}i+\frac{\partial\phi}{\partial y}j+\frac{\partial\phi}{\partial z}k=2xi-4yj+2zk$$

故 $$\frac{\partial\phi}{\partial x}=2x$$

即 $$\phi=x^2+f(y,z)$$

$$\frac{\partial\phi}{\partial y}=-4y$$

即 $\phi = -2y^2 + g(x,z)$

$\frac{\partial\phi}{\partial z} = 2z$ 即 $\phi = z^2 + h(x,y)$

所以 $\phi = x^2 - 2y^2 + z^2 + C$

習 8-4 題

試求下列純量函數中的梯度$\nabla\phi$

① $\phi = e^{xy} + z^2x$　② $\phi = x - y + 2z^2$

③ $\phi = 2xy + e^zx$　④ $\phi = yz + zx + xy$

⑤ $\phi = e^{xyz}$　⑥ $\phi = -2\sin(x-y)z^2$

試求下列向量函數 V 的散度$\nabla\cdot V$及旋度$\nabla\times V$

⑦ $V = x^2i + y^2j + z^2k$　⑧ $V = 3x^2i + yzj + e^xk$

⑨ $V = (xi + yj + zk)/(x^2 + y^2 + z^2)^{3/2}$

⑩ $V = xz^4i - zx^4k$

⑪ $V = \sin(y)i + \cos(x)j$　⑫ $V = xi + yj + 2zk$

⑬ $V = \cos(xy)i - z^2j + (z+x)k$　⑭ $V = yi + xj$

⑮ $V = yi + zj + xk$　⑯ $V = 2xyi + e^yj + 2zk$

⑰ 求曲面：$3x^4 + 3y^4 + 6z^4 = 12$ 在點(1,1,1)的切平面及法線。

⑱ 求曲面：$\sinh(x+y+z) = 0$, 在點(0,0,0)的切平面及法線。

⑲ 求 $\phi = x^2 + y^2$ 在 P 點(1,1)方向爲 $a = 3i - 4j$ 的方向導數。

⑳ 求 $\phi = 1/\sqrt{x^2 + y^2 + z^2}$在 P 點(3,0,4)方向爲 $a = i + j + k$ 的方向導數。

㉑ 求曲面：$x^2 + y^2 + 2z^2 = 26$ 在 P 點(2,2,3)的單位法向量。

㉒ 求曲面：$z = \sqrt{x^2 + y^2}$在 P 點(6,8,10)的單位法向量。

㉓ 求一向量場 V, 使$\nabla\cdot V = 14xyz$

5 線積分

Line Integral

線積分(line integral)的觀念可從定積分推廣得知：

$$\int_a^b f(x)dx \tag{64}$$

假設空間中有一條曲線 C, 其方向是由 a 到 b 如圖 8－28, 則(64)式為正方向, 但若(64)式改為 $\int_b^a f(x)dx$ 則方向為負方向。倘若起點 a 與終點 b 為同一點, 則此曲線稱為「封閉曲線」。如圖 8－29 所示。

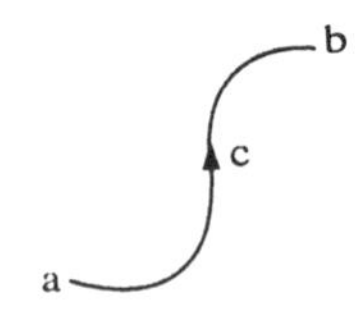

圖 8－28　定向曲線

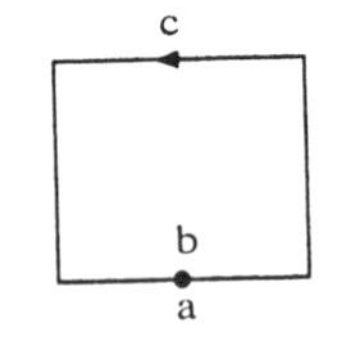

圖 8－29　封閉曲線

線積分的表示式為：

$$\int_c f(x,y,z)ds \tag{65}$$

通常假設 f 為連續函數, 而 C 為平滑曲線。(65)式其意義為 f 沿曲線 C 由起點 a 至終點 b 的積分。在此, 曲線 C 稱為積分路徑(path of integration)。若 C 為封閉曲線, 則線積分(65)式可以(66)式表示, C 為封閉路徑(closed path)。

$$\oint_c f(x,y,z)ds \tag{66}$$

線積分的性質

1. $\int_c af\,ds = a\int_c f\,ds$　a 為常數
2. $\int_c (f+g)ds = \int_c f\,ds + \int_c g\,ds$
3. $\int_c f\,ds = \int_{c1} f\,ds + \int_{c2} f\,ds$

在線積分 $\int_c f\,ds$, 中 f 可能為純量場, 亦可能為向量場。而曲線 C 的表示式, 亦可能有三種不同形式的參數式表示, 即 $\mathbf{R}(s)$、$\mathbf{R}(t)$、$\mathbf{R}(x)$。

本節將歸納三個方向討論線積分：

◎純量場的線積分：$\int_c f(x,y,z)ds$

◎向量場的線積分：$\int_c \mathbf{F}(x,y,z)\cdot d\mathbf{R}$

◎與路徑無關的線積分：$\int_b^a \mathbf{F}\cdot d\mathbf{R}$

並探討曲線 C 以不同參數表示時的情形。

一、純量場的線積分

純量場的線積分, 其意義表示為在曲線 C 上各點的純量函數總和。

1. 曲線以 R(s) 表示

設 $\mathbf{R}(s) = x(s) + y(s) + z(s)$ 且 $a \le s \le b$

則線積分為：

$$\int_c f(x,y,z)ds = \int_b^a f[x(s),y(s),z(s)]ds \tag{67}$$

例 8－34

已知 C ：$\mathbf{R}(s) = s\mathbf{i} + (2s+1)\mathbf{j} + s\mathbf{k}$ 且 $0 \le s \le 1$, 求 $\int_c 2xyz\,ds$

解：

$$\int_c 2xyz\,ds = \int_0^1 2s(2s+1)s\,ds = \int_0^1 (4s^3+2s^2)ds$$
$$= (s^4+\frac{2}{3}s^3)\Big|_0^1 = \frac{5}{3}$$

2. 曲線以 R(t) 表示

設 $\mathbf{R}(t) = x(t)\mathbf{i} + y(t)\mathbf{j} + z(t)\mathbf{k}$ 且 $a \le t \le b$

則線積分爲：

$$\int_c f(x,y,z)ds = \int_a^b [x(t),y(t),z(t)]\frac{ds}{dt}dt \tag{68}$$

其中 $$\frac{ds}{dt} = \sqrt{\mathbf{R}'(t)\cdot\mathbf{R}'(t)} \tag{69}$$

例 8－35

求 $\int_c (x^2,y^2,z^2)ds$, 已知積分路徑爲一螺旋線, 其參數方程式爲：$x = \cos(t)$, $y = \sin(t)$, $z = 3t$, C 的起點爲 (1,0,0) 而終點爲 $(1,0,6\pi)$。

解：

$$\mathbf{R}(t) = x(t)\mathbf{i} + y(t)\mathbf{j} + z(t)\mathbf{k}$$
$$= \cos(t)\mathbf{i} + \sin(t)\mathbf{j} + 3(t)\mathbf{k}$$
$$\mathbf{R}'(t) = -\sin(t)\mathbf{i} + \cos(t)\mathbf{j} + 3\mathbf{k}$$

由(69)式知 $$\frac{ds}{dt} = \sqrt{\mathbf{R}'(t)\cdot\mathbf{R}'(t)}$$
$$= \sqrt{[-\sin(t)]^2 + [\cos(t)]^2 + 9} = \sqrt{10}$$

由(68)式知 $$\int_c f(x,y,z)ds = \int_0^{2\pi} [\cos^2(t) + \sin^2(t) + 9t^2]\cdot\sqrt{10}\,dt$$
$$= \int_0^{2\pi} \sqrt{10}(1+9t^2)dt$$
$$= 2\sqrt{10}(\pi + 12\pi^3)$$

3. 曲線以 R(x) 表示

設 $\mathbf{R}(x) = x\mathbf{i} + y(x)\mathbf{j} + z(x)\mathbf{k}$ 且 $a \le x \le b$

則線積分為：

$$\int_c f(x,y,z)ds = \int_a^b [x,y(x),z(x)]\frac{ds}{dx}dx \qquad (70)$$

其中 $$\frac{ds}{dx} = \sqrt{\mathbf{R}'(x)\cdot\mathbf{R}'(x)} = \sqrt{1+\left(\frac{dy}{dx}\right)^2+\left(\frac{dz}{dx}\right)^2} \qquad (71)$$

例 8－36

試求 $\int_c [xy+yz+zx]ds$, 其中 C ：$y=x, z=2$, 起點為 $(0,0,2)$ 而終點為 $(1,1,2)$

解：

$$\mathbf{R}(x) = x\mathbf{i} + y(x)\mathbf{j} + z(x)\mathbf{k} = x\mathbf{i} + x\mathbf{j} + 2\mathbf{k}$$

$$\mathbf{R}'(x) = \mathbf{i} + \mathbf{j}$$

由(71)式知 $$\frac{ds}{dx} = \sqrt{\mathbf{R}'(x)\cdot\mathbf{R}'(x)} = \sqrt{2}$$

由(70)式知 $$\int_c f(x,y,z)ds = \int_0^1 [x^2+2x+2x]\cdot\sqrt{2}\,dx$$

$$= \sqrt{2}\int_0^1 (x^2+4x)dx = \frac{7\sqrt{2}}{3}$$

二、向量場的線積分

向量場的線積分, 其意義表示為曲線 C 上各點 F 的切線分量總和；或可說力 F 沿 C 從起點至終點所作的功。

1. 曲線以 R(S) 表示

設 $\mathbf{R}(S) = x(S)\mathbf{i} + y(S)\mathbf{j} + z(S)\mathbf{k}$ 且 $a \le S \le b$

則線積分為：

$$\int_c \mathbf{F}\cdot d\mathbf{R} = \int_a^b \mathbf{F}[x(S),y(S),z(S)]\cdot\frac{d\mathbf{R}}{ds}ds \qquad (72)$$

2. 曲線以 R(t) 表示

設 $\mathbf{R}(t) = x(t)\mathbf{i} + y(t)\mathbf{j} + z(t)\mathbf{k}$ 且 $a \le t \le b$

則線積分為：

$$\int_c \mathbf{F}\cdot d\mathbf{R}=\int_a^b \mathbf{F}[x(t),y(t),z(t)]\cdot\frac{d\mathbf{R}}{dt}\,dt \tag{73}$$

3. 曲線以 R(x) 表示

設 $\mathbf{R}(x)=x\mathbf{i}+y(x)\mathbf{j}+z(x)\mathbf{k}$ 且 $a\leq x\leq b$

則線積分爲：

$$\int_c \mathbf{F}\cdot d\mathbf{R}=\int_a^b \mathbf{F}[x,y(x),z(x)]\cdot\frac{d\mathbf{R}}{dx}\,dx \tag{74}$$

例 8－37

設 $\mathbf{F}=2xy^2\mathbf{i}+3y\mathbf{j}$, 求 $\int_c \mathbf{F}\cdot d\mathbf{R}$, C 爲 xy 平面上的曲線 $y=x^2$ 起點爲 (0,0) 至終點 (1,2)。

解：

$$\mathbf{R}(x)=x\mathbf{i}+y\mathbf{j}=x\mathbf{i}+x^2\mathbf{j}$$

$$\mathbf{R}'(x)=\mathbf{i}+2x\mathbf{j}$$

由(74)式知

$$\int_c \mathbf{F}\cdot d\mathbf{R}=\int_0^1 (2xy^2\mathbf{i}+3y\mathbf{j})\cdot(\mathbf{i}+2x\mathbf{j})dx$$

$$=\int_0^1 (2x^5\mathbf{i}+3x^2\mathbf{j})\cdot(\mathbf{i}+2x\mathbf{j})dx=8$$

例 8－38

設 $\mathbf{F}=x^3\mathbf{i}+2xy\mathbf{j}+z^2\mathbf{k}$, C ：$x=t, y=t^2, z=2t$ 且 $0\leq t\leq 2$, 試求 $\int_c \mathbf{F}\cdot d\mathbf{R}$

解：

$$\mathbf{R}(t)=t\mathbf{i}+t^2\mathbf{j}+2t\mathbf{k}$$

$$\mathbf{R}'(t)=\mathbf{i}+2t\mathbf{j}+2\mathbf{k}$$

由(73)式知

$$\int_c \mathbf{F}\cdot d\mathbf{R}=\int_0^2 [t^3\mathbf{i}+2t^3\mathbf{j}+4t^2\mathbf{k}]\cdot[\mathbf{i}+2t\mathbf{j}+2\mathbf{k}]dt$$

$$=\int_0^2 [t^3+4t^4+8t^2]dt=50\frac{14}{15}$$

若 C 是由平滑片段 $C_1, C_2\cdots\cdots C_n$ 所組成的曲線,

則 $$\int_c \mathbf{F}\cdot d\mathbf{R}=\int_{c_1}\mathbf{F}\cdot d\mathbf{R}_1+\int_{c_2}\mathbf{F}\cdot d\mathbf{R}_2+\cdots\cdots+\int_{c_n}\mathbf{F}\cdot d\mathbf{R}_n \tag{75}$$

例 8－39

設 $\mathbf{F}=x\mathbf{i}+2xy\mathbf{i}+z\mathbf{j}$, 而 C ：$x=t, y=|t|, z=1$ 且 $-1\leq t\leq 1$

試求 $\int_c \mathbf{F}\cdot d\mathbf{R}$

解：

C 是由平滑片段 C_1 和 C_2 所組合而成的：

$$C_1 ：x=t,\quad y=-t,\quad z=1\quad -1\leq t\leq 0$$

$$C_2 ：x=t,\quad y=t,\quad z=1\quad 0\leq t\leq 1$$

所以 $\mathbf{R}_1=t\mathbf{i}-t\mathbf{j}+\mathbf{k}, \mathbf{R}_1'=\mathbf{i}-\mathbf{j}$

$$\mathbf{R}_2=t\mathbf{i}+t\mathbf{j}+\mathbf{k}, \mathbf{R}_2'=\mathbf{i}+\mathbf{j}$$

由(75)式知

$$\int_c \mathbf{F}\cdot d\mathbf{R}=\int_{c_1}\mathbf{F}\cdot d\mathbf{R}_1+\int_{c_2}\mathbf{F}\cdot d\mathbf{R}_2$$

$$=\int_{-1}^{0}(t+2t^2)dt+\int_{0}^{1}(t+2t^2)dt$$

$$=\frac{1}{6}+\frac{7}{6}=\frac{4}{3}$$

線積分的另一種表示法爲：

$$\int_a^b \mathbf{F}\cdot d\mathbf{R}=\int_a^b(F_1dx+F_2dy+F_3dz) \qquad (76)$$

例 8－40

已知 $\mathbf{F}=3x^2\mathbf{i}+2xyz\mathbf{j}+z\mathbf{k}$, 而 C ：$x=t, y=t^2, z=2t$ 且 $0\leq t\leq 2$ 試求

$$\int_c F_1dx+F_2dy+F_3dz$$

解：

因爲 $dx=dt,\quad dy=2tdt,\quad dz=2dt$

由(76)式知

$$\int_c F_1dx+F_2dy+F_3dz=\int_0^2(3t^2+4t^4+4t)dt$$

$$=\frac{116}{5}$$

例 8－41

設力場 $\mathbf{F}=(2x-y+z)\mathbf{i}+(x+y-z^2)\mathbf{j}+(3x-2y+4z)\mathbf{k}$，而 C 為 xy 平面上以原點為圓心，以 2 為半徑的圓，試求此力 F 在 C 上所作的功為多少？

解：

C 是 xy 平面上半徑為 2 的圓，

故 $\mathbf{R}=x\mathbf{i}+y\mathbf{j}+z\mathbf{k}=2\cos(\theta)\mathbf{i}+2\sin(\theta)\mathbf{j}$

其中 $0\leq\theta\leq2\pi \quad z=0$

$$\mathbf{R}'=-2\sin(\theta)\mathbf{i}+2\cos(\theta)\mathbf{j}$$

所以 $$\int_c \mathbf{F}\cdot d\mathbf{R}=\int_0^{2\pi}\{[2\cos(\theta)-2\sin(\theta)]\mathbf{i}+[2\cos(\theta)+2\sin(\theta)]\mathbf{j}\}\cdot[-2\sin(\theta)\mathbf{i}+2\cos(\theta)\mathbf{j}]\,d\theta$$

$$=\int_0^{2\pi}[4\sin^2(\theta)+4\cos^2(\theta)]\,d\theta=\int_0^{2\pi}4\,d\theta=8\pi$$

三、與路徑無關的線積分

向量場 F 若為保守向量場，則有一位勢函數 ϕ 存在，

且 $$\mathbf{F}=\nabla\phi \tag{77}$$

此時線積分與線徑無關

$$\int_a^b \mathbf{F}\cdot d\mathbf{R}=\int_a^b \nabla\phi\cdot d\mathbf{R}=\int_a^b \frac{\partial\phi}{\partial x}dx+\frac{\partial\phi}{\partial y}dy+\frac{\partial\phi}{\partial z}dz$$

$$=\int_a^b d\phi=\phi\Big|_a^b$$

$$=\phi(b)-\phi(a) \qquad \text{與路徑無關}$$

> **與路徑無關的線積分判斷法**
>
> 1. F作用於單連通區域
>
>   若　$\nabla \times \mathbf{F}=0$　則與路徑無關　(78)
>
> 2. F作用於非單連通區域
>
>   若　$\oint \mathbf{F}\cdot d\mathbf{R} \neq 0$　則與路徑有關　(79)

例 8－42

試判斷向量場 $\mathbf{F}=\left(\frac{y}{x^2+y^2}\right)\mathbf{i}-\left(\frac{x}{x^2+y^2}\right)\mathbf{j}$ 是否爲保守向量場。

解：

因爲 F 在(0,0)爲無意義，故 F 是作用在非單連通區內。

由(79)式知，若 $\oint \mathbf{F}\cdot d\mathbf{R} \neq 0$，則與路徑無關，故 F 爲非保守向量場。

設 F 是作用在半徑爲 r 的封閉圓，

則

$$\mathbf{R}=r\cos(\theta)\mathbf{i}+r\sin(\theta)\mathbf{j}$$

$$\mathbf{R}'=-r\sin(\theta)\mathbf{i}+r\cos(\theta)\mathbf{j}$$

$$\int_c \mathbf{F}\cdot d\mathbf{R}=\int_0^{2\pi}\left\{\left(\frac{\sin(\theta)}{r}\right)\mathbf{i}-\left(\frac{\cos(\theta)}{r}\right)\mathbf{j}\right\}\cdot[-r\sin(\theta)\mathbf{i}+r\cos(\theta)\mathbf{j}]\,d\theta$$

$$=\int_0^{2\pi}[-\sin^2(\theta)-\cos^2(\theta)]\,d\theta=-2\pi\neq 0$$

故 F 爲非保守向量場

例 8－43

已知 $\mathbf{F}=[x^2y\cos(x)+2xy\sin(x)-y^2e^x]\mathbf{i}+[x^2\sin(x)-2ye^x]\mathbf{j}$，試問 $\oint_c \mathbf{F}\cdot d\mathbf{R}=$ ？

解：

因爲　$\nabla \times \mathbf{F}=0$

故 **F** 爲保守向量場

所以由(79)式知，　$\oint \mathbf{F}\cdot d\mathbf{R}=0$

例 8－44

試求 $I=\int_{(1,2,3)}^{(4,5,6)} ze^x dx+2yzdy+(e^x+y^z)dz$

解：

因爲　$\mathbf{F}=ze^x\mathbf{i}+2yz\mathbf{j}+(e^x+y^z)\mathbf{k}$

且　$\nabla\times\mathbf{F}=0$

故知 **F** 爲保守向量場

由(77)式知 $\mathbf{F}=\nabla\phi$ 與路徑無關

即　$\frac{\partial\phi}{\partial x}=ze^x,\qquad \phi(x,y,z)=ze^x+f(y,z)$

$\frac{\partial\phi}{\partial y}=2yz,\qquad \phi(x,y,z)=y^2z+g(y,z)$

$\frac{\partial\phi}{\partial z}=e^x+y^z,\qquad \phi(x,y,z)=ze^x+y^z+h(x,y)$

故　$\phi=ze^x+y^2z+y^z+C$

所以　$I=\phi(b)-\phi(a)$

$=\phi(4,5,6)-\phi(1,2,3)$

$=6e^4-3e^1+3255$

例 8－45

求 $\mathbf{F}=yz\mathbf{i}+xz\mathbf{j}+xy\mathbf{k}$，沿 C 自(1,2,1)至(2,2,2)所作的功。

解：

因爲　$\nabla\times\mathbf{F}=0$

所以 **F** 爲保守向量場，且線積分與路徑無關

$\mathbf{F}=\nabla\phi$

$\frac{\partial\phi}{\partial x}=yz,\quad xyz+f(y,z)$

$\frac{\partial\phi}{\partial y}=xz,\quad xyz+g(x,z)$

$$\frac{\partial \phi}{\partial z}=xy, \quad xyz+h(x,y)$$

故 $\phi=xyz+C$

F 所作的功爲 $\int_c \mathbf{F}\cdot d\mathbf{R}=\phi(b)-\phi(a)=\phi(2,2,2)-(1,2,1)$

$=6$

習 8-5 題

求下列純量場 f(x,y,z) 的線積分

① $F=xyz$，C：$R=si+(s+2)j+s^2k$，$0\leq s\leq 1$

② $F=x^2+y^2+z^2$，C：$R=\cos(t)i+\sin(t)j+3(t)k$ 自 $(1,0,0)$ 至 $(1,0,\pi)$

③ $F=x^2+y^2$，C：$y=-x$ 由 $(2,-2)$ 至 $(1,-1)$

④ $F=xy+z^2$，C：$x=\cos(t)$，$y=\sin(t)$，$z=t$ 自 $(1,0,0)$ 至 $(-1,0,\pi)$

⑤ $F=xy^3$，C：$y=2x$ 由 $(-1,-2)$ 至 $(1,2)$

⑥ $F=x-y+3z$，C：$x=3\cos(t)$，$y=1$，$z=3\sin(t)$，$t：0\rightarrow\frac{\pi}{4}$

⑦ $F=x+y$，C：$x=y=z=t^2$，$t：0\rightarrow 2$

⑧ $F=(x^2+y^2+z^2)$，C：$x=\cos(t)$，$y=\sin(t)$，$z=3t$ 由 $(1,0,0)$ 至 $(1,0,6\pi)$

⑨ $F=xy+y^2-xyz$，C：$y=x^2$，$z=0$ 由 $(-1,1,0)$ 至 $(2,4,0)$

⑩ $F=3y^3$，C：$x=z=t^2$，$y=1$，$t：1\rightarrow 6$

求下列向量場 F(x,y,z) 的線積分

⑪ $F=(xy+y^2)i+x^2j$，C：$R=xi+x^2j$

⑫ $F=2xyz^5i+x^2z^5j+5x^2yz^4k$，C：$x^2+4y^2=4$，$z=8$

⑬ $F=(2x-y+z)i+(x+y-z^2)j+(3x-2y+4z)k$，C 爲以原點爲圓心、以 3 爲半徑之圓。

⑭ $F=3e^xzi-4y^2k$，C：$x=t$，$y=t^3$，$z=2t$，$t：0\rightarrow 1$

6 葛林定理

Green's Theorem

在微積分中我們曾學過雙重積分，本節將介紹線積分與雙重積分的互換方法：葛林定理。在線積分或雙重積的積分過程中，有時會遇到積分方面的困難，此時採用葛林定理的互換方法或能較輕易地解決積分困難。

曲線的定義

1. 簡單的(simple)：

   曲線 C 對不同的參數值不會經過同一點，稱之。

2. 封閉的(closed)：

   曲線 C 的起點與終點爲同一點，稱之。

3. 連續的(continuous)：

   曲線 C 爲 t 的連續函數，稱之。

4. 平滑的(smooth)：

   曲線 C 爲可微分，且微分後的 R′(t)爲連續的，稱之。

5. 逐段平滑(piecevise smooth)：

   曲線 C 是由有限個平滑曲線所串接而成的，稱之。

6. 正則的(regular)：

   曲線 C 具有簡單的且逐段平滑的性質，稱之。

7. 正定向(positively oriented)：

曲線 C 爲正則封閉曲線，若依反時針沿 C 轉動，則將 C 稱爲正定向。

8. 負定向(negatively oriented)：

曲線 C 爲正則封閉曲線，若依順時針沿 C 轉動，則將 C 稱爲負定向。

葛林定理

設 C 爲平面 D 上的正則、封閉、正定向曲線

設 $\mathbf{F}(x,y)=F_1(x,y)\mathbf{i}+F_2(x,y)\mathbf{j}$

且 F_1、F_2、$\dfrac{\partial F_1}{\partial y}$、$\dfrac{\partial F_2}{\partial x}$ 均爲連續的

則
$$\oint_C F_1dx+F_2dy=\iint_D\left(\frac{\partial F_2}{\partial x}-\frac{\partial F_1}{\partial y}\right)dxdy \tag{80}$$

例 8－46

試①直接計算法②葛林定理法，計算 $\oint_C(3x^2ydx+2ydy)$ 的值。其中積分路徑 C 是以 $(1,0)$、$(0,0)$、$(1,1)$ 三點爲頂點的三角形邊界，且 C 爲正定向的如圖 8－30 所示。

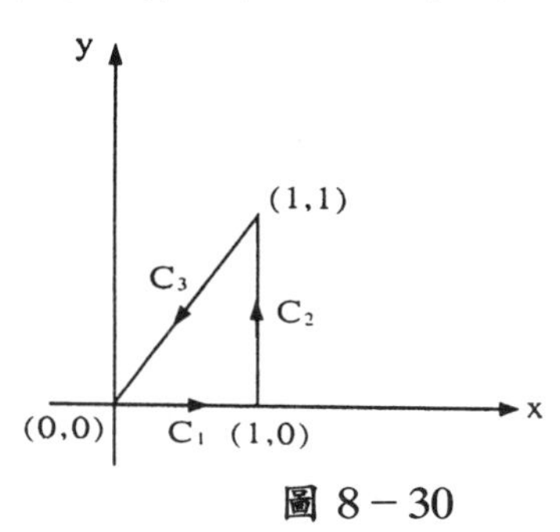

圖 8－30

解：

① 直接計算法

C_1 ：$x=x$， $y=0$， $x:0\to1$

C_2 ：$x=1$， $y=y$， $y:0\to1$

C_3 ：$x=y$,　　　　x ：$1\to 0$

則

$$\int_{C_1} F_1dx+F_2dy=\int_0^1 0dx+0=0$$

$$\int_{C_2} F_1dx+F_2dy=\int_0^1 3yd(1)+2ydy=\int_0^1 2ydy=1$$

$$\int_{C_3} F_1dx+F_2dy=\int_1^0 3x^3dx+\int_1^0 2xdx=-\frac{7}{4}$$

所以

$$\oint_c (3x^2ydx+2ydy)=0+1-\frac{7}{4}=-\frac{3}{4}$$

② 葛林定理

由(80)式知

$$\oint_c (3x^2ydx+2ydy)=\int_0^1\int_0^x (0-3x^2)dydx=-\frac{3}{4}$$

例 8－47

求 $\oint_c (x^2+y^2)dx+xdy$, 其中 C 爲正向的, 且 C 爲由 $y=x$ 及 $y=x^2$ 所形成的封閉曲線, 如圖 8－31 所示。

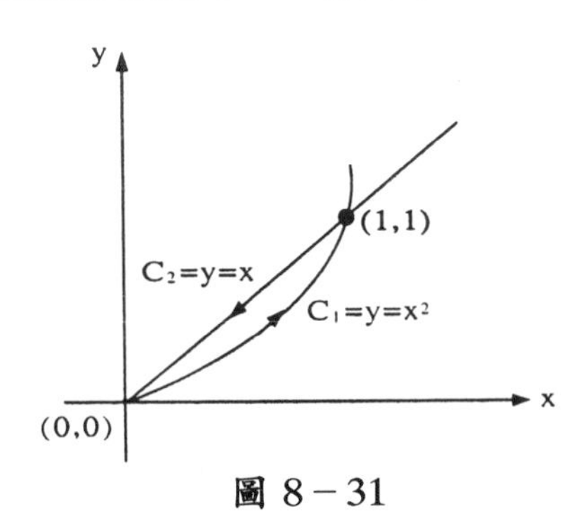

圖 8－31

解：

① 直接積分法

由(76)式知

$$\int_{C_1} (x^2+y^2)dx+xdy=\int_0^1 (x^2+x^4+2x^2)dx=\frac{6}{5}$$

$$\int_{C_2} (x^2+y^2)dx+xdy=\int_1^0 (2x^2+x)dx=-\frac{7}{6}$$

所以

$$\oint_c (x^2+y^2)dx+xdy=\frac{6}{5}-\frac{7}{6}=\frac{1}{30}$$

② 葛林定理

由(80)式知

$$\oint_c (x^2+y^2)dx+xdy=\int_0^1\int_{x^2}^x (1-2y)dydx=\frac{1}{30}$$

使用葛林定理必須符合葛林定理所述的條件。**例 8－48** 即解釋葛林定理不適用的情形。

例 8－48

設 C 為單位圓 $x = \cos(\theta), y = \sin(\theta); \theta : 0 \to 2\pi$, 並設 D 為其所包圍的區域。且知 $\mathbf{F} = \left(\frac{-y}{x^2+y^2}\right)\mathbf{i} + \left(\frac{x}{x^2+y^2}\right)\mathbf{j}$, 試求 $\oint_c F_1 dx + F_2 dy$

①使用直接積分法。 ②試用葛林定理。

解：

① 直接積分法

$$x = \cos(\theta) \Rightarrow dx = -\sin(\theta)d\theta$$

$$y = \sin(\theta) \Rightarrow dy = \cos(\theta)d\theta$$

$$\mathbf{F} = -\sin(\theta)\mathbf{i} + \cos(\theta)\mathbf{j}$$

所以 $$\oint_c F_1 dx + F_2 dy = \int_0^{2\pi} [\sin^2(\theta) + \cos^2(\theta)]d\theta = 2\pi$$

② 葛林定理

由(80)式知 $$\oint_c F_1 dx + F_2 dy = \iint \left(\frac{\partial F_2}{\partial x} - \frac{\partial F_1}{\partial y}\right)dxdy = 0$$

討論

顯然此題並不適用葛林定理。因為 D 包含原點, 而 F_1、F_2、$\frac{\partial F_1}{\partial y}$ 及 $\frac{\partial F_2}{\partial x}$ 在該原點為不連續, 所以不適用。

習 8-6 題

試用葛林定理求下列 $\oint_C F_1dx+F_2dy$ 之值，其中 C 皆為正定向的

① $\mathbf{F}=(x-y)\mathbf{i}-x^2\mathbf{j}$，C 為正方形 $0\le x\le 2, 0\le y\le 2$ 的邊界。

② $\mathbf{F}=(3x^2+y)\mathbf{i}+4y^2\mathbf{j}$，C 為連接(0,0)，(1,0)，(0,2)的三角形

③ $\mathbf{F}=4x^2\mathbf{i}-3x^2y\mathbf{j}$，C 為圓 $(x-1)^2+y^2=16$

④ $\mathbf{F}=x(x-y)^2\mathbf{i}+y(x+y)^2\mathbf{j}$，C：$y=x^2$ 與 $y=x$

⑤ $\mathbf{F}=(e^x-3y)\mathbf{i}+(e^y+6x)\mathbf{j}$，C 為橢圓 $x^2+4y^2=4$

⑥ $\mathbf{F}=y\mathbf{i}-x\mathbf{j}$，為圓 $x^2+y^2=\dfrac{1}{4}$

⑦ $\mathbf{F}=x^{-1}e^y\mathbf{i}+[e^y\ell n(x)+2x]\mathbf{j}$，C 為 $1+x^4\le y\le 2$ 的邊界。

⑧ $\mathbf{F}=4xy^3\mathbf{i}+6x^2y^2\mathbf{j}$，C：$x^2+y^2=1$

⑨ $\mathbf{F}=3y\mathbf{i}$，C：$x=\cos(2t)$，$y=\sin(2t)$，$t:0\to 0$

⑩ $\mathbf{F}=xy\mathbf{i}-x\mathbf{j}$，C 為 $x^2+y^2=4$ 及 $x^2+y^2=16$ 的邊界。

7 面積分與體積分

Surface Integral and Volume Integral

一、曲面面積

曲面 S 通常是以參數形式表示。如

$$x=x(u,\upsilon),\quad y=y(u,\upsilon),\quad z=z(u,\upsilon)$$

其中(u,υ)是在 uv 平面的某區域 D 內。此種形式的表示法，有助於我們將其他較複雜的座標系統，以大家熟悉的類似直角座標系統觀念展示。如

1. 笛卡爾座標

$$x=x,\quad y=y,\quad z=z(x,y)\qquad 參數：(x,y)$$

2. 極座標

$$x=r\cos(\theta),\quad y=r\sin(\theta)\qquad 參數：(r,\theta)$$

3. 球座標

$$x=r\sin(\theta)\cos(\phi),\quad y=r\sin(\theta)\sin(\phi),\quad z=r\cos(\theta)$$

$$參數：(\theta,\phi)$$

4. 圓柱面座標

$$x=r\cos(\theta),\quad y=r\sin(\theta),\quad z=z\qquad 參數：(\theta,z)$$

若曲面 S 是以(u,v)參數形式表示，則此曲面 S 的參數式爲

$$\mathbf{R}(u,v)=x(u,v)\mathbf{i}+y(u,v)\mathbf{j}+z(u,v)\mathbf{k}$$

此時欲求曲面 S 上的極小面積 dS，則爲(如圖 8－32 所示)

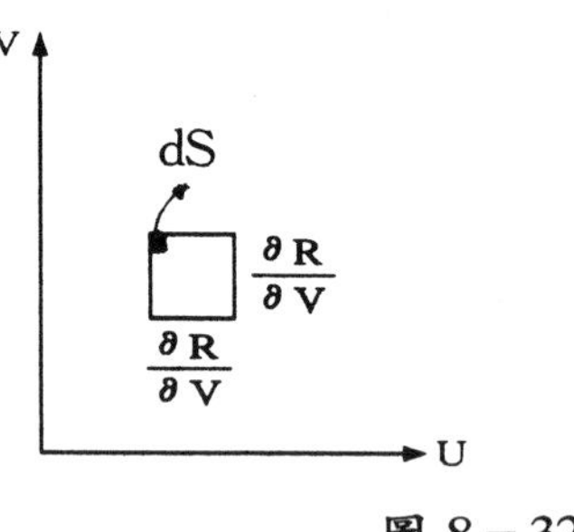

圖 8－32

$$ds=\left|\frac{\partial \mathbf{R}}{\partial u}du\times\frac{\partial \mathbf{R}}{\partial v}dv\right|=\left|\frac{\partial \mathbf{R}}{\partial u}\times\frac{\partial \mathbf{R}}{\partial v}\right|dudv \tag{81}$$

其中定義 $$J=\left|\frac{\partial \mathbf{R}}{\partial u}\times\frac{\partial \mathbf{R}}{\partial v}\right| \tag{82}$$

即 $$d\mathbf{S}=|J|dudv \tag{83}$$

J 稱為亞可比(Jacobian)，在幾何意義上 $|J|$ 表示座標轉換時，極小面積的面積轉換率。例如

[1]在笛卡爾座標系統：

$$\mathbf{R}=x\mathbf{i}+y\mathbf{j}+z(x,y)\mathbf{k}$$

$$d\mathbf{S}=\left|\frac{\partial \mathbf{R}}{\partial x}\times\frac{\partial \mathbf{R}}{\partial y}\right|dxdy$$

$$=\sqrt{1+\left(\frac{\partial z}{\partial x}\right)^2+\left(\frac{\partial z}{\partial y}\right)^2}dxdy \tag{84}$$

[2]在極座標系統：

$$\mathbf{R}=r\cos(\theta)\mathbf{i}+r\sin(\theta)\mathbf{j}$$

$$d\mathbf{S}=\left|\frac{\partial \mathbf{R}}{\partial x}\times\frac{\partial \mathbf{R}}{\partial y}\right|drd\theta$$

$$=rdrd\theta \tag{85}$$

[3]在球座標系統：

$$\mathbf{R}=a\ \sin(\theta)\cos(\phi)\mathbf{i}+a\ \sin(\theta)\sin(\phi)\mathbf{j}+a\ \cos(\theta$$

$$d\mathbf{S}=\left|\frac{\partial \mathbf{R}}{\partial \theta}\times\frac{\partial \mathbf{R}}{\partial \phi}\right|d\theta d\phi$$

$$=a^2\ \sin(\theta)d\theta d\phi \tag{86}$$

[4]在圓柱面座標：

$$\mathbf{R}=r\cos(\phi)\mathbf{i}+r\sin(\phi)\mathbf{j}+(z)\mathbf{k}$$

$$d\mathbf{S}=\left|\frac{\partial \mathbf{R}}{\partial \phi}\times\frac{\partial \mathbf{R}}{\partial z}\right|d\phi dz$$

$$=rd\phi dz \tag{87}$$

由(81)式知，曲面 S 的面積爲

$$A=\iint_s \frac{\partial \mathbf{R}}{\partial u}\times\frac{\partial \mathbf{R}}{\partial v}dudv=\iint_s dS \tag{88}$$

例 8－49

試求曲面的面積　S ：$z=x^2+y^2, 0\leq z\leq b$

解：

曲面位置向量　$\mathbf{R}(u,v)=u\cos(v)\mathbf{i}+u\sin(v)\mathbf{j}+(u^2)\mathbf{k}$

因爲　$0\leq z\leq b, 0\leq u^2\leq b, 0\leq v\leq 2\pi$

$$\frac{\partial \mathbf{R}}{\partial u}=\cos(v)\mathbf{i}+\sin(v)\mathbf{j}+(2u)\mathbf{k}$$

$$\frac{\partial \mathbf{R}}{\partial v}=-u\sin(\upsilon)\mathbf{i}+u\cos(\upsilon)\mathbf{j}$$

所以　$\left|\frac{\partial \mathbf{R}}{\partial u}\times\frac{\partial \mathbf{R}}{\partial v}\right|=u\sqrt{1+4u^2}$

由(88)式知　$A=\int_a^b\int_0^{2\pi}u\sqrt{1+4u^2}dudv=\frac{\pi}{6}[(1+4b^2)^{\frac{3}{2}}-1]$

(88)式爲曲面面積的公式。有時爲了求曲面面積，變換座標系統則能方便積分，(84)式至(87)式爲不同座標系統的公式。

二、面積分

面積分的求法是以極小曲面面積爲元素。假設 f 爲連續函數，並設曲面 S 被分割成 n 個$\triangle S_i$，而 P_i 爲其上的點，則此連續函數 f 在 S 的面積分爲

$$\iint_s f(P)d\mathbf{S} \tag{89}$$

(89)式的連續函數 f，可能爲純量場或爲向量場。以下將介紹純量場的面積分，及向量場的面積分。

1.純量場的面積分

純量場面積分的物理意義爲：在曲面上各點純量函數值的總和，其表示爲

$$\iint_S \phi(x,y,z)ds \tag{90}$$

例 8－50

已知 $\phi(x,y)=xy$，$\mathbf{S}$ ：$x^2+y^2=4$ 且 $0\leq z\leq 1$，求 $\iint_S \phi(x,y)ds$

解：

曲面 $\mathbf{S}$ 的位置向量爲

$$\mathbf{R}=2\ \cos(\phi)\mathbf{i}+2\ \sin(\phi)\mathbf{j}+(z)\mathbf{k}$$

$$\frac{\partial\mathbf{R}}{\partial\phi}=-2\ \sin(\phi)\mathbf{i}+2\ \cos(\phi)\mathbf{j}$$

$$\frac{\partial\mathbf{R}}{\partial z}=1$$

所以 $\left|\frac{\partial\mathbf{R}}{\partial\phi}\times\frac{\partial\mathbf{R}}{\partial z}\right|=2$

由(81)式知 $d\mathbf{S}=\left|\frac{\partial\mathbf{R}}{\partial\phi}\times\frac{\partial\mathbf{R}}{\partial z}\right|d\phi dz=2d\phi dz$

上式或可直接由(87)式知

得 $\iint_S \phi(x,y)ds=\int_0^1\int_0^{2\pi}[2\ \cos(\phi)][2\ \sin(\phi)](2)d\phi dz=0$

例 8－51

已知 $\phi(x,y)=(x^2+y^2)^2$，S ：$Z=(x^2+y^2)$ 且 $x^2+y^2\leq 1$，求 $\iint_S \phi(x,y)ds$

解：

曲面 $\mathbf{S}$ 的位置向量爲

$$\mathbf{R}=u\cos(\upsilon)\mathbf{i}+u\sin(\upsilon)\mathbf{j}+u^4\mathbf{k}\quad 0\leq u\leq 1,\quad 0\leq\upsilon\leq 2\pi$$

則 $\frac{\partial\mathbf{R}}{\partial u}=\cos(\upsilon)\mathbf{i}+\sin(\upsilon)\mathbf{j}+(4u^3)\mathbf{k}$

$$\frac{\partial\mathbf{R}}{\partial\upsilon}=-u\sin(\upsilon)\mathbf{i}+u\cos(\upsilon)\mathbf{j}$$

則 $\left|\frac{\partial \mathbf{R}}{\partial u}\times\frac{\partial \mathbf{R}}{\partial v}\right| = u\sqrt{1+16u^3}$

由(81)式知 $d\mathbf{S} = u\sqrt{1+16u^3}\,du\,dv$

所以 $\iint_S (x^2+y^2)^2 ds = \int_0^{2\pi}\int_0^1 u^4(u\sqrt{1+16u^3})\,du\,dv$

$$= \frac{\pi}{72}(17^{\frac{3}{2}}-1)$$

2.向量場的面積分

向量場面積分的物理意義可解釋爲：單位時間流過曲面 **S** 的流體量。假設 **N** 爲垂直於 d**S** 的單位法向量，且方向爲向外，則面積分可表爲：

$$\iint_S \mathbf{F}\cdot d\mathbf{S} = \iint_S \mathbf{F}\cdot\mathbf{N}ds \tag{91}$$

$$\mathbf{N} = \frac{\nabla\phi}{|\nabla\phi|} \tag{92}$$

其中 ϕ 爲曲面 **S** 的參數式。(91)式的 d**S** 可由(81)式得之，或可由下式得之。

$$d\mathbf{S} = \frac{dxdy}{|\mathbf{N}\cdot\mathbf{k}|} = \frac{dxdz}{|\mathbf{N}\cdot\mathbf{j}|} = \frac{dydz}{|\mathbf{N}\cdot\mathbf{i}|} \tag{93}$$

例 8－52

設 $\mathbf{F} = z\mathbf{i} + x\mathbf{j} - 3y^2z\mathbf{k}$，**S** 爲 $x^2+y^2=16$ 的一部份，且 $x>0$、$y>0$、$z=0$ 及 $z=5$，試求 $\iint_S \mathbf{F}\cdot\mathbf{N}d\mathbf{S}$

解：

$\phi(x,y,z) = x^2+y^2-16$

由(92)式知 $\mathbf{N} = \frac{\nabla\phi}{|\nabla\phi|} = \frac{2x\mathbf{i}+2y\mathbf{j}}{2\sqrt{x^2+y^2}} = \frac{x\mathbf{i}+y\mathbf{j}}{4}$

由(93)式知 $\iint_S \mathbf{F}\cdot\mathbf{N}ds = \iint_S \mathbf{F}\cdot\mathbf{N}\frac{dxdz}{|\mathbf{N}\cdot\mathbf{j}|}$

$$= \int_0^5\int_0^4 (z\mathbf{i}+x\mathbf{j}-3y^2z\mathbf{k})\cdot\frac{x\mathbf{i}+y\mathbf{j}}{4}\left(\frac{4}{y}\right)dxdz$$

$$= \int_0^5\int_0^4\left(\frac{xz}{y}+x\right)dxdz = \int_0^5\int_0^4\left(\frac{xz}{\sqrt{16-x^2}}+x\right)dxdz$$

$=90$

例 8－53

已知 $\mathbf{F}=y\mathbf{i}+(x+2)\mathbf{j}+2x^3y\mathbf{k}$, 試求此向量場在第一卦限內介於 $z=0$ 與 $z=4$ 兩平面間的圓柱面 $x^2+y^2=4$ 上的面積分 $\iint_S \mathbf{F}\cdot d\mathbf{S}$

解：

$$\phi(x,y,z)=x^2+y^2-4$$

由(92)式知 $\mathbf{N}=\dfrac{\nabla\phi}{|\nabla\phi|}=\dfrac{2x\mathbf{i}+2x\mathbf{j}}{2\sqrt{x^2+y^2}}=\dfrac{x\mathbf{i}+y\mathbf{j}}{2}$

由(93)式知 $\iint_S \mathbf{F}\cdot d\mathbf{S}=\iint_S \mathbf{F}\cdot\mathbf{N}ds=\iint_S \mathbf{F}\cdot\mathbf{N}\dfrac{dxdz}{|\mathbf{N}\cdot\mathbf{j}|}$

$$=\int_0^4\int_0^2 [y\mathbf{i}+(x+2)\mathbf{j}+2x^3y\mathbf{k}]\cdot(\frac{x\mathbf{i}+y\mathbf{j}}{2})(\frac{2}{y})dxdz$$

$$=\int_0^4\int_0^2 (2x+2)dxdz=32$$

如同線積分所述, 向量場面積分亦能表示爲：

$$\iint_S \mathbf{F}\cdot d\mathbf{S}=\iint_S F_1dydz+F_2dzdx+F_3dxdz \qquad (94)$$

例 8－54

已知曲面 $\mathbf{S}$ ：$x^2+y^2+z^2=a^2$, 試求 $\iint_S xdydz+ydzdx+zdxdy$

解：

此爲向量場面積分的另一種表示法, 即暗示

$$\mathbf{F}=x\mathbf{i}+y\mathbf{j}+z\mathbf{k}$$

$$\phi(x,y,z)=x^2+y^2+z^2-a$$

由(92)式知 $\mathbf{N}=\dfrac{\nabla\phi}{|\nabla\phi|}=\dfrac{2x\mathbf{i}+2y\mathbf{j}+2z\mathbf{k}}{2a}=\dfrac{x\mathbf{i}+y\mathbf{j}+z\mathbf{k}}{a}$

爲方便積分, 此題可以球座標表示, 則曲面 $\mathbf{S}$ 的位置向量爲

$$\mathbf{R}=a\sin(\theta)\cos(\phi)\mathbf{i}+a\sin(\theta)\sin(\phi)\mathbf{j}+a\cos(\theta)\mathbf{k}$$

且　　　　$0\le\theta\le\pi$，　$0\le\phi\le 2\pi$

由(86)式知　　$d\mathbf{S}=a^2\ \sin(\theta)d\theta d\phi$

所以

$$\iint_S xdydz+ydzdx+zdxdy=\iint_S \mathbf{F}\cdot\mathbf{N}ds$$

$$=\iint_S(x\mathbf{i}+y\mathbf{j}+z\mathbf{k})\cdot(\frac{x\mathbf{i}+y\mathbf{j}+z\mathbf{k}}{a})d\mathbf{S}$$

$$=\int_0^{2\pi}\int_0^{\pi}a\cdot a^2\ \text{sind}(\theta)d\theta d\phi=4\pi a^3$$

三、體積分

假想空間中有一個閉合的表面，其所包圍的體積爲 V，

則
$$\iiint_V \mathbf{F}dV \quad 及 \quad \iiint_V \phi dV \tag{95}$$

稱之爲體積分。體積分的物理意義，可有不同的解釋。例如：假設純量函數 ϕ 爲密度，則 $\iiint_V \phi dV$ 表示體積 V 內的總質量。假設 $\mathbf{F}=\nabla\cdot\rho\mathbf{V}$ 是代表單位體積中流體質量的散度，則(95)式的向量場體積分別代表體積 V 中質量的總流失率。

例 8－55

設 $\phi=50xy^z$，V 爲以平面 $2x+2y+2z=8$ 爲界面的體積，其中 $x=0,y=0,z=0$，求 $\iiint_V \phi dV$

解：

$$\iiint_V \phi dV=\int_0^4\int_0^{4-x}\int_0^{4-x-y}50xy^2dzdydx$$

$$=50\int_0^4\int_0^{4-x}(4xy^2-x^2y^2-xy^3)dydx$$

$$=50\int_0^4(4-x)^3(\frac{1}{3}x-\frac{7}{12}x^2)dx$$

$$=-\frac{1024}{45}$$

例 8－56

設 $\mathbf{F}=x\mathbf{i}+y\mathbf{j}+z\mathbf{k}$，求 $\iiint_V \mathbf{F}dV$，V 爲由表面 $x=0,y=0,y=6,z=x^2$

及 z＝4 所包圍的體積。

解：

$$\iiint_V \mathbf{F}dV = \int_0^2\int_0^6\int_{x^2}^4 (x\mathbf{i}+y\mathbf{j}+z\mathbf{k})dzdydx$$

$$= \int_0^2\int_0^6 [(4x-x^3)\mathbf{i}+(4y-x^2y)\mathbf{j}+(8-\frac{1}{2}x^4)\mathbf{k}]dydx$$

$$= \int_0^2 [(24x-6x^3)\mathbf{i}+(72-18x^2)\mathbf{j}+(48-3x^4)\mathbf{k}]dx$$

$$= 24\mathbf{i}+96\mathbf{j}+76\frac{4}{5}\mathbf{k}$$

例 8－57

已知 $\mathbf{F}=y^2\mathbf{i}+x^2\mathbf{j}+z^2\mathbf{k}$, 試求 $\iiint_V \nabla\cdot\mathbf{F}dV$, 其中 V 如圖 8－33 所示。

解：

$$\nabla\cdot\mathbf{F}=\frac{\partial y^2}{\partial x}+\frac{\partial x^2}{\partial y}+\frac{\partial z^2}{\partial z}=2z$$

$$\iiint_V \nabla\cdot\mathbf{F}dV = \int_0^1\int_0^1\int_0^1 2zdxdydz$$

$$=1$$

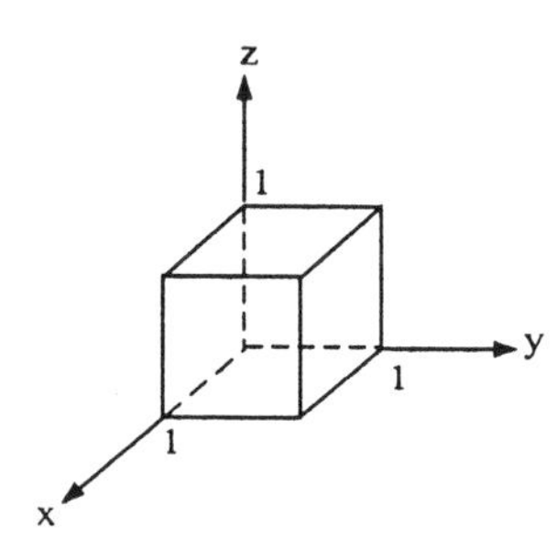

圖 8－33

習 8-7 題

已知純量函數 ϕ, 及曲面 S, 求 $\iint_S \phi ds$

① $\phi=xy$, $S=z=xy$, $0\le x\le 1$, $0\le y\le 1$

② $\phi=x^2+y^2$, $S: z=2-(x^2+y^2)$位於 xy 平面上方的表面。

③ $\phi=x^2+y^2+z$, $S: z=x+y+1$, $0\le x\le 1, 0\le y\le 1$

④ $\phi=x^2+y^2$, $S: z=\sqrt{x^2+y^2}$, $x^2+y^2\le 4$

⑤ $\phi=x+y+z$, $S: x^2+y^2=1$, $0\le z\le 2$

⑥ $\phi=\tan^{-1}(\frac{y}{x})$， S ：$z=x^2+y^2$， $1\leq z\leq 4, x\geq 0, y\geq 0$

⑦ $\phi=(x^2+y^2)^2$， S ：$z=(x^2+y^2)^2$， $x^2+y^2\leq 1$

⑧ $\phi=x+y+z$， S ：$z=x+y$， $0\leq y\leq x$， $0\leq x\leq 1$

⑨ $\phi=x(12y-y^4+z^2)$， S ：$z=y^2$， $0\leq x\leq 1$， $0\leq y\leq 1$

⑩ $\phi=x+1$， S ：$\mathbf{R}=\cos(u)\mathbf{i}+x\sin(u)\mathbf{j}+v\mathbf{k}$， $0\leq u\leq 2\pi$， $0\leq v\leq 3$

已知向量函數 F 及曲面 S, 求 $\iint_S \mathbf{F}\cdot d\mathbf{s}$

⑪ $\mathbf{F}=(x-y)\mathbf{i}+x\mathbf{j}-3z\mathbf{k}$， $S=x-3y$， $0\leq x\leq 1$， $0\leq y\leq 2$

⑫ $\mathbf{F}=x\mathbf{i}+y\mathbf{j}+z\mathbf{k}$， $S=x^2+y^2+z^2=a^2$

⑬ $\mathbf{F}=18z\mathbf{i}-12\mathbf{j}+3y\mathbf{k}$， S ：$2x+3y+6z=12$， $x>0$， $y>0$， $z>0$

⑭ $\mathbf{F}=z\mathbf{i}+\mathbf{j}-xy\mathbf{k}$， S爲半球面, $x=\cos(\theta)\sin(\phi)$， $y=\sin(\theta)\sin(\phi)$，
$z=\cos(\phi)$， $0\leq\theta\leq 2\pi$， $0\leq\phi\leq\frac{\pi}{2}$

⑮ $\mathbf{F}=y^3\mathbf{i}+x^3\mathbf{j}+3z^2\mathbf{k}$， S ：$z=x^2+y^2$， $x^2+y^2\leq 4$

⑯ $\mathbf{F}=\mathbf{i}+x^2\mathbf{j}+xyz\mathbf{k}$， S ：$z=xy$， $0\leq x\leq y$， $0\leq y\leq 1$

⑰ $\mathbf{F}=y^3\mathbf{i}+x^3\mathbf{j}+z^3\mathbf{k}$， S ：$x^2+4y^2=4$， $x\geq 0$， $y\geq 0$， $0\leq z\leq h$

⑱ $\mathbf{F}=z\mathbf{i}+x\mathbf{j}-3y^2z\mathbf{k}$， S ：$x^2+y^2=16$， $x>0$， $y>0$， $z>0$ 及 $z=5$

⑲ $\mathbf{F}=x\mathbf{i}-y\mathbf{j}+x^2y^2\mathbf{k}$， S ：$z=e^{xy}$， $-1\leq x\leq 1$， $-1\leq y\leq 1$

⑳ $\mathbf{F}=x^3\mathbf{i}+x^2y\mathbf{j}+x^2z\mathbf{k}$， S ：$x^2+y^2=a^2$， $z=0$， $z=b$

已知純量函數 ϕ 或向量函數 F, 請求在體積為 V 的體積分

㉑ $\phi=90x^2y$, V 爲以平面 $4x+2y+z=8$， $x=0$， $y=0$ 及 $z=0$ 爲界面的體積。

㉒ $\phi=x^2z$, V 是半徑爲 a、高度爲 h 的圓柱體。

㉓ $\mathbf{F}=2xy\mathbf{i}-x\mathbf{j}+y^2\mathbf{k}$, V 爲由表面 $x=0$， $y=0$， $y=6$， $z=x^2$ 及 $z=4$ 所包圍的體積。

㉔ $\phi=\sin(x)\cos(y)$, V ：$0\leq x\leq\pi$， $0\leq y\leq\frac{\pi}{2}$， $0\leq z\leq 2$

㉕ $\phi=xyz$, V ：$0\leq x\leq 1$， $0\leq y\leq 1$， $0\leq z\leq 1$

8 史托克與高斯散度定理

Stokes's and Gauss's Divergence Theorem

史托克定理(Stokes's Theorem)

史托克定理可視為面積分與線積分轉換的定律。

其定理如下：

若 **S** 爲一在三維空間的簡單平滑定向曲面，且此曲面由一平滑簡單的封閉曲線 **C** 所包圍。而 **F** 向量場在包含 **S** 的有界整域中爲一連續可微分的向量，則

$$\oint_{c} \mathbf{F}\cdot d\mathbf{R} = \iint_{s} (\nabla \times \mathbf{F})\cdot \mathbf{N}\ dS \tag{96}$$

其中 **N** 爲垂直於 **S** 的單位法向量，且沿 **C** 方向積分。在沿 **C** 移動時，**N** 的方向係依右手法則。

由(96)式可知，**史托克定理簡單地說就是向量的旋度在法線方向的面積分，等於向量在切線方向沿一簡單封閉曲線的線積分。**

例 8－58

試求 $I = \oint_{c} y^2dx + xydy + xzdz$ 之值。其中 **C** ：$x^2 + y^2 = 2ay, y = z$

解：

① 使用線積分方法

令 $x = a\cos(\theta),\quad y = a + a\sin(\theta) = z$

則 $\mathbf{R} = a\cos(\theta)\mathbf{i} + [a + a\sin(\theta)]\mathbf{j} + [a + a\sin(\theta)]\mathbf{k}$

$\mathbf{R}' = -a\sin(\theta)\mathbf{i} + a\cos(\theta)\mathbf{j} + a\cos(\theta)\mathbf{k}$

由(76)式知 $I=\oint_c y^2dx+xydy+xzdz$

$$=\mathbf{F}\cdot d\mathbf{R}$$

$$=\oint_c (y^2\mathbf{i}+xy\mathbf{j}+xz\mathbf{k})\cdot d\mathbf{R}$$

$$=\oint_0^{2\pi}[-\sin(\theta)-2\sin^2(\theta)+2\cos^2(\theta)$$
$$-\sin^3(\theta)+2\cos^2(\theta)\sin(\theta)]d\theta$$

$$=0$$

② 使用史托克定理

$$\nabla\times\mathbf{F}=-z\mathbf{j}-y\mathbf{k}$$

令 $\phi=y-z$

所以 $\mathbf{N}=\left(\frac{-1}{\sqrt{2}}\right)\mathbf{j}+\left(\frac{1}{\sqrt{2}}\right)\mathbf{k}$

由(96)式知 $I=\iint_s(\nabla\times\mathbf{F})\cdot\mathbf{N}d\mathbf{S}$

$$=\iint_s(-z\mathbf{j}-y\mathbf{k})\cdot\left[\left(\frac{-1}{\sqrt{2}}\right)\mathbf{j}+\left(\frac{1}{\sqrt{2}}\right)\mathbf{k}\right]d\mathbf{S}$$

$$=\iint_s\frac{1}{\sqrt{2}}(z-y)d\mathbf{S}=0$$

其中 $z=y$

例 8－59

$\mathbf{F}=2y\mathbf{i}-x\mathbf{j}+z\mathbf{k}$，$\mathbf{S}$ ：$x^2+y^2+z^2=a^2$ 的上半球，$\mathbf{C}$ ：$x^2+y^2=a^2$ 的圓周，試以計算驗証史托克定理。即 $\iint_s(\nabla\times\mathbf{F})\cdot\mathbf{N}\,d\mathbf{S}=\oint_c\mathbf{F}\cdot d\mathbf{R}$

解：

① 在曲面 $\mathbf{S}$ 上，

令 $\phi=x^2+y^2+z^2-a^2$

$$\nabla\times\mathbf{F}=-3\mathbf{k},\quad \nabla\phi=2x\mathbf{i}+2y\mathbf{j}+2z\mathbf{k}$$

由(92)式知 $\mathbf{N}=\frac{\nabla\phi}{|\nabla\phi|}=\frac{x\mathbf{i}+y\mathbf{j}+z\mathbf{k}}{a}$

由(93)式知 $d\mathbf{S}=\frac{dxdy}{|\mathbf{N}\cdot\mathbf{k}|}=\frac{adxdz}{z}$

所以 $\iint_s(\nabla\times\mathbf{F})\cdot\mathbf{N}\,d\mathbf{S}$

$$= \iint_S (-3\mathbf{k})\cdot\left(\frac{x\mathbf{i}+y\mathbf{j}+z\mathbf{k}}{z}\right)dxdy$$
$$= -3\pi a^2$$

② 在曲線 C 上,

令 $\mathbf{R} = a\cos(\theta)\mathbf{i} + a\sin(\theta)\mathbf{j}$

其中 $0 \leq \theta \leq 2\pi$

$\mathbf{R} = -a\sin(\theta)\mathbf{i} + a\cos(\theta)\mathbf{j}$

所以 $\oint \mathbf{F}\cdot d\mathbf{R} = \int_0^{2\pi} [-2a^2\ \sin^2(\theta) - a^2\ \cos^2(\theta)]\,d\theta = -3\pi a^2$

故 $\iint_S (\nabla\times\mathbf{F})\cdot\mathbf{N}\,dS = \oint_c \mathbf{F}\cdot d\mathbf{R}$

例 8－60

試用史托克定理,求 $\oint_c \mathbf{F}\cdot d\mathbf{R}$。

已知 $\mathbf{F} = 4z\mathbf{i} - 2x\mathbf{j} + 2x\mathbf{k}$;C 爲 $x^2 + y^2 = 1$ 與 $z = y + 1$ 的交線。

解:

令 $\mathbf{R} = r\cos(\theta)\mathbf{i} + r\sin(\theta)\mathbf{j} + [r\sin(\theta) + 1]\mathbf{k}$,

其中 $0 \leq r \leq 1, 0 \leq \theta \leq 2\pi$

$$\frac{\partial\mathbf{R}}{\partial r} = \cos(\theta)\mathbf{i} + \sin(\theta)\mathbf{j} + \sin(\theta)\mathbf{k}$$

$$\frac{\partial\mathbf{R}}{\partial\theta} = -r\sin(\theta)\mathbf{i} + r\cos(\theta)\mathbf{j} + r\cos(\theta)\mathbf{k}$$

所以 $\mathbf{N} = \frac{\partial\mathbf{R}}{\partial r}\times\frac{\partial\mathbf{R}}{\partial\theta} = -r\mathbf{j} + r\mathbf{k}$

由(96)式知
$$\oint_c \mathbf{F}\cdot d\mathbf{R} = \iint_S (\nabla\times\mathbf{F})\cdot\mathbf{N}\,dS$$
$$= \int_0^1 \int_0^{2\pi} (2\mathbf{j} - 2\mathbf{k})\cdot(-r\mathbf{j} + r\mathbf{k})\,d\theta dr$$
$$= \int_0^1 \int_0^{2\pi} (-4r)\,d\theta dr = -4\pi$$

高斯散度定理(Gauss's Divedrgence Theorem)

高斯散度定理可視為體積分與面積分轉換的定理。其定理如下：若 V 爲由逐段平滑曲面 S 所包含的整域,而向量場 F 在 V 內爲可微分

的連續函數,

則 $$\iint_S \mathbf{F}\cdot\mathbf{N}\ dS = \iiint_V (\nabla\cdot\mathbf{F})dV \tag{97}$$

其中 N 爲垂直於 V 的單位法向量,指向向外。

例 8－61

利用高斯散度定理求 $\iiint_V \nabla\cdot\mathbf{F}\,dV$, 其中 $\mathbf{F}=\frac{1}{a}(x\mathbf{i}+y\mathbf{j}+z\mathbf{k})$,

V ：$x^2+y^2+z^2=a^2$

解：

$$\mathbf{F}=\frac{1}{a}(x\mathbf{i}+y\mathbf{j}+z\mathbf{k})$$

令 $\phi=x^2+y^2+z^2-a^2$

由(92)式知 $\mathbf{N}=\frac{\nabla\phi}{|\nabla\phi|}=\frac{1}{a}(x\mathbf{i}+y\mathbf{j}+z\mathbf{k})$

由(86)式知 $dS=a^2\ \sin(\theta)d\theta d\phi$

由(97)式知 $\iiint_V \nabla\cdot\mathbf{F}\,dV=\iint_S \mathbf{F}\cdot\mathbf{N}\,dS$

$$=\int_0^{2\pi}\int_0^{\pi}(1)a^2\ \sin(\theta)d\theta d\phi=4\pi a^2$$

例 8－62

$\mathbf{F}=e^x\mathbf{i}+\cosh(y)\mathbf{j}+\sinh(z)\mathbf{k}$, S ：$0\le x\le a, 0\le y\le a, 0\le z\le a$ 的表面,

S4 爲正方體,試求 $\iint_S \mathbf{F}\cdot\mathbf{N}\,dS$

解：

高斯散度定理

$$\begin{aligned}\iint_S \mathbf{F}\cdot\mathbf{N}\,dS &= \iiint_V \nabla\cdot\mathbf{F}\,dV\\ &=\int_0^a\int_0^a\int_0^a [e^x+\cosh(y)+\sinh(z)]dxdydz\\ &=\int_0^a\int_0^a [e^a-1+a\sinh(y)+a\cosh(z)]dydz\\ &=\int_0^a \{a(e^a-1)+a[\cosh(a)-1]+a^2\ \cosh(z)\}dz\\ &=a^2[e^a+\cosh(a)-2]+a^2\ \sinh(a)\end{aligned}$$

工程應用

例 8－63 <史托克定理之應用>

由安培定理知 $\oint_c \mathbf{H}\cdot d\mathbf{R}=I$，其中 H 為磁場強度，C 為一封閉曲線，而 I 為電流。試用史托克定理導出磁場強度與電流密度 J 的馬克斯威爾方程式。

解：

設 S 為電流 I 流通任何由 S 所形成的曲面，則流經 S 的電流 I 可由面積分求得

$$\iint_S \mathbf{J}\cdot\mathbf{N}\,dS=I$$

即

$$\oint_c \mathbf{H}\cdot d\mathbf{R}=\iint_S \mathbf{J}\cdot\mathbf{N}\,dS \tag{98}$$

由史托克定理知

$$\oint_c \mathbf{H}\cdot d\mathbf{R}=\iint_S (\nabla\times\mathbf{H})\cdot\mathbf{N}\,dS \tag{99}$$

比較(98)、(99)式，得証馬克斯威爾方程式

$$\nabla\times\mathbf{H}=\mathbf{J}$$

例 8－64 <高斯散度定理的應用>

設 T 為一均匀物體在時間 t 及點 (x,y,z) 的溫度，則物體內熱流速度 $\mathbf{V}=-K\nabla T$。其中 K 為物體的熱導率。就用高斯散度定理驗証

$$T_t=\left[\frac{k}{\sigma P}\right]\nabla^2 T$$

其中 σ 為此熱、ρ 為密度。

解：

因為每單位時間所流出的熱量為

$$\iint_S \mathbf{V}\cdot\mathbf{N}\,dS$$

由高斯發散定理知

$$\iint_S \mathbf{V}\cdot\mathbf{N}\,dS = -K\iiint(\nabla\cdot\nabla T)dV$$
$$= -K\iiint \nabla^2 T\,dV$$

又知物體內的總熱量爲

$$\sigma\rho\iiint T\,dV$$

所以在任何時間內

$$-\sigma\rho\iiint T_t dV = -K\iiint \nabla^2 T dV$$

所以得証　　$T_t = \left[\dfrac{K}{\sigma\rho}\right]\nabla^2 T$

習　8-8　題

試用史托克定理求下列問題

① $\mathbf{F}=(2x-y)\mathbf{i}-yz^2\mathbf{j}-y^2z\mathbf{k}$, S 爲球面 $x^2+y^2+z^2=1$ 上半部的界限, 試証史托克定理。

② $\mathbf{F}=x^2\mathbf{i}+y^2\mathbf{j}+z^2\mathbf{k}$, S 爲半球, $z=\sqrt{1-x^2-y^2}$, 試証史托克定理。

③ $\mathbf{F}=-3y\mathbf{i}+3x\mathbf{j}+\mathbf{k}$, C ：$x^2+y^2=1$, $z=2$, 求 $\oint_c \mathbf{F}\cdot d\mathbf{R}$

④ $\mathbf{F}=2y\mathbf{i}+z\mathbf{j}+3y\mathbf{k}$, C 爲 $x^2+y^2+z^2=6z$ 和 $z=x+3$ 的交線, 試証史托克定理。

⑤ $\mathbf{F}=3y\mathbf{i}-xz\mathbf{j}+yz^2\mathbf{k}$, S ：$2z=x^2+y^2$, $z\leq 2$, 試証史托克定理

⑥ $\mathbf{F}=\sin(z)\mathbf{i}-\cos(x)\mathbf{j}+\sin(y)\mathbf{k}$, C 爲長方形, $0\leq x\leq\pi$, $0\leq y\leq 1$, $z=3$ 的邊界, 求 $\oint \mathbf{F}\cdot d\mathbf{R}$

⑦ $\mathbf{F}=y\mathbf{i}+xz^3\mathbf{j}-zy^3\mathbf{k}$, C ：$x^2+y^2=4$, $z=3$, 試証史托克定理。

試用高斯散度定理求下列問題

⑧ $\mathbf{F}=4x\mathbf{i}-2y^2\mathbf{j}+z^2\mathbf{k}$, V 爲以 $x^2+y^2=4$, $z=0$ 及 $z=3$ 爲界的體積, 試証散度定理。

9 歷屆插大、研究所、公家題庫

Qualification Examination

① 已知 $\mathbf{F}=\dfrac{-(y-2)\mathbf{i}+(x+1)\mathbf{j}}{(x+1)^2+(y-2)^2}$

[1]計算 $\nabla\times\mathbf{F}=$？　[2]計算 $\oint_C \mathbf{F}\cdot d\mathbf{r}$ 沿任何封閉路徑及結果。

② 若 $\mathbf{W}=x^2\mathbf{i}+(y-z)^2\mathbf{j}+xy\mathbf{k}$, $\mathbf{V}=(x+y)^4\mathbf{i}+z^4\mathbf{j}+2yz\mathbf{k}$, 求

[1]$\text{grad}(\text{div}\mathbf{W})\cdot\mathbf{V}$　[2]$\text{curl}\mathbf{V}$　[3]$\text{curl}\mathbf{W}$

③ 某塊固體平面的溫度分佈爲 $T(x,y)=5+2x^2+y^2$ 試決定在點 $(2,4)$的熱導方向。

④ 求 $\oint_C \mathbf{F}\cdot\mathbf{r}(S)dS$, $\mathbf{F}=y\mathbf{i}+xz^3\mathbf{j}-zy^3\mathbf{k}$, $\mathbf{r}$ 爲位置向量, C 爲圓：$x^2+y^2=2$, $z=b(b>0)$。先直接積分求答案再與利用司托克士定理所得結果比較, 並加以討論。

⑤ 設 $\mathbf{V}=2xyz^2\mathbf{i}+[x^2z^2+z^2\cos(yz)]\mathbf{j}+[2x^2yz+y\cos(yz)]\mathbf{k}$, 試求

[1]$\nabla\times\mathbf{V}$　[2]$\text{div}\mathbf{V}$　[3]$\nabla(\nabla\cdot\mathbf{V})$

[4]$\int_C \mathbf{V}\cdot d\mathbf{R}$　$(\mathbf{R}=x\mathbf{i}+y\mathbf{j}+z\mathbf{k})$, C 爲直線由$(0,0,1)$至$\left(1,\dfrac{\pi}{4},2\right)$

⑥ 有一曲線$(x,y,z)=[\cos(t),\sin(t),k(t)]$, 其中 t 爲 0 至 2π, 試求此曲線的長度？

⑦ 設 C 爲橢圓曲線：$\dfrac{x^2}{16}+\dfrac{y^2}{9}=1$, 且中心點在原點並依順時鐘方向, 計算 $\oint_C ydx+xdy$

⑧ [1]設 $\mathbf{a}$ 及 $\mathbf{b}$ 爲向量, 証明$|\mathbf{a}\times\mathbf{b}|^2=|\mathbf{a}|^2|\mathbf{b}|^2-(\mathbf{a}\cdot\mathbf{b})^2$

②若 C 是由 $\mathbf{r}(t)=x(t)\mathbf{i}+y(t)\mathbf{j}$ 所定義，且知 $\mathbf{r}'(t)\neq 0$，証明曲率 $k(t)$ 在點 $\mathbf{r}(t)$ 是為 $k(t)=\dfrac{|\mathbf{r}'\times\mathbf{r}''|}{|\mathbf{r}'|^3}$

⑨ 計算 $\oint_C x^2y\,dx - xy^2\,dy$，C 是封閉區域：$x^2+y^2\leq 4, x\geq 0, y\geq 0$

⑩ 計算 $\int_C (6xy-4e^x)dx+3x^2dy$，C 是由 $(0,0)$ 到 $(-2,1)$ 的任意片段平滑曲線。

⑪ 若 $x=\dfrac{(u^2-v^2)}{2}$，$y=uv$，試求 $\iint_S dxdy$，S 為 $u=-2, u=2, v=-2, v=2$ 所圍之面積。

⑫ 設 a 為「定點」P 至任一點 $Q(x,y,z)$ 的距離，試問
①a 的等值曲面為何？　②PQ 的單位向量為何？又有何意義？

⑬ 已知 $\mathbf{B}=u\times\nabla\psi+bu$，$\mathbf{E}=-\nabla\phi+\dfrac{\partial\psi}{\partial t}u$，$\nabla n=-n\mathbf{E}-n(\mathbf{V}\times\mathbf{B})$，其中 b 為常數。証明 $\dfrac{\partial\psi}{\partial t}+(u\times\nabla\lambda)\cdot\nabla\psi=b\dfrac{\partial\lambda}{\partial u}$，而 $\lambda=\dfrac{1}{b}[\phi-\ell n(n)]$

⑭ 設 F 為平面上向量場 $\mathbf{F}(x,y)=x\mathbf{i}+y\mathbf{j}$
①計算線積分 $\int_{(2,2)}^{(4,4)}\mathbf{F}\cdot d\mathbf{r}$ 沿 $x=y$ 之路徑
②$\mathbf{F}(x,y)$ 是否為一保守場如何驗証？

⑮ ①証明直角與圓柱兩座標系間的關係為
$x=\rho\cos(\psi)$，$y=\rho\sin(\psi)$，$z=z$
②以圓柱座標系為出發點將 $\nabla\cdot\mathbf{A}$ 表示出來
③同理將 $\nabla^2\psi$ 以圓柱座標系統表示出來。　　【83. 中山材料】

⑯ 某粒子在直角座標 (x,y,z) 的位置隨時間 t 之變化關係為：
$x=2t^2$，$y=t^2-4t$，$z=3t-5$，試求此粒子在時間 $t=1$ 時，在 $\mathbf{i}-3\mathbf{j}+2\mathbf{k}$ 所指方向的加速度。其中 $\mathbf{i},\mathbf{j},\mathbf{k}$ 分別為 x, y, z 三個方向的單位向量。

第 9 章

偏微分方程式

1. 基本觀念及定義
2. 分離變數法
3. 拉普拉氏轉換法
4. 歷屆插大、研究所、公家題庫

Partial Differential Equations

1 基本觀念及定義

Basic Concepts and Definitions

偏微分方程式：

在微分方程式中，若含有二個自變數以上者，且存有各階偏導數的方程式，稱之。

階數：

偏微分方程式中，所出現最高階偏導數的階數，稱爲此偏微分方程式的階數。

線性：

若偏微分方程式的因變數及其偏導數均爲一次時，則稱之爲線性。

齊次：

微分方程式的各項均含有因變數及其偏導數時，則稱爲齊次；否則稱爲非齊次。

邊界條件(初值條件)：

偏微分方程式所求得的解，通常爲通解形態(即無窮多組解)。若能依物理特性指明在某種特定條件下會有某種特定值時，方能求出特定的解。而此種特定條件就稱爲邊界條件。

例 9－1

說明下列的微分方程式,是否為偏微分方程式。

① $x\dfrac{\partial y}{\partial x}+y\dfrac{\partial z}{\partial y}=u$

② $\dfrac{\partial^2 u}{\partial x^2}+\dfrac{\partial u}{\partial y^2}=0$

③ $y''(x)+4xy'+4y=0$

解：

① 一階線性非齊次偏微分方程式。

② 二階線性齊次偏微分方程式。

③ 二階微分方程式。

設 $u(x, y)$是一個含有兩個自變數的函數,則其偏微分的記號如下：

$$u_x=\frac{\partial}{\partial x}u(x, y) \qquad u_y=\frac{\partial}{\partial y}u(x, y)$$

$$u_{xx}=\frac{\partial^2}{\partial x^2}u(x, y) \qquad u_{yy}=\frac{\partial^2}{\partial y^2}u(x, y)$$

$$u_{xy}=\frac{\partial^2}{\partial x\partial y}u(x, y) \qquad u_{yx}=\frac{\partial^2}{\partial y\partial x}u(x, y)$$

在工程上常遇到的偏微分方程式,計有：

1. $\dfrac{\partial^2 u}{\partial t^2}=\alpha^2\dfrac{\partial^2 u}{\partial x^2}, (t>0, 0<x<\ell)$ 波動方程式
2. $\dfrac{\partial u}{\partial t}=\alpha^2\dfrac{\partial^2 u}{\partial x^2}, (t>0, 0<x<\ell)$ 熱傳導方程式
3. $\dfrac{\partial^2 u}{\partial x^2}+\dfrac{\partial^2 u}{\partial y^2}=0, (0<x<a, 0<y<b)$ 拉普拉氏方程式

解偏微分方程式,較為常用且簡便的方法有二：

1. 分離變數法之乘積解
2. 拉普拉氏轉換法

本章將介紹此二法於後。

2 分離變數法

Method of Separation of Variables

分離變數法是把已知的偏微分方程式，分離成自變數形態的微分方程式，再各別求出不同於自變數微分方程式的解，然後將其解乘在一起，(**故分離變數法又稱為乘積解**)，最後代入邊界條件或初值條件即可得解。

解法

設 $u(x, y)$ 爲含有 x, y 自變數的函數，則在偏微分方程式中

令 $$u(x, y) = X(x)Y(y) \tag{1}$$

而 $$u_x = X'(x)Y(y) \tag{2}$$

$$u_y = X(x)Y'(y) \tag{3}$$

或 $$u_{xx} = X''(x)Y(y) \tag{4}$$

$$u_{xy} = X'(x)Y'(y) \tag{5}$$

依偏微分方程式之形式，將(1)～(5)的關係式代入，並分離成各個自變數的微分方程式並求其解。再代入邊界條件求出適當的解。

例 9－2

求 $u_x - u_y = 0$ 的通解

解：

令 $$u(x, y) = X(x)Y(y) \tag{6}$$

代入原式得 $$X'(x)Y(y) - X(x)Y'(y) = 0$$

同除 $X(x)Y(y)$ 得 $$\frac{X'(x)}{X(x)} = \frac{Y'(y)}{Y(y)} = \lambda$$ λ 爲常數

整理可得 $\begin{cases} X'(x)-\lambda X(x)=0 & (7) \\ Y'(y)-\lambda Y(y)=0 & (8) \end{cases}$

解(7)式得 $X(x)=C_1e^{\lambda x}$

解(8)式得 $Y(y)=C_2e^{\lambda y}$

代入(6)式得 $u(x,y)=Ce^{\lambda(x+y)}$

例 9－3

求 $x^2u_{xy}+3y^2u=0$ 的通解

解：

令 $u(x,y)=X(x)Y(y)$ (9)

代入原式得 $x^2X'(x)Y'(y)+3y^2X(x)Y(y)=0$

分離可得 $\dfrac{x^2X'(x)}{X(x)}=\dfrac{-3y^2Y(y)}{Y'(y)}=\lambda$

整理可得 $\begin{cases} x^2X'(x)-\lambda X(x)=0 \\ Y'(y)+\dfrac{3}{\lambda}y^2Y(y)=0 \end{cases}$

解之得 $X(x)=C_1e^{-\frac{\lambda}{x}}$

$Y(y)=C_2e^{-\frac{y^3}{\lambda}}$

代入(9)式得 $u(x,y)=Ce^{-\left(\frac{\lambda}{x}+\frac{y^3}{\lambda}\right)}$

例 9－4

求 $u_{xx}+u_{yy}=0$ 的通解

解：

令 $u(x,y)=X(x)Y(y)$

代入原式得 $X''(x)Y(y)+X(x)Y''(y)=0$

分離可得 $\begin{cases} X''(x)-\lambda X(x)=0 \\ Y''(y)+\lambda Y(y)=0 \end{cases}$

解之得 $X(x)=C_1e^{\sqrt{\lambda}x}+C_2e^{-\sqrt{\lambda}x}$

$Y(y)=C_3\cos(\sqrt{\lambda}y)+C_4\sin(\sqrt{\lambda}y)$

所以 $u(x,y)=(C_1e^{\sqrt{\lambda}x}+C_2e^{-\sqrt{\lambda}x})[C_3\cos(\sqrt{\lambda}y)+C_4\sin(\sqrt{\lambda}y$

例 9－5〈邊界問題〉

求 $u_x - u_y = u,\ u(0, y) = e^{2y}$

解：

令 $u(x, y) = X(x)Y(y)$

代入原式得 $X'(x)Y(y) - X(x)Y'(y) = X(x)Y(y)$

整理得 $\begin{cases} X'(x) - \lambda X(x) = 0 \\ Y'(y) + (1-\lambda)Y(y) = 0 \end{cases}$

解之得 $X(x) = C_1 e^{\lambda x}$

$Y(y) = C_2 e^{(\lambda-1)y}$

所以 $u(x, y) = Ce^{\lambda x + (\lambda-1)y}$

代入邊界條件 $u(0, y) = e^{2y} = Ce^{(\lambda-1)y}$

故得 $C = 1,\ \lambda = 3$

所以 $u(x, y) = e^{3x+2y}$

習 9-2 題

解下列偏微分式程式

① $u_x - yu_y = 0$

② $u_{xx} + 4u = 0$

③ $yu_x - 2xu_y = 0$

④ $2yu_x = 3xu_y$

⑤ $xu_x = yu_y$

⑥ $u_x + u_y = 2(x+y)u$

⑦ $yu_x = xu_y$

⑧ $u_y = -2yu$

⑨ $u_x = 2xyu$

⑩ $u_{xy} = u$

⑪ $u_t - u_x = u,\ \ u(x, 0) = \sin(x),\ \ u(-\pi, t) = u(\pi, t)$

3 拉普拉氏轉換法

Method of Laplace Transfarmation

使用拉氏轉換法來解偏微分方程式的步驟如下：

1. 先對某變數取拉氏轉換，使偏微分變爲常微分方程式的形態。
2. 解此微分方程式，而得到欲求解函數的拉氏函數形態。
3. 求此函數的拉氏逆轉換。

方法

設 u 的參數爲 u(x, t)，此時可取其中某個參數爲轉換變數（例如取 t），而將另一個參數視爲一個伴隨符號（例如 x）。

1. 令 $\mathcal{L}[u(x,t)]=U(x,s)$
2. 則 $\mathcal{L}[\frac{\partial u}{\partial x}]=\int_0^\infty \frac{\partial u}{\partial x}\cdot e^{-st}dt=\frac{\partial}{\partial x}\int_0^\infty u\cdot e^{-st}dt=\frac{\partial}{\partial x}U(x,s)=U'(x,s)$
3. 將類似上述的關係式代入欲求的偏微分方程式，再逐一求解即可。

例 9－6

解 $u_{tt}=a^2u_{xx}$, $(x>0, t>0)$, $u(x,0)=0$, $(x>0)$

$u_t(x,0)=A$, $(x>0)$, $u(0,t)=t$, $(t>0)$

解：

令 $\mathcal{L}[u(x,t)]=U(x,s)$

則 $\mathcal{L}[u_{tt}]=\mathcal{L}[a^2U_{xx}]$

即 $s^2U-A=a^2U''$

解之得 $U(x,s)=C_1e^{\frac{s}{a}x}+C_2e^{-\frac{s}{a}x}+\frac{A}{s^2}$

因爲當 x 趨近於無窮大時, u 仍是有界函數, 所以 $C_2=0$

即 $U(x,s)=C_1e^{\frac{s}{a}x}+\frac{A}{s^2}$

邊界條件 $u(0,t)=t$

則 $\mathcal{L}[u(0,t)]=\frac{1}{s^2}=U(0,s)$ ⑽

代入⑽式得 $U(0,s)=C_1+\frac{A}{s^2}=\frac{1}{s^2}$

得 $C_1=\frac{1-A}{s^2}$

所以 $U(x,s)=\frac{1-A}{s^2}e^{-\frac{x}{a}s}+\frac{A}{s^2}$

取拉氏逆轉換
$$u(x,t)=\mathcal{L}^{-1}[U(x,s)]$$
$$=At+(1-A)\left(t-\frac{x}{a}\right)u\left(t-\frac{x}{a}\right)$$

即
$$u(x,t)=\begin{cases}At, & t<\frac{x}{a}\\ t+(A-1)\frac{x}{a}, & t>\frac{x}{a}\end{cases}$$

例 9－7

解 $au_x+u_y=y,\ (x>0,y>0)$

$u(x,0)=0,\ u(0,y)=y$

解：

用 y 爲變數取拉氏轉換, 且令 $\mathcal{L}[u(x,y)]=U(x,s)$

則 $\mathcal{L}[au_x+u_y]=\mathcal{L}[y]$

即 $aU'+sU=\frac{1}{s^2}$

解之得 $U(x,s)=C_1e^{-\frac{s}{a}x}+\frac{1}{s^3}$

邊界條件 $u(0,y)=y$

即 $\mathcal{L}[u(0,y)]=\frac{1}{s^2}$

代入上式得 $C_1=\frac{1}{s^2}-\frac{1}{s^3}$

所以 $U(x,s)=\left(\frac{1}{s^2}-\frac{1}{s^3}\right)e^{-\frac{x}{a}s}+\frac{1}{s^3}$

取拉氏逆轉換 $u(x,y)=\mathcal{L}^{-1}[U(x,s)]$

$$=\left[\left(y-\frac{x}{a}\right)-\frac{1}{2}\left(y-\frac{x}{a}\right)^2\right]u\left(y-\frac{x}{a}\right)+\frac{y^2}{2}$$

習 9-3 題

利用拉氏轉換法解下列問題

① $u_t=16u_{xx}$, $(0<x<1, t>0)$, $u(x,0)=a$(常數), $(0<x<1)$

$u(0,t)=0$, $(t>0)$, $u(1,t)=0$, $(t>0)$

② $u_x+xu_t=0$, $u(x,0)=0$, $u(0,t)=t$

③ $u_x-u_y=3y^2$, $(x>0, y>0)$, $y(x,0)=0$, $y(0,y)=-y$

④ $u_{tt}=a^2u_{xx}$, $(x>0, t>0)$, $u(x,0)=0$, $(t>0)$

$u_t(x,0)=k$(常數), $(t>0)$, $u(0,t)=t^2$, $(t>0)$

4 歷屆插大、研究所、公家題庫

Qualification Examination

① 用變數分離法求下列邊界問題

$\frac{\partial^2 u}{\partial x^2}-\frac{1}{9}\frac{\partial^2 u}{\partial t^2}=0, (0<x<\pi, t>0)$, $u(0,t)=u(\pi,t)=0, (t>0)$,

$u(x,0)=\begin{cases} x, & 0<x<\frac{\pi}{2} \\ \pi-x, & \frac{\pi}{2}<x<\pi \end{cases}$ $\frac{\partial u}{\partial t}(x,0)=0, (0<x<\pi)$

② 解偏微分方程式：$\frac{\partial^2 y}{\partial t^2}=a^2\frac{\partial^2 y}{\partial x^2}, (0<x<\ell, t>0)$,

$y(0,t)=y(\ell,t)=0, (t>0)$, $y(x,0)=1$, $\frac{\partial y}{\partial x}(x,0)=0, (0<x<\ell)$

③ 解偏微分方程式：$u_t t=C^2 u_{xx}$

其初始條件為 $u(x,0)=f(x)$, $u_t(x,0)=0$

④ 用變數分離法解方程式 $\frac{\partial u}{\partial t}=\frac{\partial^2 u}{\partial x^2}$

其中$(0<x<1, t>0)$, $u(x,0)=\sin(2\pi x)$, $(0<x<1)$,

$u(0,t)=u(1,t)=0, (t>0)$

⑤ 解微分方程式$\frac{\partial u}{\partial t}=a^2\frac{\partial^2 u}{\partial x^2}-bu$

其中 $u(0,t)=u(1,t)=0$ 且 $u(x,0)=\phi(x)$

⑥ 解微分方程式 $\frac{\partial^2 u}{\partial t^2}-c^2\frac{\partial^2 u}{\partial x^2}=0$

其中 $u(0,t)=u_x(1,t)=u_t(x,0)=0$ 且 $u(x,0)=x$

⑦ 用變數分離法解下列問題：

$$\alpha^2\frac{\partial^2 u}{\partial x^2}=\frac{\partial u}{\partial t},(0<x<\ell,0<t<\infty),\quad u(0,t)=50,(0<t<\infty)$$

$$u(\ell,t)+2\frac{\partial u(x,t)}{\partial x}\bigg|_{x=\ell}=20,(0<t<\infty),\quad u(x,0)=f(x),(0<x<\ell)$$

⑧ 解此熱方程式的穩解：$\frac{\partial u}{\partial t}=k\frac{\partial u^2}{\partial x^2},(0<x<0,t\geq 0)$，其中初始條件：$u(x,0)=0$；邊界條件：$u(0,t)=U_0\sin(\omega t)$，且 k、U_0、ω 爲常數。

⑨ 解二維波方程式

$$\frac{\partial^2 u}{\partial t^2}=c^2\left(\frac{\partial^2 u}{\partial x^2}+\frac{\partial^2 u}{\partial y^2}\right),(0<x<a,0<y<b,t\geq 0)$$

其中 $u(0,y,t)=u(a,y,t)=u(x,0,t)=u(x,b,t)=u_t(x,y,0)=0$

且 $u(x,y,0)=\cos[(x-y)\pi]-\cos[(x+y)\pi]$

⑩ 求 $\frac{\partial}{\partial x}[(1+x)\frac{\partial u}{\partial x}]=\frac{\partial u}{\partial t},(0<x<P,t>0)$的穩態解。

其邊界條件爲 $u(0,t)=T_1,\quad u(P,t)=T_2$

⑪ 用傅立葉轉換法求$\frac{\partial u}{\partial t}-\frac{\partial^2 \alpha}{\partial x^2}+tu=0,[u(o,t)=0,t>0;u(x,0)=e^{-x},x>0]$的偏微分方程式。

假設 e^{-ax}的傅立葉正弦轉換爲 $\frac{\omega}{a^2+\omega^2}$

⑫ 解偏微分方程式$\frac{\partial^2 u}{\partial x^2}+\frac{\partial^2 u}{\partial y^2}=0$,

其中 $u(0,y)=u_0,\quad u_x(a,y)=u(x,0)=0,\quad u(x,b)=f(x)$

⑬ 解偏微分方程式：$\frac{\partial T}{\partial x}=\frac{1}{y}\frac{\partial^2 T}{\partial x^2}$，其邊界條件爲

$$\begin{cases}T=0 \text{ 在 } x=0,y>0\\ T=0 \text{ 在 } y=\infty,x>0\\ T=1 \text{ 在 } y=0,x>0\end{cases}\quad \text{假設 } T=f(\eta)=f\left(\frac{y}{n^n}\right)$$

第 10 章

複變函數與複積分

1. 基本觀念及定義
2. 複數平面的區域
3. 複變函數與柯西—里曼方程式
4. 複變函數之各類型式
5. 複積分

Complex Variable Functions and Complex Integrals

1 基本觀念及定義

Basic Concepts and Definitions

在工程上有許多問題需以複變函數來解決。例如熱傳導理論、流體動力學及靜電學等等。本章內容包含複數、複變函數、複積分及相關定理等。

定義

1. 複數(Complex number)

複數的型式爲

$$z = x + iy = Re(z) + iIm(z) \tag{1}$$

其中 x 與 y 均爲實數，而虛數 $i = \sqrt{-1}$，複數 z 包含實部(real part) Re(z)及虛部(imaginary part)Im(z)。以(1)式而言

$$Re(z) = x,\quad Im(z) = y$$

2. 複數平面

複數可用直角座標來表示。以 x 爲實數軸，y 爲虛數軸。此時由實數及虛數所構成的平面稱爲複數平面。如圖 10－1 所示即爲複數 z＝x＋iy 在複數平面的表示法。

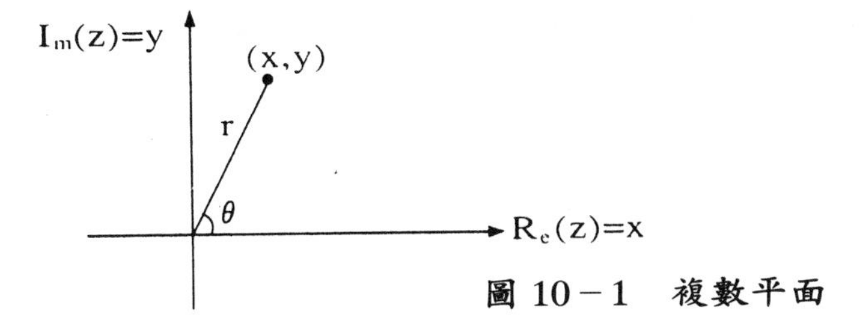

圖 10－1　複數平面

3.複數的極式

由圖 10－1 知，極座標 r 及 θ 與直角座標 x 及 y 的關係爲

$$r=\sqrt{x^2+y^2}=|z|,\theta=\tan^{-1}\left(\frac{y}{x}\right) \tag{2}$$

$$x=r\cos(\theta),\quad y=r\sin(\theta) \tag{3}$$

$$z=x+iy=r[\cos(\theta)+i\sin(\theta)] \tag{4}$$

(4)式之 ***z*** 稱為 ***z*** 的極式(polar form)。***r*** 稱為 ***z*** 的大小，或叫「模數」(modlus)，以 ***mod(z)*** 表示。θ 稱為輻角(argument)，以 ***arg(z)*** 表示。

$$\mathrm{mod}(z_1,z_2)=\mathrm{mod}(z_1)\cdot\mathrm{mod}(z_2) \tag{5}$$

$$\mathrm{mod}(z_1/z_2)=\mathrm{mod}(z_1)/\mathrm{mod}(z_2) \tag{6}$$

$$\arg(z_1z_2)=\arg(z_1)+\arg(z_2) \tag{7}$$

$$\arg(z_1/z_2)=\arg(z_1)-\arg(z_2) \tag{8}$$

$$\theta=\arg(z)\pm 2N\pi,\ N\text{ 爲整數} \tag{9}$$

其中一個 ***2arg(z)≤π***，此時 arg(z)稱為主值(principal value)

4.複數的計算

❶ 加法：$z_1+z_2=(x_1+x_2)+i(y_1+y_2)$ (10)

❷ 減法：$z_1-z_2=(x_1-x_2)+i(y_1-y_2)$ (11)

❸ 乘法：$z_1z_2=(x_1+iy_1)(x_2+iy_2)$

$=(x_1x_2-y_1y_2)+i(x_1y_2+x_2y_1)$ (12)

❹ 除法：$\frac{z_1}{z_2}=\frac{x_1+iy_1}{x_2+iy_2}=\frac{(x_1+iy_1)(x_2-iy_2)}{(x_2^2+y_2^2)}$ (13)

❺ 交換律：$z_1+z_2=z_2+z_1$

$z_1z_2=z_2z_1$

❻ 結合律：$(z_1+z_2)+z_3=z_1+(z_2+z_3)$

$(z_1z_2)z_3=z_1(z_2z_3)$

❼ 分配律：$z_1(z_2+z_3)=(z_1z_2+z_1z_3)$

5. 共軛複數

若 $z=x+iy$,則其共軛複數(Conjugate number)記爲$\bar{z}=x-iy$

$$\mathrm{Re}(z)=\frac{1}{2}(z+\bar{z})=x \tag{14}$$

$$\mathrm{Im}(z)=\frac{1}{2i}(z-\bar{Z})=y \tag{15}$$

6. 複數的指數形式

複數 $z=x+iy=r[\cos(\theta)+i\sin(\theta)]$,若用尤拉公式(Euler′s formula)表示,則可將 z 以指數形式表示:

$$z=r[\cos(\theta)+i\sin(\theta)]=re^{i\theta} \tag{16}$$

$$z_1z_2=r_1r_2\ e^{i(\theta_1+\theta_2)} \tag{17}$$

$$z_1/z_2=\frac{r_1}{r_2}\ e^{i(\theta_1-\theta_2)} \tag{18}$$

7. 迪馬佛定理(De Moivre)

迪馬佛定理敘述:當 n 爲任何有理數時

$$z^n=r^n[\cos(\theta)+i\ \sin(\theta)]^n=r^n[\cos(n\theta)+i\ \sin(n\theta)] \tag{19}$$

8. 複數的 n 次方根

複數 z 的 n 方根,即 $z^{\frac{1}{n}}$。若用迪馬佛定理於極座標系,則

$$\begin{aligned} z^{\frac{1}{n}} &= r^{\frac{1}{n}}[\cos(\theta)+i\ \sin(\theta)]^{\frac{1}{n}} \\ &= r^{\frac{1}{n}}\left[\cos\left(\frac{\theta+2k\pi}{n}\right)+i\ \sin\left(\frac{\theta+2k\pi}{n}\right)\right] \end{aligned} \tag{20}$$

其中 $k=0, 1, 2, \cdots\cdots$

例 10－1

試求 $z^2+2z+10=0$ 的 z 值。若 z 爲複數,則求

① 實部及虛部之值。 ② 輻角及主值。

③ 以極座標形式表示。 ④ 以指數形式表示。

⑤ 將其繪在複數平面上。

解：

$$z=\frac{-2\pm\sqrt{4-40}}{2}=-1\pm 3i$$

① 實部與虛部

實部　　$Re(z)=-1$

虛部　　$Im(z)=3$ 或 -3

② 設　　$z_1=-1+3i,\ \ z_2=-1-3i$

$$\theta_1=\tan^{-1}\left(\frac{-1}{3}\right)=108.4°\pm 2N\pi,\text{主値爲 }108.4°$$

$$\theta_2=\tan^{-1}\left(\frac{-1}{-3}\right)=-108.4°\pm 2N\pi,\text{主値爲 }-108.4°$$

求輻角時,需注意直角座標上象限的情形

③ 極座標形式

$$r_1=r_2=\sqrt{(-1)^2+(3)^2}=\sqrt{10}$$

$$z_1=\sqrt{10}\,[\cos(108.4°)+i\sin(108.4°)]$$

$$z_2=\sqrt{10}\,[\cos(-108.4°)+i\sin(-108.4°)]$$

④ 指數形式

$$z_1=re^{i\theta_1}=\sqrt{10}\,e^{i(108.4°)}$$

$$z_2=re^{i\theta_2}=\sqrt{10}\,e^{i(-108.4°)}$$

⑤ 複數平面

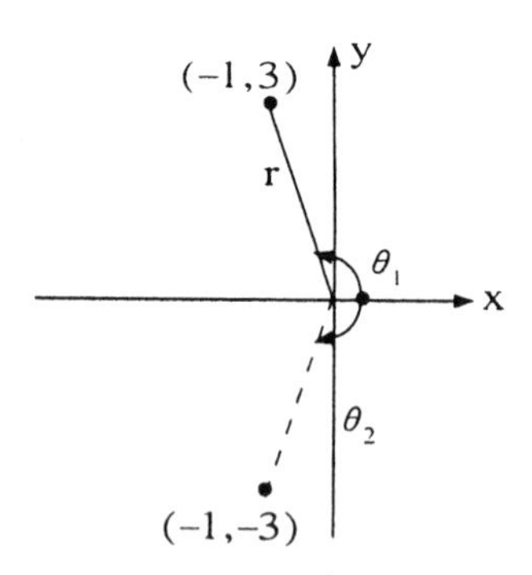

圖 10－2　$-1\pm 3i$ 的極座標形式

例 10－2

已知 $z_1=2+i$，$z_2=1-i$ 試求

① z_1+z_2　② z_1-z_2　③ z_1z_2

④ $\frac{z_1}{z_2}$　⑤ 分別求 z_1 及 z_2 的共軛複數。

解：

① $z_1+z_2=(2+i)+(1-i)=3$

② $z_1-z_2=(2+i)-(1-i)=1$

③ $z_1z_2=(2+i)(1-i)=2-2i+i-(i)^2=3-i$

④ $\frac{z_1}{z_2}=\frac{2+i}{1-i}=\frac{(2+i)(1+i)}{(1-i)(1+i)}=\frac{2+2i+i-1}{1+1}=\frac{1+3i}{2}$

⑤ $\bar{z}_1=2-i$

$\bar{z}_2=1+i$

例 10－3

試求$\ell n(-1)$與$\ell n(-i)$之值。

解：

由(4)、(16)式知　$-1=1[\cos(\pi)+i\sin(\pi)]=e^{i\pi}$

所以　$\ell n(-1)=\ell n(e^{i\pi})=i\pi$

同理　$-i=1\left[\cos\left(-\frac{\pi}{2}\right)+i\ \sin\left(-\frac{\pi}{2}\right)\right]=e^{i\left(-\frac{\pi}{2}\right)}$

所以　$\ell n(-i)=\ell n\left[e^{i\left(-\frac{\pi}{2}\right)}\right]=-\frac{\pi}{2}i$

例 10－4

試證迪馬夫(De Moivre′s Theorem)定理：

$z^n=r^n[\cos(n\theta)+i\sin(n\theta)]$

證明

令　$z_1=x_1+iy_1=r_1[\cos(\theta_1)+i\sin(\theta_2)]$

$z_2=x_2+iy_2=r_2(\cos(\theta_2)+i\sin(\theta_2))$

則　$z_1\cdot z_2=r_1r_2[(\cos(\theta_1)\cos(\theta_2)-\sin(\theta_1)\sin(\theta_2)+$

$$i[\sin(\theta_1)\cos(\theta_2)+\cos(\theta_1)\sin(\theta_2)]$$

$$=r_1r_2[\cos(\theta_1+\theta_2)+i\sin(\theta_1+\theta_2)]$$

因此可推論

$$z_1z_2\cdots z_n=r_1r_2\cdots r_n[\cos(\theta_1+\theta_2+\cdots+\theta_n)+ i\sin(\theta_1+\theta_2+\cdots+\theta_n)]$$

若 $z_1=z_2=\cdots=z_n$,

則 $z^n=r^n[\cos(n\theta)+i\sin(n\theta)]$

得證之

例 10－5

試求 $\left(\dfrac{\sqrt{2}+i\sqrt{2}}{\sqrt{2}-i\sqrt{2}}\right)^{10}$

解：

因爲 $\sqrt{2}+i\sqrt{2}=2\left[\cos\left(\dfrac{\pi}{4}\right)+i\ \sin\left(\dfrac{\pi}{4}\right)\right]=2e^{i\left(\frac{\pi}{4}\right)}$

$\sqrt{2}-i\sqrt{2}=2\left[\cos\left(-\dfrac{\pi}{4}\right)+i\ \sin\left(-\dfrac{\pi}{4}\right)\right]=2e^{i\left(-\frac{\pi}{4}\right)}$

所以 $\left(\dfrac{\sqrt{2}+i\sqrt{2}}{\sqrt{2}-i\sqrt{2}}\right)^{10}=\left[\dfrac{2e^{i\left(\frac{\pi}{4}\right)}}{2e^{i\left(-\frac{\pi}{4}\right)}}\right]^{10}=[e^{i\left(\frac{\pi}{2}\right)}]^{10}$

$$=e^{i\left(\frac{20\pi}{2}\right)^{10}}=e^{i(10\pi)}=e^0=1$$

例 10－6

試求 $z^3=-27$ 的所有解

解：

$$z^3=27[\cos(\pi)+i\sin(\pi)]=3^3[\cos(\pi)+i\sin(\pi)]$$

由(20)式知 $z=3\left[\cos\left(\dfrac{1+2k}{3}\right)\pi+i\ \sin\left(\dfrac{1+2k}{3}\right)\pi\right]$

其中 $k=0, 1, 2, 3\cdots\cdots$

例 10－7

試求 $(i)^{\frac{1}{3}}$ 的前三項解。

解：

令 $z=i=\cos\left(\dfrac{\pi}{2}\right)+i\sin\left(\dfrac{\pi}{2}\right)$

$$=\left[\cos\left(\frac{\pi}{2}+2k\pi\right)+i\ \sin\left(\frac{\pi}{2}+2k\pi\right)\right]$$

由⒆式知 $(i)^{\frac{1}{3}}=\left[\cos\frac{1}{3}\left(\frac{\pi}{2}+2k\pi\right)+i\ \sin\frac{1}{3}\left(\frac{\pi}{2}+2k\pi\right)\right]$

在 $k=0$ 時 $z_1=\cos\left(\frac{\pi}{6}\right)+i\sin\left(\frac{\pi}{6}\right)=\frac{\sqrt{3}}{2}+\frac{1}{2}i$

在 $k=1$ 時 $z_2=\cos\left(\frac{5\pi}{6}\right)+i\sin\left(\frac{5\pi}{6}\right)=-\frac{\sqrt{3}}{2}+\frac{1}{2}i$

在 $k=2$ 時 $z_3=\cos\left(\frac{3\pi}{2}\right)$

習　10-1　題

試求下列複數之計算：[1] z_1+z_2, [2] z_1z_2, [3] $\frac{z_1}{z_2}$

① $z_1=3+4i,\ z_2=2+5i$

② $z_1=2-i,\ z_2=1+2i$

③ $z_1=5+6i,\ z_2=4+2i$

④ $z_1=e^2+3i,\ z_2=e^3+2i$

⑤ $z_1=2+3i,\ z_2=5-5i$

試將複數 z 以極座標形式表示

⑥ $z=-8-3i$

⑦ $z=i^3$

⑧ $z=(9-3i)^2$

⑨ $z=8-2i$

⑩ $z=\frac{2-4i}{4+3i}$

試解下列式子的所有值

⑪ e^{4-i}

⑫ $\ell n(-4+6i)$

⑬ $1^{1/9}$

⑭ $2i-e^{2-i}$

2 複數平面的區域

Region of Complex Plane

本節將介紹幾個在複數平面常見的區域表示法：

一、圓的內部：$|z-z_0|<\rho$

此區域是表示：以 z_0 爲圓心，以 ρ 爲半徑所形成的圓之內部。如圖 10－3 所示。

二、環形：$\rho_1<|z-z_0|<\rho_2$

此區域是表示：以 z_0 爲圓心，以 ρ_1 爲內半徑，以 ρ_2 爲外半徑的環之內部。如圖 10－4 所示。

三、右半面區域：$Re(z)>0$

此區域是表示：在複數平面右側的所有區域，如圖 10－5 所示。

四、帶狀：$0<Im(z)<1$

此區域是表示：在複數平面的虛數軸 iy 上，0 至 1 之間的區域，如圖 10－6 所示。

五、扇形：$\theta_1<arg(z)<\theta_2$

此區域是表示：在複數平面上，介於 θ_1 與 θ_2 之間的區域，如圖 10－7

所示。

六、外圓區域：$|z-z_0|>P$

此區域是表示：以 z_0 爲圓心，以 ρ 爲半徑所形成的圓之外部。如圖 10－8 所示。

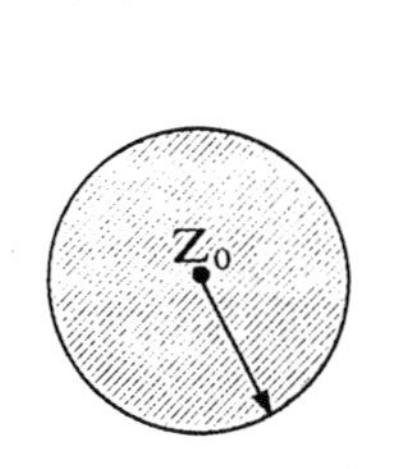

圖 10－3　圓的內部

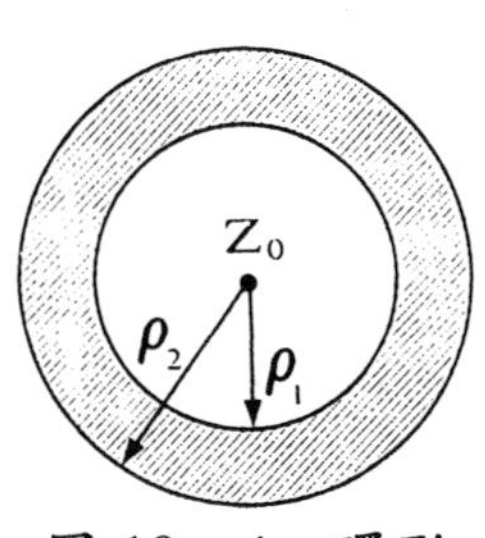

圖 10－4　環形

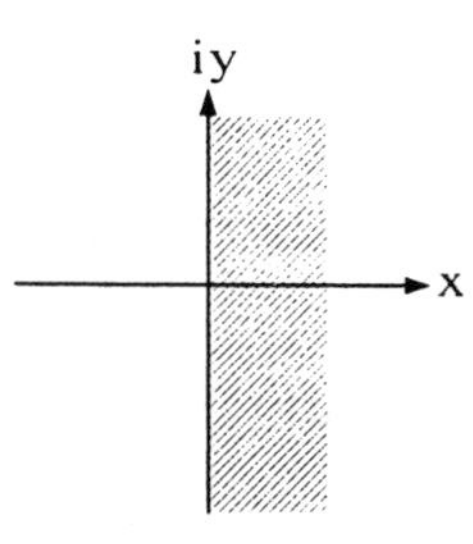

圖 10－5　右半面區域

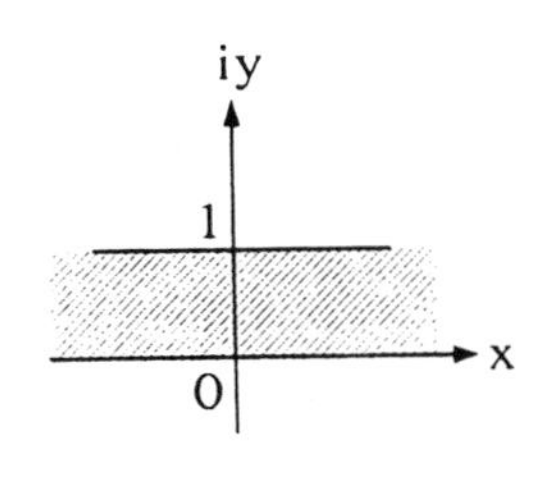

圖 10－6　帶狀

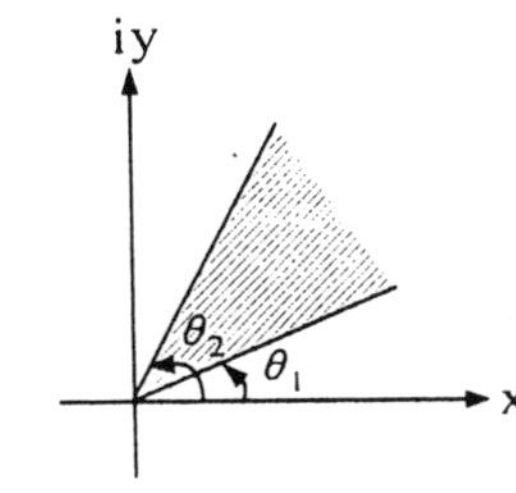

圖 10－7　扇形

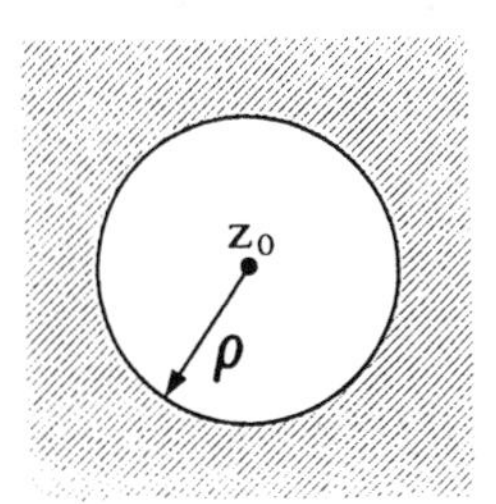

圖 10－8　外圓區域

例 10－8

試繪① $|z-2-2i|\leq 4$　② $\mathrm{Re}(z^2)\leq 1$ 之區域

解：

① 圓心爲 $2+2i$，半徑爲 2，如圖 10－9 所示

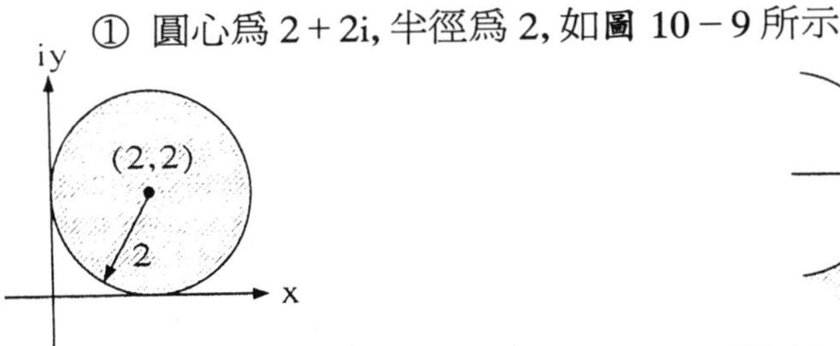

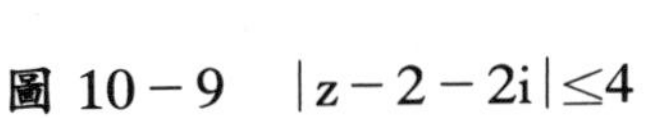

圖 10－9　$|z-2-2i|\leq 4$

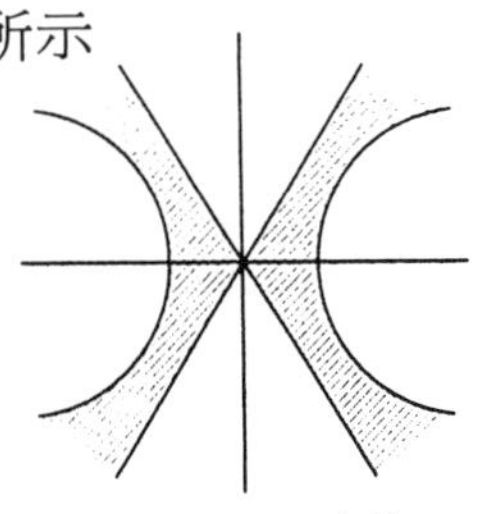

圖 10－10　$\mathrm{Re}(z^2)\leq 1$

② 圖爲 $\mathrm{Re}(z^2)\leq 1$

所以 $\mathrm{Re}(z^2)=x^2-y^2\leq 1$ 爲一雙曲線。如圖 10－10 所示。

3 複變函數與柯西—里曼方程式

Complex Function and Cauchy－Riemann Equation

複變函數

兩個複變數(Complex variable)z 和 w 之間的關係爲 $w=f(z)$，則 w 稱爲 z 的函數，亦稱爲複變函數(Complex Function)。

若 $z=x+iy$，則複變函數亦可表爲

$$w=f(z)=u(x,y)+iv(x,y) \tag{21}$$

例 10－9

已知 $z=2+i$，試求複變函數 $w=f(z)=z^2$

解：

$$w=f(z)=z^2=(2+i)^2=3+4i$$

若 $\qquad w=u+iv$

則 $\qquad u=3,\ \ v=4$

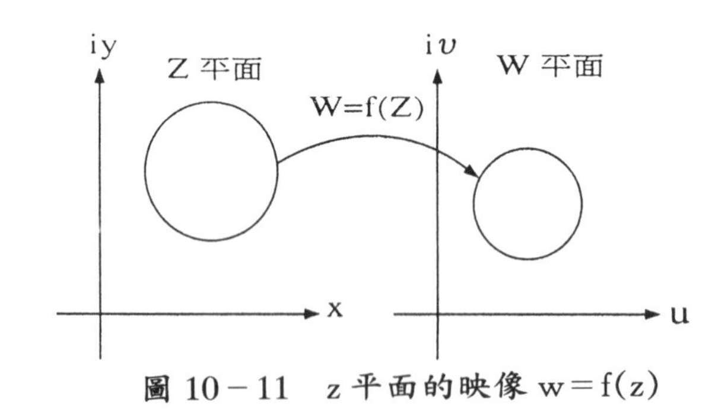

圖 10－11　z 平面的映像 $w=f(z)$

從此例題可得知：函數 $f(z)$ 可以考慮成將 z 平面上的點，轉換成 w 平面上的點，此種轉換被稱爲映像(mappings)，如圖 10－11 所示。

例 10－10

若 $w=f(z)=1+z$，求 z 平面點 $(-1,1)$ 對應至 w 平面上的映像。

解：

z 平面點 $(-1,1)$，即爲 $z=-1+i$

所以　　$w=f(z)=1+z=i=u+iv$

即在 w 平面上　　$u=0, v=1$

複變函數的相關定義

一、極限

一複變函數 $f(z)$ 在 z 趨近於 z_0 時有極限 ℓ 存在，記爲：

$$\lim_{z\to z_0} f(z)=\ell \tag{22}$$

若 $\lim\limits_{z\to z_0} f(z)=A$，及 $\lim\limits_{z\to z_0} g(z)=B$，則

1. $$\lim_{z\to z_0}[f(z)\pm g(z)]=A\pm B \tag{23}$$
2. $$\lim_{z\to z_0}[f(z)g(z)]=AB \tag{24}$$
3. $$\lim_{z\to z_0}\frac{f(z)}{g(z)}=\frac{A}{B}, \text{但 } B\neq 0 \tag{25}$$

例 10－11

求 $\lim\limits_{z\to 1+i}(z^2-5z+10)$ 之值

解：

$$\lim_{z\to 1+i}(z^2-5z+10)=(1+i)^2-5(1+i)+10=5-3i$$

二、連續

一複變函數 $f(z)$於 z_0 處,若滿足下列三條件,則稱 $f(z)$在 z_0 點爲連續：

1 $\lim\limits_{z\to z_0} f(z) = \ell$

2 $f(z_0)$必須存在

3 $f(z_0) = \ell$

例 10－12

試問 $f(z) = \dfrac{3z^4 - 2z^3 + 8z^2 - 2z + 5}{z - i}$, 在 $z = i$ 時是否爲連續？

解：

因爲 $f(i) = \dfrac{0}{0}$, 所以 $f(i)$不存在, 故 $f(z)$在 i 點爲不連續

三、導數

若 $f(z)$在 $z = z_0$ 點爲存在, 且其微分 $f'(z_0)$亦存在：

$$f'(z_0) = \lim_{\triangle z\to 0}\frac{f(z_0 + \triangle z) - f(z_0)}{\triangle z} = \lim_{z\to z_0}\frac{f(z) - f(z_0)}{z - z_0} \tag{26}$$

則稱 $f'(z_0)$爲 $f(z)$在 z_0 點的導數, 且 $f(z)$在 z_0 點爲可微分。

微分性質如下：

1 $$[C_1f_1(z) + C_2f_2(z)]' = C_1f_1'(z) + C_2f_2'(z) \tag{27}$$

2 $$[f_1(z) + f_2(z)]' = f_1'(z)f_2(z) + f_1(z)f_2'(z) \tag{28}$$

3 $$\left(\frac{f_1(z)}{f_2(z)}\right)' = \frac{f'(z)f_2(z) - f_1(z)f_2'(z)}{f_2^2(z)} \tag{29}$$

例 10－13

試問 $f(z) = z^2$ 是否可微分？若可, 則導數爲多少？

解：

由(26)式知 $f'(z) = \lim\limits_{\triangle z\to 0}\dfrac{(z + \triangle z)^2 - z^2}{\triangle z} = \lim\limits_{\triangle z\to 0}\dfrac{2z\triangle z + (\triangle z)^2}{\triangle z} = 2z$

$f'(z)$存在,所以可微分。其導數值爲 $2z$

四、解析

若函數 $f(z)$在 z_0 點及在包含 z_0 之某一鄰域上均可微分,則稱 $f(z)$在 z_0 爲解析(analytic)。一般而言,多項式函數皆爲可解析的。

例 10－14

試問 $f(z)=3z^2+3z+3$ 是否可解析？若可,則求其導數。

解：

因爲 $f(z)$爲多項式,故爲可解析。

而其導數爲: $f'(z)=6z+3$

五、正則點

若 $f(z)$在 z_0 點爲可解析,則 z_0 點稱爲正則點(regular point)

六、奇異點

$f(z)$在 z_0 點爲不可解析,但在 z_0 的每一鄰域皆含有 $f(z)$可解析之點。則此 z_0 點稱爲奇異點(Singular point)。

例 10－15

試求 $f(z)=\dfrac{2}{z-1}$之導數,並求其奇異點。

解：

$f(z)$之導數 $f'(z)=-2(z-1)^2=\dfrac{-2}{(Z-1)^2}$

若 $z=1$ 時,則 $f(z)$爲不可解析,所以奇異點爲 1

我們亦可用柯西—里曼方程式(Cauchy－Riemann equation)來判斷複變函數 f(z)是否爲可解析的。

柯西—里曼方程式

若一複變函數 $f(z)=u(x,y)+i(x,y)$且符合下式

$$\begin{cases}\dfrac{\partial u}{\partial x}=\dfrac{\partial v}{\partial y}\\[2ex]\dfrac{\partial u}{\partial y}=-\dfrac{\partial v}{\partial x}\end{cases} \tag{30}$$

則 f(z)爲可解析的,亦即 f(z)是可微分。(30)式稱爲柯西—里曼方程式。在極座標系統上(30)式可轉換成

$$\begin{cases}\dfrac{\partial u}{\partial r}=\dfrac{1}{r}\dfrac{\partial u}{\partial \theta}\\[2ex]\dfrac{\partial v}{\partial r}=-\dfrac{1}{r}\dfrac{\partial u}{\partial \theta}\end{cases} \tag{31}$$

例 10－16

試證明若 f(z)爲解析函數,則 $\dfrac{\partial u}{\partial x}=\dfrac{\partial v}{\partial y}$且$\dfrac{\partial u}{\partial y}=-\dfrac{\partial v}{\partial x}$

證明

f(z)爲解析函數,則 f′(z)存在,由(26)式知

$$f'(z)=\lim_{\substack{\triangle x\to 0\\ \triangle y\to 0}}\frac{[u(x+\triangle x,y+\triangle y)+iv(x+\triangle x,y+\triangle y)]-[u(x,y)+iv(x,y)]}{\triangle x+i\triangle y}$$

[1]若$\triangle y=0,\ \triangle x\to 0$,則

$$\begin{aligned}f'(z)&=\lim_{\triangle x\to 0}\frac{[u(x+\triangle x,y)+iv(x+\triangle x,y)]-[u(x,y)+iv(x,y)]}{\triangle x}\\&=\lim_{\triangle x\to 0}\frac{u(x+\triangle x,y)-u(x,y)}{\triangle x}+i\lim_{\triangle x\to 0}\frac{v(x+\triangle x,y-v(x,y)}{\triangle x}\\&=\frac{\partial u}{\partial x}+i\frac{\partial v}{\partial x}\end{aligned} \tag{32}$$

2若$\triangle x=0$, $\triangle y\to 0$, 則

$$f'(z)=\lim_{\triangle y\to 0}\frac{[u(x,y+\triangle y)+iv(x,y+\triangle y)]-[u(x,y)+iv(x,y)]}{i\triangle y}$$

$$=\lim_{\triangle y\to 0}\frac{u(x,y+\triangle y)-u(x,y)}{i\triangle y}+i\lim_{\triangle y\to 0}\frac{v(x,y+\triangle y)-v(x,y)}{i\triangle y}$$

$$=\frac{\partial v}{\partial y}-i\frac{\partial u}{\partial y} \tag{33}$$

因爲 f(z)爲解析函數, f'(z)必然存在, 則(32)式與(33)式應相等

即 $$\frac{\partial u}{\partial x}+i\frac{\partial v}{\partial x}=\frac{\partial v}{\partial y}-i\frac{\partial u}{\partial y}$$

故得證 $$\frac{\partial u}{\partial x}=\frac{\partial v}{\partial y},\quad \frac{\partial v}{\partial x}=-\frac{\partial u}{\partial y}$$

例 10－17

若 $z=x+iy$, 試判斷下列式子何者爲解析函數

①$f(z)=z^2$　②$f(z)=\ell n(r)+i\theta$

解：

① 因爲 $$f(z)=z^2=(x+iy)^2=(x^2-y^2)+i2xy$$

$$=u(x,y)+iv(x,y)$$

而 $$\frac{\partial u}{\partial x}=2x=\frac{\partial v}{\partial y}$$

$$\frac{\partial v}{\partial x}=2y=-\frac{\partial u}{\partial y}$$

符合(30)式柯西—里曼方程式, 故 $f(z)=z^2$ 爲解析函數。

② 令 $x=r\cos(\theta)$, $y=r\sin(\theta)$

則 $r=\sqrt{x^2+y^2}$, $\theta=\tan^{-1}\left(\frac{y}{x}\right)$

由此可推導出(31)式。(在此不再推導)

即 $$f(z)=\ell n(r)+i\theta=u(r,\theta)+iv(r,\theta)$$

而 $$\frac{\partial u}{\partial r}=\frac{1}{r}=\frac{1}{r}\frac{\partial v}{\partial \theta}$$

$$\frac{\partial v}{\partial r}=0=-\frac{1}{r}\frac{\partial u}{\partial \theta}$$

符合(31)式柯西—里曼方程式, 故 f(z)爲解析函數。

例 10－18

試問 $f(z)=z^{\frac{1}{2}}$在何處為解析？

解：

令 $z=re^{i\theta}$，則 $f(z)=z^{\frac{1}{2}}=\sqrt{r}\,e^{i\frac{\theta}{2}}=\sqrt{r}\cos\left(\frac{\theta}{2}\right)+i\sqrt{r}\sin\left(\frac{\theta}{2}\right)$

$$=u(x,y)+iv(x,y)$$

$$\frac{\partial u}{\partial r}=\frac{1}{2\sqrt{r}}\cos\left(\frac{\theta}{2}\right)=\frac{1}{r}\frac{\partial v}{\partial \theta}$$

$$\frac{\partial v}{\partial r}=\frac{1}{2\sqrt{r}}\sin\left(\frac{\theta}{2}\right)=-\frac{1}{r}\frac{\partial u}{\partial \theta}$$

因此可知，$f(z)$除在 $z=0$ 之外，其餘皆為可解析的

諧和函數

複變函數 $f(z)=u(x,y)+iv(x,y)$，若符合 $f(z)$為解析函數及滿足拉普拉氏方程式。

即
$$\begin{cases}\nabla^2 u=u_{xx}+u_{yy}=0\\ \nabla^2 v=v_{xx}+v_{yy}=0\end{cases} \tag{34}$$

則稱此複變函數為諧和函數(harmonic function)。換言之，具有連續二階偏導數的拉普拉氏方程式之解答，稱為諧和函數。

共軛諧和函數

複變函數 $f(z)=u(x,y)+iv(x,y)$，若符合 $f(z)$為諧和函數及滿足柯西—里曼方程式，則稱 $v(x,y)$為 $u(x,y)$的共軛諧和函數(Conjugate harmonic function)。

【註】 此處「共軛」與複數 z 之共軛複數$\bar{Z}$是不同意義的

例 10－19

試證明 $f(z)=z^3+2z+1$，為諧和函數

證明

諧和函數第一條件為具有解析性：

$$f(z)=z^3+2z+1=(x+iy)^3+2(x+iy)+1$$
$$=(x^3+2x-3xy^2+1)+i(3x^2y-y^3+2y)$$

若符合柯西—里曼方程式，則必然具有可解析性

即 $\left.\begin{array}{l}\dfrac{\partial u}{\partial x}=3x^2+2-3y^2=\dfrac{\partial v}{\partial y}\\ \dfrac{\partial v}{\partial x}=6xy=-\dfrac{\partial u}{\partial y}\end{array}\right\}$ 具有解析性

諧和函數的第二條件為滿足拉普拉氏方程式

$$\nabla^2 u=u_{xx}+u_{yy}=6x-6x=0$$
$$\nabla^2 v=v_{xx}+v_{yy}=6y-6y=0$$

故知 $f(z)$ 爲諧和函數

例 10－20

已知諧和函數 $f(z)=u(x,y)+iv(x,y)$，其中 $u=x^2-y^2$，試求其共軛諧和函數 $v(x,y)$

解：

共軛諧和函數必須滿足柯西—里曼方程式

故 $\dfrac{\partial u}{\partial x}=2x=\dfrac{\partial v}{\partial y}$

$-\dfrac{\partial u}{\partial y}=2y=\dfrac{\partial v}{\partial x}$

所以 $v=\int 2x\,dy+h(x)=2xy+h(x)$

然 $\dfrac{\partial v}{\partial x}=2y+h'(x)=2y$

故知 $h(x)=C$ 爲常數

所以 $v(x,y)=2xy+c$

即 $f(z)=(x^2-y^2)+i(2xy+c)=z^2+c$

習 10-3 題

試將下列複數繪至複數平面,並決定是否有界或閉、開區域

① $\mathrm{Im}(z-2i)\le 5$

② $2<\mathrm{Re}(z+6)\le 8$

③ $|z|\ge 4$

④ $1<|z-i|<4$

⑤ $\frac{\pi}{3}\le \arg z\le \frac{2\pi}{3}$

⑥ $\left|\frac{1}{z}\right|\ge 2$

求下列複變函數的導數(使用(26)式,或直接微分)

⑦ $\frac{z}{z+1}$, $z_0=4$

⑧ $\frac{z+1}{z-1}$

⑨ $2z^2+1$, $z_0=1-i$

⑩ $4iz^2-8z+2$

⑪ $\frac{z+2}{(z^2+i)}$, $z_0=2$

⑫ $(iz-2)^5$

試用柯西—里曼方程式,判斷下列式子是否為解析,或為諧和函數

⑬ $f(z)=z^2-iz$

⑭ $f(z)=z+\mathrm{Im}(3z)$

⑮ $f(z)=(z+2)^2$

⑯ $f(z)=iz+|z|$

⑰ $f(z)=i\,\mathrm{Im}(z)-|z|^2$

⑱ $f(z)=i|z|^2$

4 複變函數之各類型式

Types of Complex Function

本節將介紹複變函數之各類型式：自然指數函數、三角函數、雙曲線函數、自然對數函數、反三角函數及反雙曲線函數。

一、自然指數

1. $e^z = e^{(x+iy)} = e^x[\cos(y) + i\sin(y)]$
2. $e^{z_1+z_2} = e^{z_1} \cdot e^{z_2}$
3. $|e^z| = |e^x[\cos(y) + i\sin(y)]| = e^x$
4. $\dfrac{d}{dz}e^z = e^z$
5. $e^{z \pm 2N\pi i} = e^z$　（N 爲整數，e^z 之週期爲 $2\pi i$）

例 10－21

試將 e^Z 化成 $a + ib$ 的型式。其中 $z = 3 + i2$

解：

$$\begin{aligned} e^z &= e^{(3+i2)} = e^3[\cos(2) + i\sin(2)] \\ &= e^3\cos(2) + i\,e^3\sin(2) \end{aligned}$$

二、三角函數

1. $\sin(z) = \dfrac{1}{2i}(e^{iz} - e^{-iz})$
2. $\cos(z) = \dfrac{1}{2}(e^{iz} + e^{-iz})$
3. $\sin(z_1 \pm z_2) = \sin(z_1)\cos(z_2) \pm \cos(z_1)\sin(z_2)$

4. $\cos(z_1 \pm z_2) = \cos(z_1)\cos(z_2) \mp \sin(z_1)\sin(z_2)$

5. $\sin(x + iy) = \sin(x)\cosh(y) + i\cos(x)\sinh(y)$

6. $\cos(x + iy) = \cos(x)\cosh(y) - i\sin(x)\sinh(y)$

7. $\sin(iy) = i\sinh(y)$

8. $\cos(iy) = \cosh(y)$

9. $\sin(-z) = -\sin(z)$　($\sin(z)$為奇函數)

10. $\cos(-z) = \cos(z)$　($\cos(z)$為偶函數)

11. $\sin(2z) = 2\ \sin(z)\cos(z)$

12. $\cos(2z) = \cos^2(z) - \sin^2(z)$

13. $\tan(z_1 \pm z_2) = \dfrac{\tan(z_1) \pm \tan(z_2)}{1 \mp \tan(z_1)\tan(z_2)}$

三角函數彼此間之關係,可用圖 10－12 來記憶。

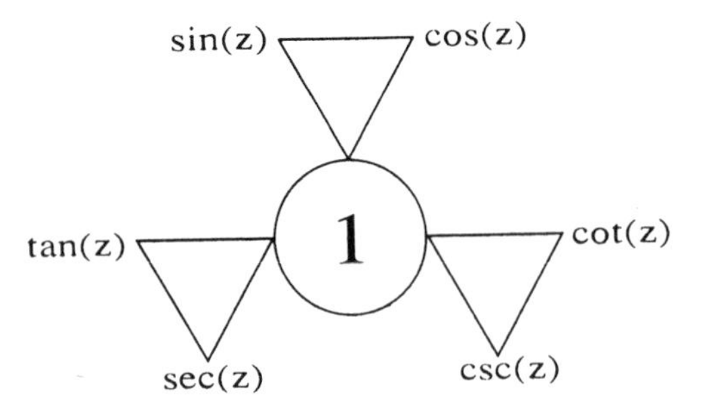

圖 10－12　三角函數關係

以下關係請配合圖 10－12,試自行查出彼此關係。

14. $\sin^2(z) + \cos^2(z) = 1$

$\tan^2(z) + 1 = \sec^2(z)$

$1 + \cos^2(z) = \csc^2(z)$

15. $\dfrac{1}{\sin(z)} = \csc(z)$

$\dfrac{1}{\cos(z)} = \sec(z)$

$\dfrac{1}{\tan(z)} = \cot(z)$

16. $\dfrac{\sin(z)}{\cos(z)}=\tan(z)$, $\dfrac{\csc(z)}{\sec(z)}=\cot(z)$

$\dfrac{\tan(z)}{\sin(z)}=\sec(z)$, $\dfrac{\cot(z)}{\csc(z)}=\cos(z)$

$\dfrac{\sec(z)}{\tan(z)}=\csc(z)$, $\dfrac{\cos(z)}{\cot(z)}=\sin(z)$

例 10－22

試將 cos(z)化成 a＋ib 型式，其中 z＝1＋i2

解：

$$\cos(z)=\frac{1}{2}(e^{iz}+e^{-iz})=\frac{1}{2}[e^{i(1+i2)}+e^{-i(1+i2)}]$$
$$=\frac{1}{2}[e^{(i-2)}+e^{(2-i)}]$$
$$=\frac{1}{2}\{e^{-2}[\cos(1)+i\sin(1)]+e^{2}[\cos(1)-i\sin(1)]\}$$
$$=\frac{1}{2}\cos(1)(e^{-2}+e^{2})+i\frac{1}{2}\sin(1)(e^{-2}-e^{2})$$

三、雙曲線函數

1. $\sinh(z)=\frac{1}{2}(e^{z}-e^{-z})$
2. $\cosh(z)=\frac{1}{2}(e^{z}+e^{-z})$
3. $\sinh(z_1\pm z_2)=\sinh(z_1)\cosh(z_2)\pm\cosh(z_1)\sinh(z_2)$
4. $\cosh(z_1\pm z_2)=\cosh(z_1)\cosh(z_2)\pm\sinh(z_1)\sinh(z_2)$
5. $\sinh(x+iy)=\sinh(x)\cos(y)+i\cosh(x)\sin(y)$
6. $\cosh(x+iy)=\cosh(x)\cos(y)+i\sinh(x)\sin(y)$
7. $\sinh(iy)=i\sin(y)$
8. $\cosh(iy)=\cos(y)$
9. $\sinh(-z)=-\sinh(z)$
10. $\cosh(-z)=\cosh(z)$
11. $\cosh^2(z)-\sinh^2(z)=1$

12. $1-\tanh^2(z)=\text{sech}^2(z)$

13. $\coth^2(z)-1=\text{csch}^2(z)$

雙曲線函數彼此間之關係,亦可用**圖** 10－12 來記憶。

例 10－23

試證 $\sinh(z)=\sinh(x)\cos(y)+i\cosh(x)\sin(y)$, 其中 $z=x+iy$

證明：

$$\sinh(z)=\frac{1}{2}(e^z-e^{-z})=\frac{1}{2}[e^{(x+iy)}-e^{-(x+iy)}]$$
$$=\frac{1}{2}\{e^x[\cos(y)+i\sin(y)]-e^{-x}[\cos(y)-i\sin(y)]\}$$
$$=\frac{1}{2}\cos(y)(e^x-e^{-x})+i\frac{1}{2}\sin(y)(e^x+e^{-x})$$
$$=\sinh(x)\cos(y)+i\cosh(y)\sin(y)$$

四、自然對數

因為 $z=re^{i\theta}=re^{i(\theta+2N\pi)}$。其中 $r=\sqrt{x^2+y^2}$, $\theta=\tan^{-1}\left(\frac{y}{x}\right)$,

則 $\ell n(z)=\ell n[re^{i(\theta+2N\pi)}]=\ell n(r)+i(\theta+2N\pi)$,

若只考慮主值,則

1. $\ell n(z)=\ell n(r)+i\theta$, $-\pi\leq\theta\leq\pi$
2. $\ell n(z_1z_2)=\ell n(z_1)+\ell n(z_2)$
3. $\ell n(z_1/z_2)=\ell n(z_1)-\ell n(z_2)$
4. $\ell n(z^a)=a\ell n(z)$
5. $e^{\ell n(z)}=z$

例 10－24

試將 $\ell n(z)$,化成 $a+ib$ 之形式,其中 $z=(1+i2)$

解：

$$\ell n(z)=\ell n(1+i2)=\ell n(\sqrt{1+4})+i\tan^{-1}(2)$$
$$=\ell n(\sqrt{5})+i\tan^{-1}(2)$$

五、反三角函數

1. $\sin^{-1}(z)=\dfrac{1}{i}\ell n(iz+\sqrt{1-z^2})$

2. $\cos^{-1}(z)=\dfrac{1}{i}\ell n(z+\sqrt{z^2-1})$

3. $\tan^{-1}(Z)=\dfrac{1}{2i}\ell n\left(\dfrac{1+iz}{1-iz}\right)$

4. $\cot^{-1}(Z)=\dfrac{1}{2i}\ell n\left(\dfrac{z+i}{z-i}\right)$

5. $\sec^{-1}(Z)=\dfrac{1}{i}\ell n\left(\dfrac{1+\sqrt{1-z^2}}{z}\right)$

6. $\csc^{-1}(z)=\dfrac{1}{i}\ell n\left(\dfrac{1+\sqrt{z^2-1}}{z}\right)$

7. $\dfrac{d}{dz}[\sin^{-1}(z)]=\dfrac{1}{\sqrt{1-z^2}}$

8. $\dfrac{d}{dz}[\cos^{-1}(z)]=\dfrac{-1}{\sqrt{1-z^2}}$

9. $\dfrac{d}{dz}[\tan^{-1}(z)]=\dfrac{1}{1+z^2}$

10. $\dfrac{d}{dz}[\cot^{-1}(z)]=\dfrac{1}{1-z^2}$

11. $\dfrac{d}{dz}[\sec^{-1}(z)]=\dfrac{1}{z\sqrt{z^2-1}}$

12. $\dfrac{d}{dz}[\csc^{-1}(z)]=\dfrac{-1}{z\sqrt{z^2-1}}$

六、反雙曲線函數

1. $\sinh^{-1}(z)=\ell n(z+\sqrt{z^2+1})$

2. $\cosh^{-1}(z)=\ell n(z+\sqrt{z^2-1})$

3. $\tanh^{-1}(z)=\frac{1}{2}\ell n\left(\frac{1+z}{1-z}\right)$

4. $\coth^{-1}(z)=\frac{1}{2}\ell n\left(\frac{z+1}{z-1}\right)$

5. $\text{sech}^{-1}(z)=\ell n\left(\frac{1+\sqrt{1-z^2}}{z}\right)$

6. $\text{csch}^{-1}(z)=\ell n\left(\frac{i+\sqrt{z^2+1}}{z}\right)$

7. $\frac{d}{dz}\left[\sinh^{-1}(z)=\frac{1}{\sqrt{1+z^2}}\right]$

8. $\frac{d}{dz}\left[\cosh^{-1}(z)=\frac{1}{\sqrt{z^2-1}}\right]$

9. $\frac{d}{dz}\left[\tanh^{-1}(z)=\frac{1}{1-z^2}\right]$

10. $\frac{d}{dz}\left[\coth^{-1}(z)=\frac{-1}{1-z^2}\right]$

11. $\frac{d}{dz}\left[\text{sech}^{-1}(z)=\frac{1}{z\sqrt{1-z^2}}\right]$

12. $\frac{d}{dz}\left[\text{csch}^{-1}(z)=\frac{-1}{z\sqrt{z^2+1}}\right]$

七、一般乘冪

一般乘冪之形式為 z^a, 而 z^a 可化為以下形式

$$z^a=e^{a\ell n(z)}$$

例 10－25

試將 2^{3-i} 化成 $a+ib$ 的形式, 並求主值。

解：

$$2^{3-i}=e^{(3-i)\ell n(2)}=e^{3\ell n(2)}\cdot e^{-i\ell n(2)}=8\cdot e^{-i[\ell n(2)+i2k\pi]}$$
$$=8e^{2k\pi}\cdot e^{-i\ell n(2)}=8e^{2k\pi}[\cos(\ell n2)-i\sin(\ell n2)]$$

其主值為 $8\{\cos[\ell n(2)]-i\sin[\ell n(2)]\}$

例 10－26

試以 a＋ib 的型式表示下列式子：

①$e^{\pi-2i}$　②$\ell n(2i)$　③$6^{(-2-3i)}$　④$\sin(\pi+i)$　⑤$(1-i)^{1/2}$

解：

① $$e^{\pi-2i}=e^{\pi}[\cos(-2)+i\sin(-2)]=e^{\pi}[\cos(2)-i\sin(2)]$$

② $$\ell n(2i)=\ell n|2i|+i\arg(2i)=\ell n(2)+i\left(\frac{\pi}{2}+2k\pi\right)$$

$$\text{主值}=\ell n(2)+i\left(\frac{\pi}{2}\right)$$

③ $$6^{(-2-3i)}=e^{(-2-3i)\ell n(6)}=e^{(-2-3i)[\ell n(6)+i2k\pi]}$$

$$\text{主值}=e^{(-2-3i)\ell n(6)}=e^{[-2\ell n(6)-i3\ell n(6)]}$$

$$=e^{[-2\ell n(6)]}\cdot\{\cos[3\ell n(6)]-i\sin[3\ell n(6)]\}$$

④ $$\sin(\pi+i)=\sin(\pi)\cosh(1)+i\cos(\pi)\sinh(1)$$

$$=-i\sinh(1)$$

⑤ $$1-i=2^{1/2}\left[\cos\left(-\frac{\pi}{4}\right)+i\ \sin\left(-\frac{\pi}{4}\right)\right]$$

$$(1+i)^{1/2}=2^{1/4}\left[\cos\left[\frac{-\frac{\pi}{4}+2k\pi}{2}\right]+i\ \sin\left[\frac{-\frac{\pi}{4}+2k\pi}{2}\right]\right]$$

$$=2^{1/4}\left[\cos\left(\frac{\pi}{8}\right)-i\ \sin\left(\frac{\pi}{8}\right)\right],2^{1/4}\left[\cos\left(\frac{7}{8}\pi\right)+i\ \sin\left(\frac{\pi}{7}\pi\right)\right]$$

習　10-4　題

求下列複數所有可能不同的值

① $i^{1/4}$　　② $\left(\frac{1+i}{1-i}\right)^{1/3}$

③ $(5+3i)^{-4/5}$

④ e^{5i}

⑤ $3+i$

⑥ $\ell n(1+i)$

⑦ $\ell n(-4+2i)$

⑧ $\ell n[(1-i)(2+3i)]$

⑨ $\ell n[(2+2i)^3]$

⑩ $(7i)^{3i}$

⑪ $(i^{2/3})^i$

⑫ $\sin(i)$

⑬ $\cos(-1-i)$

⑭ $\cosh[\ell n(1)]$

⑮ $\sinh(2+i)$

⑯ $\sinh(-5i)$

⑰ $\ell n[(3-2i)^2]$

⑱ $(1+3i)^e$

⑲ $3^{1/i}$

⑳ $i\tanh(2)$

5 複積分

Complex Integrals

複積分(Complex Integrals)是在複平面上進行積分。

本節將介紹：

◎複平面上的線積分

◎柯西—高沙德定理(簡稱柯西積分定理)

◎柯西積分公式。

一、複平面上的線積分

若 $f(z)=u(x,y)+iv(x,y)$，則函數 $f(z)$沿曲線 C 的線積分可表爲

$$\int_C f(z)dz,$$

且

$$\int_C f(z)dz = \int_C (u+iv)(dx+idy)$$

$$= \int_C [udx-vdy] + i\int_C [vdx+udy] \tag{35}$$

或以參數式表示

$$\int_C f(z)dz = \int_a^b f[z(t)]z'(t)dt \tag{36}$$

又若 C 爲封閉曲線則其線積分表爲 $\oint_C f(z)dz$，稱爲周道積分(Contour integral)。其中 C 以逆時針方向代表正向。

性質

1 $\int_C [af(z)+bg(z)]dz = a\int_C f(z)dz + b\int_C g(z)dz$

2 $\int_C f(z)dz = -\int_{-C} f(z)dz$　$-C$ 代表與 C 相反的方向

3 $\int_{C_1} f(z)dz + \int_{C_2} f(Z)dz = \int_C f(z)dz$　其中 $C = C_1 + C_2$

4 ML 不等式：若 L 為曲線 C 的總長，且 $|f(z)| \le M$，
則 $\left|\int_C f(z)dz\right| \le ML$

5 $\left|\int_C f(z)dx\right| \le \int_C |f(z)||dz|$

例 10－27

$f(z) = z^2 - iz$，C：$z(t) = t + it^2$，t 從 0 到 4 變動。試求 $\int_C f(z)dz$

解：

$$f(z) = z^2 - iz = (t+it^2)^2 - i(t+it^2)$$
$$= (2t^2 - t^4) + i(2t^3 - t)$$
$$z'(t) = 1 + i2t$$

由(36)式知

$$\int_C f(z)dz = \int_a^b f[z(t)]z'(t)dt$$
$$= \int_0^4 [(2t^2 - t^4) + i(2t^3 - t)](1 + i2t)dt$$
$$= \int_0^4 [(4t^2 - 5t^4) + i(6t^3 - t - 2t^5)dt]$$
$$= \frac{1}{3}(-2816 - i\,2968)$$

例 10－28

$f(z) = 1 + z^2$，C 是從 3i 到 -3 且半徑為 3 的半圓，試求 $\int_C f(z)dz$

解：

由尤拉公式知，C 為半徑為 3 的圓(如圖 10－13)，則

$$z(t) = 3e^{it},\ \frac{\pi}{2} \le t \le \pi$$
$$f(z) = 1 + z^2 = 1 + (3e^{it})^2$$

$$z'(t)=i\ 3e^{it}$$

由(36)式知
$$\int_C f(z)dz=\int_{\frac{\pi}{2}}^{\pi}[1+(3e^{it})^2]\cdot i3e^{it}dt$$
$$=\int_{\frac{\pi}{2}}^{\pi}3i(e^{it}+9e^{i3t})dt$$
$$=-12+6i$$

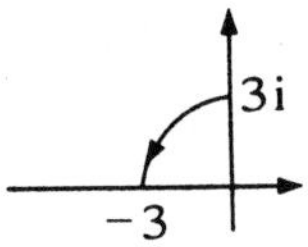

圖 10－13

例 10－29

試求 $\int_C \mathrm{Re}z dz$

①沿 C_1 路徑積分　②沿 C_2 路徑積分(如圖 10－14)

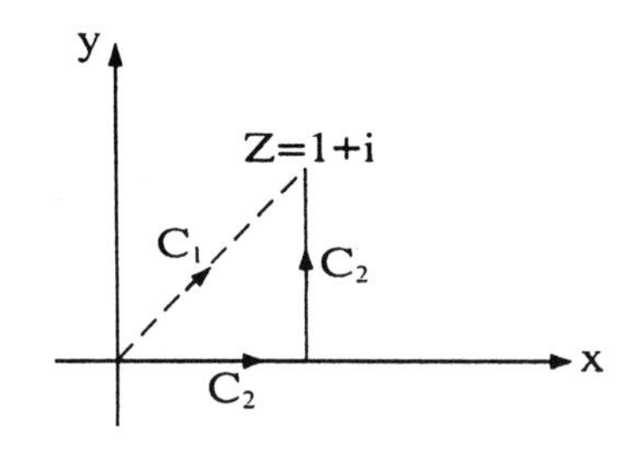

圖 10－14

解：

① 沿 C_1

$x=y$, 所以　　$z=x+iy=x+ix,\ 0\le x\le 1$

$$z'=1+i$$

由(36)式知　　$\int_C \mathrm{Re}(z)\,dz=\int_0^1 x(1+i)dx=\frac{1}{2}+\frac{1}{2}i$

② 沿 C_2

C_2 可逐段積分, 分別為 $(0,0)\rightarrow(1,0)$, $(1,0)\rightarrow(1,1)$

$(0,0)\rightarrow(1,0)$　$z=x$,　$y=0,\ 0\le x\le 1$,　$dz=dx$

$(1,0)\rightarrow(1,1)$　$z=1+iy$,　$x=1$,　$0\le y\le 1$,　$dz=dy$

所以　　$\int_C \mathrm{Re}(z)\,dz=\int_0^1 xdx+\int_0^1 1\cdot idy=\frac{1}{2}+i$

由本例可發現, 複積分因積分路徑不同而有不同的積分結果。但若對解析函數而言則不受積分路徑影響, 其積分結果是一樣的。

讀者不妨自行將上例的 $\int_C \mathrm{Re}(z)\,dz$ 改為 $\int_C z\,dz$，重作一次，即可發現雖然路徑不同，但結果是一樣的。其原因是 $f(z)=z$ 為解析函數。

以下將介紹解析函數的複積分：柯西積分定理。

二、柯西—高沙德定理（又名：柯西積分定理）

柯西—高沙德定理（Cauchy－Goursat Theorem）

若任一複變函數 $f(z)$ 在一封閉曲線 C 內及其上為可解析者，則該函數沿此封閉曲線上的積分為零。即

$$\oint_C f(z)\,dz=0 \tag{37}$$

【證明】

令 $f(z)=u(x,y)+iv(x,y)$，又 $f(z)$ 為解析函數，

則由柯西—里曼方程式知

$$\frac{\partial u}{\partial x}=\frac{\partial u}{\partial y},\quad \frac{\partial u}{\partial y}=-\frac{\partial v}{\partial x}$$

所以

$$\begin{aligned}\oint_C f(z)\,dz &= \oint_C (u+iv)(dx+idy)\\ &= \oint_C (udx-vdy)+i\oint_C (vdx+udy)\end{aligned}$$

由葛林定理知

$$\begin{aligned}&= -\iint_R \left(\frac{\partial v}{\partial x}+\frac{\partial u}{\partial y}\right)dxdy+i\iint_R \left(\frac{\partial u}{\partial x}-\frac{\partial v}{\partial y}\right)dx\\ &=0\end{aligned}$$

得證之

例 10－30

試求 $\oint_C \left(\frac{1}{5}z^5+4z^3+2z^2\right)dz$，C 為單位圓。

解：

因為 $f(z)=\frac{1}{5}z^5+4z^3+2z^2$，在單位圓內為可解析

故由(37)式知　$\oint_C\left(\frac{1}{5}z^5+4z^3+2z^2\right)dz=0$

例 10－31

試求 $\oint_C ze^z dz$, C ：$|z-3i|=8$

解：

因為 $f(z)=ze^z$ 在 C 中為可解析

故 $\oint_C ze^z dz=0$

例 10－32

用柯西積分定理求 $\oint_C \frac{1}{z^2-1}dz$, 其中 C ：$|z-i|=\frac{1}{4}$

解：

因為　$f(z)=\frac{1}{z^2-1}=\frac{1}{(z+1)(z-1)}$

若 $z=\pm1$, 則此函數為不可解析

但 C 並未包函 ±1 點, 如圖 10－15 所示, 故 f(z)在此 C 中仍為解析

所以　$\oint_C \frac{1}{z^2-1}dz=0$

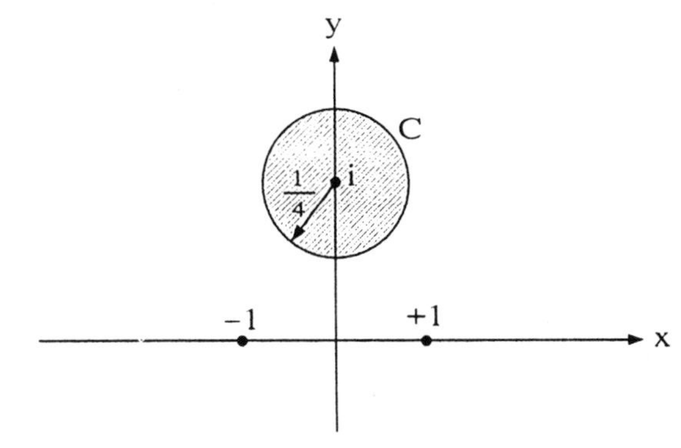

圖 10－15　±1 點未在 C 上或 C 內

例 10－33

用柯西積分定理求 $\oint_C \frac{zdz}{z^2+(1-2i)z-2i}$, 其中 C ：$|z+1|=1$

解：

因為 $f(z)=\dfrac{z}{z^2+(1-2i)z-2i}=\left(\dfrac{2i}{1+2i}\right)\dfrac{1}{z-2i}+\left(\dfrac{1}{1+2i}\right)\dfrac{1}{z+1}$

其中 $z=2i, -1$ 則為不可解析

而 2i 點不在 C 上，故仍為可解析

$$\oint_C\left(\frac{2i}{1+2i}\right)\frac{1}{z-2i}dz=0$$

而 -1 點在 C 上為非解析，因此不適用柯西積分定理。

如圖 10－16

令 $z=-1+e^{it}, 0\le t\le 2\pi$

所以 $\oint_C\left(\dfrac{1}{1+2i}\right)\dfrac{1}{z+1}dz=\dfrac{1}{1+2i}\int_0^{2\pi}e^{-it}(ie^{it})dt=\left(\dfrac{4+2i}{5}\right)\pi$

故 $\oint_C\dfrac{zdz}{z^2+(1-2i)z-2i}=\left(\dfrac{4+2i}{5}\right)\pi$

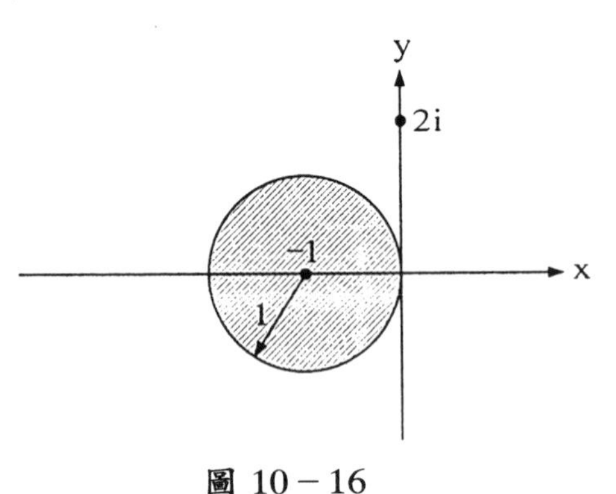

圖 10－16

例 10－23 中 $\oint_C\left(\dfrac{1}{1+2i}\right)\dfrac{1}{z+1}dz$ 在 C 上為非解析，故不適用柯西積分定理，此時可直接用積分路徑積分，但我們亦可發現

$$\oint_C\left(\frac{1}{1+2i}\right)\left(\frac{1}{z+1}\right)dz=2\pi i\left(\frac{1}{1+2i}\right)=\left(\frac{4+2i}{5}\right)\pi$$

其中的關係，將在下述的「柯西積分公式」中介紹。

三、柯西積分公式(Cauchy－Integral Formula)

柯西積分公式

1 設 $f(z)$於簡單封閉曲線 C 上及其內部爲解析函數，則對 C 內部之任意一點 z_0 爲不解析，且 C 的方向爲逆時針，

則 $$f(z_0)=\frac{1}{2\pi i}\oint_C\frac{f(Z)}{z-z_0}dz \tag{38}$$

或 $$\oint\frac{f(z)}{z-z_0}dz=2\pi if(z_0) \tag{39}$$

2 若 $f^{(n)}(z)$存在，且爲可解析，

則 $$f^{(n)}(z_0)=\frac{n!}{2\pi i}\oint\frac{f(Z)}{(z-z_0)^{n+1}}dz,\quad n=1,2,3\cdots \tag{40}$$

或 $$\oint\frac{f(Z)}{(z-z_0)^{n+1}}dz=\frac{2\pi i}{n!}f^{(n)}(Z_0),\quad n=1,2,3\cdots \tag{41}$$

例 10－34

試求 $\oint_C\frac{1}{z^2-1}dz$，其中 C 曲線如下：

① $|z|=\frac{1}{2}$ ② $|z-1|=1$ ③ $|z+1|=1$ ④ $|z|=2$

解：

$$\frac{1}{z^2-1}=\frac{1}{2}\left(\frac{1}{z-1}-\frac{1}{z+1}\right)$$

① $|z|=\frac{1}{2}$ 時，$\frac{1}{z-1}$ 及 $\frac{1}{z+1}$ 均爲解析，所以由柯西積分定理知

$$\oint_C\frac{1}{z^2-1}dz=0$$

② $|z-1|=$時，$\frac{1}{z+1}$ 爲解析，而 $\frac{1}{z-1}$ 爲非解析，故

$$\oint_C\frac{1}{z^2-1}dz=\frac{1}{2}\int_C\left(\frac{1}{z-1}-\frac{1}{z+1}\right)dz$$

$$=\frac{1}{2}[2\pi i-0]=\pi i$$

③ $|z+1|=1$ 時, $\frac{1}{z+1}$ 爲非解析, 而 $\frac{1}{z-1}$ 爲解析, 故

$$\oint_C \frac{1}{z^2-1}dz = \frac{1}{2}\int_C \left(\frac{1}{z-1}-\frac{1}{z+1}\right)dz$$

$$= \frac{1}{2}[0-2\pi i] = -\pi i$$

④ $|z|=2$ 時, $\frac{1}{z-1}$ 及 $\frac{1}{z+1}$ 均爲非解析, 故

$$\oint_C \frac{1}{z^2-1}dz = \frac{1}{2}\int_C \left(\frac{1}{z-1}-\frac{1}{z+1}\right)dz$$

$$= \frac{1}{2}[2\pi i-2\pi i] = 0$$

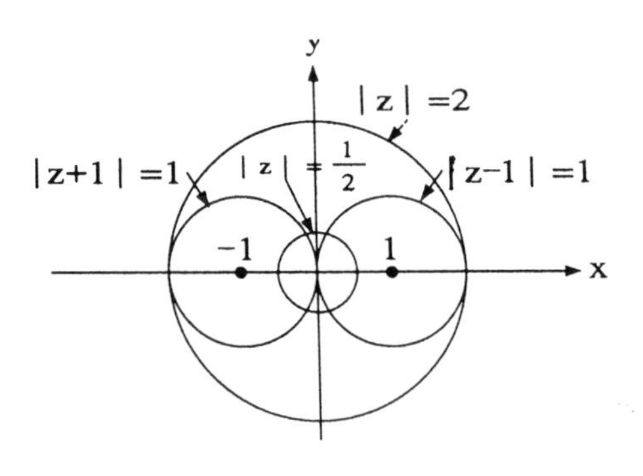

圖 10－17

例 10－35

試求 $\oint_C \frac{\sin(z)}{z^2+1}dz$, 其中 C ：$|z|=2$

解：

$$\frac{\sin(z)}{z^2+1} = \frac{\sin(z)}{(z-i)(z+i)} = \frac{1}{2i}\left[\frac{\sin(z)}{z-i}-\frac{\sin(z)}{z+i}\right]$$

上式在 $|z|=2$ 時爲非解析, 故由(39)式知

$$\oint_C \frac{\sin(z)}{z^2+1}dz = \frac{2\pi i}{2i}[\sin(i)-\sin(-i)]$$

$$= 2\pi\sin(i)$$

例 10－36

在 C ：$|z|=1$, 試求① $\oint \frac{\sin(z)}{z^4}dz$ ② $\oint_C \frac{e^{2z}}{z^3}dz$

解：

① $\frac{\sin(z)}{z^4}$在$|z|=1$ 為非解析

令 $f(z)=\sin(z)$

則 $f'''(z)=-\cos(z)$

由(41)式知 $\oint_C \frac{\sin(z)}{z^4}dz=\frac{2\pi i}{3!}f'''(0)=-\frac{\pi i}{3}$

② $\frac{e^{2z}}{z^3}$在$|z|=1$ 為非解析

令 $f(z)=e^{2z}$

則 $f''(z)=4e^{2z}$

由(41)式知 $\oint_C \frac{e^{2z}}{z^3}dz=\frac{2\pi i}{2!}f''(0)=4\pi i$

讀者研究至此，不妨以柯西積分公式重做**例 10－33**，一定會發現其中的簡便性。

習 10-5 題

試求下列複變函數的線積分 $\int_C f(z)dz$，其中 C 均為逆時針方向

① $\int_C \frac{1}{z}dz$, C ：$|z|=1$

② $\int_C e^{-z}dz$, C ：$(0,0)\to(-2-3i)$

③ $\int_C [-(1+x)-i3x^2]dz$，其中 C ：$(0,0)\to(1,1)$

④ $\int_C (1-z)dz$, C：$z(t)=t-it^2$, t：0→1

⑤ $\int (z-1)dz$, C：$z(t)=\cos(t)-i\sin(t)$, t：$0 \to \frac{\pi}{3}$

⑥ $\int_i^{1+4i} z^2 dz$

⑦ $\int_C zdz$, C：$|z|=1, 0 \le \theta \le \frac{\pi}{2}$

⑧ $\int_C (z-1)^2 dz$, C：$z(t)=t+2$, t：1→4

⑨ $\int_{-\pi}^{1+\frac{\pi}{2}i} \cosh(z)dz$, C：$|z|=1$

⑩ $\int_C (2z-i)dz$, C：$z(t)=\cos(t)-i\ 4\sin(t)$, t：0→π

試以柯西積分定理,或柯西積分公式求下列積分值

⑪ $\oint_C \frac{2z-1}{z^2-z}dz$

⑫ $\oint_C \frac{e^{2z}}{(z+1)^4}dz$, C：$|z|=3$

⑬ $\oint_C [z-\mathrm{Re}(z)]dz$, C：$|z|=2$

⑭ $\oint_C \frac{z^2+1}{z^2-1}dz$, C：$|z-i|=1$

⑮ $\oint_C \frac{e^z}{(z+1)^2}dz$, C：$|z-1|=3$

⑯ $\oint_C |z|^2 dz$, C：$|z|=5$

⑰ $\oint_C \frac{z}{z^2-\frac{1}{4}}dz$, C：$|z|=1$

⑱ $\oint_C \frac{(2z+1)}{z^3-iz^2+6z}$, C：$|z-\frac{1}{3}i|=\frac{1}{3}$

⑲ $\oint_C \frac{\sin(\pi z^2)+\cos(\pi z^2)}{(z-1)(z-2)}dz$, C：$|z|=3$

⑳ $\oint_C \frac{[\cos(z)-\sin(z)]}{(z+i)^4}dz$, C：$|z+i|=1$

㉑ $\oint_C \frac{1}{z^2-1}dz$, C：$|z|=3$

㉒ $\oint_C \frac{e^z}{z^2+1}dz$, C：$|z-i|=1$

第 11 章

複數數列與級數

Complex Sequence and Series

本章將介紹複數的數列(Sequence)及級數(Series)的相關觀念。在第四章曾介紹相關於實數的數列及級數,及判斷發散、收歛的條件等,事實上它們與複數數列都極爲相似。

1 基本觀念及定義

Basic Concepts and Definitions

複數數列

對每一個正整數 n 均指定一複數 z_n 的有次序數列，稱之為複數數列(Complex Sequence)，其表示如下：

$$z_1, z_2, z_3, \cdots\cdots z_n$$

而 z_n 稱為此數列的第 n 項(term)。

收斂與發散

一數列 $z_1, z_2, \cdots\cdots z_n$，若符合下列條件，則稱為收斂(converge)：

$$|z_n - L| < \varepsilon, \text{對所有 } n > N \tag{1}$$

其中 L 為數列的**極限**(limit)，表示為：

$$\lim_{n\to\infty} z_n = L \quad 或 \quad z_n \to L \tag{2}$$

而 ε 為極小值。由(1)式而言，簡單的說：此數列收斂至 L，或具有極限 L。若數列不具收斂性，則稱為**發散**(divergent)。

定理一

設 $z_n = x_n + iy_n$ 若且唯若 $x_n \to A, y_n \to B$

則 $z_n \to A + iB$

例 11－1

判斷 $z_n=\left(\frac{n^2+4n+5}{6n^2+6}\right)+i\left(\frac{4n}{5n+1}\right)$是收斂或發散？若為收斂則收斂至何處？

解：

$z_n=x_n+iy_n$

所以 $x_n=\frac{n^2+4n+5}{6n^2+6}$, $y_n=\frac{4n}{5n+1}$

將 x_n 改寫成 $x_n=\frac{1+\frac{4}{n^2}+\frac{5}{n^2}}{6+\frac{6}{n^2}}$

當 $n\to\infty$時 $\lim\limits_{n\to\infty}x_n=\frac{1}{6}$

同理將 y_n 改寫成 $y_n=\frac{4}{5+\frac{1}{n}}$

當 $n\to\infty$時 $\lim\limits_{n\to\infty}y_n=\frac{4}{5}$

所以 z_n 為收斂，且收斂至

$$z_n\to\frac{1}{6}+i\frac{4}{5}$$

例 11－2

判斷 $z_n=\frac{1}{n}-i\left(\frac{n^2+5}{n}\right)$ 為收斂或發散

解：

$$\begin{aligned}\lim_{n\to\infty}z_n&=\lim_{n\to\infty}\left[\frac{1}{n}-i\left(\frac{n^2+5}{n}\right)\right]\\&=\lim_{n\to\infty}\left[\frac{1}{n}-i\left(n+\frac{5}{n}\right)\right]\\&=\infty\end{aligned}$$

故為發散

級數

對已知一數列 $z_1, z_2, \cdots\cdots z_n$ 而言,

若 $$S_m = \sum_{n=1}^{m} z_n = z_1 + z_2 + \cdots + z_m \tag{3}$$

則 S_m 稱爲級數(series)。其中 S_1 代表第一項 z_1, S_2 代表前二項數列的和 $z_1 + z_2$, S_3 代表前三項數列的和,依此類推。

若 $$\lim_{m\to\infty} S_m = \lim_{m\to\infty} \sum_{n=1}^{\infty} z_n = S \tag{4}$$

則稱此級數爲收斂。若 S 不存在則稱爲發散。

例 11－3

判斷級數 $S_m = \sum_{m=1}^{\infty} \frac{1}{2^m}$ 是否爲收斂?

解:

$$S_m = \sum_{m=1}^{\infty} \frac{1}{2^m} = \frac{1}{2} + \frac{1}{4} + \frac{1}{8} + \cdots\cdots$$

$$= 1 - \frac{1}{2^n}$$

所以 $$\lim_{m\to\infty} S_m = 1$$

故爲收斂,且其值 S 爲 1

絕對收斂

若一級數的收斂情形如下,則稱此收斂爲絕對收斂。

$$\sum_{n=1}^{\infty} |z_n| = |z_1| + |z_2| + |z_3| + \cdots \tag{5}$$

若收斂情形如下,則稱爲條件收斂

$$\sum_{n=1}^{\infty} z_n = z_1 + z_2 + z_3 + \cdots \tag{6}$$

2 級數的收斂試驗法

Converge Test of Series

判斷級數是否為收斂有許多種方法。本節將介紹：

◎柯西收斂準則

◎萊布尼茲實數級數測試

◎比較法

◎檢比法

◎檢根法

一、柯西收斂準則

若且唯若，已知 $\varepsilon>0$ 且存在有某個 N，使得對每個 $n\geq N$ 以及每個正整數 P 均有

$$|z_{n+1}+z_{n+2}+\cdots+z_{n+p}|<\varepsilon \tag{7}$$

則 $\sum_{n=0}^{\infty} z_n$ 為收斂

例 11－4

已知 $z_1=2i$, $z_2=1-i$，而當 $n\geq3$ 時 $z_n=\frac{1}{2}[z_{n-1}+z_{n-2}]$，試用柯西收斂準則判斷此式是否為收斂？並求其極限值。

解：

因為 $z_n=\frac{1}{2}(z_{n-1}+z_{n-2}) \quad \Rightarrow \quad 2z_n=z_{n-1}+z_{n-2}$

所以

$$
\begin{aligned}
z_n-z_{n-1} &= z_{n-2}-z_n \\
z_{n-1}-z_{n-2} &= z_{n-3}-z_{n-1} \\
&\vdots \\
z_4-z_3 &= z_2-z_4 \\
+\quad z_3-z_2 &= z_1-z_2 \\
\hline
2z_n+z_{n-1} &= z_1+2z_2
\end{aligned}
$$

故 $\lim_{n\to\infty}(2z_n+z_{n-1})=z_1+2z_2$

因此為收斂，且 $\lim_{n\to\infty} z_n=\frac{1}{3}(z_1+2z_2)=\frac{1}{3}(2i+2-2i)=\frac{2}{3}$

二、萊布尼茲實數級數試驗法

若 u_1、u_2、……為實數級數，且滿足

1 $\boldsymbol{u_1 \geq u_2 \geq u_3 \geq \cdots\cdots}$

2 $\boldsymbol{\lim_{m\to\infty} u_m = 0}$ (8)

則交錯級數 $u_1-u_2+u_3-u_4+-\cdots\cdots$ 為收斂

例 11－5

試用萊布尼茲試驗法判斷下式是否為收斂？

$1-\frac{1}{4}+\frac{1}{16}-\frac{1}{64}+-\cdots\cdots$

解：

令 $u_1=1,\ u_2=\frac{1}{4},\ u_3=\frac{1}{16}\cdots\cdots$

則 $u_1>u_2>u_3>\cdots\cdots$

且 $\lim_{m\to\infty} u_m=0$

符合萊布尼茲試驗法的條件，故 $1-\frac{1}{4}+\frac{1}{16}+-\cdots\cdots$ 為收斂

三、比較法(Comparison test)

若對一已知級數 $z_1+z_2+\cdots\cdots$，可求得一含非負實數項之收斂級數 $b_1+b_2+\cdots\cdots$，使得當 $n=1,2,\cdots\cdots$ 時

$$|z_n| \leq b_n \tag{9}$$

則原級數為絕對收斂

此法最常用在幾何級數上。

幾何級數之性質

當 $|q|<1$ 時，幾何級數

$$\sum_{m=0} q^m = 1+q+q^2+\cdots\cdots$$

收斂至 $1/(1-q)$

當 $|q|\geq 1$ 時，則此級數為發散。

四、檢比法

若級數 $z_1+z_2+\cdots\cdots$，假設 $z_n \neq 0$

且
$$\lim_{n\to\infty}\left|\frac{z_{n+1}}{z_n}\right| = L \tag{10}$$

其中

1. 若 $L<1$，則級數為收斂
2. 若 $L>1$，則級數為發散
3. 若 $L=1$，則此法不適用

例 11－6

試判斷 $\sum_{n=0}^{\infty}\frac{100^{2n}}{n!}$ 是否為收斂。

解：

用檢比法
$$\lim_{n\to\infty}\left|\frac{z_{n+1}}{z_n}\right| = \lim_{n\to\infty}\left|\frac{\frac{100^{2(n+1)}}{(n+1)!}}{\frac{100^{2n}}{n!}}\right| = \lim_{n\to\infty}\left|\frac{100^2}{n+1}\right| = 0$$

因爲 $0<1$，故此級數爲收斂

五、檢根法

若級數 $z_1+z_2+\cdots\cdots$，存有

$$\lim_{n\to\infty}\sqrt[n]{|z_n|}=L \tag{11}$$

其中

1. 若 $L<1$，則級數為絶對收斂
2. 若 $L>1$，則級數為發散
3. 若 $L=1$，則此法不適用

例 11－7

試判斷 $\sum_{n=1}^{\infty}\left(\frac{-i}{n}\right)^n$ 是否爲收斂

解：

檢根法 $\lim_{n\to\infty}\sqrt[n]{\left|\frac{-i}{n}\right|^n}=\lim_{n\to\infty}\left|\frac{-i}{n}\right|=0$

所以此級數爲收斂

例 11－8

試用檢根法，判斷 $\sum_{n=1}^{\infty}\frac{n^2}{2^n}$ 是否爲收斂。

解：

因爲 $\lim_{n\to\infty}\sqrt[n]{\left|\frac{n^2}{2^n}\right|}=\lim_{n\to\infty}\frac{n^{\frac{2}{n}}}{2}$

$$=\lim_{n\to\infty}\frac{e^{\left(\frac{2}{n}\right)\ell n(n)}}{2}=\frac{e^0}{2}=\frac{1}{2}$$

$\frac{1}{2}<1$，故此級數爲收斂

習 11-2 題

試判斷下列級數是否為收斂

① $\sum_{n=0}^{\infty}\frac{(3+4i)^n}{n!}$

② $\sum_{n=0}^{\infty}e^{\frac{n\pi i}{3}}$

③ $\sum_{n=0}^{\infty}(1-i)^{-n}$

④ $\sum_{n=0}^{\infty}\left(\frac{-n^2}{n+i}\right)i$

⑤ $\sum_{n=0}^{\infty}\frac{2n^2i+3}{n^2+1}$

⑥ $\sum_{n=0}^{\infty} i^{2n}$

⑦ $\sum_{n=0}^{\infty} z^n$

⑧ $\sum_{n=0}^{\infty}(-i)^{4n}$

⑨ $\sum_{n=0}^{1}\frac{1}{1-i}\left(\frac{n^2+4}{n^2-3n}\right)$

⑩ $\sum_{n=1}^{\infty}\frac{2^n i}{n!}$

3 冪級數

Power Series

冪級數是探討複數分析的重要工具之一，因爲冪級數可代表解析函數。而相對的，每一個解析函數亦能以冪級數來表示，此稱爲**泰勒級數**(第 11－4 節)。

一個以 z_0 爲中心之複數冪級數的表示式如下：

$$\sum_{n=0}^{\infty} a_n(z-z_0)^n \tag{12}$$

若 $z_0=0$，則此複數冪級數形式成爲：

$$\sum_{n=0}^{\infty} a_n z^n \tag{13}$$

判斷冪級數是否收斂，可先由其**收斂半徑**(radius of convergence)介紹。

冪級數的收斂半徑

假設某複數冪級數是以 z_0 爲圓心，則其表示爲

$$\sum_{n=0}^{\infty} a_n(z-z_0)^n$$

若有一半徑 R，使之在 R 內範圍，此冪級數皆爲收斂，即

$$|z-z_0|<R$$

而在 R 外皆爲發散，即

$$|z-z_0|>R$$

則

$$|z-z_0|=R \tag{14}$$

稱爲**收斂圓**(circle of convergence)，R 稱爲**收斂半徑**，

$$|z-z_0|<R$$

稱爲收斂圓盤(disk of convergence)。如圖 11－1 所示

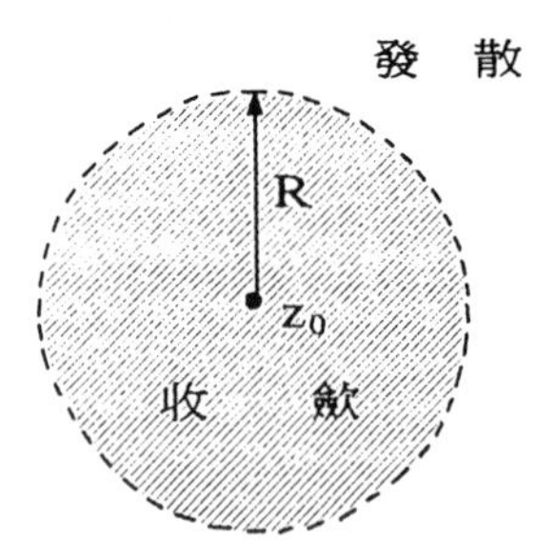

圖 11－1

例 11－9

試求① $\sum_{m=0}^{\infty} z^m$　② $\sum_{m=0}^{\infty} \frac{z^m}{m!}$　③ $\sum_{m=0}^{\infty} m!\, z^m$ 的收斂半徑

解：

① 由比較法得知：$|z|<1$ 時，$\sum_{m=0}^{\infty} z^m$ 爲絕對收斂。

$|z|\geq 1$ 時，則爲發散。

因此收斂半徑　$R=1$

此爲圓盤內的收斂性

② 由檢比法得知：$\lim_{m\to\infty}\left|\frac{z_{m+1}}{z_m}\right|=\lim_{m\to\infty}\left|\frac{z^{m+1}}{(m+1)!}\cdot\frac{m!}{z^m}\right|=\lim_{m\to\infty}\left|\frac{z}{m+1}\right|=0$

故知此級數爲收斂

收斂半徑 $R=\infty$

此爲整個有限平面中的收斂性

③ 因爲　$\sum_{m=0}^{\infty} m!\ z^m=1+z+2z^2+\cdots\cdots$

所以得知，僅在 $z=0$ 處收斂，其餘皆爲發散，

故收斂半徑　$R=0$

此爲圓心的收斂性

上例可用來驗證以下所要介紹求收斂半徑的方法。

收斂半徑的求法

令冪級數$\sum_{n=0}^{\infty} a_n(z-z_0)^n$的極限爲 L，若 L≑0 則冪級數的收斂半徑 R 爲

$$R=\frac{1}{L}=\lim_{n\to\infty}\left|\frac{a_n}{a_{n+1}}\right| \tag{15}$$

或

$$R=\frac{1}{L}=\lim_{n\to\infty}\frac{1}{\sqrt[n]{|a_n|}} \tag{16}$$

1. 若 $R=\infty$，則級數對所有 z 均為收斂。
2. 若 $R=0$，則級數僅在 $z=z_0$ 處收斂。
3. 若 $R=\frac{1}{L}=a$，則級數僅在 $R=a$ 收斂半徑內收斂。

例 11－10

試求$\sum_{n=0}^{\infty}\frac{n+2}{2^n}(z+2i)$的收斂半徑及其中心。

解：

由(15)式知
$$R=\lim_{n\to\infty}\left|\frac{a_n}{a_{n+1}}\right|=\lim_{n\to\infty}\left|\frac{n+2}{2^n}\cdot\frac{2^{n+1}}{n+3}\right|$$
$$=\lim_{n\to\infty}\left|\frac{2(n+2)}{n+3}\right|=2$$

所以收斂半徑 $R=2$，而中心爲 $-2i$

例 11－11

試求$\sum_{n=1}^{\infty}\frac{z^n}{n^2}$的收斂半徑及其中心

解：

由(15)式知
$$R=\lim_{n\to\infty}\left|\frac{a_n}{a_{n+1}}\right|=\lim_{n\to\infty}\left|\frac{(n+1)^2}{n^2}\right|=1$$

所以收斂半徑 $R=1$，且其中心爲 $-i$

例 11－12

試求 $\sum_{n=0}^{\infty}\left(\frac{\pi}{4}\right)^n z^{2n}$ 的收歛半徑。

解：

由(16)式知 $R=\lim_{n\to\infty}\frac{1}{\sqrt[n]{|a_n|}}=\lim_{n\to\infty}\frac{1}{\sqrt[n]{\left|\frac{\pi}{4}\right|^n}}=\frac{4}{\pi}$

所以收歛半徑為 $R=\frac{4}{\pi}$

習 11-3 題

試求下列冪級數的收歛半徑

① $\sum_{n=1}^{\infty} n^n z^n$

② $\sum_{n=0}^{\infty}\frac{(n+1)}{2^n}(z+3i)^n$

③ $\sum_{n=0}^{\infty}\frac{n^2}{(2n+1)^2}(z+6+2i)^n$

④ $\sum_{n=0}^{\infty}\frac{i^n n^2}{3^n}z^n$

⑤ $\sum_{n=0}^{\infty}\left(\frac{1-i}{2+i}\right)^n(z-3i)^{4n}$

⑥ $\sum_{n=0}^{\infty}\frac{(1-i)^n}{n+2}(z-3i)^n$

⑦ $\sum_{n=0}^{\infty}\frac{i^n}{n!}z^n$

⑧ $\sum_{n=0}^{\infty}3^n(z-2i)^n$

⑨ $\sum_{n=0}^{\infty}(-1)^n n\left(\frac{z}{7}\right)^n$

⑩ $\sum_{n=0}^{\infty}\left(\frac{2}{3i}\right)^n(z+1+4i)^n$

4 冪級數的基本運算

Basic Arithmetic of Power Series

一、冪級數具有唯一性

一函數 $f(z)$ 若以 z_0 爲中心展開成冪級數，則所形成的冪級數爲唯一的。

二、冪級數具有恆等性

假設 $\sum\limits_{n=0}^{\infty} a_n z^n$ 及 $\sum\limits_{n=0}^{\infty} b_n z^n$

在 $|z|<R$ 皆爲收斂，且其級數和相等，則 $a_n = b_n$

三、冪級數的相加及相減

若二冪級數均爲收斂，則此二冪級數的相加(減)，可逐項相加(減)。

四、冪級數的相乘——柯西乘積

二冪級數的相乘可逐項相乘。

設 $f(z)=\sum\limits_{n=0}^{\infty} a_k z^k = a_0 + a_1 z + \cdots\cdots$

$g(z)=\sum\limits_{m=0}^{\infty} c_m z^m = c_0 + c_1 z + \cdots\cdots$

則 $f(z)g(z) = a_0c_0 + (a_0c_1 + a_1c_0)z + (a_0c_2 + a_1c_1 + a_2c_0)z^2 + \cdots\cdots$

$$= \sum_{n=0}^{\infty}(a_0c_n + a_1c_{n-1} + \cdots\cdots + a_nc_0)z^n \qquad (17)$$

(17)式的結果稱爲柯西乘積(Cauchy product)

五、冪級數的微分

冪級數的微分可逐項微分。

設 $f(z)=\sum_{n=0}^{\infty}a_nz^n=a_0+a_1z+a_2z^2+\cdots\cdots$

則 $f'(z)=a_1+2a_2z+3a_3z^2+\cdots\cdots=\sum_{n=1}^{\infty}na_nz^{n-1}$ (18)

而其收斂半徑與 f(z)相同

六、冪級數的積分

冪級數的積分,可逐項積分。

設 $f(z)=\sum_{n=0}^{\infty}a_nz^n=a_0+a_1z+a_2z^2+\cdots\cdots$

則 $\int f(z)dz=a_0z+\frac{1}{2}a_1z^2+\frac{1}{3}a_2z^3+\cdots\cdots=\sum_{n=0}^{\infty}\frac{a_n}{n+1}z^{n+1}$ (19)

而其收斂半徑與 f(z)相同

例 11－13

已知 $f(z)=\sum_{n=0}^{\infty}2^nz^n$, $g(Z)=\sum_{n=0}^{\infty}3^nz^n$

試求 ①$f(z)+g(z)$ ②$f(z)g(z)$ ③$f'(z)$ ④$\int f(z)dz$

⑤f(z)的收斂半徑 ⑥f′(z)的收斂半徑

⑦$\int f(z)dz$ 的收斂半徑

解：

①
$$f(z)+g(z)=\sum_{n=0}^{\infty}2^nz^n+\sum_{n=0}^{\infty}3^nz^n$$
$$=(1+2z+4z^2+8z^3+\cdots\cdots)+$$
$$(1+3z+9z^2+27z^3+\cdots\cdots)$$
$$=2+5z+13z^2+35z^3+\cdots\cdots$$

② 由柯西乘積知

$$f(z)g(z)=\sum_{n=0}^{\infty}(a_0c_n+a_1c_{n-1}+\cdots\cdots+a_nc_0)z^n,\ (a_n=2^n,\ c_n=3^n)$$
$$=\sum_{n=0}^{\infty}(3^n+2\cdot 3^{n-1}+\cdots\cdots+2^n)z^n$$

③ 由(18)式知

$$f'(z)=\sum_{n=1}^{\infty} na_n z^{n-1}=\sum_{n=1}^{\infty} n\cdot 2^n z^{n-1}$$

④ 由(19)式知

$$\int f(z)dz=\sum_{n=0}^{\infty}\frac{a_n}{n+1}z^{n+1}=\sum_{n=0}^{\infty}\frac{2^n}{n+1}z^{n+1}$$

⑤ f(z)的收斂半徑

$$R=\lim_{n\to\infty}\left|\frac{a_n}{a_{n+1}}\right|=\lim_{n\to\infty}\left|\frac{2^n}{2^{n+1}}\right|=\frac{1}{2}$$

⑥ f′(z)的收斂半徑

$$f'(z)=\sum_{n=1}^{\infty} n\cdot 2^n z^{n-1}$$

$$R=\lim_{n\to\infty}\left|\frac{a_n}{a_{n+1}}\right|=\lim_{n\to\infty}\left|\frac{n\cdot 2^n}{(n+1)\cdot 2^{n+1}}\right|=\frac{1}{2}$$

⑦ $\int f(z)dz$ 的收斂半徑

$$\int f(z)dz=\sum_{n=0}^{\infty}\frac{2^n}{n+1}z^{n+1}$$

$$R=\lim_{n\to\infty}\left|\frac{a_n}{a_{n+1}}\right|=\lim_{n\to\infty}\left|\frac{2^n}{(n+1)}\cdot\frac{n+2}{2^{n+1}}\right|=\frac{1}{2}$$

因此可知 f(z)與 f′(z)及 $\int f(z)dz$ 的收斂半徑均相等

例 11－14

試求 $f(z)=\sum_{n=0}^{\infty}\frac{(n+2)}{2^n}(z+2i)^n$ 的一階及二階導數及其收斂半徑。

解：

f(z)的收斂半徑爲 $R=\lim_{n\to\infty}\left|\frac{n+2}{2^n}\cdot\frac{2^{n+1}}{n+3}\right|=2$

f(z)的一階導數爲 $f'(z)=\sum_{n=1}^{\infty}\frac{n(n+2)}{2^n}(z+2i)^{n-1}$

f′(z)的收斂半徑爲 $R=\lim_{n\to\infty}\left|\frac{n(n+2)}{2^n}\cdot\frac{2^{n+1}}{(n+1)(n+3)}\right|=2$

f(z)的二階導數爲 $f''(z)=\sum_{n=1}^{\infty}\frac{n(n-1)(n+2)}{2^n}(z+2i)^{n-2}$

f″(z)的收斂半徑爲 $R=\lim_{n\to\infty}\left|\frac{n(n-1)(n+2)}{2^n}\cdot\frac{2^{n+1}}{n(n+1)(n+3)}\right|=2$

由此可知 f(z)的任何階的導數，其收斂半徑均與 f(z)相同。

例 11－15

試求 $f(z)=\sum_{n=1}^{\infty}\frac{3^n}{n}(z-i)^n$ 的積分值，並求其收斂半徑。

解：

f(z)的收斂半徑

$$R=\lim_{n\to\infty}\left|\frac{a_n}{a_{n+1}}\right|=\lim_{n\to\infty}\left|\frac{3^n}{n}\cdot\frac{n+1}{3^{n+1}}\right|=\frac{1}{3}$$

由⒆式知 $\int f(z)dz=\sum_{n=1}^{\infty}\frac{3^n}{n(n+1)}(z-i)^{n+1}$

$\int f(z)dz$ 的收斂半徑

$$R=\lim_{n\to\infty}\left|\frac{a_n}{a_{n+1}}\right|=\lim_{n\to\infty}\left|\frac{3^n}{n(n+1)}\cdot\frac{(n+1)(n+2)}{3^{n+1}}\right|=\frac{1}{3}$$

如同例 11－13 所述，$\int f(z)dz$ 的收斂半徑與 f(z)相同

習 11-4 題

試求下列級數之一階導數，並求其收斂半徑

① $\sum_{n=0}^{\infty}\left(\frac{3+4i}{2-i}\right)^n(z+3i)^{4n}$

② $\sum_{n=0}^{\infty}\frac{n^n}{(n+1)^n}(z-1+2i)^n$

③ $\sum_{n=0}^{\infty}\left(\frac{n^3}{4^n}\right)(z-3i)^{2n}$

④ $\sum_{n=0}^{\infty}\left(\frac{i^n}{2^{n+1}}\right)(z+4-i)^n$

⑤ $\sum_{n=0}^{\infty}\left(\frac{e^{in}}{2n+1}\right)(z+4)^n$

⑥ $\sum_{n=0}^{\infty}\frac{n^2}{(2n+1)^2}(z+3i)^n$

5 泰勒級數與馬克勞林級數

Taylor Series and Maclaurin Series

泰勒級數(Taylor series)：

若 f(z)在以 z_0 為圓心之圓內為可解析，則 f(z)可展開成以 z_0 為中心的冪級數如下：

$$f(z)=\sum_{n=0}^{\infty}\frac{f^{(n)}(z_0)}{n!}(z-z_0)^n \tag{20}$$

$$=f(z_0)+f'(z_0)(z-z_0)+\frac{f''(z_0)}{2!}(z-z_0)^2+\cdots\cdots$$

其中

$$f^{(n)}(z_0)=\frac{n!}{2\pi i}\oint_C\frac{f(z)}{(z-z_0)^{n+1}}dz \tag{21}$$

馬克勞林級數(Maclaurin series)：

在泰勒級數中，以 $z_0=0$ 為中心所展開的泰勒級數，稱為馬克勞林級數。

即

$$f(z)=\sum_{n=0}^{\infty}\frac{f^{(n)}(0)}{n!}z^n \tag{22}$$

例 11－16

試求 cos(3z)以 $\frac{\pi}{2}$ 為中心的泰勒級數。

解：

$f(z)=\cos(3z)$　　　$f\left(\frac{\pi}{2}\right)=0$

$f'(z)=-3\sin(3z)$　　　$f'\left(\frac{\pi}{2}\right)=3$

$f''(z)=-3^2\cos(3z)$　　　$f''\left(\frac{\pi}{2}\right)=0$

$f'''(z)=3^3\sin(3z)$　　　$f'''\left(\frac{\pi}{2}\right)=-27$

$$\vdots \qquad\qquad \vdots$$

所以 $$f(z)=\cos(3z)=\sum_{n=0}^{\infty}\frac{f^{(n)}(z_0)}{n!}(z-z_0)^n$$

$$=\frac{3}{1!}\left(z-\frac{\pi}{2}\right)-\frac{3^3}{3!}\left(z-\frac{\pi}{2}\right)^3+\frac{3^5}{5!}\left(z-\frac{\pi}{2}\right)^5-+\cdots\cdots$$

$$=\sum_{n=0}^{\infty}\frac{(-1)^n3^{(2n+1)}}{(2n+1)!}\left(z-\frac{\pi}{2}\right)^{(2n+1)}$$

例 11－17

試求 $f(z)=e^z$ 的馬克勞林級數

解：

$$f(z)=e^z \qquad f(0)=1$$

$$f'(z)=e^z \qquad f'(0)=1$$

$$f''(z)=e^z \qquad f''(0)=1$$

$$\vdots \qquad\qquad \vdots$$

所以 $$f(z)=e^z=\sum_{n=0}^{\infty}\frac{f^{(n)}(0)}{n!}z^n=\frac{1}{1!}z+\frac{1}{2!}z^2+\frac{1}{3!}z^3+\cdots$$

$$=\sum_{n=0}^{\infty}\frac{z^n}{n!}$$

常見的馬克勞林級數：

1. $\dfrac{1}{1-z}=\sum_{n=0}^{\infty}z^n$ (23)

2. $e^z=\sum_{n=0}^{\infty}\dfrac{z^n}{n!}$ (24)

3. $\cos(z)=\sum_{n=0}^{\infty}(-1)^n\dfrac{z^{2n}}{(2n)!}$ (25)

4. $\sin(z)=\sum_{n=0}^{\infty}(-1)^n\dfrac{z^{2n+1}}{(2n+1)!}$ (26)

5. $\cosh(z)=\sum_{n=0}^{\infty}\dfrac{z^{2n}}{(2n)!}$ (27)

6. $\sinh(z)=\sum_{n=0}^{\infty}\dfrac{z^{2n+1}}{(2n+1)!}$ (28)

7. $\ell n(1+z)=z-\dfrac{z^2}{2}+\dfrac{z^3}{3}-+\cdots\cdots$ (29)

8. $-\ell n(1-z)=z+\dfrac{z^2}{2}+\dfrac{z^3}{3}+\cdots\cdots$ (30)

以上常見的馬克勞林級數展開式留待讀者自行推導。因爲有時在推導的過程十分複雜,以下將介紹幾種實用的推導方法以供參考。

例 11－18＜替代法＞

求 $f(z)=\frac{1}{1+z^3}$ 的馬克勞林級數

解：

已知 $\frac{1}{1-z}=\sum_{n=0}^{\infty}z^n$

將 $(-z^3)$ 代替 (z)

則 $$\frac{1}{1+z^3}=\sum_{n=0}^{\infty}(-z^3)^n=\sum_{n=0}^{\infty}(-1)^n z^{3n}$$

$$=1-z^3+z^6-+\cdots\cdots$$

例 11－19＜積分法＞

求 $f(z)=\tan^{-1}(z)$ 的馬克勞林級數

解：

先求 $f'(z)$ $\quad f'(z)=\frac{1}{1+z^2}$

則用替代法可展開 $f'(z)$ 的馬克勞林級數

$$f'(z)=\sum_{n=0}^{\infty}(-1)^n z^{2n}$$

將其積分,則得

$$f(z)=\sum_{n=0}^{\infty}\frac{(-1)^n}{2n+1}z^{2n+1}$$

例 11－20＜幾何展開法＞

將 $f(z)=\frac{1}{4-2z}$ 展開成以 $(z-1)$ 爲中心的泰勒級數。

解：

將 $f(z)$ 的 z 化成 $(z-1)$ 的形式

即 $$f(z)=\frac{1}{4-2z}=\frac{1}{2-2(z-1)}=\frac{1}{2[1-(z-1)]}$$

用替代法代入(23)式

得 $$f(z)=\sum_{n=0}^{\infty}\frac{1}{2}(z-1)^n$$

$$=\frac{1}{2}[1+(z-1)+(z-1)^2+\cdots\cdots]$$

例 11－21＜部份分式化簡法＞

將 $f(z)=\dfrac{2z+2}{1+2z+3z^2}$ 展開成馬克勞林級數。

解：

將 f(z)化成部份分式

$$f(z)=\frac{2z+2}{1+2z-3z^2}=\frac{1}{1+3z}+\frac{1}{1-z}=f_1(z)+f_2(z)$$

用替代法代入(23)式，將 $f_1(z)$及 $f_2(z)$展開成馬克勞林級數

即 $$f_1(z)=\sum_{n=0}^{\infty}(-1)^n(3z)^n$$

$$f_2(z)=\sum_{n=0}^{\infty} z^n$$

所以得 $$f(z)=f_1(z)+f_2(z)$$

$$\sum_{n=0}^{\infty}[(-1)^n(3z)^n+z^n]$$

例 11－22＜直接乘除法＞

將 $f(z)=\dfrac{\cos(2z)}{z}$ 展開成馬克勞林級數。

解：

用替代法代入(25)式得

$$\cos(2z)=\sum_{n=0}^{\infty}(-1)^n\frac{(2z)^{2n}}{(2n)!}=\sum_{n=0}^{\infty}(-1)^n\frac{2^{2n}(z)^{2n}}{(2n)!}$$

直接除去 z

得 $$f(z)=\frac{\cos(2z)}{z}=\sum_{n=0}^{\infty}(-1)^n\frac{2^{2n}(z)^{2n-1}}{(2n)!}$$

【結論】

☆ f(z)對 z_0 的泰勒展開式是唯一的。而 f(z)化成冪級數實際上就是泰勒級數。

☆ 以原點展開的泰勒級數就是馬克勞林級數。

☆ 要求 f(z)泰勒級數的收歛半徑，實際上可直接觀察 f(z)或展開式即可得知它是從 z_0 到使 f(z)不爲解析的最近距離。

例 $\frac{1}{1-z}=\sum_{n=0}^{\infty}z^n$, 收斂半徑 $=1$

例 $\frac{1}{1+z}=\sum_{n=0}^{\infty}\frac{(-1)^n}{(1-2i)^{n+1}}(Z+2i)^n$, 收斂半徑爲 $\sqrt{(1)^2+(2)^2}=\sqrt{5}$

習　11-5　題

試求下列複函數的馬克勞林級數

① $\frac{1}{1-z}$

② $\cos(z)$

③ $\sin(z)$

④ $\cosh(z)$

⑤ $\sinh(z)$

⑥ $\ell n(1+z)$

⑦ $-\ell n(1-z)$

⑧ $\cosh(z+1)$

⑨ $\frac{\sin(z^2)}{2}$

⑩ $\cos(z^2)-\sin(z)$

⑪ $\frac{3+i}{z-1+3i}$

⑫ $\frac{\cos(z^2)-1}{z}$

⑬ $\frac{1}{(1-z)^2}$

⑭ $\cosh(z^3)$

⑮ $e^z-\sin(z)$

⑯ $\frac{1}{(1-z)^2}$

試將下列複函數以 a 為中心, 展開成泰勒級數

⑰ $f(z)=\frac{1}{z-2-4i}$,　$a=-2i$

⑱ $f(z)=\sin(z+i)$,　$a=-i$

⑲ $f(z)=\frac{1}{z-2}$,　$a=1$

⑳ $f(z)=\frac{3i}{1-z}$,　$a=5$

6 洛冉級數

Laurent Series

從前面幾節可得知，若 f(z)在 z_0 是可解析的，則 f(z)可展開成以 z_0 爲中心的泰勒級數。但若 f(z)在 z_0 是不可解析的，則無法展開成泰勒級數。此時則考慮假設允許 $z-z_0$ 的負值乘冪，那麼就可展開成另一形式的洛冉級數（Laurent Series）

洛冉級數

設 z_0 爲 f(z)的孤立奇異點，而 f(z)在以 z_0 爲圓心，以 r_1 及 r_2 爲半徑所形成的環區 R 中均爲解析函數，則在 R 中的每一點函數皆可展開成洛冉級數（Laurent Series）：

$$\boldsymbol{f(z)=\sum_{n=-\infty}^{\infty} a_n(z-z_0)^n},\ r_1<|z-z_0|<r_2 \tag{31}$$

其中 $$\boldsymbol{a_n=\frac{1}{2\pi i}\oint_C \frac{f(z)}{(z-z_0)^{n+1}}dz}$$

C 爲環區 R 中的任意封閉曲線，如圖 11－2

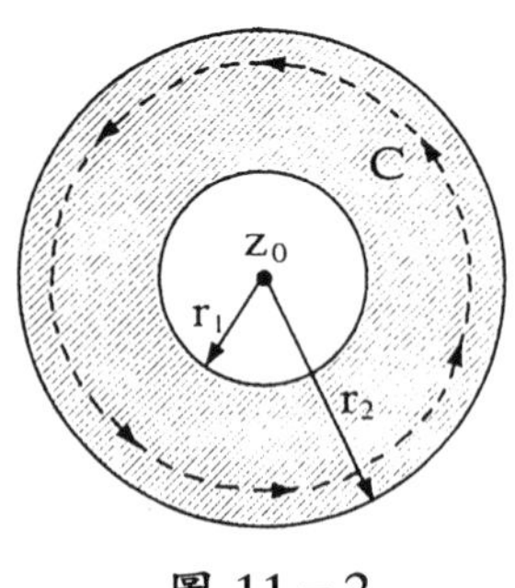

圖 11－2

【證明】

因爲 z 在環形區域 R 內, f(z)爲解析函數。所以由柯西積分公式知:(假設 w 爲 C 上任意點)

$$f(z)=\frac{1}{2\pi i}\oint_{C}\frac{f(w)}{w-z}dw$$

又 $$\frac{1}{w-z}=\frac{1}{w-z_0-(z-z_0)}=\frac{1}{(w-z_0)\left[1-\frac{z-z_0}{w-z_0}\right]}$$

$$=\frac{1}{w-z_0}\sum_{n=0}^{\infty}\left(\frac{z-z_0}{w-z_0}\right)^n=\sum_{n=0}^{\infty}\frac{(z-z_0)^n}{(w_0-z_0)^{n+1}}$$

所以 $$f(z)=\frac{1}{2\pi i}\oint_{C1}\frac{f(w)}{w-z_0}dw=\frac{1}{2\pi i}\oint_{C1}\frac{f(w)(z-z_0)^n}{(w-z_0)^{n+1}}dw$$

因此 $$f(z)=\sum_{n=0}^{\infty}\left[\frac{1}{2\pi i}\oint_{C1}\frac{f(w)}{(w-z_0)^{n+1}}dw\right](z-z_0)^n$$

$$=\sum_{n=0}^{\infty}a_{n1}(z-z_0)^n$$

故可得證

$$f(z)=\sum_{n=\infty}^{\infty}a_n(z-z_0)^n$$

$$a_n=\frac{1}{2\pi i}\oint_{C}\frac{f(z)}{(z-z_0)^{n+1}}dz$$

一般而言,洛冉級數並不是利用(31)式來推導,而是利用其他方式求得。以下例題將作介紹。

例 11－23

試求 $f(z)=\cos\left(\frac{1}{z-i}\right)$在 $z_0=i$ 時的洛冉級數。

解:

由(25)式知 $$\cos(z)=\sum_{n=0}^{\infty}(-1)^n\frac{z^{2n}}{(2n)!}$$

所以 $$\cos\left(\frac{1}{z-i}\right)=\sum_{n=0}^{\infty}(-1)^n\frac{\left(\frac{1}{z-i}\right)^{2n}}{2n!}$$

$$=\sum_{n=0}^{\infty}(-1)^n\frac{(z-i)^{-2n}}{2n!}$$

$$0 < |z-i| < \infty$$

例 11－24

試求 $f(z)=\frac{1}{z^2}e^{\frac{1}{z}}$ 在 $z_0=0$ 時的洛冉級數。

解：

由(24)式　　$e^z=\sum_{n=0}^{\infty}\frac{z^n}{n!}$

所以　　$\frac{1}{z^2}e^{\frac{1}{z}}=\frac{1}{z^2}\sum_{n=0}^{\infty}\frac{(z^{-1})^n}{n!}=\sum_{n=0}^{\infty}\frac{1}{n!\ z^{n+2}}$

$0 < |z-1| < \infty$

例 11－25

試將 $f(z)=\frac{1}{z^3-z^4}$, 以 $z_0=0$ 爲中心之所有洛冉級數求出。

解：

1 以 z 爲乘冪展開

$$\frac{1}{z^3-z^4}=\frac{1}{z^3(1-z)}$$

由(23)式知　　$\frac{1}{1-z}=\sum_{n=0}^{\infty}z^n$

所以　　$\frac{1}{z^3-z^4}=\frac{1}{z^3}\sum_{n=0}^{\infty}z^n=\sum_{n=0}^{\infty}z^{n-3}$

$|z| < 1$

2 以 z 的負乘冪展開

$$\frac{1}{z^3-z^4}=\frac{-1}{z^4-z^3}=\frac{-1}{z^4\left(1-\frac{1}{z}\right)}$$

由(23)式知　　$\frac{1}{z^3-z^4}=\frac{-1}{z^4}\sum_{n=0}^{\infty}\left(\frac{1}{z}\right)^n=-\sum_{n=0}^{\infty}\frac{1}{z^{n+4}}$

$|z| > 1$

例 11－26

試將 $f(z)=\frac{1}{1-z^2}$ 以 $z_0=1$ 爲中心之所有洛冉級數求出。

解：

$$\frac{1}{1-z^2}=\frac{1}{(1-z)(1+z)}$$

$$=\frac{-1}{(z-1)(z+1)}$$

$$=\frac{-1}{z-1}\cdot\frac{1}{z+1}$$

1 以 z 的乘冪展開

$$\frac{1}{z+1}=\frac{1}{2+(z-1)}=\frac{1}{2}\frac{1}{\left[1-\left(-\frac{z-1}{2}\right)\right]}$$

由(23)式知 $\frac{1}{z+1}=\frac{1}{2}\sum_{n=0}^{\infty}\left(-\frac{z-1}{2}\right)^n=\sum_{n=0}^{\infty}(-1)^n\frac{(z-1)^n}{2^{n+1}}$

所以 $f(z)=\frac{-1}{z-1}\cdot\frac{1}{z+1}=\sum_{n=0}^{\infty}(-1)^{n+1}\frac{(z-1)^{n-1}}{2^{n+1}}$

$|z-1|<2$

2 以 z 的負乘冪展開

$$\frac{1}{z+1}=\frac{1}{(z-1)+2}=\frac{1}{z-1}\cdot\frac{1}{\left(1+\frac{2}{z-1}\right)}$$

由(23)式知 $\frac{1}{z+1}=\frac{1}{z-1}\sum_{n=0}^{\infty}\left(-\frac{2}{z-1}\right)^n=\sum_{n=0}^{\infty}\frac{(-2)^n}{(z-1)^{n+1}}$

所以 $f(z)=\frac{-1}{z-1}\cdot\frac{1}{z+1}=-\sum_{n=0}^{\infty}\frac{(-2)^n}{(z-1)^{n+2}}$

$|z-1|>2$

習 11-6 題

試求下列各函數以 z=a 為中心之所有洛冉級數

① $\frac{4z-1}{z^4-1}$, a=0 ② $\frac{1}{z^2(z-1)^2}$, a=0

③ $\frac{2}{1-z^4}$, a=0 ④ $\frac{\sin(z)}{z^2}$, a=0

⑤ $e^{\frac{1}{z}}$, $a=0$

⑥ $\sinh\left(\frac{1}{z^2}\right)$, $a=0$

⑦ $\frac{1}{z^2+1}$, $a=i$

⑧ $\sin\left(\frac{i}{2z}\right)$, $a=0$

⑨ $\frac{1}{z^5+z}$, $a=0$

⑩ $\frac{7z^2+9z-18}{z^5-9z}$, $a=0$

第 12 章

牘値積分法

1. 基本觀念及定義
2. 牘値與牘値定理
3. 牘値定理的應用
4. 歷屆插大、研究所、公家題庫

Integration by the Method of Residues

1 基本觀念及定義

Basic Concepts and Definitions

奇異點

$f(z)$在一環形 $0<|z-z_0|<R$ 中，除了 z_0 點之外，其餘的皆爲可解析，則 z_0 點稱爲奇異點(singularity)。簡單地說，奇異點是使 $f(z)$ 成為不可解析的點。

奇異點可分爲三類：

1. **孤立奇異點**

   如同上述 $f(z)$在 $0<|z-z_0|<R$ 中，只有 z_0 點爲奇異點，則此 z_0 點稱爲**孤立奇異點**(Isolated sigularity)。

2. **可去除奇異點**

   將 $f(z)$展開成對 z_0 的洛冉級數：

   $$f(z)=\sum_{n=-\infty}^{\infty} a_n(z-z_0)^n,\ 0<|z-z_0|<r$$

   結果展開式中未出現$(z-z_0)$的負值乘冪，則此 z_0 點稱爲**可去除奇異點**(Removable singularity)。

3. **本性奇異點**

   在洛冉級數的展開式中，若出現無限多個$(z-z_0)$的負值乘冪，則稱 z_0 點爲**本性奇異點**(Essential singularity)。

極點

在洛冉級數的展開式中，若出現有限多個(至少一個)$(z-z_0)$的負值乘冪，則稱 z_0 點爲**極點**(pole)，而有限$(z-z_0)$的最高負值乘冪的絕對值稱爲極點的階(order)。

零點

$f(z)$在 z_0 點是解析的，但其函數值爲零，即 $f(z_0)=0$，則稱 z_0 點爲零點。若 $f(z_0)=f'(z_0)=\cdots\cdots=f^{(m-1)}(z_0)=0$，則稱 $f(z)$在 z_0 有一 m 階零點。

例 12－1

試述 $\sin(z)$在何處有零點？

解：

$\sin(z)$在 $z=0$、$\pm\pi$、$\pm 2\pi$ …處具有單階零點

例 12－2

函數$(z-a)^4$ 具有幾階零點？

解：

$(z-a)^4$ 在 $z=a$ 處具有四階零點。

例 12－3

試判斷 $f(z)=\dfrac{1}{z(z-3)^4}+\dfrac{2}{z(z-3)^2}$的極點情形。

解：

$f(z)$在 $z=0$ 處有單階極點

$f(z)$在 $z=3$ 處有四階極點

例 12－4

試判斷 $f(z)=\sin\left(\frac{1}{z}\right)$ 具有何種類型的奇異點？

解：

將 f(z)以 z＝0 為中心展開洛冉級數,

得 $$f(z)=\sin\left(\frac{1}{z}\right)=\sum_{n=0}^{\infty}\frac{(-1)^n}{(2n+1)!\ z^{2n+1}}$$

因此可知 f(z)在 z＝0 處有無限多個負乘冪,故為本性奇異點。

例 12－5

試判斷 $f(z)=\frac{\sin(z)}{z}$ 具有何種類型的奇異點？

解：

將 f(z)以 z＝0 為中心展開洛冉級數

得 $$f(z)=\frac{\sin(z)}{z}=\sum_{n=0}^{\infty}(-1)^n\frac{z^{2n}}{(2n+1)!}$$

在上式中並無負值乘冪,故 z＝0 為 f(z)的可去除奇異點

極點與零點的關係

若 f(z)在 $z=z_0$ 點可解析,且具有 m 階零點,則 $g(z)=\frac{1}{f(z)}$ 亦具有 m 階極點。

習 12-1 題

決定下列函數的奇點、零點,並判斷其類型

① $\frac{1}{(z+1)^3(z-i)^2}$　　② $\frac{\sin(z)}{z-\pi}$

③ $\cosh^2\left(\frac{1}{(z-\pi)}\right)$

④ $\frac{\cos(z)}{z^2}$

⑤ $(z-i)e^{\frac{1}{z}}$

⑥ $(z-i)^3$

⑦ $\sinh(\pi z)$

⑧ $\frac{\cos(2z)}{(z-1)^2(z^2+1)}$

⑨ $\tan(z)$

⑩ $\frac{z}{(z-i)^4}$

2 賸值與賸值定理

Residues and Residues Theorem

賸值

若 f(z)除了在奇異點 z_0 外，其餘在以 z_0 爲中心的圓周 C 上及內部 R 均爲可解析，即 $0<|z-z_0|<R$，則 f(z)在 z_0 鄰近展開洛冉級數爲：

$$f(z)=\sum_{n=-\infty}^{\infty}a_n(z-z_0)^n$$

其中 $a_n=\frac{1}{2\pi i}\oint_C\frac{f(z)}{(z-z_0)^{n+1}}dz,\quad n=0,1,2\ \cdots$

若令 $n=-1$

則 $a_{-1}=\frac{1}{2\pi i}\oint_C f(z)dz$

所以 $$\oint_C f(z)dz=2\pi i a_{-1}=2\pi i\ \operatorname*{Res}_{z=z_0}f(z) \tag{1}$$

即 $$\operatorname*{Res}_{z=z_0}f(z)=a_{-1}=\frac{1}{2\pi i}\oint_C f(z)dz \tag{2}$$

$\operatorname*{Res}_{z=z_0}f(z)$，稱爲 f(z)在 z_0 的賸值(Residues)，其意爲 f(z)在 z_0 點若有一孤立奇點，則 f(z)在 z_0 點的賸值爲 f(z)在任意環形 $0<|z-z_0|<R$，洛冉級數中 $\frac{1}{z-z_0}$ 項的係數。

賸值公式

1. f(z)在 z_0 有一單極點，則在 z_0 之賸值爲

$$\operatorname*{Res}_{z=z_0}f(z)=\lim_{z\to z_0}(z-z_0)f(z) \tag{3}$$

設 $f(z)=\frac{p(z)}{q(z)}$

則 $$\underset{z=z_0}{Res}f(z)=\underset{z=z_0}{Res}\frac{p(z)}{q(z)}=\frac{p(z_0)}{q'(z_0)} \tag{4}$$

2 f(z)在 z_0 有 m 階極點,則在 z_0 之賸值為

$$\underset{z=z_0}{Res}f(z)=\frac{1}{(m-1)!}\lim_{z\to z_0}\frac{d^{m-1}}{dz^{m-1}}[(z-z_0)^m f(z)] \tag{5}$$

例 12－6

試求 $f(z)=\dfrac{5+6z}{z^2-z}$ 的賸值。

解：

$$f(z)=\frac{5+6z}{z^2-z}=\frac{5+6z}{z(z-1)}$$

方法 1 $\underset{z=z_0}{Res}f(z)=\lim_{z\to z_0}(z-z_0)f(z)$

代入(3)式得 $\underset{z=0}{Res}f(z)=\lim_{z\to 0}\dfrac{5+6z}{z-1}=-5$

$\underset{z=1}{Res}f(z)=\lim_{z\to 1}\dfrac{5+6z}{z}=11$

方法 2 $\underset{z=z_0}{Res}f(z)=\dfrac{p(z_0)}{q'(z_0)}$

$p(z)=5+6z,\ q(z)=z^2-z$

則 $q'(z)=2z-1$

代入(4)式得 $\underset{z=0}{Res}f(z)=\left.\dfrac{5+6z}{2z-1}\right|_{z=0}=-5$

$\underset{z=1}{Res}f(z)=\left.\dfrac{5+6z}{2z-1}\right|_{z=1}=11$

例 12－7

試求 $f(z)=\dfrac{2}{e^z-1}$ 的賸值。

解：

使用(4)式 $p(z)=2,\ \ q(z)=e^z-1$

$q'(z)=e^z$

所以 $\underset{z=0}{Res}f(z)=\left.\dfrac{2}{e^z}\right|_{z=0}=2$

例 12－8

試求 $f(z)=\frac{z}{(z+1)^2}$ 的賸值。

解：

f(z)在 z＝－1 有二階極點，故須使用(5)式

$$\operatorname*{Res}_{z=-1} f(z)=\frac{1}{(2-1)!}\lim_{z\to -1}\frac{d}{dz}[z]=1$$

例 12－9

試求 $f(z)=\frac{7z^4-13z^3+z^2+4z-1}{(z^3+z^2)(z-1)^2}$ 的賸值。

解：

$$f(z)=\frac{7z^4-13z^3+z^2+4z-1}{(z^3+z^2)(z-1)^2}=\frac{3}{z}-\frac{1}{z^2}+\frac{4}{z+1}-\frac{1}{(z-1)^2}$$

所以 $\operatorname*{Res}_{z=0} f(z)=3$

$\operatorname*{Res}_{z=-1} f(z)=4$

$\operatorname*{Res}_{z=1} f(z)=0$

例 12－10

試求 $f(z)=e^{\frac{1}{z}}(z-i)$

解：

$$f(z)=(z-i)\sum_{n=0}^{\infty}\frac{1}{n!\ z^n}$$

$$=(z-i)+\frac{z-i}{z}+\frac{z-i}{2!\ z^2}+\frac{z-i}{3!\ z^3}+\cdots\cdots$$

$$=z-i+1+\frac{1}{z}\left(-i+\frac{1}{2}\right)+\cdots\cdots$$

所以 $\operatorname*{Res}_{z=0} f(z)=\frac{1}{2}-i$

例 12－11

試求 $f(z)=\frac{\sinh(z)}{z^4}$ 在 z＝0 的賸值。

解：

因爲 $f(z)=\frac{\sinh(z)}{z^4}$

$$=\frac{1}{z^4}\left(z+\frac{z^3}{3!}+\frac{z^5}{5!}+\frac{z^7}{7!}+\cdots\right)$$

$$=\frac{1}{z^3}+\frac{1}{3!}\frac{1}{z}+\frac{z}{5!}+\frac{z^3}{7!}+\cdots$$

所以 $\operatorname*{Res}_{z=0} f(z)=\frac{1}{3!}=\frac{1}{6}$

賸值定理

在一整域 R 中, f(z)除了在孤立奇異點($z_1, z_2\cdots\cdots z_n$)外, 其餘皆是解析的。設 C 是包圍 R 區域中所有孤立奇異點的簡單封閉路徑(如圖 12－1), 則

$$\oint_C \boldsymbol{f(z)dz = 2\pi i \sum_{j=1}^{n} \operatorname*{Res}_{z_j} f(z)} \tag{6}$$

簡單的說：f(z)環繞 C 的積分是等於 2πi 乘以 f(z)在 C 所包圍的孤立奇異點之賸值總和。

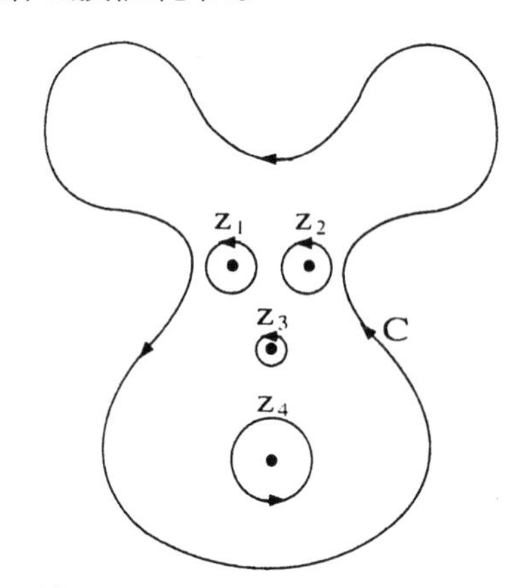

圖 12－1

例 12－12

試求 $\oint_C \frac{1}{z^2(z+4)}dz=$? 其中 C ：① $|z|=2$

② $|z+2|=3$

解：

z＝0 為二階極點, z＝ －4 為一階極點

① 在 C ：$|z|=2$, 僅 z＝0 在 C 內

由(5)式知 $\operatorname*{Res}_{z=0} f(z)=\lim_{z\to 0}\frac{d}{dz}\left(\frac{1}{z+4}\right)=\frac{1}{16}$

由(6)式知 $\oint_C \frac{1}{z^2(z+4)}dz = 2\pi i \cdot \left(-\frac{1}{16}\right) = -\frac{\pi i}{8}$

② 在 C ：$|z+2|=3$, $z=0$ 及 $z=-4$ 均在 C 內, 故

由(3)式知 $\operatorname{Res}_{z=-4} f(z) = \lim_{z \to -4} \frac{1}{z^2} = \frac{1}{16}$

所以 $\oint_C \frac{1}{z^2(z+4)}dz = 2\pi i \left(-\frac{1}{16}+\frac{1}{16}\right) = 0$

例 12－13

試求 $\oint_C \frac{\sin(z)}{z^2+4}dz$, 其中 C ：$|z|=9$

解：

$z=2i$ 及 $z=-2i$ 皆爲單極點且均含在 C 內

$$\operatorname{Res}_{z=2i} f(z) = \lim_{z \to 2i} \frac{\sin(z)}{z+2i} = \frac{\sin(2i)}{4i} = \frac{\sinh(2)}{4}$$

$$\operatorname{Res}_{z=-2i} f(z) = \lim_{z \to -2i} \frac{\sin(z)}{z-2i} = \frac{\sin(-2i)}{-4i} = \frac{\sinh(2)}{4}$$

所以 $\oint_C \frac{\sin(z)}{z^2+4}dz = 2\pi i \left[\frac{\sinh(2)}{4}+\frac{\sinh(2)}{4}\right] = \pi i \sinh(2) = \pi \sin(2i)$

由上例或可整理出一些心得, 在解此些問題其實使用的就是柯西積分定理與賸值定理。

假設求 f(z)在 C 封閉曲線上的積分：

1 **若在 *C* 內無奇異點, 則由柯西積分定理得知：**

$$\oint_C f(z)\,dz = 0$$

2 **若在 *C* 內有奇異點(z_1、z_2 … z_n)存在, 則由賸值定理得知：**

$$\oint_C f(z)\,dz = 2\pi i \sum_{i=1}^{n} \operatorname{Res}_{z_i} f(z)$$

最後謹以一題例題做爲本節的結束。

例 12－14

試求 $\oint_C \frac{e^z\cos(z^2)dz}{(z-i)(z+4)^2}$ 其中 C 包圍 i 和－4

解：

$z=i$ 爲單極點, $z=-4$ 爲二階極點

因此 $\operatorname*{Resf}_{z=i}(z)=\lim_{z\to i}\frac{e^z\cos(z^2)}{(z+4)^2}=\frac{e^i\cos(-1)}{(4+i)^2}=\frac{e^i\cos(1)}{(4+i)^2}$

及 $\operatorname*{Resf}_{z=-4}(z)=\lim_{z\to -4}\frac{d}{dz}\left[\frac{e^z\cos(z^2)}{z-i}\right]$

$$=\frac{(-4-i)[e^{-4}\cos(16)+8e^{-4}\sin(16)]-e^{-4}\cos(16)}{(-4-i)^2}$$

所以 $\oint_c\frac{e^z\cos(z^2)}{(z-i)(z+4)^2}dz$

$$=2\pi i\left[\frac{e^i\cos(1)}{(4+i)^2}+\frac{(-4-i)[e^{-4}\cos(16)+8e^{-4}\sin(16)]-e^{-4}\cos(16)}{(-4-i)^2}\right]$$

下一節將介紹如何利用牘值定理來解決難解的實數積分問題。

習 12-2 題

求下列函數的牘值

① $f(z)=\frac{\sinh(z)}{z^4}$

② $f(z)=\frac{z}{z^4-1}$

③ $f(z)=\frac{1}{z-\sin(z)}$

④ $f(z)=\frac{z}{(z+1)^2}$

⑤ $f(z)=\frac{z(z-2)}{(z+1)^2(z^2+4)}$

⑥ $f(z)=\frac{z-i}{z^2+1}$

⑦ $f(z)=\cot(z)$

⑧ $f(z)=\frac{\sin(z)}{z-\pi}$

⑨ $f(z)=\frac{1}{z(e^z-1)}$

⑩ $f(z)=\frac{1-e^{2z}}{z^4}$

用賸值定理求下列積分值

⑪ $\oint_C \frac{z+2}{z^2-1}dz$, C：$|z|=2$

⑫ $\oint_C \frac{5z+13}{z^2(z+2)}dz$, C：$|z|=1$

⑬ $\oint_C \frac{z+4}{z^2+2z+5}dz$, C：$|z+1-i|=2$

⑭ $\oint_C \frac{1}{z^3(z+4)}dz$, C：$|z|=2$

⑮ $\oint_C \frac{e^z}{\cosh(z)}dz$, C：$|z|=5$

⑯ $\oint_C \frac{e^{2z}}{(z+1)^4}dz$, C：$|z|=3$

⑰ $\oint_C e^z\sec(\pi z)dz$, C：$|z|=1$

⑱ $\oint_C \frac{\sin(z)}{z^4}dz$, C：$|z|=1$

⑲ $\oint_C \frac{2z+1}{z^3-iz^2+6z}dz$, C：$|z-3i|=\frac{1}{3}$

⑳ $\oint_C \frac{z^2+1}{e^z\sin(z)}dz$, C：$|z-\frac{5}{2}|=3$

3 贕值定理的應用

Application of Residues Theorem

本節將介紹使用贕值定理求下列三種實數積分的應用：

◉ cos(θ)及 sin(θ)的有理函數積分：

$\boldsymbol{I = \int_0^{2\pi} R[\cos(\theta), \sin(\theta)]\,d\theta}$

◉ 有理函數的瑕積分：

$\boldsymbol{I = \int_{-\infty}^{\infty} f(x)\,dx}$

◉ 傅立葉積分：

$\boldsymbol{I = \int_{-\infty}^{\infty} f(x)\cos(sx)\,dx}$ 及 $\boldsymbol{\int_{-\infty}^{\infty} f(x)\sin(sx)\,dx}$

一、cos(θ)及 sin(θ)的有理函數積分

$$I = \int_0^{2\pi} R[\cos(\theta), \sin(\theta)]\,d\theta \tag{7}$$

其中 $R[\cos(\theta), \sin(\theta)]$是在 $0 \le \theta \le 2\pi$ 區間內，且爲 $\cos(\theta)$及 $\sin(\theta)$有限的實數有理函數。

若令 $e^{i\theta} = z$，則可得

$$\cos(\theta) = \frac{1}{2}(e^{i\theta} + e^{-i\theta}) = \frac{1}{2}\left(z + \frac{1}{z}\right) \tag{8}$$

$$\sin(\theta) = \frac{1}{2i}(e^{i\theta} - e^{-i\theta}) = \frac{1}{2i}\left(z - \frac{1}{z}\right) \tag{9}$$

當 θ 由 0 至 2π 積分，即爲 z 沿單位圓 $|z| = 1$ 依反時針方向繞一圈

又 $$\frac{dz}{d\theta} = ie^{i\theta}$$

故 $$d\theta = \frac{dz}{iz} \tag{10}$$

則原式變為

$$I=\int_{c} f(z)\frac{dz}{iz},\ C:|z|=1 \tag{11}$$

例 12－15

試求 $I=\int_0^{2\pi}\frac{\cos(3\theta)}{5-4\cos(\theta)}d\theta$

解：

令 $z=e^{i\theta}$

則 $d\theta=\frac{dz}{iz}$

又 $\cos(\theta)=\frac{1}{2}\left(z+\frac{1}{z}\right),\ \cos(3\theta)=\frac{1}{2}\left(z^3+\frac{1}{z^3}\right)$

代入原式得

$$I=\int_0^{2\pi}\frac{3\ \cos(\theta)}{5-4\ \cos(\theta)}d\theta$$

$$=\oint_C\frac{\frac{1}{2}\left(z^3+\frac{1}{z^3}\right)}{5-2\left(z+\frac{1}{z}\right)}\cdot\frac{dz}{iz}$$

$$=\frac{-1}{2i}\oint_C\frac{z^6+1}{z^3(z-2)(2z-1)}dz$$

在 $|z|=1$ 內, $z=0$ 及 $z=\frac{1}{2}$ 為極點

由(5)式知 $\underset{z=0}{\text{Res}}\, f(z)=\frac{1}{2}\lim_{z\to0}\frac{d^2}{dz^2}\left[\frac{z^6+1}{(z-2)(2z-1)}\right]=\frac{21}{8}$

由(3)式知 $\underset{z=\frac{1}{2}}{\text{Res}}\, f(z)=\lim_{z\to\frac{1}{2}}\left[\frac{z^6+1}{z^3(z-2)}\right]=-\frac{65}{24}$

所以 $I=\frac{-1}{2i}\cdot2\pi i\left(\frac{21}{8}-\frac{65}{24}\right)=\frac{\pi}{12}$

例 12－16

試求 $I=\int_0^{2\pi}\frac{d\theta}{2-\cos(\theta)}$

解：

令 $z=e^{i\theta}$

則 $d\theta=\frac{dz}{iz}$

又　　　$\cos(\theta)=\frac{1}{2}\left(z+\frac{1}{z}\right)$

代入原式得　　$I=\int_0^{2\pi}\frac{d\theta}{5-4\ \cos(\theta)}=\oint_C\frac{2idz}{z^2-4z+1}$

在$|z|=1$內，$z=2-\sqrt{3}$爲極點

故　　$\underset{z=2-\sqrt{3}}{\text{Res}}f(z)=\left[\frac{2i}{2z-4}\right]\Big|_{z=2-\sqrt{3}}=\frac{-i}{\sqrt{3}}$

所以　　$I=\int_0^{2\pi}\frac{d\theta}{2-\cos(\theta)}=2\pi i\cdot\frac{i}{\sqrt{3}}=\frac{2\pi}{\sqrt{3}}$

二、有理函數的瑕積分

$$I=\int_{-\infty}^{\infty}f(x)dx$$

假設$f(x)=\frac{p(x)}{q(x)}$，而$p(x)$與$q(x)$皆爲多項式，且$q(x)$的次數比$p(x)$的次數至少高二次以上，或$q(x)$沒有實根，則

$$\int_{-\infty}^{\infty}\frac{p(x)}{q(x)}dx=2\pi i\left[\frac{p(z)}{q(z)}\right] \tag{12}$$

爲所有在上半複數平面內極點的賸值和如圖 12－2 所示

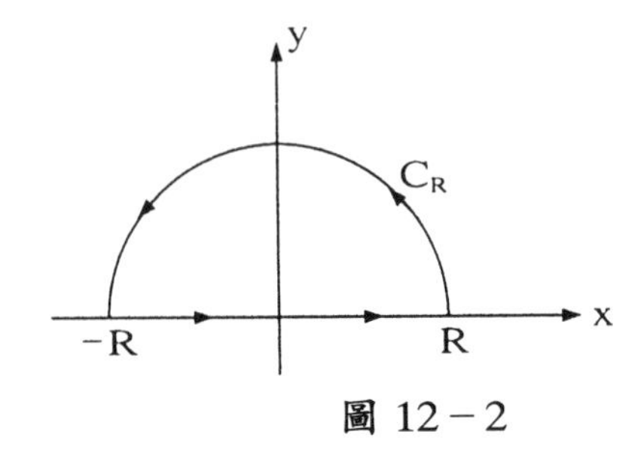

圖 12－2

例 12－17

試求$\int_{-\infty}^{\infty}\frac{dx}{x^6+64}$

解：

$\frac{1}{x^6+64}$的極點爲$2e^{\frac{\pi i}{6}}$、$2e^{\frac{\pi i}{2}}$、$2e^{\frac{5\pi i}{6}}$、$2e^{\frac{7\pi i}{6}}$、$2e^{\frac{3\pi i}{2}}$及$2e^{\frac{11\pi i}{6}}$

而出現在上半面的有：$2e^{\frac{\pi i}{6}}$、$2e^{\frac{\pi i}{2}}$及$2e^{\frac{5\pi i}{6}}$

由(4)式知 $$\underset{z=2e^{\frac{\pi i}{6}}}{\mathrm{Res}}f(x)=\frac{1}{6(2e^{\frac{\pi i}{6}})^5}=\frac{1}{192}\left[\cos\left(\frac{5\pi}{6}\right)-i\ \sin\left(\frac{5\pi}{6}\right)\right]$$

$$\underset{z=2e^{\frac{\pi i}{2}}}{\mathrm{Res}}f(x)=\frac{1}{6(2e^{\frac{\pi i}{2}})^5}=\frac{-i}{192}$$

$$\underset{z=2e^{\frac{5\pi i}{6}}}{\mathrm{Res}}f(x)=\frac{1}{6(2e^{\frac{5\pi i}{6}})^5}=\frac{1}{192}\left[\cos\left(\frac{\pi}{6}\right)-i\ \sin\left(\frac{\pi}{6}\right)\right]$$

故由(12)式知 $$\int_{-\infty}^{\infty}\frac{dx}{x^6+64}=\frac{2\pi i}{192}\left(-\frac{i}{2}-i-\frac{i}{2}\right)=\frac{\pi}{48}$$

例 12－18

試求 $\int_{-\infty}^{\infty}\frac{x^2-x+2}{x^4+10x^2+9}dx$

解：

$$\frac{x^2-x+2}{x^4+10x^2+9}=\frac{x^2-x+2}{(x^2+1)(x^2+9)}$$
$$=\frac{x^2-x+2}{(x-i)(x+i)(x-3i)(x+3i)}$$

在上半平面的單極點爲 $z=i$ 及 $z=3i$

由(4)式知 $$\underset{z=i}{\mathrm{Res}}\ f(z)=\left(\frac{z^2-z+2}{4z^3+20z}\right)\bigg|_{z=i}=\frac{1-i}{16i}$$

$$\underset{z=3i}{\mathrm{Res}}\ f(x)=\left(\frac{z^2-z+2}{4z^3+20z}\right)\bigg|_{z=3i}=\frac{7+3i}{48i}$$

所以 $$\int_{-\infty}^{\infty}\frac{x^2-x+2}{x^4+10x^2+9}dx=2\pi i\left(\frac{1-i}{16i}+\frac{7+3i}{48i}\right)=\frac{5}{12}\pi$$

三、傅立葉積分

$$I=\int_{-\infty}^{\infty}f(x)\cos(sx)dx \quad 及\ I=\int_{-\infty}^{\infty}f(x)\sin(sx)dx$$

$$I=\int_{-\infty}^{\infty}f(x)\cos(sx)dx=-2\pi\sum_{上半面}Im\{Res[f(z)e^{isz}]\} \tag{13}$$

$$I=\int_{-\infty}^{\infty}f(x)\sin(sx)dx=2\pi\sum_{上半面}Re\{Res[f(z)e^{isz}]\} \tag{14}$$

其中 Im 爲虛部, Re 爲實部

例 12－19

試求 $\int_{-\infty}^{\infty}\frac{x\ \sin(x)}{x^2+a^2}dx$ 及 $\int_{-\infty}^{\infty}\frac{x\ \cos(x)}{x^2+a^2}dx$

解：

因爲 $\frac{ze^{iz}}{z^2+a^2}$ 在上半面之極點爲 ai

所以 $\underset{z=ai}{\text{Res}}\frac{ze^{iz}}{z^2+a^2}=\left(\frac{ze^{iz}}{2z}\right)\bigg|_{z=ai}=\frac{e^{-a}}{2}$

無虛部存在

故 $\int_{-\infty}^{\infty}\frac{x\ \sin(x)}{x^2+a^2}dx=2\pi\cdot\frac{e^{-a}}{2}=\pi e^{-a}$

$\int_{-\infty}^{\infty}\frac{x\ \cos(x)}{x^2+a^2}dx=0$

習 12-3 題

試用賸值定理求下列積分值

① $\int_0^{2\pi}\frac{1}{4-\sin^2(\theta)}d\theta$

② $\int_0^{2\pi}\frac{\sin^2(\theta)}{2+\cos(\theta)}d\theta$

③ $\int_0^{2\pi}\frac{1+4\ \cos(\theta)}{17-8\ \cos(\theta)}d\theta$

④ $\int_{-\infty}^{\infty}\frac{x^2-x+2}{x^4+10x^2+9}dx$

⑤ $\int_{-\infty}^{\infty}\frac{1}{1+x^4}dx$

⑥ $\int_0^{\infty}\frac{dx}{x^4+10x^2+9}$

⑦ $\int_0^{\infty}\frac{\cos(mx)}{1+x^2}dx$

⑧ $\int_0^{\infty}\frac{\cos(x)}{(x^2+1)^2}dx$

⑨ $\int_{-\infty}^{\infty}\frac{x\ \sin(\pi x)}{x^2+2x+5}dx$

⑩ $\int_{-\infty}^{\infty}\frac{\sin(3x)}{x^2+9}dx$

4 歷屆插大、研究所、公家題庫

Qualification Examination

① 求 $\sin(\theta)=2$ 之解(θ 爲複數)

② 求 $\tan^{-1}(2i)$的所有值

③ $z=x+iy$,試證下列函數何者爲解析函數

[1] $f(z)=\dfrac{1}{3-z}$ [2] $f(z)=3|z|^2$

④ 試判斷 $f(z)=2x-x^3-xy^2+i(x^2y+y^3-2y)$是否可微分？

$f(z)$是否可解析？

⑤ 求 $\oint_C(z-z_0)^m dz=$ ？

其中 m 是整數,z_0 是定值,$C:|z-z_0|=\rho$(ρ 爲半徑

⑥ 試求 $f(z)=\dfrac{1}{z^2+1}$在 $z=i$ 展開,而分別在[1] $0<|z-i|<2$ 與[2] $|z-i|<2$ 有效之洛冉級數。

⑦ 試求下列二函數在 $z=a$ 展開之泰勒級數,並求其收斂半徑

[1] $f(z)=\dfrac{1}{1-z}$, $a=i$ [2] $f(z)=\dfrac{1}{z+2}$, $a=1+i$

⑧ $Tn=\dfrac{1}{4\pi i}\oint_C\dfrac{(1-t^2)t^{-n-1}}{(1-2xt+t^2)}dt$, $n=0,1,2\cdots\cdots$ 其中單連封閉曲線 C 包含原點且無其他奇點。

[1]證明 $\dfrac{1-t^2}{2(1-2xt+t^2)}=\sum_{n=0}^{\infty} Tn(x)t^n$

[2]求 Tn[1]值, $n=0,1,2\cdots\cdots$

⑨ 求函數[1] $\dfrac{\sin(z)}{z^2}$ [2] $\dfrac{e^z}{z^2+a^2}$ 之賸值？

⑩ 試求 $f(z)=\dfrac{z}{\sin(z)-\tan(z)}$在 $z=0$ 之極點階數及賸值。

⑪ 求 $\oint_C \frac{dz}{z} = ?$ C ：$r = 2 - \sin(\theta)$

⑫ 求1 $\oint_C \frac{e^z}{z} dz = ?$　2 $\oint_C \frac{z}{\sinh^2(z)} dz$, C 包含所有奇點。

⑬ 求 $\oint_C \frac{1}{z^4 - 1} dz = ?$ C ：$|z+1| = 1$

⑭ 求 $F(t) = \frac{1}{2\pi i} \oint_C \frac{(z-1)e^{\frac{1}{z^2}}}{z-t} dz = ?$ 其中 $t \neq 0$, C 具包含 $z=1$ 與 $z=t$ 的逆時針方向單連封閉曲線。

⑮ 設 C 爲下列單連封閉曲線求 $\oint_C \left(\frac{4-3z}{z^2-z} + z^3 + 1\right) dz = ?$

1C 含 0 與 1　2C 含 1 不含 0　3C 含 0 不含 1

⑯ 試求 $\int_0^{2\pi} \frac{d\theta}{5 - 3\cos(\theta)} = ?$

⑰ 試求 $\int_0^{\infty} \frac{1}{x^2+1} dx = ?$

⑱ 試求 $\int_0^{\infty} \frac{1}{x^6+1} dx = ?$

⑲ 試求 $I = \int_0^{\infty} \frac{\cos(x)}{(x^2+1)^2} dx = ?$

⑳ 證明 $\int_{-\infty}^{\infty} \frac{\cos(x)}{\pi^2 - 4x^2} dx = \frac{1}{2}$

㉑ 試求 $\int_0^{\infty} \frac{\cos(2x)}{x^2+1} dx = ?$

㉒ 試求 $\int_{-\infty}^{\infty} \frac{dx}{(x-1)(x^2+2)} = ?$

各節習題&歷屆題庫

之

解　答

APPENDIXES

附錄 習題解答

習題 1－1

① 二階一次線性常微分方程式

② 二階一次非線性常微分方程式

③ 一階一次線性常微分方程式

④ 二階一次非線性常微分方程式

⑤ 二階一次非線性偏微分方程式

⑥ 二階二次非線性常微分方程式

⑦ 同①

⑧ 同①

⑨ 同②

⑩ 二階一次線性偏微分方程式

習題 1－2

① $y=Ce^{ax}$

② $y=Ce^{-ax}-\frac{b}{a}$

③ $\frac{1+y}{1-y}=Ce^{2x}$

④ $y=A\sqrt{|\sin(2x)|}$

⑤ $y=A\ell n(x)$

⑥ $e^y=2e^{-x}(-x-1)+C$

⑦ $\frac{y^3}{3}=\frac{x^2}{2}+\frac{x^4}{4}+C$

⑧ $\frac{1}{2}(\ell n|y|)^2=\frac{3x^2}{2}+C$

⑨ $\frac{\sin^2(y)}{2}=\ell n|x|+C$

⑩ $(y-1)^2=C\left(\frac{1+x}{1-x}\right)$

⑪ $x-2y=C$

⑫ $x^b y^a=Ce^y$

⑬ $x+y=C(1-xy)$, 〔$C=\tan(C_1)$〕

⑭ $x^2(x+1)y=C(x-1)$

⑮ $2\tan(2x+C)=y+1$

⑯ $\sqrt{1-x^2}+\sqrt{1-y^2}=C$

⑰ $e^x+\frac{1}{2}e^{2y}=C$

⑱ $y=ae^{-x}$〔$a=e^c$〕

⑲ $ax=(x+1)e^y$, 〔$a=e^{-c}$〕

⑳ $x^2+y^2=a^2$

㉑ $xy=C$

㉒ $y=\pm\sqrt{x-\frac{1}{2}\sin(2x)+3}$

㉓ $x^4+y^4=16$

㉔ $x^2-y^2=4$

㉕ $r=-4\sin^2(\theta)$

習題　1−3

① $\ell n|x|+e^{-\frac{y}{x}}=C$

② $x^3=C(x^2+y^2)$

③ $y^2=x^2\ell n(x^2)+Cx^2$

④ $\left(x-\frac{C}{2}\right)^2+y^2=\frac{C^2}{4}$

⑤ $y=\frac{-x}{\ell n|x|+C}$

⑥ $y=\frac{|x|}{2\sqrt{\ell n|x|+C}}$

⑦ $y=x(\ell n|x|+C)$

⑧ $y=x+\frac{x}{C-\ell n|x|}$

⑨ $y=x(e^x+C)^{\frac{1}{4}}$

⑩ $-\frac{x}{y}=\ell n|x|+C$

⑪ $x=C\left(1-4\frac{y}{x}\right)^{-\frac{1}{4}}$

⑫ $y(x+C)+x=0$

⑬ $y=4x^2-2x$

⑭ $y=\pm x\sqrt{x^2+5}$

⑮ $y^2-2xy-x^2=4$

⑯ $y^2=2x^4-4x^2$

⑰ $y^2+2xy-x^2=73$

⑱ $x^2+y^2=13$

⑲ $\ell n(y^2+x^2)+2\tan^{-1}\left(\frac{y}{x}\right)=\ell n(2)+\frac{\pi}{2}$

⑳ $y=x(\ell n|x|-7.4)$

㉑ $\frac{1}{3}\left(\frac{y}{x}\right)^3=\ell n|x|+\frac{64}{81}-\ell n(3)$

㉒ $y=7x^2-3x$

習題　1−4

① $x\sin(y)+xy=C$

② $y=\frac{C}{x}-4$

③ $x^2\sin(3y)+y^2=C$

④ $e^{xy^2}+x^4-y^3=C$

⑤ $x^4+4y\cos(x)+4y^2=C$

⑥ $x^2+y^2+xy=C$

⑦ $x^2y^3+2x+e^y=C$

⑧ $x\cos(xy)+y^2=C$

⑨ $x^2+y^2=C$

⑩ $x^3+xy+\ell n|x|=C$

⑪ $y\sin(x)+x^2e^y+2y=C$

⑫ $\frac{1}{2}x^2y^2-\frac{1}{2}y^2-y=C$

⑬ $y^3x+y^2\ \cos(x)-\frac{1}{2}x^2=C$

⑭ $\frac{7}{2}x^2-3xy+2y^2+2x-5y=C$

⑮ $5x^2y^4+x^2-4y-2y^3=C$

⑯ $re^{-\theta}=C$

⑰ $-3xy^4+x=C$

⑱ $xe^y-y=C$

⑲ $x^2=Cy^2$

⑳ $y^2\ \cos(x)+2y=C$

㉑ $4x^2+9y^2=36$

㉒ $\cos(x)\cosh(y)=1$

㉓ $ye^{x^2}=2$

㉔ $\sin(\pi x)\cos(2\pi y)=1$

㉕ $y=\pm x^{\frac{3}{2}}$

習題　1－5

① $x^2y=C$

② $x^3y^2=C$

③ $e^y\sin(x)=C$

④ $2e^x-e^y=C$

⑤ $e^x\sin(y)=C$

⑥ $(y+1)^2=Cx^3$

⑦ $x^3e^y+x^2y=C$

⑧ $e^{xy}\cdot y=C$

⑨ $(x+1)^{-1}(y+1)=C$

⑩ $x^3y^2=C$

⑪ $\sinh^2(x)\cos(y)=C$

⑫ $x^2y^3=C$

⑬ $\sin^2\ \cos(y)=C$

⑭ $\frac{1}{2}x^2ye^{6x}+\frac{1}{9}(6x-1)e^{6x}=C$

⑮ $x^6y^4+x^5y^7=C$

⑯ $x^3y^2-y^2=C$

⑰ $(x+y^2)e^x=C$

⑱ $x^2\ \cos(y)+x^4=C$

⑲ $e^{x^2}\ \tan(y)=C$

⑳ $x^3y^2=C$

㉑ $x^2y^3=C$

㉒ $e^{2x}\cos(y)=C$

㉓ $x^{-1}\sinh(y)=C$

㉔ $y=Cx$

㉕ $x^7y^6+x^2y^2\ \sin(x)=C$

㉖ $(x^2-2xy)e^{-x+2y}=C$

㉗ $x^{a+1}y^{b+1}=C$

㉘ $e^y\cosh^2(x)=C$

㉙ $e^x\sin(y)=C$

㉚ $x^2+\sin^2(y)=C$

習題　1－6

① $y=2+Ce^{-x^2}$

② $y=(x-2)^3+C(x-2)$

③ $y=x+\cos(2x)+C\sin(2x)$

④ $y=Cx^2+x^2e^x$

⑤ $y=Ce^{2x}+x$

⑥ $y=\frac{1}{5}[2\cos(x)+\sin(x)]+Ce^{-2x}$

⑦ $y=\frac{3}{4}x^3+Cx^{-1}$

⑧ $y=\frac{1}{2}[\sin(x)-\cos(x)]+Ce^{-x}$

⑨ $y=(C+e^{x^2})x^{-2}$

⑩ $x\ \ell n(y)=\frac{1}{2}\ell n^2(y)+C$

⑪ $y=3xe^x$

⑫ $5e^{5x}-e^{5x}\cos(x)$

⑬ $y=\frac{2}{3}e^{4x}-\frac{11}{3}e^x$

⑭ $y=e^{x(x-1)}$

⑮ $y\sin(x)+5e^{\cos(x)}=1$

⑯ $y=2e^{\frac{1}{4}x^4}+4$

習題　1－7

① $y=\frac{1}{1+Ce^x}$

② $y=x+\left(\frac{1}{2x}-\frac{1}{x}\ell n(x)\right)^{-1}$

③ $\frac{1}{2}\frac{1}{x^2y^2}+3x=C$

④ $-\frac{1}{3}x^{-12}y^{-3}+\frac{1}{10}x^{-10}=C$

⑤ $\cos(y)=\frac{1}{2}\sin^2(x)-\frac{1}{2}\sin(x)+\frac{1}{4}+Ce^{-2\sin(x)}$

⑥ $y^{-2}=-\frac{2}{3}x\left[\frac{2}{3}+\ell n(x)\right]+\frac{C}{x^2}$

⑦ $y=2+\left(x^2-\frac{1}{2}\right)^{-1}$

⑧ $\frac{1}{\cos(y)}=-1-x+Ce^x$

⑨ $y=e^x+\frac{2e^x}{2Ce^{2x}-1}$

⑩ $\frac{2}{3}x^{-\frac{9}{2}}y^{-\frac{3}{2}}+\frac{4}{5}x^{-\frac{5}{2}}=C$

⑪ $y=\frac{3}{4}x^3+\frac{17}{4x}$

⑫ $y=x+\frac{1}{C-x}$

⑬ $\ell n(y)=x^2+Cx$

⑭ $y^{-3}=1+C(1+x^2)$

⑮ $\frac{1}{x^3}=\frac{3}{7y}+Cy^6$

⑯ $y=\frac{1}{2}[\sin(x)-\cos(x)]-\frac{9}{2}e^{\pi}e^{-x}$

⑰ $y=x^2+\left(e^{-\frac{3x^2}{2}}\int\frac{-1}{x}e^{-\frac{3x^2}{2}}dx+Ce^{\frac{-3x^2}{2}}\right)^{-1}$

⑱ $y=4x+\left(\frac{5}{3x}-\frac{x^2}{3}\right)^{-1}$

⑲ $\sqrt{y+1}=(x+1)+C\sqrt{x+1}$

習題　1－8

① $\left(y-\frac{C}{x^3}\right)\left(y-\frac{C}{x}\right)=0$

② $x^2+(y-c)^2=a^2$

③ $(x-Ce^{-y})\left(x+\frac{1}{2}y^2-C\right)=0$

④ $y^2-2Cx+C^2=0$

⑤ $x^2-Cy+C^2=0$

⑥ $(y-C)(y-x-C)(2y-x^2-C)(y-Ce^{2x})=0$

⑦ $(y-C^2)^2=4Cx$

⑧ $x=-2(t-1)+Ce^{-t}$；$y=2-t^2+C(1+t)e^{-t}$

⑨ $y^2-2Cx+C^2=0$

⑩ $[y-C(x+1)][y+x\ln(Cx)]=0$

歷屆題庫

① $\boxed{1}$ $k=4, y=C_1x^4+x^4\ln|x|$

$\boxed{2}$ $k\neq 4, y=Cx^k+\frac{1}{4-k}x^4$

② $\frac{\sqrt{3}}{2}\frac{1}{\sin(x)}-\cot(x)+\frac{1}{2}\sin(x)$

③ $e^x(6x^2y+y^2)=C_1$

④ $y^{-2}=C_1x^2-x^4$

⑤ $2xy+\frac{2}{3}x^3y^{\frac{3}{2}}=C_1$

⑥ $y^2\cos(x)+y^4=C_1$

⑦ $y=C_1$ 或 $y=-t+C_2$ 或 $y=t+C_3$

⑧ $y^{-3}(y^2-x^2)=C_1$

⑨ $e^{x^2}y-\frac{1}{2}e^{x^2}[\cos(x^2)+\sin(x^2)]=C$

⑩ $x(t)=C_1e^{\frac{-t}{\tau}}+\tau I$

⑪ $x(y)=C_1y-\frac{1}{2}y^3$

⑫ $\left(1-\frac{1}{y}\right)=C_1x$

⑬ $y^4+x^2y^3=2$

⑭ $-\ln|\cos(y)-1|-\cos(x)=C_1$

⑮ $\frac{y}{y-1}=C_1x^{-1}$

⑯ $xe^y-y=C_1$

⑰ $\frac{1}{y^2}=C_1e^{2x^2}+\frac{1}{3}e^{-x^2}$

⑱ $y^{\frac{7}{3}}=C_1x^{-\frac{7}{3}}+14x^{-2}$

⑲ $y^{-2}=C_1x^{-2}-\frac{4}{9}x-\frac{2}{3}x\ln(x)$

⑳ $xy+2xy^{-2}+y^2=C_1$

㉑ $xy=C_1$

㉒ $(y+3)^2+2(y+3)(x-1)-3(x-1)^2=C_1$

㉓ $\lim_{t\to\infty} x(t)=\frac{a}{b}$

㉔ $C_1x^{-1}e^{-x}+e^{-x}$

㉕ $(1+x^2)\ln(y)=C_1$

㉖ $\frac{\left(\frac{y}{x}-1\right)^4}{\frac{y}{x}+2}=C_1x^3$

㉗ 略

㉘ $x^3y+\frac{1}{2}x^2y^2=C_1$

㉙ $y=C_1x^{-2}+x^{-2}e^{x^2}$

㉚ $(x-1)(y^2-1)^{-\frac{1}{2}}=C_1$

㉛ $\ln|x|=\ln\left|\frac{y}{x}\right|+\frac{1}{2}\ln\left|1+\left(\frac{y}{x}\right)^2\right|+C_1$

㉜ $2\sqrt{\frac{x}{y}}+\ln|y|=C_1$

㉝ $\ln|y|=\frac{y}{x}-1$

㉞ $x^2y+xe^y=C_1$

㉟ $x^3-3x^2y-y^2=C_1$

㊱ $x^3e^y+x^2y=C_1$

㊲ $ye^{xy}-x^{-1}e^{xy}=C_1$

㊳ $y=C_1\cos(x)-2\cos^2(x)$

㊴ $y=C_1x^{-2}+\frac{1}{2}x^{-2}e^{x^2}$

㊵ $y=C_1\csc(x)+2\csc(2x)$

習題　2－1

① 線性相依

② 線性獨立

③ 線性獨立

④ 線性獨立

⑤ 線性獨立

⑥ 線性獨立

⑦ 線性獨立

⑧ 線性獨立

⑨ 線性獨立

⑩ 線性相依

⑪ 線性相依

⑫ 線性獨立

⑬ 線性獨立

⑭ 線性相依

⑮ 線性獨立

⑯ 線性獨立

⑰ 線性相依

⑱ 線性獨立

⑲ 線性相依

⑳ 線性獨立

習題　2－2

① $y=C_1+C_2e^{4x}$

② $y=C_1e^{\left[\frac{-11+(\sqrt{113})x}{2}\right]}+C_2e^{\left[\frac{-11-(\sqrt{113})x}{2}\right]}$

③ $y=e^{8x}(C_1+C_2x)$

④ $y=C_1e^{\sqrt{3}x}+C_2e^{-\sqrt{3}x}$

⑤ $y=C_1e^{(-5+\sqrt{26})x}+C_2e^{(-5-\sqrt{26})x}$

⑥ $y=C_1e^{(2+\sqrt{2})x}+C_2e^{(2-\sqrt{2})x}$

⑦ $y=e^{-5x}(C_1+C_2x)$

⑧ $y=e^{7x}(C_1+C_2x)$

⑨ $y=e^{-6x}(C_1+C_2x)$

⑩ $y=e^{-11x}(C_1+C_2x)$

⑪ $y=e^{2x}[C_1\cos(2x)+C_2\sin(2x)]$

⑫ $y=C_1e^{\frac{(-7+\sqrt{69})x}{2}}+C_2e^{\frac{(-7-\sqrt{69})x}{2}}$

⑬ $y=e^{-x}[C_1\cos(\sqrt{5}x)+C_2\sin(\sqrt{5}x)]$

⑭ $y=e^{7x}(C_1+C_2x)$

⑮ $y=C_1e^{(7+\sqrt{47})x}+C_2e^{(7-\sqrt{47})x}$

⑯ $y=e^{-9x}(C_1+C_2)$

⑰ $y=C_1e^{(-7+\sqrt{51})x}+C_2e^{(-7-\sqrt{51})x}$

⑱ $y=C_1e^{(-1+\sqrt{17})x}+C_2e^{(-1-\sqrt{17})x}$

⑲ $y=e^{-\frac{x}{2}}\left[2\cos\left(\frac{\sqrt{3}}{2}x\right)+\sqrt{3}\sin\left(\frac{\sqrt{3}}{2}x\right)\right]$

⑳ $y=e^{\frac{3}{2}x}\left[C_1\cos\left(\frac{\sqrt{23}}{2}x\right)+C_2\sin\left(\frac{\sqrt{23}}{2}x\right)\right]$

㉑ $y=e^{-\frac{x}{2}}[2\cos(\sqrt{3}x)+\sqrt{3}\sin(\sqrt{3}x])$

㉒ $y=e^{-2x}+2e^{x}$

㉓ $y=-e^{-x}+2e^{3x}$

㉔ $y=e^{x}[4\cos(3x)-\sin(3x)]$

㉕ $y=e^{-x}[\cos(\sqrt{3}x)+\frac{1}{\sqrt{3}}\sin(\sqrt{3}x)]$

㉖ $y=e^{-6x}(-2-15x)$

㉗ $y=e^{x-1}(5-4x)$

㉘ $y=2e^{-x}\cos(x)$

㉙ $y=2\cos\left(\frac{\pi}{2}x\right)$

㉚ $y=\frac{\sqrt{30}-2}{2\sqrt{30}}e^{(6+\sqrt{30})x}+\frac{\sqrt{30}+2}{2\sqrt{30}}e^{(6-\sqrt{30})x}$

㉛ $y=e^{2x}[\cos(\sqrt{3}x)+\sqrt{3}\sin(\sqrt{3}x)]$

㉜ $y=-2.3xe^{-1.6x}$

㉝ $y=(3-5x)e^{2x}$

㉞ $y=\frac{1}{2}e^{-3x}-\frac{1}{2}e^{x}$

㉟ $y=e^{2x}[2\cos(x)-3\sin(x)]$

㊱ $y=(1-x)e^{\frac{\pi}{4}}$

㊲ $y=-2\cos\left(\frac{x}{4}\right)-4\sin\left(\frac{x}{4}\right)$

㊳ $y=2e^{2x}-e^{-2x}$

㊴ $y=e^{x}[\cos(\pi x)-\sin(\pi x)]$

㊵ $y=e^{\frac{(-3+\sqrt{17})x}{2}}+e^{\frac{(-3-\sqrt{17})x}{2}}$

㊶ $y=\left(-2+\frac{3}{2}x\right)e^{-\frac{x}{2}}$

㊷ $y=\frac{-2e}{1-e}e^{2x}+\frac{2}{1-e}e^{3x}$

㊸ $y=e^{x-1}(5-4x)$

㊹ $y=3e^{4x}$

㊺ $y=e^{-\frac{1}{3}x}$

習題　2－3

① $y=C_1e^{-2x}+C_2e^{-3x}+3xe^{-2x}+\frac{1}{30}e^{3x}$

② $y=C_1e^{3x}+C_2e^{-x}+\frac{4}{9}-\frac{2}{3}x$

③ $y=C_1e^{-2x}+C_2e^{2x}-\frac{3}{5}\cos(x)$

④ $y=C_1e^{x}+C_2e^{3x}+\frac{2}{3}e^{-2x}$

⑤ $y=C_1\cos(x)+C_2\sin(x)-\frac{3}{2}x\cos(x)$

⑥ $y=C_1e^{x}+C_2e^{-3x}+xe^{x}$

⑦ $y=C_1+C_2e^{2x}-\frac{1}{2}e^{x}\sin(x)$

⑧ $y=e^{x}[C_1\ \cos(\sqrt{2}x)+C_2\ \sin(\sqrt{2}x)]+\frac{1}{27}(9x^3+18x^2+6x-8)+\frac{1}{4}[\cos(x)+\sin(x)]$

⑨ $y=C_1e^{2x}+C_2xe^{2x}+\frac{1}{20}x^5e^{2x}+\frac{1}{6}x^3e^{2x}$

⑩ $y=e^{-2x}[C_1\ \cos(x)+C_2\ \sin(x)]-1.6\ \cos(4x)-1.1\ \sin(4x)$

⑪ $y=C_1\ \cos(x)+C_2\ \sin(x)+x\sin(x)$

⑫ $y=C_1\ \cos(2x)+C_2\ \sin(2x)+2x^2-1$

⑬ $y=(C_1+C_2x)e^{x}+x+2+\frac{1}{2}x^2e^{x}$

⑭ $y=C_1e^{x}+C_2e^{-2x}+xe^{x}$

⑮ $y=C_1e^{-x}+C_2e^{-2x}+\frac{1}{2}e^{3x}+2x^2-6x+7$

⑯ $y=(C_1+C_2x)e^{2x}+\left(\frac{1}{20}x^5+\frac{1}{6}x^3\right)e^{2x}$

⑰ $y=C_1\ \cos(2x)+C_2\ \sin(2x)-\frac{x^3}{12}\cos(2x)+\frac{x}{32}\cos(2x)+\frac{x^2}{16}\sin(2x)$

⑱ $y=C_1e^{(-1+\sqrt{13})x}+C_2e^{(-1-\sqrt{13})x}-\frac{x^2}{12}+\frac{x}{18}-\frac{1}{216}-\frac{2}{9}e^{-3x}$

⑲ $y=e^{-\frac{x}{2}}\left[C_1\ \cos\left(\frac{\sqrt{55}}{2}x\right)+C_2\ \sin\left(\frac{\sqrt{55}}{2}x\right)\right]+\frac{x}{14}+\frac{1}{196}-\frac{5}{17}\sin(3x)-\frac{3}{17}\cos(3x)$

⑳ $y=C_1e^{-2x}+C_2xe^{-2x}+x^2+\frac{2}{3}e^{x}-2x+\frac{3}{2}$

㉑ $y=e^{2x}[C_1\ \cos(\sqrt{2}x)+C_2\ \sin(\sqrt{2}x)]+\frac{1}{2}e^{2x}-\frac{1}{2}e^{4x}$

㉒ $y=C_1e^{-x}+C_2xe^{-x}-\frac{3}{2}x^2e^{-x}+\frac{4}{3}x^3e^{-x}+1$

習題　2－4

① $y=C_1e^{-3x}+C_2e^{4x}-\frac{2}{15}\cosh(2x)+\frac{1}{30}\sinh(2x)-\frac{1}{12}$

② $y=C_1e^{2x}+C_2e^{-3x}-\frac{x}{6}-\frac{1}{36}$

③ $y=C_1e^{x}+C_2e^{2x}+e^{x}\ell n(e^{x}+1)+e^{2x}\ell n(e^{-x}+1)$

④ $y=C_1e^{2x}+C_2e^{-4x}+\frac{1}{16}e^{4x}+\frac{1}{8}$　　⑤ $y=C_1e^{-2x}+C_2e^{x}-\frac{1}{2}x-\frac{1}{4}$

⑥ $y=(C_1+C_2x)e^{3x}+\frac{1}{6}e^{-3x}+xe^{3x}\int\frac{1}{xe^{6x}}dx$

⑦ $y=C_1e^{2x}+C_2xe^{2x}+\left(\frac{x^3}{6}+\frac{x^2}{2}\right)e^{2x}$

⑧ $y=C_1\cos(x)+C_2\sin(x)-x\cos(x)+\sin(x)\ell n|\sin(x)|$

⑨ $y=C_1e^{3x}+C_2e^{6x}+\frac{1}{9}e^{e^{6x}}e^{-3x}$　　⑩ $y=(C_1+C_2x)e^{x}+\frac{4}{35}x^{\frac{7}{2}}e^{x}$

⑪ $y=C_1+C_2e^{2x}-\frac{1}{2}e^{x}\sin(x)$

⑫ $y=e^{-x}[C_1\cos(x)+C_2\sin(x)]-e^{-x}\sec(x)+2e^{-x}\tan(x)\sin(x)$

⑬ $y=(C_1+C_2x)e^{-x}-e^{-x}\cos(x)$　　⑭ $y=C_1e^{3x}+C_2xe^{3x}-e^{3x}\ell n(x)$

⑮ $y=C_1e^{-2x}+C_2xe^{-2x}+\frac{1}{2}x^3e^{-2x}$

⑯ $y=C_1\cos(x)+C_2\sin(x)+3\cos(x)\ell n|\cos(x)|+3x\sin(x)$

⑰ $y=[C_1+\ell n|\cos(x)|]\cos(x)+(C_2+x)\sin(x)$

⑱ $y=C_1\cos(x)+C_2\sin(x)-x\cos(x)+x+\sin(x)\ell n|\sin(x)|$

⑲ $y=C_1e^{x}+C_2e^{2x}-e^{2x}\sin(e^{-x})$　　⑳ $y=C_1x+C_2x^{-1}+xe^{x}-3e^{x}+3e^{x}x^{-1}$

習題　2－5

① $y=C_1x^3-\frac{x}{2}+C_2$　　② $y=\frac{x^2}{6}+\frac{C_1}{x}+C_2$

③ $y=-2x+C_1x^2+C_2$　　④ $y_2=\frac{\sin(x)}{\sqrt{x}}$

⑤ $y_2=-xe^{-x}$

⑥ $x+C_2=\sqrt{2}\ln\left|2\sqrt{\frac{y^2}{4}+\frac{y}{2}+C_1}+y+1\right|$

⑦ $y_2=(3x^2-1)\left(\frac{\ln|1-x|}{-16}+\frac{\ln|1+x|}{16}-\frac{3x}{8(3x^2-1)}\right)$

⑧ $y=-2x^2+5x+C_1e^{-\left(\frac{2}{3}\right)x}+C_2$　　⑨ $y_2=-\frac{1}{6}x^{-2}$

習題　2－6

① $y=C_1x^k+C_2x^{\frac{1}{k}}$　　② $y=C_1x^2+\frac{C_2}{x}+x^2\left(\ln(x)-\frac{1}{3}\right)$

③ $y=\frac{C_1}{\sqrt{x}}+C_2x^3$

④ $y=x^{-3}\{C_1\cos[2\ln(x)]+C_2\sin[2\ln(x)]\}$

⑤ $y=C_1x^{-3}+C_2x^{-3}\ln(x)+3\ln(x)-2$

⑥ $y=C_1x^{-\frac{3}{2}}\cos\left(\frac{\sqrt{15}}{2}\ln(x)\right)+C_2x^{-\frac{3}{2}}\sin\left(\frac{\sqrt{15}}{2}\ln(x)\right)$

⑦ $y=x^2\{C_1\cos[\ln(x)]+C_2\sin[\ln(x)]\}$

⑧ $y=x^{-\frac{1}{2}}(C_1x^{\frac{\sqrt{21}}{2}}+C_2x^{-\frac{\sqrt{21}}{2}})$　　⑨ $y=\frac{1}{x^2}(C_1x^{\sqrt{6}}+C_2x^{-\sqrt{6}})$

⑩ $y=x^{-\frac{1}{2}}(C_1x^{\frac{\sqrt{5}}{2}}+C_2x^{-\frac{\sqrt{5}}{2}})$　　⑪ $y=[C_1+C_2\ln(x)]x^4$

⑫ $y=C_1x+C_2x^2-\frac{1}{2}x\ln^2(x)-x\ln(x)$　　⑬ $y=C_1x+C_2x^2-x\cos(x)$

⑭ $y=C_1x^{0.1}+C_2x^{0.4}$

⑮ $y=x^{-2}\{C_1\cos[2\sqrt{2}\ln(x)]+C_2\sin[2\sqrt{2}\ln(x)]\}$

⑯ $y=C_1x^{-1}+C_2x^{-2}$

⑰ $y=x^{\frac{5}{2}}\left\{C_1\cos\left(\frac{\sqrt{3}}{2}\ln(x)\right)+C_2\sin\left(\frac{\sqrt{3}}{2}\ln(x)\right)\right\}$

⑱ $y=C_1x^2+C_2x^{-2}$　　⑲ $y=C_1x^2+C_2x^3$

⑳ $y=C_1x^{-\frac{1}{2}}+C_2x^{-\frac{3}{2}}$

㉑ $y=x^{-1}\{C_1\cos[2\ln(x)]+C_2\sin[2\ln(x)]\}$

㉒ $y=C_1x^3+C_2x^2$　　㉓ $y=C_1x+C_2x^2-x\cos(x)$

㉔ $y=C_1x^{-4}+C_2x^5$

㉕ $y=[C_1+C_2\ell n(x)]x^{-2.6}$

㉖ $y=x\{C_1\cos[\sqrt{3}\ell n(x)]+C_2\sin[\sqrt{3}\ell n(x)]\}+\frac{1}{13}\{3\cos[\ell n(x)]-2\sin[\ell n(x)]\}+\frac{1}{2}x\sin[\ell n(x)]$

㉗ $y=[C_1+C_2\ell n(x)]x^{-2}$

㉘ $y=[C_1+C_2\ell n(x)]x^{-1.8}$

㉙ $y=x^{\frac{7}{2}}[C_1x^{\frac{\sqrt{5}}{2}}+C_2x^{-\frac{\sqrt{5}}{2}}]$

㉚ $y=C_1+C_2x^2+2(x-1)e^x$

㉛ $y=\frac{1}{6}x\ell n^3(x)$

㉜ $y=-\frac{2}{x}$

㉝ $y=2x^5+6x^{-1}$

㉞ $y=\frac{1}{2}x^{-2}\sin[4\ell n(x)]$

㉟ $y=2\cos[3\ell n(x)]$

㊱ $y=2+2xe^x-2e^x$

㊲ $y=x^{-12}[-3-36\ell n(x)]$

㊳ $y=x^{0.1}$

㊴ $y=x^{-1}\left\{\cos[6\ell n(x)]+\frac{1}{6}\sin[6\ell n(x)]\right\}$

㊵ $y=-x\cos[\ell n(x)]$

歷屆題庫

① $y=-e^{-t}[\cos(t)-5\sin(t)]+2\sin(t)-\cos(t)$

② $y=\frac{1}{4}x^2+\frac{1}{4}-\frac{1}{2}\ell n|x|$

③ $\frac{1}{108}[(3x+2)^2\ell n|3x+2|+1]+\frac{C_1}{(3x+2)^2}+C_2(3x+2)^2=x$

④ $y=\frac{1}{2}t^2$

⑤ $y=C_1\cos(x)+C_2\sin(x)+\frac{1}{4}x\cos(x)+\left(\frac{x^2}{4}-\frac{x}{2}\right)\sin(x)$

⑥ $y=(2x^3+C_1x+C_2)e^2$

⑦ $y=\frac{C_1}{2}x^2e^x+C_2xe^x+C_3e^x+\frac{8}{105}e^xx^{\frac{7}{2}}$

⑧ $y=\frac{9}{2}+3\ell n|x|+C_1x+C_2x^2$

⑨ $y=C_1x+C_2x^2$

⑩ $y=C_1e^t+C_2e^{-3t}-\frac{16}{65}\cos(2t)-\frac{28}{65}\sin(2t)$

⑪ $y=\left(\frac{x^2}{2}\ell n|x|-\frac{3}{4}x^2+C_1+C_2\right)e^{-x}$

⑫ $y=\left(1+\frac{t}{2}+\frac{t^2}{2}\right)e^{3t}$

⑬ $y=C_1+C_2\cos(2x)+C_3\sin(2x)+\frac{x^3}{12}-\frac{x}{8}-\frac{\cos(x)}{3}$

⑭ $y=C_1e^{-x}+C_2e^{2x}+\frac{1}{4}e^{3x}$

⑮ $y=e^x[C_1\cos(x)+C_2\sin(x)]+\frac{1}{5}\cos(x)=\frac{2}{5}\sin(x)$

⑯ $y=C_1xe^{-2x}+C_2e^{-2x}+x\ell n|x|e^{-2x}$

⑰ $y=C_1e^x+C_2e^{-2x}+2x+1+xe^x$

⑱ $y=C_1e^{2x}+C_2\left(\frac{-x}{2}-\frac{5}{4}\right)$

⑲ $y=x\left[C_1\int\frac{1}{x^2}e^{\frac{x^2}{2}}dx+C_2\right]$

⑳ $y=(C_1x+C_2)e^x+x+\frac{1}{2}e^xx^2+2$

㉑ $y=\frac{1}{x+3}[-9\sin(\ell n3)\cos(\ell n|x+3|)+9\cos(\ell n3)\sin(\ell n|x+3|)$

㉒ $y=\frac{3}{x}+7\frac{\ell n|x|}{x}$

㉓ $y=C_1e^{-\frac{x}{2}}+C_2e^{\frac{x}{4}}$

㉔ $y=x\left[32.5-32e^{0.8}\int_{0.8}^{x}\frac{e^{-t}}{t^2}dt\right]-26$

㉕ $y=(2x+1)[C_1\cos(\sqrt{3}\ell n|2x+1|)+C_2\sin(\sqrt{3}\ell n|2x+1|)]+\frac{1}{8}$

㉖ $y=e^x\left(\frac{x^{-1}}{2}+C_1x+C_2\right)$

㉗ $y=\frac{12}{25}e^{-t}-\frac{3}{50}e^{-6t}-\frac{21}{50}\cos(2t)+\frac{3}{50}\sin(2t)$

㉘ $y=e^{-\frac{t}{2}}\cos\left(\frac{t}{2}\right)$

㉙ $y=e^x\left(C_1+C_2x+\frac{x^3}{6}\right)$

㉚ $y=\frac{1}{x}(C_1+C_2e^{-x})$

㉛ $y^{10}=10(C_1x+C_2),\ y=C_3$

㉜ $y=C_1\cos(x)+C_2\sin(x)+\cos(x\ell n|x|)+x\sin(x)$

㉝ $y=e^x[C_1+C_2\sqrt{x}+x)$

㉞ $y=C_1x^2+C_2x^4-x^3+\left(\frac{2}{3}\ell n|x|+\frac{8}{9}\right)$

㉟ $C_1Y_0(\sqrt{x})+C_2J_0(\sqrt{x})$

㊱ $y=C_1x^{-1}+C_2x^2+\frac{1}{10}x^4$

㊲ $y=e^{\frac{1}{3}x^3}+x$

㊳ $y=C_1(x\ell n|x|+1)+C_2x$

㊴ $y=C_1e^{-3x}+C_2xe^{-3x}+\sin(3x)$

㊵ $y=C_1\cos(x)+C_2\sin(x)+\cos(x\ell n|\cos x|)+x\sin(x)$

㊶ $y=x^3\left[\frac{1}{2}(\ell n|x|)^2+C_1\ell n|x|+C_2\right]$ ㊷ $y=e^{-x}\left(\frac{1}{6}x^3+C_1x+C_2\right)$

㊸ $y=x[C_1\cos(\ell n|x|)+C_2\sin(\ell n|x|)]$

㊹ $y=e^x[C_1\cos(x)+C_2\sin(x)]+e^x x\sin(x)$

㊺ $y=e^x\left[\cos(2x)-\frac{1}{2}\sin(2x)\right]-\cos(2x)$

㊻ $y=C_1+C_2x^{-1}+\frac{1}{6}x^2$ ㊼ $y=\frac{2}{3}e^{2x}\left(x+\frac{1}{3}\right)-\frac{2}{9}e^{\frac{x}{2}}$

㊽ $y=C_1x+C_2x^2+\frac{2}{x^2}$

㊾ $y=C_1\cos(2x)+C_2\sin(2x)+\frac{x}{4}\sin(2x)+\frac{1}{3}\cos(x)$

51 $y=C_1x+C_2x^2+x^2\ell n|x|+2\ell n|x|+3$

51 $y=e^x(C_1x+C_2+\frac{1}{2}x^2)$ 52 $y=C_1x\int\frac{e^{-x}}{x^2}dx+C_2x-10$

53 $y=e^{-x}[C_1x+C_2+2x^2\ell n(x)-3x^2]$

54 $y=C_1x+C_2x\ell n(x)+\ell n(x)+2$

55 $y=C_1\cos(x)+C_2\sin(x)-5x\cos(x)+4x$

56 $y=C_1xe^{2x}+C_2e^{2x}+2x^3+6x^2+10x+7$

57 $y=e^{-t}\left(\frac{1}{6}t^3-t+1\right)$ 58 $y=x^2[C_1+C_2\ell n(x)]$

59 $y=e^x(C_1+C_2x)+\frac{1}{2}x^2e^x$ 60 $y=C_1e^{-x}+C_2e^{-2x}+\frac{1}{6}e^x$

61 $y=e^{3t}(C_1+C_2t)+\frac{1}{3}t^3e^{3t}$ 62 $y=C_1e^x+C_2e^{2x}+xe^{2x}+2x+3$

63 $y=C_1x^5+C_2x^{-1}+x^5\ell n|x|$

64 [1] $R\frac{di}{dt}+\frac{1}{C}i=\omega E_0\cos(\omega t)$

[2] $Ae^{-\frac{1}{RC}t}+\frac{\omega E_0C}{\sqrt{1+(\omega RC)^2}}\sin(\omega t+\theta)$，其中 $\theta=\tan^{-1}\frac{1}{\omega RC}$

[3] 暫態＝in， 穩態＝ip

習題　3－2

① $y=e^{-2x}(C_1+C_2x)+e^{2x}(C_3+C_4x+C_5x^2)$

② $y=C_1+C_2x+C_3\cos(2x)+C_4\sin(2x)+x[C_5\cos(2x)+C_6\sin(2x)]$

③ $y=(C_1+C_2x)\cos(x)+(C_3+C_4x)\sin(x)$

④ $y=C_1e^{-2x}+C_2e^{3x}+e^{2x}[C_3\cos(x)+C_4\sin(x)]$

⑤ $y=C_1e^{x}+C_2e^{-2x}+C_3e^{3x}$

⑥ $y=C_1+C_2x+(C_3+C_4x+C_5x^2)e^{x}$

⑦ $y=C_1e^{x}+C_2e^{-x}+C_3e^{2x}+C_4e^{-2x}$

⑧ $y=C_1e^{x}+C_2e^{-x}+C_3\cos(2x)+C_4\sin(2x)$

⑨ $y=C_1e^{2x}+C_2e^{-2x}+C_3e^{-3x}+C_4xe^{-3x}$

⑩ $y=C_1+C_2e^{x}+C_3e^{-x}$

⑪ $y=C_1e^{2x}+C_2e^{-2x}+C_3e^{3x}+C_4e^{-3x}$

⑫ $y=C_1e^{x}+C_2xe^{x}+C_3x^2e^{x}$

習題　3－3

① $y=C_1e^{x}+C_2e^{2x}+C_3xe^{2x}+\frac{1}{2}x^2e^{2x}+2xe^{x}-\frac{e^{-x}}{6}$

② $y=C_1e^{x}+C_2e^{3x}+C_3e^{-2x}+\frac{1}{18}e^{4x}$

③ $y=C_1e^{-x}+e^{-2x}[C_2\cos(x)+C_3\sin(x)]$

④ $y=C_1e^{-x}+C_2e^{-2x}+C_3e^{-3x}+\frac{1}{6}x-\frac{11}{36}$

⑤ $y=C_1+C_2e^{-x}+C_3e^{2x}+\frac{1}{3}xe^{-x}$

⑥ $y=C_1e^{-2x}+e^{x}[C_2\cos(x)+C_3\sin(x)]+\frac{x^4}{4}+\frac{x^3}{2}+\frac{3}{2}x^2-\frac{5}{4}x-\frac{7}{8}$

⑦ $y=(C_1+C_2x)e^{2x}+C_3e^{-3x}+\frac{7}{10}x^2e^{2x}$

⑧ $y=C_1e^{-x}+C_2e^{x}+C_3e^{5x}-\frac{1}{32}e^{x}(4x-1)$

⑨ $y=C_1e^{x}+C_2e^{2x}+C_3e^{3x}+\frac{1}{2}xe^{x}+\frac{3}{4}e^{x}$

⑩ $y=C_1+C_2\cos(x)+C_3\sin(x)+\ell n[\sec(x)+\tan(x)]-x\cos(x)+\sin(x)\ell n[\cos(x)]$

⑪ $y=C_1e^{x}+C_2e^{3x}+C_3e^{-2x}+\frac{e^{4x}}{18}-\frac{3}{2}e^{2x}+\frac{3}{2}$

⑫ $y=C_1+C_2x+C_3x^2+C_4x^3+\frac{1}{24}x^5$

⑬ $y=C_1\cos(2x)+C_2\sin(2x)+C_3x\cos(2x)+C_4x\sin(2x)-\frac{\sin(x)}{9}$

⑭ $y=C_1\cos(x)+C_2\sin(x)+C_3\cos(3x)+C_4\sin(3x)-\frac{1}{15}\cos(2x+3)$

⑮ $y=e^{-x}(C_1+C_2x+C_3x^2)+x^2-6x+12$

⑯ $y=C_1e^x+C_2e^{-x}+C_3e^{2x}+C_4e^{-2x}+2\cos(x)$

⑰ $y=C_1+C_2e^x+C_3e^{3x}+\frac{1}{9}x^3+\frac{4}{9}x^2+\frac{26}{27}x$

⑱ $y=3+(2-x)e^{-x}+x^2$

⑲ $y=\frac{1}{2}(e^{2x}+e^{-2x})-2\cos(x)$

⑳ $y=2e^{-x}+e^x-e^{2x}+x^2-2x+3$

習題　3－4

① $y=\cos(x)+C_0+C_1x+C_2x^2$

② $y=C_1x^2+C_2x+C_0-x\log(x)$

③ $y=C_1e^{-\frac{5}{2}x}+C_2x^2+C_3x+C_4$

④ $y=C_1x^3+C_2x^2+C_3x+C_4$

⑤ $y=C_1(x^2+3x)e^{-x}+C_2e^{-x}+C_3+\frac{1}{2}xe^{-x}$

⑥ $y=C_1e^x+C_2x^3+C_3x^2+C_4x$

⑦ $y=-\frac{1}{3}x^4-\frac{3}{2}x^3-3x^2-C_1x\ell n|x|+C_2xe^x+C_3x$

⑧ $y_1=x^{-2}$

⑨ $y_1=\cos(x)$ 或 $y_2=\sin(x)$

⑩ $y_1=\cos(2x)$ 或 $y_2=\sin(2x)$

⑪ $y=C_1x^3+x^{-2}[C_2\cos(\ell n|x|)+C_3\sin(\ell n|x|)]+\frac{x^4}{37}$

⑫ $y=x[C_1+C_2\ell n|x|+C_3(\ell n|x|)^2+\frac{1}{24}(\ell n|x|)^4]$

⑬ $y=C_1+C_2x^{-1}+C_3x^3$

⑭ $y=C_1x+C_2x^2+C_3x^4-\frac{1}{2}\ell n|x|-\frac{7}{8}$

⑮ $y=C_1+C_2x^{-1}+C_3x^3-\frac{1}{2}x^2$

⑯ $y=C_1x^{-1}+C_2x+C_3x\ell n|x|$

⑰ $y=C_1x^3+C_2x^{-2}+C_3x^{-2}\ell n|x|$

⑱ $y=C_1x^{-\frac{3}{2}}+C_2x^2+C_3x^2\ell n|x|$

⑲ $y=C_1x^{-3}+C_2x^2\cos(5\ell n|x|)+C_3x^2\sin(5\ell n|x|)$

⑳ $y=C_1x^2+C_2x^2\ell n|x|+C_3x^2(\ell n|x|)^2+C_4x^2(\ell n|x|)^3$

㉑ $y=C_1x^{-2}+C_2x^{\sqrt{2}}+C_3x^{-\sqrt{2}}-2x\ell n|x|-\frac{10}{3}x$

㉒ $y=C_1x+C_2x\ell n(x)+C_3x[\ell n(x)]^2+C_4x^{-1}-3\ell n(x)+6$

歷屆題庫

① $y=(C_1+C_2x)+e^{\frac{5\sqrt{2}}{2}x}\left[C_3\cos\left(\frac{\sqrt{2}}{2}x\right)+C_4\sin\left(\frac{\sqrt{2}}{2}x\right)\right]+e^{\frac{-5\sqrt{2}}{2}x}\left[C_5\cos\left(\frac{\sqrt{2}}{2}x\right)+C_6\sin\left(\frac{\sqrt{2}}{2}x\right)\right]$

② $y=C_1e^x+C_2\cos(x)+C_3\sin(x)+\frac{1}{2}xe^x-\frac{1}{4}[x\sin(x)+x\cos(x)]$

③ $y=C_1+C_2e^{2x}+C_3e^{-2x}+\frac{x}{8}e^{-2x}\frac{x^2}{8}-\frac{3}{5}\sin(x)-\frac{1}{16}$

④ $y=C_1e^{-x}+e^{-4x}(C_2+C_3x+C_4x^2)+\frac{x^3}{10}e^{-4x}-\frac{1}{2500}[24\cos(2x)+7\sin(2x)]$

⑤ $y=C_1+C_2\cos(2x)+C_3\sin(2x)+\frac{x^3}{12}-\frac{x}{8}-\frac{1}{3}\cos(x)$

⑥ $y=\frac{C_1}{2}x^2e^x+C_2xe^x+C_3e^x+\frac{8}{105}e^x\times\frac{7}{2}$ ⑦ $y=x(C_1e^x-C_2e^{-x}+C_3)$

⑧ $y=\frac{3}{2}e^x-\frac{3}{2}e^{-x}$

⑨ $y=C_1+C_2\cos(x)+C_3\sin(x)-\frac{1}{2}\sin(x)$

⑩ $y=x\left[\frac{1}{24}\ell n^4(x)+\frac{1}{2}C_1\ell n^2(x)+C_2\ell n(x)+C_3\right]$

⑪ $y=C_1e^x+C_2\cos(x)+C_3\sin(x)+\frac{1}{8}[(-x^2+x)\cos(x)-(x^2+3x)\sin(3x)]$

⑫ $y=C_1x+C_2x^{\frac{1}{2}}+C_3x^{\frac{3}{2}}+\frac{1}{90}x^{5.5}$ ⑬ $y=C_1e^{2x}+C_2e^{-3x}+C_3xe^{-3x}$

⑭ $y=C_1[\tan(k_n\ell)-k_nx-\tan(k_n\ell)\cdot\cos(k_nx)+\sin(k_nx)]$

⑮ $y=C_1+C_2e^{AX}+e^{-\frac{A}{2}x}\left[C_3\cos\left(\frac{\sqrt{3}A}{2}\right)x+C_4\sin\left(\frac{\sqrt{3}A}{2}x\right)\right]-\frac{x^2}{8}+\frac{3}{17}\cos(x)-$

$\frac{12}{17}\sin(x)+\frac{1}{24}e^{-2x}$

⑯ $y=C_1e^x+C_2\sin(x)+C_3\cos(x)$

⑰ $y=e^{2x}(C_1+C_2x+C_3x^2+C_4x^3+C_5x^4)+\frac{e^{2x}\cdot x^7}{2520}$

習題　4－1

① $R=\frac{1}{3}$

② $R=0$

③ $R=1$

④ $R=1$

⑤ $R=\infty$

⑥ $R=\sqrt{2}$

⑦ $R=\sqrt{|k|}$

⑧ $R=1$

⑨ $R=\infty$

⑩ $R=1$

⑪ $R=\sqrt{\frac{5}{7}}$

⑫ $R=\infty$

⑬ $R=2$

⑭ $R=\infty$

⑮ $R=\infty$

⑯ $R=1$

⑰ $R=3$

⑱ $R=3$

⑲ $R=4$

⑳ $R=\frac{2}{3}$

習題　4－2

① $y=C_0\left(1-\frac{1}{6}x^3+\frac{1}{120}x^5+\frac{1}{180}x^6\right)+C_1\left(x-\frac{1}{12}x^4+\frac{1}{180}x^6+\cdots\cdots\right)$
$+\left(\frac{1}{6}x^3-\frac{1}{180}x^6+\cdots\cdots\right)$

② $y=C_0e^x$

③ $y=\frac{2C_1}{x}\left(\frac{x^2}{2!}-\frac{x^3}{3!}+\frac{x^4}{4!}-+\cdots\right)$

④ $y=C_0\sum_{n=0}^{\infty}\frac{(-1)^n}{2^n n!}x^{2n}+C_1\sum_{n=0}^{\infty}\frac{(-1)^n 2^n n!}{(2n+1)!}x^{2n+1}$

⑤ $y=x-\frac{1}{2}x^3+\frac{1}{8}x^5-\frac{1}{48}x^7+\frac{1}{384}x^9-+\cdots$

⑥ $y=C_0+C_1x-C_1x^2+\frac{2}{3}C_1x^3+\left(\frac{1}{3}C_0-\frac{1}{3}C_1\right)x^4+\cdots$

⑦ $y=a_0\left(1+x^2+\frac{x^4}{2!}+\frac{x^6}{3!}+\cdots\right)$

⑧ $y=x+x^3+\frac{11}{12}x^4+\frac{11}{15}x^5+\frac{41}{90}x^6+\cdots$

⑨ $y=1-\frac{1}{12}x^4-\frac{1}{60}x^5-\frac{1}{360}x^6-\frac{1}{2520}x^7+\cdots$

⑩ $y=a_0\left[1-\frac{x^2}{6}-\frac{x^3}{27}+\frac{x^4}{216}+\frac{x^5}{270}+\cdots\cdots\right]$

⑪ $y=2(x-1)+C_0x+\sum_{n=2}^{\infty}(-1)^n\frac{1}{n(n-1)}(x-1)^n$

⑫ $y=C_0+(C_0+1)(x-1)+\frac{1}{2}(x-1)^2-\frac{1}{6}(x-1)^3+\frac{1}{12}(x-1)^4+\cdots\cdots$

⑬ $y=x-\frac{1}{6}x^3-\frac{1}{6}x^4+\frac{1}{40}x^5+\frac{1}{30}x^6+\cdots\cdots$

⑭ $y=a_0\left(1-\frac{x^2}{2}\right)-\sum_{n=2}^{\infty}\frac{(2n-3)\cdots\cdots3\cdot1}{(2n)!}x^{2n}+a_1x$

⑮ $y=x-\frac{1}{2}x^2+\frac{1}{6}x^3-\frac{1}{24}x^4+\frac{1}{120}x^5+\cdots\cdots$

⑯ $y=x-\frac{1}{2}x^2+\frac{5}{6}x^3-\frac{1}{3}x^4+\frac{31}{120}x^5+\cdots\cdots$

⑰ $y=x-\frac{1}{3}x^3+\frac{1}{12}x^4+\frac{1}{30}x^5-\frac{7}{180}x^6+\cdots\cdots$

⑱ $y=x+\frac{1}{2}x^2+\frac{1}{3}x^3+\frac{2}{3}x^4+\frac{1}{5}x^5+\cdots\cdots$

⑲ $y=a_0+a_1x+\left(\frac{1}{4}a_0-\frac{1}{6}a_1\right)x^4+\frac{3}{20}a_1x^5+\cdots\cdots$

⑳ $y=x+x^3+\frac{11}{12}x^4+\frac{11}{15}x^5+\frac{41}{90}x^6+\cdots\cdots$

㉑ $y=-2-\frac{1}{3}x^3+\frac{1}{12}x^4-\frac{1}{60}x^5-\frac{1}{120}x^6+\cdots\cdots$

㉒ $y=3e^x-x^2-2x-2$

習題　4－3

① $y=C_1x^{-2}+C_2x^2$

② $y=C_1e^{-x}+C_2x^2\left(1-\frac{x}{3}+\frac{x^2}{3\cdot4}\cdots+\frac{(-1)^nx^n}{3\cdot4\cdots(n+2)}+\cdots\right)$

③ $y_1=3a_0\sum_{n=0}^{\infty}\frac{(-1)^n2^n}{n!\ (2n+3)}x^{n+1}$，$y_2=\frac{b_0}{\sqrt{x}}$

④ $y_1=1-\frac{x^2}{4}+\frac{x^4}{64}+\cdots$，$y_2=y_1\ell n(x)+\left(\frac{x^2}{4}-\cdots\cdots\right)$

⑤ $y=C_1(1+x)+C_2x^{\frac{1}{2}}$

⑥ $y=a_1x^{\frac{1}{2}}\left(1-\frac{x^2}{26}+\frac{x^4}{2600}-\cdots\right)+a_2x^{\frac{1}{3}}\left(1-\frac{x^2}{22}+\frac{x^4}{2024}-+\cdots\right)$

⑦ $y=C_0\left(\frac{1-x}{x}\right)+C_2\left(x-\frac{x^2}{3}+\frac{1}{4\times3}x^3-+\cdots\right)$

⑧ $y=C_1\frac{\cos(x^2)}{x^2}+C_2\frac{\sin(x^2)}{x^2}$

⑨ $y_1=C_0x$，$y_2=x\ell n(x)+\frac{1}{2x}$

⑩ $y_1=1+2x+3x^2+\cdots$, $y_2=y_1\ell n(x)+\frac{1}{x}(1+x+x^2+\cdots)$

⑪ $y=C_1\sum_{n=0}^{\infty}\frac{x^n}{(n!)^2}+C_2\left[\ell n(x)\sum_{n=0}^{\infty}\frac{x^n}{(n!)^2}-2\sum_{n=0}^{\infty}\frac{\phi(n)}{(n!)^2}x^n\right]$

⑫ $y_1=a_0x^2\left(1-\frac{x}{2}+\frac{3}{20}x^2-\frac{1}{30}x^3+-\cdots\right)$, $y_2=b_0\left(\frac{1}{x}-\frac{1}{2}\right)$

⑬ $y_1=1-\frac{x}{2}+\frac{x^2}{10}-\frac{x^3}{120}-+\cdots$, $y_2=x^7\left[\frac{3!}{7!}-\frac{4!}{1!}\frac{x}{8!}+\frac{5!}{2!}\frac{x^2}{9!}+-\cdots\right]$

⑭ $y=k_1x^{\frac{5}{6}}\left(1-\frac{3}{16}x^2+\frac{9}{896}x^4-+\cdots\right)+k_2x^{\frac{1}{6}}\left(1-\frac{3}{8}x^2+-\cdots\right)$

⑮ $y=Ax^{\frac{1}{4}}+Bx^{\frac{1}{2}}$

⑯ $y=C_1\frac{1}{x(1-x)}+C_2\frac{1}{1-x}$, $|x|<1$

⑰ $y_1=a_0\sum_{n=0}^{\infty}\frac{(-1)^n}{(n!)^2}$, $y_2=y_1\ell n(x)+\frac{2}{x}-\frac{3}{4}+\frac{11}{108}x-+\cdots$

⑱ $y_1=x$, $y_2=x\ell n(x)$

⑲ $y_1=C_0\sum_{m=0}^{\infty}\frac{x^{m+1}}{(m+1)!\ m!}$, $y_2=C_0\left[\left(x+\frac{x^2}{2}+\frac{x^3}{12}+\cdots\right)\ell n(x)+\left(1-x-\frac{5}{4}x^2-\frac{5}{18}x^3\right)\right.$

⑳ $y=k_1\frac{1}{1-x}+k_2\frac{\ell n(x)}{1-x}$

㉑ $y_1=C_0\frac{\sin(x)}{\sqrt{x}}$, $y_2=C_0\frac{\cos(x)}{\sqrt{x}}$

㉒ $y=x^{\frac{1}{2}}\left\{[A+B\ell n(x)]\left(1-\frac{x}{2}+\cdots\right)+B\left(-\frac{x^2}{16}+\cdots\right)\right\}$

歷屆題庫

① 1.18389

② $y(x)=1-\frac{1}{2^2}x^2+\frac{1}{4^2\cdot 2^2}x^4-\frac{1}{6^2\cdot 4^2\cdot 2^2}x^6+\cdots\cdots$

③ $y=C_1x^{-\frac{5}{2}}I_{\frac{1}{2}}(x)+C_2x^{-\frac{5}{2}}k_{\frac{1}{2}(x)}$

④ $\sum_{n=0}^{\infty}\frac{(-1)^n}{n!\ \tau\left(n+\frac{5}{2}\right)}\cdot\left(\frac{x}{2}\right)^{2n+\frac{3}{2}}$

⑤ 1 $\begin{cases}0, & n=0,1,3,5\cdots\cdots\\ C_{\frac{n}{2}}^{-\frac{1}{2}}, & n=2,4,6\cdots\cdots\end{cases}$

2 $\begin{cases}1, & n=0\\ 0, & n=2,4,6\cdots\cdots\\ C_n^{\frac{1}{2}}, & n=1,3,5\cdots\cdots\end{cases}$ 其中 $C_k^{\ell}=\frac{\ell!}{(\ell+k)!\,k!}$

⑥ 1 $x=-1$ 時爲規則奇異點 2 $y=C_1(x+2)+C_2e^x$

⑦ $\dfrac{\tau(p)\tau(q)}{\tau(p+q)}$

⑧ $\dfrac{\tau\left(\frac{1}{2}\right)\tau\left(\frac{1}{4}\right)}{\tau\left(\frac{3}{4}\right)}$

⑨ $|x-2|=<4$

⑩ ⃞1 $|x-3|<1$ ⃞2 $|x|<4$

⑪ $y=C_0\sqrt{x}\left(1-\dfrac{x}{1\cdot5}+\dfrac{x^2}{1\cdot2\cdot5\cdot7}-\dfrac{x^3}{1\cdot2\cdot3\cdot5\cdot7\cdot9}+\cdots\cdots\right)+$

$C_1x^{-1}\left(1+\dfrac{x}{1!}-\dfrac{x^2}{1\cdot2!}+\dfrac{x^3}{1\cdot3\cdot5!}-\cdots\cdots\right)$

⑫ $y=C_0\sqrt{x}\left(1+\dfrac{x}{3!}+\dfrac{x^2}{5!}+\dfrac{x^3}{7!}+\cdots\cdots\right)+C_1\left(1+\dfrac{x}{2!}+\dfrac{x^2}{4!}+\dfrac{x^3}{6!}+\cdots\cdots\right)$

⑬ $y=C_0x\left(1+\dfrac{x}{4}+\dfrac{x^2}{5\cdot4}+\dfrac{x^3}{6\cdot5\cdot4}+\cdots\cdots\right)+C_1x^{-2}\left(1+\dfrac{x}{1!}+\dfrac{x^2}{2!}+\dfrac{x^3}{3!}+\cdots\cdots\right)$

⑭ $y=\dfrac{C_0}{x-1}+\dfrac{C_1}{x(x-1)}$

⑮ $y=C_1J_0(\sqrt{x})+C_2Y_0(\sqrt{x})$

⑯ ⃞2 $y=C_1J_0(e^x)+C_2Y_0(e^x)$

⑰ $\dfrac{1}{s}e^{-\frac{a}{s}}$

⑱ 略

⑲ ⃞1 $\tau(x)\cos\left(\dfrac{\pi x}{2}\right)$ ⃞2 $\tau(x)\sin\left(\dfrac{\pi x}{2}\right)$

⑳ $y=C_0\left(1-\dfrac{\alpha}{4\cdot3}x^2+\dfrac{\alpha^2}{8\cdot7\cdot4\cdot3}x^8-\cdots\cdots\right)+C_1\left(x-\dfrac{\alpha}{5\cdot4}x^5+\dfrac{\alpha^2}{9\cdot8\cdot5\cdot4}x^9-\cdots\cdots\right)$

㉑ ⃞1 $r^2=0$ ⃞2 $y_2=\dfrac{C_1\ell n|x|+C_2}{1-x}$

㉒ $\tau(x)\cos\left(\dfrac{\pi x}{2}\right)$

㉓ $y=C_1\left(1+\dfrac{x}{6}+\dfrac{x^2}{180}+\cdots\cdots\right)+C_2\left(x+\dfrac{x^4}{12}+\dfrac{x^7}{504}+\cdots\cdots\right)$

㉔ 0.3999

㉕ $y=C_1y_1+C_2y_2$

$y_1=1-\dfrac{n(n+1)}{2!}x^2+\dfrac{(n-2)n(n+1)(n+3)}{4!}x^4+\cdots\cdots$

$y_2=x-\dfrac{(n-1)(n+2)}{3!}x^3+\dfrac{(n-3)(n-1)(n+2)(n+4)}{5!}x^5+\cdots\cdots$

㉖ ⃞1 $1+\dfrac{1}{3!}x^2+\left[\dfrac{1}{(3!)^2}-\dfrac{1}{5!}\right]x^4+\left[\dfrac{1}{7!}+\dfrac{1}{(3!)^3}-\dfrac{2}{(3!)\cdot(5!)}\right]x^6+\cdots\cdots$

⃞2 $1+\dfrac{1}{18}+\dfrac{1}{5}\left[\dfrac{1}{36}-\dfrac{1}{120}\right]+\cdots\cdots=1.093$

㉗ 略

㉘ $\dfrac{2}{\sqrt{\pi}}\left[Z-\dfrac{1}{3}Z^3+\dfrac{1}{5\cdot2!}Z^5-\dfrac{1}{7\cdot3!}Z^7+\cdots\cdots+\dfrac{(-1)^n}{(2n+1)\cdot n!}Z^{2n+1}+\cdots\cdots\right]$

習題 5－2

① $\frac{8}{S^2}-\frac{3S}{S^2+4}+\frac{5}{S+1}$

② $\frac{4}{S-5}+\frac{36}{S^4}-\frac{12}{S^2+16}+\frac{2S}{S^2+4}$

③ $\frac{-18S^2+12S+222}{(S^2-9)(S+5)}$

④ $\frac{S^3-16S+6}{S^4}$

⑤ $\frac{360}{S^6}-\frac{40320}{S^9}+\frac{4}{S}-\frac{5}{S-2}+\frac{6S}{S^2+9}$

⑥ $\frac{S-2}{(S-2)^2+9}$

⑦ $\frac{2}{S^2}-\frac{3}{(S-1)}$

⑧ $\frac{1}{S^2-1}$

⑨ $\frac{3}{S^2+1}+\frac{1}{S-2}+\frac{1}{S^5}$

⑩ $\cos C\cdot\frac{S}{S^2+b^2}-\sin C\cdot\frac{b}{S^2+b^2}$

⑪ $\frac{-4S^2+2S+4}{S(S^2-1)}$

⑫ $\frac{S-1}{S^2+1}$

⑬ $\frac{16S}{(S^2+4)^2}$

⑭ $\frac{5S^2-3S+2}{S^3}$

⑮ $\frac{-S^3+S^2+25}{S^2(S^2+25)}$

⑯ $\frac{1}{S}-\frac{4}{S^2}+\frac{4}{(S+3)^3}$

習題 5－3

① $-\frac{2S+5}{(S+3)^2}$

② $\frac{1}{S(S^2+9)}$

③ $\frac{(S+1)\sin(\theta)+\omega\cos(\theta)}{(S+1)^2+\omega^2}$

④ $\frac{S}{S^2+6S+13}$

⑤ $\frac{S^3}{S^4+4a^4}$

⑥ $\frac{a(S^2+2a^2)}{S^4+4a^4}$

⑦ $\frac{2}{S^3}-e^{-s}\left(\frac{2}{S^3}+\frac{2}{S^2}+\frac{1}{S}\right)$

⑧ $\frac{1}{S(S+1)}-\frac{e^{-\pi S}}{S}+\frac{e^{-(S+1)\pi}}{S+1}$

⑨ $-3e^{-4(S+2)}\frac{1}{S+2}$

⑩ $\frac{1}{S+3}\left[e^{-4(S+3)}+e^{-6(S+3)}\right]+6e^{-6S}\left(\frac{7}{S}+\frac{1}{S^2}\right)$

⑪ $\frac{1}{S}(e^{-2S}-2e^{-5S})$

⑫ $e^{-5S}\left(\frac{2}{S^3}+\frac{10}{S^2}+\frac{26}{S}\right)$

⑬ $\frac{1}{S(1+e^{-S})}$

習題　5－5

① $\frac{4}{\sqrt{22}}\sin(\sqrt{22}t)$

② $2t+2t^2+2\cos(2t)+4\sin(2t)$

③ $e^{-3t}\cos(2t)+3e^{-3t}\sin(2t)$

④ $\frac{1}{t}\sin(t)$

⑤ $\frac{1}{5}e^{5(t-3)}(t-3)^3u(t-3)$

⑥ $2\cos(3t)$

⑦ $-\frac{1}{3}e^{-t}-\frac{2}{3}e^{2t}+2e^{4t}$

⑧ $-3\cos(\sqrt{94}t)+12e^{5t}$

⑨ $e^{4t}-1$

⑩ $1-\cos(t)$

⑪ $t-\sin(t)$

⑫ $\frac{1}{13}[7e^{3t}-7\cos(2t)+\frac{5}{26}\sin(2t)]$

⑬ $\frac{1}{\sqrt{8}}e^{-2t}\sin(\sqrt{8}t)$

⑭ $e^{-t}[\cos(2t)+\sin(2t)]$

⑮ $\frac{1}{5}(3e^{2t}+2e^{-3t})$

⑯ $\frac{1}{t}[e^{-t}\sin(t)]$

⑰ $-\frac{1}{6}+\frac{3}{10}e^{2t}-\frac{2}{15}e^{-3t}$

⑱ $1-3e^{-t}+3e^{-2t}$

⑲ $\frac{1}{t}(e^{-bt}-e^{-at})$

⑳ $e^{-2t}\left[\cos(\sqrt{8}t)+\frac{4}{\sqrt{8}}\sin(\sqrt{8}t)\right]$

㉑ $\frac{1}{2}-5e^{t}+\frac{13}{2}e^{2t}$

㉒ $\frac{1}{16}-\frac{e^{-2t}}{12}+\frac{e^{4t}}{48}+\frac{3te^{4t}}{4}$

習題　5－6

① $\frac{1}{4}e^{4t}\left(t-\frac{1}{4}\right)+\frac{1}{16}$

② $-\frac{1}{8}t^2\sin(t)+\frac{3}{8}\sin(t)-\frac{3}{8}t\cos(t)$

③ $\frac{1}{a^2}(e^{at}-at-1)$

④ $te^{-t}+2e^{-t}+t-2$

⑤ $\frac{1}{2k^3}[\sin(kt)-kt\cos(kt)]$

⑥ $\frac{1}{2}\sin(t)-\frac{1}{2}t\cos(t)$

⑦ $\frac{1-\cos(kt)}{k}$

⑧ $\frac{2}{5}e^{-t}+\frac{1}{5}[\sin(2t)-2\cos(2t)]$

⑨ $\frac{1}{k}\left[t-\frac{\sin kt}{k}\right]$

⑩ $\frac{1}{2a}t\sin(at)$

⑪ $y=t$

⑫ $f(x)=\frac{2}{3}e^{-2x}+\frac{1}{3}e^{-\frac{1}{2}x}$

習題 5－7

① $y(t)=-2e^{-3t}+5e^{-t}$

② $y(t)=e^{-t}[2\cos(2t)-\sin(2t)]$

③ $y(t)=2t+3+\frac{1}{2}e^{3t}-2e^{2t}-\frac{1}{2}e^{t}$

④ $y(t)=t-\sin(t)$

⑤ $y(t)=\frac{1}{2}[1-\cos(\sqrt{2}t)]-\frac{1}{2}\{1-\cos[\sqrt{2}(t-1)]\}u(t-1)$

⑥ $y(t)=-\frac{t}{4}+\frac{15}{16}e^{-2t}+\frac{1}{16}e^{2t}$

⑦ $y(t)=2\ \sin(t)+e^{t}\cos(2t)$

⑧ $y(t)=\left(-1+\frac{1}{4}e^{3(t-4)}+\frac{3}{4}e^{-(t-4)}\right)u(t-4)+\left(\frac{3}{4}e^{-t}+\frac{1}{4}e^{3t}\right)u(t)$

⑨ $y(t)=\begin{cases} e^{-(t-a)}-e^{-2(t-a)}, & 0<t<a \\ 0, & t>a \end{cases}$

⑩ $y(t)=\frac{1}{6}f(t)te^{4t}-\frac{1}{6}f(t)e^{-2t}+\frac{1}{3}e^{4t}+\frac{2}{3}e^{-2t}$

⑪ $y(t)=\frac{1}{2}u(t)-\frac{1}{2}e^{-t}\cos(t)+\frac{1}{2}e^{-t}\sin(t)$

⑫ $y(t)=1.5e^{t}\cos(t)+te^{t}\sin(t)$

⑬ $y(t)=3e^{2t}-5te^{2t}$

⑭ $y(t)=\cos(t)-\sin(t)+2t$

⑮ $y(t)=2te^{2t}+(20+12t+3t^{2})e^{t}$

⑯ $y(t)=\begin{cases} \frac{1}{2}-e^{-t}+\frac{1}{2}e^{-2t}, & 0\leq t<1 \\ k_1e^{-t}-k_2e^{-2t}, & t>1 \end{cases}$

⑰ $y(t)=\sin(t)+(1+t)e^{-2t}$

⑱ $y(t)=2t+3-e^{2t}-e^{t}$

⑲ $y(t)=\frac{1}{3}e^{-t}[\sin(t)+\sin(2t)]$

⑳ $y(t)=\cos(2t)+\sin(2t)$

㉑ $y(t)=-7t$

㉒ $y(t)=3t^{2}$

㉓ $y(t)=4$

㉔ $y(t)=7t^{2}$

㉕ $y(t)=10t$

㉖ $y(t)=-4t$

㉗ $y(t)=\frac{C}{2}t^{2}e^{-t}$

㉘ $y(t)=-7t$

㉙ $y(t)=\frac{3}{2}t^{2}$

㉚ $y(t)=t^{2}+C_1\frac{(t+1)^{3}}{6t}+C_2\delta(t)$

㉛ $y(t)=\frac{1}{8}+\frac{1}{56}e^{4t}-\frac{4+\sqrt{2}}{56}e^{\sqrt{2}t}-\frac{4-\sqrt{2}}{56}e^{-\sqrt{2}t}$

㉜ $y(t)=\frac{4}{3}e^{t}-\frac{1}{4}e^{2t}-\frac{1}{12}e^{-2t}-\frac{1}{3}f(t)*e^{t}+\frac{1}{4}f(t)*e^{2t}-\frac{1}{12}f(t)*e^{-2t}$

歷屆題庫

① $y(x)=\frac{2}{3}xe^{2x}+\frac{2}{9}e^{2x}-\frac{2}{9}e^{\frac{x}{2}}$

② 1 $tu(t)-2(t-1)u(t-1)+(t-2)u(t-2)$

2 (i) $f(t)$ 於 $0\le t\le T$ 爲片段連續 (ii) $f(t)$ 於 $t>T$ 時爲指數的函數

3 (i) $f(t)$ 於 $t\ge 0$ 爲連續的 (ii) $|f(t)|\le Me^{rt}, t>T$ (iii) $f'(t)$ 於 $0\le t\le T$ 爲片段連續

③ $y=e^{-as}$

④ $F(s-a)$

⑤ $e^{-as}F(s)$

⑥ $y(t)=e^{-t}\cos(t)+e^{-(t-1)}\sin(t-1)u(t-1)$

⑦ $y(t)=3te^{t}$

⑧ $G(s)=\frac{2}{s^3}e^{-3s}$

⑨ $6e^{-t}+2t^2e^{2t}-te^{2t}+5e^{2t}$

⑩ $y(t)=\frac{3}{4}e^{-t}-\frac{7}{8}e^{-3t}+\frac{1}{8}e^{t}$

⑪ $F(s)=\frac{1}{s^2(1-e^{-2s})}[1-2se^{-s}-e^{-2s}]$

⑫ $x(t)=x_0\cos(\omega t)$

⑬ $y(t)=t+\frac{1}{6}t^3$

⑭ $y(x)=1-e^{-x}\cos(x)$

⑮ $y(t)=-\frac{1}{6}+\frac{3}{10}e^{2t}-\frac{2}{15}e^{-3t}$

⑯ $y(t)=[1-\cos(t)]u(t)-[1-\cos(t-1)u(t-1)]$

⑰ $y(t)=\frac{1}{2}+\frac{1}{2}e^{-t}-\frac{7}{10}e^{-2t}-\frac{3}{10}\cos(t)+\frac{1}{10}\sin(t)+$

$\left(-\frac{1}{2}+e^{-(t-1)}-\frac{1}{2}e^{-2(t-1)}\right)u(t-1)+[4e^{-(t-2)}-4e^{-2(t-2)}]u(t-2)$

⑱ 2

⑲ $\frac{2}{t}[1-\cos(at)]$

⑳ $\frac{1}{t}(e^{t}-e^{-t})$

㉑ $f(t)=e^{-2(t-4)}u(t-4)$

㉒ $f(t)=e^{2t}-e^{t}$

㉓ $f(t)=2e^{-t}\cos(\sqrt{7}t)-\frac{3}{\sqrt{7}}e^{-t}\sin(\sqrt{7}t)$

習題 6－2

① $f(x)=\frac{\pi}{2}+\sum_{n=1}^{\infty}\frac{-4}{(2n-1)^2\pi}\cos(2n-1)x$

② $f(x)=\frac{4}{\pi}\left[\cos(x)-\frac{\cos(3x)}{3}+\frac{\cos(5x)}{5}-+\cdots\cdots\right]$

③ $f(x)=\frac{2}{\pi}\left[-\cos(x)+\sin(2x)+\frac{1}{3}\cos(3x)-\frac{1}{5}\cos(5x)+\frac{2}{6}\sin(6x)+\cdots\cdots\right]$

④ $f(x)=\frac{\pi}{4}\left[\sin(x)-\frac{1}{9}\sin(3x)+\frac{1}{25}\sin(5x)-+\cdots\cdots\right]$

⑤ $f(x)=\frac{\pi^2}{6}+\left[-\frac{4}{\pi}\cos(x)-\frac{2}{4}\cos(2x)+\frac{4}{27\pi}\cos(3x)+\frac{2}{16}\cos(4x)-+\cdots\cdots\right]$

⑥ $f(x)=1+\frac{4}{\pi}\left[\sin(x)+\frac{\sin(3x)}{3}+\frac{\sin(5x)}{5}+\cdots\cdots\right]$

⑦ $f(x)=2\left[\left(\pi-\frac{4}{\pi}\right)\sin(x)-\frac{\pi}{2}\sin(2x)+\left(\frac{\pi}{3}-\frac{4}{27\pi}\right)\sin(3x)-\frac{\pi}{4}\sin(4x)+\cdots\cdots\right]$

⑧ $f(x)=\frac{1}{\pi}-\frac{2}{\pi}\left[\frac{\cos(2x)}{3}+\frac{\cos(4x)}{15}+\frac{\cos(6x)}{35}+\cdots\cdots\right]+\frac{1}{2}\sin(x)$

⑨ $f(x)=-\frac{\pi}{2}+\left(\frac{4}{\pi}+\frac{1}{2}\right)\cos(x)+2\sin(x)+$

$$\sum_{n=2}^{\infty}\left\{\frac{2}{n^2\pi}[1-(-1)^n]\cos(nx)+\left[\frac{2(-1)^{n+1}}{n}\frac{n[1+(-1)^n]}{\pi(n^2-1)}\right]\sin(nx)\right\}$$

⑩ $f(x)=\frac{\pi^2}{3}+4\sum_{n=1}^{\infty}\frac{(-1)^n}{n^2}\cos(nx)$

習題　6－3

① $f(t)=\frac{17}{12}-\sum_{n=1}^{\infty}\left[\frac{4}{\pi^2}\cdot\frac{\cos(2n+1)\pi t}{(2n+1)^2}+\frac{\cos(2n)\pi t}{2\pi^2 n^2}-\frac{4\ \sin(2n+1)\pi t}{\pi^3(2n+1)^3}\right]$

② $u(t)=\frac{E}{\pi}+\frac{E}{2}\sin(\omega t)-\frac{2E}{\pi}\left[\frac{1}{1\cdot 3}\cos(2\omega t)+\frac{1}{3\cdot 5}\cos(4\omega t)+\cdots\right]$

③ $f(x)=\pi+2\left[\sin(x)-\frac{1}{2}\sin(2x)+\frac{1}{3}\sin(3x)-+\cdots\cdots\right]$

④ $f(x)=\frac{1}{2}+\frac{4}{\pi^2}\left[\cos(\pi x)+\frac{1}{3^2}\cos(3\pi x)+\frac{1}{5^2}(5\pi x)+\cdots\cdots\right]$

⑤ $f(t)=\frac{k}{2}+\frac{2k}{\pi}\left[\cos\left(\frac{\pi}{2}t\right)-\frac{1}{3}\cos\left(\frac{3\pi}{2}t\right)+\frac{1}{5}\cos\left(\frac{5\pi}{2}t\right)-+\cdots\cdots\right]$

⑥ $f(x)=\frac{4}{\pi}\sum_{n=\text{奇數}}^{\infty}\frac{1}{n}\left[\cos\left(\frac{n\pi}{3}\right)\sin\left(\frac{n\pi x}{3}\right)-\sin\left(\frac{n\pi}{3}\right)\cos\left(\frac{n\pi x}{3}\right)\right]$

⑦ $f(t)=3+\sum_{n=1}^{\infty}\left\{\frac{4}{n^2\pi^2}[\cos(n\pi)-1]\cos\left(\frac{n\pi t}{4}\right)-\frac{4}{n\pi}\sin\left(\frac{n\pi t}{4}\right)\right\}$

⑧ $f(x)=\frac{\pi^2}{12}+\sum_{n=1}^{\infty}\frac{(-1)^7}{n^2}\cos(nx)$

⑨ $f(t)=\frac{1}{\pi}\left[\sin(4t)-\frac{1}{9}\sin(12t)+\frac{1}{25}\sin(20t)-\frac{1}{49}\sin(28t)+\cdots\cdots\right]$

⑩ $f(x)=1+\sum_{n=1}^{\infty}\left\{\frac{2}{n^2\pi^2}[1-(-1)^n]\cos\left(\frac{n\pi}{2}x\right)+\frac{1}{n\pi}[(-1)^n-1]\sin\left(\frac{n\pi}{2}x\right)\right\}$

⑪ $f(x)=\sum_{n=1}^{\infty}(-1)^n\left(\frac{-2\pi^2}{n}+\frac{12}{n^3}\right)\sin(nx)$

⑫ $f(x)=\frac{\pi^2}{6}+\left[\frac{-4}{\pi}\cos(x)-\frac{2}{4}\cos(2x)+\frac{4}{27\pi}\cos(3x)+\frac{2}{16}\cos(4x)+\cdots\cdots\right]$

⑬ $f(x)=\left(2\pi-\frac{8}{\pi}\right)\sin(x)-\frac{2\pi}{2}\sin(2x)+\cdots\cdots$

⑭ $f(x)=12\left[\sin(x)-\frac{1}{8}\sin(2x)+\frac{1}{27}\sin(3x)-\frac{1}{64}\sin(4x)+\cdots\cdots\right]$

⑮ $f(x)=\frac{2}{\pi}-\frac{4}{\pi}\left[\frac{1}{3\cdot1}\cos(2x)+\frac{1}{5\cdot3}\cos(4x)+\cdots\cdots\right]$

習題　6－4

① 餘：$f(x)=\frac{k}{2}-\frac{16k}{\pi^2}\left[\frac{1}{2^2}\cos\left(\frac{2\pi x}{L}\right)+\frac{1}{6^2}\cos\left(\frac{6\pi x}{L}\right)+\cdots\cdots\right]$

正：$f(x)=\frac{8k}{\pi^2}\left[\sin\left(\frac{\pi}{L}x\right)-\frac{1}{3^2}\sin\left(\frac{3\pi}{L}x\right)+\frac{1}{5^2}\sin\left(\frac{5\pi}{L}x\right)+\cdots\cdots\right]$

② 餘：$f(x)=\frac{5}{4}+\sum_{n=1}^{\infty}\left\{\frac{6}{n^2\pi^2}(-1)^n+\frac{12}{n^4\pi^4}[1-(-1)^n]\right\}\cos(n\pi)x$

正：$f(x)=\sum_{n=1}^{\infty}\left\{-\frac{2}{n\pi}[2(-1)^n-1]+\frac{12}{n^3\pi^3}(-1)^n\right\}\sin(n\pi)x$

③ 餘：$f(x)=-\frac{1}{4}+\sum_{n=1}^{\infty}\left\{-\frac{6}{n\pi}\sin\left(\frac{n\pi}{2}\right)+\frac{4}{n^2\pi^2}\left[(-1)^n-\cos\left(\frac{n\pi}{2}\right)\right]\right\}\cdot\cos\left(\frac{n\pi x}{2}\right)$

正：$f(x)=\sum_{n=1}^{\infty}\left\{-\frac{6}{n\pi}\cos\left(\frac{n\pi}{2}\right)-\frac{4}{n\pi}[1+(-1)^n]+\frac{4}{n^2\pi^2}\sin\left(\frac{n\pi}{2}\right)\right\}\cdot\sin\left(\frac{n\pi x}{2}\right)$

④ 餘：$f(x)=\sum_{n=1}^{\infty}\frac{-4}{n\pi}\cos(n\pi)\sin\left(\frac{n\pi x}{2}\right)$

正：$f(x)=1+\sum_{n=1}^{\infty}\frac{4}{n^2\pi^2}[\cos(n\pi)-1]\cos\left(\frac{n\pi x}{2}\right)$

⑤ 餘：$f(x)=k$

正：$f(x)=\sum_{n=1}^{\infty}\frac{2k}{n\pi}[1-(-1)^n]\sin\left(\frac{n\pi x}{2}\right)$

⑥ 餘：$f(t)=\frac{1}{6}-\frac{4}{\pi^2}\sum_{n=1}^{\infty}\left[\frac{1+\cos(n\pi)}{n^2}\right]\cos(n\pi)t$

正：$f(t)=\frac{4}{\pi^3}\sum_{n=1}^{\infty}\frac{1}{n^3}[1-\cos(n\pi)]\sin(n\pi)t$

⑦ 餘：$f(x)=\frac{1}{\pi}\sinh(\pi)+\frac{2}{\pi}\sum_{n=1}^{\infty}\left[\frac{(-1)^n}{n+1}\sinh(\pi)\right]\cos(nx)$

正：$f(x)=\frac{2}{\pi}\sum_{n=1}^{\infty}\left(\frac{n}{n^2+1}\right)[1+(-1)^{n+1}\cosh(\pi)]\sin(nx)$

⑧ 餘：$f(x)=\frac{1}{2}+\sum_{n=1}^{\infty}\frac{2}{n\pi}\sin\left(\frac{n\pi}{2}\right)\cos\left(\frac{n\pi x}{L}\right)$

正：$f(x)=\sum_{n=1}^{\infty}\frac{2}{n\pi}\left[1-\cos\left(\frac{n\pi}{2}\right)\right]\sin\left(\frac{n\pi x}{L}\right)$

⑨ 餘：$f(x)=\frac{L^2}{3}+\sum_{n=1}^{\infty}\frac{4L^2}{n^2\pi^2}(-1)^n\cos\left(\frac{n\pi x}{L}\right)$

正：$f(x)=\sum_{n=1}^{\infty}\left\{\frac{-2L^2}{\pi}\cos(n\pi)+\frac{4L^2}{n^3\pi^3}[(-1)^n-1]\right\}\sin\left(\frac{n\pi x}{L}\right)$

⑩ 餘：$f(x)=-3+\sum_{n=1}^{\infty}\frac{16}{n^2\pi^2}[1-(-1)^n]\cos\left(\frac{n\pi x}{4}\right)$

正：$f(x)=\sum_{n=1}^{\infty}\frac{2}{n\pi}[1+7(-1)^n]\sin\left(\frac{n\pi x}{4}\right)$

習題　6－5

① $\frac{2}{\pi}\int_0^{\infty}\frac{\sin\lambda}{\omega}\cos(\lambda x)d\lambda$

② $\frac{2}{\pi}\int_0^{\infty}\frac{1-\cos(\lambda\pi)}{\lambda}\sin(\lambda x)d\lambda$

③ $\int_0^{\infty}\left\{\frac{3}{\lambda\pi}\sin(\lambda)\cos(\lambda x)+\frac{3}{\lambda\pi}[1-\cos(\lambda)]\sin(\lambda x)\right\}d\lambda$

④ $\frac{6}{\pi}\int_0^{\infty}\left[\frac{\lambda^2+2}{\lambda^4+5\lambda^2+4}\right]\cos(\lambda x)d\lambda$

⑤ $\int_0^{\infty}\frac{2}{\pi}\left[\left(\frac{3\lambda^2-6}{\lambda^4}\right)\sin(\lambda)-\left(\frac{\lambda^2-6}{\lambda^3}\right)\cos(\lambda)\right]\sin(\lambda x)d\lambda$

⑥ $\int_0^{\infty}\left(\frac{1}{\pi^2-\lambda^2}\right)[1+\cos(\lambda)\cos(\lambda x)+\sin(\lambda)\sin(\lambda x)]d\lambda$

⑦ $-\frac{2}{\pi}\int_0^{\pi}\frac{[1-2\cos(\lambda)+\cos(2\lambda)]}{\lambda^2}\cos(\lambda x)d\lambda$

⑧ $\frac{2}{\pi}\int_0^{\infty}\frac{\cos(\lambda x)}{1+\lambda^2}d\lambda,\ -\infty<x<\infty$

⑨ $A(\lambda)=\frac{1}{2\pi}\left[\frac{\sin(6+6\lambda)+\cos(4+4\lambda)}{1+\lambda}+\frac{\sin(6-6\lambda)+\cos(4-4\lambda)}{1-\lambda}-\frac{2}{1-\lambda^2}\right]$

$B(\lambda)=\frac{1}{2\pi}\left[\frac{\sin(4\lambda-4)-\cos(6\lambda-6)}{\lambda-1}-\frac{\sin(4\lambda+4)+\cos(6\lambda+6)}{\lambda+1}+\frac{2\lambda}{\lambda^2-1}\right]$

⑩ $\frac{2}{\pi}\int_0^{\infty}\frac{1-\cos(\lambda)}{\lambda^2}\cos(\lambda x)d\lambda$

⑪ 餘：$\frac{2}{\pi}\int_0^\infty \frac{\sin(\lambda a)}{\lambda}\cos(\lambda x)d\lambda$

正：$\frac{2}{\pi}\int_0^\infty \frac{1-\cos(\lambda a)}{\lambda}\sin(\lambda x)d\lambda$

⑫ 餘：$\int_0^\infty \frac{2}{\pi\lambda}\left[(2\pi-1)\sin(\lambda\pi)+\cos(3\lambda\pi)+\cos(10\lambda\pi)+\frac{2}{\lambda}\cos(\lambda\pi)-\frac{2}{\lambda}\right]\cos(\lambda x)d\lambda$

正：$\int_0^\infty \frac{2}{\pi\lambda}\left[(1-2\pi)\cos(\lambda\pi)-\cos(3\lambda\pi)-\cos(10\lambda\pi)+\frac{2}{\lambda}\sin(\lambda\pi)+1\right]\sin(\lambda x)d\lambda$

⑬ 餘：$\frac{2}{\pi}\int_0^\infty \frac{\cos(\lambda x)}{1+\lambda^2}d\lambda, x\geq 0$

正：$\frac{2}{\pi}\int_0^\infty \frac{\lambda\sin(\lambda x)}{1+\lambda^2}d\lambda$

⑭ 餘：$\int_0^\infty \frac{2}{\pi\lambda}[2\sin(4\lambda)-\sin(\lambda)]\cos(\lambda x)d\lambda$

正：$\int_0^\infty \frac{2}{\pi\lambda}[1+\cos(\lambda)-2\cos(4\lambda)]\sin(\lambda x)d\lambda$

⑮ 餘：$\int_0^\infty \frac{1}{\pi}\left[\frac{1}{1+(\lambda+1)^2}+\frac{1}{1+(\lambda-1)^2}\right]\cos(\lambda x)d\lambda$

正：$\int_0^\infty \frac{1}{\pi}\left[\frac{\lambda+1}{1+(\lambda+1)^2}+\frac{\lambda-1}{1+(\lambda-1)^2}\right]\sin(\lambda x)d\lambda$

⑯ 餘：$\int_0^\infty \frac{2}{\pi\lambda}\sin(10\lambda)\cos(\lambda x)d\lambda$

正：$\int_0^\infty \frac{2}{\pi\lambda}[1-\cos(10\lambda)]\sin(\lambda x)d\lambda$

⑰ 餘：$\int_0^\infty \frac{2}{\pi(1+\lambda^2)}[\sinh(5)\cos(5\lambda)+\lambda\cosh(5)\sin(5\lambda)]\cos(\lambda x)d\lambda$

正：$\int_0^\infty \frac{2}{\pi(1+\lambda^2)}[1-\cosh(5)\sin(5\lambda)-\lambda\sinh(5)\cos(5\lambda)]\sin(\lambda x)d\lambda$

⑱ 餘：$\int_0^\infty \frac{2(1-\lambda^2)}{\pi(1+\lambda^2)^2}\cos(\lambda x)d\lambda$

正：$\int_0^\infty \frac{4\lambda}{\pi(1+\lambda^2)^2}\sin(\lambda x)d\lambda$

⑲ 餘：$\int_0^\infty \frac{2[\cos(2\pi\lambda)-1]}{\pi(\lambda^2-1)}\cos(\lambda x)d\lambda$

正：$\int_0^\infty \frac{2\sin(2\pi\lambda)}{\pi(\lambda^2-1)}\sin(\lambda x)d\lambda$

⑳ 餘：$\int_0^\infty \frac{2[1+\cos(\lambda)]}{\pi^2-\lambda^2}\cos(\lambda x)d\lambda$

正：$\int_0^\infty \frac{2\sin(\lambda)}{\pi^2-\lambda^2}\sin(\lambda x)d\lambda$

習題 6－6

① $\frac{k}{n}[1-(-1)^n]$

② $\frac{1}{n^3}[(n^2\pi^2-2)(-1)^{n+1}-2]$

③ $\frac{-12}{n^5}[(n^2\pi^2-2)(-1)^{n+1}-2]-\frac{1}{n}(-1)^n\pi^4$

④ $\frac{n}{1+n^2}[1-(-1)^n e^{\pi}]$

⑤ $C_n(x^4)=\frac{4\pi(-1)^n}{n^2}\left(\pi^2-\frac{6}{n^2}\right)$, $C_o(x^4)=\frac{\pi^5}{5}$

⑥ $C_n(x^2)=\frac{2\pi(-1)^n}{n^2}$, $C_o(x^2)=\frac{\pi^2}{3}$

⑦ $\frac{(-1)^n e^{\pi}-1}{1+n^2}$, $n=0,1,2,3\cdots$

⑧ $\frac{a[1-(-1)^n\cos(a\pi)]}{a^2-n^2}$

⑨ $\frac{1}{\lambda}[1-\cos(k\lambda)]$

⑩ $\frac{2}{\lambda}[\cos(2\lambda k)-2\ \cos(\lambda k)+1]$

⑪ $\frac{2}{\lambda}[\cos(2\lambda k)-2\ \cos(\lambda k)+1]$

⑫ $\frac{1}{2}\left[\frac{1}{1+(\lambda-1)^2}-\frac{1}{1+(\lambda+1)^2}\right]$

⑬ $(\lambda\neq 1)\Rightarrow\frac{1}{2}\left[\frac{\sin[(\lambda-1)k]}{\lambda-1}+\frac{\sin[(\lambda+1)k]}{\lambda+1}\right]$

$(\lambda=1)\Rightarrow\frac{1}{2}\left[k+\frac{\sin(2k)}{2}\right]$

⑭ $\sqrt{\frac{\pi}{2}}\cdot e^{-\lambda}$

⑮ $\frac{10\sin(5\lambda)}{\lambda}+\frac{2\cos(5\lambda)}{\lambda^2}-\frac{2}{\lambda^2}$

⑯ $\frac{2\sin(\lambda k)-\sin(2\lambda k)}{\lambda}$

歷屆題庫

① [1] $f(x)=\sum_{n=1}^{\infty}\frac{2a}{n\pi}[1-\cos(n\pi)]\sin(n\pi x)$　[2] 收斂值 $=\begin{cases}0, & x=0\\ a, & 0<x<1\\ 0, & x=1\end{cases}$

② [1] $\frac{\pi}{2}, x^2$ 皆爲偶函數。$\log\left(\frac{1+x}{1-x}\right)$ 爲奇函數。

[2] $f(x)=\frac{3\pi}{8}+\sum_{n=1}^{\infty}\left\{\frac{1}{2n}\sin\left(\frac{n\pi}{2}\right)\cos(nx)+\frac{1}{2n}\left[\cos(n\pi)-\cos\left(\frac{n\pi}{2}\right)\right]\sin(nx)\right\}$

③ [1] $f(x)=\frac{1}{2}+\sum_{n=1}^{\infty}\left[\frac{1-\cos(n\pi)}{n\pi}\right]\cdot\sin(n\pi x)$　[2] 收斂值 $=\begin{cases}0, & -0.5\\ \frac{1}{2}, & 0\\ 1, & 0.5\end{cases}$

④ $f(x)=\int_0^{\infty}\frac{2}{\pi\omega^2}[-\sin(\omega)+\sin(2\omega)+\sin(4\omega)-\sin(5\omega)]\sin(\omega x)d\omega$

⑤ $f(x)=a_0\sum_{n=1}^{\infty}[a_n\cos(nx)+b_n\sin(nx)]$

1 $a_0=\frac{1}{2\pi}(e^{\pi}-e^{-\pi})$，$a_n=\frac{(-1)^n}{\pi(1+n^2)}(e^{\pi}-e^{-\pi})$，$b_n=\frac{(-1)^{n+1}\cdot n}{\pi(1+n^2)}(e^{\pi}-e^{-\pi})$

2 $a_0=\frac{1}{2\pi}(e^{2\pi}-1)$，$a_n=\frac{1}{\pi(1+n^2)}(e^{2\pi}-1)$，$b_n=\frac{n}{\pi(1+n^2)}(1-e^{2\pi})$

⑥ 趨近於 0.399865

⑦ $f(x)=a_0+\sum_{n=1}^{\infty}[a_n\cos(nx)+b_n\sin(nx)]$　$a_0=\frac{\pi}{16}$，$a_n=\frac{\cos(n\pi)-1}{4n^2\pi}$，$b_n=\frac{(-1)^{n-1}}{4n}$

⑧ $f(x)=\frac{3}{4}+\sum_{n=1}^{\infty}\left\{\frac{3}{n^2\pi^2}[\cos(n\pi)-1]\cos\left(\frac{n\pi x}{3}\right)-\frac{3}{n\pi}\cos(n\pi)\sin\left(\frac{n\pi x}{3}\right)\right\}$

⑨ $f(x)=\frac{\pi}{2}+\sum_{n=1}^{\infty}\left\{\frac{2}{n^2\pi}[\cos(n\pi)-1]\cos(nx)-\frac{2}{7}\cos(n\pi)\sin(nx)\right\}$

⑩ $f(t)=\frac{E}{\pi}+\frac{E}{2}\sin(\omega t)-\frac{2E}{\pi}\left(\frac{1}{1\cdot3}\cos(2\omega t)+\frac{1}{3\cdot5}\cos(4\omega t)+\cdots\cdots\right)$

⑪ $f(x)=\sum_{n=1}^{\infty}\left(\frac{-2}{n}\cos(n\pi)\right)\sin(nx)$

⑫ 1 $f(x)=\frac{2}{\pi}+\frac{4}{\pi}\sum_{n=2,4,\cdots}^{\infty}\frac{1}{1-n^2}\cos(nx)$　2 $\frac{1}{2}$　3 $\sum_{n=1}^{\infty}\frac{(-1)^n}{4n^2-1}$

⑬ $f(x)=\sum_{n\text{為奇數}}^{\infty}\frac{4}{n^2\pi}\cos(nx)$

⑭ $f(x)=\frac{1}{\pi}\int_0^{\infty}[A(\omega)\cos(\omega x)+B(\omega)\sin(\omega x)]d\omega$

$A(\omega)=\frac{1}{\omega^3\pi}[a^2\omega^2\sin(\omega a)+2a\omega\cos(\omega a)-\sin(\omega a)]$，

$B(\omega)=\left(-\frac{a^2}{\omega}\cos(\omega a)+\frac{2a}{\omega^2}\sin(\omega a)+\frac{2}{\omega^2}\cos(\omega a)-\frac{2}{\omega^2}\right)$

習題　7－2

① $\begin{bmatrix}3&4&2\\2&6&3\\4&6&2\end{bmatrix}$　　② $\begin{bmatrix}-1&2&-4\\2&2&-3\\2&-2&0\end{bmatrix}$

③ $\begin{bmatrix} 1 & 3 & 11 \\ 4 & 10 & 18 \\ 7 & 11 & 12 \end{bmatrix}$

④ $\begin{bmatrix} 5 & 1 & 4 \\ 8 & 4 & 8 \\ 8 & 4 & 9 \end{bmatrix}$

⑤ $\begin{bmatrix} 6 & 4 & 15 \\ 12 & 14 & 26 \\ 15 & 15 & 21 \end{bmatrix}$

⑥ $\begin{bmatrix} 6 & 4 & 15 \\ 12 & 14 & 26 \\ 15 & 15 & 21 \end{bmatrix}$

⑦ $\begin{bmatrix} 2 & 6 & -2 \\ 4 & 8 & 0 \\ 6 & 4 & 2 \end{bmatrix}$

⑧ $\begin{bmatrix} 4 & 2 & 6 \\ 0 & 4 & 6 \\ 2 & 8 & 2 \end{bmatrix}$

⑨ $\begin{bmatrix} 6 & 8 & 4 \\ 4 & 12 & 6 \\ 8 & 12 & 4 \end{bmatrix}$

⑩ $\begin{bmatrix} 6 & 8 & 4 \\ 4 & 12 & 6 \\ 8 & 12 & 4 \end{bmatrix}$

⑪ 是

⑫ 是

習題　7－3

① $\begin{bmatrix} -4 & 6 \\ 2 & -8 \end{bmatrix}$

② $\begin{bmatrix} -4 & 2 \\ 6 & -8 \end{bmatrix}$

③ $\begin{bmatrix} -1 & 2 \\ 1 & -4 \end{bmatrix}$

④ $\begin{bmatrix} 2 & 4 \\ -1 & 3 \end{bmatrix}$

⑤ $\begin{bmatrix} -4 & 2 \\ 6 & -8 \end{bmatrix}$

⑥ 是

⑦ $R=\begin{bmatrix} 1 & 4 & 2.5 \\ 4 & -2 & 2.5 \\ 2.5 & 2.5 & 6 \end{bmatrix}$, $S=\begin{bmatrix} 0 & -1 & 1.5 \\ 1 & 0 & 2.5 \\ -1.5 & -2.5 & 0 \end{bmatrix}$

⑧ $\det(A)=128$

⑨ $\det(A)=24$

⑩ $\det(A)=24$

⑪ $\det(A)=-570$

習題　7－4

① $\left[\begin{array}{ccc|c} 1 & 3 & 1 & 1 \\ 2 & 2 & 3 & 2 \\ 1 & -2 & -1 & 0 \end{array}\right]$

② $\begin{bmatrix} 1 & 1 & 1 \\ 1 & -2 & 1 \\ 2 & 3 & -1 \end{bmatrix}$

③ $\left[\begin{array}{ccc|c} 1 & 0 & 1 & 0 \\ 1 & 1 & -1 & 1 \end{array}\right]$

④ $\left[\begin{array}{ccc|c} 0 & 1 & 1 & 1 \\ 1 & 1 & 1 & 4 \\ 1 & 0 & 1 & 2 \end{array}\right]$

⑤ $\left[\begin{array}{cc|c} 1 & 1 & 0 \\ -1 & 1 & 4 \end{array}\right]$

⑥ $\left[\begin{array}{ccc|c} -1 & 1 & 1 & 2 \\ 1 & 2 & 1 & 0 \\ 1 & -2 & 1 & 1 \end{array}\right]$

⑦ $x_1=1$，$x_2=-1$，$x_3=2$

⑧ $x_1=1+x_3$，$x_2=4-2x_3$

⑨ $x_1=x_2=x_3=0$

⑩ $x_1=-4$，$x_2=2$，$x_3=3$

⑪ $x_1=-\frac{26}{7}$，$x_2=\frac{36}{7}$，$x_3=-8$

⑫ 無解

⑬ $x_1=x_2+2$，$x_3=2x_2-1$

⑭ 無解

⑮ $x_1=\frac{11}{20}-\frac{1}{20}x_4$，$x_2=\frac{1}{30}+\frac{3}{10}x_4$，$x_3=-\frac{1}{10}+\frac{1}{10}x_4$

⑯ $x_1=x_2=x_3=x_4=0$

習題　7－6

① $\frac{1}{5}\begin{bmatrix} -1 & 2 \\ 2 & 1 \end{bmatrix}$

② $\begin{bmatrix} 0.4 & -0.1 \\ -0.2 & 0.3 \end{bmatrix}$

③ $\frac{1}{2}\begin{bmatrix} 12 & 1 & -5 \\ 2 & 0 & 0 \\ -4 & 0 & 2 \end{bmatrix}$

④ $\begin{bmatrix} 0 & \frac{1}{5} & \frac{1}{5} \\ -1 & -\frac{4}{5} & \frac{7}{10} \\ 0 & -\frac{2}{5} & \frac{1}{10} \end{bmatrix}$

⑤ $\begin{bmatrix} 1 & 0 & 0 \\ -\frac{1}{2} & 1 & 0 \\ \frac{3}{4} & -\frac{5}{2} & \frac{1}{2} \end{bmatrix}$

⑥ $\frac{1}{2}\begin{bmatrix} -32 & -22 & 6 \\ 7 & 5 & -1 \\ -5 & -3 & 1 \end{bmatrix}$

⑦ $\frac{1}{31}\begin{bmatrix}-6 & 11 & 2\\ 3 & 10 & -1\\ 1 & -7 & 10\end{bmatrix}$ ⑧ $\begin{bmatrix}\frac{3}{10} & 0 & \frac{1}{10}\\ 0 & \frac{1}{2} & 0\\ -\frac{1}{10} & \frac{1}{10} & -\frac{1}{10}\end{bmatrix}$

習題　7－7

① $\lambda=6, 1, \begin{bmatrix}4\\1\end{bmatrix}, \begin{bmatrix}1\\-1\end{bmatrix}$

② $\lambda=1, 1, 5, \begin{bmatrix}1\\2\\1\end{bmatrix}, \begin{bmatrix}1\\0\\-1\end{bmatrix}, \begin{bmatrix}0\\1\\-1\end{bmatrix}$

③ $\lambda=1, 2, \begin{bmatrix}1\\2\end{bmatrix}, \begin{bmatrix}1\\\frac{5}{2}\end{bmatrix}$

④ $\lambda=5, -3, -3, \begin{bmatrix}1\\2\\-1\end{bmatrix}, \begin{bmatrix}-2\\1\\0\end{bmatrix}, \begin{bmatrix}3\\0\\1\end{bmatrix}$

⑤ $\lambda=0, 1, 2, \begin{bmatrix}1\\1\\1\end{bmatrix}, \begin{bmatrix}1\\-1\\2\end{bmatrix}, \begin{bmatrix}2\\1\\2\end{bmatrix}$

⑥ $\lambda=2, 2, -5, \begin{bmatrix}1\\3\\-1\end{bmatrix}, \begin{bmatrix}3\\2\\4\end{bmatrix}$

⑦ $\lambda=0, 2, 2, \begin{bmatrix}0\\1\\-1\end{bmatrix}, \begin{bmatrix}0\\1\\1\end{bmatrix}$

⑧ $\lambda=-1, 1, \begin{bmatrix}1\\2\\-4\end{bmatrix}, \begin{bmatrix}1\\0\\0\end{bmatrix}$

⑨ $\lambda=i, -i, \begin{bmatrix}1\\i\end{bmatrix}, \begin{bmatrix}1\\-i\end{bmatrix}$

⑩ $\lambda=\cos(\theta)\pm i\sin(\theta), \begin{bmatrix}i\\1\end{bmatrix}, \begin{bmatrix}1\\i\end{bmatrix}$

⑪ $B=\begin{bmatrix}12 & 0 & 0\\ 0 & 6 & 0\\ 0 & 0 & 6\end{bmatrix}, P=\begin{bmatrix}2 & -1 & 1\\ 1 & 0 & -2\\ 0 & 1 & 1\end{bmatrix}$

⑫ $B=\begin{bmatrix}-1 & 0\\ 0 & 3\end{bmatrix}, P=\begin{bmatrix}1 & 1\\ 0 & 1\end{bmatrix}$

⑬ $B=\begin{bmatrix}1 & 0 & 0\\ 0 & 1 & 0\\ 0 & 0 & 5\end{bmatrix}, P=\begin{bmatrix}2 & 1 & 1\\ -1 & 0 & 1\\ 0 & -1 & 1\end{bmatrix}$

⑭ $B=\begin{bmatrix}1 & 0 & 0\\ 0 & 1 & 0\\ 0 & 0 & -3\end{bmatrix}, P=\begin{bmatrix}1 & 1 & 1\\ 1 & 0 & 3\\ 0 & -1 & 1\end{bmatrix}$

⑮ $B=\begin{bmatrix}1 & 0 & 0\\ 0 & 1+\sqrt{17} & 0\\ 0 & 0 & 1-\sqrt{17}\end{bmatrix}$,

$P=\begin{bmatrix}0 & 1 & 1\\ 1 & (2\sqrt{17}-8)/\sqrt{17} & (2\sqrt{17}+8)/\sqrt{17}\\ 0 & \sqrt{17}-4 & -4-\sqrt{17}\end{bmatrix}$

⑯ $B=\begin{bmatrix}-1 & 0 & 0\\ 0 & i & 0\\ 0 & 0 & -i\end{bmatrix}, P=\begin{bmatrix}0 & 2i & -2i\\ 1 & 1+i & 1-i\\ -1 & 1+i & 1-i\end{bmatrix}$

⑰ $B=\begin{bmatrix}1 & 0 & 0\\ 0 & 1 & 0\\ 0 & 0 & 4\end{bmatrix}, P=\begin{bmatrix}1 & 1 & 1\\ -1 & 0 & 1\\ 0 & -1 & 1\end{bmatrix}$ ⑱ $B=\begin{bmatrix}1 & 0 & 0\\ 0 & 3 & 0\\ 0 & 0 & 4\end{bmatrix}$, $P=\begin{bmatrix}0 & -1 & 0\\ 0 & 5 & 1\\ 1 & 18 & 2\end{bmatrix}$

⑲ $B=\begin{bmatrix}6 & 0\\ 0 & 1\end{bmatrix}$, $P=\begin{bmatrix}4 & 1\\ 1 & -1\end{bmatrix}$ ⑳ $B=\begin{bmatrix}0 & 0 & 0\\ 0 & 1 & 0\\ 0 & 0 & 1\end{bmatrix}$, $P=\begin{bmatrix}0 & 1 & 0\\ 1 & -1 & 0\\ -1 & 0 & 1\end{bmatrix}$

㉑ $\frac{1}{5}\begin{bmatrix}1+4\cdot 6^{50} & 4\cdot 6^{50}-4\\ -1+6^{50} & 6^{50}+4\end{bmatrix}$

習題　7－8

① $\begin{cases}y_1=ae^{-t}+3be^{-6t}\\ y_2=ae^{-t}-2be^{-6t}\end{cases}$

② $\begin{cases}y_1=ae^{t}+be^{2t}+9ce^{3t}\\ y_2=-ae^{t}+3ce^{3t}\\ y_3=2Ce^{3t}\end{cases}$

③ $\begin{cases}y_1=11ae^{4t}+be^{-6t}\\ y_2=-ae^{4t}-be^{-6t}\end{cases}$

④ $\begin{cases}y_1=2ae^{2t}+be^{5t}\\ y_2=-ae^{2t}+be^{5t}\end{cases}$

⑤ $\begin{cases}y_1=5be^{5t}+2ce^{-2t}\\ y_2=14Ce^{-2t}\\ y_3=a+8be^{5t}-57ce^{-2t}\end{cases}$

⑥ $\begin{cases}x_1=\frac{1}{6}e^{-t}-\frac{3}{2}e^{t}+\frac{4}{3}e^{2t}\\ x_2=-\frac{1}{6}e^{-t}-\frac{3}{2}e^{t}+\frac{8}{3}e^{2t}\\ x_3=e^{-t}\end{cases}$

⑦ $\begin{cases} y_1=e^{-2t}+e^{2t} \\ y_2=-2e^{-2t}+e^{2t} \\ y_3=e^{-2t}+e^{2t} \end{cases}$

歷屆題庫

① $\begin{cases} x_1(t)=2C_1e^{2t}+C_2e^{-3t} \\ x_2(t)=-C_1e^{2t}-3C_2e^{-3t} \end{cases}$

② $\begin{cases} x_1=3-2C_1+2C_2 \\ x_2=1+C_1-C_1 \\ x_3=C_1 \\ x_4=2+2C_2 \\ x_5=C_2 \end{cases}$

③ $\text{rank}(A)=4$

④ [1] $U=\frac{1}{\sqrt{2}}\begin{bmatrix} 0 & 1 & 1 \\ 0 & -i & i \\ \sqrt{2} & 0 & 0 \end{bmatrix}, T=\begin{bmatrix} 4 & 0 & 0 \\ 0 & 0 & 0 \\ 0 & 0 & 2 \end{bmatrix}$ [2] $B=\begin{bmatrix} 0 & 0 & 2 \\ 0 & 0 & 0 \\ 1 & -i & 0 \end{bmatrix}$

⑤ [1] $\lambda=0,-1,-3 \begin{bmatrix} 1 \\ 1 \\ 1 \end{bmatrix}, \begin{bmatrix} 1 \\ 0 \\ -1 \end{bmatrix}, \begin{bmatrix} 1 \\ -2 \\ 1 \end{bmatrix}$

⑥ [1] $x=\begin{bmatrix} \cos(\theta)\cdot z_1-\sin(\theta)\cdot z_2 \\ 2\sin(\theta)\cdot z_1+2\cos(\theta)\cdot z_2 \end{bmatrix}, \quad y=\begin{bmatrix} \cos(\theta)\cdot z_1-2\sin(\theta)\cdot z_2 \\ \sin(\theta)\cdot z_1+2\cos(\theta)\cdot z_2 \end{bmatrix}$

[2] $\begin{cases} x_1(t)=\frac{1}{\sqrt{2}}[C_1\cos(t)+C_2\sin(t)-C_3\cos(\sqrt{3}t)-C_4\sin(\sqrt{3}t)] \\ x_2(t)=\frac{1}{\sqrt{2}}[C_1\cos(t)+C_2\sin(t)+C_3\cos(\sqrt{3}t)+C_4\sin(\sqrt{3}t)] \end{cases}$

⑦ $\lambda=4,1,1, \begin{bmatrix} 1 \\ 1 \\ 1 \end{bmatrix}, \begin{bmatrix} 1 \\ 0 \\ -1 \end{bmatrix}, \begin{bmatrix} 0 \\ 1 \\ -1 \end{bmatrix}$

習題　8－1

① $6i+8j+12k$，$-2i+2j-2k$，$4i+10j+14k$

② $6i+8j+18k$，$-6i-2j-2k$，$6j+16k$

③ $5i+6j+7k$，$-3i-4j-5k$，$0.5i+0.5j+0.5k$

④ $3i+2j+3k$，$-i+2j+3k$，$0.5i+j+1.5k$

⑤ $2i+4j+6k$，$2i-2j+2k$，$8i+4j+16k$

⑥ $\frac{x-3}{1}=\frac{y-4}{-4}=\frac{z-5}{-4}$

⑦ $\frac{x-2}{-2}=\frac{y-1}{-1}=\frac{z-2}{1}$

⑧ $\frac{x-2}{-1}=\frac{y-3}{-3}=\frac{z-4}{1}$

⑨ $\frac{x-3}{-1}=\frac{y-1}{-1}=\frac{z-1}{1}$

⑩ $\frac{x-3}{-1}=\frac{y}{1}=\frac{z-1}{1}$

⑪ $\frac{x-2}{-1}=\frac{y}{1}=\frac{z-2}{-1}$

⑫ $\frac{x-2}{2}=\frac{y-6}{-3}=\frac{z-5}{-4}$

⑬ $\frac{x-3}{1}=\frac{y-1}{-1}=\frac{z-4}{1}$

⑭ $\frac{x-3}{1}=\frac{y-8}{-7}=\frac{z-7}{-6}$

⑮ $\frac{x-2}{1}=\frac{y-2}{1}=\frac{z-2}{4}$

⑯ $|L|=4.853$，$\frac{1}{4.853}(-2i+j+4k)$

⑰ $|L|=5.385$，$\frac{1}{5.385}(2i+3j+4k)$

⑱ $|L|=6.403$，$\frac{1}{6.403}(-2i-6j+k)$

⑲ $|L|=3.606$，$\frac{1}{3.606}(-2i-3k)$

⑳ $|L|=8.602$，$\frac{1}{8.602}(i+3j+8k)$

㉑ $|L|=4.583$，$\frac{1}{4.583}(i-2j-4k)$

㉒ $|L|=2.449$，$\frac{1}{2.449}(-i-2j+k)$

㉓ $|L|=3.464$，$\frac{1}{3.4643}(2i+2j+2k)$

㉔ $|L|=5.099$，$\frac{1}{5.099}(-4i-2j+k)$

㉕ $|L|=4.472$，$\frac{1}{4.472}(2i-4k)$

㉖ $R_x=5.196$，$R_y=3$

㉗ $R_x=10$，$R_y=17.321$

㉘ $R_x=9.397$, $R_y=3.42$

㉙ $R_x=19.319$, $R_y=5.176$

㉚ $R_x=5.657$, $R_y=5.657$

㉛ $R_x=20.479$, $R_y=14.339$

㉜ $R_x=0$, $R_y=12$

㉝ $R_x=8.485$, $R_y=8.485$

㉞ $R_x=18$, $R_y=0$

㉟ $R_x=-16$, $R_y=0$

習題　8－2

① 32，$-3i+6j-3k$，0.226

② 12，$-2i+6j+14k$，0.908

③ 14，$-4i+2j+3k$，0.367

④ 10，$5i-20j-35k$，1.329

⑤ 4，$-4i+8j+3k$，1.17

⑥ 6，$-20i+2j-19k$，1.357

⑦ 0，$20j$，1.571

⑧ 34，$-2i-4j-8k$，0.263

⑨ 7，$21j-14k$，1.3

⑩ -2，$10i+10k$，1.711

⑪ 6

⑫ -11

⑬ -2

⑭ 84

習題　8－3

① $2ti+(-5+t)j+(3-t)k$

② $(1+t)i+(2-2t)j+(5+9t)k$

③ $2ti+j+3k$

④ $(1-t)i+(5-3t)j+(3-4t)k$

⑤ $ti+(t+1)j+(2t-3)k$

⑥ $ti+\left(5-\frac{1}{4}t\right)j+\left(3-\frac{3}{4}t\right)k$

⑦ $r=ti+(1-t^2)j-2k$

⑧ $r=[\cos(t)-2]i+[2\sin(t)+4]j$

⑨ $2\pi\sqrt{a^2+c^2}$

⑩ 5.389

⑪ $x=\sinh^{-1}(s)$, $y=\sqrt{1+s^2}, z=1$, $0\le s\le\sinh(\pi)$

⑫ $x=y=z=t^3=\frac{s}{\sqrt{3}}-1$, $0\le s\le 2\sqrt{3}$

⑬ $v=-2\sin(t)i+2\cos(t)j-2tk$, $v=2\sqrt{1+t^2}$, $\rho=2(1+t^2)^{\frac{3}{2}}$

$a=-2\cos(t)i-2\sin(t)j-2k$, $a_t=\frac{2t}{\sqrt{1+t^2}}$, $\kappa=\frac{1}{\rho}$

$T=\frac{1}{\sqrt{1+t^2}}[-\sin(t)i+\cos(t)j-tk]$, $a_n=\frac{2}{\sqrt{1+t^2}}$

$N=\frac{1}{\sqrt{1+t^2}}\{[-\cos(t)+t\sin(t)-t^2\cos(t)]i+[-\sin(t)-t\cos(t)-t^2\sin(t)]j-k\}$

⑭ $v=-e^{-t}[i+j+(1-t)k]$，$v=e^{-t}\sqrt{t^2-2t+3}$

$a=e^{-t}[i+j+(2-t)k]$，$a_t=\frac{-e^{-t}(t^2-3t+4)}{\sqrt{t^2-2t+3}}$

$T=\frac{1}{\sqrt{t^2-2t+3}}[-i-j+(1-t)k]$，$a_n=\frac{\sqrt{2}}{\sqrt{t^2-2t+3}}e^{-t}$

$N=\frac{t-1}{\sqrt{2}\cdot\sqrt{t^2-2t+3}}[-i-j+(1-t)k]$，$\rho=\frac{e^{-t}(t^2-2t+3)^{\frac{3}{2}}}{\sqrt{2}}$，$k=\frac{1}{\rho}$

⑮ $v=2i-2j+2tk$，$v=2\sqrt{t^2+2}$

$a=2k$，$a_t=\frac{2t}{\sqrt{t^2+2}}$

$T=\frac{1}{\sqrt{t^2+2}}(i-j+tk)$，$a_n=\frac{2\sqrt{2}}{\sqrt{t^2+2}}$

$N=\frac{1}{\sqrt{2}(\sqrt{t^2+2}}(-ti+tj+2k)$，$\rho=\sqrt{2}(t^2+2)^{\frac{3}{2}}$，$k=\frac{1}{\rho}$

⑯ $v=2i+\sin(t)j-\cos(t)k$，$v=\sqrt{5}$

$a=\cos(t)j+\sin(t)k$，$a_t=0$

$T=\frac{1}{\sqrt{5}}[2i+\sin(t)j-\cos(t)k]$，$a_n=1$

$N=\cos(t)j+\sin(t)k$，$\rho=5$，$k=\frac{1}{5}$

⑰ $v=e^{-t}(-i-j+2k)$，$v=\sqrt{6}e^{-t}$

$a=e^{-t}(i+j-2k)$，$a_t=-\sqrt{6}e^{-t}$

$T=\frac{1}{\sqrt{6}}(-i-j+2k]$，$a_n=0$

$N=0$，$\rho\to\infty$，$k\to 0$

⑱ $v=2\cos(t)i+j-2\sin(t)k$，$v=\sqrt{5}$

$a=-2\sin(t)i-2\cos(t)k$，$a_t=0$

$T=\frac{1}{\sqrt{5}}[2\cos(t)i+j-2\sin(t)k]$，$a_n=2$

$N=-\sin(t)i-\cos(t)k$，$\rho=\frac{5}{2}$，$k=\frac{2}{5}$

習題　8－4

① $(ye^{xy}+z^2)i+xe^{xy}j+2zxk$

② $i-j+4zk$

③ $(2y+e^z)i+2xj+e^zxk$

④ $(y+z)i+(x+z)j+(x+y)k$

⑤ $e^{xyz}(yzi+xzj+xyk)$

⑥ $-2\cos(x-y)i+2\cos(x-y)j+2zk$

⑦ $\nabla\cdot V=2x+2y+2z$，$\nabla\times V=0$

⑧ $\nabla\cdot V=6x+z$，$\nabla\times V=-yi-e^xj$

⑨ $\nabla\cdot V=0$，$\nabla\times V=0$

⑩ $\nabla\cdot V=z^4-x^4$，$\nabla\times V=(4xz^3-4x^3z)j$

⑪ $\nabla\cdot V=0$，$\nabla\times V=[\cos(y)-\sin(x)]k$

⑫ $\nabla\cdot V=4$，$\nabla\times V=0$

⑬ $\nabla\cdot V=-y\sin(xy)+1$，$\nabla\times V=2zi-j-x\sin(xy)k$

⑭ $\nabla\cdot V=0$，$\nabla\times V=-2k$

⑮ $\nabla\cdot V=0$，$\nabla\times V=-i-j-k$

⑯ $\nabla\cdot V=2y+e^y+2$，$\nabla\times V=-2xk$

⑰ 切平面：$(x-1)+(y-1)+2(z-1)=0$　法線：$x-1=y-1=\dfrac{z-1}{2}$

⑱ 切平面：$x+y+z=0$　法線：$x=y=z$

⑲ $-\dfrac{2}{5}$

⑳ $\dfrac{-7}{125\sqrt{3}}$

㉑ $u=\dfrac{1}{\sqrt{11}}(i+j+3k)$

㉒ $u=\dfrac{3}{5\sqrt{2}}i+\dfrac{4}{5\sqrt{2}}j-\dfrac{1}{\sqrt{2}}k$

㉓ $v=3x^2yi+2xy^2j+2xyz^2k$

習題　8－5

① $\dfrac{7}{10}$

② $\sqrt{10}(2\pi+24\pi^3)$

③ $\dfrac{-14\sqrt{2}}{3}$

④ $\dfrac{\sqrt{2}}{3}\pi^3$

⑤ $\dfrac{16\sqrt{5}}{5}$

⑥ $-\dfrac{3}{4}\pi+27-9\sqrt{2}$

⑦ $16\sqrt{3}$

⑧ $\sqrt{10}\left(\dfrac{2592}{5}\pi^2+48\pi^3+2\pi\right)$

⑨ $\dfrac{33}{5}+\dfrac{15}{4}$

⑩ $175\sqrt{2}$

⑪ $\dfrac{19}{20}$

⑫ 0

⑬ 18π

⑭ $\frac{34}{7}$

習題　8－6

① -4

② -1

③ 0

④ $\frac{5}{14}$

⑤ 18π

⑥ $-\frac{\pi}{2}$

⑦ $\frac{16}{5}$

⑧ 0

⑨ -3π

⑩ -12π

習題　8－7

① $\frac{1}{15}[9\sqrt{3}-8\sqrt{2}+1]$

② $\frac{149}{30}\pi$

③ $\frac{8}{3}\sqrt{3}$

④ $8\sqrt{2}\pi$

⑤ 4π

⑥ $\frac{\pi^2}{6}(17^{\frac{3}{2}}-5^{\frac{3}{2}})$

⑦ $\frac{\pi}{72}(17^{\frac{3}{2}}-1)$

⑧ $\sqrt{3}$

⑨ $\frac{1}{2}(5^{\frac{3}{2}}-1)$

⑩ 6π

⑪ 19

⑫ $4\pi a^3$

⑬ 24

⑭ 0

⑮ 64π

⑯ $-\frac{59}{180}$

⑰ $\frac{17}{4}h$

⑱ 90

⑲ $-4\ \sinh(1)+4\ \sinh(-1)+\frac{4}{9}$

⑳ $\frac{5}{4}\pi a^4 b$

㉑ 256

㉒ $\frac{\pi a^4 h}{8}$

㉓ $128i-24j+384k$

㉔ 4

㉕ $\frac{1}{8}$

習題 8－8

① π

② 0

③ 6π

④ $-18\sqrt{2}\pi$

⑤ 20π

⑥ 2

⑦ 104π

⑧ 84π

歷屆題庫

① [1] 0　[2] $\begin{cases} 0, & \text{路徑不含}(-1,2) \\ 2\pi, & \text{路徑含}(-1,2) \end{cases}$

② [1] $12x^2(x+y)^2+[12(x+y)^2+2](y-z)^2$

[2] $\text{Curl}V=[x+2(y-z)]i-yj$, $\text{Curl}W=(2y-4z^3)i+4(x+y)^3j$

③ $-\frac{1}{\sqrt{2}}(i+j)$

④ $a^2(b^2-1)\pi$

⑤ [1] 0　[2] $2y(x^2+z^2)-(y^2+z^2)\sin(y)$　[3] $1+\pi$

[4] $4xyi+[4xy-2y\sin(yz)-(zy^2+z^3)\cos(yz)]j+$

$[4xy-2y\sin(yz)-(y^3+yz^2)\cos(yz)]k$

⑥ $2\pi\sqrt{1+k^2}$

⑦ 0

⑧ 略

⑨ -2π

⑩ $16-e^{-2}$

⑪ $\frac{128}{3}$

⑫ [1] $(x-x_0)^2+(y-y_0)^2+(z-z_0)^2=C^2$

[2] $\frac{2(x-x_0)i+2(y-y_0)j+2(z-z_0)k}{(x-x_0)^2+(y-y_0)^2+(z-z_0)^2}$, a 爲最快的方向

⑬ 略

⑭ [1] 12　[2] 是的, $\nabla\times F=0$

⑮ [2] $\nabla\cdot A=\frac{1}{P}\frac{\partial(PA_1)}{\partial P}+\frac{1}{P}\frac{\partial A_2}{\partial\theta}+\frac{\partial A_3}{\partial z}$

[3] $\nabla^2\psi=\frac{\partial^2\psi}{\partial P^2}+\frac{1}{P}\frac{\partial\psi}{\partial P}+\frac{1}{P^2}\frac{\partial^2\psi}{\partial\theta^2}+\frac{\partial^2\psi}{\partial z^2}$

⑯ $-\frac{\sqrt{14}}{7}$

習題　9－2

① $u=Ce^{\lambda x}y^{\lambda}$

② $u=C_1(y)\cos(2x)+C_2(y)\sin(2x)$

③ $u=Ce^{\frac{\lambda}{2}\left(x^2+\frac{\lambda^2}{2}\right)}$

④ $u=Ce^{\frac{\lambda}{2}(3x^2+2y^2)}$

⑤ $u=Cx^{\lambda}y^{\lambda}$

⑥ $u=Ce^{(x^2+y^2+\lambda x-\lambda y)}$

⑦ $u=Ce^{\frac{\lambda}{2}(x^2+y^2)}$

⑧ $u=C(x)e^{-y^2}$

⑨ $u=e^{x^2+y+C(y)}$

⑩ $u=Ce^{\lambda x+\frac{y}{\lambda}}$

⑪ $u=e^{t}\sin(t+x)$

習題　9－3

① $U=\frac{s(1-e^{\frac{\sqrt{s}}{4}})}{a(e^{\frac{\sqrt{s}}{4}}-e^{-\frac{\sqrt{s}}{4}})}\cdot e^{-\frac{\sqrt{s}}{4}x}-\frac{s(1-e^{-\frac{\sqrt{s}}{4}})}{a(e^{\frac{\sqrt{s}}{4}}-e^{-\frac{\sqrt{s}}{4}})}\cdot e^{\frac{\sqrt{s}}{4}x}+\frac{a}{s}$， $u=\pounds^{-1}[U]$

② $u(x,t)=\left(t-\frac{x^2}{2}\right)u\left(t-\frac{x^2}{2}\right)$

③ $u(x,t)=[(y+x)^3-(y+x)]u(y+x)-y^3$

④ $u(x,t)=\left[\left(t-\frac{x}{a}\right)^2-k\left(t-\frac{x}{a}\right)\right]u\left(t-\frac{x}{a}\right)+kt$

歷屆題庫

① $u(x,t)=\sum_{n=1}^{\infty}\frac{4}{n^2\pi}\sin\left(\frac{n\pi}{2}\right)\cos(3nt)\sin(nx)$

② $y(x,t)=\sum_{n=1,3,5\cdots}^{\infty}\frac{4}{n\pi}\cos\left(\frac{n\pi at}{\ell}\right)\sin\left(\frac{n\pi x}{\ell}\right)$

③ 略

④ $u(x,t)=e^{-4\pi^2t}\sin(2\pi x)$

⑤ $u(x,t)=e^{-bt}\sum_{n=1}^{\infty}A_n e^{-n^2\pi^2a^2t}\sin(n\pi x)$，其中 $A_n=2\int_0^1\phi(x)\sin(n\pi x)dx$

⑥ $u(x,t)=(-1)^{n+1}\frac{8}{\pi^2}\sum_{n=1,3,5\cdots}^{\infty}\frac{1}{n^2}\cos\left(\frac{n\pi C}{2}t\right)\sin\left(\frac{n\pi}{2}x\right)$

⑦ $f(x)=\sum_{n=1}^{\infty}a_n e^{-\alpha k_n^2 t}\sin(k_n x)+\left(50-\frac{30x}{\ell+2}\right)$，其中

$a_n=\frac{1}{\int_0^{\ell}\sin^2(k_n x)}\int_0^{\ell}\left\{f(x)-\left(50-\frac{30x}{\ell+1}\right)\right\}\sin(k_n x)dx$，而 k_n 爲 $\tan(k\ell)=-2k$ 之

⑧ $u(x,t)=U_0\omega\int_0^t \text{erfc}\left(\frac{x}{2\sqrt{kt}}\right)\cos[\omega(\tau-t)]d\tau$，其中 erfc 爲補誤差函數。

⑨ $u(x,y,t)=A_{mn}\sin\left(\frac{m\pi}{a}x\right)\sin\left(\frac{n\pi}{b}y\right)$，其中

$A_{mn}=\frac{4}{ab}\int_0^a\int_0^b\{\cos[(x-y)\pi]-\cos[(x+y)\pi]\}\sin\left(\frac{m\pi}{a}x\right)\sin\left(\frac{n\pi}{b}y\right)$

⑩ $u(x)=T_1+\frac{T_2-T_1}{\ell n(1+P)}$

⑪ $u(x,t)=e^{-\frac{1}{2}t^2+t-x}$

⑫ $u(x,y)=\sum_{n=1}^{\infty}\left\{A_n\sin\frac{\left(n+\frac{1}{2}\right)\pi}{a}x\sinh\frac{\left(n+\frac{1}{2}\right)\pi}{a}y+B_n\sinh\left[\frac{n\pi}{b}(a-x)\sin\left(\frac{n\pi}{b}y\right)\right]\right\}$

$A_n=\frac{2}{a\sinh\frac{\left(n+\frac{1}{2}\right)\pi}{a}}\int_0^a f(x)\sin\left[\frac{\left(n+\frac{1}{2}\right)\pi}{a}x\right]dx$,

$B_n=\frac{2u_0}{b\sinh\left(\frac{n\pi}{b}a\right)}\int_0^b f(x)\sin\left(\frac{n\pi}{b}y\right)dy$

⑬ $T(x,y)=\frac{1}{3^{\frac{4}{3}}\tau\left(\frac{5}{3}\right)}\int_0^{\eta}e^{-\frac{\tau^3}{a}}d\tau+1$

習題　10－1

① ①$5+i9$　②$-14+i23$　③$\frac{26-i7}{29}$　② ①$3+i$　②$4+i5$　③$-i$

③ ①$9+i8$　②$8+i34$　③$\frac{16+i7}{10}$

④ ①$(e^2+e^3)+i5$　②$(e^5-6)+i(2e^2+3e^3)$　③$\frac{(e^5+6)+i(3e^3-2e^2)}{e^6+4}$

⑤ [1] $7-2i$ [2] $25+i5$ [3] $\frac{-1+i5}{10}$

⑥ $z=\sqrt{73}\left[\cos(\theta)+i\sin(\theta)\right]$, $\theta=\pi+\tan^{-1}\left(\frac{3}{8}\right)$

⑦ $z=\cos(\theta)+i\sin(\theta)$, $\theta=-\frac{\pi}{2}$

⑧ $z=90\left[\cos(\theta)+i\sin(\theta)\right]$, $\theta=\tan^{-1}\left(\frac{3}{4}\right)$

⑨ $z=\sqrt{68}\left[\cos(\theta)+i\sin(\theta)\right]$, $\theta=\frac{3}{2}\pi+\tan^{-1}(4)$

⑩ $z=\frac{\sqrt{20}}{5}\left[\cos(\theta)+i\sin(\theta)\right]$, $\theta=\pi+\tan^{-1}\left(\frac{11}{2}\right)$

⑪ $e^4\left[\cos(1)-i\sin(1)\right]$

⑫ $\ell n(\sqrt{52})+i(\theta+2k\pi)$, $\theta=\frac{\pi}{2}+\tan^{-1}\left(\frac{2}{3}\right)$

⑬ $\cos\left(\frac{2k\pi}{9}\right)+i\sin\left(\frac{2k\pi}{9}\right)$, $k=0\cdots\cdots8$

⑭ $-e^2\cos(1)+i\left[2+e^2\sin(1)\right]$

習題　10－3

⑦ $\frac{1}{25}$

⑧ $\frac{-2}{(z-1)^3}$

⑨ $4-4i$

⑩ $8iz-8$

⑪ $\frac{i-12}{15+8i}$

⑫ $5i(iz-2)^4$

⑬ 解析，諧和

⑭ 非解析

⑮ 解析，諧和

⑯ 非解析

⑰ 非解析

⑱ 非解析

習題　10－4

① $\cos\left(\frac{\pi}{8}\right)+i\sin\left(\frac{\pi}{8}\right)$, $\cos\left(\frac{5}{8}\pi\right)+i\sin\left(\frac{5}{8}\pi\right)$

② $e^{\frac{i\pi}{6}}$, $e^{\frac{i5\pi}{6}}$, $e^{\frac{i3\pi}{6}}$

③ $\left(\frac{1}{1156}\right)^{\frac{1}{5}}e^{i\left[\frac{\theta+2k\pi}{5}\right]}$, $k=0\cdots\cdots4$

④ $\cos(5)+i\sin(5)$

⑤ $2e^{\left[i\tan^{-1}\left(\frac{1}{3}\right)\right]}$

⑥ $\ell n(\sqrt{2})+i\left(\frac{\pi}{4}+2n\pi\right)$

⑦ $\ell n(\sqrt{20})+i\left[\frac{\pi}{2}+\tan^{-1}(2)+2n\pi\right]$

⑧ $\ell n(\sqrt{26})+i\left[\tan^{-1}\left(\frac{1}{5}\right)+2n\pi\right]$

⑨ $\ell n(\sqrt{512})+i\left(\frac{3}{4}\pi+2n\pi\right)$

⑩ $\exp\left[-3\left(\frac{\pi}{2}+2n\pi\right)\right]\exp[3i\ell n(7)]$

⑪ $\exp\left[-\left(\frac{\pi}{3}+\frac{4}{3}n\pi+2m\pi\right)\right]$

⑫ $i\sinh(1)$

⑬ $\cos(1)\cosh(1)-i\sin(1)\sinh(1)$

⑭ $\cosh\left(-\frac{\pi}{2}-2n\pi\right)$

⑮ $\cos(1)\sinh(2)+i\sin(1)\cosh(2)$

⑯ $-i\sin(5)$

⑰ $\ell n(13)+i(\theta+2n\pi)$, $\theta=-\tan^{-1}\left(\frac{12}{5}\right)$

⑱ $10^{\frac{\theta}{2}}[\cos(e\theta)+i\sin(e\theta)]$, $\theta=\tan^{-1}(3)+2n\pi$

⑲ $e^{2n\pi}\cos[\ell n(3)]-ie^{2n\pi}\sin[\ell n(3)]$

⑳ $\tan(2i)$

習題　10－5

① $2\pi i$

② $1-e^{(2+3i)}$

③ $-\frac{1}{2}-\frac{5}{2}i$

④ 1

⑤ $-\frac{1}{4}+\frac{\sqrt{3}}{4}i$

⑥ $-\frac{47}{3}-17i$

⑦ $\frac{\pi}{2}i$

⑧ 39

⑨ $\sinh(\pi)+i\cosh(1)$

⑩ $2i$

⑪ $4\pi i$

⑫ $i\frac{8}{3}\pi e^{-2}$

⑬ $-4\pi i$

⑭ 0

⑮ $i2\pi e^{-1}$

⑯ 0

⑰ $2\pi i$

⑱ $\frac{\pi}{15}(12-2i)$

⑲ $4\pi i$

⑳ $\frac{\pi}{3}[\sinh(1)+i\cosh(1)]$

㉑ 0

㉒ $\pi[\cos(1)+i\sin(1)]$

習題　11－2

① 收斂

② 發散

③ 收斂

④ 發散

⑤ 收斂

⑥ 發散

⑦ $|Z|<1$ 則收斂，$|Z|>1$ 發散

⑧ 收斂

⑨ 收斂

⑩ 收斂

習題　11－3

① 0

② $\frac{1}{2}$

③ 1

④ 3

⑤ $\frac{\sqrt{10}}{2}$

⑥ $\frac{1}{\sqrt{2}}$

⑦ ∞

⑧ $\frac{1}{3}$

⑨ 0

⑩ $\frac{3}{2}$

習題　11－4

① $\sum_{n=1}^{\infty}\frac{n(n+1)}{2^n}(z+3i)^{n-1}$，$R=\frac{\sqrt{5}}{5}$

② $\sum_{n=1}^{\infty}\frac{n^{n+1}}{(n+1)^n}(z-1+2i)^{n-1}$，$R=1$

③ $\sum_{n=1}^{\infty}2n\left(\frac{n^3}{4^n}\right)(z-3i)^{2n-1}$，$R=4$

④ $\sum_{n=1}^{\infty}n\left(\frac{i^n}{2^{n+1}}\right)(z+4-i)^{n-1}$，$R=2$

⑤ $\sum_{n=1}^{\infty}n\left(\frac{e^{in}}{2n+1}\right)(z+4)^{n-1}$，$R=1$

⑥ $\sum_{n=1}^{\infty}\frac{n^3}{(2n+1)^2}(z+3i)^{n-1}$，$R=1$

習題　11－5

① $\sum_{n=0}^{\infty}z^n$

② $\sum_{n=0}^{\infty}(-1)^n\frac{z^{2n}}{(2n)!}$

③ $\sum_{n=0}^{\infty}(-1)^n\frac{z^{2n+1}}{(2n+1)!}$

④ $\sum_{n=0}^{\infty}\frac{z^{2n}}{(2n)!}$

⑤ $\sum_{n=0}^{\infty}\frac{z^{2n+1}}{(2n+1)!}$

⑥ $z-\frac{z^2}{2}+\frac{z^3}{3}-+\cdots\cdots$

⑦ $z+\frac{z^2}{2}+\frac{z^3}{3}+\cdots\cdots$

⑧ $\frac{e}{2}\sum_{n=0}^{\infty}\frac{z^n}{n!}+\frac{1}{2e}\sum_{n=0}^{\infty}\frac{(-1)^n z^n}{n!}$

⑨ $\sum_{n=0}^{\infty}\frac{(-1)^n z^{4n+2}}{2(2n+1)!}$

⑩ $\sum_{n=0}^{\infty}\left[\frac{(-1)^n z^{4n}}{(2n)!}-\frac{(-1)^n z^{2n+1}}{(2n+1)!}\right]$

⑪ $\frac{3+i}{3i-1}\sum_{n=0}^{\infty}\left(\frac{z}{3i-1}\right)^n$

⑫ $\sum_{n=1}^{\infty}\frac{(-1)^n z^{4n-1}}{(2n)!}$

⑬ $\sum_{n=1}^{\infty}nz^{n-1}$

⑭ $\sum_{n=0}^{\infty}\frac{z^{6n}}{(2n)!}$

⑮ $\sum_{n=0}^{\infty}\left[\frac{z^n}{n!}-\frac{(-1)^n z^{2n+1}}{(2n+1)!}\right]$

⑯ $\sum_{n=1}^{\infty}n\cdot z^{n-1}$

⑰ $\sum_{n=0}^{\infty}\frac{-(z+2i)^n}{(2+6i)^{n+1}}$

⑱ $\sum_{n=0}^{\infty}\frac{(-1)^n(z+i)^{2n+1}}{(2n+1)!}$

⑲ $-\sum_{n=0}^{\infty}(z-1)^n$

⑳ $3i\sum_{n=0}^{\infty}\left(\frac{-1}{4}\right)^{n+1}(z-5)^n$

習題　11－6

① $\left(\frac{4}{z^3}-\frac{1}{z^4}\right)\sum_{n=0}^{\infty}\frac{1}{z^{4n}}$, $|z|>1$

② $\sum_{n=1}^{\infty}n\cdot z^{n-3}$, $|z|<1$

③ $-\sum_{n=0}^{\infty}\frac{2}{z^{4n+4}}$, $|z|>1$

④ $\sum_{n=0}^{\infty}\frac{(-1)^n z^{2n-1}}{(2n+1)!}$, $0<|z|<\infty$

⑤ $\sum_{n=1}^{\infty}\frac{1}{z^n n!}$

⑥ $\sum_{n=0}^{\infty}\frac{z^{-(4n+2)}}{(2n+1)!}$, $0<|z|<\infty$

⑦ $\sum_{n=0}^{\infty}\frac{(-2i)^n}{(z-i)^{n+2}}$, $|z-i|>2$

⑧ $\sum_{n=0}^{\infty}\frac{(-1)^n}{(2n+1)!}\left(\frac{i}{2z}\right)^{2n+1}$, $0<|z|<\infty$

⑨ $\sum_{n=0}^{\infty}(-1)^n z^{4n-1}$, $|z|<1$

⑩ $\frac{2}{z}+\sum_{n=0}^{\infty}\frac{3^n[4+(-1)^n]}{z^{n+1}}$, $|z|>3$

習題　12－1

① 三階極點 $z=-1$, 二階極點 $z=i$

② $z=\pi$, 可去除奇異點

③ $z=\pi$, 本性奇異點

④ $z=0$, 二階極點

⑤ $z=0$, 本性奇異點

⑥ 三階零點 $z=i$

⑦ 本性奇異點

⑧ $z=1$ 一階極點, $z=\pm i$ 一階極點

⑨ $z=(2n+1)\frac{\pi}{2}$, 單極點

⑩ 零點 $z=0$, 四階極點 $z=i$

習題　12－2

① $\frac{1}{6}$

② $\underset{z=1}{\text{Res}}\, f(z)=\frac{1}{4}$，$\underset{z=-i}{\text{Res}}\, f(z)=-\frac{1}{4}$

③ $\frac{3}{10}$

④ 1

⑤ $\underset{z=-1}{\text{Res}}\, f(z)=-\frac{14}{15}$，$\underset{z=2i}{\text{Res}}\, f(z)=\frac{5-i}{13}$，$\underset{z=-2i}{\text{Res}}\, f(z)=\frac{5+i}{13}$

⑥ 1

⑦ 1

⑧ 0

⑨ $-\frac{1}{2}$

⑩ $-\frac{4}{3}$

⑪ $2\pi i$

⑫ $\frac{7}{2}\pi i$

⑬ $\frac{\pi}{2}(3+2i)$

⑭ $\frac{\pi}{32}i$

⑮ $8\pi i$

⑯ $\frac{8\pi}{3}e^{-2}i$

⑰ $2i(e^{-\frac{1}{2}}-e^{\frac{1}{2}})$

⑱ $-\frac{\pi i}{3}$

⑲ $\frac{2}{15}(6\pi-\pi i)$

⑳ $2\pi i\left(1-\frac{\pi^2+1}{e^\pi}\right)$

習題　12－3

① $\frac{\pi}{\sqrt{3}}$

② $\pi(4-2\sqrt{3})$

③ $\frac{4\pi}{15}$

④ $\frac{5}{12}\pi$

⑤ $\frac{\pi}{\sqrt{2}}$

⑥ $\frac{\pi}{24}$

⑦ $\frac{\pi}{2}e^{-m}$

⑧ $\frac{\pi}{2e}$

⑨ $-\pi e^{-2\pi}$

⑩ 0

歷屆題庫

① $\theta=\left(2k+\frac{1}{2}\right)\pi\pm i\cosh^{-1}(2)$，(k 爲整數)

② $z=\left(k+\frac{1}{2}\right)\pi+i\ell n(3)$,(k 爲整數)

③ 1 除 $z=3$ 外,爲解析函數　2 非解析函數。

④ 在圓 $|z|=1$ 皆可微分,但無解析之區域。

⑤ $m\neq-1$ 時等於 0;$m=-1$ 等於 $2\pi i$

⑥ 略

⑦ 1 $\frac{1}{1-i}+\frac{(z-i)}{(1-i)^2}+\frac{(z-i)^2}{(1-i)^3}+\cdots\cdots$ 收斂半徑 $=\sqrt{2}$

2 $\frac{1}{3+i}+\frac{(z-1-i)}{(3+i)^2}+\frac{(z-1-i)^2}{(3+i)^3}+\cdots\cdots$ 收斂半徑 $=\sqrt{10}$

⑧ 1 略　2 $T_0(1)=\frac{1}{2}$, $T_n(1)=1$, $n=1,2,3\cdots\cdots$

⑨ 1 1, $z=0$　2 $\frac{eai}{2ai}$, $z=ai$, $-\frac{eai}{-2ai}$, $z=-ai$

⑩ 二階極點;賸值 $=0$

⑪ $2\pi i$

⑫ 1 $2\pi i$　2 $2\pi i$

⑬ $-\frac{\pi i}{2}$

⑭ $F(t)=(t-1)e^{\frac{1}{t^2}}+\sum_{m=1}^{\infty}(1-t)\frac{1}{m!\ \ t^{2m}}$

⑮ 1 -6π　2 -8π　3 0

⑯ $\frac{\pi}{2}$

⑰ $\frac{\pi}{2}$

⑱ $\frac{\pi}{3}$

⑲ $\frac{\pi}{2e}$

⑳ 略

㉑ πe^{-2}

㉒ $\frac{\pi}{-3\sqrt{2}}$

工程數學 (精華版)

作　　者☞蔡曜光
出 版 者☞揚智文化事業股份有限公司
發 行 人☞葉忠賢
總 編 輯☞孟　樊
登 記 證☞局版北市業字第 1117 號
地　　址☞台北縣深坑鄉北深路三段 260 號 8 樓
電　　話☞(02)8662-6826
傳　　真☞(02)2664-7633
印　　刷☞偉勵彩色印刷股份有限公司
法律顧問☞北辰著作權事務所　蕭雄淋律師
初版五刷☞2010 年 9 月
定　　價☞新台幣 500 元
網　　址☞http://www.ycrc.com.tw
E-mail☞tn605547.ms6.tisnet.net.tw
I S B N☞957-8637-89-6

國家圖書館出版品預行編目資料

工程數學(精華版)=Advanced engineering
mathematics / 蔡曜光著.
—初版.—臺北市:揚智文化,1999[民 88]
面；公分

ISBN 957-8637-89-6（平裝）

1.工程數學
440.11　　88000528

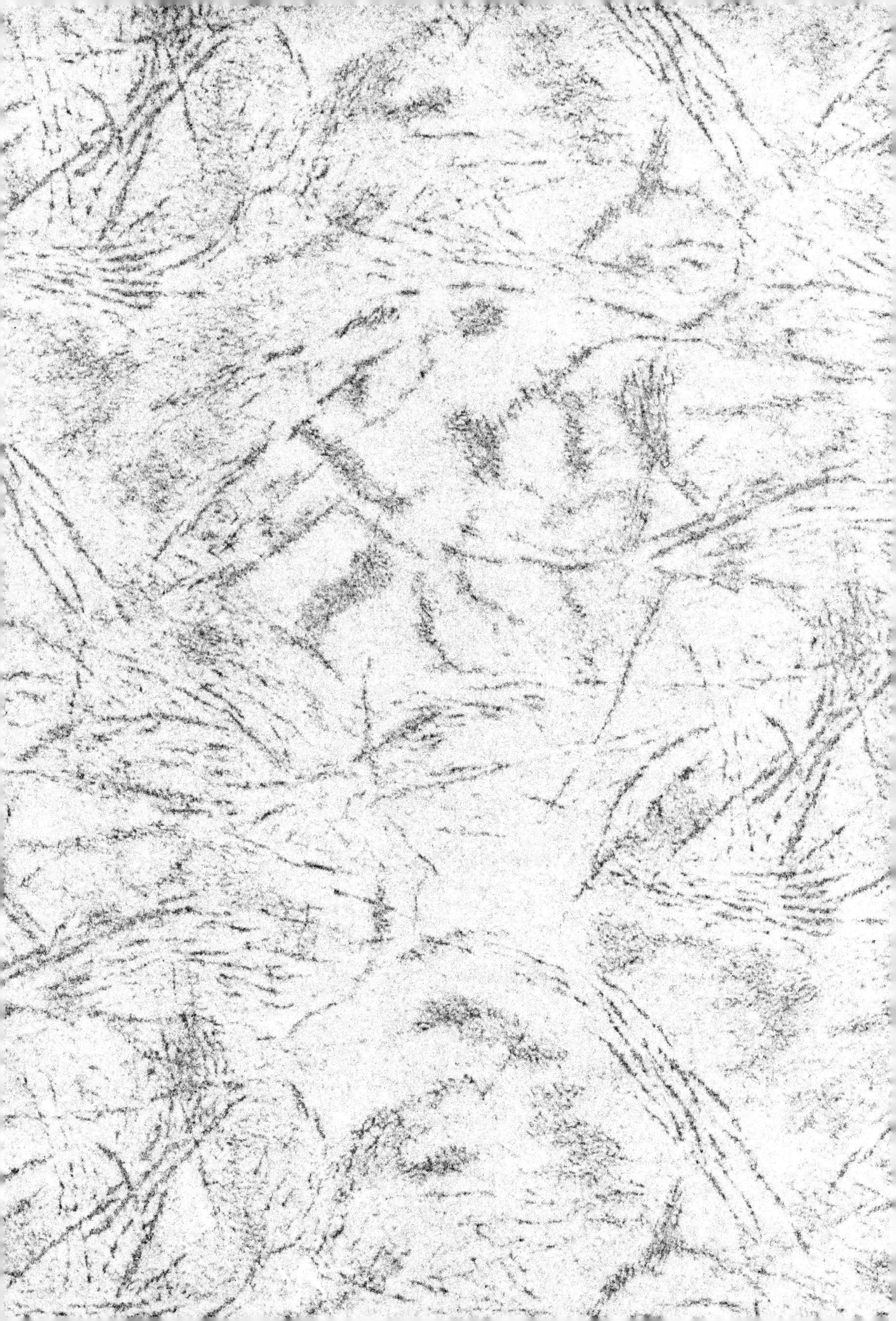